计算方法丛书·典藏版　10

二维非定常流体力学数值方法

李德元　徐国荣　水鸿寿
何高玉　陈光南　袁国兴　著

科学出版社
北京

内 容 简 介

本书系统地论述了非定常流体力学问题的数值解法．内容包括：Euler方法，Lagrange 方法，质点网格法，以及这些方法的推广．本书中还包括作者自己的成果，在实际计算中这些方法已被广泛地应用了．

本书可供高等院校计算数学专业和流体力学专业的师生以及科研人员和工程技术人员参考．

图书在版编目(CIP)数据

二维非定常流体力学数值方法 / 李德元等著. —北京：科学出版社，2005.11

(计算方法丛书)

ISBN 978-7-03-046415-6

Ⅰ. ①二… Ⅱ. ①李… Ⅲ. ①二维流动-非定常流动-流体力学-数值方法 Ⅳ. ①O35

中国版本图书馆 CIP 数据核字(2015)第 277029 号

责任编辑：林 鹏 张鸿林／责任校对：鲁 素

责任印制：吴兆东／封面设计：王 浩

科学出版社 出版

北京东黄城根北街 16 号

邮政编码：100717

http://www.sciencep.com

北京厚诚则铭印刷科技有限公司印刷

科学出版社发行 各地新华书店经销

*

1987 年 10 月第 一 版 开本：850×1168 1/32

2023 年 9 月印 刷 印张：12 7/8

字数：321 000

定价：89.00 元

序　　言

(一)

在四五十年代尖端武器的研制中，科学计算的需要促进了数字电子计算机的发明与发展．流体力学运动可以由非线性的偏微分方程组来描述．在实际计算中，由于方程组与模型几何结构等的复杂性，计算规模往往是很大的．对于如此大型的计算课题，以往任何计算工具都是不能适应的．这就促使人们不得不去创造与发明新的计算工具．数字电子计算机就是在大型科学计算课题的需求下，发明与发展起来的．

以往总是先对问题提法、解的性质、近似方法与误差分析都作了充分研究以后，才去作数学问题的数值求解的．数字电子计算机的出现使人们采用数值方法求解的数学问题范围得到了很大的扩展．科学技术研究的实际问题与理论问题对计算数学不断提出越来越复杂的数学模型问题，要求得到近似数值解．在这些数学问题中，出现的方程或方程组在理论上暂时还难于作比较完整与深入的研究．但是使用数字电子计算机，可以得出所要求精度的数值近似解来．从而可以利用数值方法来研究解决所面临的各种科学技术研究中出现的实际问题与理论问题．

科学技术研究的进展对数字电子计算机的计算能力提出越来越高的要求．三十余年来，国内外几乎每台最先进的数字电子计算机的研制都是为了满足科学计算的需要，也都是作科学计算使用的．科学计算课题是无限的．这种无限而迫切的要求促使电子计算技术的发展．数字电子计算机前二三十年的发展是迅速的，机器运算速度增长了五个数量级，内存容量增长了三个数量级，研制成了运算速度每秒上亿次，内存容量数百万字的巨型数字电子计算机. 在更高速的数字电子计算机的研制中，会明显地感觉到电讯号传播受到光速的限制. 因此进一步发展数字电子计算机，一方面要使器件更小型化，另一方面也应该着重考虑到方法、算法与程序在解题中的作用. 近些年来计算机的发展过程是：由巨型机、小型机、超级小型机、小型超级机而小型超级机的组合系统，还要使机器具有并行运算、多指令流与多数据流的性能以此来提高解题能力. 电子器件小型化的进展使得近年来计算机的价格在下降而性能在提高. 计算技术与科学计算都是处于发展的高峰时期.

(二)

由于数字电子计算机的解题能力极大，它可以求解一些提法还不太清楚，解的特性也还不太了解的问题. 要对这类问题作近似求解方法的研究，在研究方法上就不能只采用完全传统的数学方法，应该采用一些实际科学中所用的非标准的数学推理方法，例如类比、外推、内插、综合、试验等方法. 人们采用这些途径才能对一些复杂的数学模型得到解的性质与近似解法的一些必要的了解.

科学研究的精确化使线性化与小参数展开等研究方法在有些场合上不甚适用，有必要直接研究非线性数学问题或非线性偏微分方程问题. 这些问题或方程即使是相当复杂的，但仍可以采用数值方法来研究. 这样就形成众多的计算学科，例如：计算力学、计算物理学、计算化学、计算生物学、计算经济学等. 这些计算学科是边缘性的学科，是数学或计算数学与实际学科之间的交错学科. 各种计算学科的研究使得理论数学与计算数学有了生动丰富的新内容、新课题与新方法，对相应的实际学科提供了称作数值模拟的新的研究手段，来帮助揭示出新的图象与新的规律.

在五十年代以前，对于科学技术问题中所提出的数学模型问题，科学家们往往要作出一切努力来简化方程、定解条件与数值解法，使得简化了的问题能保持需要研究的物理机制而且还要使得能用当时的计算工具求出近似数值解来.

现代计算技术的发展使得在实际问题的物理机制与数学问题类型的考虑上，受到少得多的限制. 但在这种复杂问题的计算过程中，计算机会“自动地”进行亿万次运算得到所需要的近似数值解来. 在利用所得到的数值解去分析与推断科学技术问题的结论以前，先要弄清楚计算所得到的结果是否正确，是否是数学模型问题的近似解，是否是实际问题的近似解. 在利用旧的计算工具计算简化问题的近似解时，这些问题是比较容易弄清楚的. 对于现在的问题，人们可以利用程序编制、机器操作检验与结果分析来监督计算机按照程序要求的过程来执行正确的运算，并且来防止与掌握可能发生的各种偶然与必然的计算错误. 但是要判断所得到的数值解是否逼近数学模型问题的解，近似于实际问题的解以及近似的程度等，就需要人们在数学、物理、算法、程序与试算等方面在理论与方法上做细致的分析研究.

这种需要使得在五十年代后期兴起对非线性分析与非线性偏微分方程等近代理论的研究. 这种需要与机器的发展使得各种各样学科加速了向数学化的发展. 科学计算推动了各种应用科学与理论科学的发展.

（三）

数值计算可以看作是一种数值模拟或数值实验. 在大型数字电子计算机上可以计算气体与流体运动过程、化学反应过程、中子光子输运过程、炸药起爆与爆震过程、电磁流体运动过程以及各种非线性波的相互作用等问题. 计算这些运动过程问题实际上就是要求解含有很多线性与非线性偏微分方程、常微分方程、积分方程、泛函方程以及代数方程等的耦合方程组的各种问题. 因此数值模拟使人们对实际运动过程的认识在广度与深度上都得了进展.

利用解析方法求解的数学问题的解析解与近似解的范围是极其有限的. 一般只能考虑一些很简单的问题. 利用实验方法来测量数据是有限得很而且来之不易的. 因此数值模拟在某种意义上比理论与实验对运动过程认识得更为深刻，更为细致. 不仅可以了解运动的结果,而且可以了解运动整体的与局部的细致过程.

因此数值模拟可以从理论上分析暂时还弄不清楚的问题，而且还可以替代一些危险的、昂贵的甚至于是难于实施的试验，例如：反应堆的爆炸事故,巨型水坝坍塌造成的后果,核爆炸的过程与效应，气象运动等. 数值计算不仅可以模拟物理、力学过程,还可以模拟经济与生态等过程，例如：利用经济规律的数学模型来计算一定经济政策下经济发展进程，利用生态规律的数学模型来计算生态平衡的过程. 这些都是不能用实验方法来验证的现象.

在科学技术实际问题的研究中，可以用数值模拟来选择实验或设计的最佳方案. 这样可以减少试验的次数，尽快做到最佳的试验与设计. 对于尖端技术问题研究,试验往往是极其昂贵的,有些甚至是很危险的,因此数值模拟有很大的经济效益,是加速科学技术进程的重要手段.

科学计算再也不能仅仅看作是理论研究与实验研究的辅助手段，而是独立于理论与实验的一种基本科学活动. 以往人们为了认识一种科学技术规律，可以在理论研究与实验研究这二类基本科学活动中去探索. 而现在人们可以采用理论、实验与计算三类基本科学活动来进行科学技术的研究. 因此科学计算是近代科学技术迅速发展极为重要的,不可忽视的因素.

科学计算的发展促进各种学科的数学化进程，也使各门学科从定性向定量化发展，使学科更为计算机化,更为计算数学化,能用各种现代物理方程的求解定性与定量地阐明各学科中的运动规律.

现在人们在预测最近的将来会研制出运算速度为每秒百亿次、千亿次以上的数字电子计算机来. 这不仅可以使科学更计算机化或更计算数学化，还会使生产也更计算机化或计算数学化，极大地提高社会生产力的发展．

（四）

在描写各种介质运动过程的数学模型中，流体力学运动方程组往往是基本的组成部分．运动过程需要考虑的其他机制可以用在流体运动方程之外增加别的方程来表示：如电磁流体问题需要增加电磁方程，炸药的爆炸过程就要增加化学反应方程或反应率方程，核能反应运动要增加中子与介质粒子的输运方程等．弹塑性介质的运动方程与流体运动方程是有些不同的，但其方程所属的类型仍是一致的．

流体运动方程组是拟线性双曲型方程组．对于拟线性双曲型方程组不管初值如何光滑，解可以是有间断的．对于间断的初值，解也还可以是光滑的．拟线性双曲型方程组的解可以发生新的间断而且间断可以消失．这种间断的产生与消失反映了流体运动中冲击波间断的产生与消失．这种特性使求解流体力学运动方程组有它特殊的问题与困难．

因此对拟线性双曲型方程组的解应该在间断函数类中去寻找．利用积分守恒的方式来定义的弱解往往不是唯一的，可以是有无穷多个的．在这些弱解中适合所谓“熵条件”的解是唯一的物理解．计算的目的是要作出这种物理解的近似．

计算流体运动问题，尤其是非定常的问题，有限差分法是一种主要的方法．但是差分法是不适应于间断解的近似计算，因此在求解时，先要把问题的解光滑化．例如在一阶双曲型方程组中，增加带小参数的起扩散作用的二阶或高阶导数项．新方程组相应问题的解可以是光滑的．如果这样处理得到的解近似于原始问题的解，那末原始问题的差分近似解就可以用新问题的差分近似解来代替了．

这种光滑化过程可以用在原始方程组中增加人为的光滑化项

来实现,这种光滑化项被称为人为粘性项;或者可以从原始方程组建立差分方程组时,引进适当的光滑化项来实现,这种光滑化项称为格式粘性项. 这些粘性项可以是退化的或非退化的扩散项,可以是二阶的或是高阶的.

因此在选取人为粘性与格式粘性时,除了计算过程的需要与方便的一些考虑以外,还应该注意到引进什么样人为粘性或格式粘性以后,新的方程组问题提法的适定性,注意到解是光滑的而且是唯一的;而且当粘性项消失时,光滑解逼近于原始问题的唯一物理解. 因为并不是所有起光滑化作用的附加项,在它消失时都能具有这样的逼近性质.

(五)

二维定常与非定常的流体运动是很复杂的运动,在流场上可以发生扭曲、涡流与滑移等现象. 在有多种介质时,这些机制会更显出复杂性来. 介质的分界面运动的不稳定性使介面犬牙交错,不同介质混淆起来. 一维流体运动因为流体介质前后按序不能相互超越而要简单得多. 这些情况使得流体力学运动数值求解时,一维问题与二维问题显示出很不相同的复杂性来.

对于一维流体力学问题的计算,往往一种有限差分格式可以计算各种各样的流动问题. 但是对于二维流体力学问题的计算,很难有一些统一的格式可以计算好各种问题. 往往对于一类问题在一定的变化范围中,需要有个专门的程序包,其中包括各种特殊的格式与各种特殊的处理.

对于一些扭曲不太严重的流体力学运动,可以采用 Lagrange 方法,计算结果对多种介质运动整体或局部的变化都能描写得比较细致. 对于有较大变形的流场,采用 Lagrange 方法进行计算时,要出现网格畸形与网格相交,使得计算不能进行下去. 对于这些网格要进行重新划分,重分是在 Euler 区域中进行的. 可以每计算一步或若干步将 Lagrange 网格重新划分,使得扭曲成畸形的网格改换成为比较规整的网格. 新网格上的物理量可以从原网格上的物理量利用守恒原则来进行分配. 这样做法可以使计算继续进行下去，严格地说不再是纯粹追踪流体运动的 Lagrange 方法了.

对于有大变形的流体运动场的计算，Euler 方法比较合式,没有网格相交的问题. 但是当流场中包含多种流体介质时，会出现同一网格中有一种以上的流体介质的混合网格. 如何计算混合网格中的物理量,如何计算混合网格向周围网格的各种输运量,又如何来明确介质之间的分界面等问题，是二维非定常流体运动计算的一个重要研究课题.

在网格中的介质可以用若干个质点来表示. 每个质点带有某种介质的质量. 质量的输运可以用质点的输运来表示. 类似地还可以处理动量与能量的输运. 这样做法可以计算好具有多种介质的大扰动的流体运动. 但是要得到具有相当精度的计算结果，需要有很多的网格与很多的质点. 对于每个网格不仅要有介质的状态参数与运动参数，还要有质点的参数. 这样计算量与存贮量都很大. 这就对使用这种处理方法带来了限制. 如果有高速度与大容量的超巨型计算机可供使用的话，那末这种方法是比较成功的办法,甚至于还可以在网格中取用比较多的质点,并且质点可以带有更多的参数,使混合网格的描述更为细致. 但在通常的情况下,人们还得在减少计算量与存贮量上想办法. 譬如,只在混合网格、自由面网格与尽量少的邻近网格内放些质点，或只用标记点来代替质点，这样就减少了数据存贮量. 可以把在混合网格中不同介质的分界面归纳成若干种简单的情况，从而来设计混合网格的各种输运量的计算办法. 当然不同的处理会产生很不相同的效果的.

(六)

在本书中着重讨论以下几个方面的问题.

对扰动不是很大的流体运动过程，采用 Lagrange 坐标系是合适的．对于大扰动的单介质流体运动，采用 Euler 坐标系是合适的．但是在通常流体运动的实际问题中，扰动一般不会太小，而且往往是有多种介质的，所以实际上 Lagrange 与 Euler 坐标系的各种耦合才是经常使用的．耦合的方式是多种多样的，例如：Lagrange 网格在 Euler 区域中的重新划分，不同流体区域或不同介质分别采用 Lagrange 坐标系或 Euler 坐标系，用网格与质点分别刻划 Euler 与 Lagrange 坐标系的特征等等．

差分格式的设计是与坐标系的选择、网格的形状以及运动特殊机制的限定(如滑移、断裂与碰撞等)有关的．误差精度、稳定性质与守恒性质等在建立差分格式时应该着重考虑．当然差分格式可以直接从流体力学 Lagrange 坐标系或 Euler 坐标系的运动方程组离散化得来的．更多地可以从运动网格的积分守恒方程组离散化来设计．这样做会有较好的守恒性质，较自然地来建立各种输运量的计算公式．对于从守恒方程出发的差分格式，在计算过程中，差分质量、动量与总能量守恒会比较好的．但有时动能与内能这些分能量守恒得不很理想，甚至于误差不小．所以可以从能量微分方程出发来建立差分格式．这样，动能与内能等这些分能量计算误差会小些，而差分总能量守恒只能是近似地保持了．可以把总能量的守恒误差来作为计算过程有没有偶然性误差与精度不够而积累过大的检查标志量．所谓完全守恒差分格式就是从能量微分方程出发建立的，而又使得差分总能量保持守恒的差分格式．在二维运动问题中，完全守恒性也往往是只对部分计算过程而言的，有时还要考虑到二层以上的差分格式．

流体运动方程组的解是可以间断的，间断线或面是未知的，是依赖于解的．因此近似光滑化间断解是流体力学有限差分方法研究中应考虑的一个基本问题．像一维流体力学有限差分法一样，在二维非定常流体力学数值求解时，可以在运动方程组中，人为地增加一些起粘性作用的项．这些项可以是线性或非线性的，可以是标量型、向量型或张量型的．这些项的形式尽量接近于流体运动真实粘性项的形式．也可以在对微分方程离散化时，从计算方便、扩散效应、熵的特性等甚至人们的意愿的考虑增加一些格式粘性项．

对于大扰动的多介质流体运动，重分网格、滑移、断裂与碰撞等的处理在计算方法设计中是不可避免的．混合网格计算是很需要着重研究的问题．所谓处理方法包括混合网格中介质之间分界面的处理，网格运动参量与状态参量的计算与平均以及各种输运量在不同情况的计算方法等．不同的处理方法，计算结果可以有不同的计算量与不同近似程度．混合网格的处理方法对于合并网格与分细网格的处理是有用的，因为流体流场有些部分是很平整的，可以采用大网格，有些部分变化激烈，采用小网格仍可以有混合网格出现．

由于二维非定常流体运动过程的复杂性与计算机性能的限制，二维非定常流体运动计算方法的研究实际上是针对有一定范围的特定流体运动过程的计算目的来设计一套计算方法与处理方法．前几节提到的几个方面是这种设计中需要研究的问题．它们之间是关联着的，因此在本书中对它们的讨论是交错着进行的．在各个章节中，讨论了在不同的情况下，可以采用的各种办法．这些分析与讨论为读者在研究与设计方法时提供依赖．

（七）

严格说来，在本书中讨论问题的方式不完全是传统的数学方法，而有启示性的类比、外推、内插等方法，类比于各种典型问题的知识与类比于相近的研究结果．因此这些讨论的确立应该有实际计算效应的验证．用一些具有解析解、近似解析解、近似特征量或近似数值解的典型问题的计算结果来验证方法的可靠程度．除了这些典型问题结果的比较外，还应把这些方法大量应用于实际模型计算，从而发现潜在的问题，作改进与研究．有过这些经历以后，计算方法与处理方法才算有了基础．

在本书中讨论的主要计算方法与处理方法大都有过典型问题的计算比较，而且在实际应用问题上使用过．因此这些计算方法与处理方法是有过验证的，是可以使用于实际问题的计算的．

由于篇幅的限制，本书中没有提供这些计算方法与处理方法的验证例子与应用例子．这应该算是本书的一个不足之处．

对于通常的二维非定常流体力学运动问题，即使几何结构不是太复杂的情况，计算工作量与数据存贮量都是很大的．对于有一定复杂性的结构，巨型计算机也不会是很宽余的．有些情况，可以不增加总计算量，只在算法上作些改进，就可以提高计算的并行度．但大部分的情况，还是要增加些总计算量，来提高计算的并行度．只有“得”多于“失”，就可以利用计算机中并行部件缩短总计算时间的作用．

在使用多机系统时，一个问题可以分成几块来计算．因此原始问题的计算变成了分块问题计算的一个迭代过程．这样的简单处理，反而会增加计算量与计算时间．如果分块问题本身计算的迭代过程与分块问题的迭代过程组合成一个原始问题的迭代过程，就有可能缩短计算时间．同样对于多指令流系统也需要在算法与程序上的考虑才能发挥机器系统的作用．

多重网格法与网格自动设置等处理方法的应用也可以缩短计算时间与提高程序自动处理的能力．

总之，对于像二维非定常流体力学运动计算，这种大型科学计算课题，应该研究缩短计算时间的问题．越是大型的计算课题，越有潜力发挥并行部件与多指令流系统的作用．

算法与程序的研究在二维非定常流体力学问题计算中的作用也是本书没有涉及到的课题．这是个极为重要的课题，有待来日讨论吧！

周毓麟

目　　录

序言

引言 ······ xiii

第一章　基本方程 ······ 1

§1　三维 Descartes 直角坐标系中的流体力学方程组 ······ 1

§2　曲线坐标系中的流体力学方程组 ······ 12

§3　Lagrange 坐标系中的方程 ······ 33

§4　冲激波和人为粘性 ······ 36

第二章　Euler 方法 ······ 41

§1　网格和差商 ······ 41

§2　Euler 流体力学方程的差分格式 ······ 45

§3　差分格式的稳定性分析 ······ 50

§4　Euler 差分方程的格式粘性和稳定性 ······ 65

§5　流体网格法 ······ 74

§6　隐式连续 Euler 方法 ······ 88

§7　爆轰波的数值计算 ······ 95

第三章　带质点或标志的 Euler 方法 ······ 99

§1　质点网格法 ······ 100

§2　多流体网格法 ······ 112

§3　GILA 方法 ······ 116

§4　标志网格法 ······ 124

第四章　Lagrange 方法 ······ 136

§1　概述 ······ 136

§2　动量方程的差分近似 ······ 140

§3　边界条件 ······ 153

§4　人为粘性 ······ 155

§5　滑移面的计算 ······ 164

§6　重分网格 ······ 173

§7 弹塑性计算……186
§8 二维弹塑性断裂……195
第五章 Euler 和 Lagrange 相结合的方法……206
§1 积分形式守恒方程的离散化……207
§2 ALE 方法……213
§3 能量守恒误差与完全守恒差分格式……220
§4 网格的构造……237
第六章 体平均多流管方法. Годунов 间断分解方法. 随机选取法……246
§1 体平均多流管方法的基本考虑和特点……246
§2 体平均多流管方法的基本计算格式……248
§3 网格边界物理量的计算格式……255
§4 网格角点位置的计算……266
§5 计算程序的信息及逻辑……276
§6 体平均多流管方法计算格式的一些性质……280
§7 Годунов 的间断分解方法……288
§8 随机选取法……303
第七章 守恒律与守恒型差分格式……313
§1 守恒律与弱解……313
§2 熵条件与物理解……322
§3 守恒型差分格式……344
§4 单调差分格式……353
§5 物理解的计算……360
参考文献……373

引　　言

二维非定常可压缩理想流体力学计算方法的研究开始于五十年代中期.到了六十年代,二维流体力学计算方法的研究进入了一个鼎盛的时期,人们发表了大量的关于计算格式的文章,并编制了许多计算程序. 在六十年代末期 Harlow (1969) 曾经编辑了一个二维流体力学计算方法评述性的目录，列举了一百多篇文献和几十种程序. 二维流体力学计算方法之所以出现这种百花齐放的局面,主要是由于二维流体力学中的运动图象极其复杂,很难构造出一种普遍适用的格式，能定量地(或至少是定性地)确定各种各样的图象来. 事实上,对于不同的模型往往需要采用不同的格式进行计算,有时甚至对于一个运动中的模型的不同发展阶段,还要采用不同的格式,才能把整个运动过程计算出来.

二维流体力学计算方法按其采用 Euler 坐标系还是 Lagrange 坐标系而分为 Euler 方法和 Lagrange 方法两大类.

由于在一维流体力学运动中质团是“有序”的，因而采用拉氏方法是十分有效的. 著名的 von Neumann-Richtmyer (1950) 方法就是 Lagrange 方法. 所以在二维方法研究初期也尝试用 Lagrange 方法来解二维流体力学问题. 五十年代中期 Kolsky(1955) 构造的第一个二维格式是采用了跟踪质团的 Lagrange 方法. Lagrange 方法有它的优点，Lagrange 坐标系中的流体力学方程的形式比较简单,不出现输运项,因而容易建立精确度较高而又稳定的格式. 由于 Lagrange 方法跟踪固定的质团,所以可以用来计算包含多种物质的系统，而且不同物质间的界面也能清晰地表示出来，自由面的处理也很方便. 此外 Lagrange 方法容许在局部区域加密网格，便于得到一些比较精细的物理力学图象. 但是由于二维流体运动中可能出现严重的扭曲现象，因而会造成拉氏网格相交，以致于计算不能继续下去．尽管如此，对于一些扭曲不太严重的力学模型，Lagrange 方法仍不失为一种有效的方法．因此，在 Kolsky 以后，有不少作者，例如 Goad (1960)，Schulz (1964)，Wilkins (1964)，Fritts，Boris (1979) 等人都对 Lagrange 方法作了进一步的研究，建立了一些格式，并编制了一些程序(例如：MAGEE、TENSOR、HEMP、TOODY 等)．

克服 Lagrange 方法网格相交的一个有效措施是重分网格(见 Browne (1966) 的报告)．这就是每一步(对时间步长而言)或相隔若干步，将 Lagrange 网格重新划分，把由于扭曲而显得畸形的网格换成尽可能规整的新网格．新网格的力学量根据旧网格上的力学量按照质量、动量、能量守恒的原则加以重新计算．当然，这样的 Lagrange 方法，严格说来，已经不再是跟踪流体质团的 Lagrange 方法，而是一种下面要提到的任意方法了．此外，Browne，Wallick (1971) 还对克服 Lagrange 网格相交提出了一系列其它的措施．Crowley (1970) 则把相邻点的概念和重分网格的处理结合起来，形成了"自由 Lagrange 方法" (FLAG方法)．

在 Lagrange 方法中速度离散化以后的值往往取在网格的角点处，这就意味着假定了在网格角点(包括位于接触间断面上的网格角点)处速度是连续的．因此如果不加特殊处理，这样构造的格式是不能表现出接触间断面处滑移现象的．解决这个问题的办法是在接触间断面两侧分别计算不同的切向速度．但是在数值计算中，由于把微分化为差分，曲线用折线近似，所以如果真的在滑移面两侧分别计算切向速度，从而定出角点的位置来，那么就会出现两侧界面合不拢，产生界面分离或渗透的现象．因而 Grandey (1961) 和 Wilkins (1964) 都建议采用"主从界面"的方法，即假定滑移面两侧的物质有一个为"主"，另一个为"从"．(一般以密度大的物质为"主"，密度小的为"从")．界面的运动根据主介质区的压力分布来进行计算，从介质看成是沿一个固定边界在运动．现在有不少 Lagrange 方法的程序，例如 HEMP，TOODY，TENSOR 都包含有滑移面的计算，其处理方法也不完全相同．

早期的 Euler 方法有 Русанов (1961) 的格式和 Rich (1963) 的格式，后者以后发展为 Geutry, Martin. Daly (1966) 的流体网格法 (FLIC 方法). 这种方法在苏联被 Белоцерковский, Давыдов (1971) 称之为"大质点法". Euler 方法当然不出现网格相交的问题，它适宜于计算扭曲严重的问题. 但是当系统中包含多种物质(包括自由面)的时候，Euler 方法又碰到困难了. 这是因为在流体运动的过程中一定会出现在一个 Euler 网格中含有两种或两种以上物质(下面把这样的网格称为混合网格)的情形. 如果要计算混合网格中的力学量，以及混合网格向周围网格(可能是混合网格也可能不是混合网格)输运的量，就需要特别加以处理.

早期发表的在 Euler 矩形网格上计算多种介质的方法是质点网格法 (PIC 方法). 它的思想和做法对以后许多二维流体力学计算方法都有较深的影响. 关于 PIC 方法的比较完整、全面的总结可见 Harlow (1964) 和 Amsden (1966) 的文章. 在 PIC 方法中流体具有两重性，即一方面把流体看成是连续介质，从而在没有物质输运的情况下计算流场的变化；另一方面又把流体看成是若干个带有一定质量的质点，然后在固定的 Euler 矩形网格上研究这些质点的运动，以及质量、动量和能量的输运. PIC 方法具有一般 Euler 方法所具有的优点，能够计算扭曲比较严重的二维流体力学模型；同时由于引入了相当于 Lagrange 质量团的质点，又避免了一般 Euler 方法的缺点，具有计算多种物质和处理自由面运动的能力. 因而是一种比较成功的方法. 但是由于引进了质点，所以不仅要计算和存贮网格的参量，而且还要计算和存贮质点的参量，因而这种方法对机器的速度和存贮量的要求比较高. 到了六十年代中期，在最初由 Harlow, Welch (1965a) 发表的计算不可压粘性流体力学的标志网格法 (MAC 方法)中，把质点换成了无质量的标志，对计算多种物质的系统很有成效. 这种作法以后发展为只在两种物质界面两侧两三个网格内安放一批代表不同物质的不同的标志. 然后跟踪这些标志来计算混合网格的力学量及其向周围网格输运的量. Harlow, Amsden (1974) 在 GILA 方法中就采用了这种技巧.

除了用质点或标记外，在 Euler 网格上计算多种物质的模型，还有两种完全不同的做法. 一种是在 Euler 网格上跟踪界面的位置，例如 Noh (1964) 的 CEL 方法和 Hageman, Walsh (1971) 发表的 HELP 程序就是采用了这种做法. 这样，从原则上来说，在一个网格中那一种物质占据那一部分位置就很清楚了，于是就可以以此为根据来计算混合网格中的力学量和通过它边上的输运量. 但是在机器上实现这样的计算是一项十分复杂的工作. 另一种作法则不要求定出界面的位置，而只要知道哪些网格是混合网格，就知界面位于哪些网格之中. 或者知道哪两个相邻的网格中包含的是不同的物质，则这一对网格的共同边界就是物质界面. 然后利用贡献网格或接受网格不同物质的体积份额或质量份额来确定通过网格边界输运量中不同物质所占的份额. Kershner, Mader (1972) 发表的 2DE 方法和徐国荣等(1980)都是这样来处理多种物质的计算的. Noh, Woodward (1976) 在利用 SLIC 方法计算混合网格向周围网格输运时，把混合网格中不同流体的位置图式化，从而可以处理在一个混合网格中含有任意多种物质的情形.

对于 Euler 坐标系中的流体力学方程组的差分方法，需要特别加以注意的是通过网格边界输运量的计算格式的选取. 如果简单地取精确度较高的中心差分，则格式不稳定. 用贡献网格法建立起来的格式是稳定的，但只有一阶精确度. 按照 Hirt (1968) 的理论，任何稳定的流体力学方程组的差分格式，都包含有，或者是格式本身所隐含的，或者是外加的粘性(扩散)项. 前者称为格式粘性，后者称为人为粘性. 格式粘性一方面使间断解光滑化，使格式稳定，同时另一方面也是计算误差的一个来源. 因此，七十年代以来出现了一些方法和技巧，其共同点是在保证格式稳定的前提下，尽可能消除格式粘性所带来的误差，以提高计算的精确度，改进计算结果. Boris, Book (1973, 1976a, b) 提出了流校正输运算法 (FCT 算法). 它是在用给定的格式算出结果后，对结果进行一番加工处理的方法．这种算法相当于在方程右端加上一项系数为负的二阶导数项(反扩散项)． 这一步的处理要保持格式的稳定性，力学量的守恒性，以及某些力学量(例如密度、内能)的非负性．Harten (1977, 1978) 的人工压缩法 (ACM)，则是将激波的过渡区变窄，特别是将接触间断的过渡区限制在几个网格之内，使其不随时间步长数的增加而扩大．

对于 Euler 坐标系中的二维流体力学方程，从六十年代以来，建立了大量的高阶精确度的显式格式．这里的所谓高阶精确度是指差分格式的截断误差对时间和空间步长都至少是二阶的．这方面工作的开展是由于二维流体力学的数值计算，如果企图用加细网格的办法来提高解的精确度，就势必要求电子计算机的容量和速度都很高． 因此人们设想能否用比较精确的差分格式，在比较粗的网格上，计算出满意的结果来．Lax, Wendroff (1960) 就一维流体力学 Euler 守恒形式的方程建立了一个二阶精确度的显式格式．Richtmyer (1963) 则用两步法得到一个二阶精确度的格式． Lax, Wendroff (1964) 随后又把高阶精确度的格式推广到二维去，但是这个格式在实际运算过程中包含有矩阵的乘积，运算量过大．Burstein (1967) 改进了他们的算法，把它发展成为一个二步法．其后 Strang (1968), Gourley, Morris (1970), MacCormack (1970) 等人又先后发表了一些关于解双曲型方程组的二步法和多步法的文章．以上提到的这些格式的截断误差都是二阶的．Rusanov (1970) 和 Burstein, Mirin (1970) 还建立了三阶精确度的格式． Zwas, Abarbanel (1971) 则建立了四阶精确度的格式．这些高阶精确度的格式，由于是纯粹的 Euler 方法，因而适合于计算单种介质的模型． 也有利用这种格式解非定常方程，让时间计算得充分长，以逼近定常问题的解． 例如 Lax-Wendroff 格式曾被用来计算狭窄通道里的冲激波流，Burstein 也曾用他们的二步法计算过定常脱体激波． 此外，高阶精确度格式在一些磁流体力学计算中也得到应用．

很多高阶精确度格式都是守恒型差分格式．Lax-Wendroff

(1960) 证明了与拟线性守恒律组相容的守恒型差分格式的解，当空间和时间步长趋于零时，如果极限函数一致有界并几乎处处收敛，则它一定是该守恒律组的弱解. 由于拟线性双曲型方程的弱解是不唯一的，只有满足熵条件的物理解才是唯一的，因此产生了守恒型差分格式的解是否收敛于物理解的问题. MacCormack, Panllay (1974) 用一维 MacCormack 格式计算了 Burgers 方程的初始间断分解问题并且用二维 MacCormack 格式计算了一个超声速流通过对称双重楔的问题，所得到的结果都不是物理解. Harten, Hyman, Lax (1976) 用 Lax-Wendroff 格式计算一维单个守恒律的初始间断分解问题，也得到了不满足熵条件的弱解. 他们对于单个一维守恒律，证明了当空间和时间步长趋于零时，单调守恒型差分格式的解，如果一致有界并几乎处处收敛，则一定收敛于物理解. 在这以后对于单个守恒律的守恒型差分格式的研究有不少工作. 对于方程组 Lax (1971) 证明了当空间和时间步长趋于零时，Lax 格式的解如果一致有界并几乎处处收敛，则极限函数满足熵不等式.

守恒型差分格式不一定是高阶精确度的，例如 Lax 格式，Годунов (1959) 格式等都是一阶精确度的. Годунов 格式和一般格式不同之点是在于它不是用网格边界两侧中心量的某种数学平均来内插网格边界上的值，而是根据网格中心的力学状态，求出间断分解的精确值来作为网格边界上的量. 这种方法对于许多力学问题的计算都是很有效的. 特别需要指出的是 Glimm (1965) 曾经利用 Годунов 格式在引入一个随机变量后构造了拟线性双曲型守恒律组初值问题的解，从而证明了大范围弱解的存在性. 只是 Glimm 的证明对初始条件有很严格的限制，他假定了初值要近似地等于一个常数. 从那时起有不少作者企图将 Glimm 构造解的方法改进为一种实际可用的计算方法，但是由于解的精确度不高，同时又比其它方法化费更多的计算时间，因而一直显得不够成熟. 后来 Chorin (1976, 1977) 将这种方法应用到包含化学反应的流体力学(例如燃烧问题)的计算中取得了成功. 现在一般称这种方法为 Glimm 方法或随机选取法（RCM 方法）.

由于 Lagrange 方法和 Euler 方法各有其优缺点，也就是各有其适应的对象和范围，因此逐渐发展了一些 Euler 和 Lagrange 相结合的方法，这些方法发挥各种方法的长处而避免其弱点．前面提到的 PIC 方法就是属于这一类型的．Frank, Lazarus (1964) 提出了以一个空间坐标取作固定的 Euler 坐标，而另一个空间坐标取作 Lagrange 坐标的混合 Euler-Lagrange 方法；Noh (1964) 的耦合 Euler-Lagrange 方法（CEL 方法）则是将求解区域划分为若干子区域，在一些子区域上用 Euler 方法，而在另一些子区域上用 Lagrange 方法．Hirt, Amsden, Cook (1974) 发表的任意 Lagrange-Euler 方法（ALE 方法），它的网格既不是 Lagrange 的，也不是 Euler 的，而是每隔一个或几个时间步长，根据计算要求，按照一定规则，构造新的网格．所有这些任意 Lagrange-Euler 方法都有一个在给定边界的区域上如何构造合适的网格的问题．七十年代以来有不少作者，例如 Barfield (1970 a,b), Amsden, Hirt (1973b), Белинский, Годунов, Иванов, Яненко (1975) 等，研究了如何在给定的区域上按照一定的要求来构造网格的问题．

上面提到的格式(除 ALE 外)都是显式格式，其计算时间步长需要满足 Courant, Friedrichs, Lewy (1928) 条件(简称为 CFL 条件或 Courant 条件)，显式格式才可能稳定．这个条件规定时间步长是随着声速的增大而减小的．如果声速和流体速度相比不是很大，则 CFL 条件就不是很苛刻的．但是如果声速比起流体速度来很大，则 CFL 条件对时间步长的限制就显得太严格了．如果采用隐式格式，时间步长的选取只要和流体速度成反比就可以了．因此隐式格式适用于计算从低速流到高速流的各种情况．早在六十年代初 Hain 等 (1960) 在解一维磁流体力学方程组时就采用了隐式格式．以后，Hain (1967) 又把这种方法用来解二维问题．但是他的方法限制状态方程取理想气体的形式．Harlow, Amsden (1968) 提出了隐式连续流体 Euler 方法（ICE 方法），但也限于形式比较简单的状态方程．这里对状态方程形式的限制，主要是迭代求解差分方程组所要求的．七十年代初，Harlow, Amsden (1971b) 就任意形式的状态方程建立了隐式差分格式．以后，Harlow, Amsden (1974) 又把这种隐式 Euler 方法发展为能计算多种物质的 GILA 方法，并采用了 Chorin, Hirt 迭代格式．

流体力学方程组的差分格式由于是非线性的，所以它的稳定性迄今为止还是一个没有解决的问题．对于这种复杂的问题，一种简单处理办法是先将差分方程组线性化，并把系数看作常数，然后用 Lax, Richtmyer (1956) 的稳定性理论加以分析，最后把所得到的稳定性条件中所包含的系数仍然恢复到原来的非线性形式．但是在实际使用时，应注意到这种线性化的办法不能分析出非线性形式的不稳定性，同时在把这些稳定性条件当作计算过程步长选择的依据时，需要增加一些安全系数，可用试算的办法来确定其取值的范围． 在六十年代末，Hirt (1968) 提出了启示性的稳定性理论，专门用来讨论非线性双曲型方程的稳定性，几乎同时，在苏联 Яненко, Шокин (1968) 发表了微分近似理论的文章，以用来研究线性双曲型方程的稳定性．这两种理论在基本思想上是一致的，都是把差分格式在某确定点上作 Taylor 级数近似展开，把高阶项略去，只留下最低阶的误差项．如果差分格式和微分方程是相容的，那末这样所得的新的微分方程 (Яненко, Шокин 称它为第一微分近似) 与原来微分方程相比增加了一些含有小参数的较高阶导数的附加项．Hirt 认为原来方程的差分格式同样与其第一微分近似相容，因而其稳定的必要条件是新的微分方程的定解问题是适定的．Яненко, Шокин 则证明了对于变系数线性对称双曲型方程组的某些特殊格式，第一微分近似的适定性是差分格式稳定的充分必要条件．Hirt 的理论对分析一些复杂的非线性微分方程的差分格式的稳定性，尽管不是严格的，但在实际上是很有用的．

第一章 基本方程

§1 三维 Descartes 直角坐标系中的流体力学方程组

流体的运动是用一组表达质量、动量、能量守恒关系的方程来描述的. 这一组方程可以写成偏微分方程的形式, 也可以写成积分形式.

三维 Descartes 坐标系中的点用 $\boldsymbol{x}$ 表示,它的三个分量为 x_1, x_2, x_3. 考虑一个活动的区域 $\mathscr{D}(t)$, 其边界 $\partial\mathscr{D}(t)$ 的速度为 $\boldsymbol{D}=(D_1, D_2, D_3)$. $\boldsymbol{D}$ 为 $\boldsymbol{x}\in\partial\mathscr{D}(t)$ 和 t 的函数. 设 $\rho(\boldsymbol{x},t)$, $\boldsymbol{u}(\boldsymbol{x}, t)$ 与 $E(\boldsymbol{x}, t)$ 分别表示在 $\boldsymbol{x}$ 点处 t 时刻的密度, 速度向量与单位质量的总能量. 速度向量 $\boldsymbol{u}$ 的三个分量为 u_1, u_2, u_3. 单位质量的总能量 E 是单位质量的内能 $e(\boldsymbol{x}, t)$ 与动能 $\frac{1}{2}u_iu_i$ 之和. 这里和本章的其余部分都采用"取和约定", 即在一项中如果出现重复的附标,则对该附标从 1 到 3 求和. 在区域 $\mathscr{D}(t)$ 上质量、动量的三个分量与总能量分别等于

$$\int_{\mathscr{D}(t)}\rho dV, \qquad \int_{\mathscr{D}(t)}\rho u_i dV,\ i=1,2,3, \qquad \int_{\mathscr{D}(t)}\rho E dV,$$

其中体积元 $dV=dx_1dx_2dx_3$. 在区域 $\mathscr{D}(t)$ 上质量、动量、总能量对时间的变化率就分别等于上述量对时间 t 的微商:

$$\frac{d}{dt}\int_{\mathscr{D}(t)}\rho dV, \quad \frac{d}{dt}\int_{\mathscr{D}(t)}\rho u_i dV,\ i=1,2,3, \quad \frac{d}{dt}\int_{\mathscr{D}(t)}\rho E dV.$$

由于流体本身具有速度 $\boldsymbol{u}$, 同时所考虑的区域 $\mathscr{D}(t)$ 也是在活动的, 所以一般说来区域的边界 $\partial\mathscr{D}(t)$ 有质量以及由这些质量携带的动量和能量流过. 这种现象我们称之为流体的质量、动量和

能量在区域边界上的输运． 当所考虑的区域的边界静止不动时，单位时间内通过它的面元 ds 的质量输运量就等于

$$\rho v_n ds,$$

其中 v_n 是流体通过面元 ds 的速度向量在 ds 的法向上的投影．同样，单位时间内通过面元 ds 的动量和能量输运量分别等于

$$\rho \boldsymbol{u} v_n ds, \qquad \rho E v_n ds.$$

由于我们现在考虑的区域 $\mathscr{D}(t)$ 是活动的，它的边界 $\partial\mathscr{D}(t)$ 的速度为 $\boldsymbol{D}$，所以流体通过 $\partial\mathscr{D}(t)$ 的相对运动速度为 $\boldsymbol{u}-\boldsymbol{D}$．因而就区域 $\mathscr{D}(t)$ 上的流体来说，单位时间内通过区域边界 $\partial\mathscr{D}(t)$的质量输运量就等于

$$-\int_{\partial\mathscr{D}(t)} \rho(u_i - D_i) n_i ds,$$

其中 n_1, n_2, n_3 是 $\partial\mathscr{D}(t)$ 的外法线方向单位向量 $\boldsymbol{n}$ 的三个分量，积分号前取负号是因为 $\boldsymbol{n}$ 规定为外法线方向．相应地，单位时间内通过区域边界 $\partial\mathscr{D}(t)$ 的动量的三个分量和能量的输运量分别为

$$-\int_{\partial\mathscr{D}(t)} \rho u_i(u_j - D_j) n_j ds,\ i = 1, 2, 3,$$

$$-\int_{\partial\mathscr{D}(t)} \rho E(u_i - D_i) n_i ds.$$

按照质量守恒定律，单位时间内区域 $\mathscr{D}(t)$ 上质量的变化就等于单位时间内通过 $\partial\mathscr{D}(t)$ 的质量输运量，即有

$$\frac{d}{dt}\int_{\mathscr{D}(t)} \rho dV = -\int_{\partial\mathscr{D}(t)} \rho(u_i - D_i) n_i ds, \qquad (1.1.1)$$

或写成向量的形式：

$$\frac{d}{dt}\int_{\mathscr{D}(t)} \rho dV = -\int_{\partial\mathscr{D}(t)} \rho(\boldsymbol{u} - \boldsymbol{D}) \cdot \boldsymbol{n} ds \qquad (1.1.1)'$$

这就是质量守恒方程的积分形式．

动量的变化除了考虑到动量的输运以外，还应考虑由于区域内的流体所受到净作用力的影响．作用力由两部分组成．一是质

量力，也就是每单位质量上所受到的力 $\boldsymbol{F}$，例如重力就是质量力. 另一部分是作用在区域表面的应力. 任何一点的应力状态可用 3×3 矩阵的应力张量 $\boldsymbol{\Pi}$ 来表示：

$$\boldsymbol{\Pi}=\begin{pmatrix}\pi_{11} & \pi_{12} & \pi_{13}\\ \pi_{21} & \pi_{22} & \pi_{23}\\ \pi_{31} & \pi_{32} & \pi_{33}\end{pmatrix},$$

其中 π_{ij} 代表作用在与 x_i 轴方向垂直的面元上的应力 $\boldsymbol{P}_i$ 在 x_j 轴方向的分量. 应力张量是个对称张量，即有

$$\pi_{ij}=\pi_{ji},\qquad i,j=1,2,3.$$

任何面元上的应力 $\boldsymbol{P}_n$ 可以用在该面元上的相互正交的应力来表示：

$$\boldsymbol{P}_n=\boldsymbol{P}_i n_i=\boldsymbol{\Pi}\cdot\boldsymbol{n}.$$

应力张量的分量可用粘性应力张量 $\boldsymbol{\tau}=(\tau_{ij})$ 与流体静压强 p 表示为

$$\pi_{ij}=-\delta_{ij}p+\tau_{ij},\tag{1.1.2}$$

这里 δ_{ij} 为 Kronecker 符号. 无粘性流体是 τ_{ij} 恒等于零的流体. 这时应力张量的分量 $\pi_{ij}=-\delta_{ij}p$.

在 Newton 关于流体粘滞力的假定下，可以证明粘性应力张量能表示成

$$\tau_{ij}=\mu\left(\frac{\partial u_i}{\partial x_j}+\frac{\partial u_j}{\partial x_i}\right)+\left(\mu'-\frac{2}{3}\mu\right)\delta_{ij}\frac{\partial u_k}{\partial x_k},\ i,j=1,2,3,\tag{1.1.3}$$

这里 μ 是内摩擦系数或第一粘性系数，μ' 是膨胀粘性系数或第二粘性系数. μ 和 μ' 是和直角坐标的选取无关的. 或者，更一般地，粘性应力张量的各分量可以写成

$$\begin{aligned}&\tau_{ii}=2\mu\varepsilon_i+\left(\mu'-\frac{2}{3}\mu\right)(\varepsilon_1+\varepsilon_2+\varepsilon_3),\quad i=1,2,3,\\ &\tau_{ij}=\mu\theta_k,\ i\neq j\neq k,\ i,j,k=1,2,3,\end{aligned}\tag{1.1.4}$$

其中的 ε_i,θ_k 构成的 3×3 矩阵

$$\begin{pmatrix} \varepsilon_1 & \frac{1}{2}\theta_3 & \frac{1}{2}\theta_2 \\ \frac{1}{2}\theta_3 & \varepsilon_2 & \frac{1}{2}\theta_1 \\ \frac{1}{2}\theta_2 & \frac{1}{2}\theta_1 & \varepsilon_3 \end{pmatrix} \tag{1.1.5}$$

正好是应变张量．在三维 Descartes 坐标系中它的具体形式为

$$\begin{pmatrix} \frac{\partial u_1}{\partial x_1} & \frac{1}{2}\left(\frac{\partial u_1}{\partial x_2}+\frac{\partial u_2}{\partial x_1}\right) & \frac{1}{2}\left(\frac{\partial u_1}{\partial x_3}+\frac{\partial u_3}{\partial x_1}\right) \\ \frac{1}{2}\left(\frac{\partial u_1}{\partial x_2}+\frac{\partial u_2}{\partial x_1}\right) & \frac{\partial u_2}{\partial x_2} & \frac{1}{2}\left(\frac{\partial u_2}{\partial x_3}+\frac{\partial u_3}{\partial x_2}\right) \\ \frac{1}{2}\left(\frac{\partial u_1}{\partial x_3}+\frac{\partial u_3}{\partial x_1}\right) & \frac{1}{2}\left(\frac{\partial u_2}{\partial x_3}+\frac{\partial u_3}{\partial x_2}\right) & \frac{\partial u_3}{\partial x_3} \end{pmatrix},$$

这样就得到积分形式的动量守恒方程

$$\frac{d}{dt}\int_{\mathscr{D}(t)} \rho u_i dV = -\int_{\partial\mathscr{D}(t)} \rho u_i(u_j - D_j)n_j ds$$
$$+\int_{\mathscr{D}(t)} \rho F_i dV + \int_{\partial\mathscr{D}(t)} \pi_{ij}n_j ds \quad i = 1, 2, 3, \tag{1.1.6}$$

或写成向量的形式

$$\frac{d}{dt}\int_{\mathscr{D}(t)} \rho \boldsymbol{u} dV = -\int_{\partial\mathscr{D}(t)} \rho\boldsymbol{u}(\boldsymbol{u}-\boldsymbol{D})\cdot\boldsymbol{n}ds$$
$$+\int_{\mathscr{D}(t)} \rho\boldsymbol{F}dV + \int_{\partial\mathscr{D}(t)} \boldsymbol{\Pi}\cdot\boldsymbol{n}ds. \tag{1.1.6'}$$

单位时间能量的变化除了考虑到质量所携带的能量的输运以外，还有四个方面的因素：

1）作用在区域 $\mathscr{D}(t)$ 边界上的应力所作的功；

2）质量力所作的功；

3）热传导．在扩散近似条件下，热流量 $\boldsymbol{q}=(q_1, q_2, q_3)$ 可表示为

$$q_i = -K\frac{\partial\theta}{\partial x_i}, \qquad i = 1, 2, 3,$$

这里 K 是热传导系数，θ 表示温度，是 $\boldsymbol{x}$ 和 t 的函数；

4）外源．用 $Q(\boldsymbol{x}, t)$ 表示在 $\boldsymbol{x}$ 点处 t 时刻单位时间内加给单位质量的能量．

总起来，可得积分形式的能量守恒方程：

$$\frac{d}{dt}\int_{\mathscr{D}(t)}\rho E dV = -\int_{\partial\mathscr{D}(t)}\rho E(u_i - D_i)n_i ds + \int_{\partial\mathscr{D}(t)}\pi_{ij}u_j n_i ds + \int_{\mathscr{D}(t)}\rho u_i F_i dV - \int_{\partial\mathscr{D}(t)}q_i n_i ds + \int_{\mathscr{D}(t)}\rho Q dV, \tag{1.1.7}$$

或写成向量的形式

$$\frac{d}{dt}\int_{\mathscr{D}(t)}\rho E dV = -\int_{\partial\mathscr{D}(t)}\rho E(\boldsymbol{u} - \boldsymbol{D})\cdot\boldsymbol{n} ds + \int_{\partial\mathscr{D}(t)}(\boldsymbol{\Pi}\cdot\boldsymbol{u})\cdot\boldsymbol{n} ds + \int_{\mathscr{D}(t)}\rho\boldsymbol{u}\cdot\boldsymbol{F} dV - \int_{\partial\mathscr{D}(t)}\boldsymbol{q}\cdot\boldsymbol{n} ds + \int_{\mathscr{D}(t)}\rho Q dV. \tag{1.1.7)'$$

在方程(1.1.1)，(1.1.6)，(1.1.7)中的未知量为 $\boldsymbol{\rho}$, $\boldsymbol{u}$, p, E（或 e），θ，其数目比方程的个数多了两个．如果再引进描述流体介质本身性质的方程，即状态方程

$$p = p(\rho, \theta),$$
$$e = e(\rho, \theta),$$

则得到封闭的方程组．这样，加上适当的初始条件和边界条件，就可以求解运动问题了．

如果我们考虑的是理想流体，即是无粘性的、无热传导的流体，并且没有外源，同时还可以忽略质量力，则质量、动量、能量守恒方程可简化为

$$\frac{d}{dt}\int_{\mathscr{D}(t)}\rho dV = -\int_{\partial\mathscr{D}(t)}\rho(\boldsymbol{u} - \boldsymbol{D})\cdot\boldsymbol{n} ds, \tag{1.1.8}$$

$$\frac{d}{dt}\int_{\mathscr{D}(t)}\rho\boldsymbol{u} dV = -\int_{\partial\mathscr{D}(t)}\rho\boldsymbol{u}(\boldsymbol{u} - \boldsymbol{D})\cdot\boldsymbol{n} ds - \int_{\partial\mathscr{D}(t)}p\boldsymbol{n} ds, \tag{1.1.9}$$

$$\frac{d}{dt}\int_{\mathscr{D}(t)}\rho E dV = -\int_{\partial\mathscr{D}(t)}\rho E(\boldsymbol{u}-\boldsymbol{D})\cdot\boldsymbol{n}ds$$

$$-\int_{\partial\mathscr{D}(t)} p\boldsymbol{u}\cdot\boldsymbol{n}ds. \tag{1.1.10}$$

从积分形式的守恒方程 (1.1.1)、(1.1.6)、(1.1.7) 可以很容易推出 Euler 观点下(也称 Euler 坐标系中)的流体力学方程组. 所谓 Euler 观点,就是在空间固定的位置上观察流场的变化,这就相当于在积分形式的守恒方程中区域 $\mathscr{D}(t)$ 是不动的,即区域边界 $\partial\mathscr{D}(t)$ 的速度 $\boldsymbol{D}=0$. 这样一来,流体力学方程组(1.1.1)、(1.1.6)、(1.1.7) 就可以写成

$$\frac{d}{dt}\int_{\mathscr{D}}\rho dV = -\int_{\partial\mathscr{D}}\rho u_i n_i ds,$$

$$\frac{d}{dt}\int_{\mathscr{D}}\rho u_i dV = -\int_{\partial\mathscr{D}}\rho u_i u_j n_j ds + \int_{\mathscr{D}}\rho F_i dV$$

$$+\int_{\partial\mathscr{D}}\pi_{ji} n_j ds,\quad i=1,2,3$$

$$\frac{d}{dt}\int_{\mathscr{D}}\rho E dV = -\int_{\partial\mathscr{D}}\rho E u_i n_i ds + \int_{\partial\mathscr{D}}\pi_{ij} u_j n_i ds$$

$$+\int_{\mathscr{D}}\rho u_i F_i dV - \int_{\partial\mathscr{D}} q_i n_i ds + \int_{\mathscr{D}}\rho Q dV.$$

考虑到区域 $\mathscr{D}$ 和时间无关,所以上述方程左端对时间的微商号可以和积分号互换. 再利用 Green 公式

$$\int_{\mathscr{D}}\frac{\partial A_i}{\partial x_i}dV = \int_{\partial\mathscr{D}} A_i n_i ds,$$

将右端的面积分都换成体积分,则得

$$\int_{\mathscr{D}}\frac{\partial\rho}{\partial t}dV = -\int_{\mathscr{D}}\frac{\partial\rho u_i}{\partial x_i}dV, \tag{1.1.11}$$

$$\int_{\mathscr{D}}\frac{\partial\rho u_i}{\partial t}dV = -\int_{\mathscr{D}}\frac{\partial\rho u_i u_j}{\partial x_j}dV + \int_{\mathscr{D}}\rho F_i dV$$

$$+\int_{\mathscr{D}}\frac{\partial\pi_{ji}}{\partial x_j}dV,\quad i=1,2,3, \tag{1.1.12}$$

$$\int_{\mathscr{D}} \frac{\partial \rho E}{\partial t} dV = -\int_{\mathscr{D}} \frac{\partial \rho E u_i}{\partial x_i} dV + \int_{\mathscr{D}} \frac{\partial \pi_{ij} u_j}{\partial x_i} dV$$

$$+ \int_{\mathscr{D}} \rho u_i F_i dV - \int_{\mathscr{D}} \frac{\partial q_i}{\partial x_i} dV + \int_{\mathscr{D}} \rho Q dV. \qquad (1.1.13)$$

由于 $\mathscr{D}$ 是坐标空间中的任意一个区域，因而从方程 (1.1.11)—(1.1.13) 就推出 Euler 坐标系中流体力学的微分方程组

$$\frac{\partial \rho}{\partial t} + \frac{\partial \rho u_i}{\partial x_i} = 0, \qquad (1.1.14)$$

$$\frac{\partial \rho u_i}{\partial t} + \frac{\partial \rho u_i u_j}{\partial x_j} = \frac{\partial \pi_{ji}}{\partial x_j} + \rho F_i, \quad i = 1, 2, 3, \qquad (1.1.15)$$

$$\frac{\partial \rho E}{\partial t} + \frac{\partial \rho E u_i}{\partial x_i} = \frac{\partial \pi_{ij} u_j}{\partial x_i} + \rho u_i F_i + \frac{\partial}{\partial x_i} K \frac{\partial \theta}{\partial x_i} + \rho Q. \qquad (1.1.16)$$

方程 (1.1.15) 中右端第一项根据应力张量的对称性可以写成 $\frac{\partial \pi_{ij}}{\partial x_j}$. 方程 (1.1.14)—(1.1.16) 的向量形式为

$$\frac{\partial \rho}{\partial t} + \nabla \cdot \rho \boldsymbol{u} = 0, \qquad (1.1.14)'$$

$$\frac{\partial \rho \boldsymbol{u}}{\partial t} + \nabla \cdot \rho \boldsymbol{u}\boldsymbol{u} = \nabla \cdot \boldsymbol{\Pi} + \rho \boldsymbol{F}, \qquad (1.1.15)'$$

$$\frac{\partial \rho E}{\partial t} + \nabla \cdot \rho E \boldsymbol{u} = \nabla \cdot (\boldsymbol{\Pi} \cdot \boldsymbol{u}) + \rho \boldsymbol{u} \cdot \boldsymbol{F}$$

$$+ \nabla \cdot (K \nabla \theta) + \rho Q, \qquad (1.1.16)'$$

其中动量守恒方程 (1.1.15)′, 左端第二项出现的 $\boldsymbol{uu}$ 为并矢张量.

方程 (1.1.15) 右端第一项中的应力张量分量用 (1.1.2) 代入后,则动量守恒方程可写成

$$\frac{\partial \rho u_i}{\partial t} + \frac{\partial \rho u_i u_j}{\partial x_j} = -\frac{\partial p}{\partial x_i} + \frac{\partial \tau_{ij}}{\partial x_j} + \rho F_i, \quad i = 1, 2, 3. \qquad (1.1.17)$$

将左端乘积的微商展开,并利用质量守恒方程 (1.1.14), 动量守恒

方程还可以写成如下的形式:

$$\frac{\partial u_i}{\partial t}+u_j\frac{\partial u_i}{\partial x_j}=-\frac{1}{\rho}\frac{\partial p}{\partial x_i}+\frac{1}{\rho}\frac{\partial \tau_{ij}}{\partial x_j}+F_i,\ i=1,2,3. \tag{1.1.18}$$

再将粘性应力张量各分量的表达式 (1.1.3) 代入上式,则得

$$\begin{aligned}\frac{\partial u_i}{\partial t}+u_j\frac{\partial u_i}{\partial x_j}=&-\frac{1}{\rho}\frac{\partial p}{\partial x_i}\\&+\frac{1}{\rho}\frac{\partial}{\partial x_j}\left[\mu\left(\frac{\partial u_i}{\partial x_j}+\frac{\partial u_j}{\partial x_i}\right)\right]+\frac{1}{\rho}\frac{\partial}{\partial x_i}\left[\left(\mu'-\frac{2}{3}\mu\right)\right.\\&\left.\times\frac{\partial u_j}{\partial x_j}\right]+F_i,\ i=1,2,3.\end{aligned} \tag{1.1.19}$$

可以看到，粘性应力对流体速度改变所作的贡献在微分形式的动量守恒方程中是以速度分量的二阶导数项的形式出现的．当 μ 和 μ' 为常数时,我们有

$$\begin{aligned}\frac{\partial \tau_{ij}}{\partial x_j}&=\mu\frac{\partial^2 u_i}{\partial x_j\partial x_j}+\mu\frac{\partial}{\partial x_j}\frac{\partial u_j}{\partial x_i}+\left(\mu'-\frac{2}{3}\mu\right)\frac{\partial}{\partial x_i}\frac{\partial u_j}{\partial x_j}\\&=\mu\Delta u_i+\left(\mu'+\frac{1}{3}\mu\right)\frac{\partial}{\partial x_i}(\nabla\cdot\boldsymbol{u}),\end{aligned}$$

这里 Δ 是 Laplace 算子．根据向量运算关系

$$\Delta\boldsymbol{f}=\nabla(\nabla\cdot\boldsymbol{f})-\nabla\times(\nabla\times\boldsymbol{f}),$$

$$(\boldsymbol{f}\cdot\nabla)\boldsymbol{f}=\frac{1}{2}\nabla(\boldsymbol{f}\cdot\boldsymbol{f})+\boldsymbol{f}\times(\nabla\times\boldsymbol{f}),$$

则方程 (1.1.19) 还可以写成向量形式:

$$\begin{aligned}\frac{\partial \boldsymbol{u}}{\partial t}+\frac{1}{2}\nabla(\boldsymbol{u}\cdot\boldsymbol{u})+\boldsymbol{u}\times(\nabla\times\boldsymbol{u})=&-\frac{1}{\rho}\nabla p\\&+\frac{1}{\rho}\left(\mu'+\frac{4}{3}\mu\right)\nabla(\nabla\cdot\boldsymbol{u})-\frac{1}{\rho}\mu\nabla\times(\nabla\times\boldsymbol{u})+\boldsymbol{F}.\end{aligned} \tag{1.1.20}$$

同样地,如果利用质量守恒方程和动量守恒方程,可以将能量守恒方程 (1.1.16) 写成关于内能 e 的方程

$$\frac{\partial \rho e}{\partial t}+\frac{\partial \rho e u_i}{\partial x_i}=\pi_{ij}\frac{\partial u_j}{\partial x_i}+\frac{\partial}{\partial x_i}K\frac{\partial \theta}{\partial x_i}+\rho Q, \tag{1.1.21}$$

或

$$\frac{\partial e}{\partial t}+u_i\frac{\partial e}{\partial x_i}=\frac{1}{\rho}\pi_{ij}\frac{\partial u_j}{\partial x_i}+\frac{1}{\rho}\frac{\partial}{\partial x_i}K\frac{\partial\theta}{\partial x_i}+Q. \qquad (1.1.22)$$

利用 (1.1.2)，便得

$$\frac{\partial e}{\partial t}+u_i\frac{\partial e}{\partial x_i}=-\frac{1}{\rho}p\frac{\partial u_i}{\partial x_i}+\frac{1}{\rho}\tau_{ij}\frac{\partial u_j}{\partial x_i}$$

$$+\frac{1}{\rho}\frac{\partial}{\partial x_i}K\frac{\partial\theta}{\partial x_i}+Q. \qquad (1.1.23)$$

用耗散函数Φ表示粘性耗散所产生的热量，即有

$$\Phi=\tau_{ij}\frac{\partial u_j}{\partial x_i}=\left[\mu\left(\frac{\partial u_i}{\partial x_j}+\frac{\partial u_j}{\partial x_i}\right)\right.$$

$$\left.+\left(\mu'-\frac{2}{3}\mu\right)\delta_{ij}\frac{\partial u_k}{\partial x_k}\right]\frac{\partial u_j}{\partial x_i}$$

$$=\mu\frac{1}{2}\left(\frac{\partial u_i}{\partial x_j}+\frac{\partial u_j}{\partial x_i}\right)^2+\left(\mu'-\frac{2}{3}\mu\right)\left(\frac{\partial u_i}{\partial x_i}\right)^2,$$

其中第一项，除去因子μ以外，恰恰是应变张量九个元素平方之和的两倍．这样一来，关于内能e的方程的向量形式为

$$\frac{\partial e}{\partial t}+\boldsymbol{u}\cdot\nabla e=-\frac{1}{\rho}p\nabla\cdot\boldsymbol{u}+\frac{1}{\rho}\Phi+\frac{1}{\rho}\nabla\cdot K\nabla\theta+Q. \qquad (1.1.24)$$

如果我们只考虑理想流体，则在 Euler 坐标系中非定常可压缩理想流体力学方程组为

$$\frac{\partial\rho}{\partial t}+\frac{\partial\rho u_i}{\partial x_i}=0,$$

$$\frac{\partial\rho u_i}{\partial t}+\frac{\partial\rho u_i u_j}{\partial x_j}=-\frac{\partial p}{\partial x_i}+\rho F_i,\ i=1,2,3,$$

$$\frac{\partial\rho E}{\partial t}+\frac{\partial\rho E u_i}{\partial x_i}=-\frac{\partial p u_i}{\partial x_i}+\rho u_i F_i+\rho Q.$$

如果没有外源(即 $Q=0$)，并忽略体积力$\boldsymbol{F}$不计，则得方程组

$$\frac{\partial\rho}{\partial t}+\frac{\partial\rho u_i}{\partial x_i}=0, \qquad (1.1.25)$$

$$\frac{\partial \rho u_i}{\partial t}+\frac{\partial \rho u_i u_j}{\partial x_j}=-\frac{\partial p}{\partial x_i},\ i=1,2,3, \tag{1.1.26}$$

$$\frac{\partial \rho E}{\partial t}+\frac{\partial \rho E u_i}{\partial x_i}=-\frac{\partial p u_i}{\partial x_i}. \tag{1.1.27}$$

这组方程的向量形式为

$$\frac{\partial \rho}{\partial t}+\nabla\cdot\rho\boldsymbol{u}=0, \tag{1.1.25$'$}$$

$$\frac{\partial \rho \boldsymbol{u}}{\partial t}+\nabla\cdot\rho\boldsymbol{u}\boldsymbol{u}=-\nabla p, \tag{1.1.26$'$}$$

$$\frac{\partial \rho E}{\partial t}+\nabla\cdot\rho E\boldsymbol{u}=-\nabla\cdot p\boldsymbol{u}, \tag{1.1.27$'$}$$

其中 (1.1.26)′ 左端第二项中出现的 $\boldsymbol{uu}$ 为并矢张量. 方程组 (1.1.25)—(1.1.27) 称为 Euler 坐标系中的守恒形式的理想流体力学方程组. 它还可以写成非守恒的形式

$$\frac{\partial \rho}{\partial t}+u_i\frac{\partial \rho}{\partial x_i}+\rho\frac{\partial u_i}{\partial x_i}=0, \tag{1.1.28}$$

$$\frac{\partial u_i}{\partial t}+u_j\frac{\partial u_i}{\partial x_j}=-\frac{1}{\rho}\frac{\partial p}{\partial x_i},\ i=1,2,3, \tag{1.1.29}$$

$$\frac{\partial e}{\partial t}+u_i\frac{\partial e}{\partial x_i}=-\frac{1}{\rho}p\frac{\partial u_i}{\partial x_i}. \tag{1.1.30}$$

方程 (1.1.28)—(1.1.30) 的左端具有完全相同的运算形式,即是微分算子

$$\frac{\partial}{\partial t}+u_i\frac{\partial}{\partial x_i}$$

分别作用在 ρ、$\boldsymbol{u}$、e 上的结果. 由于对于函数 $f(\boldsymbol{x},t)$ 来说,全微分 df 为

$$df=\frac{\partial f}{\partial t}dt+\frac{\partial f}{\partial x_i}dx_i.$$

因而当 x_i 为 t 的函数时,就有

$$\frac{df}{dt}=\frac{\partial f}{\partial t}+\frac{\partial f}{\partial x_i}\frac{dx_i}{dt}.$$

现在来讨论一种特殊的情况. 如果取 dx_i 和 dt 满足关系式

$$\frac{dx_i}{dt}=u_i, \quad i=1,2,3 \tag{1.1.31}$$

就有

$$\frac{df}{dt}=\frac{\partial f}{\partial t}+u_i\frac{\partial f}{\partial x_i},$$

这里 $\frac{df}{dt}$ 就是函数 f 沿着流体运动的方向随时间的变化率．这个对时间的导数称为 Lagrange 时间导数． 利用 Lagrange 时间导数的符号，方程 (1.1.28)—(1.1.30) 还可以写成

$$\frac{d\rho}{dt}=-\rho\frac{\partial u_i}{\partial x_i}, \tag{1.1.32}$$

$$\frac{du_i}{dt}=-\frac{1}{\rho}\frac{\partial p}{\partial x_i}, \ i=1,2,3, \tag{1.1.33}$$

$$\frac{de}{dt}=-\frac{1}{\rho}p\frac{\partial u_i}{\partial x_i}, \tag{1.1.34}$$

采用向量符号，并将 (1.1.32) 代入 (1.1.34)，便得流体力学方程组

$$\frac{d\rho}{dt}=-\rho\nabla\cdot\boldsymbol{u}, \tag{1.1.35}$$

$$\frac{d\boldsymbol{u}}{dt}=-\frac{1}{\rho}\nabla p, \tag{1.1.36}$$

$$\frac{de}{dt}+p\frac{d}{dt}\frac{1}{\rho}=0. \tag{1.1.37}$$

对于没有外源的流体运动，能量方程 (1.1.37) 等价于热力学第一定律．

在本节中我们给出了 Descartes 三维坐标系中的流体力学方程的各种形式．有时我们也考虑二维问题，即力学量 ρ、$\boldsymbol{u}$、E（或 e）、p 等都只是 x_1, x_2, t 的函数，而与 x_3 无关，同时速度向量 $\boldsymbol{u}$ 在 x_3 方向的分量为零．这时二维 Descartes 坐标系中的非定常可压缩理想流体力学方程组也可以写成 (1.1.25)—(1.1.27)，(1.1.28)—(1.1.30) 或 (1.1.32)—(1.1.34) 等形式，只是其中对 i 的求和约定改为对 i 从 1 到 2 求和就是了． 同时很显然不必建立关于 u_3 的方程． 至于其向量形式，则与 (1.1.25)′—(1.1.27)′ 或 (1.1.35)—(1.1.37)完全一样，只是其中所有的向量都是二维向量．

§2 曲线坐标系中的流体力学方程组

在很多情况下采用曲线坐标系要比采用 Descartes 直角坐标系来得方便. 例如求解一个球对称的系统,如果采用球面坐标系,就可以将一个三维问题化作一个一维问题,即各力学量除了依赖于时间变量 t 以外,只依赖于一个空间变量——向径的长度 r. 同样在求解柱对称系统时,采用柱面坐标系就可将三维问题化作二维问题来解. 因此下面要推出在曲线坐标系中的流体力学方程组,特别是在柱面和球面坐标系中的方程.

设 $\xi_\alpha, \xi_\beta, \xi_\gamma$ 为正交曲线坐标,它们和直角坐标 x_1, x_2, x_3 之间存在着坐标变换

$$x_i = x_i(\xi_\alpha, \xi_\beta, \xi_\gamma), \quad i = 1, 2, 3$$

的关系. 假定在所考虑的区域内,这样的坐标变换是一一对应的,即坐标变换的 Jacobi 矩阵不等于零:

$$\frac{\partial(x_1, x_2, x_3)}{\partial(\xi_\alpha, \xi_\beta, \xi_\gamma)} \neq 0.$$

于是可以解出 $\xi_\alpha, \xi_\beta, \xi_\gamma$ 来:

$$\xi_\nu = \xi_\nu(x_1, x_2, x_3), \quad \nu = \alpha, \beta, \gamma.$$

定义 Lame 系数

$$h_\nu = \left[\sum_{i=1}^{3}\left(\frac{\partial x_i}{\partial \xi_\nu}\right)^2\right]^{\frac{1}{2}}, \quad \nu = \alpha, \beta, \gamma.$$

这样就可以写出在曲线坐标系中标量函数 ϕ 的梯度表达式

$$\nabla\phi = \frac{1}{h_\alpha}\frac{\partial\phi}{\partial\xi_\alpha}\boldsymbol{j}_\alpha + \frac{1}{h_\beta}\frac{\partial\phi}{\partial\xi_\beta}\boldsymbol{j}_\beta + \frac{1}{h_\gamma}\frac{\partial\phi}{\partial\xi_\gamma}\boldsymbol{j}_\gamma, \tag{1.2.1}$$

其中 $\boldsymbol{j}_\alpha, \boldsymbol{j}_\beta, \boldsymbol{j}_\gamma$ 为曲线坐标系中沿 $\xi_\alpha, \xi_\beta, \xi_\gamma$ 的单位切向量; 对于向量函数 $\boldsymbol{f}$ 的旋度表达式为

$$\begin{aligned}\nabla\times\boldsymbol{f} = &\frac{1}{h_\beta h_\gamma}\left[\frac{\partial}{\partial\beta}(h_\gamma f_\gamma) - \frac{\partial}{\partial\gamma}(h_\beta f_\beta)\right]\boldsymbol{j}_\alpha \\ &+ \frac{1}{h_\gamma h_\alpha}\left[\frac{\partial}{\partial\gamma}(h_\alpha f_\alpha) - \frac{\partial}{\partial\alpha}(h_\gamma f_\gamma)\right]\boldsymbol{j}_\beta\end{aligned}$$

$$+\frac{1}{h_\alpha h_\beta}\left[\frac{\partial}{\partial\alpha}(h_\beta f_\beta)-\frac{\partial}{\partial\beta}(h_\alpha f_\alpha)\right]\boldsymbol{j}_\gamma;\qquad(1.2.2)$$

其中 $f_\alpha, f_\beta, f_\gamma$ 是向量 $\boldsymbol{f}$ 在曲线坐标系中的三个分量；同样，向量函数 $\boldsymbol{f}$ 的散度表达式为

$$\nabla\cdot\boldsymbol{f}=\frac{1}{h_\alpha h_\beta h_\gamma}\left[\frac{\partial}{\partial\xi_\alpha}(f_\alpha h_\beta h_\gamma)+\frac{\partial}{\partial\xi_\beta}(f_\beta h_\gamma h_\alpha)+\frac{\partial}{\partial\xi_\gamma}(f_\gamma h_\alpha h_\beta)\right].\qquad(1.2.3)$$

由于在动量守恒方程中出现应力张量的散度，因此要写出在正交曲线坐标系中张量 $\boldsymbol{T}$

$$\boldsymbol{T}=\begin{pmatrix}T_{\alpha\alpha} & T_{\alpha\beta} & T_{\alpha\gamma}\\ T_{\beta\alpha} & T_{\beta\beta} & T_{\beta\gamma}\\ T_{\gamma\alpha} & T_{\gamma\beta} & T_{\gamma\gamma}\end{pmatrix}$$

的散度的三个分量：

$$\begin{aligned}(\nabla\cdot\boldsymbol{T})_\alpha=&\frac{1}{h_\alpha h_\beta h_\gamma}\left[\frac{\partial T_{\alpha\alpha}h_\beta h_\gamma}{\partial\xi_\alpha}+\frac{\partial T_{\beta\alpha}h_\gamma h_\alpha}{\partial\xi_\beta}+\frac{\partial T_{\gamma\alpha}h_\alpha h_\beta}{\partial\xi_\gamma}\right]\\&+\frac{T_{\alpha\beta}}{h_\alpha h_\beta}\frac{\partial h_\alpha}{\partial\xi_\beta}+\frac{T_{\alpha\gamma}}{h_\alpha h_\gamma}\frac{\partial h_\alpha}{\partial\xi_\gamma}-\frac{T_{\beta\beta}}{h_\alpha h_\beta}\frac{\partial h_\beta}{\partial\xi_\alpha}\\&-\frac{T_{\gamma\gamma}}{h_\alpha h_\gamma}\frac{\partial h_\gamma}{\partial\xi_\alpha},\\(\nabla\cdot\boldsymbol{T})_\beta=&\frac{1}{h_\alpha h_\beta h_\gamma}\left[\frac{\partial T_{\alpha\beta}h_\beta h_\gamma}{\partial\xi_\alpha}+\frac{\partial T_{\beta\beta}h_\gamma h_\alpha}{\partial\xi_\beta}+\frac{\partial T_{\gamma\beta}h_\alpha h_\beta}{\partial\xi_\gamma}\right]\\&+\frac{T_{\beta\alpha}}{h_\alpha h_\beta}\frac{\partial h_\beta}{\partial\xi_\alpha}+\frac{T_{\beta\gamma}}{h_\beta h_\gamma}\frac{\partial h_\beta}{\partial\xi_\gamma}-\frac{T_{\alpha\alpha}}{h_\alpha h_\beta}\frac{\partial h_\alpha}{\partial\xi_\beta}\\&-\frac{T_{\gamma\gamma}}{h_\beta h_\gamma}\frac{\partial h_\gamma}{\partial\xi_\beta},\qquad(1.2.4)\\(\nabla\cdot\boldsymbol{T})_\gamma=&\frac{1}{h_\alpha h_\beta h_\gamma}\left[\frac{\partial T_{\alpha\gamma}h_\beta h_\gamma}{\partial\xi_\alpha}+\frac{\partial T_{\beta\gamma}h_\gamma h_\alpha}{\partial\xi_\beta}+\frac{\partial T_{\gamma\gamma}h_\alpha h_\beta}{\partial\xi_\gamma}\right]\\&+\frac{T_{\gamma\alpha}}{h_\gamma h_\alpha}\frac{\partial h_\gamma}{\partial\xi_\alpha}+\frac{T_{\gamma\beta}}{h_\beta h_\gamma}\frac{\partial h_\gamma}{\partial\xi_\beta}-\frac{T_{\alpha\alpha}}{h_\alpha h_\gamma}\frac{\partial h_\alpha}{\partial\xi_\gamma}\\&-\frac{T_{\beta\beta}}{h_\beta h_\gamma}\frac{\partial h_\beta}{\partial\xi_\gamma},\end{aligned}$$

此外，从(1.1.3)可知，粘性应力张量的各元素可以由应变张量各元素表示. 因此要求出在曲线坐标系中应变张量

$$\begin{pmatrix} \varepsilon_\alpha & \frac{1}{2}\theta_\gamma & \frac{1}{2}\theta_\beta \\ \frac{1}{2}\theta_\gamma & \varepsilon_\beta & \frac{1}{2}\theta_\alpha \\ \frac{1}{2}\theta_\beta & \frac{1}{2}\theta_\alpha & \varepsilon_\gamma \end{pmatrix}$$

各元素的表达式(详细推导参见 Кочин, Кибель, Розе (1963))，即

$$\begin{aligned} \varepsilon_\alpha &= \frac{1}{h_\alpha}\frac{\partial u_\alpha}{\partial \xi_\alpha} + \frac{u_\beta}{h_\alpha h_\beta}\frac{\partial h_\alpha}{\partial \xi_\beta} + \frac{u_\gamma}{h_\alpha h_\gamma}\frac{\partial h_\alpha}{\partial \xi_\gamma}, \\ \varepsilon_\beta &= \frac{u_\alpha}{h_\beta h_\alpha}\frac{\partial h_\beta}{\partial \xi_\alpha} + \frac{1}{h_\beta}\frac{\partial u_\beta}{\partial \xi_\beta} + \frac{u_\gamma}{h_\beta h_\gamma}\frac{\partial h_\beta}{\partial \xi_\gamma}, \\ \varepsilon_\gamma &= \frac{u_\alpha}{h_\gamma h_\alpha}\frac{\partial h_\gamma}{\partial \xi_\alpha} + \frac{u_\beta}{h_\gamma h_\beta}\frac{\partial h_\gamma}{\partial \xi_\beta} + \frac{1}{h_\gamma}\frac{\partial u_\gamma}{\partial \xi_\gamma}, \end{aligned} \tag{1.2.5}$$

$$\begin{aligned} \theta_\alpha &= \frac{h_\gamma}{h_\beta}\frac{\partial}{\partial \xi_\beta}\frac{u_\gamma}{h_\gamma} + \frac{h_\beta}{h_\gamma}\frac{\partial}{\partial \xi_\gamma}\frac{u_\beta}{h_\beta}, \\ \theta_\beta &= \frac{h_\alpha}{h_\gamma}\frac{\partial}{\partial \xi_\gamma}\frac{u_\alpha}{h_\alpha} + \frac{h_\gamma}{h_\alpha}\frac{\partial}{\partial \xi_\alpha}\frac{u_\gamma}{h_\gamma}, \\ \theta_\gamma &= \frac{h_\beta}{h_\alpha}\frac{\partial}{\partial \xi_\alpha}\frac{u_\beta}{h_\beta} + \frac{h_\alpha}{h_\beta}\frac{\partial}{\partial \xi_\beta}\frac{u_\alpha}{h_\alpha}. \end{aligned} \tag{1.2.6}$$

下面首先考虑球坐标系中的流体力学方程组. 球坐标 r, φ, ω 与直角坐标 x_1, x_2, x_3 之间的变换关系式为:

$$\begin{aligned} x_1 &= r\sin\varphi\cos\omega, \\ x_2 &= r\sin\varphi\sin\omega, \\ x_3 &= r\cos\varphi, \end{aligned}$$

及

$$\begin{aligned} r &= \sqrt{x_1^2 + x_2^2 + x_3^2}, \\ \varphi &= \operatorname{arc\,tg}\frac{\sqrt{x_1^2 + x_2^2}}{x_3}, \qquad 0 \leqslant \varphi \leqslant \pi, \\ \omega &= \operatorname{arc\,tg}\frac{x_2}{x_1}, \qquad 0 \leqslant \omega \leqslant 2\pi. \end{aligned}$$

如果分别令 r, φ, ω 为 $\xi_\alpha, \xi_\beta, \xi_\tau$，则

$$h_r = 1,\ h_\varphi = r,\ h_\omega = r\sin\varphi.$$

从 (1.2.1)—(1.2.3) 可得出在球坐标系中的梯度、旋度与散度表达式

$$\nabla\phi = \frac{\partial\phi}{\partial r}\boldsymbol{j}_r + \frac{1}{r}\frac{\partial\phi}{\partial\varphi}\boldsymbol{j}_\varphi + \frac{1}{r\sin\varphi}\frac{\partial\phi}{\partial\omega}\boldsymbol{j}_\omega,$$

$$\begin{aligned}\nabla\times\boldsymbol{f} = &\frac{1}{r\sin\varphi}\left[\frac{\partial}{\partial\varphi}(f_\omega\sin\varphi) - \frac{\partial f_\varphi}{\partial\omega}\right]\boldsymbol{j}_r \\ &+ \left[\frac{1}{r\sin\varphi}\frac{\partial f_r}{\partial\omega} - \frac{1}{r}\frac{\partial}{\partial r}(rf_\omega)\right]\boldsymbol{j}_\varphi \\ &+ \left[\frac{1}{r}\frac{\partial}{\partial r}(rf_\varphi) - \frac{1}{r}\frac{\partial f_r}{\partial\varphi}\right]\boldsymbol{j}_\omega,\end{aligned}$$

$$\begin{aligned}\nabla\cdot\boldsymbol{f} = &\frac{1}{r^2}\frac{\partial}{\partial r}(r^2 f_r) + \frac{1}{r\sin\varphi}\frac{\partial}{\partial\varphi}(f_\varphi\sin\varphi) \\ &+ \frac{1}{r\sin\varphi}\frac{\partial}{\partial\omega}f_\omega.\end{aligned}$$

应力张量散度的三个分量为

$$\begin{aligned}(\nabla\cdot\boldsymbol{\Pi})_r = &-\frac{\partial p}{\partial r} + \frac{\partial\tau_{rr}}{\partial r} + \frac{1}{r}\frac{\partial\tau_{r\varphi}}{\partial\varphi} + \frac{1}{r\sin\varphi}\frac{\partial\tau_{r\omega}}{\partial\omega} \\ &+ \frac{1}{r}(2\tau_{rr} - \tau_{\varphi\varphi} - \tau_{\omega\omega} + \tau_{r\varphi}\mathrm{ctg}\varphi),\end{aligned}$$

$$\begin{aligned}(\nabla\cdot\boldsymbol{\Pi})_\varphi = &-\frac{1}{r}\frac{\partial p}{\partial\varphi} + \frac{\partial\tau_{r\varphi}}{\partial r} + \frac{1}{r}\frac{\partial\tau_{\varphi\varphi}}{\partial\varphi} + \frac{1}{r\sin\varphi}\frac{\partial\tau_{\varphi\omega}}{\partial\omega} \\ &+ \frac{1}{r}[(\tau_{\varphi\varphi} - \tau_{\omega\omega})\mathrm{ctg}\varphi + 3\tau_{r\varphi}],\end{aligned}$$

$$\begin{aligned}(\nabla\cdot\boldsymbol{\Pi})_\omega = &-\frac{1}{r\sin\varphi}\frac{\partial p}{\partial\omega} + \frac{\partial\tau_{r\omega}}{\partial r} + \frac{1}{r}\frac{\partial\tau_{\varphi\omega}}{\partial\varphi} \\ &+ \frac{1}{r\sin\varphi}\frac{\partial\tau_{\omega\omega}}{\partial\omega} + \frac{1}{r}(3\tau_{r\omega} + 2\tau_{\varphi\omega}\mathrm{ctg}\varphi).\end{aligned}$$

而应变张量的各元素根据 (1.2.5) 可得出为

$$\varepsilon_r = \frac{\partial u_r}{\partial r},$$

$$\varepsilon_\varphi = \frac{1}{r}\frac{\partial u_\varphi}{\partial \varphi} + \frac{u_r}{r},$$

$$\varepsilon_\omega = \frac{1}{r\sin\varphi}\frac{\partial u_\omega}{\partial \omega} + \frac{u_r}{r} + \frac{u_\varphi \mathrm{ctg}\varphi}{r},$$

$$\theta_r = \frac{\sin\varphi}{r}\frac{\partial}{\partial\varphi}\left(\frac{u_\omega}{\sin\varphi}\right) + \frac{1}{r\sin\varphi}\frac{\partial u_\varphi}{\partial\omega},$$

$$\theta_\varphi = \frac{1}{r\sin\varphi}\frac{\partial u_r}{\partial\omega} + r\frac{\partial}{\partial r}\left(\frac{u_\omega}{r}\right),$$

$$\theta_\omega = r\frac{\partial}{\partial r}\left(\frac{u_\varphi}{r}\right) + \frac{1}{r}\frac{\partial u_r}{\partial\varphi}.$$

这样，在球坐标系中的质量守恒方程为

$$\frac{\partial\rho}{\partial t} + \frac{1}{r^2}\frac{\partial}{\partial r}(r^2\rho u_r) + \frac{1}{r\sin\varphi}\frac{\partial}{\partial\varphi}(\rho u_\varphi\sin\varphi) + \frac{1}{r\sin\varphi}\frac{\partial}{\partial\omega}(\rho u_\omega) = 0. \tag{1.2.7}$$

至于动量守恒方程，其左端 $(\boldsymbol{u}\cdot\nabla)\boldsymbol{u}$ 的三个分量分别为：

$$\{(\boldsymbol{u}\cdot\nabla)\boldsymbol{u}\}_r = u_r\frac{\partial u_r}{\partial r} + \frac{u_\varphi}{r}\frac{\partial u_r}{\partial\varphi} + \frac{u_\omega}{r\sin\varphi}\frac{\partial u_r}{\partial\omega} - \frac{u_\varphi^2 + u_\omega^2}{r},$$

$$\{(\boldsymbol{u}\cdot\nabla)\boldsymbol{u}\}_\varphi = u_r\frac{\partial u_\varphi}{\partial r} + \frac{u_\varphi}{r}\frac{\partial u_\varphi}{\partial\varphi} + \frac{u_\omega}{r\sin\varphi}\frac{\partial u_\varphi}{\partial\omega} + \frac{u_r u_\varphi}{r} - \frac{u_\omega^2\mathrm{ctg}\varphi}{r},$$

$$\{(\boldsymbol{u}\cdot\nabla)\boldsymbol{u}\}_\omega = u_r\frac{\partial u_\omega}{\partial r} + \frac{u_\varphi}{r}\frac{\partial u_\omega}{\partial\varphi} + \frac{u_\omega}{r\sin\varphi}\frac{\partial u_\omega}{\partial\omega} + \frac{u_r u_\omega}{r} + \frac{u_\varphi u_\omega\mathrm{ctg}\varphi}{r}.$$

可以看出这三个分量的头三项具有相同的微分运算. 因此，为简单起见，定义

$$\frac{D}{Dt} \equiv \frac{\partial}{\partial t} + u_r\frac{\partial}{\partial r} + \frac{u_\varphi}{r}\frac{\partial}{\partial\varphi} + \frac{u_\omega}{r\sin\varphi}\frac{\partial}{\partial\omega} \equiv \frac{\partial}{\partial t} + \boldsymbol{u}\cdot\nabla.$$

于是 (1.1.18) 可以写成

$$\rho\left(\frac{Du_r}{Dt}-\frac{u_\varphi^2+u_\omega^2}{r}\right)=-\frac{\partial p}{\partial r}+\left(\mu'-\frac{2}{3}\mu\right)\frac{\partial}{\partial r}(\nabla\cdot\boldsymbol{u})$$
$$+\mu\left\{2\frac{\partial^2 u_r}{\partial r^2}+\frac{1}{r}\frac{\partial}{\partial\varphi}\left[\frac{\partial u_\varphi}{\partial r}-\frac{u_\varphi}{r}+\frac{1}{r}\frac{\partial u_r}{\partial\varphi}\right]\right.$$
$$+\frac{1}{r\sin\varphi}\frac{\partial}{\partial\omega}\left[\frac{1}{r\sin\varphi}\frac{\partial u_r}{\partial\omega}+\frac{\partial u_\omega}{\partial r}-\frac{u_\omega}{r}\right]+\frac{4}{r}\frac{\partial u_r}{\partial r}$$
$$-\frac{2}{r}\left[\frac{1}{r}\frac{\partial u_\varphi}{\partial\varphi}+\frac{u_r}{r}\right]-\frac{2}{r}\left[\frac{1}{r\sin\varphi}\frac{\partial u_\omega}{\partial\omega}+\frac{u_r}{r}\right.$$
$$\left.\left.+\frac{u_\varphi\operatorname{ctg}\varphi}{r}\right]+\frac{\operatorname{ctg}\varphi}{r}\left[\frac{\partial u_\varphi}{\partial r}-\frac{u_\varphi}{r}+\frac{1}{r}\frac{\partial u_r}{\partial\varphi}\right]\right\}+\rho F_r,\tag{1.2.8}$$

$$\rho\left(\frac{Du_\varphi}{Dt}+\frac{u_r u_\varphi}{r}-\frac{u_\omega^2\operatorname{ctg}\varphi}{r}\right)=-\frac{1}{r}\frac{\partial p}{\partial\varphi}+\left(\mu'-\frac{2}{3}\mu\right)$$
$$\times\frac{1}{r}\frac{\partial}{\partial\varphi}(\nabla\cdot\boldsymbol{u})+\mu\left\{\frac{\partial}{\partial r}\left[\frac{\partial u_\varphi}{\partial r}-\frac{u_\varphi}{r}+\frac{1}{r}\frac{\partial u_r}{\partial\varphi}\right]\right.$$
$$+\frac{2}{r}\frac{\partial}{\partial\varphi}\left[\frac{1}{r}\frac{\partial u_\varphi}{\partial\varphi}+\frac{u_r}{r}\right]+\frac{1}{r\sin\varphi}\frac{\partial}{\partial\omega}\left[\frac{1}{r}\frac{\partial u_\omega}{\partial\varphi}\right.$$
$$\left.-\frac{u_\omega\operatorname{ctg}\varphi}{r}+\frac{1}{r\sin\varphi}\frac{\partial u_\varphi}{\partial\omega}\right]+\frac{1}{r}\left[2\left(\frac{1}{r}\frac{\partial u_\varphi}{\partial\varphi}\right.\right.$$
$$\left.-\frac{1}{r\sin\varphi}\frac{\partial u_\omega}{\partial\omega}-\frac{u_\varphi\operatorname{ctg}\varphi}{r}\right)\operatorname{ctg}\varphi+3\left(\frac{\partial u_\varphi}{\partial r}-\frac{u_\varphi}{r}\right.$$
$$\left.\left.\left.+\frac{1}{r}\frac{\partial u_r}{\partial\varphi}\right)\right]\right\}+\rho F_\varphi,\tag{1.2.9}$$

$$\rho\left(\frac{Du_\omega}{Dt}+\frac{u_r u_\omega+u_\varphi u_\omega\operatorname{ctg}\varphi}{r}\right)=-\frac{1}{r\sin\varphi}\frac{\partial p}{\partial\omega}$$
$$+\left(\mu'-\frac{2}{3}\mu\right)\frac{1}{r\sin\varphi}\frac{\partial}{\partial\omega}(\nabla\cdot\boldsymbol{u})+\mu\left\{\frac{\partial}{\partial r}\left[\frac{1}{r\sin\varphi}\right.\right.$$
$$\left.\times\frac{\partial u_r}{\partial\omega}+\frac{\partial u_\omega}{\partial r}-\frac{u_\omega}{r}\right]+\frac{1}{r^2}\frac{\partial}{\partial\varphi}\left[\frac{\partial u_\omega}{\partial\varphi}-u_\omega\operatorname{ctg}\varphi\right.$$
$$\left.+\frac{1}{\sin\varphi}\frac{\partial u_\varphi}{\partial\omega}\right]+\frac{2}{r^2\sin\varphi}\frac{\partial}{\partial\omega}\left[\frac{1}{\sin\varphi}\frac{\partial u_\omega}{\partial\omega}+u_r\right.$$

$$+u_\varphi \operatorname{ctg}\varphi\Bigg]+\frac{1}{r}\Bigg[3\left(\frac{1}{r\sin\varphi}\frac{\partial u_r}{\partial\omega}+\frac{\partial u_\omega}{\partial r}-\frac{u_\omega}{r}\right)$$

$$+2\left(\frac{1}{r}\frac{\partial u_\omega}{\partial\varphi}-\frac{u_\omega \operatorname{ctg}\varphi}{r}+\frac{1}{r\sin\varphi}\frac{\partial u_\varphi}{\partial\omega}\right)\operatorname{ctg}\varphi\Bigg]\Bigg\}+\rho F_\omega. \tag{1.2.10}$$

我们利用在球面坐标系中的关系式

$$\Delta f=\frac{1}{r^2}\frac{\partial}{\partial r}\left(r^2\frac{\partial f}{\partial r}\right)+\frac{1}{r^2\sin\varphi}\frac{\partial}{\partial\varphi}\left(\sin\varphi\frac{\partial f}{\partial\varphi}\right)$$

$$+\frac{1}{r^2\sin^2\varphi}\frac{\partial^2 f}{\partial\omega^2},$$

并适当合并若干项，便可将动量守恒方程 (1.2.8)—(1.2.10) 写成如下较为简单的形式：

$$\rho\left(\frac{Du_r}{Dt}-\frac{u_\varphi^2+u_\omega^2}{r}\right)=-\frac{\partial p}{\partial r}+\mu\Delta u_r+\left(\mu'+\frac{1}{3}\mu\right)$$

$$\times\frac{\partial}{\partial r}(\nabla\cdot\boldsymbol{u})-\mu\frac{2}{r^2}\Bigg[u_r+\frac{1}{\sin\varphi}\frac{\partial}{\partial\varphi}(u_\varphi\sin\varphi)$$

$$+\frac{1}{\sin\varphi}\frac{\partial u_\omega}{\partial\omega}\Bigg]+\rho F_r, \tag{1.2.11}$$

$$\rho\left(\frac{Du_\varphi}{Dt}+\frac{u_r u_\varphi-u_\omega^2\operatorname{ctg}\varphi}{r}\right)=-\frac{1}{r}\frac{\partial p}{\partial\varphi}+\mu\Delta u_\varphi$$

$$+\left(\mu'+\frac{1}{3}\mu\right)\frac{1}{r}\frac{\partial}{\partial\varphi}(\nabla\cdot\boldsymbol{u})+\mu\frac{1}{r^2}\Bigg[2\frac{\partial u_r}{\partial\varphi}$$

$$-\frac{1}{\sin^2\varphi}u_\varphi-\frac{2\cos\varphi}{\sin^2\varphi}\frac{\partial u_\omega}{\partial\omega}\Bigg]+\rho F_\varphi, \tag{1.2.12}$$

$$\rho\left(\frac{Du_\omega}{Dt}+\frac{u_r u_\omega+u_\varphi u_\omega\operatorname{ctg}\varphi}{r}\right)=-\frac{1}{r\sin\varphi}\frac{\partial p}{\partial\omega}+\mu\Delta u_\omega$$

$$+\left(\mu'+\frac{1}{3}\mu\right)\frac{1}{r\sin\varphi}\frac{\partial}{\partial\omega}(\nabla\cdot\boldsymbol{u})+\mu\frac{1}{r^2\sin\varphi}\Bigg[2\frac{\partial u_r}{\partial\omega}$$

$$+2\frac{\partial u_\varphi}{\partial\omega}\operatorname{ctg}\varphi+\frac{\partial u_\omega}{\partial\varphi}\cos\varphi-\frac{1}{\sin\varphi}u_\omega\Bigg]+\rho F_\omega. \tag{1.2.13}$$

在球面坐标系中，关于内能的方程 (1.1.22) 或 (1.1.24) 可以写成

$$\rho \frac{De}{Dt} = \frac{1}{r^2}\frac{\partial}{\partial r}\left(r^2 K \frac{\partial \theta}{\partial r}\right) + \frac{1}{r^2 \sin\varphi}\frac{\partial}{\partial \varphi}\left(K \frac{\partial \theta}{\partial \varphi} \sin\varphi\right)$$

$$+ \frac{1}{r^2 \sin^2\varphi}\frac{\partial}{\partial \omega}\left(K \frac{\partial \theta}{\partial \omega}\right) - p\left[\frac{1}{r^2}\frac{\partial}{\partial r}(r^2 u_r) + \frac{1}{r \sin\varphi}\right.$$

$$\left. \times \frac{\partial}{\partial \varphi}(u_\varphi \sin\varphi) + \frac{1}{r \sin\varphi}\frac{\partial u_\omega}{\partial \omega}\right] + \Phi + \rho Q, \qquad (1.2.14)$$

其中

$$\Phi = 2\mu\left(\varepsilon_r^2 + \varepsilon_\varphi^2 + \varepsilon_\omega^2 + \frac{1}{2}\theta_r^2 + \frac{1}{2}\theta_\varphi^2 + \frac{1}{2}\theta_\omega^2\right)$$

$$+ \left(\mu' - \frac{2}{3}\mu\right)(\varepsilon_r + \varepsilon_\varphi + \varepsilon_\omega)^2.$$

对于无外源和无外力(包括质量力)作用的理想流体力学方程组在球面坐标系中的形式，除质量守恒方程 (1.2.7) 保持不变外，动量守恒方程与能量守恒方程 (1.2.11)—(1.2.14) 可以写成

$$\rho\left(\frac{Du_r}{Dt} - \frac{u_\varphi^2 + u_\omega^2}{r}\right) = -\frac{\partial p}{\partial r}, \qquad (1.2.15)$$

$$\rho\left(\frac{Du_\varphi}{Dt} + \frac{u_r u_\varphi - u_\omega^2 \operatorname{ctg}\varphi}{r}\right) = -\frac{1}{r}\frac{\partial p}{\partial \varphi}, \qquad (1.2.16)$$

$$\rho\left(\frac{Du_\omega}{Dt} + \frac{u_r u_\omega + u_\varphi u_\omega \operatorname{ctg}\varphi}{r}\right) = -\frac{1}{r \sin\varphi}\frac{\partial p}{\partial \omega}, \qquad (1.2.17)$$

$$\rho \frac{De}{Dt} = -p\left[\frac{1}{r^2}\frac{\partial}{\partial r}(r^2 u_r) + \frac{1}{r \sin\varphi}\frac{\partial}{\partial \varphi}(u_\varphi \sin\varphi)\right.$$

$$\left. + \frac{1}{r \sin\varphi}\frac{\partial u_\omega}{\partial \omega}\right]. \qquad (1.2.18)$$

在球面坐标系中比较重要的是一维球对称的理想流体力学方程组：

$$\frac{\partial \rho}{\partial t} + \frac{1}{r^2}\frac{\partial}{\partial r} r^2 \rho u = 0, \qquad (1.2.19)$$

$$\frac{\partial u}{\partial t} + u\frac{\partial u}{\partial r} = -\frac{1}{\rho}\frac{\partial p}{\partial r}, \qquad (1.2.20)$$

$$\frac{\partial e}{\partial t} + u\frac{\partial e}{\partial r} = -\frac{p}{\rho}\frac{1}{r^2}\frac{\partial}{\partial r}(r^2 u). \qquad (1.2.21)$$

除了球面坐标系以外，柱面坐标系也是经常用到的一种曲线坐标系．柱坐标 x, r, φ 与直角坐标 x_1, x_2, x_3 之间的变换关系式为

$$x_1 = x,\ x_2 = r\cos\varphi,\ x_3 = r\sin\varphi,$$

及

$$x = x_1,\ r = \sqrt{x_2^2 + x_3^2},\ \varphi = \operatorname{arc\,tg}\frac{x_3}{x_2},\ 0 \leqslant \varphi \leqslant 2\pi.$$

如果分别令 x, r, φ 为 $\xi_\alpha, \xi_\beta, \xi_\gamma$，则

$$h_x = 1,\ h_r = 1,\ h_\varphi = r.$$

于是从 (1.2.1)—(1.2.3) 得出在柱坐标系中的梯度，旋度与散度的表达式：

$$\nabla\phi = \frac{\partial\phi}{\partial x}\boldsymbol{j}_x + \frac{\partial\phi}{\partial r}\boldsymbol{j}_r + \frac{1}{r}\frac{\partial\phi}{\partial\varphi}\boldsymbol{j}_\varphi,$$

$$\nabla\times\boldsymbol{f} = \frac{1}{r}\left[\frac{\partial}{\partial r}(rf_\varphi) - \frac{\partial f_r}{\partial\varphi}\right]\boldsymbol{j}_x + \frac{1}{r}\left[\frac{\partial f_x}{\partial\varphi} - \frac{\partial}{\partial x}(rf_\varphi)\right]\boldsymbol{j}_r + \left[\frac{\partial f_r}{\partial x} - \frac{\partial f_x}{\partial r}\right]\boldsymbol{j}_\varphi,$$

$$\nabla\cdot\boldsymbol{f} = \frac{1}{r}\left[\frac{\partial}{\partial x}(rf_x) + \frac{\partial}{\partial r}(rf_r) + \frac{\partial f_\varphi}{\partial\varphi}\right] = \frac{\partial f_x}{\partial x} + \frac{1}{r}\frac{\partial}{\partial r}(rf_r) + \frac{1}{r}\frac{\partial f_\varphi}{\partial\varphi}.$$

应力张量散度的三个分量为

$$(\nabla\cdot\boldsymbol{\Pi})_x = -\frac{\partial p}{\partial x} + \frac{\partial\tau_{xx}}{\partial x} + \frac{1}{r}\frac{\partial}{\partial r}(r\tau_{rx}) + \frac{1}{r}\frac{\partial\tau_{\varphi x}}{\partial\varphi},$$

$$(\nabla\cdot\boldsymbol{\Pi})_r = -\frac{\partial p}{\partial r} + \frac{\partial\tau_{xr}}{\partial x} + \frac{1}{r}\frac{\partial}{\partial r}(r\tau_{rr}) + \frac{1}{r}\frac{\partial\tau_{\varphi r}}{\partial\varphi} - \frac{\tau_{\varphi\varphi}}{r},$$

$$(\nabla\cdot\boldsymbol{\Pi})_\varphi = -\frac{1}{r}\frac{\partial p}{\partial\varphi} + \frac{\partial\tau_{x\varphi}}{\partial x} + \frac{1}{r}\frac{\partial}{\partial r}(r\tau_{r\varphi}) + \frac{1}{r}\frac{\partial\tau_{\varphi\varphi}}{\partial\varphi} + \frac{\tau_{\varphi r}}{r}.$$

根据 (1.2.5) 应变张量的各元素为

$$\varepsilon_x = \frac{\partial u_x}{\partial x}, \qquad \varepsilon_r = \frac{\partial u_r}{\partial r}, \qquad \varepsilon_\varphi = \frac{1}{r}\frac{\partial u_\varphi}{\partial \varphi} + \frac{u_r}{r},$$

$$\theta_x = r\frac{\partial}{\partial r}\left(\frac{u_\varphi}{r}\right) + \frac{1}{r}\frac{\partial u_r}{\partial \varphi}, \qquad \theta_r = \frac{1}{r}\frac{\partial u_x}{\partial \varphi} + \frac{\partial u_\varphi}{\partial x},$$

$$\theta_\varphi = \frac{\partial u_r}{\partial x} + \frac{\partial u_x}{\partial r}.$$

由此可直接写出在柱坐标系中的质量守恒方程

$$\frac{\partial \rho}{\partial t} + \frac{\partial}{\partial x}(\rho u_x) + \frac{1}{r}\frac{\partial}{\partial r}(r\rho u_r) + \frac{1}{r}\frac{\partial}{\partial \varphi}(\rho u_\varphi) = 0. \tag{1.2.22}$$

动量方程 (1.1.15)′ 的左端除去对时间的微商一项外，第二项的三个分量为

$$(\nabla \cdot \rho \boldsymbol{uu})_x = \frac{\partial}{\partial x}(\rho u_x^2) + \frac{1}{r}\frac{\partial}{\partial r}(r\rho u_x u_r) + \frac{1}{r}\frac{\partial}{\partial \varphi}(\rho u_x u_\varphi),$$

$$(\nabla \cdot \rho \boldsymbol{uu})_r = \frac{\partial}{\partial x}(\rho u_x u_r) + \frac{1}{r}\frac{\partial}{\partial r}(r\rho u_r^2) + \frac{1}{r}\frac{\partial}{\partial \varphi}(\rho u_r u_\varphi) - \frac{\rho u_\varphi u_\varphi}{r},$$

$$(\nabla \cdot \rho \boldsymbol{uu})_\varphi = \frac{\partial}{\partial x}(\rho u_x u_\varphi) + \frac{1}{r}\frac{\partial}{\partial r}(r\rho u_r u_\varphi) + \frac{1}{r}\frac{\partial}{\partial \varphi}(\rho u_\varphi^2) + \frac{\rho u_r u_\varphi}{r}.$$

因此得出柱面坐标系中的动量守恒方程为

$$\frac{\partial \rho u_x}{\partial t} + \frac{\partial}{\partial x}(\rho u_x^2) + \frac{1}{r}\frac{\partial}{\partial r}(r\rho u_x u_r) + \frac{1}{r}\frac{\partial}{\partial \varphi}(\rho u_x u_\varphi) = -\frac{\partial p}{\partial x} +$$

$$\left(\mu' - \frac{2}{3}\mu\right)\frac{\partial}{\partial x}(\nabla \cdot \boldsymbol{u}) + \mu\left\{2\frac{\partial^2 u_x}{\partial x^2} + \right.$$

$$\frac{1}{r}\frac{\partial}{\partial r}r\left(\frac{\partial u_r}{\partial x}+\frac{\partial u_x}{\partial r}\right)+\frac{1}{r}\frac{\partial}{\partial \varphi}\left(\frac{1}{r}\frac{\partial u_x}{\partial \varphi}\right.$$

$$\left.\left.+\frac{\partial u_\varphi}{\partial x}\right)\right\}+F_x,$$

$$\frac{\partial \rho u_r}{\partial t}+\frac{\partial}{\partial x}(\rho u_x u_r)+\frac{1}{r}\frac{\partial}{\partial r}(r\rho u_r^2)+$$

$$\frac{1}{r}\frac{\partial}{\partial \varphi}(\rho u_r u_\varphi)-\frac{\rho u_\varphi^2}{r}=-\frac{\partial p}{\partial r}$$

$$+\left(\mu'-\frac{2}{3}\mu\right)\frac{\partial}{\partial r}(\nabla\cdot\boldsymbol{u})+\mu\left\{\frac{\partial}{\partial x}\left(\frac{\partial u_r}{\partial x}\right.\right.$$

$$\left.+\frac{\partial u_x}{\partial r}\right)+\frac{2}{r}\frac{\partial}{\partial r}\left(r\frac{\partial u_r}{\partial r}\right)+\frac{1}{r}\frac{\partial}{\partial \varphi}\left(r\frac{\partial}{\partial r}\left(\frac{u_\varphi}{r}\right)\right.$$

$$\left.\left.+\frac{1}{r}\frac{\partial u_r}{\partial \varphi}\right)-\frac{2}{r}\left(\frac{1}{r}\frac{\partial u_\varphi}{\partial \varphi}+\frac{u_r}{r}\right)\right\}+F_r,$$

$$\frac{\partial \rho u_\varphi}{\partial t}+\frac{\partial}{\partial x}(\rho u_x u_\varphi)+\frac{1}{r}\frac{\partial}{\partial r}(r\rho u_r u_\varphi)$$

$$+\frac{1}{r}\frac{\partial}{\partial \varphi}(\rho u_\varphi^2)+\frac{\rho u_r u_\varphi}{r}=-\frac{1}{r}\frac{\partial p}{\partial \varphi}$$

$$+\left(\mu'-\frac{2}{3}\mu\right)\frac{1}{r}\frac{\partial}{\partial \varphi}(\nabla\cdot\boldsymbol{u})$$

$$+\mu\left\{\frac{\partial}{\partial x}\left(\frac{1}{r}\frac{\partial u_x}{\partial \varphi}+\frac{\partial u_\varphi}{\partial x}\right)+\right.$$

$$\frac{1}{r}\frac{\partial}{\partial r}\left(r^2\frac{\partial}{\partial r}\left(\frac{u_\varphi}{r}\right)+\frac{\partial u_r}{\partial \varphi}\right)+\frac{2}{r}\frac{\partial}{\partial \varphi}\left(\frac{1}{r}\frac{\partial u_\varphi}{\partial \varphi}\right.$$

$$\left.\left.+\frac{u_r}{r}\right)+\frac{\partial}{\partial r}\left(\frac{u_\varphi}{r}\right)+\frac{1}{r^2}\frac{\partial u_r}{\partial \varphi}\right\}+F_\varphi.$$

由于在柱面坐标系中

$$\Delta\phi=\frac{\partial^2\phi}{\partial x^2}+\frac{1}{r}\frac{\partial}{\partial r}\left(r\frac{\partial \phi}{\partial r}\right)+\frac{1}{r^2}\frac{\partial^2\phi}{\partial \varphi^2},$$

故上述动量守恒方程可写成

$$\frac{\partial \rho u_x}{\partial t}+\frac{\partial}{\partial x}(\rho u_x^2)+\frac{1}{r}\frac{\partial}{\partial r}(r\rho u_x u_r)+\frac{1}{r}\frac{\partial}{\partial \varphi}(\rho u_x u_\varphi)$$

$$= -\frac{\partial p}{\partial x} + \mu\Delta u_x + \left(\mu' + \frac{1}{3}\mu\right)\frac{\partial}{\partial x}(\nabla\cdot\boldsymbol{u}) + F_x,$$

(1.2.23)

$$\frac{\partial\rho u_r}{\partial t} + \frac{\partial}{\partial x}(\rho u_x u_r) + \frac{1}{r}\frac{\partial}{\partial r}(r\rho u_r^2)$$

$$+\frac{1}{r}\frac{\partial}{\partial\varphi}(\rho u_r u_\varphi) - \frac{\rho u_\varphi^2}{r}$$

$$= -\frac{\partial p}{\partial r} + \mu\Delta u_r + \left(\mu' + \frac{1}{3}\mu\right)\frac{\partial}{\partial r}(\nabla\cdot\boldsymbol{u})$$

$$-\mu\left(\frac{2u_r}{r^2} + \frac{2}{r^2}\frac{\partial u_\varphi}{\partial\varphi}\right) + F_r,$$

(1.2.24)

$$\frac{\partial\rho u_\varphi}{\partial t} + \frac{\partial}{\partial x}(\rho u_x u_\varphi) + \frac{1}{r}\frac{\partial}{\partial r}(r\rho u_r u_\varphi)$$

$$+\frac{1}{r}\frac{\partial}{\partial\varphi}(\rho u_\varphi^2) + \frac{\rho u_r u_\varphi}{r}$$

$$= -\frac{1}{r}\frac{\partial p}{\partial\varphi} + \mu\Delta u_\varphi$$

$$+\left(\mu' + \frac{1}{3}\mu\right)\frac{1}{r}\frac{\partial}{\partial\varphi}(\nabla\cdot\boldsymbol{u})$$

$$+\mu\frac{1}{r^2}\left(2\frac{\partial u_r}{\partial\varphi} - u_\varphi\right) + F_\varphi. \tag{1.2.25}$$

关于内能的方程 (1.1.22) 或 (1.1.24) 在柱面坐标系中的形式为

$$\rho\left(\frac{\partial e}{\partial t} + u_x\frac{\partial e}{\partial x} + u_r\frac{\partial e}{\partial r} + u_\varphi\frac{1}{r}\frac{\partial e}{\partial\varphi}\right)$$

$$= \frac{\partial}{\partial x}\left(K\frac{\partial\theta}{\partial x}\right) + \frac{1}{r}\frac{\partial}{\partial r}\left(rK\frac{\partial\theta}{\partial r}\right)$$

$$+\frac{1}{r^2}\frac{\partial}{\partial\varphi}\left(K\frac{\partial\theta}{\partial\varphi}\right) - p\left[\frac{\partial u_x}{\partial x} + \frac{1}{r}\frac{\partial}{\partial r}(ru_r)\right.$$

$$\left.+\frac{1}{r}\frac{\partial u_\varphi}{\partial\varphi}\right] + \Phi + \rho Q, \tag{1.2.26}$$

其中

$$\Phi = 2\mu\left(\varepsilon_x^2 + \varepsilon_r^2 + \varepsilon_\varphi^2 + \frac{1}{2}\theta_x^2 + \frac{1}{2}\theta_r^2 + \frac{1}{2}\theta_\varphi^2\right)$$

$$+\left(\mu' - \frac{2}{3}\mu\right)(\varepsilon_x + \varepsilon_r + \varepsilon_\varphi)^2.$$

对于无外源和无外力作用的理想流体力学方程组在柱面坐标系中的形式除质量守恒方程(1.2.22)保持不变外，动量守恒方程和能量守恒方程 (1.2.23)—(1.2.26) 可以写成

$$\frac{\partial \rho u_x}{\partial t} + \frac{\partial}{\partial x}(\rho u_x^2) + \frac{1}{r}\frac{\partial}{\partial r}(r\rho u_x u_r) + \frac{1}{r}\frac{\partial}{\partial \varphi}(\rho u_x u_\varphi) = -\frac{\partial p}{\partial x}, \tag{1.2.27}$$

$$\frac{\partial \rho u_r}{\partial t} + \frac{\partial}{\partial x}(\rho u_x u_r) + \frac{1}{r}\frac{\partial}{\partial r}(r\rho u_r^2) + \frac{1}{r}\frac{\partial}{\partial \varphi}(\rho u_r u_\varphi) - \frac{\rho u_\varphi^2}{r} = -\frac{\partial p}{\partial r}, \tag{1.2.28}$$

$$\frac{\partial \rho u_\varphi}{\partial t} + \frac{\partial}{\partial x}(\rho u_x u_\varphi) + \frac{1}{r}\frac{\partial}{\partial r}(r\rho u_r u_\varphi) + \frac{1}{r}\frac{\partial}{\partial \varphi}(\rho u_\varphi^2) + \frac{\rho u_r u_\varphi}{r} = -\frac{1}{r}\frac{\partial p}{\partial \varphi}, \tag{1.2.29}$$

$$\rho\left(\frac{\partial e}{\partial t} + u_x\frac{\partial e}{\partial x} + u_r\frac{\partial e}{\partial r} + u_\varphi\frac{1}{r}\frac{\partial e}{\partial \varphi}\right) = -p\left[\frac{\partial u_x}{\partial x} + \frac{1}{r}\frac{\partial}{\partial r}(r u_r) + \frac{1}{r}\frac{\partial u_\varphi}{\partial \varphi}\right]. \tag{1.2.30}$$

将 (1.2.27)—(1.2.29) 左端的导数展开，并利用质量守恒方程(1.2.22)，则可得动量守恒方程的另一种形式：

$$\rho\left(\frac{\partial u_x}{\partial t} + u_x\frac{\partial u_x}{\partial x} + u_r\frac{\partial u_x}{\partial r} + u_\varphi\frac{1}{r}\frac{\partial u_x}{\partial \varphi}\right) = -\frac{\partial p}{\partial x}, \tag{1.2.31}$$

$$\rho\left(\frac{\partial u_r}{\partial t} + u_x\frac{\partial u_r}{\partial x} + u_r\frac{\partial u_r}{\partial r} + u_\varphi\frac{1}{r}\frac{\partial u_r}{\partial \varphi}\right.$$

$$-\frac{u_\varphi^2}{r}\Big)=-\frac{\partial p}{\partial r}, \tag{1.2.32}$$

$$\rho\left(\frac{\partial u_\varphi}{\partial t}+u_x\frac{\partial u_\varphi}{\partial x}+u_r\frac{\partial u_\varphi}{\partial r}+u_\varphi\frac{1}{r}\frac{\partial u_\varphi}{\partial \varphi}\right.$$

$$\left.+\frac{u_r u_\varphi}{r}\right)=-\frac{1}{r}\frac{\partial p}{\partial \varphi}. \tag{1.2.33}$$

而将质量守恒方程 (1.2.22) 乘以 e 后与 (1.2.30) 相加，则可得如下形式的关于内能的方程

$$\frac{\partial \rho e}{\partial t}+\frac{\partial}{\partial x}(\rho e u_x)+\frac{1}{r}\frac{\partial}{\partial r}(r\rho e u_r)+\frac{1}{r}\frac{\partial}{\partial \varphi}(\rho e u_\varphi)$$

$$=-p\left[\frac{\partial u_x}{\partial x}+\frac{1}{r}\frac{\partial}{\partial r}(r u_r)+\frac{1}{r}\frac{\partial u_\varphi}{\partial \varphi}\right]. \tag{1.2.34}$$

在方程 (1.2.31)—(1.2.33) 上分别乘以 u_x, u_r, u_φ，然后相加，则得

$$\rho\left(\frac{\partial}{\partial t}+u_x\frac{\partial}{\partial x}+u_r\frac{\partial}{\partial r}+u_\varphi\frac{1}{r}\frac{\partial}{\partial \varphi}\right)$$

$$\times\left[\frac{1}{2}(u_x^2+u_r^2+u_\varphi^2)\right]$$

$$=-\left(u_x\frac{\partial p}{\partial x}+u_r\frac{\partial p}{\partial r}+u_\varphi\frac{1}{r}\frac{\partial p}{\partial \varphi}\right), \tag{1.2.35}$$

再将质量方程 (1.2.22) 乘以 $\frac{1}{2}(u_x^2+u_r^2+u_\varphi^2)$ 后与 (1.2.35), (1.2.34) 相加，考虑到 $e+\frac{1}{2}(u_x^2+u_r^2+u_\varphi^2)$ 为单位质量的总能量 E，则得柱坐标系中的总能量守恒方程

$$\frac{\partial \rho E}{\partial t}+\frac{\partial \rho E u_x}{\partial x}+\frac{1}{r}\frac{\partial}{\partial r}(r\rho E u_r)+\frac{1}{r}\frac{\partial}{\partial \varphi}(\rho E u_\varphi)$$

$$=-\left[\frac{\partial}{\partial x}(p u_x)+\frac{1}{r}\frac{\partial}{\partial r}(r p u_r)\right.$$

$$\left.+\frac{1}{r}\frac{\partial}{\partial \varphi}(p u_\varphi)\right]. \tag{1.2.36}$$

在柱面坐标系中比较重要的是二维柱对称(即所有的力学量

只是 x, r, t 的函数，而不依赖于 φ，同时 $u_\varphi\equiv 0$) 的理想流体力学方程组：

$$\frac{\partial \rho}{\partial t}+\frac{\partial}{\partial x}\rho u_x+\frac{1}{r}\frac{\partial}{\partial r}r\rho u_r=0, \tag{1.2.37}$$

$$\frac{\partial \rho u_x}{\partial t}+\frac{\partial}{\partial x}\rho u_x^2+\frac{1}{r}\frac{\partial}{\partial r}r\rho u_x u_r=-\frac{\partial p}{\partial x}, \tag{1.2.38}$$

$$\frac{\partial \rho u_r}{\partial t}+\frac{\partial}{\partial x}\rho u_x u_r+\frac{1}{r}\frac{\partial}{\partial r}r\rho u_r^2=-\frac{\partial p}{\partial r}, \tag{1.2.39}$$

$$\begin{aligned}&\frac{\partial \rho E}{\partial t}+\frac{\partial}{\partial x}\rho E u_x+\frac{1}{r}\frac{\partial}{\partial r}r\rho E u_r\\&=-\left[\frac{\partial}{\partial x}pu_x+\frac{1}{r}\frac{\partial}{\partial r}rpu_r\right].\end{aligned} \tag{1.2.40}$$

总能量守恒方程 (1.2.40) 还可以换成与它完全等价的关于内能的方程：

$$\begin{aligned}&\frac{\partial \rho e}{\partial t}+\frac{\partial}{\partial x}\rho e u_x+\frac{1}{r}\frac{\partial}{\partial r}r\rho e u_r\\&=-p\left(\frac{\partial u_x}{\partial x}+\frac{1}{r}\frac{\partial}{\partial r}ru_r\right).\end{aligned} \tag{1.2.41}$$

方程组 (1.2.37)—(1.2.40) 还可以写成如下的形式

$$\frac{\partial \rho}{\partial t}+u_x\frac{\partial \rho}{\partial x}+u_r\frac{\partial \rho}{\partial r}+\rho\left(\frac{\partial u_x}{\partial x}+\frac{1}{r}\frac{\partial}{\partial r}ru_r\right)=0, \tag{1.2.42}$$

$$\rho\left(\frac{\partial u_x}{\partial t}+u_x\frac{\partial u_x}{\partial x}+u_r\frac{\partial u_x}{\partial r}\right)=-\frac{\partial p}{\partial x}, \tag{1.2.43}$$

$$\rho\left(\frac{\partial u_r}{\partial t}+u_x\frac{\partial u_r}{\partial x}+u_r\frac{\partial u_r}{\partial r}\right)=-\frac{\partial p}{\partial r}, \tag{1.2.44}$$

$$\begin{aligned}&\rho\left(\frac{\partial E}{\partial t}+u_x\frac{\partial E}{\partial x}+u_r\frac{\partial E}{\partial r}\right)\\&=-\left(\frac{\partial}{\partial x}pu_x+\frac{1}{r}\frac{\partial}{\partial r}rpu_r\right),\end{aligned} \tag{1.2.45}$$

其中能量方程 (1.2.45) 也可以换成关于内能 e 的方程

$$\rho\left(\frac{\partial e}{\partial t}+u_x\frac{\partial e}{\partial x}+u_r\frac{\partial e}{\partial r}\right)$$

$$=-p\left(\frac{\partial u_x}{\partial x}+\frac{1}{r}\frac{\partial}{\partial r}ru_r\right). \qquad (1.2.46)$$

利用 Lagrange 时间导数的符号，可以在形式上将方程 (1.2.42)—(1.2.46) 简化. 在二维柱对称坐标系中对应于 (1.1.31)，现在取 dx, dr, dt 满足

$$\frac{dx}{dt}=u_x, \qquad \frac{dr}{dt}=u_r, \qquad (1.2.47)$$

于是 Lagrange 时间导数为

$$\frac{d}{dt}=\frac{\partial}{\partial t}+u_x\frac{\partial}{\partial x}+u_r\frac{\partial}{\partial r},$$

这样 (1.2.42)—(1.2.46) 可写成

$$\frac{d\rho}{dt}=-\rho\left(\frac{\partial u_x}{\partial x}+\frac{1}{r}\frac{\partial}{\partial r}ru_r\right),$$

$$\frac{du_x}{dt}=-\frac{1}{\rho}\frac{\partial p}{\partial x},$$

$$\frac{du_r}{dt}=-\frac{1}{\rho}\frac{\partial p}{\partial r},$$

$$\frac{dE}{dt}=-\frac{1}{\rho}\left(\frac{\partial}{\partial x}pu_x+\frac{1}{r}\frac{\partial}{\partial r}rpu_r\right),$$

$$\frac{de}{dt}=-\frac{p}{\rho}\left(\frac{\partial u_x}{\partial x}+\frac{1}{r}\frac{\partial}{\partial r}ru_r\right).$$

利用向量运算的符号，这一组方程可写成

$$\frac{d\rho}{dt}=-\rho\nabla\cdot\boldsymbol{u}, \qquad (1.2.48)$$

$$\frac{d\boldsymbol{u}}{dt}=-\frac{1}{\rho}\nabla p, \qquad (1.2.49)$$

$$\frac{dE}{dt}=-\frac{1}{\rho}\nabla\cdot(p\boldsymbol{u}), \qquad (1.2.50)$$

$$\frac{de}{dt}=-\frac{p}{\rho}\nabla\cdot\boldsymbol{u}, \qquad (1.2.51)$$

其中 (1.2.48), (1.2.49), (1.2.51) 在形式上与 (1.1.35)—(1.1.37) 是完全一致的.

将方程 (1.2.37)—(1.2.40) 两端乘以 r, 然后在 x, r 平面上任一活动区域 $\Omega(t)$ 上对 x 和 r 积分, 从而得到在柱面坐标系中二维柱对称理想流体力学方程组的积分形式. 设 $\Omega(t)$ 边界 $\partial\Omega(t)$ 的速度为 $\boldsymbol{\omega}(x, r, t)=(\omega_x, \omega_r)$. 先看质量守恒方程

$$\iint_{\Omega(t)} \frac{\partial \rho}{\partial t} r d x d r+\iint_{\Omega(t)}\left(\frac{\partial}{\partial x} \rho u_x+\frac{1}{r} \frac{\partial}{\partial r} r \rho u_r\right) r d x d r=0 \tag{1.2.52}$$

左边第一项, 由于积分区域是随时间变化的, 因此在将微分与积分次序掉换时,还必须考虑到积分区域变化的影响. 一般来说,对于任意的光滑函数 $\phi(x, r, t)$, 我们有

$$\frac{d}{d t} \iint_{\Omega(t)} \phi d x d r=\iint_{\Omega(t)} \frac{\partial \phi}{\partial t} d x d r+\oint_{\partial \Omega(t)} \phi \boldsymbol{\omega} \cdot \boldsymbol{n} d l, \tag{1.2.53}$$

其中 $\boldsymbol{n}$ 为曲线 $\partial\Omega(t)$ 的外法线方向的单位向量, $\boldsymbol{\omega}$ 为区域 $\mathscr{D}(t)$ 的边界 $\partial\mathscr{D}(t)$ 的速度, dl 是曲线 $\partial\Omega(t)$ 的长度元. 证明 (1.2.53), 可根据定义

$$\frac{d}{d t} \iint_{\Omega(t)} \phi d x d r=\lim _{\Delta t \rightarrow 0} \frac{1}{\Delta t}\left[\iint_{\Omega(t+\Delta t)} \phi(x, r, t+\Delta t) d x d r-\iint_{\Omega(t)} \phi(x, r, t) d x d r\right], \tag{1.2.54}$$

右端方括号内的两项可写成

$$\begin{aligned}
&\iint_{\Omega(t+\Delta t)} \phi(x, r, t+\Delta t) d x d r-\iint_{\Omega(t+\Delta t)} \phi(x, r, t) d x d r \\
&\quad+\iint_{\Omega(t+\Delta t)} \phi(x, r, t) d x d r-\iint_{\Omega(t)} \phi(x, r, t) d x d r \\
&=\iint_{\Omega(t+\Delta t)}[\phi(x, r, t+\Delta t)-\phi(x, r, t)] d x d r \\
&\quad+\iint_{\Omega(t+\Delta t)} \phi(x, r, t) d x d r
\end{aligned}$$

$$-\iint_{\Omega(t)} \phi(x, r, t)dxdr. \tag{1.2.55}$$

对于第一个积分，先对被积函数利用中值定理，

$$\phi(x, r, t+\Delta t)-\phi(x, r, t)$$
$$=\frac{\partial}{\partial t}\phi(x, r, t)\Big|_{t=t+\lambda\Delta t}\cdot\Delta t,\ 0<\lambda<1.$$

因此

$$\lim_{\Delta t\to 0}\frac{1}{\Delta t}\iint_{\Omega(t+\Delta t)}[\phi(x,r,t+\Delta t)-\phi(x,r,t)]dxdr$$
$$=\lim_{\Delta t\to 0}\iint_{\Omega(t+\Delta t)}\frac{\partial\phi}{\partial t}\Big|_{t=t+\lambda\Delta t}dxdr=\iint_{\Omega(t)}\frac{\partial\phi}{\partial t}dxdr \tag{1.2.56}$$

对于 (1.2.55) 中后两个积分之差，我们首先假定 Δt 取得充分小，以致

$$\Omega(t)\cap\Omega(t+\Delta t)=\Omega_0$$

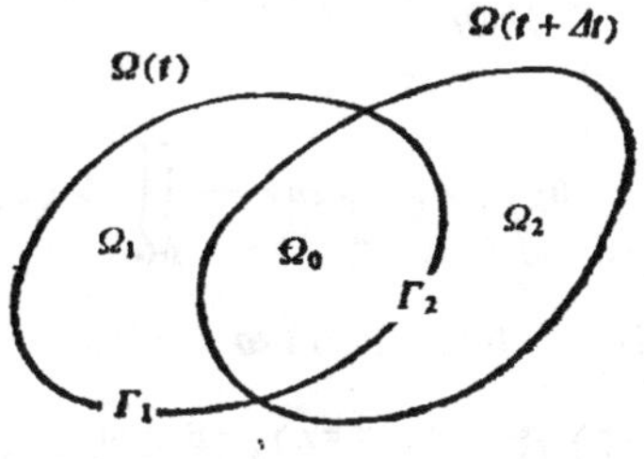

图 1.2.1

不是空集．然后定义

$$\Omega(t)\backslash\Omega_0=\Omega_1,$$
$$\Omega(t+\Delta t)\backslash\Omega_0=\Omega_2,$$

于是显然有

$$\iint_{\Omega(t+\Delta t)}\phi(x, r, t)dxdr-\iint_{\Omega(t)}\phi(x, r, t)dxdr$$
$$=\iint_{\Omega_2}\phi(x, r, t)dxdr-\iint_{\Omega_1}\phi(x, r, t)dxdr.$$

设 $\partial\Omega(t)\cap\Omega(t+\Delta t)=\Gamma_2$，$\partial\Omega(t)\backslash\Gamma_2=\Gamma_1$. 这样，将 $\Omega(t)$ 边界 $\partial\Omega(t)$ 分成互不相交的两部分 Γ_1 及 Γ_2. 在 Δt 时间内，区域 $\Omega(t)$ 内的点通过 Γ_2 上长度元 dl 的面积输运量为 $\boldsymbol{\omega}\cdot\boldsymbol{n}\Delta t dl$，这个微分量可看成是与 Γ_2 上 dl 相对应的 Ω_2 的面元. 因而当 Δt 很小时，有

$$\iint_{\Omega_2}\phi(x,r,t)dxdr=\int_{\Gamma_2}\phi(x,r,t)\boldsymbol{\omega}\cdot\boldsymbol{n}\Delta t dl.$$

同样有

$$\iint_{\Omega_1}\phi(x,r,t)\,dxdr=-\int_{\Gamma_1}\phi(x,r,t)\,\boldsymbol{\omega}\cdot\boldsymbol{n}\Delta t dl,$$

右端积分前的负号是因为我们取法线方向为向外的. 这样一来，使得

$$\iint_{\Omega_2}\phi(x,r,t)dxdr-\iint_{\Omega_1}\phi(x,r,t)\,dxdr$$

$$=\int_{\Gamma_2\cup\Gamma_1}\phi(x,r,t)\,\boldsymbol{\omega}\cdot\boldsymbol{n}\Delta t dl.$$

于是有

$$\lim_{\Delta t\to0}\frac{1}{\Delta t}\left[\iint_{\Omega(t+\Delta t)}\phi(x,r,t)dxdr-\iint_{\Omega(t)}\phi(x,r,t)\,dxdr\right]$$

$$=\oint_{\partial\Omega(t)}\phi(x,r,t)\,\boldsymbol{\omega}\cdot\boldsymbol{n}dl. \tag{1.2.57}$$

将 (1.2.56), (1.2.57) 代入 (1.2.54), 便证明了 (1.2.53).

将 (1.2.53) 中的 ϕ 用 ρr 代替，便得到 (1.2.52) 中左边第一项为

$$\iint_{\Omega(t)}\frac{\partial\rho}{\partial t}rdxdr=\frac{d}{dt}\iint_{\Omega(t)}\rho rdxdr$$

$$-\oint_{\partial\Omega(t)}\rho r\boldsymbol{\omega}\cdot\boldsymbol{n}dl, \tag{1.2.58}$$

利用 Green 公式，(1.2.52)中左端第二个积分可化为

$$\iint_{\Omega(t)}\left(\frac{\partial}{\partial x}\rho ru_x+\frac{\partial}{\partial r}\rho ru_r\right)dxdr=\oint_{\partial\Omega(t)}\rho r\boldsymbol{u}\cdot\boldsymbol{n}dl. \tag{1.2.59}$$

因而得出二维柱对称坐标系中质量守恒方程的积分形式为

$$\frac{d}{dt}\iint_{\Omega(t)} \rho r dx dr = -\oint_{\partial\Omega(t)} r\rho(\boldsymbol{u}-\boldsymbol{\omega})\cdot \boldsymbol{n} dl, \qquad (1.2.60)$$

将这个方程的两端对 φ 从 0 到 2π 求积分，得

$$\frac{d}{dt}\int_0^{2\pi}\iint_{\Omega(t)} \rho r dx dr d\varphi = -\int_0^{2\pi}\oint_{\partial\Omega(t)} r\rho(\boldsymbol{u}-\boldsymbol{\omega})\cdot \boldsymbol{n} dl d\varphi. \qquad (1.2.61)$$

令区域 $\mathscr{D}(t)$ 为 $\Omega(t)$ 绕 x 轴旋转而得的旋转体，考虑到 $rdxdrd\varphi$ 为柱坐标系中的体积元 dV，而 $rdld\varphi$ 为旋转曲面 $\partial\mathscr{D}(t)$ 上的面积元 ds，故 (1.2.61) 可写成

$$\frac{d}{dt}\int_{\mathscr{D}(t)} \rho dV = -\oint_{\partial\mathscr{D}(t)} \rho(\boldsymbol{u}-\boldsymbol{\omega})\cdot \boldsymbol{n} ds, \qquad (1.2.62)$$

这个方程在形式上与(1.1.1)′完全一样，只是要注意到在二维柱对称坐标系中写成这样三维的形式时，其中所有的量 $\rho, \boldsymbol{u}, \boldsymbol{\omega}$ 都是只依赖于 x, r, t 而与角度无关的函数. 同时作为三维向量的 $\boldsymbol{u}$ 和 $\boldsymbol{\omega}$ 在 φ 方向的分量都等于零，并且积分区域 $\mathscr{D}(t)$ 限定为 x, r 平面上的一个区域 $\Omega(t)$ 绕 x 轴旋转而得到的旋转体.

对于动量守恒方程 (1.2.38)，(1.2.39)，我们同样在其两端分别乘以 r 之后进行积分，得出

$$\iint_{\Omega(t)} \frac{\partial \rho u_x}{\partial t} r dx dr + \iint_{\Omega(t)} \left(\frac{\partial}{\partial x}\rho u_x^2 r + \frac{\partial}{\partial r}\rho u_x u_r r\right) dx dr$$
$$= -\iint_{\Omega(t)} \frac{\partial p}{\partial x} r dx dr,$$
$$\iint_{\Omega(t)} \frac{\partial \rho u_r}{\partial t} r dx dr + \iint_{\Omega(t)} \left(\frac{\partial}{\partial x}\rho u_r u_x r + \frac{\partial}{\partial r}\rho u_r^2 r\right) dx dr$$
$$= -\iint_{\Omega(t)} \frac{\partial p}{\partial r} r dx dr.$$

以上两式左边第一项仍利用 (1.2.53)，左边第二项用 Green 公式，则得

$$\frac{d}{dt}\iint_{\Omega(t)} \rho u_x r dx dr = -\oint_{\partial\Omega(t)} \rho u_x(\boldsymbol{u}-\boldsymbol{\omega})\cdot \boldsymbol{n} r dl$$

$$-\iint_{\Omega(t)}\frac{\partial p}{\partial x}rdxdr, \tag{1.2.63}$$

$$\frac{d}{dt}\iint_{\Omega(t)}\rho u_r rdxdr=-\oint_{\partial\Omega(t)}\rho u_r(\boldsymbol{u}-\boldsymbol{\omega})\cdot\boldsymbol{n}rdl$$

$$-\iint_{\Omega(t)}\frac{\partial p}{\partial r}rdxdr. \tag{1.2.64}$$

这两个方程就是二维柱坐标系中的动量守恒方程. 仍和前面关于质量守恒方程的讨论一样，动量守恒方程的积分形式也可以写成

$$\frac{d}{dt}\int_{\varnothing(t)}\rho\boldsymbol{u}dV=-\oint_{\partial\varnothing(t)}\rho\boldsymbol{u}(\boldsymbol{u}-\boldsymbol{\omega})\cdot\boldsymbol{n}ds$$

$$-\int_{\varnothing(t)}\nabla pdV. \tag{1.2.65}$$

最后,对于能量守恒方程 (1.2.40)，可得其积分形式

$$\frac{d}{dt}\iint_{\Omega(t)}\rho Erdxdr=-\oint_{\partial\Omega(t)}\rho E(\boldsymbol{u}-\boldsymbol{\omega})\cdot\boldsymbol{n}rdl$$

$$-\oint_{\partial\Omega(t)}p\boldsymbol{u}\cdot\boldsymbol{n}rdl \tag{1.2.66}$$

或

$$\frac{d}{dt}\int_{\varnothing(t)}\rho EdV=-\oint_{\partial\varnothing(t)}\rho E(\boldsymbol{u}-\boldsymbol{\omega})\cdot\boldsymbol{n}ds$$

$$-\oint_{\partial\varnothing(t)}p\boldsymbol{u}\cdot\boldsymbol{n}ds. \tag{1.2.67}$$

如果对于内能方程 (1.2.41)，则其积分形式为

$$\frac{d}{dt}\iint_{\Omega(t)}\rho erdxdr=-\oint_{\partial\Omega(t)}\rho e(\boldsymbol{u}-\boldsymbol{\omega})\cdot\boldsymbol{n}rdl$$

$$-\iint_{\Omega(t)}(p\nabla\cdot\boldsymbol{u})rdxdr \tag{1.2.68}$$

或

$$\frac{d}{dt}\int_{\varnothing(t)}\rho edV=-\oint_{\partial\varnothing(t)}\rho e(\boldsymbol{u}-\boldsymbol{\omega})\cdot\boldsymbol{n}ds$$

$$-\int_{\varnothing(t)}p\nabla\cdot\boldsymbol{u}dV. \tag{1.2.69}$$

§ 3 Lagrange 坐标系中的方程

上面列出了 Euler 坐标系中流体力学方程特别是非定常可压缩理想流体力学方程的各种形式.流体力学方程组还可以按 Lagrange 观点建立. 所谓 Lagrange 观点，就是研究固定质团的位置，速度和其它力学量的变化. 通常把这样建立起来的方程组称为 Lagrange 坐标系中的流体力学方程组. 我们在这里推导二维 Lagrange 坐标系中的非定常可压缩理想流体力学方程组.

在 § 1 和 § 2 中我们分别介绍了二维 Descartes 直角坐标系和二维柱面对称坐标系中的二维流体力学方程. 现在我们用 (x, y) 表示二维直角坐标系，用 (x, r) 表示二维柱面对称坐标系，但是为方便起见在书写上我们一律记作 (x, r), 并且将 u_x 记作 u, u_r 记作 v. 首先积分 (1.2.47) 得出流线方程

$$\begin{aligned} x &= x(a, b, t), \\ r &= r(a, b, t), \end{aligned} \tag{1.3.1}$$

其中 a, b 是积分常数，譬如，可以取作流线在 $t = t_0$ 时刻的坐标

$$x|_{t=t_0} = a, \qquad r|_{t=t_0} = b,$$

也可以是其它标志不同流线的参量. 把 a, b 当作 Lagrange 空间坐标，这样各力学量就都是 a, b 和 t 的函数，如

$$\rho(x, r, t) = \rho(x(a, b, t), r(a, b, t), t) = \rho(a, b, t)$$

等等. 因而如果固定 a, b 对 t 求偏导数，容易得出

$$\begin{aligned} \frac{\partial}{\partial t}\rho(a, b, t) &= \frac{\partial x}{\partial t}\frac{\partial}{\partial x}\rho(x, r, t) \\ &\quad + \frac{\partial r}{\partial t}\frac{\partial}{\partial r}\rho(x, r, t) \\ &\quad + \frac{\partial}{\partial t}\rho(x, r, t) \\ &= u\frac{\partial \rho}{\partial x} + v\frac{\partial \rho}{\partial r} + \frac{\partial \rho}{\partial t} \end{aligned} \tag{1.3.2}$$

等等.这实际上就是 Lagrange 时间导数.方程 (1.1.35)—(1.1.37) 或 (1.2.48)—(1.2.51) 的右端出现速度 $\boldsymbol{u}$ 的散度和压力 p 的梯度,因而需要推出在 (a, b) 坐标系中散度和梯度的表达式.把 (1.3.1) 看成是从坐标 (a, b) 到 (x, r) 之间的一个变换,那么交换的 Jacobi 矩阵就是

$$J = \frac{\partial(x, r)}{\partial(a, b)}.$$

假设 $J \neq 0$,不难推出

$$\frac{\partial a}{\partial x} = \frac{1}{J}\frac{\partial r}{\partial b}, \qquad \frac{\partial a}{\partial r} = -\frac{1}{J}\frac{\partial x}{\partial b},$$

$$\frac{\partial b}{\partial x} = -\frac{1}{J}\frac{\partial r}{\partial a}, \qquad \frac{\partial b}{\partial r} = \frac{1}{J}\frac{\partial x}{\partial a}.$$

于是函数 $f(x, r)$ 对 x 和 r 的导数就可以分别写成

$$\frac{\partial f}{\partial x} = \frac{\partial a}{\partial x}\frac{\partial f}{\partial a} + \frac{\partial b}{\partial x}\frac{\partial f}{\partial b} = \frac{1}{J}\left(\frac{\partial r}{\partial b}\frac{\partial f}{\partial a} - \frac{\partial r}{\partial a}\frac{\partial f}{\partial b}\right) = \frac{1}{J}\frac{\partial(f, r)}{\partial(a, b)},$$

$$\frac{\partial f}{\partial r} = \frac{\partial a}{\partial r}\frac{\partial f}{\partial a} + \frac{\partial b}{\partial r}\frac{\partial f}{\partial b} = \frac{1}{J}\left(-\frac{\partial x}{\partial b}\frac{\partial f}{\partial a} + \frac{\partial x}{\partial a}\frac{\partial f}{\partial b}\right) = \frac{1}{J}\frac{\partial(x, f)}{\partial(a, b)}. \tag{1.3.3}$$

至于速度 $\boldsymbol{u}$ 的散度,在 Euler 坐标系中为

$$\operatorname{div} \boldsymbol{u} = \frac{\partial u}{\partial x} + \frac{1}{r^\nu}\frac{\partial}{\partial r} r^\nu v, \qquad \nu = 0, 1.$$

这里 $\nu = 0$ 是对应于二维直角坐标系,$\nu = 1$ 对应于二维柱面对称坐标系. 下面暂时用 x_t, r_t 记 $\frac{\partial x}{\partial t}, \frac{\partial r}{\partial t}$. 由于

$$\frac{\partial}{\partial t} r^\nu J = r^\nu \frac{\partial J}{\partial t} + J\frac{\partial r^\nu}{\partial t}$$

$$= r^\nu\left[\frac{\partial(x_t, r)}{\partial(a, b)} + \frac{\partial(x, r_t)}{\partial(a, b)}\right] + \nu r^{\nu-1} J\frac{\partial r}{\partial t}$$

$$= r^\nu J\left(\frac{\partial u}{\partial x}+\frac{\partial v}{\partial r}\right)+\nu r^{\nu-1}Jv$$

$$= r^\nu J\left(\frac{\partial u}{\partial x}+\frac{1}{r^\nu}\frac{\partial}{\partial r}r^\nu v\right)$$

$$= r^\nu J\operatorname{div}\boldsymbol{u},\qquad \nu=0,1.$$

故在 (a, b) 坐标系中

$$\operatorname{div}\ \boldsymbol{u}=\frac{1}{r^\nu J}\frac{\partial}{\partial t}r^\nu J,\qquad \nu=0,1. \tag{1.3.4}$$

利用 (1.3.2)—(1.3.4) 可立即推出 Lagrange 坐标系中的流体力学方程组. 从 (1.1.35) 得

$$\frac{\partial\rho}{\partial t}=-\rho\frac{1}{r^\nu J}\frac{\partial}{\partial t}r^\nu J$$

即

$$\frac{\partial}{\partial t}r^\nu J\rho=0. \tag{1.3.5}$$

这就是 Lagrange 坐标系中的质量守恒方程. 从 (1.1.36) 或 (1.2.49) 得动量守恒方程

$$\frac{\partial u}{\partial t}=-\frac{1}{\rho J}\left(\frac{\partial r}{\partial b}\frac{\partial p}{\partial a}-\frac{\partial r}{\partial a}\frac{\partial p}{\partial b}\right), \tag{1.3.6}$$

$$\frac{\partial v}{\partial t}=-\frac{1}{\rho J}\left(-\frac{\partial x}{\partial b}\frac{\partial p}{\partial a}+\frac{\partial x}{\partial a}\frac{\partial p}{\partial b}\right). \tag{1.3.7}$$

考虑到 (1.3.5), 在 Lagrange 坐标系中 $r^\nu J\rho$ 不随时间改变,所以动量守恒方程有时写成

$$\frac{\partial u}{\partial t}=-\frac{1}{r^\nu\rho J}\left(r^\nu\frac{\partial r}{\partial b}\frac{\partial p}{\partial a}-r^\nu\frac{\partial r}{\partial a}\frac{\partial p}{\partial b}\right), \tag{1.3.6$'$}$$

$$\frac{\partial v}{\partial t}=-\frac{1}{r^\nu\rho J}\left(-r^\nu\frac{\partial x}{\partial b}\frac{\partial p}{\partial a}+r^\nu\frac{\partial x}{\partial a}\frac{\partial p}{\partial b}\right). \tag{1.3.7$'$}$$

很容易得出能量守恒方程

$$\frac{\partial e}{\partial t}+p\frac{\partial}{\partial t}\frac{1}{\rho}=0. \tag{1.3.8}$$

最后看一下在 Lagrange 观点下流体力学方程组的积分形式. 这时, 只要在 (1.2.62), (1.2.65), (1.2.67) 中取 $\mathscr{D}(t)$ 为一个任

意固定的质量团就行了．区域 $\mathscr{D}(t)$ 的边界 $\partial\mathscr{D}(t)$ 的速度 $\boldsymbol{\omega}=\boldsymbol{u}$．于是方程组变为

$$\frac{d}{dt}\int_{\mathscr{D}(t)}\rho dV=0, \tag{1.3.9}$$

$$\frac{d}{dt}\int_{\mathscr{D}(t)}\rho\boldsymbol{u}dV=-\int_{\mathscr{D}(t)}\mathrm{grad}p dV, \tag{1.3.10}$$

$$\frac{d}{dt}\int_{\mathscr{D}(t)}\rho E dV=-\oint_{\partial\mathscr{D}(t)}p\boldsymbol{u}\cdot\boldsymbol{n}ds \tag{1.3.11}$$

能量守恒方程还可以从 (1.2.69) 得到，即为

$$\frac{d}{dt}\int_{\mathscr{D}(t)}\rho e dV=-\int_{\mathscr{D}(t)}p\mathrm{div}\boldsymbol{u}dV. \tag{1.3.12}$$

对于固定的质量团 $\mathscr{D}(t)$，质量守恒方程有时用 $\mathscr{D}(t)$ 的体积 V 的变化率来表示，即

$$\frac{dV}{dt}=\int_{\partial\mathscr{D}(t)}\boldsymbol{u}\cdot\boldsymbol{n}ds. \tag{1.3.13}$$

这个方程可以在关系式 (1.2.53) 中取 $\psi=r$，然后对 φ 在 0 到 2π 上积分而得出．当然，也可以直接从质量守恒方程推出．

§4 冲激波和人为粘性

大家知道，流体力学方程组的解可能会产生间断，这种间断可以分为两大类．一类间断是力学量本身连续，但它们的导数间断．这类间断称之为弱间断，例如稀疏波的波头就是一种弱间断．另一类是力学量本身间断，称之为强间断，例如冲激波与接触间断等．我们主要讨论强间断，因此下面凡谈到间断时，除特别申明者外，都是指的强间断．在间断面处微分方程当然失去意义，所以在间断面处应该用间断面两侧各力学量之间的关系（一般称之为间断条件）来作为补充条件．现在用质量、动量、能量守恒定律来推导这种间断条件．

假设 $\Gamma(t)$ 是一个间断面．在 $\Gamma(t)$ 上任选一点 $\boldsymbol{x}$，并作一

个包含 $\boldsymbol{x}$ 点在内的固定区域 $\mathscr{D}$． 令 $\Gamma(t)\cap\mathscr{D}=\Gamma_0(t)$，并且 $\Gamma_0(t)$ 把 $\mathscr{D}$ 分为两部分 $\mathscr{D}_1(t),\mathscr{D}_2(t)$。相应地，令 $\partial\mathscr{D}\cap\partial\mathscr{D}_1=\Gamma_1(t)$ 和 $\partial\mathscr{D}\cap\partial\mathscr{D}_2=\Gamma_2(t)$（见图 1.4.1）。显然有 $\partial\mathscr{D}_1=\Gamma_1(t)\cup\Gamma_0(t)$，$\partial\mathscr{D}_2=\Gamma_2(t)\cup\Gamma_0(t)$。在 $\Gamma_0(t)$ 两侧力学量 ρ, $\boldsymbol{u}$, E, p 的值，我们分别加上附标 1 和 2． 用附标 1 表示力学量在 $\mathscr{D}_1(t)$ 一侧的值，用附标 2 表示 $\mathscr{D}_2$ 一侧的值． 先分别在 $\mathscr{D}_1(t)$ 和 $\mathscr{D}_2(t)$ 上写出质量守恒方程（1.1.8）

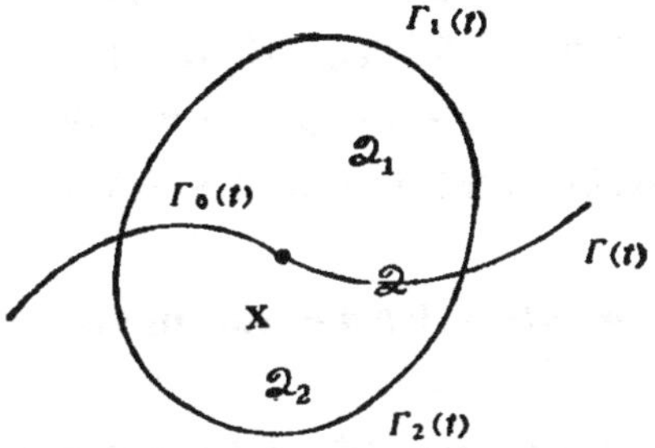

图 1.4.1 区域 $\mathscr{D}$，$\mathscr{D}_1$，$\mathscr{D}_2$ 及其边界

$$\frac{d}{dt}\int_{\mathscr{D}_1(t)}\rho dV=-\int_{\partial\mathscr{D}_1(t)}\rho(\boldsymbol{u}-\boldsymbol{D})\cdot\boldsymbol{n}ds,$$

$$\frac{d}{dt}\int_{\mathscr{D}_2(t)}\rho dV=-\int_{\partial\mathscr{D}_2(t)}\rho(\boldsymbol{u}-\boldsymbol{D})\cdot\boldsymbol{n}ds.$$

考虑到在 $\partial\mathscr{D}$ 上 $\boldsymbol{D}=0$，故有

$$\frac{d}{dt}\int_{\mathscr{D}_1(t)}\rho dV=-\int_{\Gamma_1(t)}\rho\boldsymbol{u}\cdot\boldsymbol{n}ds-\int_{\Gamma_0(t)}\rho_1(\boldsymbol{u}_1-\boldsymbol{D})\cdot\boldsymbol{n}ds,$$

$$\frac{d}{dt}\int_{\mathscr{D}_2(t)}\rho dV=-\int_{\Gamma_2(t)}\rho\boldsymbol{u}\cdot\boldsymbol{n}ds-\int_{\Gamma_0(t)}\rho_2(\boldsymbol{u}_2-\boldsymbol{D})\cdot\boldsymbol{n}ds.$$

把以上两个方程相加，并考虑到 $\mathscr{D}_1(t)\cup\mathscr{D}_2(t)=\mathscr{D}$，$\Gamma_1(t)\cup\Gamma_2(t)=\partial\mathscr{D}$，此外 $\Gamma_0(t)$ 既是 $\partial\mathscr{D}_1$ 的一部分又是 $\partial\mathscr{D}_2$ 的一

部分，在它上面相应的外法线方向 $\boldsymbol{n}$ 方向正好相反，因而根据(1.1.8)得出

$$\int_{\Gamma_0(t)}[\rho_1(\boldsymbol{u}_1-\boldsymbol{D})\cdot\boldsymbol{n}-\rho_2(\boldsymbol{u}_2-\boldsymbol{D})\cdot\boldsymbol{n}]ds=0.$$

由于 $\Gamma_0(t)$ 是间断面 $\Gamma(t)$ 上任意一个部分，所以在间断面上任一点的质量守恒关系为

$$\rho_1(\boldsymbol{u}_1-\boldsymbol{D})\cdot\boldsymbol{n}=\rho_2(\boldsymbol{u}_2-\boldsymbol{D})\cdot\boldsymbol{n},\tag{1.4.1}$$

这里 $\boldsymbol{n}$ 是间断面的法向单位向量，$\boldsymbol{D}$ 是间断面的速度．我们把间断面运动的法向速度用 $\mathscr{S}$ 表示，则 (1.4.1) 可写成

$$\rho_1(\boldsymbol{u}_1\cdot\boldsymbol{n}-\mathscr{S})=\rho_2(\boldsymbol{u}_2\cdot\boldsymbol{n}-\mathscr{S}),\tag{1.4.2}$$

完全类似地，从动量守恒方程 (1.1.9) 和能量守恒方程 (1.1.10) 可得出

$$\rho_1\boldsymbol{u}_1(\boldsymbol{u}_1\cdot\boldsymbol{n}-\mathscr{S})+p_1\boldsymbol{n}=\rho_2\boldsymbol{u}_2(\boldsymbol{u}_2\cdot\boldsymbol{n}-\mathscr{S})+p_2\boldsymbol{n},\tag{1.4.3}$$

$$\rho_1E_1(\boldsymbol{u}_1\cdot\boldsymbol{n}-\mathscr{S})+p_1\boldsymbol{u}_1\cdot\boldsymbol{n}=\rho_2E_2(\boldsymbol{u}_2\cdot\boldsymbol{n}-\mathscr{S})+p_2\boldsymbol{u}_2\cdot\boldsymbol{n}.\tag{1.4.4}$$

关系式 (1.4.2)—(1.4.4) 就是一组间断条件，一般称为 Hugoniot 条件． 在文献上一般把在连续可微区域中满足方程 (1.1.25)′—(1.1.27)′ (或其它等价形式的方程)，在间断面上满足间断条件 (1.4.2)—(1.4.4) 的解称作弱解．

令

$$M=\rho_1(\mathscr{S}-\boldsymbol{u}_1\cdot\boldsymbol{n})=\rho_2(\mathscr{S}-\boldsymbol{u}_2\cdot\boldsymbol{n})\tag{1.4.5}$$

表示单位时间内通过间断面上单位面积所流过的质量，我们可以利用 (1.4.5) 来简化 (1.4.3) 和 (1.4.4) 式，从 (1.4.3) 式可得

$$M(\boldsymbol{u}_1-\boldsymbol{u}_2)=(p_1-p_2)\boldsymbol{n}.$$

从这个方程直接导出两个关系式：

$$M(\boldsymbol{u}_1\cdot\boldsymbol{n}-\boldsymbol{u}_2\cdot\boldsymbol{n})=p_1-p_2,\tag{1.4.6}$$

$$M(\boldsymbol{u}_1\times\boldsymbol{n}-\boldsymbol{u}_2\times\boldsymbol{n})=0.\tag{1.4.7}$$

最后，(1.4.4) 式可化为

$$M(E_1-E_2)=p_1\boldsymbol{u}_1\cdot\boldsymbol{n}-p_2\boldsymbol{u}_2\cdot\boldsymbol{n}.\tag{1.4.8}$$

关系式 (1.4.5)—(1.4.8) 构成间断条件的另一种形式.

从上面推出的间断条件可以看到，强间断能有两种不同的形式:

(i) 接触间断，这时 $M = 0$.

由于密度 ρ_1 和 ρ_2 不会等于零，所以从 (1.4.5) 立即得出

$$\boldsymbol{u}_1 \cdot \boldsymbol{n} = \boldsymbol{u}_2 \cdot \boldsymbol{n} = \mathscr{S}. \tag{1.4.9}$$

又从 (1.4.6) 推出

$$p_1 = p_2, \tag{1.4.10}$$

即在接触间断面上，法向速度和压力是连续的. 从 (1.4.7) 和 (1.4.8) 可以看出，在接触间断面上密度、切向速度和总能量允许间断.

(ii) 冲激波，这时 $M \neq 0$.

从 (1.4.7) 式就得到

$$\boldsymbol{u}_1 \times \boldsymbol{n} = \boldsymbol{u}_2 \times \boldsymbol{n}, \tag{1.4.11}$$

即切向速度连续，而密度、法向速度，压力和能量在冲激波面上都可以是间断的.

当我们用差分方法解流体力学方程组时，必须考虑到出现间断解的情形. 四十年代中期，von Neumann 和 Richtmyer (1950) 提出在理想流体力学方程中加上人为粘性项，使间断解平滑化的做法是很成功的. 他们的思想可归纳为三点: (i) 在动量方程和能量方程中加上人为粘性项，这样就在流体力学运动中引进了某种人为的耗散机构，使得在冲激波面上的间断解变成一个在相当狭窄的过渡区域内急剧变化的，但却是连续的解; (ii) 由于人为粘性项是外加到方程中去的，因此要求在激波过渡区域以外，人为粘性项对计算结果影响不大，这样就可以完全不考虑冲激波的形式和传播，而且在激波过渡区两侧的力学量还可以近似地满足间断条件; (iii) 激波过渡区的范围应限制在几个空间步长以内，随着计算的进行这个过渡区不会扩大，而且过渡区移动的速度应逼近真实的激波速度.

按照上述要求，von Neumann 和 Richtmyer 首先在一维 Lagrange 坐标系的方程中引进人为粘性项 q. 他们在动量和能量方程中把压力 p 换成

$$P = p + q, \tag{1.4.12}$$

其中

$$q = \begin{cases} l^2\rho\left(\dfrac{\partial u}{\partial x}\right)^2, & 当\ \dfrac{\partial u}{\partial x} < 0, \\ 0, & 当\ \dfrac{\partial u}{\partial x} \geqslant 0, \end{cases} \tag{1.4.13}$$

l 是一个常数，具有长度的量纲，一般写成 $a\Delta x$ 的形式，Δx 是步长，a 是按照计算要求事先选定的无量纲常数[1)].

从 von Neumann 以后，当用差分方法解流体力学方程组时，在方程中加上人为粘性项以处理间断解就成为一项普遍采用的技巧，只是各种方法所采用的人为粘性项的形式有所不同. 有的方法虽然不明显地加上作为粘性项的项，但却隐含着某种实际上起着粘性作用的项. 关于粘性的问题，我们下面在讨论到各种方法时，特别在第四章中将详细论述.

---

1) 这个 q 的表达式是 Rosenbluth 首先提出的. von Neumann 和 Richtmyer 最早给出 q 的形式为 $q = -l^2\rho\left|\dfrac{\partial u}{\partial x}\right|\dfrac{\partial u}{\partial x}$.

第二章 Euler 方 法

我们首先讨论解 Euler 坐标系中流体力学方程组 (1.1.25)—(1.1.27) 的差分方法. 它的特征是在固定的实验室参考坐标系中观察流场的变化. Euler 方法是适用于解多维空间中流体具有大畸变的流动问题的数值计算方法.

§1 网格和差商

当我们具体对方程组 (1.1.25)—(1.1.27) 进行数值积分时,通常是用差商代替微商,把微分方程组写成差分方程组. 由于所考虑的系统的状态量,不仅依赖时间变量 t,而且依赖于空间坐标 (x, r),因此在写出差分方程之前,要把连续的 (x, r, t) 的空间转换成离散的空间网格. 为此,我们把所考虑的区域 $\{(x,r)\in\Omega, T>0\}$ 划分成网格,其中 Ω 是 (x, r) 平面上的有界区域. 如果 Ω 是矩形区域 $0\leqslant x\leqslant X$, $0\leqslant r\leqslant R$, 我们可以用两族直线

$$x=j\Delta x,\ j=0,1,\cdots,J,$$
$$r=k\Delta r,\ k=0,1,\cdots,K,$$

将 Ω 剖分成 JK 个矩形子区域. 把每个这样的子区域叫做网格,它的 x 方向和 r 方向的空间步长分别是 $\Delta x=X/J$ 和 $\Delta r=R/K$, 其中 J 和 K 是两个给定的整数. 我们用一对有序的整数 (j, k) 对网格进行编号. 用 $\Omega_{j,k}$ 表示自左至右第 j 列, 自下而上第 k 行的那个网格 (见图 2.1.1), 它的中心位于 $x_j=\left(j-\frac{1}{2}\right)\Delta x$, $r_k=\left(k-\frac{1}{2}\right)\Delta r$, $\Omega_{j,k}$ 的上, 下, 左, 右四条边界分别位于 $r_{k+\frac{1}{2}}=k\Delta r$, $r_{k-\frac{1}{2}}=(k-1)\Delta r$, $x_{j-\frac{1}{2}}=(j-1)\Delta x$ 和 $x_{j+\frac{1}{2}}=j\Delta x$ 的直线上. 把这四条边界分别记为 $\Gamma_{j,k+\frac{1}{2}}$, $\Gamma_{j,k-\frac{1}{2}}$, $\Gamma_{j-\frac{1}{2},k}$ 和

$\Gamma_{j+\frac{1}{2},k}$。

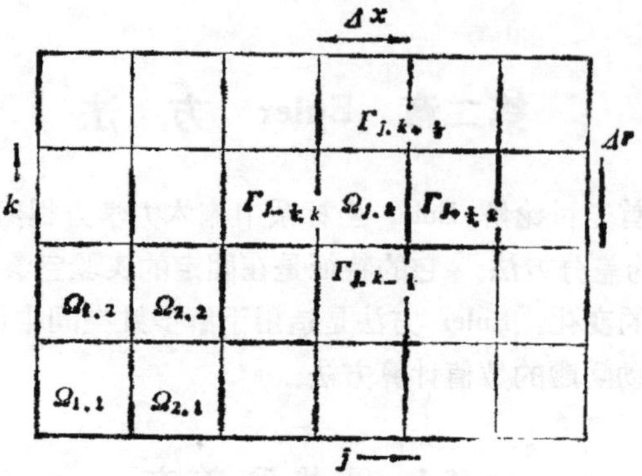

图 2.1.1 网格 $\Omega_{j,k}$ 的编号

对于 Descartes 坐标系的问题，每个网格是具有长度为 Δx，Δy, 1 的正六面体．如果是柱坐标系的问题，那末网格 $\Omega_{j,k}$ 是以 $r=(k-1)\Delta r$ 和 $r=k\Delta r$ 为内外半径和宽为 Δx 的矩形环，如图 2.1.2 所示.

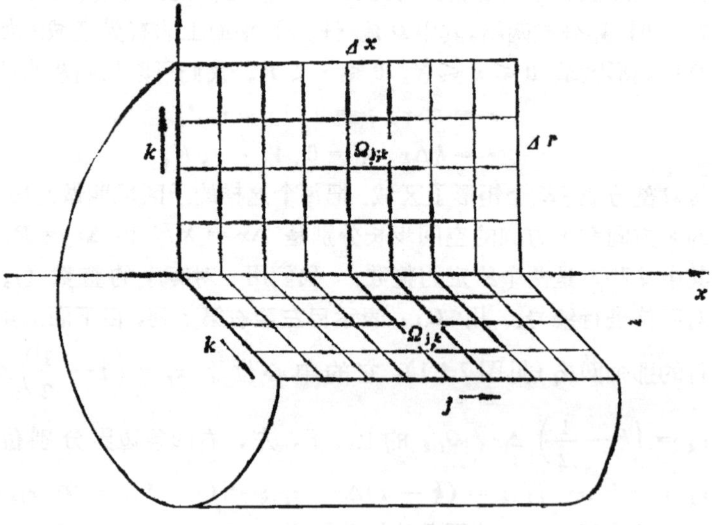

图 2.1.2 柱坐标系的空间网格

在表 2.1.1 中列出了网格 $\Omega_{j,k}$ 几何性质，其中 S_k^x 是网格 $\Omega_{j,k}$ 和网格 $\Omega_{j+1,k}$ 之间分界面 $\Gamma_{j+\frac{1}{2},k}$ 的面积，$S_{k+\frac{1}{2}}^r$ 是网格 $\Omega_{j,k}$ 和网格 $\Omega_{j,k+1}$ 之间分界面 $\Gamma_{j,k+\frac{1}{2}}$ 的面积，V_k 是网格 $\Omega_{j,k}$ 的体积.

表 2.1.1　网格 $\Omega_{j,k}$ 的几何性质

性　质	平面坐标	柱坐标
体积 V_k	$\Delta x\ \Delta y$	$2\pi\left(k-\frac{1}{2}\right)\Delta r^2\Delta r = 2\pi r_k\Delta r\Delta x$
面积 S_k^x	Δy	$2\pi\left(k-\frac{1}{2}\right)\Delta r^2 = 2\pi r_k\Delta r$
面积 $S_{k+\frac{1}{2}}^r$	Δx	$2\pi k\Delta r\Delta x = 2\pi r_{k+\frac{1}{2}}\Delta x$

此外，对时间间隔 $0<t<T$，插进 $N-1$ 个点 $0\leqslant t^0<t^1<\cdots<t^{N-1}<t^N=T$. 时间步长是 $\Delta t^{n+\frac{1}{2}}=t^{n+1}-t^n$，见图 2.1.3. 一般来说，在流体力学计算中时间步长是随计算过程变化的.

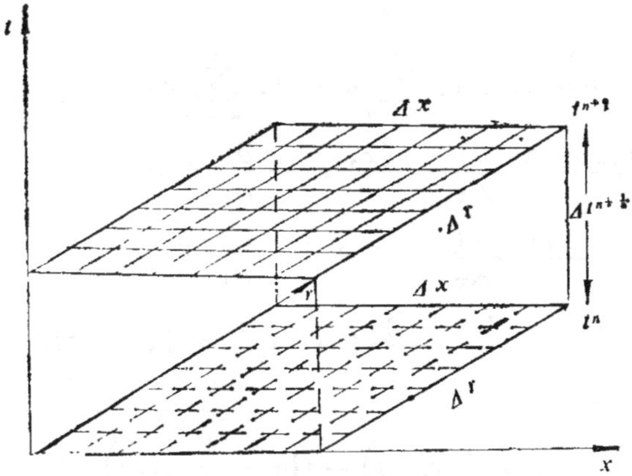

图 2.1.3　时空网格划分

网格建立以后，就可将原来定义在区域上每个点的力学量，如速度 $\boldsymbol{u}$，密度 ρ，内能 e，压力 p 等等离散化，即考虑定义在离散点上的这些力学量的值.由于方法不同,这些量定义的离散点可以不一样. 这将在以后讨论方法时进行具体的阐述.

用差分方法求流体力学方程组近似解，就是将微分方程组中的各力学量的微商用这些离散点上力学量的差商代替，得到一个差分方程组,然后从初始条件出发，按时间步长逐层计算，求出流场的近似值来.

在离散点上一个函数的逼近其微商的差商近似表达式是多种多样的. 为简单起见，这里以一个只依赖于一个空间变量 x 和时间变量 t 的函数 $f(x, t)$ 为例来说明这一点. 假设 $f(x, t)$ 充分光滑,则根据 Taylor 展开,可以得到

$$\frac{f(x,t+\Delta t)-f(x,t)}{\Delta t}=\frac{\partial f}{\partial t}+O(\Delta t), \tag{2.1.1}$$

$$\frac{f(x,t+\Delta t)-\sum_{\alpha=-p}^{q}\sigma_\alpha f(x+\alpha\Delta x,t)}{\Delta t}=\frac{\partial f}{\partial t}+O\left(\Delta t,\ \sum_{\alpha=-p}^{q}\sigma_\alpha\alpha^2\frac{(\Delta x)^2}{\Delta t}\right), \tag{2.1.2}$$

其中

$$0\leqslant\sigma_\alpha\leqslant 1,\ \sum_{\alpha=-p}^{q}\sigma_\alpha=1,\ \sum_{\alpha=-p}^{q}\alpha\sigma_\alpha=0.$$

$$\frac{f(x+\Delta x,t)-f(x,t)}{\Delta x}=\frac{\partial f}{\partial x}+O(\Delta x), \tag{2.1.3}$$

$$\frac{f(x,t)-f(x-\Delta x,t)}{\Delta x}=\frac{\partial f}{\partial x}+O(\Delta x), \tag{2.1.4}$$

$$\frac{f(x+\Delta x,t)-f(x-\Delta x,t)}{2\Delta x}=\frac{\partial f}{\partial x}+O((\Delta x)^2), \tag{2.1.5}$$

或

$$\frac{f\left(x+\frac{1}{2}\Delta x,t\right)-f\left(x-\frac{1}{2}\Delta x,t\right)}{\Delta x}=\frac{\partial f}{\partial x}+O((\Delta x)^2) \tag{2.1.6}$$

$$\frac{f(x,t)-f(x+\Delta x,t)}{\Delta x}$$

$$+\frac{\Delta x}{2}\frac{f(x,t)-2f(x-\Delta x,t)+f(x-2\Delta x,t)}{\Delta x^2}$$

$$=\frac{\partial f}{\partial x}+O((\Delta x)^2), \tag{2.1.7}$$

$$\frac{f(x+\Delta x,t)-2f(x,t)+f(x-\Delta x,t)}{\Delta x^2}$$

$$=\frac{\partial^2 f}{\partial x^2}+O((\Delta x)^2) \tag{2.1.8}$$

等等. 由此可见用 (2.1.1) 和 (2.1.2) 的左边都可以逼近 $f(x, t)$ 对 t 的偏导数. 从 (2.1.1) 可以看出,当 $\Delta t\to 0$ 时,左边的差商就趋于 $\frac{\partial f}{\partial t}$. 通常称这种差商为对时间的向前差商.它和 $\frac{\partial f}{\partial t}$ 之差是 Δt 的一阶量,一般说它的精确度对 Δt 是一阶的. 而对于 (2.1.2) 左边的差商,仅当 $\Delta t\to 0$, $\Delta x\to 0$ 时不能断定它是否逼近于 $\frac{\partial f}{\partial t}$. 在这种情况下,还必须补充要求 $\frac{\Delta t}{\Delta x}=$ 常数. 这时 (2.1.3) 式左边的差商才逼近于 $\frac{\partial f}{\partial t}$,其精确度对 Δt 与对 Δx 都是一阶的. (2.1.3)—(2.1.7) 的左边都可以用来逼近 $\frac{\partial f}{\partial x}$. (2.1.3) 和 (2.1.4) 分别称为对空间的向前差商和向后差商,其精确度对 Δx 都是一阶的. (2.1.5) 和 (2.1.6) 左边称为中心差商,它们和 (2.1.7) 左边的差商精确度对 Δx 都是二阶的. (2.1.8) 的左边则是对 $\frac{\partial^2 f}{\partial x^2}$ 的二阶精确度的逼近.

利用这些近似关系式,就可以在矩形网格上建立逼近微分方程的差分格式了.

§2 Euler 流体力学方程的差分格式

现在开始推导逼近 (1.1.25)—(1.1.27) 的差分方程. 我们把

计算区域剖分成许多网格，它的 x 方向和 y 方向的步长分别为 Δx 和 Δy，并且取时间步长为 Δt. 我们定义所有力学变量 ρ, u, v, e, p 都在网格 $\Omega_{j,k}$ 的中心点上取值(见图 2.2.1). $\rho_{j,k}^n, u_{j,k}^n, v_{j,k}^n, e_{j,k}^n$ 和 $p_{j,k}^n$ 分别表示用差分方程所求出的 ρ, u, v, e 和 p 在 $t = t^n$ 时刻，网格 $\Omega_{j,k}$ 的中心点 $\left(\left(j-\frac{1}{2}\right)\Delta x, \left(k-\frac{1}{2}\right)\Delta r\right)$ 上的近似值. 为简化书写，在第二和第三章中，凡省略上标的变量表示 $t=t^n$ 时刻的量，其它时刻的变量都有上标.

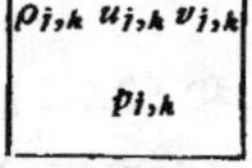

图 2.2.1 力学变量在 $\Omega_{j,k}$ 中的取值点

如果我们用向前差商代替时间 t 的偏导数，和用中心差商代替对空间 x 和空间 y 的偏导数，就可以写出 Euler 流体动力学方程组 (1.1.25)—(1.1.27) 的差分方程组

$$\frac{\rho_{j,k}^{n+1}-\rho_{j,k}}{\Delta t}+\frac{\langle\rho u\rangle_{j+\frac{1}{2},k}-\langle\rho u\rangle_{j-\frac{1}{2},k}}{\Delta x}+\frac{\langle\rho v\rangle_{j,k+\frac{1}{2}}-\langle\rho v\rangle_{j,k-\frac{1}{2}}}{\Delta y}=0, \tag{2.2.1}$$

$$\frac{(\rho u)_{j,k}^{n+1}-(\rho u)_{j,k}}{\Delta t}+\frac{\langle\rho u^2\rangle_{j+\frac{1}{2},k}-\langle\rho u^2\rangle_{j-\frac{1}{2},k}}{\Delta x}+\frac{\langle\rho uv\rangle_{j,k+\frac{1}{2}}-\langle\rho uv\rangle_{j,k-\frac{1}{2}}}{\Delta y}+\frac{P_{j+\frac{1}{2},k}-P_{j-\frac{1}{2},k}}{\Delta x}=0, \tag{2.2.2}$$

$$\frac{(\rho v)_{j,k}^{n+1}-(\rho v)_{j,k}}{\Delta t}+\frac{\langle\rho uv\rangle_{j+\frac{1}{2},k}-\langle\rho uv\rangle_{j-\frac{1}{2},k}}{\Delta x}+\frac{\langle\rho v^2\rangle_{j,k+\frac{1}{2}}-\langle\rho v^2\rangle_{j,k-\frac{1}{2}}}{\Delta y}+\frac{P_{j,k+\frac{1}{2}}-P_{j,k-\frac{1}{2}}}{\Delta y}=0, \tag{2.2.3}$$

$$\frac{(\rho E)_{j,k}^{n+1}-(\rho E)_{j,k}}{\Delta t}+\frac{\langle\rho uE\rangle_{j+\frac{1}{2},k}-\langle\rho uE\rangle_{j-\frac{1}{2},k}}{\Delta x}$$
$$+\frac{\langle\rho vE\rangle_{j,k+\frac{1}{2}}-\langle\rho vE\rangle_{j,k-\frac{1}{2}}}{\Delta y}$$
$$+\frac{\langle Pu\rangle_{j+\frac{1}{2},k}-\langle Pu\rangle_{j-\frac{1}{2},k}}{\Delta x}$$
$$+\frac{\langle Pv\rangle_{j,k+\frac{1}{2}}-\langle Pv\rangle_{j,k-\frac{1}{2}}}{\Delta y}=0. \tag{2.2.4}$$

式中的 P 是压力 p 和人为粘性 q 之和．压力 p 是密度 ρ 和内能 e 的已知函数． $E=\frac{1}{2}(u^2+v^2)+e$． 通常 q 有多种形式，例如

$$q_{j+\frac{1}{2},k}=\begin{cases}0, & (u_{j+1,k}-u_{j,k})\geqslant 0,\\ a\dfrac{\rho_{j+1,k}+\rho_{j,k}}{2}\times(u_{j,k}-u_{j+1,k}), & (u_{j+1,k}-u_{j,k})<0,\end{cases} \tag{2.2.5}$$

和

$$q_{j,k+\frac{1}{2}}=\begin{cases}0, & (v_{j,k+1}-v_{j,k})\geqslant 0,\\ a\dfrac{\rho_{j,k+1}+\rho_{j,k}}{2}\times(v_{j,k}-v_{j,k+1}), & (v_{j,k+1}-v_{j,k})<0.\end{cases} \tag{2.2.6}$$

这里 a 是某个适当的常数，

$(\rho u)_{j,k}$, $(\rho v)_{j,k}$ 和 $(\rho E)_{j,k}$ 分别表示网格 $\Omega_{j,k}$ 中的 x 方向的动量，y 方向的动量和总能量．$\langle\rho u\rangle_{j+\frac{1}{2},k}$, $\langle\rho uu\rangle_{j+\frac{1}{2},k}$, $\langle\rho vu\rangle_{j+\frac{1}{2},k}$ 和 $\langle\rho uE\rangle_{j+\frac{1}{2},k}$ 分别表示通过边界 $\Gamma_{j+\frac{1}{2},k}$ 的质量输运量，x 方向的动量输运量，y 方向的动量输运量和总能量输运量．$\langle\rho v\rangle_{j,k+\frac{1}{2}}$, $\langle\rho vu\rangle_{j,k+\frac{1}{2}}$, $\langle\rho vv\rangle_{j,k+\frac{1}{2}}$ 和 $\langle\rho vE\rangle_{j,k+\frac{1}{2}}$ 分别表示通过边界 $\Gamma_{j,k+\frac{1}{2}}$ 的质量输运量，x 方向的动量输运量，y 方向的动量输运量和总能量输运量．$P_{j+\frac{1}{2},k}$ 和 $P_{j,k+\frac{1}{2}}$ 分别是在边界 $\Gamma_{j+\frac{1}{2},k}$ 和 $\Gamma_{j,k+\frac{1}{2}}$ 上的压力．$\langle Pu\rangle_{j+\frac{1}{2},k}$ 和 $\langle Pv\rangle_{j,k+\frac{1}{2}}$ 分别是在边界 $\Gamma_{j+\frac{1}{2},k}$ 和 $\Gamma_{j,k+\frac{1}{2}}$

上所作的功.

在差分方程组 (2.2.1)—(2.2.4) 中,各项输运量是在网格的边界上取值. 由于我们离散化的力学变量只在网格 $\Omega_{j,k}$ 的中心点上取值，所以网格边界上的量必须用网格中心的量以某种权重插值而得到.

对质量输运量 $\langle\rho u\rangle_{j+\frac{1}{2},k}$ 可以给出几种插值公式:

(1) 中心插值

$$\langle\rho u\rangle_{j+\frac{1}{2},k}=\frac{1}{4}(\rho_{j,k}+\rho_{j+1,k})(u_{j,k}+u_{j+1,k}). \tag{2.2.7}$$

(2) 交错插值

$$\langle\rho u\rangle_{j+\frac{1}{2},k}=\frac{1}{2}(\rho_{j,k}u_{j+1,k}+\rho_{j+1,k}u_{j,k}). \tag{2.2.8}$$

(3) 贡献插值[1)]

$$\langle\rho u\rangle_{j+\frac{1}{2},k}=\begin{cases}\rho_{j+1,k}\ u_{j+1,k}, & u_{j,k}+u_{j+1,k}\leqslant 0,\\ \rho_{j,k}u_{j,k}, & u_{j,k}+u_{j+1,k}>0\end{cases} \tag{2.2.9}$$

(4) 部分贡献插值

$$\langle\rho u\rangle_{j+\frac{1}{2},k}=\begin{cases}\dfrac{1}{2}\rho_{j+1,k}(u_{j,k}+u_{j+1,k}), & u_{j,k}+u_{j+1,k}\leqslant 0,\\ \dfrac{1}{2}\rho_{j,k}(u_{j,k}+u_{j+1,k}), & u_{j,k}+u_{j+1,k}>0.\end{cases}$$

(2.2.10)

对 $\langle\rho v\rangle_{j,k+\frac{1}{2}}$ 也有类似上面的插值公式.

如果用 f 表示 u, 或 v, 或 E, 可以写出动量和能量输运量的插值公式:

(1) 中心插值

$$\langle\rho f u\rangle_{j+\frac{1}{2},k}=\frac{1}{8}(\rho_{j+1,k}+\rho_{j,k})(u_{j+1,k}+u_{j,k})(f_{j+1,k}+f_{j,k}),$$

$$\langle\rho f v\rangle_{j,k+\frac{1}{2}}=\frac{1}{8}(\rho_{j,k+1}+\rho_{j,k})(v_{j,k+1}+v_{j,k})(f_{j,k+1}+f_{j,k}).$$

(2.2.11)

---

1) 如果质量从网格 $\Omega_{j,k}$ 流向网格 $\Omega_{j+1,k}$, 则把 $\Omega_{j,k}$ 称做贡献网格, $\Omega_{j+1,k}$ 称为接受网格.

（2）部分贡献插值

$$\langle \rho f u\rangle_{j+\frac{1}{2},k}=\begin{cases}\rho_{j,k}f_{j,k}\dfrac{u_{j,k}+u_{j+1,k}}{2}, \\ \quad 0.5(u_{j,k}+u_{j+1,k})>0, \\ \rho_{j+1,k}f_{j+1,k}(u_{j,k}+u_{j+1,k})/2, \\ \quad 0.5(u_{j,k}+u_{j+1,k})\leqslant 0.\end{cases} \tag{2.2.12}$$

$$\langle \rho f v\rangle_{j,k+\frac{1}{2}}=\begin{cases}\rho_{j,k}f_{j,k}(v_{j,k+1}+v_{j,k})/2, \\ \quad 0.5(v_{j,k}+v_{j,k+1})>0, \\ \rho_{j,k+1}f_{j,k+1}(v_{j,k+1}+v_{j,k})/2, \\ \quad 0.5(v_{j,k}+v_{j,k+1})\leqslant 0.\end{cases} \tag{2.2.13}$$

（3）完全贡献插值

$$\langle \rho f u\rangle_{j+\frac{1}{2},k}=\begin{cases}\rho_{j,k}f_{j,k}u_{j,k}, & 0.5(u_{j+1,k}+u_{j,k})>0, \\ \rho_{j+1,k}f_{j+1,k}u_{j+1,k}, & 0.5(u_{j+1,k}+u_{j,k})\leqslant 0.\end{cases} \tag{2.2.14}$$

$$\langle \rho f v\rangle_{j,k+\frac{1}{2}}=\begin{cases}\rho_{j,k}f_{j,k}v_{j,k}, & 0.5(v_{j,k+1}+v_{j,k})>0, \\ \rho_{j,k+1}f_{j,k+1}v_{j,k+1}, & 0.5(v_{j,k+1}+v_{j,k})\leqslant 0.\end{cases} \tag{2.2.15}$$

通常，对 $p_{j+\frac{1}{2},k}$，$p_{j,k+\frac{1}{2}}$，$\langle pu\rangle_{j+\frac{1}{2},k}$ 和 $\langle pv\rangle_{j,k+\frac{1}{2}}$ 采用中心插值

$$p_{j+\frac{1}{2},k}=\frac{1}{2}(p_{j+1,k}+p_{j,k}),$$

$$\langle pu\rangle_{j+\frac{1}{2},k}=\frac{1}{4}(p_{j+1,k}+p_{j,k})(u_{j+1,k}+u_{j,k}),$$

$$p_{j,k+\frac{1}{2}}=\frac{1}{2}(p_{j,k+1}+p_{j,k+1}),$$

$$\langle pv\rangle_{j,k+\frac{1}{2}}=\frac{1}{4}(p_{j,k+1}+p_{j,k})(u_{j,k+1}+u_{j,k}).$$

在把 (2.2.1)—(2.2.4) 写成能用在实际计算中的差分方程时，对不同的输运量可以用相同的插值公式，也可以用不同的插值公式。Longley（1960）和 Hirt（1968）研究了输运量各种插值公式对流体运动计算的影响。

输运量插值公式的选取对流体力学差分格式逼近原偏微分方

程组的截断误差和稳定性是十分重要的. 不难看出，用插值公式(2.2.7),(2.2.8)和(2.2.11)所得到的差分相当于中心差分，其截断误差是二阶的.用插值公式(2.2.9),(2.2.10),(2.2.12)—(2.2.15)相当于采用向前差分或向后差分，其截断误差是一阶的. 但是插值公式的选取不能只从截断误差上去考虑，还必须考虑到格式的稳定性.

§3 差分格式的稳定性分析

用差分方程求数值解时,我们要求：第一,差分方程必须对微分方程有良好的近似,即所谓的相容性问题,也就是差分方程的截断误差随空间和时间步长趋于零而趋于零. 第二，差分方程必须是稳定的. 假定原来微分方程的初值问题是适定的,而且如果差分方程和微分方程是相容的，那末线性问题稳定性是收敛性的充分必要条件. 这就是著名的 Lax 等价性定理. 所以,分析各种差分格式的稳定性是很重要的. 有很多分析稳定性的方法. 本节将介绍流体力学计算中常用的 von Neumann 稳定性分析和启示性稳定性分析.

3.1 von Neumann 稳定性分析

1° 差分格式的稳定性. 考虑常系数线性偏微分方程组和初始条件

$$\frac{\partial}{\partial t}\boldsymbol{u}(x,t)=P\left(\frac{\partial}{\partial x}\right)\boldsymbol{u}(x,t),\ x\in\mathrm{R}_d,\ 0<t\leqslant T \quad (2.3.1)$$

$$\boldsymbol{u}(x,0)=\boldsymbol{f}(x), \quad (2\ 3.2)$$

其中 $\boldsymbol{u}(x,t)$ 是 s 维向量 $\boldsymbol{u}=(u_1,u_2,\cdots,u_s)^T$; $P\left(\frac{\partial}{\partial x}\right)$ 是一个 m 阶微分算子

$$P\left(\frac{\partial}{\partial x}\right)=\sum_{|\nu|\leqslant m}A_\nu\frac{\partial^{|\nu|}}{\partial x_1^{\nu_1}\partial x_2^{\nu_2}\cdots\partial x_d^{\nu_d}},$$

这里 ν 是一个多重附标，

$$\nu=(\nu_1, \nu_2, \cdots, \nu_d), \nu_1, \nu_2, \cdots, \nu_d$$
是非负的整数，$|\nu|=\nu_1+\nu_2+\cdots\cdots+\nu_d$. 系数 A_ν 是 $s \times s$ 阶常数矩阵.

用差分方法解方程 (2.3.1) 和 (2.3.2). 按照 § 2.2 所讲的方法剖分网格,建立差分方程

$$B_1\boldsymbol{u}^{n+1}(x)=B_0\boldsymbol{u}^n(x), \tag{2.3.3}$$

$$\boldsymbol{u}^0(x)=\boldsymbol{f}(x), \tag{2.3.4}$$

其中 $\boldsymbol{u}^n(x)$ 是定义在网格结点上的函数，x 是网格的任一个节点，B_0, B_1 是依赖于 Δt, $\Delta x=(\Delta x_1, \Delta x_2, \cdots, \Delta x_d)$ 的差分算子,可以写成

$$B_1=\sum_{\beta\in N_1} B_1^{(\beta)}T^\beta, \qquad B_0=\sum_{\beta\in N_0} B_0^{(\beta)}T^\beta, \tag{2.3.5}$$

这里 $B_0^{(\beta)}$, $B_1^{(\beta)}$ 均为 $s \times s$ 阶常数矩阵；$\beta=(\beta_1, \beta_2, \cdots, \beta_d)$；$N_0$, N_1 为 $\beta=(0, \cdots, 0)$ 附近的一个有限集合；T^β 为位移算子,定义为

$$T^\beta\boldsymbol{u}(x)=\boldsymbol{u}(x_1+\beta_1\Delta x_1, x_2+\beta_2\Delta x_2, \cdots\cdots, x_d+\beta_d\Delta x_d).$$

假定当 Δt 趋于零时，Δx 也以一定方式趋于零

$$\Delta x_1=g_1(\Delta t), \Delta x_2=g_2(\Delta t), \cdots, \Delta x_d=g_d(\Delta t).$$

因而 B_0, B_1 可看成是只依赖于 Δt 的差分算子. 假定 B_1 的逆算子存在,那末差分方程 (2.3.3) 可以写成

$$\boldsymbol{u}^{n+1}=C(\Delta t)\boldsymbol{u}^n, \tag{2.3.6}$$

这里 $C(\Delta t)=B_1^{-1}B_0$. 由于 C 并不依赖于 t，所以从 (2.3.5) 不难得出

$$\boldsymbol{u}^n=C^n(\Delta t)\boldsymbol{u}^0. \tag{2.3.7}$$

在进行数值计算时，给定空间和时间步长 Δx, Δt 后，利用差分方程 (2.3.6)，从初值 (2.3.4) 出发,经过 n 步就可以得到时刻 $T=n\Delta t$ 的数值解. 如果不断缩小时间步长 Δt，则求得时刻 T 的解的步数 n 就不断增大. 因此当 n 增加的时候，差分方程的解的趋向如何,这是一个十分重要的问题. 如果当 n 增大时,差分方程的解并不随之而无限增大,那末这样的差分方程就是稳定的.下

面给出稳定性的定义.

定义 差分方程 (2.3.6) 称为是对初值稳定的,如果存在常数 $K>0$ 和 $\tau>0$, 使得对所有满足 $0<\Delta t<\tau$, $0<n\Delta t<T$ 的 Δt 和 n, 算子 $C^n(\Delta t)$ 是一致有界的,即不等式

$$\|C^n(\Delta t)\|\leqslant K, \tag{2.3.8}$$

对 Δt 和 n 一致成立,这里$\|\cdot\|$表示算子的上界.

2° 增长矩阵. 可以借助于 Fourier 变换来研究差分方程 (2.3.3) 或 (2.3.6) 的稳定性. 由于差分方程的解 $\boldsymbol{u}^n(x)$ 只定义在网格的节点上,因此我们要在网格节点之间将函数 $\boldsymbol{u}^n(x)$ 作适当的延拓,使 $\boldsymbol{u}^n(x)$ 定义在 $x\in\mathbb{R}^d$ 整个空间上. 为应用 Fourier 变换,我们假定所考虑的函数属于 L_2 空间,即是平方可积的函数. 函数 $u(x)$ 的 Fourier 变换为

$$\hat{\boldsymbol{u}}(\xi)=\frac{1}{(2\pi)^{d/2}}\int_{\mathbb{R}^d}\boldsymbol{u}(x)e^{-i\xi x}dx,\ \xi\in\mathbb{R}^d.$$

根据 Parseval 关系式有

$$\|\boldsymbol{u}(\cdot)\|=\|\hat{\boldsymbol{u}}(\cdot)\|,$$

这里$\|\cdot\|$表示函数的 L_2 模.

将 (2.3.5) 代入 (2.3.3) 后,两边同时作 Fourier 变换得

$$\begin{aligned}&\sum_{\beta\in N_1}\beta_1^{(\beta)}\exp\left\{i\sum_{\alpha=1}^{d}\beta_\alpha\xi_\alpha\Delta x_\alpha\right\}\hat{\boldsymbol{u}}^{n+1}(\xi)\\&\quad=\sum_{\beta\in N_0}\beta_0^{(\beta)}\exp\left\{i\sum_{\alpha=1}^{d}\beta_\alpha\xi_\alpha\Delta x_\alpha\right\}\hat{\boldsymbol{u}}^n(\xi),\ \xi\in\mathbb{R}^d\end{aligned}\tag{2.3.9}$$

如果令

$$H_1(\xi,\Delta t)=\sum_{\beta\in N_1}B_1^{(\beta)}\exp\left\{i\sum_{\alpha=1}^{d}\beta_\alpha\xi_\alpha\Delta x_\alpha\right\},$$

$$H_0(\xi,\Delta t)=\sum_{\beta\in N_0}B_0^{(\beta)}\exp\left\{i\sum_{\alpha=1}^{d}\beta_\alpha\xi_\alpha\Delta x_\alpha\right\}.$$

并令

$$H_1^{-1}H_0=G(\xi,\Delta t),$$

那末 (2.3.9) 可简单写成

$$\hat{u}^{n+1}(\xi)=G(\xi,\Delta t)\hat{u}^{n}(\xi),\ \xi\in\mathbf{R}^{d}, \tag{2.3.10}$$

这里 $G(\xi,\Delta t)$ 是一个 $s\times s$ 阶矩阵，称为增长矩阵．由于 G 与 t 无关，所以有

$$\hat{u}^{n}(\xi)=G(\xi,\Delta t)^{n}\hat{u}^{0}(\xi),\ \xi\in\mathbf{R}^{d} \tag{2.3.11}$$

不难证明算子 $C^{n}(\Delta t)$ 的一致有界性等价于矩阵 $G(\xi,\Delta t)^{n}$ 的一致有界性．因而关于常系数差分方程稳定性的研究，就归结于研究增长矩阵乘幂的一致有界性了．

3° von Neumann 条件．由于一个 $s\times s$ 阶矩阵 A 的模不小于它的谱半径 $\rho(A)$，并且

$$[\rho(A)]^{n}=\rho(A^{n})\leqslant\|A^{n}\|\leqslant\|A\|^{n}.$$

因而 $\|G(\xi,\Delta t)^{n}\|$ 的一致有界的必要条件是存在常数 C_1，使得

$$[\rho(G)]^{n}\leqslant C_1 \tag{2.3.12}$$

对满足 $0<\Delta t<\tau$，$0<n\Delta t<T$，$\xi^{d}\in\mathbf{R}^{d}$ 的 Δt，n，ξ 一致成立．我们总可以假定 $C_1\geqslant 1$，所以从 (2.3.12) 就得

$$\rho(G)\leqslant C_1^{\frac{1}{n}}\qquad 0<n\leqslant\frac{T}{\Delta t},$$

也即

$$\rho(G)\leqslant C_1^{\frac{\Delta t}{T}}.$$

由于 $C_1^{\frac{\Delta t}{T}}$ 在 $0<\Delta t<\tau$ 中是 Δt 的一个凸函数，并在 $\Delta t=0$ 时等于 1，故

$$C_1^{\frac{\Delta t}{T}}\leqslant 1+C_2\Delta t.$$

这样就得到差分方程 (2.3.3) 稳定的必要条件是它的增长矩阵 $G(\xi,\Delta t)$ 的特征值 $\lambda_1,\lambda_2,\cdots,\lambda_s$ 满足

$$|\lambda_j|\leqslant 1+O(\Delta t),\ j=1,2,\cdots,s$$

对 $0<\Delta t<\tau$，$\xi\in\mathbf{R}^{d}$ 一致成立．这个条件就是差分方程稳定的 von Neumann 必要条件．

当然，在实用上更为重要的是找到判别差分方程稳定性的充分条件．

a）由于正规矩阵的范数等于它的谱半径，因此，当矩阵 G 是正规矩阵时，von Neumann 必要条件也是稳定的充分条件.

b）当 $s=1$ 时，G 是 1×1 的矩阵，对应于标量形式的差分方程. 因此时 $G^HG=GG^H$ 恒成立，所以 von Neumann 条件成为差分方程稳定的充分必要条件.

c）因为 $\|G\|=\sqrt{(\rho(G^HG))}$，所以如果

$$\rho(G^HG)\leqslant 1+O(\Delta t),$$

对所有 $0<\Delta t<\tau$，$n\Delta t\leqslant T$ 一致成立，则差分方程也是稳定的.

4° 例.

a）考虑逼近热传导方程

$$\frac{\partial u}{\partial t}=\sigma\frac{\partial^2 u}{\partial x^2}+bu,\qquad \sigma>0,\, b>0$$

的差分方程

$$\frac{u^{n+1}(x)-u^n(x)}{\Delta t}=\sigma\frac{u^n(x+\Delta x)-2u^n(x)+u^n(x-\Delta x)}{\Delta x^2}+bu^n(x). \tag{2.3.13}$$

作 Fourier 变换，得

$$\hat{u}^{n+1}(\xi)=G(\xi,\Delta t)\hat{u}^n(\xi),$$

其中增长因子

$$G(\xi,\Delta t)=1-\frac{4\sigma\Delta t}{\Delta x^2}\sin^2\frac{\xi\Delta x}{2}+b\Delta t.$$

如果

$$\frac{\sigma\Delta t}{\Delta x^2}=\text{常数}\leqslant\frac{1}{2}, \tag{2.3.14}$$

则有

$$\|G\|\leqslant 1+O(\Delta t),$$

即满足 von Neumann 条件. 因此格式 (2.3.13) 当条件 (2.3.14) 成立时是稳定的.

b）我们考虑逼近非线性方程

$$\frac{\partial u}{\partial t}+u^2\frac{\partial u}{\partial x}=0$$

的差分方程

$$\frac{u^{n+1}(x)-u^n(x)}{\Delta t}+(u^n(x))^2\frac{u^n(x)-u^n(x-\Delta x)}{\Delta x}=0 \tag{2.3.15}$$

的稳定性．由于对非线性差分格式的稳定性还没有一般的判别法则，通常用线性化的办法，将非线性差分格式中的系数加以“冻结”，即当成常数，然后用分析常系数差分格式稳定性的 von Neumann 方法进行考察．例如在以上的差分格式（2.3.15）中，将第二项中对 x 差商前面的系数 $(u^n(x))^2$ 看成常数，进行 Fourier 变换，便得到

$$\hat{u}^{n+1}(\xi)=\hat{u}^n(\xi)-\frac{\Delta t}{\Delta x}u^2[\hat{u}^n(\xi)-\hat{u}^{(n)}(\xi)e^{-i\xi\Delta x}].$$

整理后有

$$\hat{u}^{n+1}(\xi)=\left\{1-u^2\frac{\Delta t}{\Delta x}(1-e^{-i\xi\Delta x})\right\}\hat{u}^n(\xi).$$

于是求得增长因子为

$$G(\xi,\Delta t)=1-u^2\frac{\Delta t}{\Delta x}(1-e^{-i\xi\Delta x}).$$

容易求得

$$|G|^2=1-2u^2\frac{\Delta t}{\Delta x}\left(1-u^2\frac{\Delta t}{\Delta x}\right)(1-\cos\xi\Delta x).$$

当条件

$$u^2\frac{\Delta t}{\Delta x}\leqslant 1 \tag{2.3.16}$$

成立时，有 $|G|\leqslant 1$，即满足 von Neumann 条件．因此格式（2.3.15）当（2.3.16）成立时是稳定的．不等式（2.3.16）称为稳定性条件，实际上是给定空间步长 Δx 以后，选取时间步长的一个依据．从（2.3.16）可得

$$\Delta t \leqslant \Delta x / u^2.$$

这里 u^2 是我们在进行稳定性分析时冻结为常数的. 实际上是一个变量. 因此时间步长的选取应满足

$$\Delta t \leqslant \sup \frac{1}{u^2} \Delta x. \tag{2.3.17}$$

在实际计算中，由于从 (2.3.16) 并不是严格推导出来的稳定性条件，所以往往在 (2.3.17) 的右端再乘上一个小于 1 的保险因子 α:

$$\Delta t \leqslant \alpha \sup \frac{1}{u^2} \Delta x, \quad 0 < \alpha < 1.$$

3.2 启示性稳定性分析

上面所讲的 von Neumann 稳定性分析方法适用于常系数的线性差分方程，但是许多描述物理问题的方程是非线性的，或变系数的. 对这样的情形，为了研究这类差分方程的稳定性，Hirt (1968) 和 Яненко 及 Шокин (1968) 几乎同时提出一个简单的启示性方法. 所给出的讨论是不严格的,或不完善的,但能提供一些对稳定性来说是有用的讯息. 下面我们先推导对启示性分析很有用的有限差分方程的微分表达式.

1° 差分方程的微分表达式. 为了简单明了起见,作为例子,我们讨论简单的常系数一阶方程

$$\frac{\partial u}{\partial t} + a \frac{\partial u}{\partial x} = 0 \tag{2.3.18}$$

的差分格式

$$u(x, t + \Delta t) = \sum_{\beta} b_\beta u(x + \beta \Delta x, t), \tag{2.3.19}$$

其中例如 $\beta = 0, \pm 1, \pm 2, \cdots$.

假定 $u(x, t)$ 充分光滑,把 $u(x, t + \Delta t)$ 和 $u(x + \beta\Delta x, t)$ 在点 (x, t) 的附近作 Taylor 级数展开,代入 (2.3.19) 后得到

$$\sum_{l=0}^{\infty} \frac{1}{l!} (\Delta t)^l \frac{\partial^l v}{\partial t^l} = \sum_{\beta} b_\beta \sum_{m=0}^{\infty} \frac{(\beta \Delta x)^m}{m!} \frac{\partial^m v}{\partial x^m}. \tag{2.3.20}$$

如果 (2.3.19) 与 (2.3.18) 是相容的，必须满足相容性条件

$$\sum_{\beta} b_\beta = 1, \qquad \sum_{\beta} \beta b_\beta = -a\frac{\Delta t}{\Delta x}. \tag{2.3.21}$$

这样可以把 (2.3.20) 写成

$$\frac{\partial v}{\partial t} + a\frac{\partial v}{\partial x} + \sum_{l=2}^{\infty} \frac{(\Delta t)^{l-1}}{l!}\frac{\partial^l v}{\partial t^l}$$

$$-\sum_{m=2}^{\infty}\sum_{\beta} b_\beta \frac{(\beta\Delta x)^m}{\Delta t\cdot m!}\frac{\partial^m v}{\partial x^m} = 0. \tag{2.3.22}$$

Яненко 与 Шокин (1968) 把 (2.3.22) 叫做差分格式 (2.3.19) 的 Γ 型微分表达式. (2.3.22) 是一个无穷高阶的偏微分方程. 如果对 l 和 m 的求和只取有限项,则得到一个高阶偏微分方程,可以认为逼近一阶方程 (2.3.18) 的差分格式 (2.3.19) 也是逼近如此得到的高阶偏微分方程的. 例如如果在 (2.3.22) 中对 l 和 m 求和只取一项,则得到二阶方程

$$\frac{\partial v}{\partial t} + a\frac{\partial v}{\partial x} + \frac{\Delta t}{2}\frac{\partial^2 v}{\partial t^2} - \frac{1}{2}\frac{(\Delta x)^2}{\Delta t}\sum_{\beta} b_\beta \beta^2 \frac{\partial^2 v}{\partial x^2} = 0. \tag{2.3.23}$$

事实上,当 $\Delta t = O(\Delta x)$ 时,差分格式 (2.3.19) 以二阶精确度逼近二阶微分方程 (2.3.23).

现在讨论从方程 (2.3.22),并反复利用 (2.3.22) 消去关于 t 的二阶以上的导数,和关于 t 和 x 的混合导数. 为了消去 $\frac{\partial^2 v}{\partial t^2}$ 项,我们用算子 $-\frac{\Delta t}{2}\frac{\partial}{\partial t}$ 作用 (2.3.22),然后把所得结果与 (2.3.22) 相加. 产生新的方程中有 $-\frac{a\Delta t}{2}\frac{\partial^2 v}{\partial x\partial t}$ 项,但可以用 $\frac{a\Delta t}{2}\frac{\partial}{\partial x}$ 作用方程 (2.3.22),并与新的方程相加,把它消掉. 为了清晰地看到这种相消的重复过程,我们把这种重复计算过程列入表 2.3.1 中.

在表 2.3.1 中第一行是方程 (2.3.22) 包含的直到四阶的导数(通常,在实用中已经够了),第二行分别是它们相应的系数. 自第三行起,依次指明用最左列的微分算子作用 (2.3.22) 后得到的系

数. 每列的系数相加(最后一行),并乘以第一行相应列的导数,再相加,就得到方程

$$
\begin{aligned}
\frac{\partial v}{\partial t}+a\frac{\partial v}{\partial x}=&\ \mu(2)\frac{\partial^2 v}{\partial x^2}+\mu(3)\frac{\partial^3 v}{\partial x^3}\\
&+\mu(4)\frac{\partial^4 v}{\partial x^4}+\cdots,
\end{aligned}
\tag{2.3.24}
$$

其中

$$
\left.
\begin{aligned}
\mu(2)=&\ \frac{\Delta x^2}{\Delta t2!}\left(\sum_\beta \beta^2 b_\beta-\left(a\frac{\Delta t}{\Delta x}\right)^2\right),\\
\mu(3)=&\ \Delta t a\mu(2)+\frac{\Delta x^3}{\Delta t3!}\left(\sum_\beta \beta^3 b_\beta\right.\\
&\left.+\left(a\frac{\Delta t}{\Delta x^3}\right)^3\right),\\
\mu(4)=&\ \frac{\Delta x^4}{\Delta t4!}\left(\sum_\beta \beta^4 b_\beta-\left(a\frac{\Delta t}{\Delta x}\right)^4\right)\\
&+\mu(3)\Delta t a-\frac{\Delta t}{2}\mu^2(2)\\
&-\frac{(a\Delta t)^2}{2}\mu(2),\\
&\cdots\cdots
\end{aligned}
\right\}
\tag{2.3.25}
$$

方程 (2.3.24) 叫做差分格式 (2.3.19) 的 Π 型微分表达式. 和前面关于差分格式的 Γ 型微分表达式的讨论一样, 如果在 (2.3.24) 右端只取有限项,则得到一个关于 t 是一阶,而关于 x 是高阶的偏微分方程. 如果我们保留的最高阶是偶次的, 则得到一个高阶抛物型方程. 可以认为差分格式 (2.3.19) 也是逼近这些高阶抛物型方程的. 例如, 当 $\mu(2)\neq 0$ 时, 差分格式 (2.3.19) 就可以看成是逼近抛物型方程

$$
\frac{\partial v}{\partial t}+a\frac{\partial v}{\partial x}=\mu(2)\frac{\partial^2 v}{\partial x^2}
$$

的.

如果当 Δx 和 Δt 以任意形式趋于零时, 方程 (2.3.24) 的右端趋于零, 则说差分方程 (2.3.19) 与原微分方程 (2.3.18) 是相容的. (2.3.24) 的右端叫做截断误差项. 误差项的增量 Δx 和 Δt 的

最低幂次定义为有限差分方程的逼近阶. 例如,如果在(2.3.24)中 $\mu(2) \neq 0$, 则差分方程 (2.3.19) 是一阶逼近的. 如果取 b_β 满足

$$\sum_\beta \beta^2 b_\beta = a^2 \frac{\Delta t^2}{\Delta x^2} \quad 和 \quad \sum_\beta \beta^3 b_\beta = -\left(a\frac{\Delta t}{\Delta x}\right)^3,$$

即 $\mu(2) = \mu(3) = 0$, 则从 (2.3.24) 可推出差分方程 (2.3.19) 是三阶逼近的.

例如,方程 (2.3.18) 的 Lax-Wendroff 格式是

$$\frac{v(x, t+\Delta t) - v(x, t)}{\Delta t} + a\frac{v(x+\Delta x, t) - v(x-\Delta x, t)}{2\Delta x}$$
$$-\frac{a^2\Delta t}{2}\frac{v(x+\Delta x, t) - 2v(x, t) + v(x-\Delta x, t)}{\Delta x^2} = 0. \tag{2.3.26}$$

将 (2.3.26) 各项在 (x, t) 附近作 Taylor 级数展开, 可以得到

$$\sum_\beta \beta^2 b_\beta = \left(a\frac{\Delta t}{\Delta x}\right)^2, \ \sum_\beta \beta^3 b_\beta = -a\frac{\Delta t}{\Delta x} 和 \sum_\beta \beta^4 b_\beta = \left(a\frac{\Delta t}{\Delta x}\right)^4.$$

从而容易算出 $\mu(2) = 0$, $\mu(3) = -\frac{a}{6}(\Delta x^2 - a^2\Delta t^2)$ 和 $\mu(4) = -\frac{a^2\Delta t}{8}(\Delta x^2 - a^2\Delta t^2)$. 由此得到 Lax-Wendroff 格式是二阶逼近格式.

2° 启示性稳定性分析

我们把在上面得到 Γ 型微分近似表达式 (2.3.23) 写成

$$\frac{\Delta t^2}{\sum_\beta \beta^2 b_\beta \Delta x^2}\frac{\partial^2 v}{\partial t^2} - \frac{\partial^2 v}{\partial x^2} + \frac{2\Delta t}{\sum_\beta b_\beta \beta^2 \Delta x^2}$$
$$\times\left(\frac{\partial v}{\partial t} + a\frac{\partial v}{\partial x}\right) = 0. \tag{2.3.27}$$

这种形式的方程显示出双曲型方程的特性, 对任意点 (x, t) 的影响域是由通过 (x, t) 的斜率为 $\pm\sqrt{\frac{\Delta t^2}{\sum_\beta \beta^2 b_\beta \Delta x^2}}$ 的特征线所围成的区域, 如图 2.3.1 所示.

有限差分方程 (2.3.19) 也存在影响域, 对任意离散点 $(j\Delta x,$

$n\Delta t$）的影响域是由通过（$j\Delta x$，$n\Delta t$）的斜率为 $\pm\frac{\Delta t}{\Delta x}$ 的离散特征线所围成的区域. 由 Courant, Friedrichs 和 Lewy(1928)知道，逼近(2.3.27)的有限差分方程稳定性的 Courant 条件是有限差分方程影响域包含微分方程影响域，也就是

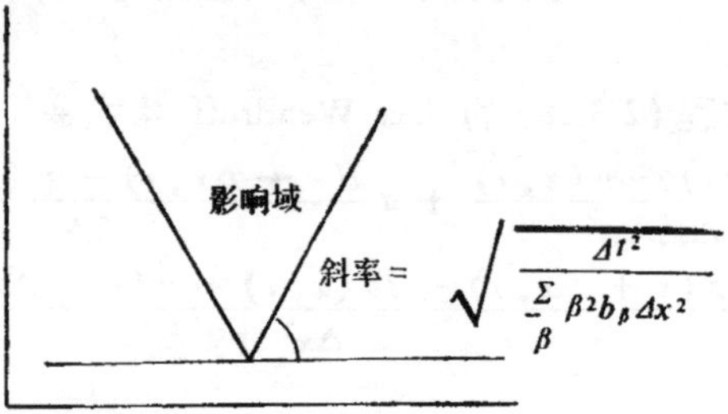

图 2.3.1 方程(2.3.27)在点（x, t）点的影响域——连续域

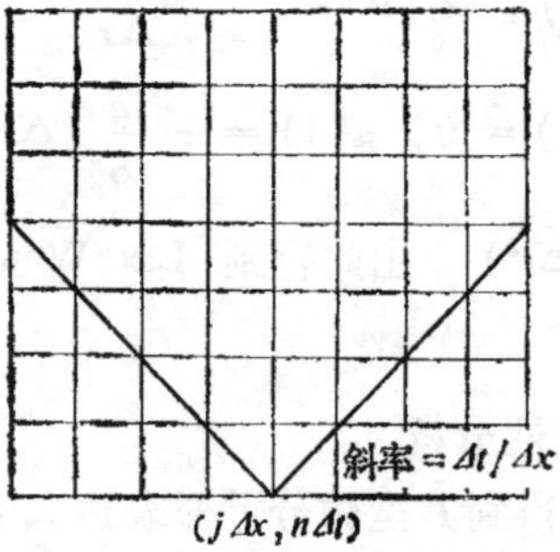

图 2.3.2 方程(2.3.27)在点（x,t）的影响域——有限差分域

$$\frac{\Delta t}{\Delta x} \leqslant \sqrt{\frac{\Delta t^2}{\sum \beta^2 b_\beta \Delta x^2}}. \qquad (2.3.28)$$

b）我们把(2.3.24)式重写成

$$\frac{\partial v}{\partial t} = \sum_{p=0}^{\infty} \mu(2p+1)\frac{\partial^{2p+1} v}{\partial x^{2p+1}} + \sum_{p=1}^{\infty} \mu(2p)\frac{\partial^{2p} v}{\partial x^{2p}}, \qquad (2.3.29)$$

其中 $\mu(1) = -a$. 如果我们假定方程(2.3.29)的基本解是

$$v(x, t) = e^{\alpha t} e^{ikx}, \qquad (2.3.30)$$

其中 k 是实的波数，而 $\alpha = \alpha_1 + i\alpha_2$ 是复数，那末容易由(2.3.30)

和(2.3.29)推出 α_1 和 α_2 必须满足

$$\alpha_1=\sum_{p=1}^{\infty}(-1)^p k^{2p}\mu(2p), \tag{2.3.31}$$

$$\alpha_2=\sum_{p=0}^{\infty}(-1)^p k^{2p+1}\mu(2p+1). \tag{2.3.32}$$

基本解 (2.3.30) 当 $\alpha_1<0$ 时随时间增长以指数函数形式减少,而当 $\alpha_1>0$ 时则以指数函数形式增大, $\alpha_1=0$ 是完全不衰减的情形. 从稳定性的观点来看,我们感兴趣的是 $\alpha_1\leqslant 0$ 的情形. 这样,我们考虑 (2.3.29) 中只出现偶阶导数的情形.

对小波数 k 的情形, 如果在 α_1 的表达式 (2.3.29) 不等于零的那些项中,只考虑关于 k 的最低次项(设为$(-1)^r k^{2r}\mu(2r)$), 则对于这样的 k, 为了使 $\alpha_1<0$ 必须有

$$(-1)^r\mu(2r)<0. \tag{2.3.33}$$

我们称(2.3.33)是启示性稳定性条件.由于这个条件只是对小波数 k 考虑的,所以稳定性条件 (2.3.33) 是不充分的, 但却是必要的. 它的必要性还可以这样来解释. 由于差分格式 (2.3.19) 也是逼近微分方程

$$\frac{\partial v}{\partial t}+a\frac{\partial v}{\partial x}=\sum_{l=1}^{2m}\mu(l)\frac{\partial^l v}{\partial x^l}$$

的, 这是高阶 ($2m$ 阶)的抛物型方程, 它的适定性要求最高阶导数的系数满足条件

$$(-1)^m\mu(2m)<0,$$

这正是 (2.3.33). 我们知道, 如果一个差分格式逼近的是一个不适定的微分方程,那末这个差分格式是不会稳定的.

现在讨论逼近 (2.3.18) 的几个常见的差分格式的启示性稳定性.

a) 对于 Lax-Wendroff 格式 (2.3.26), 我们有

$$(-1)^2\mu(2\times 2)=\mu(4)=-\frac{a^2\Delta t}{8}(\Delta x^2-a^2\Delta t^2)<0,$$

从而推出稳定性条件 $\Delta t\leqslant \Delta x/|a|$.

b) 考虑如下二个差分格式

$$\frac{u_j^{n+1}-u_j^n}{\Delta t}+a\frac{u_{j+1}^n-u_{j-1}^n}{2\Delta x}=0, \tag{2.3.34}$$

和

$$\begin{cases}\dfrac{u_j^{n+1}-u_j^n}{\Delta t}+a\dfrac{u_j^n-u_{j-1}^n}{\Delta x}=0, & a>0,\\ \dfrac{u_j^{n+1}-u_j^n}{\Delta t}+a\dfrac{u_{j+1}^n-u_j^n}{\Delta x}=0, & a<0.\end{cases} \tag{2.3.35}$$

它们的Γ型微分表达式分别是

$$\frac{\partial u}{\partial t}+a\frac{\partial u}{\partial x}+\frac{\Delta t}{2}\frac{\partial^2 u}{\partial t^2}+\frac{\Delta t^2}{6}\frac{\partial^3 u}{\partial t^3}+\frac{\Delta x^2}{6}a\frac{\partial^3 u}{\partial x^3}+\cdots=0, \tag{2.3.36}$$

$$\frac{\partial u}{\partial t}+a\frac{\partial u}{\partial x}+\frac{\Delta t}{2}\frac{\partial^2 u}{\partial t^2}-\frac{|a|\Delta x}{2}\frac{\partial^2 u}{\partial x^2}+\frac{\Delta t^2}{6}\frac{\partial^3 u}{\partial t^3}+\frac{\Delta x^2}{6}a\frac{\partial^3 u}{\partial x^3}+\cdots=0, \tag{2.3.37}$$

而对应的Π型微分表达式分别是

$$\frac{\partial u}{\partial t}+a\frac{\partial u}{\partial x}=-\frac{a^2}{2}\Delta t\frac{\partial^2 u}{\partial x^2}-\frac{a}{6}(\Delta x^2+2a^2\Delta t^2)\frac{\partial^3 u}{\partial x^3}+\cdots, \tag{2.3.38}$$

$$\frac{\partial u}{\partial t}+a\frac{\partial u}{\partial x}=\frac{|a|}{2}(\Delta x-|a|\Delta t)\frac{\partial^2 u}{\partial x^2}+\frac{a}{6}(3|a|\Delta x\Delta t-\Delta x^2-2a^2\Delta t^2)\times\frac{\partial^3 u}{\partial x^3}+\cdots. \tag{2.3.39}$$

现在来检查条件(2.3.33). 对差分格式(2.3.34)有

$$-\mu(2)=\frac{a^2}{2}\Delta t>0,$$

不满足条件(2.3.33),因此差分格式(2.3.34)是绝对不稳定的,对于差分格式(2.3.35)有

$$-\mu(2)=-\frac{|a|}{2}(\Delta x-|a|\Delta t),$$

因此，当 $-\mu(2)\leqslant 0$，即 $\Delta t\leqslant \Delta x/|a|$ 时，格式 (2.3.35) 是稳定的．否则是不稳定的．

最后，我们以简单的一阶非线性方程

$$\frac{\partial u}{\partial t}+\frac{\partial f(u)}{\partial x}=0 \tag{2.3.40}$$

的差分方程 $\left(A=\frac{\partial f}{\partial u}>0\right)$

$$\frac{u_j^{n+1}-u_j}{\Delta t}+\frac{f_j-f_{j-1}}{\Delta x}=0 \tag{2.3.41}$$

为例来推导它的启示性的稳定性．其中 $f_j=f(u_j)$．对非线性方程 (2.3.41)，其 Π 型近似微分表达式的推导要麻烦的多．将 (2.3.41) 的各项在点 $(j\Delta x, n\Delta t)$ 上作 Taylor 展开，为简单起见，写到 Δx^2 和 Δt^2 的项为止，我们有

$$\frac{\partial u}{\partial t}+\frac{\partial f}{\partial x}+\frac{\Delta t}{2}\frac{\partial^2 u}{\partial t^2}-\frac{\Delta x}{2}\frac{\partial^2 f}{\partial x^2}+\frac{\Delta t^2}{6}\frac{\partial^3 u}{\partial t^3}$$
$$+\frac{\Delta x}{6}\frac{\partial^3 f}{\partial x^3}+O((\Delta t)^3,(\Delta x)^3)=0. \tag{2.3.42}$$

这是所谓的 Γ 型微分表达式．

用 $-\frac{\Delta t}{2}\frac{\partial}{\partial t}$ 作用 (2.3.42)，将所得结果与 (2.3.42) 相加，得到

$$\frac{\partial u}{\partial t}+\frac{\partial f}{\partial x}-\frac{\Delta x}{2}\frac{\partial^2 f}{\partial x^2}-\frac{\Delta t}{2}\frac{\partial}{\partial t}\frac{\partial f}{\partial x}$$
$$-\frac{\Delta t^2}{12}\frac{\partial^3 u}{\partial t^3}+\frac{\Delta t\Delta x}{4}\frac{\partial}{\partial t}\frac{\partial^2 f}{\partial x^2}$$
$$+\frac{\Delta x^2}{6}\frac{\partial^3 f}{\partial x^3}+O((\Delta x)^3,(\Delta t)^3)=0. \tag{2.3.43}$$

为了便于运算，将 (2.3.43) 改写成

$$\frac{\partial u}{\partial t}+\frac{\partial f}{\partial x}-\frac{\Delta x}{2}\frac{\partial^2 f}{\partial x^2}-\frac{\Delta t}{2}\frac{\partial}{\partial x}A\frac{\partial u}{\partial t}$$

$$-\frac{\Delta t^2}{12}\frac{\partial^3 u}{\partial t^3}+\frac{\Delta t\Delta x}{4}\frac{\partial^2}{\partial x^2}\left(A\frac{\partial u}{\partial t}\right)$$
$$+\frac{\Delta x^2}{6}\frac{\partial^3 f}{\partial x^3}+O((\Delta t)^3,(\Delta x)^3)=0. \tag{2.3.44}$$

用 A 乘 (2.3.42)，再用 $\frac{\Delta t}{2}\frac{\partial}{\partial x}$ 作用于它，并将所得结果与 (2.3.44) 相加，得到

$$\frac{\partial u}{\partial t}+\frac{\partial f}{\partial x}+\frac{\Delta t}{2}\frac{\partial}{\partial x}A\frac{\partial f}{\partial x}-\frac{\Delta x}{2}\frac{\partial^2 f}{\partial x^2}-\frac{\Delta t^2}{12}\frac{\partial^3 u}{\partial t^3}$$
$$+\frac{\Delta t^2}{4}\frac{\partial}{\partial x}A\frac{\partial^2 u}{\partial t^2}-\frac{\Delta t\Delta x}{4}\frac{\partial}{\partial x}A\frac{\partial^2 f}{\partial x^2}$$
$$+\frac{\Delta t\Delta x}{4}\frac{\partial^2}{\partial x^2}\left(A\frac{\partial u}{\partial t}\right)+\frac{\Delta x^2}{6}\frac{\partial^3 f}{\partial x^3}$$
$$+O((\Delta x)^3,(\Delta t)^3)=0. \tag{2.3.45}$$

为了消去有关对时间的二阶导数项，只需直接利用 (2.3.40)

$$\frac{\partial u}{\partial t}=-A\frac{\partial u}{\partial x},\qquad \frac{\partial^2 u}{\partial t^2}=\frac{\partial}{\partial x}A^2\frac{\partial u}{\partial x},$$

和

$$\frac{\partial^3 u}{\partial t^3}=-\left(\frac{\partial A^3}{\partial x}+6A^2A_u\right)\frac{\partial^2 u}{\partial x^2}-A^3\frac{\partial^3 u}{\partial x^3}$$
$$-3\frac{\partial A^2A_u}{\partial x}\left(\frac{\partial u}{\partial x}\right)^2.$$

将它们代入 (2.3.45)，并经过整理，我们得到

$$\frac{\partial u}{\partial t}+\frac{\partial f}{\partial x}=\left[\frac{\Delta x}{2}A-\frac{\Delta t}{2}A^2-\frac{\Delta t^2}{2}\left(A^2A_u\right.\right.$$
$$\left.+AA_u+\frac{1}{6}\frac{\partial A^3}{\partial x}+\frac{1}{4}\frac{\partial A^2}{\partial x}\right)$$
$$-\Delta t\Delta x\left(A_u+\frac{1}{4}\frac{\partial A^2}{\partial x}+\frac{AA_u}{2}\right)$$
$$\left.-\frac{\Delta x^2}{6}A_u\frac{\partial u}{\partial x}\right]\frac{\partial^2 u}{\partial x^2}, \tag{2.3.46}$$

其中 $A_u=\frac{\partial A}{\partial u}$. 在 (2.3.46) 中忽略了有关对 x 的三阶导数项和

一阶导数项，也忽略了 $O((\Delta x)^3, (\Delta t)^3)$ 的项.

(2.3.46) 是差分方程 (2.3.41) 的 Π 型微分近似表达式. 它以一阶精度逼近原微分方程 (2.3.40). 如果 $f(u)$ 是线性的，例如 $f(u)=au$, a 是常数，则 $A=a$, $\frac{\partial A}{\partial u}=0$ 和 $\frac{\partial A}{\partial x}=0$. 这样，方程 (2.3.46) 就化成忽略 $O((\Delta t)^2, (\Delta x)^2, \Delta x\Delta t)$ 项的 (2.3.39). 由此可见，(2.3.46) 右端的扩散系数中有关二阶项是由 $f(u)$ 的非线性性引起的（如果 A 是 x, t 的函数，即对一阶变系数方程也会带来这样的项）. 根据启示性稳定性分析，差分格式 (2.3.41) 稳定的必要条件是

$$\begin{aligned}&\frac{\Delta x}{2}A-\frac{\Delta t}{2}A^2-\frac{\Delta t^2}{2}\left(A^2A_u+AA_u+\frac{1}{6}\frac{\partial A^3}{\partial x}\right.\\&\left.\quad+\frac{1}{4}\frac{\partial A^2}{\partial x}\right)-\Delta t\Delta x\left(A_u+\frac{1}{4}\frac{\partial A^2}{\partial x}+\frac{A}{2}Au\right)\\&\quad-\frac{1}{6}A_u\frac{\partial u}{\partial x}>0.\end{aligned}\tag{2.3.47}$$

如果其中的二阶各项可以被忽略，就得到

$$\Delta t<\Delta x/A.\tag{2.3.48}$$

这与将 (2.3.41) 线性化后用 von Neumann 方法得到的条件一致（见 (2.3.17)，其中 $A=u^2$）. 但是，在实际问题中，或在某个区域内，或在某一段时间内，(2.3.46) 的二阶项不仅不能被忽略，甚至可能有优势. 这样，如果只用线性化条件 (2.3.48) 进行计算，数值结果会带来振荡，或终止计算. 我们把这种现象叫做非线性不稳定性. 这在 von Neumann 方法中是观察不到的. Hirt (1968) 曾给出过例子. 用格式扩散系数中的高阶项解释数值结果出现振荡现象的原因.

§4 Euler 差分方程的格式粘性和稳定性

令 $f=(1, u, v, E)$，对 (2.2.1)—(2.2.4) 的输运项采用部分贡献插值公式

$$(\rho f)_{j+\frac{1}{2},k}u_{j+\frac{1}{2},k}=\begin{cases}(\rho f)_{j,k}u_{j+\frac{1}{2},k}, & u_{j+\frac{1}{2},k}\geqslant 0,\\(\rho f)_{j+1,k}u_{j+\frac{1}{2},k}, & u_{j+\frac{1}{2},k}<0,\end{cases}\tag{2.4.1}$$

$$(\rho f)_{j,k+\frac{1}{2}},v_{j,k+\frac{1}{2}}=\begin{cases}(\rho f)_{j,k}v_{j,k+\frac{1}{2}}, & v_{j,k+\frac{1}{2}}\geqslant 0,\\(\rho f)_{j,k+1}v_{j,k+\frac{1}{2}}, & v_{j,k+\frac{1}{2}}<0,\end{cases}\tag{2.4.2}$$

其中 $u_{j+\frac{1}{2},k}=\frac{1}{2}(u_{j,k}+u_{j+1,k})$ 和 $v_{j,k+\frac{1}{2}}=\frac{1}{2}(v_{j,k}+v_{j,k+1})$。

用 Hirt 的启示性分析方法讨论 Descartes 坐标系中 Euler 差分方程 (2.2.1)—(2.2.4) 的稳定性。将差分方程中各项在 (x_j,y_k,t^n) 点上用 Taylor 展开式代入，经整理后可得下式

$$\begin{aligned}\frac{\partial\rho}{\partial t}+\frac{\partial\rho u}{\partial x}+\frac{\partial\rho v}{\partial y}&=\frac{\partial}{\partial x}\left(\frac{\Delta x}{2}|u|\frac{\partial\rho}{\partial x}\right)\\&-\frac{(\Delta x)^2}{4}\frac{\partial}{\partial x}\left(\frac{\partial u}{\partial x}\frac{\partial\rho}{\partial x}\right)\\&+\frac{\partial}{\partial y}\left(\frac{\Delta y}{2}|v|\frac{\partial\rho}{\partial y}\right)-\frac{(\Delta y)^2}{4}\frac{\partial}{\partial y}\left(\frac{\partial v}{\partial y}\frac{\partial\rho}{\partial y}\right)\\&-\frac{\Delta t}{2}\frac{\partial^2\rho}{\partial t^2}+O((\Delta t)^2,(\Delta x)^2,(\Delta y)^2),\end{aligned}\tag{2.4.3}$$

$$\begin{aligned}\frac{\partial\rho u}{\partial t}+\frac{\partial\rho u^2}{\partial x}+\frac{\partial\rho uv}{\partial y}+\frac{\partial p}{\partial x}&=\frac{\partial}{\partial x}\left(\frac{\Delta x}{2}|u|\frac{\partial\rho u}{\partial x}\right)\\&-\frac{\partial q}{\partial x}-\frac{(\Delta x)^2}{4}\frac{\partial}{\partial x}\left(\frac{\partial u}{\partial x}\frac{\partial\rho u}{\partial x}\right)\\&+\frac{\partial}{\partial y}\left(\frac{\Delta y}{2}|v|\frac{\partial\rho u}{\partial y}\right)-\frac{(\Delta y)^2}{4}\frac{\partial}{\partial y}\left(\frac{\partial v}{\partial y}\frac{\partial\rho u}{\partial y}\right)\\&-\frac{\Delta t}{2}\frac{\partial^2\rho u}{\partial t^2}+O((\Delta t)^2,(\Delta x)^2,(\Delta y)^2),\end{aligned}\tag{2.4.4}$$

$$\begin{aligned}&\frac{\partial\rho v}{\partial t}+\frac{\partial\rho uv}{\partial x}+\frac{\partial\rho v^2}{\partial y}+\frac{\partial p}{\partial y}=\\&\quad\frac{\partial}{\partial x}\left(\frac{\Delta x}{2}|u|\frac{\partial\rho v}{\partial x}\right)-\frac{(\Delta x)^2}{4}\frac{\partial}{\partial x}\left(\frac{\partial u}{\partial x}\frac{\partial\rho v}{\partial x}\right)\\&\quad+\frac{\partial}{\partial y}\left(\frac{\Delta y}{2}|v|\frac{\partial\rho v}{\partial y}\right)-\frac{\partial q}{\partial y}\end{aligned}$$

$$-\frac{(\Delta y)^2}{4}\frac{\partial}{\partial y}\left(\frac{\partial v}{\partial y}\frac{\partial \rho v}{\partial y}\right)-\frac{\Delta t}{2}\frac{\partial^2 \rho v}{\partial t^2}$$

$$+O((\Delta t)^2,(\Delta x)^2,(\Delta y)^2), \tag{2.4.5}$$

$$\frac{\partial \rho E}{\partial t}+\frac{\partial \rho E u}{\partial x}+\frac{\partial \rho E v}{\partial y}+\frac{\partial p u}{\partial x}+\frac{\partial p v}{\partial y}$$

$$=\frac{\partial}{\partial x}\left(\frac{\Delta x}{2}|u|\frac{\partial \rho E}{\partial x}\right)$$

$$-\frac{(\Delta x)^2}{4}\frac{\partial}{\partial x}\left(\frac{\partial u}{\partial x}\frac{\partial \rho E}{\partial x}\right)-\frac{\partial q u}{\partial x}$$

$$+\frac{\partial}{\partial y}\left(\frac{\Delta y}{2}|v|\frac{\partial \rho E}{\partial y}\right)-\frac{\Delta y^2}{4}\frac{\partial}{\partial y}\left(\frac{\partial v}{\partial y}\frac{\partial \rho E}{\partial y}\right)$$

$$-\frac{\partial q v}{\partial y}-\frac{\Delta t}{4}\frac{\partial^2 \rho E}{\partial t^2}$$

$$+O((\Delta t)^2,(\Delta x)^2,(\Delta y)^2). \tag{2.4.6}$$

注意到 (2.4.3)—(2.4.6) 等式左端就是原来的流体力学方程组，而右端是截断误差项，当 Δt, Δx, Δy 趋于零时，它们都趋于零. 从这些误差项我们可以观察到差分方程组的一些性质.

如果忽略截断误差项中有关 Δt 和 Δx^2 的项，则方程组 (2.4.3)—(2.4.6) 就变为

$$\frac{\partial \rho}{\partial t}+\frac{\partial \rho u}{\partial x}+\frac{\partial \rho v}{\partial y}=\frac{\partial}{\partial x}\left(\varepsilon_x\frac{\partial \rho}{\partial x}\right)+\frac{\partial}{\partial y}\left(\varepsilon_y\frac{\partial \rho}{\partial y}\right), \tag{2.4.7}$$

$$\frac{\partial \rho u}{\partial t}+\frac{\partial \rho u^2}{\partial x}+\frac{\partial \rho u v}{\partial y}+\frac{\partial (p+q)}{\partial x}$$

$$=\frac{\partial}{\partial x}\left(\varepsilon_x\frac{\partial \rho u}{\partial x}\right)+\frac{\partial}{\partial y}\left(\varepsilon_y\frac{\partial \rho u}{\partial y}\right), \tag{2.4.8}$$

$$\frac{\partial \rho v}{\partial t}+\frac{\partial \rho u v}{\partial x}+\frac{\partial \rho v^2}{\partial y}+\frac{\partial (p+q)}{\partial y}$$

$$=\frac{\partial}{\partial x}\left(\varepsilon_x\frac{\partial \rho v}{\partial x}\right)+\frac{\partial}{\partial y}\left(\varepsilon_y\frac{\partial \rho v}{\partial y}\right), \tag{2.4.9}$$

$$\frac{\partial \rho E}{\partial t}+\frac{\partial \rho E u}{\partial x}+\frac{\partial \rho E v}{\partial y}+\frac{\partial (p+q)u}{\partial x}+\frac{\partial (p+q)v}{\partial y}$$

$$= \frac{\partial}{\partial x}\left(\varepsilon_x \frac{\partial \rho E}{\partial x}\right) + \frac{\partial}{\partial y}\left(\varepsilon_y \frac{\partial \rho E}{\partial y}\right), \tag{2.4.10}$$

其中 $\varepsilon_x = \frac{1}{2}|u|\Delta x$, $\varepsilon_y = \frac{1}{2}|v|\Delta y$. 如果记

$$m_x = -\varepsilon_x \frac{\partial \rho}{\partial x}, \qquad m_y = -\varepsilon_y \frac{\partial \rho}{\partial y}, \tag{2.4.11}$$

$$q_{1x} = -\rho\varepsilon_x \frac{\partial u}{\partial x}, \qquad q_{1y} = -\rho\varepsilon_y \frac{\partial u}{\partial y}, \tag{2.4.12}$$

$$q_{2x} = -\rho\varepsilon_x \frac{\partial v}{\partial x}, \qquad q_{2y} = -\rho\varepsilon_y \frac{\partial v}{\partial y}, \tag{2.4.13}$$

$$h_x = -\rho\varepsilon_x \frac{\partial e}{\partial x} \qquad h_y = -\rho\varepsilon_y \frac{\partial e}{\partial y}, \tag{2.4.14}$$

则可以把 (2.4.7)—(2.4.10) 改写成

$$\frac{\partial \rho}{\partial t} + \frac{\partial(\rho u + m_x)}{\partial x} + \frac{\partial(\rho v + m_y)}{\partial y} = 0, \tag{2.4.15}$$

$$\frac{\partial \rho u}{\partial t} + \frac{\partial}{\partial x}[p + q + q_{1x} + u(\rho u + m_x)] + \frac{\partial}{\partial y}[q_{1y} + u(\rho v + m_y)] = 0, \tag{2.4.16}$$

$$\frac{\partial \rho v}{\partial t} + \frac{\partial}{\partial x}[q_{2x} + v(\rho u + m_x)] + \frac{\partial}{\partial y}[p + q + q_{2y} + v(\rho v + m_y)] = 0, \tag{2.4.17}$$

$$\frac{\partial \rho E}{\partial t} + \frac{\partial}{\partial x}[u(p + q + q_{1x}) + vq_{2x} + (\rho u + m_x)E + h_x] + \frac{\partial}{\partial y}[v(p + q + q_{2y}) + uq_{1y} + (\rho v + m_y)E + h_y] = 0, \tag{2.4.18}$$

其中 q 是人为粘性，含 m_x, m_y, q_{1x}, q_{1y}, q_{2x}, q_{2y}, h_x 和 h_y 的各项均是差分方程逼近微分方程时产生的格式粘性项. 方程组(2.4.15)—(2.4.18) 与具有真实粘性和热传导的 Euler 流体动力学方程组是相类似的. m_x, m_y 相当于质量扩散流，q_{1x}, q_{1y}, q_{2x}, q_{2y} 相当

于粘性项，而 h_x 和 h_y 相当于热量流. 在数值计算中，由于这些项的存在，即使人为粘性项 $q=0$，也使激波光滑化[1)]. 因为 ε 和 Δx（或 Δy）成比例，冲激波的宽度由网格长度 Δx 和 Δy 所决定. 而真实气体是由扩散过程的微观平均自由程所决定的. 其次，格式扩散系数与 $|u|$（或 $|v|$）成比例，u，v 是计算网格的流体速度. 这些项破坏了解的 Galileo 不变性[2)]，并且在 $u=0$ 和 $v=0$ 的附近格式粘性就消失了. 但是在很多情况下，它并不显得那么严重(见 Gentry，Martin 和 Daly (1966) 的计算实例).

现在用 Hirt 方法分析差分方程的稳定性. 利用原微分方程组的空间导数代替 (2.4.3)—(2.4.6) 中的 $\frac{\partial^2\rho u}{\partial t^2}$，$\frac{\partial^2\rho v}{\partial t^2}$ 和 $\frac{\partial^2\rho E}{\partial t^2}$，并且合并同类项，则 (2.4.3)—(2.4.6) 可写成

$$\begin{aligned}\frac{\partial\rho}{\partial t}+\frac{\partial\rho u}{\partial x}+\frac{\partial\rho v}{\partial y}&=a_{11}\frac{\partial^2\rho}{\partial x^2}\\&\quad+a_{12}\frac{\partial^2 u}{\partial x^2}+a_{13}\frac{\partial^2 v}{\partial x^2}+a_{14}\frac{\partial^2 e}{\partial x^2}\\&\quad+b_{11}\frac{\partial^2\rho}{\partial y^2}+b_{12}\frac{\partial^2 u}{\partial y^2}+b_{13}\frac{\partial^2 v}{\partial y^2}\\&\quad+b_{14}\frac{\partial^2 e}{\partial y^2}+O(\Delta t,\Delta x,\Delta y),\end{aligned}\tag{2.4.19}$$

$$\begin{aligned}\frac{\partial u}{\partial t}&+u\frac{\partial u}{\partial x}+v\frac{\partial u}{\partial y}\\&+\frac{1}{\rho}\frac{\partial(p+q)}{\partial x}=a_{21}\frac{\partial^2\rho}{\partial x^2}\\&+a_{22}\frac{\partial^2 u}{\partial x^2}+a_{23}\frac{\partial^2 v}{\partial x^2}+a_{24}\frac{\partial^2 e}{\partial x^2}+b_{21}\frac{\partial^2\rho}{\partial y^2}\end{aligned}$$

---

1) 单纯加热传导项，并不能使激波光滑化(见周毓麟，李德元 (1981a,b)).

2) 在变量变换 $x\to x'=x+at$，$u\to u'=u+a$，$t\to t'=t$（其中 a 是常速度）下，流体力学方程组的形式不变，就称为 Galileo 不变性. (2.4.15)—(2.4.18) 在这种变换下破坏了不变性. 详细讨论见 Yanenko 和 Shokin (1970) 的论文.

$$+ b_{22}\frac{\partial^2 u}{\partial y^2} + b_{23}\frac{\partial^2 v}{\partial y^2} + b_{24}\frac{\partial^2 e}{\partial y^2} + O(\Delta t, \Delta x, \Delta y), \tag{2.4.20}$$

$$\frac{\partial v}{\partial t} + u\frac{\partial v}{\partial x} + v\frac{\partial v}{\partial y} + \frac{1}{\rho}\frac{\partial(p+q)}{\partial y} = a_{31}\frac{\partial^2 \rho}{\partial x^2} + a_{32}\frac{\partial^2 u}{\partial x^2} + a_{33}\frac{\partial^2 v}{\partial x^2} + a_{34}\frac{\partial^2 e}{\partial x^2} + b_{31}\frac{\partial^2 \rho}{\partial y^2} + b_{32}\frac{\partial^2 u}{\partial y^2} + b_{33}\frac{\partial^2 v}{\partial y^2} + b_{34}\frac{\partial^2 e}{\partial y^2} + O(\Delta t, \Delta x, \Delta y), \tag{2.4.21}$$

$$\frac{\partial e}{\partial t} + u\frac{\partial e}{\partial x} + v\frac{\partial e}{\partial y} + \frac{(p+q)}{\rho}\left(\frac{\partial u}{\partial x} + \frac{\partial v}{\partial y}\right) = a_{41}\frac{\partial^2 \rho}{\partial x^2} + a_{42}\frac{\partial^2 u}{\partial x^2} + a_{43}\frac{\partial^2 v}{\partial x^2} + a_{44}\frac{\partial^2 e}{\partial x^2} + b_{41}\frac{\partial^2 \rho}{\partial y^2} + b_{42}\frac{\partial^2 u}{\partial y^2} + b_{43}\frac{\partial^2 v}{\partial y^2} + b_{44}\frac{\partial^2 e}{\partial y^2} + O(\Delta t, \Delta x, \Delta y), \tag{2.4.22}$$

在这些公式中，我们只留下 $\frac{\partial^2 \rho}{\partial x^2}, \frac{\partial^2 \rho}{\partial y^2}, \frac{\partial^2 u}{\partial x^2}, \frac{\partial^2 u}{\partial y^2}, \frac{\partial^2 v}{\partial x^2}, \frac{\partial^2 v}{\partial y^2}, \frac{\partial^2 E}{\partial x^2}, \frac{\partial^2 E}{\partial y^2}$ 各项，其系数 a_{lm}, b_{lm} 分别看成是矩阵 A 和 B 的元素，其中

$$
A=\begin{bmatrix}
\frac{\Delta x}{2}|u|-\frac{(\Delta x)^2}{4}\frac{\partial u}{\partial x}-\frac{\Delta t}{2}(u^2+p_\rho) & -\frac{(\Delta x)^2}{4}\frac{\partial \rho}{\partial x}-\Delta t\rho u & 0 & -\frac{\Delta t}{2}p_e \\
-\frac{(\Delta x)^2}{2}\frac{u}{\rho}\frac{\partial u}{\partial x}-\Delta t\frac{u}{\rho}p_\rho & \frac{\Delta x}{2}|u|-\frac{(\Delta x)^2}{2}\left(\frac{\partial u}{\partial x}+\frac{u}{\rho}\frac{\partial \rho}{\partial x}\right)-\frac{\Delta t}{2}(u^2+c^2) & 0 & -\Delta t\frac{up_e}{\rho} \\
-\frac{(\Delta x)^2}{2}\frac{u}{\rho}\frac{\partial v}{\partial x} & -\frac{\Delta x^2}{4}\frac{\partial v}{\partial x} & \frac{\Delta x}{2}|u|-\frac{(\Delta x)^2}{4}\frac{\partial u}{\partial x}-\frac{\Delta x^2}{2}\frac{u}{\rho}\frac{\partial \rho}{\partial x}-\frac{\Delta t}{2}u^2 & 0 \\
-\frac{(\Delta x)^2}{2}\frac{u}{\rho}\frac{\partial e}{\partial x}-\frac{(\Delta x)^2}{4}\frac{u^2}{\rho}\frac{\partial u}{\partial x}-\frac{\Delta t}{2}\frac{p_e p}{\rho^2} & -\frac{(\Delta x)^2}{4}\left(\frac{\partial e}{\partial x}+\frac{u^2}{\rho}\times\frac{\partial \rho}{\partial x}\right)-\frac{\Delta t}{2}\frac{up}{\rho} & 0 & \frac{\Delta x}{2}|u|-\frac{(\Delta x)^2}{4}\frac{\partial u}{\partial x}-\frac{(\Delta x)^2}{2}\times\frac{u}{\rho}\frac{\partial \rho}{\partial x}-\frac{\Delta t}{2}\left(u^2+\frac{p_e p}{\rho^2}\right)
\end{bmatrix},
\tag{2.4.23}
$$

$$
B=\begin{bmatrix}
\begin{array}{l}\dfrac{\Delta y}{2}|v|-\dfrac{(\Delta y)^2}{4}\dfrac{\partial v}{\partial y}\\ \quad -\dfrac{\Delta t}{2}(v^2+p_\rho)\end{array} & 0 & -\dfrac{(\Delta y)^2}{4}\dfrac{\partial \rho}{\partial y}-\Delta t\rho v & -\dfrac{\Delta t}{2}p_e \\
-\dfrac{(\Delta y)^2}{2}\dfrac{v}{\rho}\dfrac{\partial u}{\partial y} & \begin{array}{l}\dfrac{\Delta y}{2}|v|-\dfrac{(\Delta y)^2}{4}\dfrac{\partial v}{\partial y}\\ -\dfrac{(\Delta y)^2}{2}\dfrac{v}{\rho}\dfrac{\partial \rho}{\partial y}-\dfrac{\Delta t}{2}v^2\end{array} & -\dfrac{(\Delta y)^2}{4}\dfrac{\partial u}{\partial y} & 0 \\
\begin{array}{l}-\dfrac{(\Delta y)^2}{2}\dfrac{v}{\rho}\dfrac{\partial v}{\partial y}\\ \quad -\Delta t\dfrac{v}{\rho}p_\rho\end{array} & 0 & \begin{array}{l}\dfrac{\Delta y}{2}|v|-\dfrac{(\Delta y)^2}{2}\dfrac{\partial v}{\partial y}\\ -\dfrac{(\Delta y)^2}{2}\dfrac{v}{\rho}\dfrac{\partial \rho}{\partial y}-\dfrac{\Delta t}{2}(v^2+c^2)\end{array} & -\Delta t\dfrac{vp_e}{\rho} \\
\begin{array}{l}-\dfrac{(\Delta y)^2}{2}\dfrac{v}{\rho}\dfrac{\partial e}{\partial y}-\dfrac{(\Delta y)^2}{4}\\ \quad \times\dfrac{v^2}{\rho}\dfrac{\partial v}{\partial y}-\dfrac{\Delta t}{2}\dfrac{p_e p}{\rho^2}\end{array} & 0 & \begin{array}{l}-\dfrac{(\Delta y)^2}{4}\left(\dfrac{\partial e}{\partial y}+\dfrac{v^2}{\rho}\dfrac{\partial \rho}{\partial y}\right)\\ \quad -\dfrac{\Delta t}{2}\dfrac{vp}{\rho}\end{array} & \begin{array}{l}\dfrac{\Delta y}{2}|v|-\dfrac{(\Delta y)^2}{4}\dfrac{\partial v}{\partial y}\\ -\dfrac{(\Delta y)^2}{2}\dfrac{v}{\rho}\dfrac{\partial \rho}{\partial y}\\ -\dfrac{\Delta t}{2}\left(v^2+\dfrac{p_e p}{\rho^2}\right)\end{array}
\end{bmatrix}. \tag{2.4.24}
$$

其中 $p_\rho=\partial p/\partial\rho$，$p_e=\partial p/\partial e$，$c^2=\partial p/\partial\rho+\dfrac{p}{\rho^2}\dfrac{\partial p}{\partial e}$.

根据 Hirt (1968) 和 Яненко、Шокин (1968) 的启示性稳定性理论，为使差分格式稳定，就要求 A 和 B 都是非负的. 我们知道，一个矩阵 $K=(k_{j,k})_1^n$ 的非负定性的必要条件是它的对角线元素 $k_{j,j}$ ($j=1, 2, \cdots, n$) 都是非负的. 这样从 (2.4.23) 和 (2.4.24) 就得到格式稳定的必要条件为

$$\Delta t=\min(\Delta t_1, \Delta t_2) \tag{2.4.25}$$

其中

$$\Delta t_1\leqslant\min\left(\frac{\dfrac{\Delta x}{2}|u|-\dfrac{(\Delta x)^2}{4}\dfrac{\partial u}{\partial x}}{\dfrac{1}{2}(u^2+p_\rho)},\ \frac{\dfrac{\Delta x}{2}|u|-\dfrac{(\Delta x)^2}{2}\left(\dfrac{\partial u}{\partial x}+\dfrac{u}{\rho}\dfrac{\partial\rho}{\partial x}\right)}{\dfrac{1}{2}(u^2+c^2)},\ \frac{\dfrac{\Delta x}{2}|u|-\dfrac{(\Delta x)^2}{4}\dfrac{\partial u}{\partial x}-\dfrac{(\Delta x)^2}{2}\dfrac{u}{\rho}\dfrac{\partial\rho}{\partial x}}{\dfrac{1}{2}u^2},\ \frac{\dfrac{\Delta x}{2}|u|-\dfrac{(\Delta x)^2}{4}\dfrac{\partial u}{\partial x}-\dfrac{(\Delta x)^2}{2}\dfrac{u}{\rho}\dfrac{\partial\rho}{\partial x}}{\dfrac{1}{2}\left(u^2+\dfrac{p_e p}{\rho^2}\right)}\right), \tag{2.4.26}$$

$$\Delta t_2\leqslant\min\left(\frac{\dfrac{\Delta y}{2}|v|-\dfrac{(\Delta y)^2}{4}\dfrac{\partial v}{\partial y}}{\dfrac{1}{2}(v^2+p_\rho)},\ \frac{\dfrac{\Delta y}{2}|v|-\dfrac{(\Delta y)^2}{4}\dfrac{\partial v}{\partial y}-\dfrac{(\Delta y)^2}{2}\dfrac{v}{\rho}\dfrac{\partial\rho}{\partial y}}{\dfrac{1}{2}v^2},\right.$$

$$\frac{\frac{\Delta y}{2}|v|-\frac{(\Delta y)^2}{2}\left(\frac{\partial v}{\partial y}+\frac{v}{\rho}\frac{\partial \rho}{\partial y}\right)}{\frac{1}{2}(v^2+c^2)},$$

$$\left.\frac{\frac{\Delta y}{2}|v|-\frac{(\Delta y)^2}{4}\frac{\partial v}{\partial y}-\frac{(\Delta y)^2}{2}\frac{v}{\rho}\frac{\partial \rho}{\partial y}}{\frac{1}{2}\left(v^2+\frac{p_e p}{\rho^2}\right)}\right). \qquad (2.4.27)$$

通常在实际计算中，不考虑非线性的影响，也就是忽略(2.4.26)和(2.4.27)中的Δx^2和Δy^2的项．这样就有Δt_1和Δt_2的表示式

$$\Delta t_1 \leqslant \min\left(\frac{\Delta x|u|}{u^2+p_\rho}, \frac{\Delta x|u|}{u^2+c^2}, \frac{\Delta x|u|}{u^2}, \frac{\Delta x|u|}{u^2+\frac{p_e p}{\rho^2}}\right), \qquad (2.4.28)$$

$$\Delta t_2 \leqslant \min\left(\frac{\Delta y|v|}{v^2+p_\rho}, \frac{\Delta y|v|}{v^2}, \frac{\Delta y|v|}{v^2+c^2}, \frac{\Delta y|v|}{v^2+\frac{p_e p}{\rho^2}}\right), \qquad (2.4.29)$$

这里我们看到，即使不引进人为粘性q，差分方程(2.2.1)—(2.2.4)和(2.4.1)，(2.4.2)也是条件稳定的．但是，在$u\to 0$或$v\to 0$的区域(除静止区外)，Δt_1或Δt_2变得非常小．因此，必须引进人为粘性q来保证在适当大的Δt的情况下格式仍然是稳定的．

在许多情况下，我们取

$$\Delta t = \Gamma \min\left(\frac{\Delta x}{|u|+c}, \frac{\Delta y}{|v|+c}\right), \qquad (2.4.30)$$

其中Γ是小于1的常数．这在$c\leqslant|u|$，$c\leqslant|v|$，$p_\rho>0$和$p_e>0$的情况下，可保证(2.4.28)和(2.4.29)仍然满足．

§5 流体网格法

流体网格法最初是由 Rich (1963) 提出的，后来 Gentry、

Martin 和 Daly (1966) 以及 Белоцерковский 和 Давыдов (1971) 相继发展并公开发表了这个方法. 他们分别把这个方法叫做流体网格法 (Fluid-in-Cell 方法,简称 FLIC 方法)和大质点法 (Метод《Крупных Частиц》).

5.1 方法概述

流体网格法采用的是柱对称 Euler 坐标系中的矩形网格 (见图 2.1.2), 所有的力学量离散化后的值都取在网格中心 (见图 2.2.1). 它是多步方法. 第一步是把网格当作质团进行 Lagrange 运动的计算, 或者说是只考虑由于压力梯度对速度和内能改变的影响,在这一步上用显式差分格式解方程

$$\rho \frac{du}{dt} = -\frac{\partial(p+q)}{\partial x}, \tag{2.5.1}$$

$$\rho \frac{dv}{dt} = -\frac{\partial(p+q)}{\partial r}, \tag{2.5.2}$$

$$\rho \frac{de}{dt} = -(p+q)\left(\frac{\partial u}{\partial x} + \frac{1}{r}\frac{\partial rv}{\partial r}\right), \tag{2.5.3}$$

其中 $\frac{d}{dt} = \frac{\partial}{\partial t} + u\frac{\partial}{\partial x} + v\frac{\partial}{\partial r}$. 我们把这步的结果用 $\tilde{u},\tilde{v},\tilde{e}$ 来表示. 第二步是按质量, 动量和能量守恒的原则将第一步的结果在原来 Euler 矩形网格上进行质量,动量和能量的重新分配.

5.2 差分方程

1° 第一步. 在这一步主要任务是用逼近 (2.5.1)—(2.5.3) 的差分方程组计算每个网格 $\Omega_{j,k}$ 的中间速度 $\tilde{u}_{j,k}$, $\tilde{v}_{j,k}$ 和内能 $\tilde{e}_{j,k}$. 为了建立逼近 (2.5.1)—(2.5.3) 的差分方程,用 $2\pi r\Delta r\Delta x$ 分别乘 (2.5.1)—(2.5.3) 两端后,在 $(j\Delta x, k\Delta r, n\Delta t)$ 上用向前差商代替时间导数,用中心差商代替空间导数,这样我们可以得到

$$2\pi\left(r\rho\frac{\partial f}{\partial t}\right)_{j,k}^{n}\Delta x\Delta r = \frac{\tilde{f}_{j,k} - f_{j,k}}{\Delta t}\rho_{j,k}2\pi r_k\Delta r\Delta x$$

$$= \frac{\bar{f}_{j,k} - f_{j,k}}{\Delta t} M_{j,k}, \quad (2.5.4)$$

这里 f 可以用来表示 u，或 v，或 e。$M_{j,k}$ 是在 $t = n\Delta t$ 时刻，$\Omega_{j,k}$ 网格的流体质量.

$$2\pi \left(\frac{\partial(p+q)}{\partial x} r \right)^n_{j,k} \Delta r \Delta x$$

$$= \frac{(p+q)_{j+\frac{1}{2},k} - (p+q)_{j-\frac{1}{2},k}}{\Delta x} 2\pi r_k \Delta r \Delta x$$

$$= S^x_k \{ (p+q)_{j+\frac{1}{2},k} - (p+q)_{j-\frac{1}{2},k} \}. \quad (2.5.5)$$

$$2\pi \left(\frac{\partial(p+q)}{\partial r} r \right)^n_{j,k} \Delta r \Delta x$$

$$= 2\pi \left(\frac{\partial rp}{\partial r} - p + \frac{\partial q}{\partial r} r \right)^n_{j,k} \Delta r \Delta x$$

$$= 2\pi \left(\frac{r_{k+\frac{1}{2}} p_{j,k+\frac{1}{2}} - r_{k-\frac{1}{2}} p_{j,k-\frac{1}{2}}}{\Delta r} - p_{j,k} + \frac{q_{j,k+\frac{1}{2}} - q_{j,k-\frac{1}{2}}}{\Delta r} r_k \right) \Delta r \Delta x$$

$$= \frac{1}{2} [S^r_{k+\frac{1}{2}} (p_{j,k+1} - p_{j,k}) - S_{k-\frac{1}{2}} (p_{j,k-1} - p_{j,k})] + \frac{V_k}{\Delta r} (q_{j,k+\frac{1}{2}} - q_{j,k-\frac{1}{2}}). \quad (2.5.6)$$

在后面的等式中用了

$$p_{j,k+\frac{1}{2}} = \frac{1}{2} (p_{j,k} + p_{j,k+1})$$

和

$$p_{j,k} = \left(\frac{r_{k+\frac{1}{2}} - r_{j-\frac{1}{2}}}{\Delta r} \right) p_{j,k},$$

$S^r_{k+\frac{1}{2}}$ 和 S^x_k 可在表 2.1 中找到.

$$2\pi \left\{ (p+q) \left(\frac{\partial u}{\partial x} + \frac{1}{r} \frac{\partial rv}{\partial r} \right) r \right\}^n_{j,k} \Delta r \Delta x$$

$$
= 2\pi \left\{ p \left(\frac{\partial u}{\partial x} + \frac{1}{r} \frac{\partial r v}{\partial r} \right) + \frac{\partial q u}{\partial x} - u \frac{\partial q}{\partial x} \right.
$$

$$
\left. + \frac{1}{r} \frac{\partial q r v}{\partial r} - v \frac{\partial q}{\partial r} \right\}_{j,k}^{n} r_k \Delta r \Delta x
$$

$$
= \{ p_{j,k} (S^r_{k+\frac{1}{2}} \bar{v}_{j,k+\frac{1}{2}} - S^r_{k-\frac{1}{2}} \bar{v}_{j,k-\frac{1}{2}})
$$

$$
+ \frac{1}{2} q_{j,k+\frac{1}{2}} (S^r_{k+1} \bar{v}_{j,k+1} + S^r_k \bar{v}_{j,k})
$$

$$
- \frac{1}{2} q_{j,k-\frac{1}{2}} (S^r_k \bar{v}_{j,k} + S^r_{k-1} \bar{v}_{j,k-1})
$$

$$
- \bar{u}_{j,k} S^x_k (q_{j+\frac{1}{2},k} - q_{j-\frac{1}{2},k}) - \bar{v}_{j,k} S^r_k (q_{j,k+\frac{1}{2}}
$$

$$
- q_{j,k-\frac{1}{2}}) + S^x_k [\bar{u}_{j+\frac{1}{2},k} (p_{j,k} + q_{j+\frac{1}{2},k})
$$

$$
- \bar{u}_{j-\frac{1}{2},k} (p_{j,k} + q_{j-\frac{1}{2},k})] \}. \tag{2.5.7}
$$

这里 $\bar{u}_{j,k} = \frac{1}{2}(u_{j,k} + \tilde{u}_{j,k})$ 和 $\bar{v}_{j,k} = \frac{1}{2}(v_{j,k} + \tilde{v}_{j,k})$. 为了书写简便,我们用 $\delta Q_{j,k}/\Delta t$ 表示 (2.5.7) 式最右端的式子.

这样一来,从 (2.5.4)—(2.5.7) 就可以得到逼近 (2.5.1)—(2.5.3) 的差分方程

$$
\tilde{u}_{j,k} = u_{j,k} - \frac{S^x_k \Delta t}{M_{j,k}} [(p+q)_{j+\frac{1}{2},k} - (p+q)_{j-\frac{1}{2},k}], \tag{2.5.8}
$$

$$
\begin{aligned}
\tilde{v}_{j,k} = v_{j,k} - \frac{\Delta t}{M_{j,k}} \Big\{ & \frac{1}{2} [S^r_{k+\frac{1}{2}} (p_{j,k+1} - p_{j,k}) \\
& - S^r_{k-\frac{1}{2}} (p_{j,k-1} - p_{j,k})] \\
& + \frac{V_k}{\Delta r} (q_{j,k+\frac{1}{2}} - q_{j,k-\frac{1}{2}}) \Big\},
\end{aligned} \tag{2.5.9}
$$

$$
\tilde{e}_{j,k} = e_{j,k} - \delta Q_{j,k} / M_{j,k}, \tag{2.5.10}
$$

其中

$$
p_{j+\frac{1}{2},k} = \frac{1}{2}(p_{j,k} + p_{j+1,k}), \quad p_{j,k+\frac{1}{2}} = \frac{1}{2}(p_{j,k} + p_{j,k+1}),
$$

人为粘性 q 取为

$$
q_{j+\frac{1}{2},k} = \begin{cases} B C_{j+\frac{1}{2},k} \rho_{j+\frac{1}{2},k} (u_{j,k} - u_{j+1,k}), & \text{若 } K^2(u^2+v^2)_{j+\frac{1}{2},k} < C^2_{j+\frac{1}{2},k}, \text{ 且 } u_{j,k} > u_{j+1,k}, \\ 0, & \text{否则}. \end{cases} \tag{2.5.11}
$$

$$
q_{j,k+\frac{1}{2}}=\begin{cases} BC_{j,k+\frac{1}{2}}\rho_{j,k+\frac{1}{2}}(v_{j,k} & \text{若 } K^2(u^2+v^2)_{j,k+\frac{1}{2}}< \\ -v_{j,k+1}), & C^2_{j,k+\frac{1}{2}}, \text{且 } v_{j,k}-v_{j,k+1}>0, \\ 0, & \text{否则}. \end{cases}
\tag{2.5.12}
$$

这里 C 是声速，B 是人为粘性系数，一般不超过 0.5. 人为粘性只有当马赫数小于 K，并 $\frac{\partial u}{\partial x}\left(\text{或}\ \frac{\partial v}{\partial r}\right)$ 小于零时才加上，否则由于有格式粘性而可以不必再加人为粘性. 这个格式尽管是从非守恒形式的能量方程出发，但在每个网格上却保持了总能量 $E=e+\frac{1}{2}(u^2+v^2)$ 是守恒的.

事实上，用 $\bar{u}_{j,k}$ 乘 (2.5.8)，加上用 $\bar{v}_{j,k}$ 乘 (2.5.9)，再加上 (2.5.10) 后，乘 $M_{j,k}$，我们得到

$$
\begin{aligned}
M_{j,k}&\left(\frac{\tilde{u}^2_{j,k}}{2}+\frac{\tilde{v}^2_{j,k}}{2}+e_{j,k}\right)-M_{j,k}\left(\frac{u^2_{j,k}}{2}+\frac{v^2_{j,k}}{2}+e_{j,k}\right)\\
&=-\Delta t\left\{S^x_k\left(\frac{p_{j,k}\bar{u}_{j+1,k}+p_{j+1,k}\bar{u}_{j,k}}{2}\right.\right.\\
&\quad\left.-\frac{p_{j,k}\bar{u}_{j-1,k}+p_{j-1,k}\bar{u}_{j,k}}{2}\right)\\
&\quad+S^x_k(\bar{u}_{j+\frac{1}{2},k}q_{j+\frac{1}{2},k}-\bar{u}_{j-\frac{1}{2},k}q_{j-\frac{1}{2},k})\\
&\quad+S^r_{k+\frac{1}{2}}\left(\frac{p_{j,k}\bar{v}_{j,k+1}+p_{j,k+1}\bar{v}_{j,k}}{2}\right)\\
&\quad-S^r_{k-\frac{1}{2}}\left(\frac{p_{j,k}\bar{v}_{j,k-1}+p_{j,k-1}\bar{v}_{j,k}}{2}\right)\\
&\quad+q_{j,k+\frac{1}{2}}\left(\frac{S^r_{k+1}\bar{v}_{j,k+1}+S^r_k\bar{v}_{j,k}}{2}\right)\\
&\quad\left.-q_{j,k-\frac{1}{2}}\left(\frac{S^r_k\bar{v}_{j,k}+S^r_{k-1}\bar{v}_{j,k-1}}{2}\right)\right\}.
\end{aligned}
\tag{2.5.13}
$$

它逼近于总能量微分方程

$$\rho \frac{d\left(e+\frac{u^2}{2}+\frac{v^2}{2}\right)}{dt}=-\frac{\partial(p+q)u}{\partial x}+\frac{1}{r}\frac{\partial r(p+q)v}{\partial r}. \tag{2.5.14}$$

我们注意到，如果为了节省存贮空间，而没有存放压力 p. 则必须先由状态方程用 $\rho_{j,k}$ 和 $e_{j,k}$ 计算每个网格 $\Omega_{j,k}$ 的压力 $p_{j,k}$. 再由 (2.5.8)—(2.5.10) 算出 $\tilde{u}_{j,k}$, $\tilde{v}_{j,k}$ 和 $\tilde{e}_{j,k}$.

2° 第二步. 计算流体通过网格边界从一个网格流到另一个网格的质量，动量和能量输运，前面已经讲过，输运量的计算有各种不同方法，它们对差分格式的稳定性和截断误差都有直接的影响. 这里只给出贡献网格差分，其它的差分形式可见 Longley (1960), Hirt (1968) 的文章.

设 $\Delta M_{j+\frac{1}{2},k}$ 和 $\Delta M_{j,k+\frac{1}{2}}$ 是在 Δt 时间内分别通过网格 $\Omega_{j,k}$ 的右边界和上边界的输运量. 从一个网格流到另一个网格的质量与贡献网格的密度成比例. 因此，通过网格 $\Omega_{j,k}$ 右边界的质量流是

$$\Delta M_{j+\frac{1}{2},k}=\begin{cases}S_k^x\rho_{j,k}\tilde{u}_{j+\frac{1}{2},k}\Delta t, & \tilde{u}_{j+1,k}+\tilde{u}_{j,k}>0,\\ S_k^x\rho_{j+1,k}\tilde{u}_{j+\frac{1}{2},k}\Delta t, & \tilde{u}_{j+1,k}+\tilde{u}_{j,k}<0.\end{cases} \tag{2.5.15}$$

同样，通过网格 $\Omega_{j,k}$ 上左边界的质量流是

$$\Delta M_{j,k+\frac{1}{2}}=\begin{cases}S_{k+\frac{1}{2}}^r\rho_{j,k}\tilde{v}_{j,k+\frac{1}{2}}\Delta t, & \tilde{v}_{j,k+1}+\tilde{v}_{j,k}>0,\\ S_{k+\frac{1}{2}}^r\rho_{j,k+1}\tilde{v}_{j,k+\frac{1}{2}}\Delta t, & \tilde{v}_{j,k+1}+\tilde{v}_{j,k}<0.\end{cases} \tag{2.5.16}$$

这就是前面所说的贡献差分表达式，只是这里用 $\tilde{u}$ (或 $\tilde{v}$) 代替 u^n (或 v^n).

有了质量的输运量，按质量守恒律就可以计算网格 $\Omega_{j,k}$ 在 $t=(n+1)\Delta t$ 时刻的密度

$$\begin{aligned}\rho_{j,k}^{n+1}=\rho_{j,k}+\frac{1}{V_k}(&\Delta M_{j,k-\frac{1}{2}}+\Delta M_{j-\frac{1}{2},k}\\ &-\Delta M_{j,k+\frac{1}{2}}-\Delta M_{j-\frac{1}{2},k}),\end{aligned} \tag{2.5.17}$$

其中 V_k 是网格 $\Omega_{j,k}$ 的体积(见表2.1).

下面计算新时刻的速度和内能．为了能在计算中自动地确定流动方向，将网格 $\Omega_{j,k}$ 的四条边界进行编号(图 2.5.1)，并定义函数 $T_{j,k}(\alpha)$ 如下：

$$T_{j,k}(\alpha)=\begin{cases}1, \text{如果流体通过边界 } \alpha \text{ 流入网格 } \Omega_{j,k},\\ 0, \text{如果流体通过边界 } \alpha \text{ 流出网格 } \Omega_{j,k},\end{cases}$$

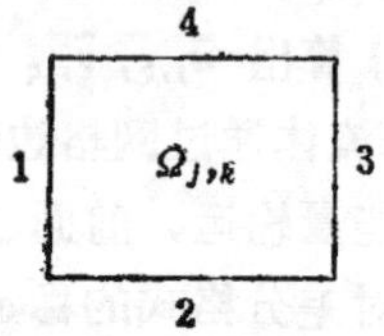

图 2.5.1 网格边界编号

其中 $\alpha=1, 2, 3, 4$．这样，在时刻 $t=(n+1)\Delta t$，网格 $\Omega_{j,k}$ 的单位质量的速度分量和能量的计算公式为：

$$\begin{aligned}F_{j,k}^{n+1}=\frac{1}{M_{j,k}^{n+1}}\{&T_{j,k}(1)\tilde{F}_{j,k}\Delta M_{j-\frac{1}{2},k}\\&+T_{j,k}(2)\tilde{F}_{j,k-1}\Delta M_{j,k-\frac{1}{2}}\\&-T_{j,k}(3)\tilde{F}_{j+1,k}\Delta M_{j+\frac{1}{2},k}\\&-T_{j,k}(4)\tilde{F}_{j,k+1}\Delta M_{j,k+\frac{1}{2}}\\&+\tilde{F}_{j,k}[M_{j,k}+(1-T_{j,k}(1))\Delta M_{j-\frac{1}{2},k}\\&+(1-T_{j,k}(2))\Delta M_{j,k-\frac{1}{2}}\\&-(1-T_{j,k}(3))\Delta M_{j+\frac{1}{2},k}\\&-(1-T_{j,k}(4))\Delta M_{j,k+\frac{1}{2}}]\},\end{aligned}\qquad(2.5.18)$$

其中 u, v, E 分别以 $F_{j,k}^{n+1}$ 的上述形式取值．求出总能量 $E_{j,k}^{n+1}$ 后，比内能可以用下列关系式得到

$$e_{j,k}^{n+1}=E_{j,k}^{n+1}-\frac{1}{2}(u^2+v^2)_{j,k}^{n+1}.\qquad(2.5.19)$$

到此，流体网格法的一个时间步长 Δt 的计算循环就完成了．

5.3 流体网格法差分格式的稳定性

为简短起见，对一维平面 $(u>0)$ 的情形讨论流体网格法差

分格式的稳定性. 从 (2.5.8)—(2.5.10) 和 (2.5.17)—(2.5.18), 两步消去 $\tilde{u}$ 和 $\tilde{e}$, 可以得到等价的, 第 n 和第 $n+1$ 时间层的变量有关联的差分格式:

$$\frac{\rho_j^{n+1}-\rho_j}{\Delta t}=\frac{(u_{j-\frac{1}{2}}+\Delta t w_{j-\frac{1}{2}})\rho_{j-1}-(u_{j+\frac{1}{2}}+\Delta t w_{j+\frac{1}{2}})\rho_j}{\Delta x}, \tag{2.5.20a}$$

$$\begin{aligned}\frac{m_j^{n+1}-m_j}{\Delta t}&=\frac{u_{j-\frac{1}{2}}m_{j-1}-u_{j+\frac{1}{2}}m_j}{\Delta x}+\frac{p_{j-1}-p_{j+1}}{2\Delta x}\\&+\Delta t^2\frac{(w\rho)_{j-1}w_{j-\frac{1}{2}}-(w\rho)_j w_{j+\frac{1}{2}}}{\Delta x}\\&+\Delta t\{m_{j-1}w_{j-\frac{1}{2}}-m_j w_{j+\frac{1}{2}}+(w\rho)_{j-1}(u_j\\&+2u_{j-1})-(w\rho)_j(u_{j+1}+2u_j)\}/\{2\Delta x\},\end{aligned} \tag{2.5.20b}$$

$$\begin{aligned}&\frac{(\rho E)_j^{n+1}-(\rho E)_j}{\Delta t}\\&=\left\{p_j\left(u_{j-1}+\frac{\Delta t}{2}w_{j-1}-u_{j+1}-\frac{\Delta t}{2}w_{j+1}\right)\right.\\&\quad\left.-\left(u_j+\frac{\Delta t}{2}w_j\right)(p_{j+1}-p_{j-1})\right\}\Big/2\Delta x\\&\quad+\frac{(u_j+u_{j-1})(\rho E)_{j-1}-(u_j+u_{j+1})(\rho E)_j}{2\Delta x}\\&\quad+\frac{\Delta t}{2\Delta x}[(w_j+w_{j-1})(\rho E)_{j-1}\\&\quad-(w_j+w_{j+1})(\rho E)_j+(u_j+u_{j-1})\zeta_{j-1}\\&\quad-(u_j+u_{j+1})\zeta_j+(w_j+w_{j-1})\zeta_{j-1}\\&\quad-(w_j+w_{j+1})\zeta_j],\end{aligned} \tag{2.5.20c}$$

其中

$$m_j=(\rho u)_j,\qquad w_j=\frac{1}{\rho_j}\frac{p_{j-1}-p_{j+1}}{2\Delta x},$$

$$\zeta_j=\left\{p_j\left[u_{j-1}-u_{j+1}+\frac{\Delta t}{2}\left(w_{j-1}-w_{j+1}\right)\right]\right.$$

$$\left.-\left(u_j+\frac{\Delta t}{2}w_j\right)\left(p_{j+1}-p_{j-1}\right)\right\}\Big/2x.$$

将方程 (2.5.20) 各项在 $(j\Delta x,\ n\Delta t)$ 上用 Taylor 级数展开，合并同类项后，我们有

$$\frac{\partial\rho}{\partial t}+\frac{\partial m}{\partial x}=\frac{\Delta x}{2}\frac{\partial u}{\partial x}\frac{\partial\rho}{\partial x}+\frac{\Delta x}{2}u\frac{\partial^2\rho}{\partial x^2}$$

$$-\frac{\Delta t}{2}\frac{\partial\rho}{\partial t}+O(\Delta t\Delta x,(\Delta x)^2,(\Delta t)^2),\quad(2.5.21\text{a})$$

$$\frac{\partial m}{\partial t}+\frac{\partial um}{\partial x}+\frac{\partial p}{\partial x}=\frac{\Delta x}{2}\frac{\partial u}{\partial x}\frac{\partial m}{\partial x}$$

$$+\frac{\Delta x}{2}u\frac{\partial^2 m}{\partial x^2}-2\Delta t\frac{\partial mw}{\partial x}$$

$$-\frac{\Delta t}{2}\frac{\partial^2 m}{\partial t^2}+O(\Delta t\Delta x,(\Delta x)^2,(\Delta t)^2),\quad(2.5.21\text{b})$$

$$\frac{\partial\rho E}{\partial t}+\frac{\partial\rho Eu}{\partial x}+\frac{\partial pu}{\partial x}=\frac{\Delta x}{2}\frac{\partial u}{\partial x}\frac{\partial\rho E}{\partial x}$$

$$+\frac{\Delta x}{2}u\frac{\partial^2\rho E}{\partial x^2}-\frac{\Delta t}{2}\frac{\partial pw}{\partial x}-\Delta t\frac{\partial w\rho E}{\partial x}$$

$$-\Delta t^2\frac{\partial}{\partial x}(\rho wu^3)-\frac{\Delta t}{2}\frac{\partial^2\rho E}{\partial t^2}$$

$$+O(\Delta t\Delta x,(\Delta x)^2,(\Delta t)^2),\quad(2.5.21\text{c})$$

其中 $m=\rho u,\ w=\dfrac{1}{\rho}\dfrac{\partial p}{\partial x}$. 从差分格式 (2.5.20) 的微分近似表达式 (2.5.21) 可知 (2.5.20) 以阶 $O(\Delta t,\Delta x)$ 逼近一维平面 Euler 流体动力学方程组.

现在用 Hirt (1968) 启示性稳定性分析方法分析格式(2.5.20)的稳定性. 先将方程 (2.5.21) 变换成 Γ 型微分近似表达式

$$\frac{\Delta t}{2}\frac{\partial^2\rho}{\partial t^2}+\frac{\partial\rho}{\partial t}+\frac{\partial m}{\partial x}=b_{11}\frac{\partial^2\rho}{\partial x^2}$$

$$+ b_{12}\frac{\partial^2 u}{\partial x^2} + b_{13}\frac{\partial^2 e}{\partial x^2} \tag{2.5.22a}$$

$$\frac{\Delta t}{2}\rho\frac{\partial^2 u}{\partial t^2} + \rho\frac{\partial u}{\partial t} + \rho u\frac{\partial u}{\partial x} + \frac{\partial p}{\partial x}$$

$$= b_{21}\frac{\partial^2 \rho}{\partial x^2} + b_{22}\frac{\partial^2 u}{\partial x^2} + b_{23}\frac{\partial^2 e}{\partial x^2}, \tag{2.5.22b}$$

$$\frac{\Delta t}{2}\rho\frac{\partial^3 e}{\partial t^2} + \rho\frac{\partial e}{\partial t} + \rho u\frac{\partial e}{\partial x} + p\frac{\partial u}{\partial x}$$

$$= b_{31}\frac{\partial^2 \rho}{\partial x^2} + b_{32}\frac{\partial^2 u}{\partial x^2} + b_{33}\frac{\partial^2 e}{\partial x^2}. \tag{2.5.22c}$$

在这些方程中不包括 Δt 与Δx 的一阶和三阶导数乘积的项，以及 Δx 一阶项，也不包括 $O(\Delta x\Delta t, (\Delta x)^2, (\Delta t)^2)$ 项.

为简短起见，我们这里只给出感兴趣的，矩阵 $(b_{i,k})$ 对角线各项表达式

$$b_{11} = \frac{\Delta x}{2}u + \Delta t\frac{\partial p}{\partial \rho},\quad b_{22} = \frac{\Delta x}{2}\rho u,$$

$$b_{33} = \frac{\Delta x}{2}\rho u + \frac{\Delta t}{2}\left(\frac{p}{\rho} + u^2\right)\frac{\partial p}{\partial e}. \tag{2.5.23}$$

如果把方程组 (2.5.22) 看作独立的，那末它们的特征线方程是

$$\frac{dx}{dt} = \pm\sqrt{\frac{2b_{11}}{\Delta t}},\quad \frac{dx}{dt} = \pm\sqrt{\frac{2b_{22}}{\Delta t}},\quad \frac{dx}{dt} = \pm\sqrt{\frac{2b_{33}}{\Delta t}}. \tag{2.5.24}$$

然而差分格式 (2.5.20) 的扰动沿着以斜率

$$\frac{dx}{dt} = \pm\frac{\Delta x}{\Delta t} \tag{2.5.25}$$

的直线传播. 由于差分格式 (2.5.20) 给出方程 (2.5.22) 的近似解，那末 (2.5.20) 的依赖区域应当包含 (2.5.22) 的影响区域，即

$$\frac{\Delta x^2}{\Delta t^2} \geqslant \frac{2b_{11}}{\Delta t},\quad \frac{\Delta x^2}{\Delta t^2} \geqslant \frac{2b_{22}}{\Delta t},\quad \frac{\Delta x^2}{\Delta t^2} \geqslant \frac{2b_{33}}{\Delta t}. \tag{2.5.26}$$

那末时间步长 Δt 满足

$$\Delta t < \min(\Delta t_1, \Delta t_2, \Delta t_3),$$

其中

$$\Delta t_1 = \frac{-u + \sqrt{u^2 + 8\dfrac{\partial p}{\partial \rho}}}{4\dfrac{\partial p}{\partial \rho}}\Delta x, \quad \Delta t_2 = \frac{\Delta x}{u},$$

$$\Delta t_3 = \frac{-u + \sqrt{(1+d)u^2 + 4\dfrac{pd}{\rho}}}{2d(u^2 + p/\rho)}\Delta x, \quad d = \frac{1}{\rho}\frac{\partial p}{\partial e}. \tag{2.5.27}$$

现在来考察差分格式 (2.5.20) 的 Π 型微分近似表达式，如果我们只考虑 Δt 或 Δx 的一阶项，可以从原微分方程组空间导数消去 (2.5.22) 的时间二阶导数，结果有

$$\frac{\partial \rho}{\partial t} + \frac{\partial \rho u}{\partial x} = c_{11}\frac{\partial^2 \rho}{\partial x^2} + c_{12}\frac{\partial^2 u}{\partial x^2} + c_{13}\frac{\partial^2 e}{\partial x^2}, \tag{2.5.28a}$$

$$\rho\frac{\partial u}{\partial t} + \rho u\frac{\partial u}{\partial x} + \frac{\partial p}{\partial x} = c_{21}\frac{\partial^2 \rho}{\partial x^2} + c_{22}\frac{\partial^2 u}{\partial x^2} + c_{23}\frac{\partial^2 e}{\partial x^2}, \tag{2.5.28b}$$

$$\rho\frac{\partial e}{\partial t} + \rho u\frac{\partial e}{\partial x} + p\frac{\partial u}{\partial x} = c_{31}\frac{\partial^2 \rho}{\partial x^2} + c_{32}\frac{\partial^2 u}{\partial x^2} + c_{33}\frac{\partial^2 e}{\partial x^2}. \tag{2.5.28c}$$

矩阵 $(c_{j,k})$ 的对角线元素是

$$c_{11} = \frac{\Delta x}{2}u - \frac{\Delta t}{2}u^2 + \frac{\Delta t}{2}\frac{\partial p}{\partial \rho},$$

$$c_{22} = \frac{\Delta x}{2}\rho u - \frac{\Delta t}{2}\rho(u^2 + c^2),$$

$$c_{33} = \frac{\Delta x}{2}\rho u + \frac{\Delta t}{2}u^2\left(\frac{\partial p}{\partial e} - \rho\right),$$

这里 $c^2 = \dfrac{\partial p}{\partial \rho} + \dfrac{p}{\rho}\dfrac{\partial p}{\partial e}$. 矩阵 $(c_{j,k})$ 是正定的必要条件是 $c_{j,j} > 0\ (j = 1, 2, 3)$. 从而有

$$\Delta t < \Delta t_4 = \frac{\Delta x u}{u^2 - \dfrac{\partial p}{\partial \rho}}, \quad \Delta t < \Delta t_5 = \frac{\Delta x u}{u^2 + c^2},$$

$$\Delta t < \Delta t_6 = \frac{\Delta x \rho u}{u^2\left(\rho - \dfrac{\partial p}{\partial e}\right)}.$$

所以，考虑差分格式 (2.5.20) 的微分近似的结果． 得到格式 (2.5.20) 的稳定性条件[1]是

$$\Delta t < \min(\Delta t_1, \Delta t_2, \Delta t_3, \Delta t_4, \Delta t_5, \Delta t_6). \tag{2.5.29}$$

5.4 边界处理

1° 固壁． 在固壁上差分计算应当保证法向速度等于零． 假如设 $\Omega_{1,k}$ 网格左边界就是固壁，并在它的左边虚设一列网格 $\Omega_{0,k}$，见图 2.5.2． 这样可以置

$$-\tilde{u}_{1,k} = \tilde{u}_{0,k}, \quad -u_{1,k}^{n+1} = u_{0,k}^{n+1}, \quad k = 1, 2, \cdots, K. \tag{2.5.30}$$

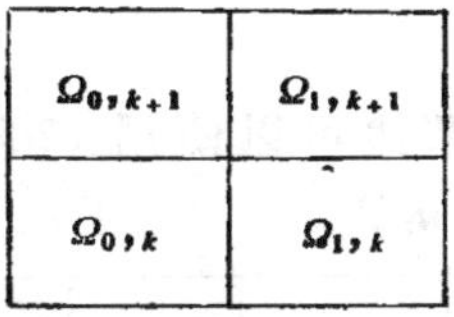

图 2.5.2 固壁外的虚设网格

此外，差分计算还要模拟保证没有质量，动量和能量流过固壁．由 (2.5.30)，我们得到通过固壁的质量流

$$\Delta M_{\frac{1}{2},k} = S_k^x \rho_{D,k} \frac{\tilde{u}_{0,k} + \tilde{u}_{1,k}}{2} \Delta t = 0, \; k = 1, 2, \cdots, K, \tag{2.5.31}$$

因此上式对 $\rho_{D,k} = \rho_{0,k}$ 或 $\rho_{D,k} = \rho_{1,k}$ 都成立． 通过固壁的动量流和能量流

$$\tilde{f}_{D,k} \Delta M_{\frac{1}{2},k} = S_k^x \tilde{f}_{D,k} \rho_{D,k} \frac{\tilde{u}_{0,k} + \tilde{u}_{1,k}}{2} \Delta t = 0, \; k = 1, 2, \cdots, K, \tag{2.5.32}$$

对 $f_{D,k} = f_{0,k}$ 或 $f_{D,k} = f_{1,k}$ 也都成立，其中 f 分别取 u, v, e． 从

1) 如果 $u<0$，$\Delta t_i (i = 1, \cdots, 6)$ 中的 u 用 $|u|$ 代替．

(2.5.31) 和 (2.5.32) 可见，为了紧挨边界的网格与内网格的计算统一起见，令虚网格的

$$\begin{aligned}&\rho_{0,k}=\rho_{1,k},\ \ \tilde{v}_{0,k}=\tilde{v}_{1,k},\ \ \tilde{e}_{0,k}=\tilde{e}_{1,k},\\&\rho_{0,k}^{n+1}=\rho_{1,k}^{n+1},\ \tilde{v}_{0,k}=\tilde{v}_{1,k},\ \ e_{0,k}^{n+1}=e_{1,k}^{n+1},\end{aligned} \tag{2.5.33}$$

仍然是描述固壁性质的. 由于 $u_{\frac{1}{2},k}=0$, 从 (2.5.1) 对压力 p 有

$$p_{0,k}=p_{1,k}. \tag{2.5.34}$$

2° 流进流出边界

在流进边界(或说上游边界)上，要指定，或模拟流体流进的性质，也就是指定来流条件，或在任意时刻在该边界各状态量分别是常数，它们之间是相互自洽的，例如定常击波的波后状态；或各状态量是随时间变化的. 通常，在设计计算区域时，应考虑到上游边界的位置，使所指定的流体流进的性质不受计算区域内流体流动的影响，或影响很弱.

对于常数状态，仍然可以使用 (2.5.33) 和 (2.5.34)，但是 $\tilde{u}_{0,k}=\tilde{u}_{1,k}$ 和 $u_{0,k}^{n+1}=u_{1,k}^{n+1}$.

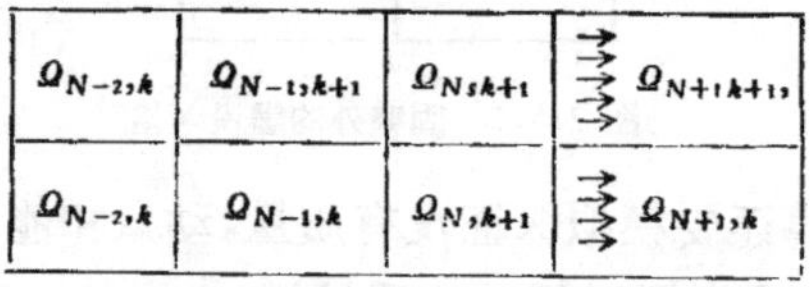

图 2.5.3 流出边界外虚设网格及边界内的紧邻网格

在流出边界(或说下游边界)上 (图2.5.3) 对法向速度进行下列一种外插

$$u_{N+\frac{1}{2},k}=u_{N,k},$$

$$u_{N+\frac{1}{2},k}=\frac{1}{2}\left(3u_{N,k}-u_{N-1,k}\right),$$

$$u_{N+\frac{1}{2},k}=\frac{1}{8}\left(15u_{N,k}-10u_{N-1,k}+3u_{N-2,k}\right).$$

对边界上的压力，也可用上述的外插公式之一来给出. 流出的质量，动量和能量是 $S_k^x f_{N,k}\rho_{N,k}u_{N+\frac{1}{2},k}\Delta t$，这里 f 分别取 $1, u, v, e$. 所以，若对压力采用 $p_{N+\frac{1}{2},k}=p_{N,k}$ 时，用统一的 (2.5.33) 和 (2.5.34) 并不妨碍对于流出的处理.

对自由边界，我们将在第三章讨论．因为对它必须有特殊的处理技术，方能获得好的结果．

如果固壁是任意形状的刚体的表面，它不一定和网格边界重合，而是通过某些网格，使得这种网格只有一部分被流体占据，这样的网格称为部分网格．通常，用直线段逼近描述物体表面的曲线．每条线段的端点是它和网格边界的交点，见图 2.5.4．我们可以计算出流体所占那部分网格的体积的份额和部分网格边界上流体流过的面积份额．然后根据这些几何量，在部分网格上对两步差分格式进行修正(详见 Gentry，Martin 和 Daly (1966)，或 Давыдов (1971))．另外，部分网格的差分格式也要用边界值，因此也要在其紧邻设虚网格，其虚网格上的力学量由流体在物体边界上法向速度等于零的条件给出(见 Давыдов (1971))．

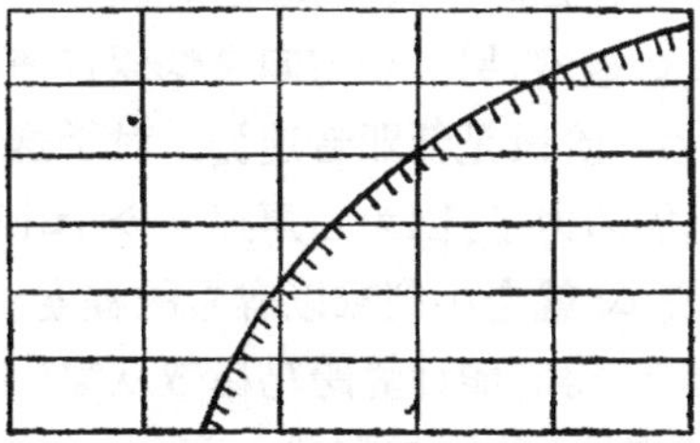

图 2.5.4　不和网格边界重合的固壁

Nobuhiro，Ukeguchi 等 (1980)，李荫藩与曹亦明 (1981)，徐国荣 (1984) 在流体网格法的基础上建立了任意三角形，四边形和多边形的 Euler 差分格式．它们对上述的部分网格就无需另行处理，并且适用于计算任何复杂的边界形状的流动问题．

流体网格法是适合于计算具有大畸变的，单种流体流动的问题．Gentry，Martin 和 Daly (1966) 改进了 Rich (1963) 提出的这个方法，同时计算了 Z 形管道激波绕射和锥体激波绕射等问题，在网格数少的情况下也得到了较好的结果．Белоцерковский 与 Давыдов (1971) 和 Давыдов (1971) 用大粒子方法成功地计算了物体形状可以是复杂的，超音速，亚音速和跨音速绕流问题．

Butler (1967) 把流体网格法推广到带粘性和热传导的问题. Шидловская (1977) 把这个方法用来计算宇宙空间中二维球坐标系的冲激波传播问题. Губаидуллин 和 Ивандаев (1976) 建立了一维接触间断的计算格式. Hageman 和 Walsh (1971) 采用质点线描述不同流体的分界面的办法，把流体网格法推广到计算多流体流动的问题. Kershner 和 Mader (1972) 在两种物质的混合网格中,采用按物质质量份额来分配物质的比容 $V = 1/\rho$ 和比内能的办法计算多种物质的问题. 我们将在第三章第二节中介绍计算多种物质的一个新方法.

§6 隐式连续 Euler 方法

有许多实际问题是同时具有低速和高速两种流速的，它们或者一个方向是超音速流,另一个方向是低亚音速流;或者这一阶段是超音速流,而另一阶段是低亚音速流. 对于这类问题,通常的显式差分方法就无能为力了.因为当声速 $c \gg |\boldsymbol{u}|$ 时,受稳定性条件的限制,时间步长 Δt 就会小到难以容忍的程度.因此,有必要建立这样的数值方法,使得它能计算跨马赫数从零(不可压缩的极限情形) 到大于 1 (超音速) 的这类问题. Harlow 和 Amsden (1968, 1971b) 提出了解决这类问题的隐式连续 Euler 方法 (Implicit Continuous-Fluid Eulerian Method 简称 ICE 方法).

我们还是用柱对称的守恒方程 (1.2.37)—(1.2.40) 来进行讨论. 计算网格是固定的矩形网格. 离散化以后的力学量的定义位置稍有不同. ρ, p, E 仍然取在网格的中心,轴向速度分量 u 取在网格左、右边界的中点上，径向速度分量 v 取在网格上、下边界的中点上，见图 2.6.1. 人为粘性 q 也定义在网格的中心, q 的形式为

$$q = -\lambda\rho\left(\frac{\partial u}{\partial x} + \frac{1}{r}\frac{\partial rv}{\partial r}\right),$$

其中人为粘性系数 λ 将根据第 6.3 小节讨论的稳定性来确定.

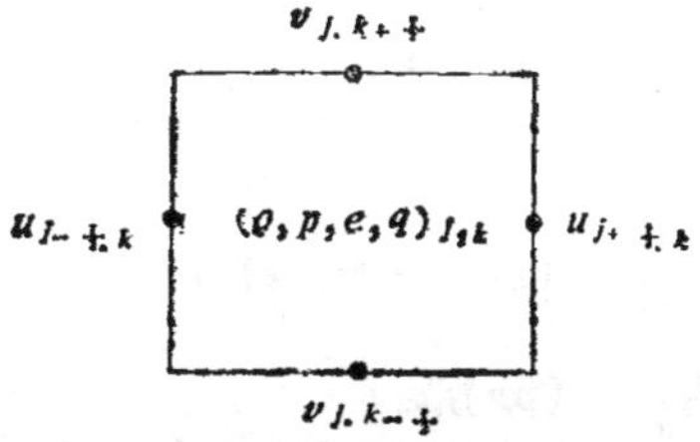

图 2.6.1 ICE 方法的变量定义位置

6.1 差分格式

在写出 (1.2.37)—(1.2.40) 的差分格式之前，为了方便起见，我们用以下的符号来表示动量方程中的输运项及人为粘性 q 的差分:

$$
\begin{aligned}
R^x_{j+\frac{1}{2},k} \equiv & \frac{1}{r_k\Delta r}\left[(\rho uvr)_{j+\frac{1}{2},k+\frac{1}{2}} - (\rho uvr)_{j+\frac{1}{2},k-\frac{1}{2}}\right] \\
& + \frac{1}{\Delta x}\left[u_{j+\frac{1}{2},k}(\rho_{j,k}u_{j-\frac{1}{2},k} - \rho_{j+1,k}u_{j+\frac{3}{2},k})\right] \\
& + \frac{1}{\Delta x}(q_{j,k} - q_{j+1,k}),
\end{aligned}
\tag{2.6.1}
$$

$$
\begin{aligned}
R^r_{j,k+\frac{1}{2}} \equiv & \frac{1}{r_{k+\frac{1}{2}}\Delta r}\left[v_{j,k+\frac{1}{2}}(\rho_{j,k}v_{j,k-\frac{1}{2}}r_k - \rho_{j,k+1}v_{j,k+\frac{3}{2}}r_{k+1})\right] \\
& + \frac{1}{\Delta x}\left[(\rho uv)_{j-\frac{1}{2},k+\frac{1}{2}} - (\rho uv)_{j+\frac{1}{2},k+\frac{1}{2}}\right] \\
& + \frac{1}{\Delta r}(q_{j,k} - q_{j,k+1}),
\end{aligned}
\tag{2.6.2}
$$

$$
\begin{aligned}
q_{j,k} = -\lambda\rho_{j,k}\Bigg[& \frac{1}{r_k\Delta r}(r_{k+\frac{1}{2}}v_{j,k+\frac{1}{2}} - r_{k-\frac{1}{2}}v_{j,k-\frac{1}{2}}) \\
& + \frac{1}{\Delta x}(u_{j+\frac{1}{2},k} - u_{j-\frac{1}{2},k})\Bigg].
\end{aligned}
\tag{2.6.3}
$$

和前面一样，(2.6.1)—(2.6.3) 的右端凡不带上标的量是第 n 排计算的结果. 根据这些定义的量，可以把动量方程的差分格式写成:

$$\frac{(\rho u)_{i+\frac{1}{2},k}^{n+1}-(\rho u)_{i+\frac{1}{2},k}}{\Delta t}=\frac{\phi}{\Delta x}(\bar{p}_{i,k}-\bar{p}_{i+1,k})$$

$$+\frac{1-\phi}{\Delta x}(p_{i,k}-p_{i+1,k})+R_{i+\frac{1}{2},k}^{x}, \tag{2.6.4}$$

$$\frac{(\rho v)_{i,k+\frac{1}{2}}^{n+1}-(\rho v)_{i,k+\frac{1}{2}}}{\Delta t}=\frac{\phi}{\Delta r}(\bar{p}_{i,k}-\bar{p}_{i,k+1})$$

$$+\frac{1-\phi}{\Delta r}(p_{i,k}-p_{i,k+1})+R_{i,k+\frac{1}{2}}^{r}, \tag{2.6.5}$$

其中 ϕ 是 0 与 1 之间的常数. 很明显，当 $\phi=0$ 时，(2.6.4) 和 (2.6.5) 是显式差分格式. 从状态方程可得 $\bar{p}$,

$$\bar{p}_{i,k}=p_{i,k}+c_{i,k}^{2}(\rho_{i,k}^{n+1}-\rho_{i,k}), \tag{2.6.6}$$

其中 $c^2=\partial p/\partial\rho$.

质量方程的差分格式可写成带有权常数 $\theta(0\leqslant\theta\leqslant1)$ 的形式:

$$\frac{\rho_{i,k}^{n+1}-\rho_{i,k}}{\Delta t}=\frac{\theta}{r_k\Delta r}[r_{k-\frac{1}{2}}(\rho v)_{i,k-\frac{1}{2}}^{n+1}-r_{k+\frac{1}{2}}(\rho v)_{i,k+\frac{1}{2}}^{n+1}]$$

$$+\frac{1-\theta}{r_k\Delta r}[r_{k-\frac{1}{2}}(\rho v)_{i,k-\frac{1}{2}}-r_{k+\frac{1}{2}}(\rho v)_{i,k+\frac{1}{2}}]$$

$$+\frac{\theta}{\Delta x}[(\rho u)_{i-\frac{1}{2},k}^{n+1}-(\rho u)_{i+\frac{1}{2},k}^{n+1}]$$

$$+\frac{1-\theta}{\Delta x}[(\rho u)_{i-\frac{1}{2},k}-(\rho v)_{i+\frac{1}{2},k}]. \tag{2.6.7}$$

将方程 (2.6.4) 和 (2.6.5) 的 $(\rho u)_{i\pm\frac{1}{2},k}^{n+1}$ 和 $(\rho v)_{i,k\pm\frac{1}{2}}^{n+1}$，以及 (2.6.6) 的 $\rho_{i,k}^{n+1}=\rho_{i,k}+(\bar{p}_{i,k}-p_{i,k})/c_{i,k}^{2}$ 分别代入方程 (2.6.7)，然后合并同类项，就得到关于 $\bar{p}_{i,k}$ 的离散 Poisson 方程

$$\bar{p}_{i,k}\left[\frac{1}{c_{i,k}^{2}}+2\theta\phi(\Delta t)^{2}\left(\frac{1}{(\Delta r)^{2}}+\frac{1}{(\Delta x)^{2}}\right)\right]$$

$$=\theta\phi(\Delta t)^{2}\left[\frac{r_{k-\frac{1}{2}}\bar{p}_{i,k-1}+r_{k+\frac{1}{2}}\bar{p}_{i,k+1}}{r_k(\Delta r)^{2}}\right.$$

$$\left.+\frac{\bar{p}_{i-1,k}+\bar{p}_{i+1,k}}{(\Delta x)^{2}}\right]+G_{i,k}, \tag{2.6.8}$$

其中

$$
\begin{aligned}
G_{i,k}=&\frac{p_{i,k}}{c_{i,k}^2}+\frac{\theta(\Delta t)^2}{r_k\Delta r}\left[\frac{r_{k-\frac{1}{2}}(1-\phi)}{\Delta r}(p_{i,k-1}-p_{i,k})\right.\\
&-\frac{r_{k+\frac{1}{2}}(1-\phi)}{\Delta r}(p_{i,k}-p_{i,k+1})\\
&\left.+r_{k-\frac{1}{2}}R^r_{i,k-\frac{1}{2}}-r_{k+\frac{1}{2}}R^r_{i,k+\frac{1}{2}}\right]+\frac{\theta(\Delta t)^2}{\Delta x}\\
&\times\left[\frac{1-\phi}{\Delta x}(p_{i-1,k}+p_{i+1,k}-2p_{i,k})\right.\\
&\left.+R^x_{i-\frac{1}{2},k}-R^x_{i+\frac{1}{2},k}\right]+\frac{\Delta t}{r_k\Delta r}[r_{k-\frac{1}{2}}(\rho v)_{i,k-\frac{1}{2}}\\
&-r_{k+\frac{1}{2}}(\rho v)_{i,k+\frac{1}{2}}]+\frac{\Delta t}{\Delta x}[(\rho u)_{i-\frac{1}{2},k}\\
&-(\rho u)_{i+\frac{1}{2},k}].
\end{aligned}
\tag{2.6.9}
$$

这样，我们可以把隐式连续 Euler 方法每个时间步长的计算归纳如下：

1）由公式 (2.6.1)，(2.6.2) 和 (2.6.9) 计算 $R^x_{i+\frac{1}{2},k}$，$R^r_{i,k+\frac{1}{2}}$ 和 $G_{i,k}$。

2）从离散 Poisson 方程 (2.6.8) 解出 $\bar{p}_{i,k}$，这是一个线性代数方程组，可以用直接法求解，也可以按松弛法迭代求解。

3）利用算出的 $\bar{p}_{i,k}$，由 (2.6.6) 计算

$$\rho_{i,k}^{n+1}=\rho_{i,k}+(\bar{p}_{i,k}-p_{i,k})/c_{i,k}^2.$$

4）由 (2.6.4) 和 (2.6.5) 计算出 $(\rho u)^{n+1}_{i+\frac{1}{2},k}$ 和 $(\rho v)^{n+1}_{i,k+\frac{1}{2}}$，从而得到新的速度分量

$$u^{n+1}_{i+\frac{1}{2},k}=(\rho u)^{n+1}_{i+\frac{1}{2},k}/0.5(\rho^{n+1}_{i,k}+\rho^{n+1}_{i+1,k}),$$

$$v^{n+1}_{i,k+\frac{1}{2}}=(\rho v)^{n+1}_{i,k+\frac{1}{2}}/0.5(\rho^{n+1}_{i,k}+\rho^{n+1}_{i,k+1}).$$

5）应用下面的能量方程的差分格式计算每个网格的能量：

$$
\begin{aligned}
(\rho E)^{n+1}_{i,k}=(\rho E)_{i,k}+\Delta t\left\{\frac{1}{r_k\Delta r}[(\rho v)^{n+1}_{i,k-\frac{1}{2}}E_{i,k-\frac{1}{2}}r_{k-\frac{1}{2}}\right.\\
-(\rho v)^{n+1}_{i,k+\frac{1}{2}}E_{i,k+\frac{1}{2}}r_{k+\frac{1}{2}}]
\end{aligned}
$$

$$
\begin{aligned}
&+\frac{1}{\Delta x}\left[(\rho u)^{n+1}_{j-\frac{1}{2},k}E_{j-\frac{1}{2},k}-(\rho u)^{n+1}_{j+\frac{1}{2},k}E_{j+\frac{1}{2},k}\right]\\
&+\frac{1}{r_k\Delta r}\left[r_{k-\frac{1}{2}}(\bar{p}+q)_{j,k-\frac{1}{2}}v^{n+1}_{j,k-\frac{1}{2}}\right.\\
&\left.-(\bar{p}+q)_{j,k+\frac{1}{2}}r_{k+\frac{1}{2}}v^{n+1}_{j,k+\frac{1}{2}}\right]\\
&+\frac{1}{\Delta x}\left[(\bar{p}+q)_{j-\frac{1}{2},k}u^{n+1}_{j-\frac{1}{2},k}\right.\\
&\left.\left.-(\bar{p}+q)_{j+\frac{1}{2},k}u^{n+1}_{j+\frac{1}{2},k}\right]\right\},
\end{aligned}
\tag{2.6.10}
$$

$$
\begin{aligned}
e^{n+1}_{j,k}=\frac{(\rho E)^{n+1}_{j,k}}{\rho^{n+1}_{j,k}}-\frac{1}{8}\left[(u^{n+1}_{j+\frac{1}{2},k}+u^{n+1}_{j-\frac{1}{2},k})^2\right.\\
\left.+(v^{n+1}_{j,k+\frac{1}{2}}+v^{n+1}_{j,k-\frac{1}{2}})^2\right].
\end{aligned}
\tag{2.6.11}
$$

所要注意的是，上述计算公式中的某些量不在离散化取值的位置上，这些量必须用其附近的值来平均．例如

$$
u_{j+\frac{1}{2},k+\frac{1}{2}}=\frac{1}{2}(u_{j+\frac{1}{2},k}+u_{j+\frac{1}{2},k+1}),
$$

$$
v_{j+\frac{1}{2},k+\frac{1}{2}}=\frac{1}{2}(v_{j+1,k+\frac{1}{2}}+v_{j,k+\frac{1}{2}}).
$$

动量和能量差分方程中的输运项可以用插值公式(2.2.5)—(2.2.8)中的某一个，如在动量方程中就用交错型差分

$$
(u_{j,k})^2=u_{j-\frac{1}{2},k}u_{j+\frac{1}{2},k},\quad (v_{j,k})^2=v_{j,k-\frac{1}{2}}v_{j,k+\frac{1}{2}}.
$$

对于能量方程的输运项经常被采用的还有中心插值公式

$$
(\rho u)^{n+1}_{j+\frac{1}{2},k}E_{j+\frac{1}{2},k}=\frac{1}{4}(\rho^{n+1}_{j,k}+\rho^{n+1}_{j+1,k})u^{n+1}_{j+\frac{1}{2},k}(E_{j,k}+E_{j+1,k})
$$

与贡献网格差分公式

$$
(\rho u)^{n+1}_{j+\frac{1}{2},k}E_{j+\frac{1}{2},k}=\begin{cases}\rho^{n+1}_{j,k}\,u^{n+1}_{j+\frac{1}{2},k}E_{j,k}, & u^{n+1}_{j+\frac{1}{2},k}>0,\\ \rho^{n+1}_{j+1,k}\,u^{n+1}_{j+\frac{1}{2},k}E_{j+1,k}, & u^{n+1}_{j+\frac{1}{2},k}<0,\end{cases}
$$

对于 $(\rho v)^{n+1}_{j,k+\frac{1}{2}}E_{j,k+\frac{1}{2}}$ 有类似的公式．

Butler (1973) 对上述 ICE 格式给出了一个简化的迭代解法，其优点是计算压力时无须考虑边界外的虚网格，另外计算机程序也比较容易实现，且能方便地推广到三维空间．

对于具有真实粘性和热传导项的流体动力学方程，上述 ICE 格式也同样适用，只须将动量方程中粘性项的差分加到对应的 $R^x_{i+\frac{1}{2},k}$ 和 $R^i_{r,k+\frac{1}{2}}$ 上，并且在 (2.6.10) 中加上相应的二阶导数项的差分就可以了.

6.2 边界条件

这里以计算区域的左边界为例，给出几种边界条件的计算格式. 如图 2.6.2 所示，$\Omega_{1,k}$ 表示系统内的网格，$\Omega_{0,k}$ 表示系统外的虚网格.

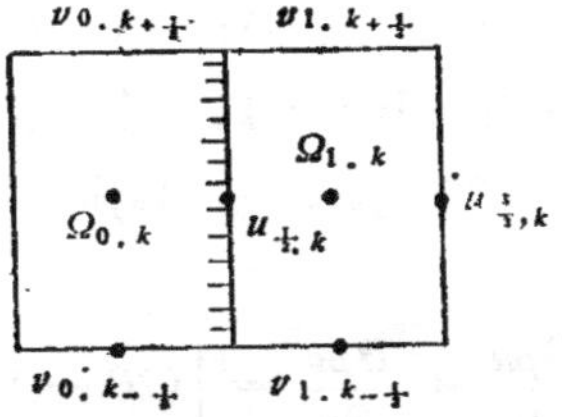

图 2.6.2 ICE 方法的边界网格

1) 自由滑移固壁

自由滑移边界表示不受流体阻碍的轴中心线，或对称平面，或没有粘性力的曲面. 在这种壁上法向速度为零，切向速度梯度为零，即

$$u_{\frac{1}{2},k}=0\ (\text{或}\ u_{0,k}=-u_{1,k}),\quad v_{0,k-\frac{1}{2}}=v_{1,k-\frac{1}{2}}\ \text{和}$$

$$v_{0,k+\frac{1}{2}}=v_{1,k+\frac{1}{2}}.$$

2) 非滑移固壁

非滑移边界表示受到流体阻碍的粘性边界，在非滑移固壁上法向速度和切向速度都为零，

$$u_{\frac{1}{2},k}=0\ \text{和}\ v_{0,k\pm\frac{1}{2}}=-v_{1,k\pm\frac{1}{2}}.$$

3) 输入边界

在这种边界上允许流体以事先给定的随时间变化的速度流进计算系统内，这时

$u_{\frac{1}{2},k}=u$ (u 是给定的常数，或者是时间 t 的函数)，

$$v_{0,k\pm\frac{1}{2}} = -v_{1,k\pm\frac{1}{2}}.$$

这个条件也可以用在以事先给定的速度输出的流体上.

4）连续输出边界

在连续边界上流体速度 $u_{\frac{1}{2},k}$ 用内点的 $u_{\frac{3}{2},k}$, $u_{\frac{5}{2},k}$ 插值给出: $u_{\frac{1}{2},k} = u_{\frac{3}{2},k}$ 或 $u_{\frac{1}{2},k} = 2u_{\frac{3}{2},k} - u_{\frac{5}{2},k}$. 同样, 对 $v_{0,k\pm\frac{1}{2}}$ 有: $v_{0,k\pm\frac{1}{2}} = v_{1,k\pm\frac{1}{2}}$ 或 $v_{0,k\pm\frac{1}{2}} = 2v_{1,k\pm\frac{1}{2}} - v_{2,k\pm\frac{1}{2}}$. 对上、下和右边界也可给出类似的计算条件.

6.3 截断误差和稳定性

不失一般性, 我们考虑 Descartes 坐标系中的差分方程 (2.6.4)—(2.6.7), 采用 Hirt 的启示性稳定性理论进行讨论, 将差分方程 (2.6.4)—(2.6.7) 的各项用 Taylor 展开式代入, 得到微分近似

$$\frac{\partial \rho}{\partial t} + \frac{\partial \rho u}{\partial x} + \frac{\partial \rho v}{\partial y} = \left[(2\theta - 1)(c^2 + u^2)\frac{\Delta t}{2} - \frac{(\Delta x)^2}{4}\frac{\partial u}{\partial x}\right]\frac{\partial^2 \rho}{\partial x^2} + \left[(2\theta - 1)(c^2 + v^2)\frac{\Delta t}{2} - \frac{(\Delta y)^2}{4}\frac{\partial v}{\partial y}\right]\frac{\partial^2 \rho}{\partial y^2}, \tag{2.6.12}$$

$$\frac{\partial \rho u}{\partial t} + \frac{\partial \rho u^2}{\partial x} + \frac{\partial \rho uv}{\partial y} + \frac{\partial p}{\partial x} = \left\{[(2\phi - 1)\rho c^2 - 3\rho u^2]\frac{\Delta t}{2} - \frac{u(\Delta x)^2}{8}\frac{\partial \rho}{\partial x} + \lambda\right\}\frac{\partial^2 u}{\partial x^2} + \left[\lambda - \frac{(\Delta y)^2}{8}\frac{\partial \rho v}{\partial y}\right]\frac{\partial^2 u}{\partial y^2}, \tag{2.6.13}$$

$$\frac{\partial \rho v}{\partial t} + \frac{\partial \rho uv}{\partial x} + \frac{\partial \rho v^2}{\partial y} + \frac{\partial p}{\partial y} = \left[\lambda - \frac{(\Delta x)^2}{8}\frac{\partial \rho u}{\partial x}\right]\frac{\partial^2 v}{\partial x^2} + \left\{[(2\phi - 1)\rho c^2 - 3\rho v^2]\frac{\Delta t}{2}\right.$$

$$-\frac{v(\Delta y)^2}{8}\frac{\partial p}{\partial y}+\lambda\bigg\}\frac{\partial^2 v}{\partial y^2}, \tag{2.6.14}$$

其中 c^2 表示 p 对 ρ 的偏导数.

从 (2.6.12)—(2.6.14) 可以看出，当 $c^2\to\infty$ 时,若 θ 和 ϕ 小于 $\frac{1}{2}$, 则扩散系数变得很大,而且是负的,因此数值计算是不稳定的. 若 θ 和 ϕ 大于 $\frac{1}{2}$, 则扩散系数是正的, 因此数值计算是稳定的. 但是,系数太大,会带来很大的误差. 因此有必要取可变的 θ 和 ϕ, 当 $c^2\to\infty$ 时, θ 和 ϕ 可以取成 $\frac{1}{2}+\frac{K}{c^2}$, 其中 K 是适当的常数. 当 $c^2\to 0$ 时, θ 取为 $\frac{1}{2}$. 为了保证差分格式的稳定性,在质量方程中还应当加上人为质量扩散项 $\tau\left(\frac{\partial^2\rho}{\partial x^2}+\frac{\partial^2\rho}{\partial y^2}\right)$, 取 $\tau\geqslant\frac{1}{4}\left((\Delta x)^2\left|\frac{\partial u}{\partial x}\right|+(\Delta y)^2\left|\frac{\partial v}{\partial y}\right|\right)_{\max}$, ϕ 可以取某个数或零, 但是还必须取 $\lambda>\frac{3}{2}u^2\Delta t+\frac{(\Delta x)^2}{8}u_{\max}\left(\frac{\partial\rho}{\partial x}\right)_{\max}$, 和 $\lambda>\frac{3}{2}v^2\Delta t+\frac{(\Delta y)^2}{8}v_{\max}\left(\frac{\partial\rho}{\partial y}\right)_{\max}$. 为了保证 $\frac{\partial^2 u}{\partial y^2}$ 和 $\frac{\partial^2 v}{\partial x^2}$ 的系数是正的, 要求 $\lambda>\frac{1}{4}\left[\Delta x\left(\frac{\partial\rho u}{\partial x}\right)_{\max}+\Delta y\left(\frac{\partial\rho v}{\partial y}\right)_{\max}\right]$.此外,为了保证在一个时间步长 Δt 内流体运动不超过一个网格,要求 $\Delta t<\min\left(\frac{\Delta x}{|u|_{\max}},\frac{\Delta y}{|v|_{\max}}\right)$.

§7　爆轰波的数值计算

有些复杂的流体流动过程,除包含有冲激波,稀疏波和接触间断的传播外, 还包含有爆轰波的传播过程. 对于流体力学的计算方法,人们不仅希望它具有计算冲激波和稀疏波传播的能力,也希望它具有计算爆轰波传播的能力．冲激波的数值计算是采用了加人为粘性项的方法使间断解光滑化来进行的．炸药的爆轰过程也是一个具有强间断的过程．为了计算格式的统一性，一般仍采用使间断解光滑化的办法来处理它．

炸药起爆前是处于静止状态的凝固炸药，压力 $p=0$，速度 $u=0$，密度 ρ_0 是常数．显然它是满足流体力学运动方程组的．起爆以后，爆轰波波后的炸药都变成爆炸产物的高压气体，这种高压气体的运动也满足流体动力学方程组．这样两种不同状态区域的分界线是爆轰波的波面，在波面上满足以下的爆轰波关系式：

$$u_1-u_0=\sqrt{(p_1-p_0)(V_0-V_1)}, \tag{2.7.1}$$

$$\rho_0(D-u_0)=\sqrt{(p_1-p_0)/(V_0-V_1)}, \tag{2.7.2}$$

$$e_1-e_0=\frac{1}{2}(p_1+p_0)(V_0-V_1)+Q, \tag{2.7.3}$$

这里下标“0”和“1”分别表示爆轰波波前和波后的状态，$V=\dfrac{1}{\rho}$ 是比容，Q 是单位质量炸药爆炸时所释放的化学能．如果爆炸产物的状态方程写成

$$p=(\gamma-1)\rho e, \tag{2.7.4}$$

其中 γ 是绝热指数，那么化学能 Q 表示成

$$Q=\frac{D_J^2}{2(\gamma^2-1)}, \tag{2.7.5}$$

D_J 是 C-J 爆轰速度．

从爆轰波的波前、波后的能量守恒关系式 (2.7.3) 看出，它比冲激波面前后能量守恒关系多了一项化学能 Q，所以我们如果用 e_0+Q 作为波前的初始能量时，爆轰波和冲激波波面上的守恒关系式就一致了．此外，在爆轰波的计算中还要设法形成一个爆轰波的过渡区，使间断光滑化．在过渡区中物质被看作是某种不完全的爆炸产物，也就是凝固炸药和爆炸产物的混合物，因而在过渡区状态方程就不能取纯粹爆炸产物的了．

(1) Wilkins (1962, 1964) 在爆炸产物的状态方程 $p=(\gamma-$

1)ρe 上乘了一个从 0 到 1 变化的称作燃烧函数的 F:

$$F = [\max(F_1, F_2)]^{n_b}, \tag{2.7.6}$$

其中

$$F_1 = \begin{cases} 0, & \text{凝固炸药区}, \\ \dfrac{V_0 - V}{V_0 - V_J} & \text{过渡区}, \\ 1, & \text{爆炸产物区}, \end{cases} \tag{2.7.7}$$

$$F_2 = \begin{cases} 0, & t \leqslant t_b, \\ \dfrac{t - t_b}{\Delta L}, & t_b \leqslant t \leqslant t_b + \Delta L, \\ 1, & t \geqslant t_b + \Delta L, \end{cases} \tag{2.7.8}$$

这里 $V_J = \gamma V_0/(\gamma + 1)$ 是 C-J 比容，t_b 是爆轰波刚到达计算网格的时间(开始燃烧). t 是当时的计算时间. $\Delta L = r_b \Delta r \Delta x / D_J \sqrt{(\Delta x)^2 + (\Delta r)^2}$, r_b 和 n_b 是可调参数，我们通常取 $r_b = 3 \sim 6$, $n_b = 2 \sim 3$. 这样，用燃烧函数把凝固炸药和爆炸产物的状态方程连结起来，得到

$$p = (\gamma - 1)\rho e F, \tag{2.7.9}$$

于是爆轰波的计算就能像计算冲激波一样地进行了.

在给出问题的初始值的时候，除了将静止的凝固炸药的各物理参量输入各计算网格外，在靠近起爆点(或起爆线)的一、二个网格输入 $F = 1$，其余网格中输入 $F = 0$. 这样，就可以作为人为起爆机构，计算数值爆轰波了.

(2) Mader (1965), Enig 和 Metcalf (1962) 及 Kershner 和 Mader (1972) 利用化学能方程

$$\frac{\partial F}{\partial t} = -ZF\exp(-E^*/RT) \tag{2.7.10}$$

解出未燃烧的凝固炸药在过渡区的每一个网格中所占的质量份额 F，其中 Z 是频率因子，E^* 是反应能，R 是气体常数，T 是温度. 我们再利用

$$V = FV_s + (1 - F)V_g, \tag{2.7.11}$$

$$e = Fe_s + (1 - F)e_g, \tag{2.7.12}$$

而且假定每个网格中压力和温度都达到平衡.

$$p = p_s = p_g, \tag{2.7.13}$$

$$T = T_s = T_g, \tag{2.7.14}$$

其中下标“s”和“g”分别表示固体和气体的状态. V_s, e_s, p_s, T_s 和 V_g, e_g, p_g, T_g 由凝固炸药和爆炸产物的状态方程给出

$$\begin{aligned} &e_s = e_{s_1}(p_s, V_s), \quad e_s = e_{s_2}(T_s, V_s), \\ &e_g = e_{g_1}(p_g, V_g), \quad e_g = e_{g_2}(T_g, V_g). \end{aligned} \tag{2.7.15}$$

在 (2.7.11) 和 (2.7.12) 中的 V, e 是网格的比容和比内能,它们可以从流体力学差分方程求出,F 从 (2.7.10) 的差分方程中得到.这样从 (2.7.11)—(2.7.15) 可以解出 V_s, e_s, V_g 和 e_g, 也就得到了压力 p 和温度 T. 当状态方程比较复杂时,必须采用迭代方法来求解,计算量要比前一种大得多.

关于爆轰计算方法的详细讨论,可参看 Mader (1979) 的《爆轰的数值模拟》一书.

第三章　带质点或标志的 Euler 方法

Euler 差分方法的长处是能够计算具有任意大畸变的流体流动问题．但是当系统中含有多种介质的时候，如果不加特殊处理，就会使物质界面逐渐模糊，在界面两侧形成一个混合介质的过渡区．过渡区的宽度以网格数计，大约是 $n^{\frac{1}{\mu+1}}$，其中 n 是时间步数，μ 是差分格式精确度的阶．显然，随着 n 的增大，即随着时间的推移，接触界面两侧过渡区的宽度越来越宽，以致于得不到正确的结果．

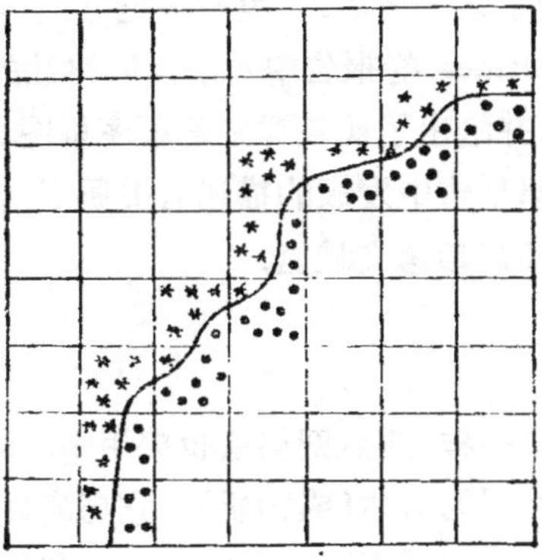

图 3.0.1　物质界面经过的混合网格

用 Euler 方法计算包含多种介质系统的时候，尽管在初始时刻，我们可以将物质界面取作某些网格的边界，但随着流体运动，这些界面一定会穿过网格，于是出现在一个网格中包含有两种或两种以上介质的情况(如图 3.0.1)．以后把这种网格称作混合网格．因此，如何确定物质界面的位置，如何计算混合网格的力学量，特别是如何计算混合网格边界上的输运量就是 Euler 方法中必须解决的课题．

本章的目的就是介绍几种在 Euler 网格中处理多种介质的方法．首先，在第一节中我们介绍有名的质点网格（Particle-In-Cell，简称 PIC）法．这是一种很有效的方法，它能够给出一目了然的流体运动图象．第二节给出所谓的多流体网格法．这是推广流体网格法用来计算多种介质问题．第三节介绍计算任意马赫数的多流体流动的方法．最后，在第四节中给出计算不可压缩流体流动问题的方法——标志网格法．

§1 质点网格法

在各类可压缩流体问题中得到广泛使用的质点网格法首次由 Harlow（1955）在 Los Alamos 的内部报告中提出．不久，Harlow（1957）公开发表了这个方法． 差不多过了十年时间，Amsden（1966）在 Los Alamos 的报告中对质点网格法的发展和应用才作了详尽的总结，并给出了比较详细的程序框图，他还把十余年来在公开书刊和内部报告中发表的描述有关质点网格法构造，性质和应用的文章收集在参考文献里．

1.1 流体的表示

像流体网格法一样，质点网格法也采用矩形的 Euler 网格，系统中可以有几种不同的流体(或物质)．它与流体网格法的主要区别在于流体是用离散质量点来表示的，并且利用这些离散质量点的运动来计算通过网格的边界的输运量．

设在初始时刻 θ，物质的密度分布为 $\rho_\theta^0(x, r)$，它所占据的区域为 $\mathscr{D}_\theta^0$，将区域 $\mathscr{D}_\theta^0$ 划分为 N 个子区域 $\mathscr{D}_{\theta,s}^0$（$s=1, 2, \cdots, N$），每个子区域上的质量为

$$m_{\theta,s}=\int_{\mathscr{D}_{\theta,s}^0}\rho_\theta^0(x, r)dV. \tag{3.1.1}$$

设 p_s^0 为 $\mathscr{D}_{\theta,s}^0$ 中适当选定的一点，我们假定 $\mathscr{D}_{\theta,s}^0$ 上的质量都集中在 p_s^0 点处，这样在初始时刻 p_s^0 处就有一个质量点，简

称为质点. 在系统中每种物质都用一组质点来表示，每个质点有其固定的质量，不同物质的质点用表示不同物质的记号 θ 区别开来，质点的坐标是随时间变化的，每个网格的质量等于该网格所有质点的质量的总和. 每种物质的质量守恒总是自动满足的. 流体在这样的表示下，即使发生大畸变时，不同物质的 θ 界面可以由各类质点的分界线描述出来.

在质点网格法中，力学量离散化了以后，都定义在网格中心. 在混合网格中质量和能量分别按物质给出，现将计算的网格量列在表 3.1.1 中.

表 3.1.1　网格 $\Omega_{j,k}$ 的网格量

$u_{j,k}$	x 方向速度分量
$v_{j,k}$	r 方向速度分量
$(M_\theta)_{j,k}$	网格中 θ 物质的质量
$M_{j,k}=\sum_\theta (M_\theta)_{j,k}$	网格的总质量
$(e_\theta)_{j,k}$	θ 物质的比内能
$p_{j,k}$	压力
$\delta Q_{j,k}$	总内能的改变量
$(E_\theta)_{j,k}$	θ 物质的总能量
$X_{j,k}$	x 方向总动量
$Y_{j,k}$	r 方向总动量
$\tilde{f}$	量 f 第一步计算结果
θ	物质记号

1.2　质点布局

在初始时刻 $t=0$ 时，除在每个网格中根据初始条件给出力学变量的分布外，还必须根据计算模型的几何形状按物质区布置质点，如图 3.1.1 所示. 图中的星“*”和点“·”分别表示不同的物质. 当然有些网格可以是没有质点的空网格，有些是包含一种以上物质的混合网格和只有一种物质的纯网格. “·”和“*”的分界线是物质界面，“*”的外边缘是自由面.

通常，质点的质量等于初始时刻网格的质量除以网格的质点数，在整个计算过程中每个质点的质量是不变的.

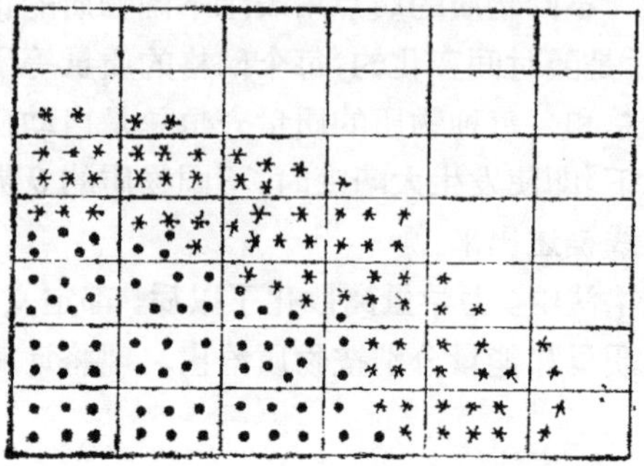

图 3.1.1 质点分布示意图

每个网格的质点数及其在网格中的布局对计算结果是有影响的. 每个网格需要多少质点，能使计算情况为最优的？ 这是一个很难回答的问题. 这个问题不仅与给定的计算模型有关，而且也与计算机的存贮量有关. 如果在计算区域中网格总数很大，那么留给存贮质点的位置就少，于是在每个网格中只能安放少量的质点，这样网格密度的计算就会产生跳动. 反之，如果每个网格的质点很多，网格总数就少了，这对差分解也会产生不良影响. 通常，在以压缩为主的物质区中每个网格可以少用一些质点，在以膨胀为主的物质区中每个网格可以多用一些质点. 质点数目的选择要求事先有所估计，使得计算到最后每个网格中至少还有三、四个质点. 在压缩所引起的密度增加很小的情况也要求多用些质点，这样才有可能获得很小的密度增量.

在确定了质点的数目以后，就要考虑这些质点如何分布在网格中，也就是质点如何布局了. 计算经验表明，按照十分正规的格局来布置质点(如图 3.1.2 所示)并不是很理想的，稍稍偏离一点正规的布局(例如图 3.1.3 或图 3.1.4)倒可以改进计算结果. 现在举两个从正规布局移动成不正规布局的方案. 设每个网格有 $s\times s$ 个质点，它们位于网格等分线的交点处(图 3.1.2)，假定网格是正方形的，步长为 Δx 和 Δr，则网格 $\Omega_{j,k}$ 的质点坐标 (x, r) 为

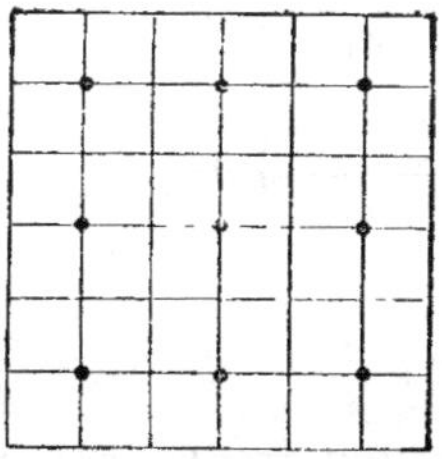

图 3.1.2　3×3 个质点的正规布局

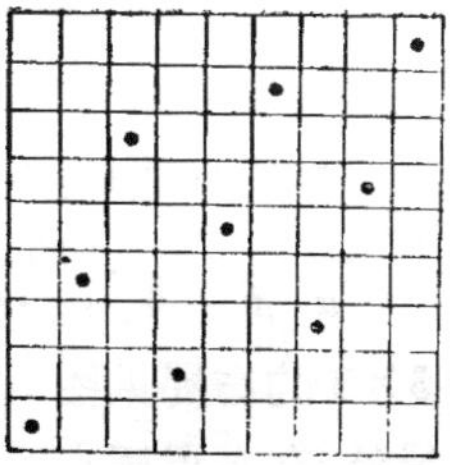

图 3.1.3　3×3 个质点的菱形布局

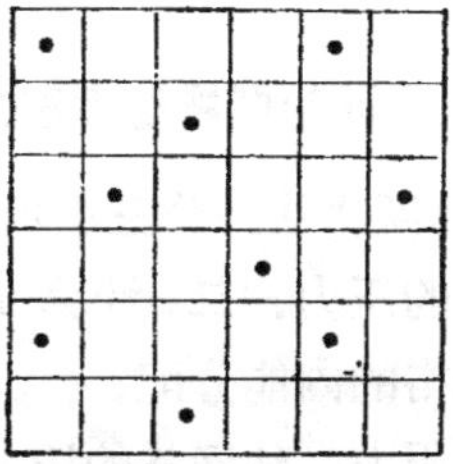

图 3.1.4　3×3个质点的第二种不正规布局

$$x = x_{j-\frac{1}{2},k-\frac{1}{2}} + \frac{2\alpha+1}{2s}\Delta x,$$

$$r = r_{j-\frac{1}{2},k-\frac{1}{2}} + \frac{2\beta+1}{2s}\Delta r, \tag{3.1.2}$$

$$\alpha, \beta = 0, 1, \cdots, s-1.$$

移动后不正规质点的位置，可以是

1°

$$x = x_{j-\frac{1}{2},k-\frac{1}{2}} + \left(\frac{2\alpha+1}{2s} + \frac{2\beta+1-s}{2s^2}\right)\Delta x,$$

$$r = r_{j-\frac{1}{2},k-\frac{1}{2}} + \left(\frac{2\beta+1}{2s} + \frac{2\alpha+1-s}{2s^2}\right)\Delta r, \tag{3.1.3}$$

$$\alpha, \beta = 0, 1, \cdots, s-1.$$

我们把它称作菱形布局。3×3 的布局见图 3.1.3。

2°

$$x = x_{j-\frac{1}{2},k-\frac{1}{2}} + \left(\frac{2\alpha+1}{2s} - \frac{(-1)^{\beta}}{4s}\right)\Delta x,$$

$$r = r_{j-\frac{1}{2},k-\frac{1}{2}} + \left(\frac{2\beta+1}{2s} + \frac{(-1)^{\alpha}}{4s}\right)\Delta r, \tag{3.1.4}$$

$$\alpha, \beta = 0, 1, \cdots, s-1,$$

它的 3×3 的布局见图 3.1.4.

另外，在布置质点时应当考虑系统的几何特性，例如对称性等因素.

现在转到讨论质点网格法一个时间循环的计算过程.

1.3 计算 Lagrange 运动的网格速度和内能

这一步类似于流体网格法. 分三小步来完成，一、计算网格的压力，特别是混合网格的压力. 二、计算 Lagrange 运动的网格速度和内能. 三、混合网格的内能分配.

（一）计算网格的压力. 纯网格的压力直接从状态方程 $p = p\left(\frac{M}{V}, e\right)$ 得到. 计算混合网格压力的基本依据是在接触间断面上压力连续. 假定网格中有 $\theta = 1, 2$ 两种物质，1 物质占网格的体积份额是 σ_1 $(0 \leqslant \sigma_1 \leqslant 1)$，即 1 物质占网格的体积等于 $\sigma_1 V$. 这样，从方程

$$p_1\left(\frac{M_1}{\sigma_1 V}, e_1\right)_{j,k} = p_2\left(\frac{M_2}{(1-\sigma_1)V}, e_2\right)_{j,k}, \tag{3.1.5}$$

就可以解出 σ_1，其中 M_1 为物质 1 在 V 中的质量. 于是求得混合网格的压力 $p_{j,k} = p_{1,j,k} = p_{2,j,k}$. 但是，只有少数形式简单的状态方程才能求出 σ_1 的明显表达式. 例如当两种物质的状态方程都是 $p_\theta = f(e_\theta)\rho_\theta$ $(\theta = 1, 2)$ 的形式时，可以得到

$$\sigma_1 = f_1(e_1)M_1/(f_1(e_1)M_1 + f_2(e_2)M_2). \tag{3.1.6}$$

从而求出混合网格的压力

$$p = (f_1(e_1)M_1 + f_2(e_2)M_2)/V. \tag{3.1.7}$$

多方气体状态方程是属于这种特殊情况的，即 $f_\theta(e_\theta) = (r_\theta -$

$1)e_\theta$.

在实际问题中状态方程相当复杂，这时必须求解非线性方程(3.1.5)或非线性方程组(两种以上物质的混合网格)．但是,在实际计算中,对于两种以上物质的混合网格不采用迭代求解,而是用相邻的不包含两种以上物质的网格的压力进行平均来求解.

(二) 现在可以利用上述循环得到的速度,质量和刚算出来的压力来计算 Lagrange 速度 $\tilde{u}, \tilde{v}$，然后利用 u^n, v^n 和 $\tilde{u}, \tilde{v}$ 的平均计算网格的比内能的改变量,这些 Lagrange 速度 $\tilde{u}$ 和 $\tilde{v}$ 的值可以用第二章的公式 (2.5.8)—(2.5.10) 得到.

(三) 混合网格的内能分配. 纯网格的比内能容易得到 $\tilde{e}_{j,k}= e^n_{j,k}+\dfrac{\delta Q_{j,k}}{M^n_{j,k}}$.

对混合网格，必须将 δQ 分配给各种物质. 取网格内各种物质总内能之和等于 δQ.

$$\delta Q_{j,k}=\sum_\theta (M_\theta \delta e_\theta)_{j,k}, \tag{3.1.8}$$

其中 $\delta e_\theta=\tilde{e}_\theta-e^n_\theta$. 显然，从 (3.1.8) 还不能确定 δe_θ，如果定义 κ_θ 作为网格中 θ 物质所占总内能改变量的份额

$$M_\theta\delta e_\theta=\kappa_\theta\delta Q,$$

从 (3.1.8) 我们有

$$\sum_\theta \kappa_\theta=1. \tag{3.1.9}$$

确定 κ_θ 的方法很多,但是,必须选择这样的 κ_θ，使得在物质界面上能量传递能正确地反映物理图象. 下面给出在实际计算中用过的一些方法:

1° 假定在混合网格中各物质总能量的改变量是相同的，即

$$M_1\delta e_1=M_2\delta e_2=M_3\delta e_3=\cdots.$$

从 (3.1.8) 立即得到 $\kappa_\theta=1/L$, $\theta=1,2,\cdots$, 其中 L 是网格中现有的物质种类的数目.实际计算说明,这样选取的 κ_θ 能得到较好的结果.

2° 假定网格中各物质在相同压力和相同压力改变的条件下

进行绝热压缩或绝热膨胀，这样，从热力学定律可以推出

$$(\rho c)_1^2\delta e_1=(\rho c)_2^2\delta e_2=(\rho c)_3^2\delta e_3=\cdots.$$

代入 (3.1.8) 后，解出

$$\kappa_\theta=M_\theta\prod_{i\neq\theta}(\rho c)_i^2/\sum_s M_s\prod_{i\neq s}(\rho c)_i^2,$$

其中 $c^2=\dfrac{\partial p}{\partial \rho}+\dfrac{p}{\rho^2}\dfrac{\partial p}{\partial e}$ 是声速的平方．这种方法也能得到比较满意的结果．

3° 如果每种物质比内能的改变是相同的，即

$$\delta e_1=\delta e_2=\cdots.$$

从 (3.1.8) 立即推出 $\kappa_\theta=M_\theta/\sum\limits_i M_i$，这意味着，有最大质量的物质得到的总内能最多．通常，这样进行分配所得到的计算结果不是很好的．

还有其它的方法可以确定 κ_θ，这里就不细述了．

1.4 质点输运

正如前面提到过的，质点网格法的特点是利用质点的运动来计算通过网格边界的输运量．如果在一个时间步长中一个质点从一个网格运动到另一个网格去，那么就认为这个质点所携带的质量从原来的网格输运到了新的网格去，同时这个质点所携带的动量和能量也输运到新的网格去了．

(1) 为质点输运做准备，我们从 $\tilde{u}$, $\tilde{v}$ 和 $\tilde{e}_\theta$ 值计算每个网格中两个方向的总动量和总能量：

$$\widetilde{M}_{\theta_{j,k}}=M^n_{\theta_{j,k}},\tag{3.1.10}$$

$$\widetilde{X}_{j,k}=\tilde{u}_{j,k}\sum_\theta\widetilde{M}_{\theta_{j,k}},\tag{3.1.11}$$

$$\widetilde{Y}_{j,k}=\tilde{v}_{j,k}\sum_\theta\widetilde{M}_{\theta_{j,k}},\tag{3.1.12}$$

$$\widetilde{E}_\theta=\widetilde{M}_{\theta_{j,k}}\left[\tilde{e}_{\theta_{j,k}}+\frac{1}{2}\left(\tilde{u}^2_{j,k}+\tilde{v}^2_{j,k}\right)\right],\tag{3.1.13}$$

$$\theta=1,2,\cdots,$$

这样，当质点通过网格边界时就能够进行质量，动量和能量简单的相减.

(2) 质点并不一定位于网格的中心，因此每个质点的速度应该取质点邻近四个网格的速度的某种加权平均值.

设质点 (x_k^n, r_k^n) 所在网格是 $\Omega_{j,k}$，以质点位置为中心作网格同样大小的矩形，分别覆盖着网格 $\Omega_{j,k}$ 及其相邻三个网格的各一部份.为计算公式统一起见，我们约定把覆盖 $\Omega_{j,k}$ 的部份记作"4"，把覆盖 $\Omega_{j,k+1}$（或 $\Omega_{j,k-1}$）的部份记作"3"，把覆盖 $\Omega_{j-1,k}$（或 $\Omega_{j+1,k}$）的部份记作"2"，把覆盖 $\Omega_{j,k}$ 对角相邻网格的部份记作"1"，如图 3.1.5 所示. 质点速度的计算公式可以写成

$$\tilde{u}_k^* = \sum_{\alpha=1}^{4} a_\alpha \tilde{u}_\alpha, \tag{3.1.14}$$

$$\tilde{v}_k^* = \sum_{\alpha=1}^{4} a_\alpha \tilde{v}_\alpha, \tag{3.1.15}$$

其中 $a_\alpha = A_\alpha / \Delta x \cdot \Delta r$，$A_\alpha$ 是对应网格被覆盖部份的面积，显然 $\sum_{\alpha=1}^{4} A_\alpha = \Delta x \Delta r$，即 $\sum_{\alpha=1}^{4} a_\alpha = 1$.

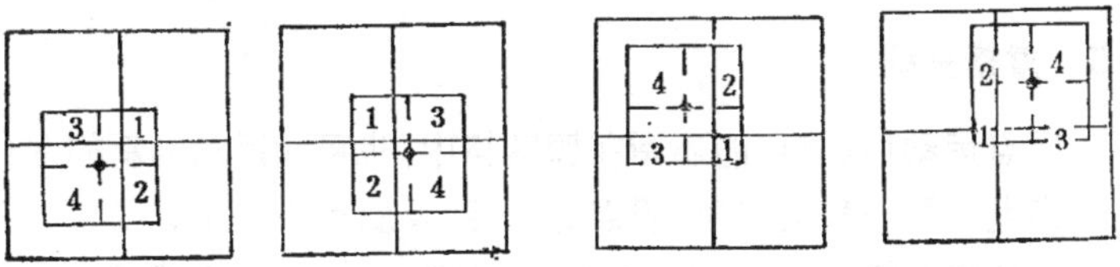

图 3.1.5 以质点为中心作与网格同样大小的矩形覆盖网格的编号

设被覆盖着的四个网格的公共交点是 (x^*, r^*)，并令

$$x = |x_k^n - x^*| / \Delta x, \quad r = |r_k^n - r^*| / \Delta r,$$

其中 x_k^n，r_k^n 是质点在 $t = t^n$ 时刻的坐标，那么容易得到

$$\left.\begin{aligned} a_1 &= \left(\frac{1}{2} - x\right) \cdot \left(\frac{1}{2} - r\right), \\ a_2 &= \left(\frac{1}{2} - x\right) \cdot \left(\frac{1}{2} + r\right), \end{aligned}\right| \tag{3.1.16}$$

$$\left.\begin{aligned} a_3 &= \left(\frac{1}{2}+x\right)\cdot\left(\frac{1}{2}-r\right), \\ a_4 &= \left(\frac{1}{2}+x\right)\cdot\left(\frac{1}{2}+r\right). \end{aligned}\right\}$$

这样，经过时间间隔 Δt 以后，质点就运动到新的位置上，设其坐标为 (x_k^{n+1}, r_k^{n+1})，则有

$$x_k^{n+1} = x_k^n + \tilde{u}_k^* \Delta t,$$
$$r_k^{n+1} = r_k^n + \tilde{v}_k^* \Delta t.$$

由于质点运动速度采取这种内插处理，那么在边界上当然要进行特殊处理，当作为权重的四个面积中有一个落在空网格时，空网格速度取质点所在网格的速度，或将被覆盖的空网格的面积取为零．如果被覆盖的网格落在固壁外，那么固壁外的网格速度取相邻内网格的速度，这时质点可能越出固壁，遇到这种情况时，就以"镜面反射"的方式把它反射回内部网格．或者固壁外的网格速度用相邻内网格的反射速度，可以证明，当 Δt 适当小时，系统不会丢失质点．

注意到，经过一个时间间隔 Δt 以后，质点都运动到新的位置上，因而纯网格可以成为混合网格，或混合网格变为纯网格，有物质的网格可以成为空网格，或反之．

1.5 重新分配

质点运动后，它可能还留在原网格中，也可能运动到新的网格去．当发生后一种情况时，质点的质量，及质点所携带的动量和能量必须从原网格中减去，并加到新的网格上去．这样被减去或加上的值是

$$\left.\begin{aligned} \delta M_\theta &= m_\theta, \\ \delta \tilde{X} &= m_\theta \tilde{u}, \\ \delta \tilde{Y} &= m_\theta \tilde{v}, \\ \delta \tilde{E}_\theta &= \frac{m_\theta}{M_\theta}\tilde{E}_\theta. \end{aligned}\right\} \tag{3.1.17}$$

因此，当系统中所有质点全部运动后，每个网格的质量，动量

和能量积累成 t^{n+1} 时刻的值

$$M_\theta^{n+1}=\widetilde{M}_\theta-\sum_s(\delta m_\theta)_s+\sum_{s'}(\delta m_\theta)_{s'},\tag{3.1.18}$$

$$M^{n+1}=\sum_\theta M_\theta^{n+1},\tag{3.1.19}$$

$$u^{n+1}=\left[\widetilde{X}-\sum_s(\delta\widetilde{X})_s+\sum_{s'}(\delta\widetilde{X})_{s'}\right]/M^{n+1},\tag{3.1.20}$$

$$v^{n+1}=\left[\widetilde{Y}-\sum_s(\delta\widetilde{Y})_s+\sum_{s'}(\delta\widetilde{Y})_{s'}\right]/M^{n+1},\tag{3.1.21}$$

$$E_\theta^{n+1}=\left[\widetilde{E}_\theta-\sum_s(\delta\widetilde{E}_\theta)_s+\sum_{s'}(\delta\widetilde{E}_\theta)_{s'}\right]/M_\theta^{n+1},\tag{3.1.22}$$

其中下标 s 表示从本网格运动出去的质点，s' 表示从相邻八个网格进入本网格的质点. 当 $M^{n+1}=0$ 时，$u^{n+1}=v^{n+1}=0$，当 $M_\theta^{n+1}=0$ 时，$E_\theta^{n+1}=0$.

比内能可以这样计算:

$$e_\theta^{n+1}=E_\theta^{n+1}-\frac{1}{2}[(u^{n+1})^2+(v^{n+1})^2].\tag{3.1.23}$$

质点网格法的一个时间步长的循环到此就完成了.

边界处理与流体网格法相似. 但对连续边界，在虚网格中的质点，无论是数目，还是它们的位置都和紧邻网格相同，它们不包含在系统之中. 只有当质点进入或流出系统，才将该质点及其质量，动量和能量加进系统中或从系统中减去.

1.6 方法的限制

在实际计算中用质点网格法解可压缩流体流动的问题，包括与已知计算结果和实验结果比较，证明了方法的正确性和有效性. 方法的优点在于:

1° 它是用于多种物质计算很有效的方法，任何时候都可以分

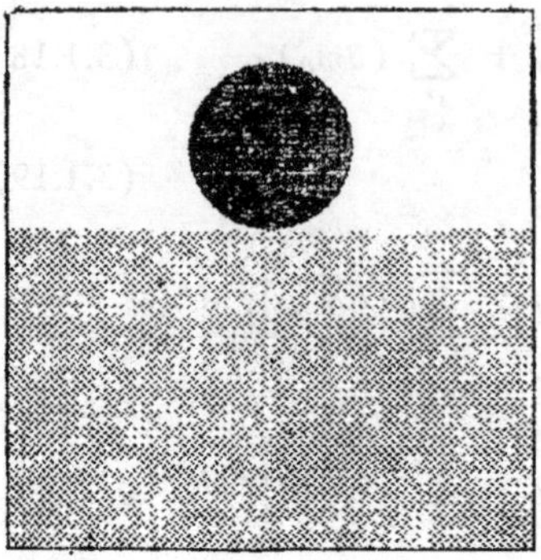

$t=0$ 微秒

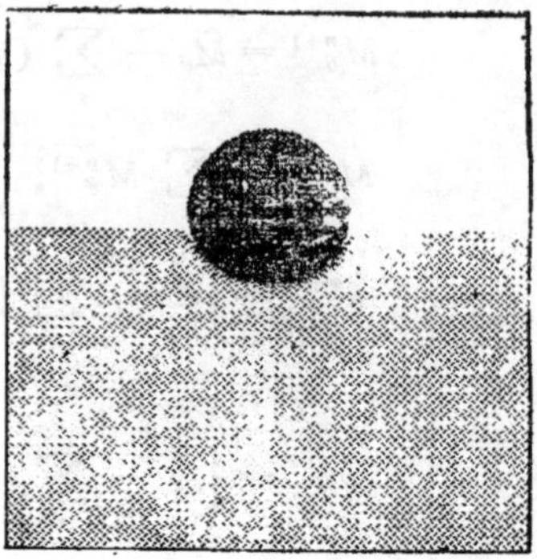

$t=0.25$ 微秒

$t=0.50$ 微秒

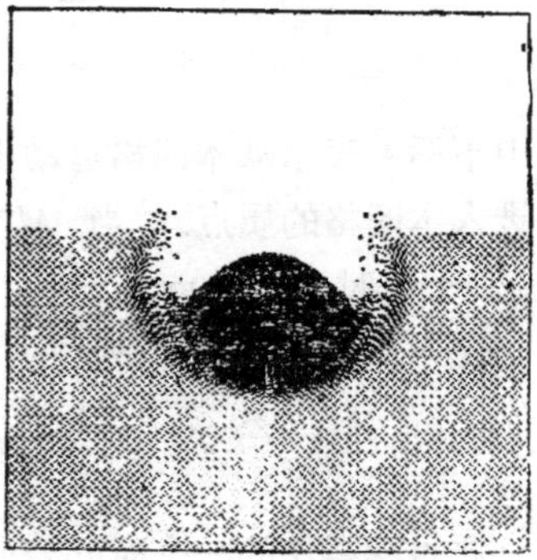

$t=0.75$ 微秒

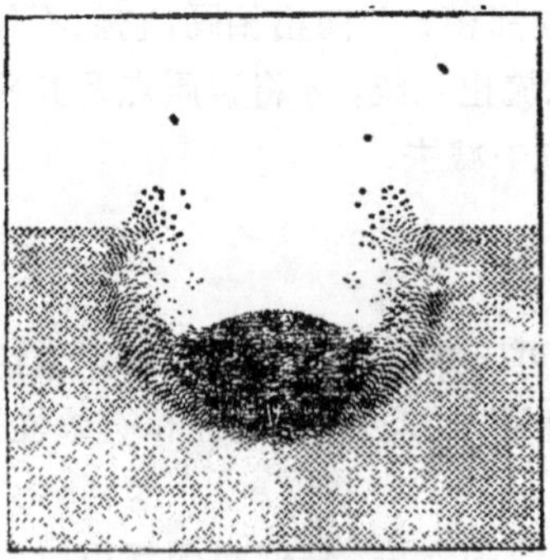

$t=1.0$ 微秒

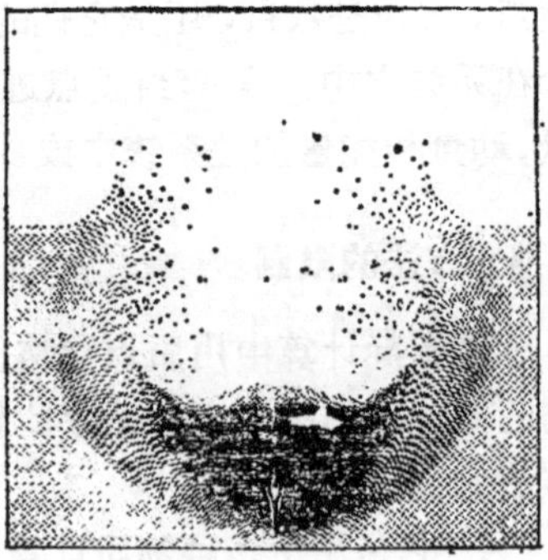

$t=1.50$ 微秒

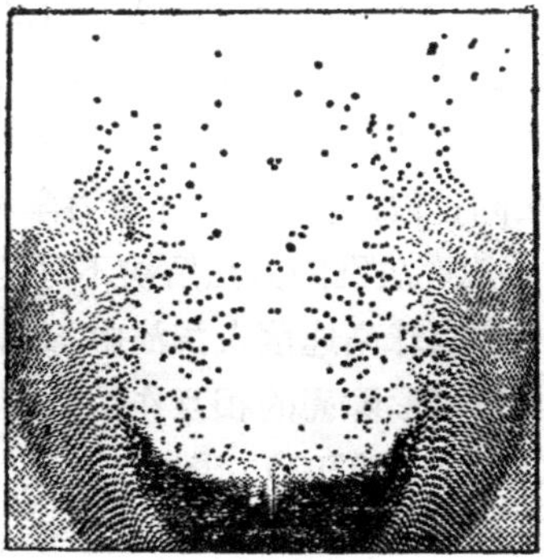

$t = 2.00$ 微秒

图 3.1.6　一个半径 1 厘米的铁球以 3 厘米/微秒的速度碰撞铝块．(Amsden, (1966))

辨物质的分界面，流体运动图象清晰，直观．如果将每个时间循环的质点图记录下来，整个问题的计算就构成一部动画片，这对研究复杂流体运动规律是很有价值的．

2° 它可以计算自由面运动及其与界面相互碰撞的流体流动问题，而不必附加特殊处理．

质点网格法中的质点数趋于无穷的渐近情况就是前章所讲的流体网格法．因此，流体网格法具有的一些质点网格法也有基本性质(见第二章第五节)．质点网格法的缺点在于它要大量地占用计算机的存贮空间，这是因为 Euler 网格量和质点都要存贮起来．从而也要耗费大量的计算时间，相当于纯 Euler 方法或纯 Lagrange 方法所需计算时间的两倍，甚至还要多，这和所设的质点数目有关．此外，由于方法采用了离散的质点，网格的密度和压力计算会产生跳动．

1.7　方法的发展概况

1° 质点网格法可以直接用于求解带有真实粘性和热传导的流体力学方程组，只需对第一步计算和边界条件作一些修改就可以了 (Amsden (1966), Butler (1967))．

2° 质点网格法本身直接推广到三维空间是没有困难的(Gage

和 Mader (1965)), 但是目前使用它还受到限制. 首先, 计算机的容量和速度严重地限制了它的使用, 此外, 没有简便的输出设备,使三维的结果流于形式.

3° 质点网格法问世以后,引起了计算力学和计算物理工作者的极大注意, 因为它能解决别的方法解决不好的许多问题. 典型的例子有: 一个小水滴球高速落入浅池中 (Harlow 和 Amsden (1971a)), 冲击波与可变形障碍的相互作用,一种金属板与另一金属板的高速碰撞 (Riney (1970)). 图 3.1.6 是一个铁球高速碰撞铝块的计算结果 (Amsden (1966)). 此外, 质点网格法得到了发展和推广. 为了克服原 PIC 的一些缺点,Mader (1975) 和 Nishiguchi 和 Yabe (1983) 给出了改进工作. Mader (1964) 已经把 PIC 用于非均匀炸药冲击起爆的基本过程的研究,称之谓 EIC 方法. Harlow 和 Welsh (1965b) 将不带质量的标志质点用于不可压缩流体动力学方程,计算自由面和两种物质的问题. Harlow 和 Amsden (1974) 将质点用于物质界面两侧二、三个网格来追踪界面, 这就是下面第三节要介绍的 GILA 方法. 一些作者将质点网格法的思想推广到等离子问题的计算,称之谓质点云方法(计算物理第九册). 苏联科学院计算中心的 Белоцерковский, Гущин 和 Щенников (1975) 把质点网格法与统计结合起来研究稀薄气体的计算. Harlow, Amsden 和 Nix (1976) 把质点网格法推广到求解相对论的流体动力学方程,研究原子核之间的高能碰撞.

§2 多流体网格法

在第二章第五节中讲过的流体网格法适用于计算单种介质的畸变大的流体流动问题. 由于它对计算机的存贮空间和计算时间比质点网格法少得多,因此,近几年来已发展了一些以流体网格法为基础的计算接触间断或多种物质问题的计算方法 (Kershner 和 Mader (1972), Hageman 和 Welsh (1971)).

在这一节中介绍徐国荣等 (1980) 提出的多流体网格法. 这

种方法的基础还是流体网格法，它给出了一套处理混合网格的技术．程序设计也比较简单．方法的第一步完全与质点网格法的第一步相同．主要区别在于输运量的计算．

用 $(\delta m_\theta)_{j+\frac{1}{2},k}$ 和 $(\delta m_\theta)_{j,k+\frac{1}{2}}$ 分别表示在一个时间步长 Δt 内，θ 物质通过边界 S_k^x 和 $S_{k+\frac{1}{2}}^r$ 的质量输运量．这样

$$(\delta m_\theta)_{j+\frac{1}{2},k}=\beta_\theta S_k^x(\rho_\theta)_D\tilde{u}_{j+\frac{1}{2},k}\cdot\Delta t, \tag{3.2.1}$$

其中当 $\tilde{u}_{j+\frac{1}{2},k}>0$ 时，$(\rho_\theta)_D=(\rho_\theta)_{j,k}$；当 $\tilde{u}_{j+\frac{1}{2},k}<0$ 时，$(\rho_\theta)_D=(\rho_\theta)_{j+1,k}$．又

$$(\delta m_\theta)_{j,k+\frac{1}{2}}=\beta_\theta S_{k+\frac{1}{2}}^r(\rho_\theta)_D\tilde{v}_{j,k+\frac{1}{2}}\Delta t, \tag{3.2.2}$$

其中当 $\tilde{v}_{j,k+\frac{1}{2}}>0$ 时，$(\rho_\theta)_D=(\rho_\theta)_{j,k}$；当 $\tilde{v}_{j,k+\frac{1}{2}}<0$ 时，$(\rho_\theta)_D=(\rho_\theta)_{j,k+1}$．

公式 (3.2.1) 和 (3.2.2) 的 $\tilde{u}_{j+\frac{1}{2},k}$ 和 $\tilde{v}_{j,k+\frac{1}{2}}$ 是由相邻网格速度插值确定：

$$\tilde{u}_{j+\frac{1}{2},k}=\frac{1}{2}(\tilde{u}_{j,k}+\tilde{u}_{j+1,k})\Big/\left(1+\delta\frac{\tilde{u}_{j+1,k}-\tilde{u}_{j,k}}{\Delta x}\Delta t\right), \tag{3.2.3}$$

$$\tilde{v}_{j,k+\frac{1}{2}}=\frac{1}{2}(\tilde{v}_{j,k}+\tilde{v}_{j,k+1})\Big/\left(1+\delta\frac{\tilde{v}_{j,k+1}-\tilde{v}_{j,k}}{\Delta r}\Delta t\right), \tag{3.2.4}$$

其中 δ 是由插值点确定的参数．当 $\delta=0$ 时上述两式就是相邻两个网格速度的简单平均；$\delta=1$ 是 Kershner 和 Mader (1972) 所采用的公式；在多流体网格法的计算中采用了 $\delta=0.5$.

通常 β_θ 应是 θ 物质通过网格边界所占面积的份额． 多流体网格法是不管物质在网格中的分界面的形状和位置的如何，因此，采用如下方式来确定 β_θ：

当贡献网格是纯网格时，显然有 $\beta_\theta=1$（θ 是贡献网格的物质）．

当贡献网格是混合网格时，分两种情况来讨论：

1° 若接受网格是纯网格(不妨设其中物质 $\theta=1$)，则 $\beta_1=1$，$\beta_2=0$．

2° 若接受网格也是混合网格，则近似地取

$$
\begin{aligned}
\beta_1 &= [(\sigma_1)_D + (\sigma_1)_a]/2, \\
\beta_2 &= [(\sigma_2)_D + (\sigma_2)_a]/2 = 1 - \beta_1,
\end{aligned} \tag{3.2.5}
$$

其中 $(\sigma_\theta)_D$ 和 $(\sigma_\theta)_a$ 分别是贡献网格和接受网格中 θ 物质的体积份额，它们从第一步计算混合网格的压力时得到的.

此外，应该看到，贡献网格的物质(不妨假定 $\theta = 1$) 的质量 $(\widetilde{M}_1)_D$ 有可能小于流过网格边界的质量输运量 $|\Delta m_1|$. 这时，应当修正 β_1，使公式 (3.2.1) 和 (3.2.2) 的 $|\Delta m_1|$ 正好等于该网格的质量 $(\widetilde{M}_1)_D$，即

$$\beta_1 = (\widetilde{M}_1)_D / S_k^x (\rho_1)_D |\tilde{u}_{j+\frac{1}{2},k}| \Delta t,$$

或 (3.2.6)

$$\beta_1 = (\widetilde{M}_1)_D / S_{k+\frac{1}{2}}^r (\rho_1)_D |\tilde{v}_{j,k+\frac{1}{2}}| \Delta t,$$

同时修正 $\beta_2 = 1 - \beta_1$. 然后按修正的 β_1 和 β_2 用公式 (3.2.1) 或 (3.2.2) 重新计 $(\delta m_\theta)_{j+\frac{1}{2},k}$ 或 $(\delta m_\theta)_{j,k+\frac{1}{2}}$.

实际上，上述修正 β_θ 的过程就是描述物质分界面从一个网格运动到另一个网格的过程. 也就是在计算中自动地实现了混合网格变成纯网格，或纯网格变成混合网格的过程.

通过网格边界的质量输运量计算好以后，根据质量守恒就可以得到每个网格新的质量：

$$
\begin{aligned}
(M_\theta^{n+1})_{j,k} = (M_\theta^n)_{j,k} + [&(\delta m_\theta)_{j,k-\frac{1}{2}} + (\delta m_\theta)_{j-\frac{1}{2},k} \\
&- (\delta m_\theta)_{j,k+\frac{1}{2}} - (\delta m_\theta)_{j+\frac{1}{2},k}].
\end{aligned} \tag{3.2.7}
$$

假定通过网格边界的质量带走贡献网格相应的部份动量和能量，就可以完成动量分量和能量的输运量计算. 为此，我们采用第二章第五节定义的函数 $T_{j,k}(\alpha)$，每个网格的动量分量的新值从下列公式得到

$$
\begin{aligned}
(MU)_{j,k}^{n+1} = (M\widetilde{U})_{j,k}^n &+ T_{j,k}(1)\widetilde{U}_{j-1,k}\delta m_{j-\frac{1}{2},k} \\
&+ T_{j,k}(2)\widetilde{U}_{j,k-1}\delta m_{j,k-\frac{1}{2}} \\
&- T_{j,k}(3)\widetilde{U}_{j+1,k}\delta m_{j+\frac{1}{2},k} \\
&- T_{j,k}(4)\widetilde{U}_{j,k+1}\delta m_{j,k+\frac{1}{2}} \\
&+ \widetilde{U}_{j,k}\{[1 - T_{j,k}(1)]\delta m_{j-\frac{1}{2},k} \\
&+ [1 - T_{j,k}(2)]\delta m_{j,k-\frac{1}{2}}
\end{aligned}
$$

$$
\begin{aligned}
&- [1 - T_{j,k}(3)]\delta m_{j+\frac{1}{2},k} \\
&- [1 - T_{j,k}(4)]\delta m_{j,k+\frac{1}{2}}\},
\end{aligned}
\tag{3.2.8}
$$

其中 $\delta m = \delta m_1 + \delta m_2$, $U = (u,v)^T$.

每个网格能量的新值是

$$
\begin{aligned}
(M_\theta E_\theta)_{j,k}^{n+1} = &(M_\theta \tilde{E}_\theta)_{j,k}^{n} + T_{j,k}(1)(\tilde{E}_\theta)_{j-1,k}(\delta m_\theta)_{j-\frac{1}{2},k} \\
&+ T_{j,k}(2)(\tilde{E}_\theta)_{j,k-1}(\delta m_\theta)_{j,k-\frac{1}{2}} \\
&- T_{j,k}(3)(\tilde{E}_\theta)_{j+1,k}(\delta m_\theta)_{j+\frac{1}{2},k} \\
&- T_{j,k}(4)(\tilde{E}_\theta)_{j,k+1}(\delta m_\theta)_{j,k+\frac{1}{2}} \\
&+ (\tilde{E}_\theta)_{j,k}\{[1 - T_{j,k}(1)] \cdot (\delta m_\theta)_{j-\frac{1}{2},k} \\
&+ [1 - T_{j,k}(2)](\delta m_\theta)_{j,k-\frac{1}{2}} \\
&- [1 - T_{j,k}(3)](\delta m_\theta)_{j+\frac{1}{2},k} \\
&- [1 - T_{j,k}(4)](\delta m_\theta)_{j,k+\frac{1}{2}}\}.
\end{aligned}
\tag{3.2.9}
$$

我们立即从 (3.2.7)—(3.2.9) 得到每个网格 (非空的) 新的速度分量和比内能:

$$
u_{j,k}^{n+1} = (Mu)_{j,k}^{n+1}/M_{j,k}^{n+1}, \tag{3.2.10}
$$

$$
v_{j,k}^{n+1} = (Mv)_{j,k}^{n+1}/M_{j,k}^{n+1}, \tag{3.2.11}
$$

$$
(e_\theta^{n+1})_{j,k} = \frac{(M_\theta E_\theta)_{j,k}^{n+1}}{(M_\theta)_{j,k}^{n+1}} - \frac{1}{2}[(u_{j,k}^{n+1})^2 + (v_{j,k}^{n+1})^2], \tag{3.2.12}
$$

其中 $M = M_1 + M_2$. 网格的密度可以由第一步计算压力 p 的时候得出.

该方法的另一个特点是自由面网格的处理. 有质量的网格至少与一个空网格相邻,这样的网格称为自由面网格,与它相邻的空网格边界压力 $p = 0$.

1° 在第一步计算中当 $\rho \geqslant \eta\rho_0$ 时, 按差分方程 (2.5.4)—(2.5.7) 计算 $\tilde{u}$, $\tilde{v}$ 和 $\tilde{e}$, 当 $\rho < \eta\rho_0$ 时, 置 $\tilde{u} = u^n$, $\tilde{v} = v^n$, $\tilde{e} = e^n$, 其中 ρ_0 是初始密度, η 是界于 $\left(0, \dfrac{1}{2}\right]$ 间的数.

2° 输运处理. 在自由面上放置一组标志迹点,描述自由面的运动,迹点运动按本章第一节中的质点运动公式计算.

如果自由面网格为贡献网格,空网格为接受网格时,质量输运

如下:

1° 若接受网格没有标志迹点,则 $\beta_\theta = 0$,即质量不向空网格输运.

2° 若接受网格有标志迹点,则 $\beta_\theta = (\sigma_\theta)_D$,即质量按贡献网格 θ 物质的体积份数向空网格输运.

§3 GILA 方法

第二章第六节讨论了对马赫数从零(不可压缩的极限)到大于1(超音速)的整个流速范围内都是适用的隐式连续 Euler 方法(或 ICE 方法),本节介绍对这样大范围也适用的另一种方法——GILA方法(Harlow 和 Amsden (1974)).

计算仍然取矩形 Euler 网格,离散化以后的力学量的定义位置也与 ICE 方法相同.但是由于它要求在物质界面两侧两三个网格内布置一批区别不同物质的不同的标记,因而它具有计算多种介质的能力.混合网格边界或与物质界面重合的网格边界上的输运量用类似于 PIC 方法进行处理,即用标志质点的运动来计算.在一种物质区内部的网格边界上的输运量,象 FLIC 方法一样,用连续流体的概念进行计算. 由于 GILA 方法不要求在整个求解区域上布标志,因而大大节约了机器的存贮量.

GILA 方法的每个计算循环分三步来完成.

3.1 第一步纯 Lagrange 运动计算

在这一步上还是只考虑由于压力梯度而造成的流体速度,内能和体积的变化. 这一步采用了隐式计算格式,主要是考虑到格式能适用于低亚音速流.解方程

$$\frac{dV}{dt} = \oint \boldsymbol{n} \cdot \boldsymbol{u} ds, \tag{3.3.1}$$

$$M \frac{d\boldsymbol{u}}{dt} = -\oint \boldsymbol{n} \cdot p ds, \tag{3.3.2}$$

$$M\frac{de}{dt}=-p\frac{dV}{dt},\tag{3.3.3}$$

其中积分是在方程中所考虑的那一部份旋转体体积的表面上进行，$\boldsymbol{n}$ 是旋转体表面的外法向单位向量.

在混合网格中，分别求不同物质的质量，体积和内能. 对于一个网格中只含两种物质的情形，给它们的质量，体积和内能加上标号"1"和"2". 此外，用字母头上加"～"表示第一步计算的结果. 逼近方程 (3.3.1)—(3.3.3) 的差分方程取作

$$\frac{1}{\Delta t}(\tilde{V}_{1_{j,k}}+\tilde{V}_{2_{j,k}}-V_{1_{j,k}}-V_{2_{j,k}})=(\tilde{u}_{j+\frac{1}{2},k}-\tilde{u}_{j-\frac{1}{2},k})\Delta y+(\tilde{v}_{j,k+\frac{1}{2}}-\tilde{v}_{j,k-\frac{1}{2}})\Delta x,\tag{3.3.4}$$

$$\frac{M_{j+\frac{1}{2},k}}{\Delta t}(\tilde{u}_{j+\frac{1}{2},k}-u_{j+\frac{1}{2},k})=(\tilde{p}_{j,k}-\tilde{p}_{j+1,k})\Delta y,\tag{3.3.5}$$

$$\frac{M_{j,k+\frac{1}{2}}}{\Delta t}(\tilde{v}_{j,k+\frac{1}{2}}-v_{j,k+\frac{1}{2}})=(\tilde{p}_{j,k}-\tilde{p}_{j,k+1})\Delta x,\tag{3.3.6}$$

$$M_{1_{j,k}}(\tilde{e}_{1_{j,k}}-e_{1_{j,k}})=-\tilde{p}_{j,k}(\tilde{V}_{1_{j,k}}-V_{1_{j,k}}),\tag{3.3.7}$$

$$M_{2_{j,k}}(\tilde{e}_{2_{j,k}}-e_{2_{j,k}})=-\tilde{p}_{j,k}(\tilde{V}_{2_{j,k}}-V_{2_{j,k}}).\tag{3.3.8}$$

由状态方程和压力连续关系，有

$$\tilde{p}_{j,k}=f_1\left(\frac{M_{1_{j,k}}}{\tilde{V}_{1_{j,k}}},\tilde{e}_{1_{j,k}}\right),\tag{3.3.9}$$

$$\tilde{p}_{j,k}=f_2\left(\frac{M_{2_{j,k}}}{\tilde{V}_{2_{j,k}}},\tilde{e}_{2_{j,k}}\right).\tag{3.3.10}$$

质量 $M_{j+\frac{1}{2},k}$ 和 $M_{j,k+\frac{1}{2}}$ 是相邻网格质量的平均

$$\begin{aligned}M_{j+\frac{1}{2},k}&=\frac{1}{2}(M_{j,k}+M_{j+1,k}),\\M_{j,k+\frac{1}{2}}&=\frac{1}{2}(M_{j,k}+M_{j,k+1}).\end{aligned}\tag{3.3.11}$$

方程组 (3.3.4)—(3.3.10) 可以采用迭代法来求解.

为此，从 (3.3.5) 和 (3.3.6) 分别解出 $\tilde{u}_{j+\frac{1}{2},k}$ 和 $\tilde{v}_{j,k+\frac{1}{2}}$，并把它们代入(3.3.4)后，得到

$$\frac{1}{\Delta t}(\widetilde{V}_{1_{j,k}}+\widetilde{V}_{2_{j,k}}-V_{1_{j,k}}-V_{2_{j,k}})$$

$$=(u_{j+\frac{1}{2},k}-u_{j-\frac{1}{2},k})\Delta y+(v_{j,k+\frac{1}{2}}-v_{j,k-\frac{1}{2}})\Delta x$$

$$+(\Delta y)^2\Delta t\left(\frac{\widetilde{p}_{j,k}-\widetilde{p}_{j+1,k}}{M_{j+\frac{1}{2},k}}-\frac{\widetilde{p}_{j-1,k}-\widetilde{p}_{j,k}}{M_{j-\frac{1}{2},k}}\right)$$

$$+(\Delta x)^2\Delta t\left(\frac{\widetilde{p}_{j,k}-\widetilde{p}_{j,k+1}}{M_{j,k+\frac{1}{2}}}-\frac{\widetilde{p}_{j,k-1}-\widetilde{p}_{j,k}}{M_{j,k-\frac{1}{2}}}\right). \tag{3.3.12}$$

在方程 (3.3.12) 中，网格 Ω_{jk} 的未知量取第 $(\nu+1)$ 次迭代，相邻网格的未知量取第 ν 次迭代． 令 $\omega^{\nu+1}=\omega^{\nu}+\delta\omega^{\nu}$，其中 ω 表示未知量中的任何一个．那么方程 (3.3.12) 可以写成

$$\frac{1}{\Delta t}(\delta V^{(\nu)}_{1_{j,k}}+\delta V^{(\nu)}_{2_{j,k}}+V^{(\nu)}_{1_{j,k}}+V^{(\nu)}_{2_{j,k}}-V_{1_{j,k}}-V_{2_{j,k}})$$

$$=(u_{j+\frac{1}{2},k}-u_{j-\frac{1}{2},k})\Delta y+(v_{j,k+\frac{1}{2}}-v_{j,k-\frac{1}{2}})\Delta x$$

$$+\Delta y^2\Delta t\left(\frac{\delta p^{(\nu)}_{j,k}+p^{(\nu)}_{j,k}-p^{(\nu)}_{j+1,k}}{M_{j+\frac{1}{2},k}}-\frac{p^{(\nu)}_{j-1,k}-p^{(\nu)}_{j,k}-\delta p^{(\nu)}_{j,k}}{M_{j-\frac{1}{2},k}}\right)$$

$$+(\Delta x)^2\Delta t\left(\frac{\delta p^{(\nu)}_{j,k}+p^{(\nu)}_{j,k}-p^{(\nu)}_{j,k+1}}{M_{j,k+\frac{1}{2}}}-\frac{p^{(\nu)}_{j,k-1}-p^{(\nu)}_{j,k}-\delta p^{(\nu)}_{j,k}}{M_{j,k-\frac{1}{2}}}\right), \tag{3.3.13}$$

因为假定压力在物质分界面上是连续的，从 (3.3.9) 和 (3.3.10) 得

$$\delta V_{1_{j,k}}=-\frac{V^2_{1_{j,k}}}{M_{1_{j,k}}c^2_{1_{j,k}}}\delta p_{j,k}, \tag{3.3.14}$$

$$\delta V_{2_{j,k}}=-\frac{V^2_{2_{j,k}}}{M_{2_{j,k}}c^2_{2_{j,k}}}\delta p_{j,k}, \tag{3.3.15}$$

其中 $c^2=\partial p/\partial\rho$，它是比内能和密度的已知函数．从 (3.3.4) 定义

$$D^{(\nu)}_{j,k}=-\frac{V^{(\nu)}_{1_{j,k}}+V^{(\nu)}_{2_{j,k}}-V_{1_{j,k}}-V_{2_{j,k}}}{\Delta x\Delta y\Delta t}$$

$$+\frac{u_{j+\frac{1}{2},k}^{(\nu)}-u_{j-\frac{1}{2},k}^{(\nu)}}{\Delta x}+\frac{v_{j,k+\frac{1}{2}}^{(\nu)}-v_{j,k-\frac{1}{2}}^{(\nu)}}{\Delta y}. \tag{3.3.16}$$

显然，如果迭代过程收敛时，每个网格的 $D_{j,k}^{(\nu)}$ 趋于零. 将 (3.3.14) 和 (3.3.15) 代入 (3.3.13) 后，并利用关系式

$$u_{j+\frac{1}{2},k}^{(\nu)}=u_{j+\frac{1}{2},k}+\frac{\Delta t\Delta y}{M_{j+\frac{1}{2},k}}(p_{j,k}^{(\nu)}-p_{j+1,k}^{(\nu)}), \tag{3.3.17}$$

$$v_{j,k+\frac{1}{2}}^{(\nu)}=v_{j,k+\frac{1}{2}}+\frac{\Delta t\Delta x}{M_{j,k+\frac{1}{2}}}(p_{j,k}^{(\nu)}-p_{j,k+1}^{(\nu)}) \tag{3.3.18}$$

和 (3.3.16) 式，可以推出

$$\delta p_{j,k}^{(\nu)}=-D_{j,k}^{(\nu)}\frac{\Delta x\Delta y}{H_{j,k}}, \tag{3.3.19}$$

其中

$$\begin{aligned}H_{j,k}=&\frac{1}{\Delta t}\left(\frac{V_{1_{j,k}}^{2}}{M_{1_{j,k}}c_{1_{j,k}}^{2}}+\frac{V_{2_{j,k}}^{2}}{M_{2_{j,k}}c_{2_{j,k}}^{2}}\right)\\&+\Delta t\left[(\Delta y)^{2}\left(\frac{1}{M_{j+\frac{1}{2},k}}+\frac{1}{M_{j-\frac{1}{2},k}}\right)\right.\\&\left.+(\Delta x)^{2}\left(\frac{1}{M_{j,k+\frac{1}{2}}}+\frac{1}{M_{j,k-\frac{1}{2}}}\right)\right]\end{aligned} \tag{3.3.20}$$

在迭代过程中是不变的.

如果取 $t=t^{n}$ 时刻的结果作为迭代的初值，迭代顺序综合如下:

1° 用方程 (3.3.16) 计算 $D_{j,k}^{(\nu)}$.

2° 用方程 (3.3.19) 计算 $\delta p_{j,k}^{(\nu)}$，加上 $p_{j,k}^{(\nu)}$ 得到 $p_{j,k}^{(\nu+1)}$.

3° 用方程 (3.3.17) 和 (3.3.18) 计算 $u_{j+\frac{1}{2},k}^{(\nu+1)}$ 和 $v_{j,k+\frac{1}{2}}^{(\nu+1)}$.

4° 将 $p_{j,k}^{(\nu+1)}$ 代入方程 (3.3.7)—(3.3.10) 后，联立 (3.3.7) 和 (3.3.9) 解出 $V_{1_{j,k}}^{(\nu+1)}$ 和 $e_{1_{j,k}}^{(\nu+1)}$，联立(3.3.8)和 (3.3.10) 解出 $V_{2_{j,k}}^{(\nu+1)}$和 $e_{2_{j,k}}^{(\nu+1)}$.

重复上述 1°—4°，直到 $|D^{(\nu+1)}|<\varepsilon$ 对每个网格都满足为

止，ε 是按准确度给定的小量.

对简单的状态方程（例如多方气体）第 4° 步的联立方程可以直接解出. 对复杂的状态方程，还必须采用迭代方法来完成.

上面所叙述的过程是对包含两种物质的计算网格而言的，对 M_1 或 M_2 是零的一种物质的计算网格，只需把对应的 $V^{(\nu)}$，V 和 $\frac{V^2}{Mc^2}$ 置于零，迭代过程同样适用.

3.2 第二步是输运量的计算

GILA 方法的输运量的计算分为两类，一类是连续输运，一类是离散输运.

连续输运量指将流体看成连续介质，按照 FLIC 方法第二步计算输运量的办法进行. 当贡献网格和接受网格都是同一种流体介质的时候，就采用连续输运. 此外，由于不考虑在接触间断面上的滑移，所以认为速度量到处是连续的（由于加上了人为粘性项，所以在出现冲击波的时候，仍然可以认为速度是连续的）. 因此动量的输运量的计算全部按连续输运处理.

如果相邻两个网格中有一个是混合网格，或者相邻两个网格虽然都是纯网格，但不是同一种物质，则这样两个网格之间边界上质量和内能输运量的计算就采用离散输运，离散输运量的计算和 PIC 方法中利用质点的运动计算输运量的方法是类似的. 事先在物质界面两侧安放一批标志点(不同的质点采用不同的符号)，和 PIC 方法一样利用面积加权公式以及与标志点最近的四个点的速度求得标志点的速度. 然后求出 $t=t^{n+1}$ 时刻这些标志点的位置. 如果一个标志点从一个网格运动到了其邻近的网格，那么原来网格的一部份质量和内能就输运到其邻近的网格去了. 这里和 PIC 方法稍有不同的是 PIC 方法中每一个质点带有固定的质量，而在 GILA 方法中每一个标志点没有固定的质量，而是把每一时刻网格的质量和内能平均地分配给当时网格中所有的标志点. 这种离散输运的思想是简单的，但是要编出程序在机器上实现起来却是相当复杂的.

输运量算完以后，对于混合网格还必须计算两种不同的物质各占的体积. 还是利用压力连续的关系

$$f_1\left(\frac{M_{1_{j,k}}}{V_{1_{j,k}}},\ e_{1_{j,k}}\right)=f_2\left(\frac{M_{2_{j,k}}}{V_{2_{j,k}}},\ e_{2_{j,k}}\right),$$

再加上显然成立的

$$V_{1_{j,k}}+V_{2_{j,k}}=V_{j,k},$$

联立解出 $V_{1_{j,k}}$和 $V_{2_{j,k}}$ 来. 这一步计算的结果我们用顶上加一个尖角“∧”来表示,例如 $\hat{u}$, $\hat{v}$, $\hat{e}$ 等等.

3.3 第三步计算扩散项

作为 GILA 方法的最后一步是计算各种类型的扩散项,其中包括具有粘性和热传导问题的扩散项，人为质量扩散和为计算冲击波所引进的人为粘性项，以及为提高精确度的抵消截断误差的项等等(见 Rivard 等 (1973)).

1° 质量扩散不能在不同的物质之间发生,只能在同一种物质的纯网格中加进人为质量扩散项

$$\begin{aligned}M_{j,k}^{n+1}=\hat{M}_{j,k}&+\frac{\tau\Delta y\Delta t}{\Delta x}\left[\left(\frac{\hat{M}}{V}\right)_{j+1,k}+\left(\frac{\hat{M}}{V}\right)_{j-1,k}\right.\\&\left.-2\left(\frac{\hat{M}}{V}\right)_{j,k}\right]+\frac{\tau\Delta x\Delta t}{\Delta y}\left[\left(\frac{\hat{M}}{V}\right)_{j,k+1}\right.\\&\left.+\left(\frac{\hat{M}}{V}\right)_{j,k-1}-2\left(\frac{\hat{M}}{V}\right)_{j,k}\right],\end{aligned}\tag{3.3.21}$$

其中 τ 是参数.

2° 对于任何网格都可以加进动量扩散. 如

$$\begin{aligned}(Mu)_{j+\frac{1}{2},k}^{n+1}=(\hat{M}\hat{u})_{j+\frac{1}{2},k}&+\frac{\Delta t}{\Delta x}[\theta_{j+1,k}\hat{M}_{j+1,k}(\hat{u}_{j+\frac{3}{2},k}\\&-\hat{u}_{j+\frac{1}{2},k})-\theta_{j,k}\hat{M}_{j,k}(\hat{u}_{j+\frac{1}{2},k}-\hat{u}_{j-\frac{1}{2},k})]\\&+\frac{A\Delta t}{\Delta y}[\hat{M}_{j+\frac{1}{2},k+\frac{1}{2}}\cdot(\hat{u}_{j+\frac{1}{2},k+1}-\hat{u}_{j+\frac{1}{2},k})\end{aligned}$$

$$-\hat{M}_{j+\frac{1}{2},k-\frac{1}{2}}(\hat{u}_{j+\frac{1}{2},k}-\hat{u}_{j+\frac{1}{2},k-1})], \quad (3.3.22)$$

$$(Mv)^{n+1}_{j,k+\frac{1}{2}}=(\hat{M}\hat{v})_{j,k+\frac{1}{2}}+\frac{\Delta t}{\Delta y}[\theta_{j,k+1}\hat{M}_{j,k+1}(\hat{v}_{j,k+\frac{3}{2}}-\hat{v}_{j,k+\frac{1}{2}})-\theta_{j,k}\hat{M}_{j,k}(\hat{v}_{j,k+\frac{1}{2}}-\hat{v}_{j,k-\frac{1}{2}})]$$
$$+\frac{A\Delta t}{\Delta x}[\hat{M}_{j+\frac{1}{2},k+\frac{1}{2}}\cdot(\hat{v}_{j+1,k+\frac{1}{2}}-\hat{v}_{j,k+\frac{1}{2}})-\hat{M}_{j-\frac{1}{2},k+\frac{1}{2}}(\hat{v}_{j,k+\frac{1}{2}}-\hat{v}_{j-1,k+\frac{1}{2}})], \quad (3.3.23)$$

其中 $\theta_{j,k}$ 是可变的系数，它作为人为粘性项的系数在压缩区是正的常数，在膨胀区是零(甚至于可能是负的常数，以抵消截断误差)，A 是具有速度量纲的常数.

3° 对于内能的扩散有两个方面要考虑. 首先是热传导部份

$$M^{n+1}_{j,k}e'_{j,k}=\hat{M}_{j,k}\hat{e}_{j,k}+\frac{B\Delta y\Delta t}{\Delta x}(\hat{e}_{j+1,k}-2\hat{e}_{j,k}+\hat{e}_{j-1,k})+\frac{B\Delta x\Delta t}{\Delta y}(\hat{e}_{j,k+1}-2\hat{e}_{j,k}+\hat{e}_{j,k-1}),$$

其中 B 是一个正的常数. 其次要考虑到由于动量扩散而引起的动能的减少，其减少量可以通过在 (3.3.22) 和 (3.3.23) 上分别乘以 $\frac{1}{2}(u^{n+1}_{j+\frac{1}{2},k}+\hat{u}_{j+\frac{1}{2},k})$ 和 $\frac{1}{2}(v^{n+1}_{j,k+\frac{1}{2}}+\hat{v}_{j,k+\frac{1}{2}})$ 而得到. 从 (3.3.22) 可以得到

$$\frac{1}{2}(u^{n+1}_{j+\frac{1}{2},k})^2M^{n+1}_{j+\frac{1}{2},k}-\frac{1}{2}\hat{u}^2_{j+\frac{1}{2},k}\hat{M}_{j+\frac{1}{2},k}+\frac{1}{2}u^{n+1}_{j+\frac{1}{2},k}\hat{u}_{j+\frac{1}{2},k}\cdot(M^{n+1}_{j+\frac{1}{2},k}-\hat{M}_{j+\frac{1}{2},k})$$
$$=\frac{\Delta t}{\Delta x}[\hat{M}_{j+1,k}\theta_{j+1,k}(\hat{u}_{j+\frac{3}{2},k}-\hat{u}_{j+\frac{1}{2},k})\cdot\bar{u}_{j+\frac{1}{2},k}-\hat{M}_{j,k}\theta_{j,k}(\hat{u}_{j+\frac{1}{2},k}-\hat{u}_{j-\frac{1}{2},k})\bar{u}_{j+\frac{1}{2},k}]$$
$$+\frac{A\Delta t}{\Delta y}\Big[\frac{1}{4}(\hat{M}_{j,k}+\hat{M}_{j+1,k}+\hat{M}_{j+1,k+1}+\hat{M}_{j,k+1})\times(\hat{u}_{j+\frac{1}{2},k+1}-\hat{u}_{j+\frac{1}{2},k})\cdot\bar{u}_{j+\frac{1}{2},k}$$
$$-\frac{1}{4}(\hat{M}_{j,k}+\hat{M}_{j,k-1}+\hat{M}_{j+1,k-1}+\hat{M}_{j+1,k})$$

$$\cdot (\hat{u}_{j+\frac{1}{2},k} - \hat{u}_{j+\frac{1}{2},k-1})\bar{u}_{j+\frac{1}{2},k}\Big], \tag{3.3.24}$$

其中 $\bar{u} = \frac{1}{2}(u^{n+1} + \hat{u})$. 从 (3.3.21) 可以看出上式左边最后一项为高阶小量，略去后将 (3.3.24) 两端对 j 和 k 求和，经过整理后，便可得到由于 x 方向动量 Mu 的扩散引起网格 $\Omega_{j,k}$ 上动量的变化为

$$\begin{aligned}
&-\frac{\Delta t}{\Delta x} M_{j,k}\theta_{j,k}(\hat{u}_{j+\frac{1}{2},k} - \hat{u}_{j-\frac{1}{2},k}) \cdot (\bar{u}_{j+\frac{1}{2},k} - \bar{u}_{j-\frac{1}{2},k}) \\
&- \frac{A\Delta t}{4\Delta y} M_{j,k}[(\hat{u}_{j+\frac{1}{2},k+1} - \hat{u}_{j+\frac{1}{2},k}) \cdot (\bar{u}_{j+\frac{1}{2},k+1} - \bar{u}_{j+\frac{1}{2},k}) \\
&+ (\hat{u}_{j+\frac{1}{2},k} - \hat{u}_{j+\frac{1}{2},k-1}) \cdot (\bar{u}_{j+\frac{1}{2},k} - \bar{u}_{j+\frac{1}{2},k-1}) \\
&+ (\hat{u}_{j-\frac{1}{2},k+1} - \hat{u}_{j-\frac{1}{2},k})(\bar{u}_{j-\frac{1}{2},k+1} - \bar{u}_{j-\frac{1}{2},k}) \\
&+ (\hat{u}_{j-\frac{1}{2},k} - \hat{u}_{j-\frac{1}{2},k-1})(\bar{u}_{j-\frac{1}{2},k} - \bar{u}_{j-\frac{1}{2},k-1})].
\end{aligned}$$

如果用 $\hat{u}$ 近似代替 $\bar{u}$，并作适当的近似后，上式可以写成

$$\begin{aligned}
&-M_{j,k}\Big\{\frac{\Delta t}{\Delta x}\theta_{j,k}(\hat{u}_{j+\frac{1}{2},k} - \hat{u}_{j-\frac{1}{2},k})^2 \\
&+ \frac{A\Delta t}{16\Delta y}(u_{j+\frac{1}{2},k+1} + u_{j-\frac{1}{2},k+1} - u_{j+\frac{1}{2},k-1} - u_{j-\frac{1}{2},k-1})^2\Big\}.
\end{aligned}$$

同样也可以近似求出由于 y 方向动量 Mv 的扩散引起网格 $\Omega_{j,k}$ 上动能的变化。因此总起来 $\Omega_{j,k}$ 上动能的减少量近似等于

$$\begin{aligned}
\delta e_{j,k} = \theta_{j,k}&\Big[\frac{\Delta t}{\Delta x}(u_{j+\frac{1}{2},k} - u_{j-\frac{1}{2},k})^2 \\
&+ \frac{\Delta t}{\Delta y}(v_{j,k+\frac{1}{2}} - v_{j,k-\frac{1}{2}})^2\Big] + \frac{A\Delta t}{16}\Big[\frac{1}{\Delta y}(u_{j+\frac{1}{2},k+1} \\
&+ u_{j-\frac{1}{2},k+1} - u_{j+\frac{1}{2},k-1} - u_{j-\frac{1}{2},k-1})^2 \\
&+ \frac{1}{\Delta x}(v_{j+1,k+\frac{1}{2}} + v_{j+1,k-\frac{1}{2}} - v_{j-1,k+\frac{1}{2}} - v_{j-1,k-\frac{1}{2}})^2\Big].
\end{aligned}$$

为了保持能量守恒，有必要把这一部份能量加到内能上去. 于是对一个纯网格

$$e_{j,k}^{n+1} = e'_{j,k} + \delta e_{j,k}.$$

对于混合网格，则联立解方程

$$M_{1_{j,k}}^{n+1}(e_{1_{j,k}}^{n+1} - e'_{1_{j,k}}) + M_{2_{j,k}}^{n+1}(e_{2_{j,k}}^{n+1} - e'_{2_{j,k}})$$
$$= (M_{1_{j,k}}^{n+1} + M_{2_{j,k}}^{n+1})\delta e_{j,k},$$

$$f_1\left(\frac{M_{1_{j,k}}^{n+1}}{V_{1_{j,k}}^{n+1}},\ e_{1_{j,k}}^{n+1}\right) = f_2\left(\frac{M_{2_{j,k}}^{n+1}}{V_{2_{j,k}}^{n+1}},\ e_{2_{j,k}}^{n+1}\right).$$

这样 GILA 方法的一个计算循环就算完成了.

§4 标志网格法

五十年代中以来，出现了大量的解不可压缩粘性流体流动的 Navier-Stokes 方程的数值方法. 在 Euler 坐标系中，主要有以流函数和涡旋量为基本变量的差分方法(见 Harlow (1969) 的低速度部份)，和以原力学变量压力和速度为未知量的差分方法. 前者适用于解单种介质的区域有限的流动，但是用来计算自由面问题是困难的. Harlow 和 Welsh (1965b) 在 Euler 矩形网格上建立了 Navier-Stokes 方程的差分格式，就比用流函数和涡旋量作变量的方法有了更大的适应性，特别适用于自由面和多种介质问题的计算. 这个方法就是所谓的标志网格法 (Marker and Cell 方法，简称 MAC 方法).

4.1 计算网格

标志网格法的格网和力学量离散化以后的定义位置与隐式连续 Euler 方法相同. 此外在流体占据的区域内还引进了一组无质量的标志点. 这些标志点是随流体流动的. 不同物质的界面 (包括自由面)就可以凭借这些标志点明显地表示出来.

在计算过程中将区分三类网格: 不含流体的，或没有标志点的网格叫做空网格 E; 有标志点，但至少有一个空网格与它相邻的网格叫做表面网格 S; 有标志点，而无空网格与其相邻的网格叫做充满流体的网格 F（见图 3.4.1）.

E	E	E	E	E
S	S	E	E	E
F	F	S	E	E
F	F	S	E	E
F	F	F	S	E
F	F	F	S	E
F	F	F	F	S

图 3.4.1　标志网格法的网格类型

4.2　差分方程及其解法

先考虑系统中只含一种介质的情况．这时求解的方程为动量方程和连续性方程

$$\frac{\partial \boldsymbol{u}}{\partial t}+(\boldsymbol{u}\cdot\nabla)\boldsymbol{u}=-\nabla p+\mu\Delta\boldsymbol{u}+\boldsymbol{g}, \tag{3.4.1}$$

$$\nabla\cdot\boldsymbol{u}=0, \tag{3.4.2}$$

其中，$\boldsymbol{u}$ 和前面一样是速度，p 则是压力与常密度 ρ 之比（由于只差一个常数因子，所以下面仍把它叫做压力），μ 是粘性系数（这里假定它是常数），$\boldsymbol{g}$ 是重力加速度．

在二维 Descartes 平面坐标系中，对方程 (3.4.1) 和 (3.4.2) 作有限差分近似，得

$$u^{n+1}_{j+\frac{1}{2},k}=\tilde{u}_{j+\frac{1}{2},k}-\frac{\Delta t}{\Delta x}\left(p^{n+1}_{j+1,k}-p^{n+1}_{j,k}\right), \tag{3.4.3}$$

$$v^{n+1}_{j,k+\frac{1}{2}}=\tilde{v}_{j,k+\frac{1}{2}}-\frac{\Delta t}{\Delta y}\left(p^{n+1}_{j,k+1}-p^{n+1}_{j,k}\right), \tag{3.4.4}$$

$$D^{n+1}_{j,k}\equiv\frac{u^{n+1}_{j+\frac{1}{2},k}-u^{n+1}_{j-\frac{1}{2},k}}{\Delta x}+\frac{v^{n+1}_{j,k+\frac{1}{2}}-v^{n+1}_{j,k-\frac{1}{2}}}{\Delta y}=0, \tag{3.4.5}$$

其中

$$\tilde{u}_{j+\frac{1}{2},k} = u_{j+\frac{1}{2},k} + \Delta t \left\{ \frac{(u^2)_{j,k} - (u^2)_{j+1,k}}{\Delta x} + \frac{(uv)_{j+\frac{1}{2},k-\frac{1}{2}} - (uv)_{j+\frac{1}{2},k+\frac{1}{2}}}{\Delta y} + \mu \left(\frac{u_{j+\frac{3}{2},k} + u_{j-\frac{1}{2},k} - 2u_{j+\frac{1}{2},k}}{\Delta x^2} + \frac{u_{j+\frac{1}{2},k+1} + u_{j+\frac{1}{2},k-1} - 2u_{j+\frac{1}{2},k}}{(\Delta y)^2} \right) \right\} + \Delta t g_x, \tag{3.4.6}$$

$$\tilde{v}_{j,k+\frac{1}{2}} = v_{j,k+\frac{1}{2}} + \Delta t \left\{ \frac{(uv)_{j-\frac{1}{2},k+\frac{1}{2}} - (uv)_{j+\frac{1}{2},k+\frac{1}{2}}}{\Delta x} + \frac{(v^2)_{j,k} - (v^2)_{j,k+1}}{\Delta y} + \mu \left(\frac{v_{j+1,k+\frac{1}{2}} + v_{j-1,k+\frac{1}{2}} - 2v_{j,k+\frac{1}{2}}}{(\Delta x)^2} + \frac{v_{j,k+\frac{3}{2}} + v_{j,k-\frac{1}{2}} - 2v_{j,k+\frac{1}{2}}}{(\Delta y)^2} \right) \right\} + \Delta t g_y. \tag{3.4.7}$$

在方程 (3.4.6) 和 (3.4.7) 中有些速度值不在它离散化后定义的位置上，因而须要引进插值关系式，例如

$$(uv)_{j+\frac{1}{2},k+\frac{1}{2}} = u_{j+\frac{1}{2},k+\frac{1}{2}} v_{j+\frac{1}{2},k+\frac{1}{2}},$$

其中

$$u_{j+\frac{1}{2},k+\frac{1}{2}} = \frac{1}{2}\left(u_{j+\frac{1}{2},k} + u_{j+\frac{1}{2},k+1}\right),$$

$$v_{j+\frac{1}{2},k+\frac{1}{2}} = \frac{1}{2}\left(v_{j,k+\frac{1}{2}} + v_{j+1,k+\frac{1}{2}}\right).$$

和

$$(u^2)_{j,k} = u_{j+\frac{1}{2},k} u_{j-\frac{1}{2},k}, \quad (v^2)_{j,k} = v_{j,k+\frac{1}{2}} v_{j,k-\frac{1}{2}}.$$

后两个公式是交替型插值. 从方程 (3.4.3), (3.4.4) 和 (3.4.5) 连同边界条件就可以求解未知量 p^{n+1}, u^{n+1} 和 v^{n+1} 了.

为此将 (3.4.3) 和 (3.4.4) 的 $u^{n+1}_{j+\frac{1}{2},k}$ 和 $v^{n+1}_{j,k+\frac{1}{2}}$ 代入方程(3.4.5)，我们得到压力 p 的离散 Poisson 方程：

$$\begin{aligned}&\frac{\Delta t}{(\Delta x)^2}(p_{j+1,k}+p_{j-1,k}-2p_{j,k})\\&\quad+\frac{\Delta t}{(\Delta y)^2}(p_{j,k+1}+p_{j,k-1}-2p_{j,k})\\&\quad-\widetilde{D}_{j,k}=0,\end{aligned}\tag{3.4.8}$$

其中

$$\widetilde{D}_{j,k}=\frac{\widetilde{u}_{j+\frac{1}{2},k}-\widetilde{u}_{j-\frac{1}{2},k}}{\Delta x}+\frac{\widetilde{v}_{j,k+\frac{1}{2}}-\widetilde{v}_{j,k-\frac{1}{2}}}{\Delta y}.$$

求解方程 (3.4.8) 一般用迭代方法，例如可以用松弛法迭代

$$\begin{aligned}p^{(\nu+1)}_{j,k}=&\frac{(1+\alpha)}{2\Delta t\left(\frac{1}{(\Delta x)^2}+\frac{1}{(\Delta y)^2}\right)}\Bigg[-\widetilde{D}_{j,k}\\&+\Delta t\left(\frac{p^{(\nu)}_{j+1,k}+p^{(\nu+1)}_{j-1,k}}{(\Delta x)^2}+\frac{p^{(\nu)}_{j,k+1}+p^{(\nu+1)}_{j,k-1}}{(\Delta y)^2}\right)\Bigg]\\&-\alpha p^{(\nu)}_{j,k},\end{aligned}\tag{3.4.9}$$

其中 ν 是迭代次数．我们约定凡带迭代次数作为上标的量，就略去时间上标 $n+1$．计算是按 j 和 k 递增的顺序进行的．α 是松弛因子，取 0 与 1 之间的值．当 $\alpha=0$ 时，就是 Seidel 迭代．迭代过程进行到不等式

$$\frac{|p^{(\nu+1)}_{j,k}-p^{(\nu)}_{j,k}|}{|p^{(\nu+1)}_{j,k}+p^{(\nu)}_{j,k}|}<\varepsilon\tag{3.4.10}$$

对所有网格都满足为止，其中 ε 是依准确度事先给好的小量．得到 $p_{j,k}$ 后，代入 (3.4.3) 和 (3.4.4) 就可以计算 $u^{n+1}_{j+\frac{1}{2},k}$ 和 $v^{n+1}_{j,k+\frac{1}{2}}$.

从公式 (3.4.9) 看到，在计算与边界紧邻网格的压力时，要用到边界外的压力．为此，必须在边界外面设虚网格，按边界条件给出其中的压力．如果改变迭代格式，是可以不必增设虚网格的．

假定在方程 (3.4.8) 中仅在 $\Omega_{j,k}$ 上的 p 取第 $(\nu+1)$ 次迭代，它周围四个网格的 p 取第 ν 次迭代，令

$$\delta p_{i,k}^{(\nu)} = p_{i,k}^{(\nu+1)} - p_{i,k}^{(\nu)},$$

$$D_{i,k}^{(\nu)} = \frac{u_{j+\frac{1}{2},k}^{(\nu)} - u_{j-\frac{1}{2},k}^{(\nu)}}{\Delta x} + \frac{v_{i,k+\frac{1}{2}}^{(\nu)} - v_{i,k-\frac{1}{2}}^{(\nu)}}{\Delta y}, \tag{3.4.11}$$

并且取动量方程 (3.4.3),(3.4.4) 的迭代格式为

$$u_{j+\frac{1}{2},k}^{(\nu)} = \tilde{u}_{j+\frac{1}{2},k} - \frac{\Delta t}{\Delta x}(p_{j+1,k}^{(\nu)} - p_{j,k}^{(\nu)}), \tag{3.4.12}$$

$$v_{i,k+\frac{1}{2}}^{(\nu)} = \tilde{v}_{i,k+\frac{1}{2}} - \frac{\Delta t}{\Delta x}(p_{i,k+1}^{(\nu)} - p_{i,k}^{(\nu)}). \tag{3.4.13}$$

这样,从 (3.4.8) 可得

$$\delta p_{i,k}^{(\nu)} = -\alpha D_{i,k}^{(\nu)}/2\Delta t\left(\frac{1}{(\Delta x)^2} + \frac{1}{(\Delta y)^2}\right), \tag{3.4.14}$$

其中松弛因子 $\alpha \in [0, 1]$. 当迭代过程收敛时,根据连续性方程 (3.4.5), 每个网格的 $D_{i,k}^{(\nu)} \to 0$. 因此, 迭代过程的收敛性可以用 $|D_{i,k}^{(\nu)}| < \varepsilon$ 对每个网格都成立来判定.

在标志网格中迭代计算是在充满流体的 F 网格上进行的. 表面网格的压力和速度根据边界条件来确定,而不必参加迭代. 因而迭代格式 (3.4.11)—(3.4.14) 就不须要给出边界外的压力.

4.3 边界条件

在上述差分方程中自然要涉及到边界条件. 一般考虑的边界有两类,即各种刚体表面和自由面.

在第二章第五节讨论过的各类刚体表面的处理办法, 对本方法也是适用的, 这里就不再重复了. 现在只对自由面的情形进行讨论.

1°在表面网格 $S_{i,k}$ 中压力必须满足自由面法向应力条件[1]. 如果表面网格有多于一个空网格相邻, 置 $p_{i,k} = 0$. 如果表面网格只有一个空网格相邻,则分为以下二种情况:

a) 如果空网格位于它的左边或右边,那么

1) Ландау, Лифшиц, 连续介质力学(中译本).

$$p_{j,k}=\frac{2\mu}{\Delta x}(u_{j+\frac{1}{2},k}-u_{j-\frac{1}{2},k}).\qquad(3.4.15)$$

b) 如果空网格位于它的上边或下边，那么

$$p_{j,k}=\frac{2\mu}{\Delta y}(v_{j,k+\frac{1}{2}}-v_{j,k-\frac{1}{2}}).\qquad(3.4.16)$$

根据问题的要求，上述二种情形的 $p_{j,k}$ 还可以加一个给定的所谓应用 (Applied) 压力 (见 Amsden 和 Harlow (1970))，它可以是常数，也可以是位置和时间的函数.

2° 表面网格和空网格相接的边界的速度应该由不可压条件

$$D_{j,k}\equiv\frac{u_{j+\frac{1}{2},k}-u_{j-\frac{1}{2},k}}{\Delta x}+\frac{v_{j,k+\frac{1}{2}}-v_{j,k-\frac{1}{2}}}{\Delta y}=0,$$

来确定的. 如果表面网格只有一个空网格相邻，则用上式来计算它. 如果有两个空网格相邻，则空网格边界上的速度等于对边的速度.

3° 从差分方程 (3.4.6) 和 (3.4.7) 知道，计算表面网格之间边界的速度时，要用到表面网格外的空网格边界上的速度(见图 3.4.2)，它必须满足自由面切向应力条件

$$\frac{u_{j+\frac{1}{2},k+1}-u_{j+\frac{1}{2},k}}{\Delta y}+\frac{v_{j+1,k+\frac{1}{2}}-v_{j,k+\frac{1}{2}}}{\Delta x}=0,\qquad(3.4.17)$$

按照这个公式可以由图 3.4.2 中带“▭”处的值计算出“·”处的值.

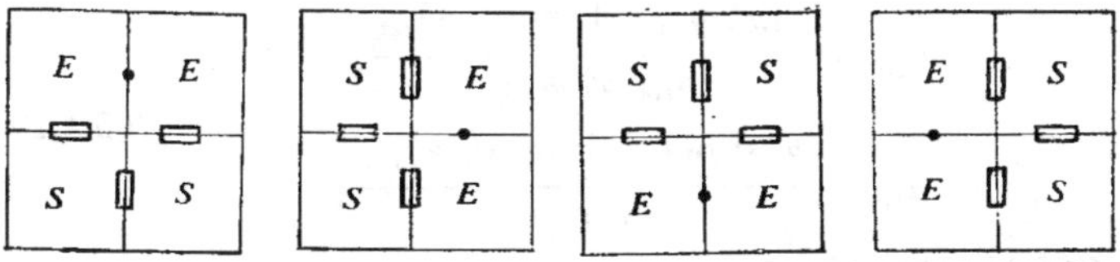

图 3.4.2　表面网格之间边界的速度关系

4.4　标志质点运动

MAC 方法在流体占据的区域内安放了一组无质量的标志点. 标志点是随流体运动的. 标志点的速度用类似 PIC 方法中定质

点速度的办法，采用面积权重插值公式根据最靠近标志点的四个网格上的速度来计算的. 在单种介质的问题中，标志点不参与力学量的计算过程，它只表明自由面的位置和流体运动的历史. 在多种介质的问题中，它参与力学量的计算，同时还给出不同介质界面的位置.

4.5 二种物质的计算

标志网格法还可以应用于二种物质问题的计算. 为此，将动量方程 (3.4.1) 改写成 (Welsh 等 (1966))

$$\frac{\partial \rho \boldsymbol{u}}{\partial t}+\boldsymbol{u}\cdot \operatorname{div}\rho\boldsymbol{u}+\rho(\boldsymbol{u}\cdot\nabla)\boldsymbol{u}$$

$$=-\nabla p+2(\nabla\mu\nabla)\boldsymbol{u}+\nabla x(\mu\nabla x\boldsymbol{u})+\rho\boldsymbol{g}, \quad (3.4.18)$$

这里密度 ρ 和粘性系数 μ 是和物质有关的量，p 现在是在原来意义上的压力了.

在多种介质问题的计算中，困难还是在于混合网格中一些力学量的计算，现在主要是密度 ρ 和粘性系数 μ 的算法. 由于在计算过程中任何时候都能够数出每个混合网格中每种物质的标志点数，如果 $\Omega_{j,k}$ 是混合网格，含有两种不同的物质 1 和 2，设 $n_{j,k}$ 和 $m_{j,k}$ 分别是 $\Omega_{j,k}$ 中这两种物质的标志点数，而 ρ_1, ρ_2 和 μ_1, μ_2 分别是这两种物质的密度和粘性系数，那么 $\Omega_{j,k}$ 中的密度和粘性系数就可以定为

$$\rho_{j,k}=\frac{n_{j,k}(\rho_1)_{j,k}+m_{j,k}(\rho_2)_{j,k}}{n_{j,k}+m_{j,k}},$$
$$\mu_{j,k}=\frac{n_{j,k}(\mu_1)_{j,k}+m_{j,k}(\mu_2)_{j,k}}{n_{j,k}+m_{j,k}}. \quad (3.4.19)$$

整个计算过程如下:

首先，将逼近 (3.4.18) 的差分方程写成

$$u^{n+1}_{j+\frac{1}{2},k}=\frac{\tilde{u}_{j+\frac{1}{2},k}}{\rho^{n+1}_{j+\frac{1}{2},k}}+\frac{\Delta t}{\rho^{n+1}_{j+\frac{1}{2},k}\Delta x}\left(p^{n+1}_{j,k}-p^{n+1}_{j+1,k}\right), \quad (3.4.20)$$

$$v_{j,k+\frac{1}{2}}^{n+1} = \frac{\tilde{v}_{j,k+\frac{1}{2}}}{\rho_{j,k+\frac{1}{2}}^{n+1}} + \frac{\Delta t}{\rho_{j,k+\frac{1}{2}}^{n+1}\Delta y}\left(p_{j,k}^{n+1} - p_{j,k+1}^{n+1}\right), \tag{3.4.21}$$

其中

$$\begin{aligned}
\tilde{u}_{j+\frac{1}{2},k} = (\rho u)_{j+\frac{1}{2},k} + \Delta t\Bigg[&\frac{(\rho u^2)_{j,k} - (\rho u^2)_{j+1,k}}{\Delta x} \\
&+ \frac{(\rho uv)_{j+\frac{1}{2},k-\frac{1}{2}} - (\rho uv)_{j+\frac{1}{2},k+\frac{1}{2}}}{\Delta y} + \rho_{j+\frac{1}{2},k}g_x \\
&+ 2\,\frac{\mu_{j+1,k}(u_{j+\frac{3}{2},k} - u_{j+\frac{1}{2},k}) - \mu_{j,k}(u_{j+\frac{1}{2},k} - u_{j-\frac{1}{2},k})}{(\Delta x)^2} \\
&+ \frac{\mu_{j+\frac{1}{2},k+\frac{1}{2}}\left(\dfrac{u_{j+\frac{1}{2},k+1} - u_{j+\frac{1}{2},k}}{\Delta y} + \dfrac{v_{j+1,k+\frac{1}{2}} - v_{j,k+\frac{1}{2}}}{\Delta x}\right)}{\Delta y} \\
&- \frac{\mu_{j+\frac{1}{2},k-\frac{1}{2}}\left(\dfrac{u_{j+\frac{1}{2},k} - u_{j+\frac{1}{2},k-1}}{\Delta y} + \dfrac{v_{j+1,k-\frac{1}{2}} - v_{j,k-\frac{1}{2}}}{\Delta x}\right)}{\Delta y}\Bigg],
\end{aligned} \tag{3.4.22}$$

$$\begin{aligned}
\tilde{v}_{j,k+\frac{1}{2}} = (\rho v)_{j,k+\frac{1}{2}}& \\
+ \Delta t\Bigg[&\frac{(\rho uv)_{j-\frac{1}{2},k+\frac{1}{2}} - (\rho uv)_{j+\frac{1}{2},k+\frac{1}{2}}}{\Delta x} \\
&+ \frac{(\rho v^2)_{j,k} - (\rho v^2)_{j,k+1}}{\Delta y} + \rho_{j,k+\frac{1}{2}}g_y \\
&+ 2\,\frac{\mu_{j,k+1}(v_{j,k+\frac{3}{2}} - v_{j,k+\frac{1}{2}}) - \mu_{j,k}(v_{j,k+\frac{1}{2}} - v_{j,k-\frac{1}{2}})}{\Delta y^2} \\
&+ \frac{\mu_{j+\frac{1}{2},k+\frac{1}{2}}\left(\dfrac{u_{j+\frac{1}{2},k+1} - u_{j+\frac{1}{2},k}}{\Delta y} + \dfrac{v_{j+1,k+\frac{1}{2}} - v_{j,k+\frac{1}{2}}}{\Delta x}\right)}{\Delta x} \\
&- \frac{\mu_{j-\frac{1}{2},k+\frac{1}{2}}\left(\dfrac{u_{j-\frac{1}{2},k+1} - u_{j-\frac{1}{2},k}}{\Delta y} + \dfrac{v_{j,k+\frac{1}{2}} - v_{j-1,k+\frac{1}{2}}}{\Delta x}\right)}{\Delta x}\Bigg].
\end{aligned} \tag{3.4.23}$$

在 (3.4.22) 和 (3.4.23) 中出现网格边界上的密度和粘性系数，可

以取成相邻网格上量的算术平均．至于输运项，取部分贡献插值，例如

$$(\rho uv)_{j+\frac{1}{2},k-\frac{1}{2}}=\begin{cases}\dfrac{\rho_{j,k-1}+\rho_{j+1,k-1}}{2}u_{j+\frac{1}{2},k-1}\dfrac{v_{j,k-\frac{1}{2}}+v_{j+1,k-\frac{1}{2}}}{2}, \\ \qquad v_{j,k-\frac{1}{2}}+v_{j+1,k-\frac{1}{2}}>0, \\ \dfrac{\rho_{j,k}+\rho_{j+1,k}}{2}u_{j+\frac{1}{2},k}\dfrac{v_{j,k-\frac{1}{2}}+v_{j+1,k-\frac{1}{2}}}{2}, \\ \qquad v_{j,k-\frac{1}{2}}+v_{j+1,k-\frac{1}{2}}<0,\end{cases}$$

等等．

将 (3.4.19) 和 (3.4.20) 代入不可压缩性条件 (3.4.5) 中，得到

$$\begin{aligned}&\frac{\Delta t}{\Delta x^2}\left(\frac{p_{j,k}^{n+1}-p_{j+1,k}^{n+1}}{\rho_{j+\frac{1}{2},k}^{n+1}}-\frac{p_{j-1,k}^{n+1}-p_{j,k}^{n+1}}{\rho_{j-\frac{1}{2},k}^{n+1}}\right)\\&\quad+\frac{\Delta t}{\Delta y^2}\left(\frac{p_{j,k}^{n+1}-p_{j,k+1}^{n+1}}{\rho_{j,k+\frac{1}{2}}^{n+1}}-\frac{p_{j,k-1}^{n+1}-p_{j,k}^{n+1}}{\rho_{j,k-\frac{1}{2}}^{n+1}}\right)\\&\quad=\frac{1}{\Delta x}\left(\frac{\tilde{u}_{j-\frac{1}{2},k}}{\rho_{j-\frac{1}{2},k}^{n+1}}-\frac{\tilde{u}_{j+\frac{1}{2},k}}{\rho_{j+\frac{1}{2},k}^{n+1}}\right)\\&\quad+\frac{1}{\Delta y}\left(\frac{\tilde{v}_{j,k-\frac{1}{2}}}{\rho_{j,k-\frac{1}{2}}^{n+1}}-\frac{\tilde{v}_{j,k+\frac{1}{2}}}{\rho_{j,k+\frac{1}{2}}^{n+1}}\right).\end{aligned}\tag{3.4.24}$$

方程 (3.4.24) 是变系数的 Poisson 型差分方程． 上述求解离散 Poisson 方程的迭代方式在这里同样可以使用，但必须对 ρ 进行迭代，详细过程叙述如下：

用 $t=t^n$ 时刻的计算结果按公式 (3.4.22) 和 (3.4.23) 计算 $\tilde{u}_{j+\frac{1}{2},k}$ 和 $\tilde{v}_{j,k+\frac{1}{2}}$，它们在迭代过程中是不变的． 再用 $t=t^n$ 时刻的密度场和压力场作为迭代初始值．

1° 用迭代方法粗略地(即判别迭代收敛的相对误差 ε 可取大一些)解 (3.4.24) 的压力场．

2° 用1°算出的压力场按公式 (3.4.20) 和(3.4.21)计算速度分量用 $\bar{u}_{j+\frac{1}{2},k}$ 和 $\bar{v}_{j,k+\frac{1}{2}}$ 表示．

3° 用刚算出的 $\bar{u}_{j+\frac{1}{2},k}$ 和 $\bar{v}_{j,k+\frac{1}{2}}$ 计算标志点应该运动到什么

位置上，并根据这样标志点的分布按公式 (3.4.19) 计算每个混合网格的 $\bar{\rho}_{j,k}$ 和 $\bar{\mu}_{j,k}$.

4° 重复 1°—3°[1],直至对每个网格的 $\bar{\rho}_{j,k}$ 和 $\bar{\mu}_{j,k}$ 都变化不大为止,并将这样的 $\bar{\rho}_{j,k}$, $\bar{\mu}_{j,k}$ 作为 $\rho_{j,k}^{n+1}$, $\mu_{j,k}^{n+1}$.

5° 再用迭代方法比较精确地(按精确度的要求取较小的ε)求解方程 (3.4.24) 得到 $p_{j,k}^{n+1}$, 计算新的速度 $u_{j+\frac{1}{2},k}^{n+1}$ 和 $v_{j,k+\frac{1}{2}}^{n+1}$, 以及确定标志点在 $t = t^{n+1}$ 时刻的位置.

4.6 稳定性

差分格式 (3.4.3)—(3.4.7) 的稳定性准则可以由 Hirt (1968) 启示性分析得到. 对应的微分近似是

$$\frac{\partial u}{\partial t} + \frac{\partial u^2}{\partial x} + \frac{\partial uv}{\partial y} + \frac{\partial p}{\partial x} = \left(\mu - \frac{\Delta t}{2}u^2\right)\frac{\partial^2 u}{\partial x^2} + \left(\mu - \frac{\Delta t}{2}v^2 - \frac{(\Delta y)^2}{4}\frac{\partial v}{\partial y}\right)\frac{\partial^2 u}{\partial y^2} + g_x, \quad (3.4.25)$$

$$\frac{\partial v}{\partial t} + \frac{\partial uv}{\partial x} + \frac{\partial v^2}{\partial y} + \frac{\partial p}{\partial y} = \left(\mu - \frac{\Delta t}{2}u^2 - \frac{(\Delta x)^2}{4}\frac{\partial u}{\partial x}\right)\frac{\partial^2 v}{\partial x^2} + \left(\mu - \frac{\Delta t}{2}v^2\right)\frac{\partial^2 v}{\partial y^2} + g_y. \quad (3.4.26)$$

为使差分格式稳定,要求 (3.4.25) 和 (3.4.26) 的扩散系数是正的,也就是

$$\begin{aligned} &\mu - \frac{\Delta t}{2}u^2 > 0, \quad \mu - \frac{\Delta t}{2}v^2 - \frac{(\Delta y)^2}{4}\frac{\partial v}{\partial y} > 0, \\ &\mu - \frac{\Delta t}{2}v^2 > 0, \quad \mu - \frac{\Delta t}{2}u^2 - \frac{(\Delta x)^2}{4}\frac{\partial u}{\partial x} > 0. \end{aligned} \quad (3.4.27)$$

如果忽略 $(\Delta x)^2$ 和 $(\Delta y)^2$ 项的影响,得到稳定性条件为

$$\Delta t \leqslant \frac{4\mu}{u^2 + v^2}. \quad (3.4.28)$$

---

1) 这时在 1° 中用上次的压力场作为迭代初值,可加速迭代收敛.

4.7 标志网格法发展概况

标志网格法不仅能计算区域有限的流动，还能解决许多复杂的具有自由面流动的问题. Harlow 和 Amsden (1971a) 曾经给出了用 MAC 方法计算一滴水落到浅水池中溅起的水花、打开水闸后涌波进入静止水塘(见图 3.4.3)、水坝倒塌后水流冲撞下游障碍物、水波在倾斜海滩上的破裂以及“茶壶效应”等等的结果. Daly (1967) 还用来计算 Taylor 不稳定性. 另外，标志网格法能把流体流动的历史过程用动画片给出，这为分析和了解非定常流的复杂过程提供了有用的,直观的资料.

自 Harlow 和 Welsh (1965b) 提出标志网格法后,于六十年代后期和七十年代初期在差分格式及其解法，边界和表面网格的处理方面许多作者提出了改进和推广. 不仅使方法得到简化，精确度提高，而且也使其应用范围更加广泛了. Harlow 和 Hirt (1972)对许多工作作了评介.

图 3.4.3 打开闸门后涌波进入静止水塘

长 4.8，高 3.0，$g=-1.0$，$\nu=0.01$，$\Delta x\times\Delta y=0.1\times0.1$

(Welsh, Harlow, Shannon 和 Daly (1966))

为计算不可压缩流体的非定常流发展了许多数值方法，例如 Harlow 和 Welsh (1965b)，Fromm, Harlow (1963) 和 Hirt 和 Shannon (1967) 的工作. 但是这些方法的一个限制是不适用于计算低 Reynold 数的问题. 为克服这个限制，Chorin (1968) 对动量方程提出了修正的交替方向差分格式，Pracht (1970) 的 MAC-RL 方法对扩散项和压力梯度项采用了隐式叠代公式，Deville (1974) 试验了四种解动量方程的隐式差分方法.

原先的 MAC 格式是用计算区域外设虚网格处理固壁上压力的方法. Amsden 和 Harlow (1970) 提出的 SMAC 方法由保证固壁上压力的齐次边界条件简化了这种处理. Easton (1972) 也讨论了压力的齐次边界条件. Butler (1974) 给出了一个新的有效的、特别是对程序设计简单的迭代方法，还被 Hirt 和 Cook (1972) 推广到三维空间问题的计算.

原 MAC 方法对带有大粘性和小振幅波的问题，自由面运动的计算不是很精确的. 为提高计算精度，Chan 和 Street (1970)，Nichols (1970)，Nichols 和 Hirt (1971) 提出与内部质点分开，在自由面上引进专门的标志点，随时追踪它们，并在自由面上(不是在表面网格中心)使用应力条件、Vander，Vorst 和 Rogers (1976) 提出只在自由面附近有标志质点的 MAC 修改方案.

在实际问题中，固壁的形状并不都是平行于轴的，而经常是以任意的形状出现的，Viecelli (1969, 1971) 的工作出色地处理了曲线固壁和可动壁的问题.

Daly (1969a, b) 提出了表面张力对非定常多流体或自由面流计算贡献的计算技术，成功地用来研究表面张力对线性和非线性 Rayleigh-Taylor 不稳定性的影响.

第四章 Lagrange 方法

§1 概 述

在第一章已经讲到，流体动力学方程组可以用两种形式——Euler 形式和 Lagrange 形式——来表达．两种形式都是用来描述同一个物理过程，所以它们在实质上是等价的，但是在数值计算上两者却有很大差异．由于 Lagrange 坐标系是建立在流体质团上，跟随质团运动的，Lagrange 时间导数 d/dt 同 Euler 时间导数 $\partial/\partial t$ 之间有关系式 $d/dt = \partial/\partial t + (\boldsymbol{u} \cdot \text{grad})$，因此用 Lagrange 时间导数表达的方程 (1.1.35) — (1.1.37) 中不出现输运项 $(\boldsymbol{u} \cdot \text{grad})$，方程变为较简单的形式．

Lagrange 方法在一维非定常可压缩流体力学计算中是卓有成效的．自从 von Neumann 和 Richtmyer (1950) 引进人为粘性项处理冲击波之后，这种方法成为一维计算中使用最广泛的一种方法． Lagrange 方法有许多优点，例如计算公式简单、物质界面和自由面可以比较精细地描述，初始网格可以根据不同物质区的精度要求来划分，冲击波的计算也比较精确等． Lagrange 方法在一维计算中显现出来的优越性使得人们很自然地设想把它直接推广到二维计算中去． Kolsky(1955) 首先进行了这样的尝试，他提出的第一个二维流体力学方程的计算格式就是 Lagrange 格式．以后又相继出现了多种 Lagrange 格式，这可参见 Goad (1960)、Amurud 和 Orr(参看 W. Herrmann(1964))、Wilkins(1964)、Schulz (1964)、G. Maenchen 和 S. Sack(1964)、Browne 和 Wallick(1971) 等人的文章．随着大型高速电子计算机的发展，在国外出现了一系列常用的计算程序，例如 MAGEE、WAT、TOODY、HEMP、TENSOR、LASNEX 等．这些格式和程序不仅可用来计算流体力学问题，而且在弹塑性力学、爆炸力学、辐射流体力学和磁流体力学问题的数值计算中都有广泛的应用并取得了相当的成功．但是，Lagrange 方法在二维计算中也有其局限性．由于在二维(三维亦同)流场中存在剪切形变，大的剪切形变会导致 Lagrange 网格严重畸变，甚至使得相邻网格彼此相交和重叠，使计算过程无法进行下去．因此，如果不进行特殊处理，Lagrange 方法只能用于剪切形变较小的流场．

为了使 Lagrange 方法既保持其优点又克服其缺点，曾经提出了各种办法．Grandey(1961)提出用三角形网格代替四边形网格以防止网格相交，Wilkins (1964)，(1969)，和 Browne，Wallick (1971) 等提出用新的人为粘性以阻止网格畸变，Crowley (1970) 则用可变邻域方法代替传统的固定邻域方法，这些办法都在不同程度上推迟或防止了网格相交现象的出现．但是，这些办法所附加给网格的"粘性"或"硬度"可能改变流场的性质．另一种有效的办法是 Browne(1966) 提出的重分网格方法．由于重分网格使得相邻网格之间产生物质输运，因此这样的方法实际上已不再是纯粹的 Lagrange 方法了．

二维 Lagrange 方法可以选取不同几何形状的差分网格，例如三角形、四边形、或者多边形，用得最多的是四边形，因此这里着重介绍四边形网格的方法．

假定用两族曲线——$\{j\}$ 线和 $\{k\}$ 线——把流场的计算区域划分为若干四边形网格，两族曲线的交点 $R_{j,k}$ 叫做角点．如果用直线把这些角点连结起来，用直线四边形代替曲线四边形，$\{j\}$ 线和 $\{k\}$ 线变成了两族折线，称为网格线，这样的直线四边形称为网格．那么，整个计算区域被若干四边形组成的网格所覆盖．假定每个网格 $\Omega_{j-\frac{1}{2},k-\frac{1}{2}}$ 在计算过程中始终代表一个流体质团，该质团的质量、密度、压力和比内能(即单位质量的内能)分别用 $M_{j-\frac{1}{2},k-\frac{1}{2}}$、$\rho_{j-\frac{1}{2},k-\frac{1}{2}}$、$P_{j-\frac{1}{2},k-\frac{1}{2}}$ 和 $e_{j-\frac{1}{2},k-\frac{1}{2}}$ 表示．网格的体积由它的四个角点的坐标确定．为了计算角点的坐标，必须计算角点的运动速度．角点 $R_{j,k}$ 的速度 $\boldsymbol{u}_{j,k}=(u_{j,k},\ v_{j,k})$ 通常取周围四个网格的一部分

质量构成的临时网格(即新的质团)的速度. 关于临时网格的取法

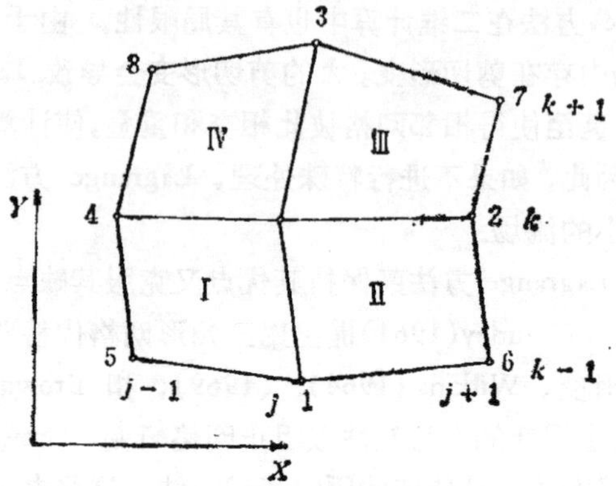

图 4.1.1

详见§2. 为了简化记号，在这一章里我们对每个角点 $R_{j,k}$ 周围的四个网格和邻近的八个角点依次编号，如图 4.1.1 所示，角点号码为 0、1、2、…、8；网格号码为 I、II、III、IV.

在 Lagrange 方法中，质量守恒方程简单地表达为每个网格的质量在运动过程中始终保持不变，即

$$M_{\mathrm{I}}^{n+1} = M_{\mathrm{I}}^{0}. \tag{4.1.1}$$

网格 I 的面积 A_{I} 可以分解为两个三角形 a 和 b 的面积 A_a 和 A_b 之和，即

$$A_{\mathrm{I}} = A_a + A_b, \tag{4.1.2}$$

其中 $A_a = \frac{1}{2}[x_1(r_0 - r_4) + x_0(r_4 - r_1) + x_4(r_1 - r_0)]$,

$$A_b = \frac{1}{2}[x_1(r_4 - r_5) + x_4(r_5 - r_1) + x_5(r_1 - r_4)].$$

对应于网格 I 的体积取作

$$V_{\mathrm{I}} = \frac{\nu}{3}[(r_0 + r_1 + r_4)A_a + (r_1 + r_4 + r_5)A_b]$$

$$+(1-\nu)A_{\mathrm{I}}, \tag{4.1.3}$$

其中 $\nu=0$ 对应于 Descartes 直角坐标系，$\nu=1$ 对应于柱面坐标系. 在柱面坐标系中，V_{I} 表示四边形 I 围绕 x 轴旋转单位弧度角所扫过的体积. 对于轴对称模型，网格 I 绕 x 轴旋转一周的体积是 $2\pi V_{\mathrm{I}}$，由于对称性，只需要计算单位弧度角内流场的运动情况就可以描述整个模型的运动. 同样，M_{I} 也表示网格 I 在旋转单位弧度角体积内的质量. 于是密度为 $\rho_{\mathrm{I}}=M_{\mathrm{I}}/V_{\mathrm{I}}$.

内能方程(1.1.37)的差分近似为

$$e_{\mathrm{I}}^{n+1}=e_{\mathrm{I}}^{n}-\frac{1}{2}\left(P_{\mathrm{I}}^{n+1}+P_{\mathrm{I}}^{n}\right)\left(\frac{1}{\rho_{\mathrm{I}}^{n+1}}-\frac{1}{\rho_{\mathrm{I}}^{n}}\right), \tag{4.1.4}$$

其中 $P=p+q$，q 是人为粘性，压力 p 用状态方程

$$p_{\mathrm{I}}^{n+1}=p(\rho_{\mathrm{I}}^{n+1},e_{\mathrm{I}}^{n+1}) \tag{4.1.5}$$

计算. (4.1.4) 是二阶精确度的差分近似. 如果状态方程(4.1.5)关于 e 是线性的，那么将(4.1.5)代入(4.1.4)便得到一个显式格式，否则是隐式格式. 如果用 P_{I}^{n} 代替 P_{I}^{n+1}，就得到一阶精确度的显式格式. 一个提高精确度的办法是采用下列二步格式：

$$\begin{aligned}
e_{\mathrm{I}}^{n+\frac{1}{2}}&=e_{\mathrm{I}}^{n}-\frac{1}{2}P_{\mathrm{I}}^{n}\left(\frac{1}{\rho_{\mathrm{I}}^{n+1}}-\frac{1}{\rho_{\mathrm{I}}^{n}}\right),\\
e_{\mathrm{I}}^{n+1}&=e_{\mathrm{I}}^{n}-P_{\mathrm{I}}^{n+\frac{1}{2}}\left(\frac{1}{\rho_{\mathrm{I}}^{n+1}}-\frac{1}{\rho_{\mathrm{I}}^{n}}\right),
\end{aligned} \tag{4.1.6}$$

其中 $p_{\mathrm{I}}^{n+\frac{1}{2}}=p(\rho_{\mathrm{I}}^{n+\frac{1}{2}},\ e_{\mathrm{I}}^{n+\frac{1}{2}})$.

当我们用 Lagrange 方法进行计算时，物质界面一般都简单地用相应的网格线来描述，网格线随时间的变化描述了物质界面的运动. 每个网格中仅含有一种物质(即不存在多种物质共存于一个网格或混合网格的情况)，网格的密度、压力和比内能在某一时刻的值是单值确定的.

下面将分别介绍 Lagrange 方法中常用的几种动量方程差分格式、边界条件、人为粘性、物质界面的滑移处理和重分网格输运的公式，在 §7、§8 还将介绍 Lagrange 方法在计算弹塑性问题中的应用.

§2 动量方程的差分近似

Lagrange 方法有很多种差分格式，这些差分格式的区别主要是在动量方程的差分近似有所不同，而能量方程的差分近似基本相同。在这一节里介绍几种典型的动量方程的差分近似。

设在 (x, r) 平面上某个网格角点 0 的坐标为 $\boldsymbol{x}_0=(x_0, r_0)$，速度为 $\boldsymbol{u}_0=(u_0, v_0)$。在 t^{n+1} 时刻的坐标 $\boldsymbol{x}_0^{n+1}$ 用下式计算

$$\boldsymbol{x}_0^{n+1}=\boldsymbol{x}_0^n+\boldsymbol{u}_0^{n+\frac{1}{2}}\Delta t. \tag{4.2.1}$$

前面已经讲到，Lagrange 方法所使用的差分网格是嵌在流体内跟随流体质团运动的，每一个差分网格代表一个流体质团，因此，运动方程组的差分格式是建立在随流体流动的网格上的，这就同建立在固定网格上的 Euler 方法有很大差别。因此，在每一个时间步长 Δt 内都要计算网格角点的位置。用(4.2.1)式算出网格角点的位置之后，将角点依次序用直线连结起来，就构成了网格的边界，从而确定网格的体积，然后才能计算网格所代表的流体质团的密度 ρ、压力 p、比内能 e 等物理量。

在(4.2.1)式中用到的网格角点的速度$\boldsymbol{u}_0^{n+\frac{1}{2}}$是用加速度$\left(\dfrac{d\boldsymbol{u}}{dt}\right)_0^n$来计算的，计算公式为

$$\boldsymbol{u}_0^{n+\frac{1}{2}}=\boldsymbol{u}_0^{n-\frac{1}{2}}+\left(\frac{d\boldsymbol{u}}{dt}\right)_0^n\Delta t. \tag{4.2.2}$$

网格角点 0 的加速度$\left(\dfrac{d\boldsymbol{u}}{dt}\right)_0^n$是通过动量方程 (1.1.45) 的差分近似来计算的。由于网格跟随流体流动，要在流动质团上建立差分近似，一种比较好的方法是将动量方程中对质团的积分转化为沿质团边界的迴路积分。迴路积分方法有两种：一种是在三维坐标空间(x, r, θ)中，将质团体积上的积分化为沿质团表面积的迴路积分，称为面迴路积分；对于二维问题，还有另一种方法是在二维坐标平面(x,r)中考虑，将质团所占据的平面区域上的面积积分化为

沿区域边界线的迴路积分，称为线迴路积分．除此之外，第三种方法是将 Euler 坐标系下的动量方程经过坐标变换化为 Lagrange 坐标系(a,b)下的动量方程，然后在 Lagrange 坐标系下建立差分近似．以下分别介绍这几种差分方法．

2.1 面迴路积分

在(x,r)平面中，考虑包围角点 0 的某个闭迴路 $\partial\Omega$，其内部区域为 Ω．在(x, r, θ)坐标空间中，由于轴对称性，区域 Ω 绕 x 轴旋转一周构成空间区域 $\mathscr{D}$，其边界为 $\partial\mathscr{D}$．在 $\mathscr{D}$ 上，Lagrange 动量方程的积分形式为

$$\int_{\mathscr{D}} \rho \frac{d\boldsymbol{u}}{dt} dV = -\oint_{\partial\mathscr{D}} P\boldsymbol{n}ds, \tag{4.2.3}$$

其中 $\boldsymbol{n}$ 是面元 ds 的单位外法向量．假定 $\mathscr{D}$ 内物质的平均加速度为$\frac{d\boldsymbol{u}}{dt}$，由于$\int_{\mathscr{D}} \rho dV = M$ 是 $\mathscr{D}$中的质量，于是，根据中值定理，方程(4.2.3)变为

$$M \frac{d\boldsymbol{u}}{dt} = -\oint_{\partial\mathscr{D}} P\boldsymbol{n}ds. \tag{4.2.4}$$

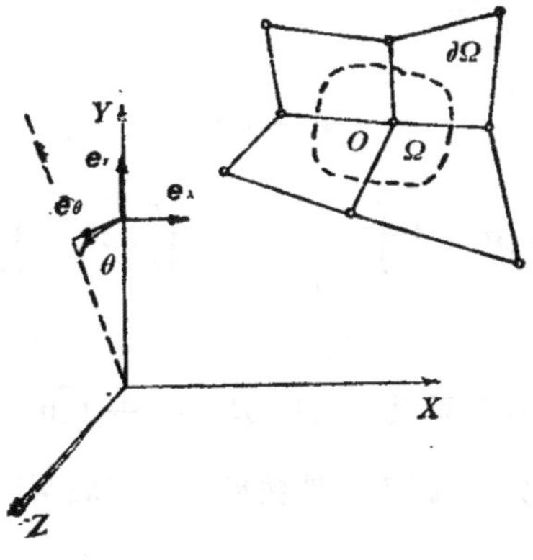

图 4.2.1

现在考虑方程(4.2.4)右端的迴路积分项．在(x,r)平面中，角

点 0 周围有四个网格，如果取图 4.2.1 上的虚线所围成的区域作为新网格 Ω，那么，现在就来计算在(x, r, θ)坐标系中 $\partial\Omega$ 的旋转面上的迴路积分 $\oint_{\Omega\mathscr{D}} P\boldsymbol{n}ds$. 在旋转体 $\mathscr{D}$ 中，各标量物理量(例如 ρ、p 等)不随 θ 改变；而向量物理量(例如力 $\boldsymbol{F}$、$\boldsymbol{u}$ 等)随 θ 改变方向．因此，在计算迴路积分时，先考虑沿 θ 方向旋转一个小角度 φ 而形成的楔形体 $\mathscr{D}_\varphi$ 表面 $\partial\mathscr{D}_\varphi$ 的受力情况(见图 4.2.2)．设 $\partial\Omega$ 在网格 I 中的部分为 L'，点 l 为 L' 的起点，点 $l+1$ 为 L' 的终点．L' 旋转角度 φ 形成的曲面为 s'．由于

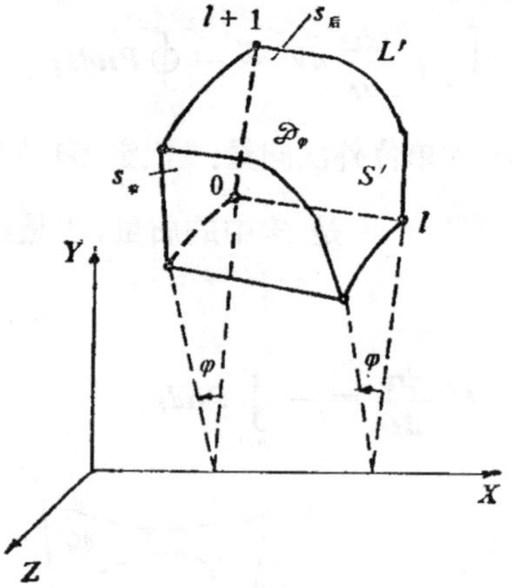

图 4.2.2

$$\oint_{\partial\mathscr{D}_\varphi} \boldsymbol{n}ds = \int_{s'} \boldsymbol{n}ds + \int_{s_{前}+s_{后}} \boldsymbol{n}ds - \int_0^l \boldsymbol{n}ds - \int_{l+1}^0 \boldsymbol{n}ds$$
$$= 0,$$

其中 $\int_0^l$ 和 $\int_{l+1}^0$ 分别表示沿网格边 $\overline{0l}$ 和 $\overline{l+1,0}$ 旋转角度 φ 而形成的曲面上的积分，$s_{前}$ 和 $s_{后}$ 是楔形体的前后两面．记 $s = s' + s_{前} + s_{后}$，于是有

$$\int_s \boldsymbol{n}ds = \int_{s'} \boldsymbol{n}ds + \int_{s_{前}+s_{后}} \boldsymbol{n}ds = \int_0^l \boldsymbol{n}ds + \int_{l+1}^0 \boldsymbol{n}ds.$$

因此，面积分 $\int_s \boldsymbol{n}ds$ 只与点 l 和 $l+1$ 在网格边上的位置有关，同路线 L' 无关.

由于

$$\int_0^l \boldsymbol{n}ds = \boldsymbol{e}_r\frac{\varphi}{2}(r_0+r_l)(x_0-x_l) + \boldsymbol{e}_x\frac{\varphi}{2}(r_0+r_l)(r_0-r_l)$$

和

$$\int_{l+1}^0 \boldsymbol{n}ds = \boldsymbol{e}_r\frac{\varphi}{2}(r_0+r_{l+1})(x_{l+1}-x_0) + \boldsymbol{e}_x\frac{\varphi}{2}(r_0+r_{l+1})(r_{l+1}-r_0),$$

其中 $\boldsymbol{e}_r$ 和 $\boldsymbol{e}_x$ 分别为 $\theta=0$ 平面内 r 和 x 方向的单位向量，于是可得

$$\begin{aligned}
\boldsymbol{F}_{l+\frac{1}{2}} &= -\oint_{\partial\mathscr{D}_\varphi} P\boldsymbol{n}ds = \left(P_l^{l+\frac{1}{2}}\int_0^l \boldsymbol{n}ds + P_{l+1}^{l+\frac{1}{2}}\int_{l+1}^0 \boldsymbol{n}ds\right) \\
&\quad - P_{l+\frac{1}{2}}\left(\int_s \boldsymbol{n}ds\right) \\
&= \boldsymbol{e}_r\frac{\varphi}{2}\Big[(P_l^{l+\frac{1}{2}}-P_{l+\frac{1}{2}})(x_0-x_l)(r_0+r_l) \\
&\quad + (P_{l+1}^{l+\frac{1}{2}}-P_{l+\frac{1}{2}})(x_{l+1}-x_0)(r_{l+1}+r_0)\Big] \\
&\quad + \boldsymbol{e}_x\frac{\varphi}{2}\Big[(P_l^{l+\frac{1}{2}}-P_{l+\frac{1}{2}})(r_l-r_0)(r_0+r_l) \\
&\quad + (P_{l+1}^{l+\frac{1}{2}}-P_{l+\frac{1}{2}})(r_0-r_{l+1})(r_0+r_{l+1})\Big],
\end{aligned} \tag{4.2.5}$$

其中 $P_l^{l+\frac{1}{2}}$ 和 $P_{l+1}^{l+\frac{1}{2}}$ 分别为沿网格边 $\overline{0l}$ 和 $\overline{l+1,0}$ 上的压力，$P_{l+\frac{1}{2}}$ 是沿 L' 的压力.

由于 $\int P\boldsymbol{n}ds$ 是动量通量，如果要求两相邻质团的动量交换守

恒，必须有

$$\int_0^l P_l^{l+\frac{1}{2}} nds = -\int_l^0 P_l^{l-\frac{1}{2}} nds.$$

根据压力连续条件，沿网格边 $\overline{0l}$ 有

$$P_l^{l+\frac{1}{2}} = P_l^{l-\frac{1}{2}} = P_l.$$

网格边上的压力 P_l 可取为两相邻网格压力的平均

$$P_l = \frac{1}{2}(P_{l-\frac{1}{2}} + P_{l+\frac{1}{2}}).$$

现在考虑在建立面迴路积分型差分格式时，方程(4.2.4)左端的质量M如何确定。

如前所述，网格 $l+\frac{1}{2}$ 中压力对角点 0 的作用力 $F_{l+\frac{1}{2}}$ 只同网格边上 l 和 $l+1$ 点的位置有关，同路线 L' 无关。但是，网格 $l+\frac{1}{2}$ 中同角点 0 相联系的那一部分网格质量 $M_{l+\frac{1}{2}}$ 却同路线 L' 有关。角点 0 周围四个网格的路线 L' 选定以后，同角点 0 相联系

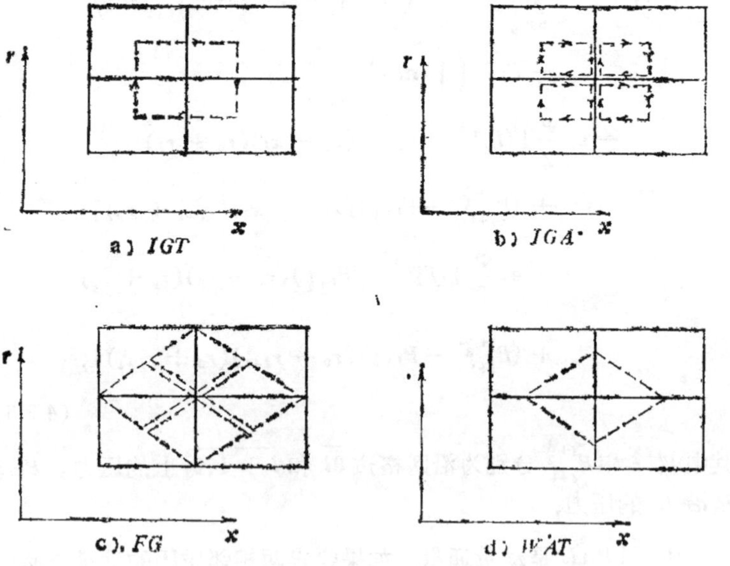

图 4.2.3

的新网格就确定了. 路线 L' 有许多种选择方法，其选择原则是尽量使角点 0 落在新网格的质量中心,同时把作用力 $\boldsymbol{F}_{l+\frac{1}{2}}$ 和质量 $M_{l+\frac{1}{2}}$ 适当地组合起来,以计算点 0 的加速度.

作用力 $\boldsymbol{F}_{l+\frac{1}{2}}$ 和质量 $M_{l+\frac{1}{2}}$ 的组合有各种各样的形式，常用的有以下四种:

a. IGT (Integral Gradient Total)格式

如图 4.2.3a)所示,这是最直接的组合形式. IGT 格式为

$$\left(\frac{d\boldsymbol{u}}{dt}\right)_0 = \left(\sum_{l=1}^{4} \boldsymbol{F}_{l+\frac{1}{2}}\right) \Big/ \left(\sum_{l=1}^{4} M_{l+\frac{1}{2}}\right), \tag{4.2.6}$$

其中质量 $M_{l+\frac{1}{2}}$ 的算法是: 在初始时刻 $(t=0)$, 取 l 为相应网格边的中点，L' 为网格中心点与两条网格边中点的连线(如图 4.2.4 所示)，$M_{l+\frac{1}{2}}$ 就是 L' 与网格边所围成的四边形子网格的质量.

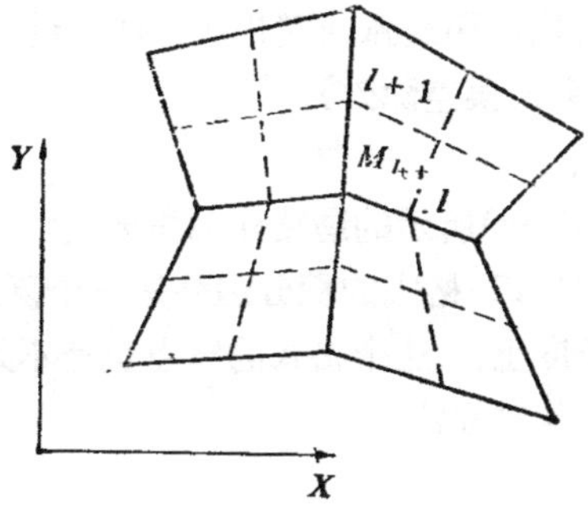

图 4.2.4

由(4.2.5)式可得

$$\sum_{l=1}^{4} \boldsymbol{F}_{l+\frac{1}{2}} = \boldsymbol{e}_r \frac{\varphi}{2} \sum_{l=1}^{4} [(P_{l-\frac{1}{2}} - P_{l+\frac{1}{2}})(x_0 - x_l)(r_0 + r_l)]$$

$$+ \boldsymbol{e}_x \frac{\varphi}{2} \sum_{l=1}^{4} [(P_{l-\frac{1}{2}} - P_{l+\frac{1}{2}})(r_l - r_0)(r_0 + r_l)]. \tag{4.2.7}$$

b. IGA (Integral Gradient-Average)格式

如图 4.2.3b)所示，IGA 格式为

$$\left(\frac{d\boldsymbol{u}}{dt}\right)_0 = \frac{1}{4} \sum_{l=1}^{4} \left(\frac{\boldsymbol{F}_{l+\frac{1}{2}}}{M_{l+\frac{1}{2}}}\right). \tag{4.2.8}$$

IGA 格式是首先计算每个子网格的加速度，然后对点 0 邻近四个子网格的加速度作平均. 这个格式的优点是对于球对称问题，如果按角度等分的射线划分网格，其计算结果也将严格保持对称性(舍入误差除外). 而 IGT 格式却不能保持对称性.

c. FG(Force Gradient) 格式

如果按照图 4.2.3.c) 所示的迴路作面积分，就得到 FG 格式. FG 格式的具体公式为

$$\left(\frac{d\boldsymbol{u}}{dt}\right)_0 = \frac{1}{4}\sum_{l=1}^{4}\left(\frac{\boldsymbol{F}_{l-\frac{1}{2}} + \boldsymbol{F}_{l+\frac{1}{2}}}{M_{l-\frac{1}{2}} + M_{l+\frac{1}{2}}}\right), \tag{4.2.9}$$

其中质量M取为相应网格质量的四分之一.

MAGEE 程序的差分格式(参看 4.2.3)可以看成是 FG 格式的简化形式. FG 格式在计算球对称问题时，如果径向网格线是一族按角度等分的射线，那么弧向网格线在计算过程中将始终严格保持其球对称性(舍入误差除外).

d. WAT 格式

如果按照图 4.2.3d)所示的迴路作面积分，就得到 WAT 格式. 在(x, r)平面上，WAT 格式的积分迴路是一个菱形，点 l 落在网格边的三分之二长度上. 这个格式的缺点也是不具有 IGA 格式和 FG 格式那样的球对称性.

2.2 线迴路积分

考虑(x,r)平面上一个区域 Ω，其边界为 $\partial\Omega$. 对任意连续可微函数 f 有 Green 公式

$$\int_{\Omega}\operatorname{grad} f d\Omega = \oint_{\partial\Omega} f\boldsymbol{n} dl, \tag{4.2.10}$$

其中 $\boldsymbol{n}$ 是闭迴路 $\partial\Omega$ 上的线元 dl 的单位外法向量(见图 4.2.5). 用 $\overline{\nabla f}$ 表示 grad f 在区域 Ω 中的平均值，于是有

$$\overline{\nabla f} = \frac{1}{A}\oint_{\partial\Omega} f\boldsymbol{n} dl. \tag{4.2.11}$$

它的两个分量为

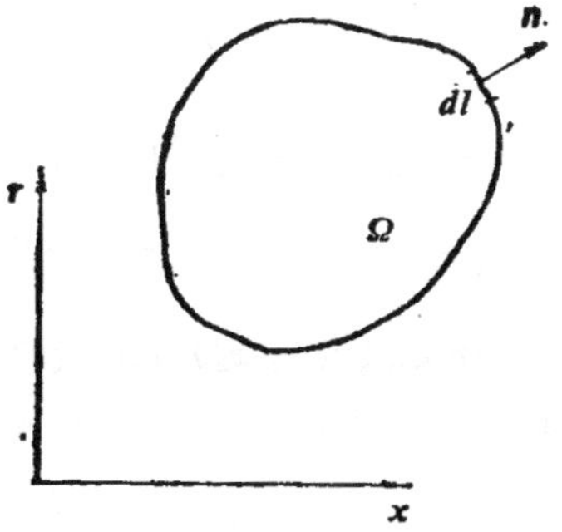

图 4.2.5

$$\overline{\frac{\partial f}{\partial x}}=\frac{1}{A}\oint_{\partial\Omega} f dr,$$
$$\overline{\frac{\partial f}{\partial r}}=-\frac{1}{A}\oint_{\partial\Omega} f dx, \tag{4.2.12}$$

其中 A 是区域 Ω 的面积．我们把 (4.2.12) 式称为偏导数的线迴路积分公式．

如果把区域 Ω 取为角点 1，2，3，4 连线所围成的四边形区域(见图 4.2.6 a))．用网格 I 的压力 P^{I} 作为边 $\overline{41}$ 上的压力，网格 II

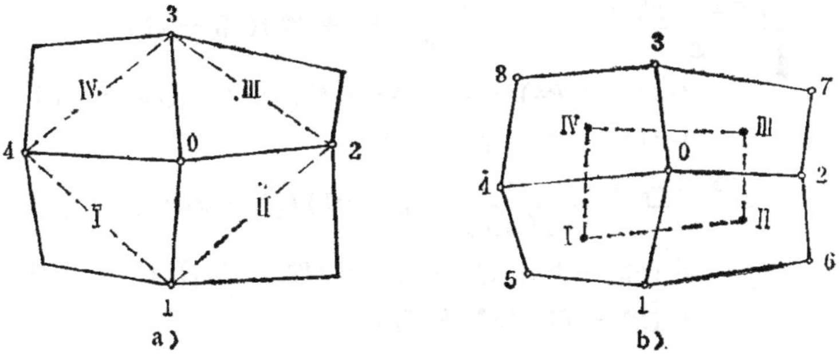

图 4.2.6

的压力 P_{II} 作为边 $\overline{12}$ 上的压力，等等． 于是可得到动量方程(1.1.45)的下列差分格式

$$\frac{u_0^{n+\frac{1}{2}} - u_0^{n-\frac{1}{2}}}{\Delta t} = -\frac{1}{2(A\rho)_0^n}[P_{\rm I}^n(r_1^n - r_4^n) + P_{\rm II}^n(r_2^n - r_1^n)$$
$$+ P_{\rm III}^n(r_3^n - r_2^n) + P_{\rm IV}^n(r_4^n - r_3^n)], \quad (4.2.13)$$
$$\frac{v_0^{n+\frac{1}{2}} - v_0^{n-\frac{1}{2}}}{\Delta t} = \frac{1}{2(A\rho)_0^n}[P_{\rm I}^n(x_1^n - x_4^n) + P_{\rm II}^n(x_2^n - x_1^n)$$
$$+ P_{\rm III}^n(x_3^n - x_2^n) + P_{\rm IV}^n(x_4^n - x_3^n)],$$

其中 $(A\rho)_0^n$ 近似为

$$(A\rho)_0^n = \frac{1}{4}(A_{\rm I}^n\rho_{\rm I}^n + A_{\rm II}^n\rho_{\rm II}^n + A_{\rm III}^n\rho_{\rm III}^n + A_{\rm IV}^n\rho_{\rm IV}^n). \quad (4.2.14)$$

这个格式是由 Wilkins(1964)给出的，它是 HEMP 和 TOODY 程序的基本格式。这个格式的优点是计算公式简单，而且在用它计算一维球对称模型时，如果一族网格线是按角度等分的射线时，其计算结果仍然能严格地保持对称性[1)]。Wilkins 格式是二维 Lagrange 方法中的一种常用的差分格式，Lascaux(1973)曾经用有限元方法的思想导出了这个格式。

如果把区域 Ω 取为图 4.2.6b) 中闭迴路 I II III IV 所围成的区域，此处的点 I、II、III、IV 分别为网格 I、II、III、IV 的中心，并且设 $P_{\rm I,II} = (P_{\rm I} + P_{\rm II})/2$ 等，这样就得到 Kolsky (1955) 的差分格式[2)]

$$\frac{u_0^{n+\frac{1}{2}} - u_0^{n-\frac{1}{2}}}{\Delta t} = -\frac{1}{2(A\rho)_0^n}[(P_{\rm II}^n + P_{\rm I}^n)(r_{\rm II}^n - r_{\rm I}^n)$$
$$+ (P_{\rm III}^n + P_{\rm II}^n)(r_{\rm III}^n - r_{\rm II}^n) + (P_{\rm IV}^n + P_{\rm III}^n)(r_{\rm IV}^n - r_{\rm III}^n)$$
$$+ (P_{\rm I}^n + P_{\rm IV}^n)(r_{\rm I}^n - r_{\rm IV}^n)], \quad (4.2.15)$$
$$\frac{v_0^{n+\frac{1}{2}} - v_0^{n-\frac{1}{2}}}{\Delta t} = \frac{1}{2(A\rho)_0^n}[(P_{\rm II}^n + P_{\rm I}^n)(x_{\rm II}^n - x_{\rm I}^n)$$
$$+ (P_{\rm III}^n + P_{\rm II}^n)(x_{\rm III}^n - x_{\rm II}^n) + (P_{\rm IV}^n - P_{\rm III}^n)(x_{\rm IV}^n - x_{\rm III}^n)$$
$$+ (P_{\rm I}^n + P_{\rm IV}^n)(x_{\rm I}^n - x_{\rm IV}^n)],$$

其中 $(A\rho)_0^n$ 的近似为

1) 关于格式对称性的详细讨论见本书第六章。

2) Kolsky 在推导这个差分格式时没有用迴路积分公式，而是用 Taylor 级数展开式推导出的，得到的差分格式完全一样。

$$(A\rho)_0^n = \frac{1}{4(r_0^n)^\nu}(M_{\rm I} + M_{\rm II} + M_{\rm III} + M_{\rm IV}). \quad (4.2.16)$$

Kolsky 格式的缺点是当网格扭曲，四边形 I II III IV 可能翻转过来，如图 4.2.7 所示，使积分迴路改变方向，引起加速度反号.

Amurud 和 Orr (参看 W.Herrmann (1964))将线段 $\overline{01}$、$\overline{02}$、$\overline{03}$、$\overline{04}$ 的中点 a、b、c、d 连结起来构成闭迴路(见图 4.2.8.a))，令 $P_{ab} = \frac{1}{4}(P_{\rm I} + P_{\rm III} + 2P_{\rm II})$等，得到下列差分格式

$$\frac{u_0^{n+\frac{1}{2}} - u_0^{n-\frac{1}{2}}}{\Delta t} = -\frac{1}{8(A\rho)_0^n}[(P_{\rm III}^n - P_{\rm I}^n)(r_3^n - r_1^n + r_4^n - r_2^n)$$

$$- (P_{\rm IV}^n - P_{\rm II}^n)(r_3^n - r_1^n + r_2^n - r_4^n)], \quad (4.2.17)$$

$$\frac{v_0^{n+\frac{1}{2}} - v_0^{n-\frac{1}{2}}}{\Delta t} = \frac{1}{8(A\rho)_0^n}[(P_{\rm III}^n - P_{\rm I}^n)(x_3^n - x_1^n + x_4^n - x_2^n)$$

$$- (P_{\rm IV}^n - P_{\rm II}^n)(x_3^n - x_1^n + x_2^n - x_4^n)],$$

其中 $(A\rho)_0^n$ 近似为

$$(A\rho)_0^n = \frac{1}{8}(A_{\rm I}^n\rho_{\rm I}^n + A_{\rm II}^n\rho_{\rm II}^n + A_{\rm III}^n\rho_{\rm III}^n + A_{\rm IV}^n\rho_{\rm IV}^n).$$

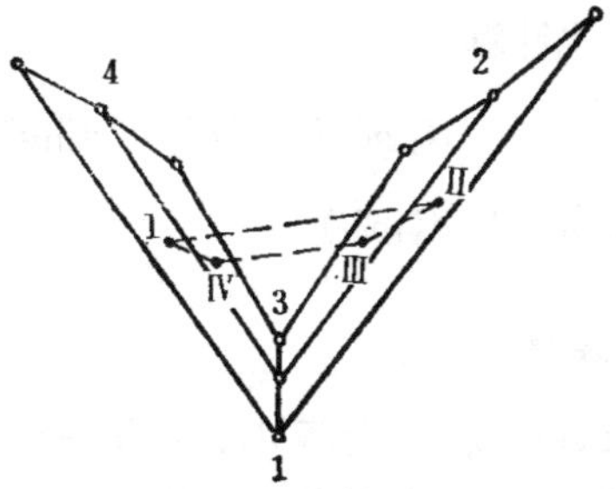

图 4.2.7

应用线迴路积分公式不仅可以建立四边形网格的差分格式，而且可以建立三角形或任意多边形网格的差分格式. 如图 4.2.8.b) 所示，如果将点 0 邻近的三角形网格的中心 I、II、III、IV、V、VI 同各边中点连接起来构成一个闭迴路，就可以得到下列差分格式

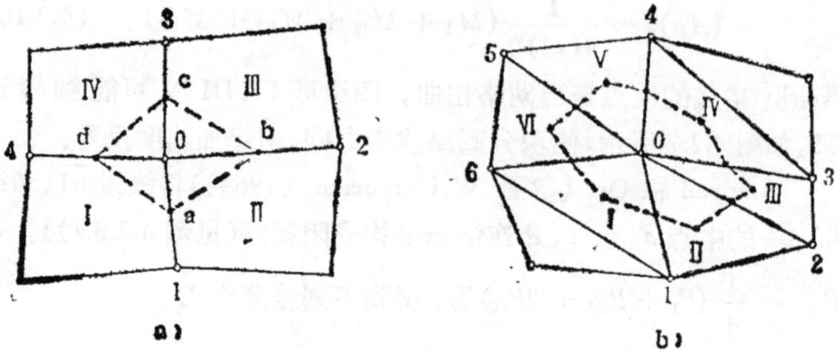

图 4.2.8

$$\frac{u_0^{n+\frac{1}{2}}-u_0^{n-\frac{1}{2}}}{\Delta t}=-\frac{1}{2(A\rho)_0^n}[P_{\mathrm{I}}^n(r_1^n-r_6^n)+P_{\mathrm{II}}^n(r_2^n-r_1^n)$$
$$+P_{\mathrm{III}}^n(r_3^n-r_2^n)+P_{\mathrm{IV}}^n(r_4^n-r_3^n)+P_{\mathrm{V}}^n(r_5^n-r_4^n)$$
$$+P_{\mathrm{VI}}^n(r_6^n-r_5^n)], \tag{4.2.18}$$
$$\frac{v_0^{n+\frac{1}{2}}-v_0^{n-\frac{1}{2}}}{\Delta t}=\frac{1}{2(A\rho)_0^n}[P_{\mathrm{I}}^n(x_1^n-x_6^n)+P_{\mathrm{II}}^n(x_2^n-x_1^n)$$
$$+P_{\mathrm{III}}^n(x_3^n-x_2^n)+P_{\mathrm{IV}}^n(x_4^n-x_3^n)+P_{\mathrm{V}}^n(x_5^n-x_4^n)$$
$$+P_{\mathrm{VI}}^n(x_6^n-x_5^n)],$$

其中 $(A\rho)_0^n$ 用下式计算

$$(A\rho)_0^n=\frac{1}{3}(A_{\mathrm{I}}^n\rho_{\mathrm{I}}^n+A_{\mathrm{II}}^n\rho_{\mathrm{II}}^n+A_{\mathrm{III}}^n\rho_{\mathrm{III}}^n+A_{\mathrm{IV}}^n\rho_{\mathrm{IV}}^n$$
$$+A_{\mathrm{V}}^n\rho_{\mathrm{V}}^n+A_{\mathrm{VI}}^n\rho_{\mathrm{VI}}^n). \tag{4.2.19}$$

2.3 Lagrange 差分

设 a, b 在 Lagrange 坐标系中，在第一章里已经推导出它同 Euler 坐标系中的 x, r 之间的微分变换关系式(1.1.50)，而且由此得到 Lagrange 坐标系中的动量方程 (1.1.53)，(1.1.54)。

现在把 Lagrange 坐标 a, b 离散化，取正整数值，令其等于网格线的编号 $j, k=0, 1, 2, 3, \cdots$。设 $\Delta x=x_{j,k}-x_{j-1,k}$，$\delta x=x_{j,k}-x_{j,k-1}$，则 J 的离散化表示式 $J=\Delta x\delta r-\Delta r\delta x$ 近似地表示网格的面积，于是 $r^\nu J$ 可以近似地表示网格的体积，而 $r^\nu J\rho$ 代表

质量.

考虑方程(1.3.6)′的差分近似.右端第一项 $-\dfrac{1}{r^{\nu}\rho J}r^{\nu}\dfrac{\partial r}{\partial b}\dfrac{\partial P}{\partial a}$ 的差分近似为(见图 4.2.9.a)

$$-\left[\frac{1}{M_{\rm III}+M_{\rm IV}}(r_3^n-r_0^n)(P_{\rm III}^n-P_{\rm IV}^n)\left(\frac{r_3^n+r_0^n}{2}\right)^{\nu}\right.$$
$$\left.+\frac{1}{M_{\rm I}+M_{\rm II}}(r_0^n-r_1^n)(P_{\rm II}^n-P_{\rm I}^n)\left(\frac{r_0^n+r_1^n}{2}\right)^{\nu}\right].$$

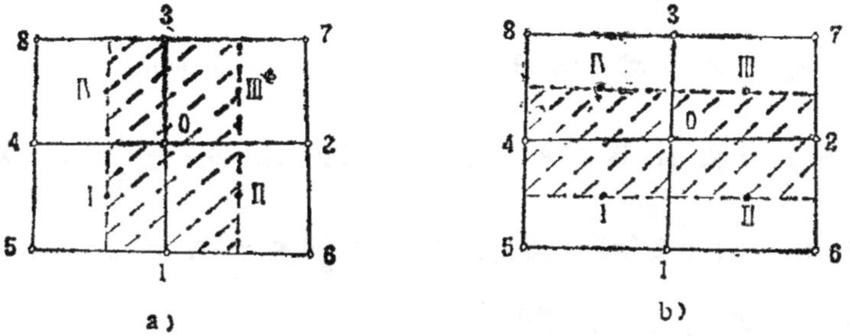

图 4.2.9

第二项 $\dfrac{1}{r^{\nu}\rho J}r^{\nu}\dfrac{\partial r}{\partial a}\dfrac{\partial P}{\partial b}$ 的差分近似为(见图 4.2.9.b)

$$\left[\frac{1}{M_{\rm II}+M_{\rm III}}(r_2^n-r_0^n)(P_{\rm III}^n-P_{\rm II}^n)\left(\frac{r_2^n+r_0^n}{2}\right)^{\nu}\right.$$
$$\left.+\frac{1}{M_{\rm I}+M_{\rm IV}}(r_0^n-r_4^n)(P_{\rm IV}^n-P_{\rm I}^n)\left(\frac{r_0^n+r_4^n}{2}\right)^{\nu}\right].$$

这样，方程(1.3.7)′的差分近似为

$$\frac{v_0^{n+\frac{1}{2}}-v_0^{n-\frac{1}{2}}}{\Delta t}=\frac{(P_{\rm III}^n-P_{\rm IV}^n)(x_3^n-x_0^n)}{M_{\rm III}+M_{\rm IV}}\left(\frac{r_3^n+r_0^n}{2}\right)^{\nu}$$
$$+\frac{(P_{\rm II}^n-P_{\rm I}^n)(x_0^n-x_1^n)}{M_{\rm I}+M_{\rm II}}\left(\frac{r_1^n+r_0^n}{2}\right)^{\nu}$$
$$-\frac{(P_{\rm III}^n-P_{\rm II}^n)(x_2^n-x_0^n)}{M_{\rm II}+M_{\rm III}}\left(\frac{r_2^n+r_0^n}{2}\right)^{\nu}$$

$$-\frac{(P_{\mathrm{IV}}^n-P_{\mathrm{I}}^n)(x_0^n-x_4^n)}{M_{\mathrm{I}}+M_{\mathrm{IV}}}\left(\frac{r_4^n+r_0^n}{2}\right)^{\nu}. \tag{4.2.20}$$

这就是 MAGEE 程序所用的差分格式.

由于 Lagrange 网格是跟随流体运动的，网格大小和几何形状都在不断变化，不可能保持相等的网格尺度. 为了提高格式的精确度，往往需要引入同两个方向的网格尺度有关的权因子. 例如设 $\omega_{\mathrm{I,IV}}^{j}$, $\omega_{\mathrm{II,III}}^{j}$ 分别表示网格 I、IV 和 II、III 在 j 方向的平均宽度，取 $\omega_{\mathrm{I,IV}}^{j}=\frac{1}{4}\left|\boldsymbol{x}_1^n-\boldsymbol{x}_5^n+\boldsymbol{x}_3^n-\boldsymbol{x}_8^n+2(\boldsymbol{x}_0^n-\boldsymbol{x}_4^n)\right|$，$\omega_{\mathrm{II,III}}^{j}=\frac{1}{4}\left|\boldsymbol{x}_6^n-\boldsymbol{x}_1^n+\boldsymbol{x}_7^n-\boldsymbol{x}_3^n+2(\boldsymbol{x}_2^n-\boldsymbol{x}_0^n)\right|$. 设 $\omega_{\mathrm{I,II}}^{k}$, $\omega_{\mathrm{III,IV}}^{k}$ 分别表示网格 I、II 和 III、IV 在 k 方向的平均宽度，取 $\omega_{\mathrm{I,II}}^{k}=\frac{1}{4}\left|\boldsymbol{x}_2^n-\boldsymbol{x}_6^n+\boldsymbol{x}_4^n-\boldsymbol{x}_5^n+2(\boldsymbol{x}_0^n-\boldsymbol{x}_1^n)\right|$, $\omega_{\mathrm{III,IV}}^{k}=\frac{1}{4}\left|\boldsymbol{x}_7^n-\boldsymbol{x}_2^n+\boldsymbol{x}_8^n-\boldsymbol{x}_4^n+2(\boldsymbol{x}_3^n-\boldsymbol{x}_0^n)\right|$. 定义权因子

$$\xi_0=2\max\left\{0.1,\ \min\left[\frac{\omega_{\mathrm{I,IV}}^{j}}{\omega_{\mathrm{I,IV}}^{j}+\omega_{\mathrm{II,III}}^{j}},\ 0.9\right]\right\},$$

$$\eta_0=2\max\left\{0.1,\ \min\left[\frac{\omega_{\mathrm{I,II}}^{k}}{\omega_{\mathrm{I,II}}^{k}+\omega_{\mathrm{III,IV}}^{k}},\ 0.9\right]\right\}. \tag{4.2.21}$$

这样就可以把公式(4.2.20)改写为

$$\begin{aligned}\frac{v_0^{n+\frac{1}{2}}-v_0^{n-\frac{1}{2}}}{\Delta t}=&(2-\eta_0)\frac{(P_{\mathrm{III}}^n-P_{\mathrm{IV}}^n)(x_3^n-x_0^n)}{M_{\mathrm{III}}+M_{\mathrm{IV}}}\left(\frac{r_3^n+r_0^n}{2}\right)^{\nu}\\&+\eta_0\frac{(P_{\mathrm{II}}^n-P_{\mathrm{I}}^n)(x_0^n-x_1^n)}{M_{\mathrm{I}}+M_{\mathrm{II}}}\left(\frac{r_0^n+r_1^n}{2}\right)^{\nu}\\&-(2-\xi_0)\frac{(P_{\mathrm{III}}^n-P_{\mathrm{II}}^n)(x_2^n-x_0^n)}{M_{\mathrm{II}}+M_{\mathrm{III}}}\left(\frac{r_2^n+r_0^n}{2}\right)^{\nu}\\&-\xi_0\frac{(P_{\mathrm{IV}}^n-P_{\mathrm{I}}^n)(x_0^n-x_4^n)}{M_{\mathrm{I}}+M_{\mathrm{IV}}}\left(\frac{r_0^n+r_4^n}{2}\right)^{\nu}.\end{aligned} \tag{4.2.22}$$

LASNEX 和 TENSOR 程序的差分格式都引入了类似的权因子.

以上是 Lagrange 方法建立动量方程差分格式的三种主要方

式．除此之外，还有几种其它方式将在以后章节里介绍．

动量方程的上述三种差分格式在网格的步长均匀相等而且正交的矩形网格的情况下，如果时间步长也是相等的，三种格式都可以达到对空间和时间步长的二阶精确度．但是，由于 Lagrange 网格跟随流体运动，网格变为不等步长和非矩形以后，差分格式不能保持二阶精确度．当形变继续发展而使得网格扭曲时，上述差分格式甚至不能保证一阶精确度．Herrmann(1964)对多种 Lagrange 格式的误差增长作了检验，其计算结果表明，随着网格逐渐扭曲，迴路积分格式的误差增长比其余格式要缓慢一些．在迴路积分格式中，线迴路积分格式的一维球对称性比面迴路积分格式要好一些．两种迴路积分格式对于轴对称问题是有明显差别的，而对于二维平面问题，两者没有什么区别．

§3 边界条件

现在讨论边界上的计算公式．由于 Lagrange 网格跟踪流体质团，不同流体之间的界面和系统的边界都是用网格线描述的．网格线随时间的变化描述了流体界面和系统边界的运动．如果不考虑物质界面处的滑移现象，那末界面两侧的网格量只须分别用各自的状态方程计算，不必进行特殊处理．然而对于系统的边界，其一侧是流体，另一侧是固壁、真空、活塞或对称轴等，因此，边界网格线的速度必须单独进行计算．

固壁边界条件描述的是充分光滑的刚性壁(没有摩擦)，流体在固壁面上可以反射和滑移，即流体的法向速度为零 $u_n = 0$．在用动量方程计算边界上流体的切向速度时，通常假定沿边界 $\frac{\partial p}{\partial n} = 0$，即压力梯度的法向分量为零．对于直线固壁边界，为了数值计算方便通常在边界外面设一排对称的虚网格，即实网格作镜面反射所形成的像．设虚网格的所有物理量同对应真实网格完全相同，这样就可以用内点速度公式进行计算．例如，假定内点速度公式为(4.2.15)，固壁边界同 x 轴之间的夹角为 α，于是固壁边界的切向速度 u_τ 的计算公式为

$$\frac{(u_\tau)_0^{n+\frac{1}{2}}-(u_\tau)_0^{n-\frac{1}{2}}}{\Delta t}=-\frac{1}{2(A\rho)_0^n}\{[P_{\text{II}}^n(r_2^n-r_1^n)+P_{\text{I}}^n(r_1^n-r_4^n)]\cos\alpha-[P_{\text{II}}^n(x_2^n-x_1^n)+P_{\text{I}}^n(x_1^n-x_4^n)]\sin\alpha\},\tag{4.3.1}$$

这里 $(A\rho)_0^n=\frac{1}{2}(A_{\text{I}}^n\rho_{\text{I}}^n+A_{\text{II}}^n\rho_{\text{II}}^n)$. 这样，边界点 0 的速度为 $\boldsymbol{u}_0^{n+\frac{1}{2}}=(u_\tau)_0^{n+\frac{1}{2}}\boldsymbol{\tau}$，这里 $\boldsymbol{\tau}=(\cos\alpha,\ \sin\alpha)$.

在实际物理模型的计算时，常常遇到柱对称模型，这时对称轴可以看作系统的一条边界. 由于对称轴上同样满足法向速度为零的条件，因此在数值计算时可以同固壁边界一样进行处理，这时边界在 x 轴上，倾斜角 α 为零.

如果系统的边界外面是真空，即边界为自由面的情形，边界条件为 $P=0$. 等压面边界同自由面类似，所不同之处在于边界压力为某个常压 $\bar{P}$. 这时，对应于内点速度公式(4.2.15)的等压面速度公式为

$$\frac{u_0^{n+\frac{1}{2}}-u_0^{n-\frac{1}{2}}}{\Delta t}=-\frac{1}{2(A\rho)_0^n}[P_{\text{II}}^n(r_2^n-r_1^n)+P_{\text{I}}^n(r_1^n-r_4^n)+\bar{P}(r_4^n-r_2^n)],\tag{4.3.2}$$

$$\frac{v_0^{n+\frac{1}{2}}-v_0^{n-\frac{1}{2}}}{\Delta t}=\frac{1}{2(A\rho)_0^n}[P_{\text{II}}^n(x_2^n-x_1^n)+P_{\text{I}}^n(x_1^n-x_4^n)+\bar{P}(x_4^n-x_2^n)],$$

这里 $(A\rho)_0^n=\frac{1}{4}(A_{\text{I}}^n\rho_{\text{I}}^n+A_{\text{II}}^n\rho_{\text{II}}^n)$.

至于活塞边界条件，因为活塞面速度(例如 $\boldsymbol{u}_P(t)$)是给定的，边界条件可以简单地写为

$$\boldsymbol{u}_0^{n+\frac{1}{2}}=\boldsymbol{u}_P(t^{n+\frac{1}{2}})\tag{4.3.3}$$

以上只讨论了对应于内点格式(4.2.15)的几个常用的边界公式，对应于其它内点格式的边界公式也可以类似地给出，这里就不

再详细罗列了.

§4 人为粘性

由于流体力学方程组不论初始或边界条件如何光滑都可能产生间断解(例如冲击波、接触间断等),因而在对流体运动进行数值计算时,必须考虑如何计算间断解的问题.在流体力学数值计算中,对于冲击波历来有两种不同的算法.一种是冲击波装配法,即是算出冲击波的位置,在光滑区用近似方法求解微分方程,而在间断处用 Rankine-Hugoniot 方程 (1.4.2)—(1.4.4)求解.另一种是冲击波捕捉法,在差分格式中引入相当于粘性的项将间断光滑化,这样就可以在光滑区和间断处采用统一的计算格式求解.这种方法首先由 von Neumann, Richtmyer (1950)提出,它对于求解非定常可压缩流体力学中出现多个击波、接触间断,以及一系列相互作用的复杂问题是相当有效的.

在第一章中已经给出了在一维 Lagrange 坐标系中加上 von Neumann-Richtmyer 人为粘性(以下简称 N-R 粘性)后流体力学方程组的形式,其中 N-R 粘性形式为

$$q_{N-R}=\begin{cases} l_0^2\rho\left(\dfrac{\partial u}{\partial x}\right)^2, & \text{当 } \dfrac{\partial u}{\partial x}<0 \text{ 时}, \\ 0, & \text{当 } \dfrac{\partial u}{\partial x}\geqslant 0 \text{ 时}, \end{cases} \tag{4.4.1}$$

这里 l_0 是一个具有长度量纲的量,记成 $l_0=a_0\Delta x$, a_0 是一个适当选定的常数, $a_0\approx 2$. 考虑到在一维对称的坐标系下的质量守恒方程,在 Lagrange 坐标系中的 q_{N-R} 也可写成

$$q_{N-R}=l_0^2\rho\left(\frac{1}{V_0}\frac{\partial V}{\partial t}\right)^2, \tag{4.4.2}$$

其中 V_0 是从 Euler 坐标变换到 Lagrange 坐标时用到的一个具有比容量纲的常数,这里 $l_0=a\Delta r(r/R)^\nu$, r 和 R 分别是 Lagrange 坐标和 Euler 坐标, $\nu=0,1,2$ 分别对应于平面、柱面、球面对称的情况. N-R 粘性是非线性的二次粘性,这种粘性在大多数情况

下满足我们在第一章中所提出的对粘性的三条要求，计算出来的图象也是正确的，但是在反射边界处(例如固壁边界附近，或者冲击波从轻介质到重介质时与接触间断相互作用处)加上 N-R 粘性后计算所得的结果，能量和密度会出现不太准确的图象．另外 N-R 粘性中的粘性系数 a 不可能取得过大(这样会造成过渡区网格数增加，将冲击波抹平得太光滑)，这就使得波后的振荡也不能完全消除． Самарский, Арсенин (1961) 则取了一个形式更为一般的粘性

$$q_{C-A}=\begin{cases}-\dfrac{\varepsilon}{2}\left|\dfrac{\partial u}{\partial x}\right|^{\mu}\left(\dfrac{\partial u}{\partial x}-K\left|\dfrac{\partial u}{\partial x}\right|\right) & \text{当}\ \dfrac{\partial u}{\partial x}<0\ \text{时},\\ 0 & \text{当}\ \dfrac{\partial u}{\partial x}\geqslant 0\ \text{时},\end{cases}$$

(4.4.3)

其中 μ 和 K 都取 $[0, 1]$ 上的值．当 $\mu=1$, $K=1$ 时，$q_{C-A}=q_{N-R}$，而当 $\mu=0$ 时 q_{C-A} 为线性粘性．线性粘性中还有 Landschoff (1955)粘性

$$q_L=\begin{cases}l_L\rho c\left|\dfrac{\partial u}{\partial x}\right| & \text{当}\ \dfrac{\partial u}{\partial x}<0\ \text{时},\\ 0 & \text{当}\ \dfrac{\partial u}{\partial x}\geqslant 0\ \text{时},\end{cases}$$

这里 l_L 是一个具有长度量纲的量，$l_L=a_L\Delta x$，a_L 是常数，$a_L\approx 1$，c 是局部声速． Landschoff 粘性对于抑制波后的振荡有良好的作用，在第二章中介绍的流体网格法就是采用这种人为粘性的． Landschoff 曾经建议将粘性取作非线性粘性和线性粘性的线性组合，即

$$q=q_{N-R}+q_L. \tag{4.4.4}$$

White (1973) 认为应当把冲击波跳跃同速度的快速变化区别开来．由冲击波关系式可以看出，冲击波跳跃不但有速度跳跃，而且有压力跳跃和密度跳跃．如果只有大的速度变化，它可能是某种几何原因引起的，也可能是在物质界面上出现的． N-R 粘性没

有区别这两种情况，它把大的速度变化也当作冲击波处理．据此，White 提出了另一种形式的人为粘性．他把冲击波面上的动量守恒关系式 $(\Delta u)^2 = -\Delta p \Delta\left(\frac{1}{\rho}\right)$ 代入 N-R 粘性形式，得到的人为粘性形式为

$$q = \begin{cases} -l_0^2\rho\sqrt{-\frac{\partial p}{\partial x}\frac{\partial}{\partial x}\left(\frac{1}{\rho}\right)}\cdot\frac{\partial u}{\partial x}, & \text{当 } \frac{\partial u}{\partial x} < 0 \text{ 时}, \\ 0, & \text{当 } \frac{\partial u}{\partial x} \geqslant 0 \text{ 时}, \end{cases} \tag{4.4.5}$$

这种粘性可以克服 N-R 粘性的一些缺点． 这种粘性包含压力梯度和比容的梯度，它同真实粘性在形式上很不相同．它仍然是二次的人为粘性．为了更有效地消除冲击波后的振荡，还可以给出 3/2 次人为粘性

$$q = l^{3/2}\rho\omega^{\frac{1}{2}}\left|\frac{\partial u}{\partial x}\left[-\frac{\partial p}{\partial x}\frac{\partial}{\partial x}\left(\frac{1}{\rho}\right)\right]^{1/2}\right|^{3/4},$$

其中 ω 是具有速度量纲的常数．此外，对于无限弱冲击波的极限(声波)，由 Riemann 不变量得到 $\Delta u = \Delta p/\rho c$． 代入 N-R 粘性所得到的粘性形式对于多维计算和 Euler 方法也是很有用处的．

上述几种人为粘性 q 都是作为附加压力加在动量方程和能量方程的有关项上．这样，就在动量方程中引入一个二阶扩散项，而在能量方程中将作功项的压力取作 $p+q$．按照 Hirt 的理论，任何流体力学方程组的差分格式都可以加上带有适当选取的正的扩散系数的二阶导数项使之稳定，同时由于这些二阶导数项引进了耗散，就使原来的间断解光滑化．因此，添加人为粘性项的作法，可以推广到在质量、动量、能量方程中分别加上质量、动量、能量扩散项．在这方面比较典型的是 Русанов (1961) 格式，对于 Euler 坐标系中的守恒方程组

$$\frac{\partial f}{\partial t} + \frac{\partial F^x}{\partial x} + \frac{\partial F^y}{\partial y} + \Psi = 0 \tag{4.4.6}$$

其中

$$f=\begin{pmatrix}\rho\\ \rho u\\ \rho v\\ E\end{pmatrix},\quad F^x=\begin{pmatrix}\rho u\\ p+\rho u^2\\ \rho uv\\ (E+p)u\end{pmatrix},\quad F^y=\begin{pmatrix}\rho v\\ \rho uv\\ p+\rho v\\ (E+p)v\end{pmatrix},$$

$$\Psi=\frac{\nu v}{y}\begin{pmatrix}\rho\\ \rho u\\ \rho v\\ E+p\end{pmatrix},$$

这里 ν 是一个参数,对于平面坐标系 $\nu=0$,对于柱面坐标系 $\nu=1$, Русанов 格式为

$$\begin{aligned}f_{j,k}^{n+1}=f_{j,k}^{n}-\Delta t\Psi_{j,k}^{n}-\frac{\Delta t}{2\Delta x}(F_{j+1,k}^{x}-F_{j-1,k}^{x})^{n}\\ -\frac{\Delta t}{2\Delta y}(F_{j,k+1}^{y}-F_{j,k-1}^{y})^{n}\\ +\frac{\Delta t}{\Delta x}(\Phi_{j+\frac{1}{2},k}^{x}-\Phi_{j-\frac{1}{2},k}^{x})\\ +\frac{\Delta t}{\Delta y}(\Phi_{j,k+\frac{1}{2}}^{y}-\Phi_{j,k-\frac{1}{2}}^{y}),\end{aligned}\tag{4.4.7}$$

其中 $\Phi_{j+\frac{1}{2},k}^{x}=\alpha_{j+\frac{1}{2},k}^{n}\dfrac{(f_{j+1,k}^{n}-f_{j,k}^{n})}{\Delta x}$,

$$\Phi_{j,k+\frac{1}{2}}^{y}=\alpha_{j,k+\frac{1}{2}}^{n}\frac{(f_{j,k+1}^{n}-f_{j,k}^{n})}{\Delta y}.$$

上述 (4.4.7) 相当于在方程 (4.4.6)右端加上二阶扩散项 $\dfrac{\partial}{\partial x}\alpha\dfrac{\partial f}{\partial x}+\dfrac{\partial}{\partial y}\alpha\dfrac{\partial f}{\partial y}$,人为扩散系数 α 取作

$$\alpha_{j,k}^{n}=\frac{\omega}{2}\frac{\Delta x\Delta y}{\sqrt{\Delta x^2+\Delta y^2}}(|u|+c)_{j,k}^{n},$$

这里 ω 是一个适当选定的参数, c 是声速, 若令

$$\sigma_0^n = \max_{j,k} \frac{\sqrt{\Delta x^2 + \Delta y^2}}{\Delta x \Delta y} \Delta t(|u| + c)_{j,k}^n,$$

则根据差分格式(4.4.7)的稳定性要求，应满足

$$\sigma_0^n \leqslant 1, \quad \sigma_0^n \leqslant \omega \leqslant \frac{1}{\sigma_0^n}.$$

除 Русанов 外，Lapidus (1967) 也建议在每个方程中都添加人为扩散项，他给出的人为扩散系数在 x 和 y 方向上分别正比于 $\left|\frac{\partial u}{\partial x}\right|$ 和 $\left|\frac{\partial v}{\partial y}\right|$. Harlow, Amsden (1974)在 GILA 方法中也在每个方程中都添加了人为扩散项.

在二维计算中，有不少作者仍然采用 N-R 型人为粘性，但这时需要将 q_{N-R} 的形式作适当的改变. 例如 Noh (1964)用 $\mathrm{div}\boldsymbol{u}$ 代替一维粘性形式中的应变率 $\frac{\partial u}{\partial x}$，Wilkins (1964)则根据(4.4.2)的形式用 $-\rho\frac{\partial}{\partial t}\frac{1}{\rho}$ 来代替. 在 q_{N-R} 中有一个长度量纲的量 l_0，在一维中取作网格步长 Δx 的倍数，但在二维网格上，具有长度量纲的量有许多，例如网格的四条边长、两条对角线、网格面积的平方根，在柱坐标系中，还可以用网格绕对称轴旋转而得到的旋转体体积被表面积去除而得到的长度量，等等. 在网格变形以后，所有这些选择可能在数值上相差很大，例如对于细长网格的情况(见图4.4.1)，当 $|AB| \gg |BC|$ 时，如果我们取网格面积的平方根作为人为粘性中的长度量 l_0，那么当冲击波沿着 AB 方向行进时，就相当于取了很小的粘性系数 $a(\approx\sqrt{|BC|/|AB|})$；而如果当冲击波沿着 BC 方向行进时，又相当于取很大的粘性系数 a. 无论那一种情况都算不出好的结果来.

Wilkins(1980)提出用在网格加速度方向上的应变率

图 4.4.1

$$\frac{ds}{dt} = \frac{\partial u}{\partial x}\cos^2\alpha + \frac{\partial v}{\partial y} \times \sin^2\alpha + \left(\frac{\partial u}{\partial y} + \frac{\partial v}{\partial x}\right)\sin\alpha\cos\alpha \tag{4.4.8}$$

代替一维应变率 $\dfrac{\partial u}{\partial x}$，其中 α 取成流场加速度方向与 x 轴的夹角. 这样，在一维情形(4.4.8)自然退化为 $\dfrac{\partial u}{\partial x}$. 至于粘性系数中具有长度量纲的量取作(见图(4.4.2))

$$L = \frac{2A}{d_1 + d_2 + d_3 + d_4},$$

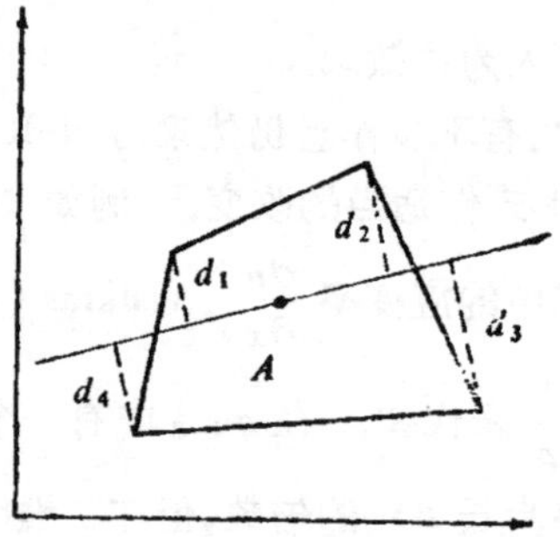

图 4.4.2

其中 d_1, d_2, d_3, d_4 分别为从四个角点到由网格中心沿流场加速度方向引出直线的垂直距离，A 是网格的面积. 这样，在二维情况人为粘性就可取成

$$q_w = \begin{cases} l_0^2\rho\left(\dfrac{ds}{dt}\right)^2 + l_L\rho c\left|\dfrac{ds}{dt}\right|, & 当 \dfrac{ds}{dt} < 0 时, \\ 0, & 当 \dfrac{ds}{dt} \geqslant 0 时, \end{cases} \tag{4.4.9}$$

其中 $l_0 = a_0L$, $l_L = a_LL$, $a_0 \approx 2$, $a_L \approx 1$, c 是声速. 公式(4.4.9)还可以毫无困难地推广到三维去:

$$\frac{ds}{dt} = \frac{\partial u}{\partial x}\cos^2\alpha + \frac{\partial v}{\partial y}\cos^2\beta + \frac{\partial w}{\partial z}\cos^2\gamma$$
$$+ \left(\frac{\partial u}{\partial y} + \frac{\partial v}{\partial x}\right)\cos\alpha\cos\beta + \left(\frac{\partial w}{\partial x} + \frac{\partial u}{\partial z}\right)\cos\gamma\cos\alpha$$

$$+\left(\frac{\partial v}{\partial z}+\frac{\partial w}{\partial y}\right)\cos\beta\cos\gamma$$

其中 $\cos\alpha$, $\cos\beta$, $\cos\gamma$ 可取作网格中心点处加速度方向的方向余弦，因而在三维计算中也可以采用形如(4.4.9)的人为粘性. Wilkins (1980) 曾经发表了他用这种人为粘性在矩形网格上算一个球面冲击波，得到了比较好的结果.

以上所讲的都是标量形式的人为粘性. 这些粘性都是作为附加的压力添加在动量方程和能量方程中，它们是各向同性的. 但是真实的粘性是各向异性的张量，考虑到这一点，一些作者很自然地开始研究张量形式的人为粘性. Schulz (1964)、Maenchen 和 Sack (1964)、Wilkins (1964)都研究了张量形式的人为粘性. Maenchen 和 Sack(1964)和 Wilkins(1964) 的人为粘性张量是根据真实粘性的形式和人为的粘性系数构造的（参看本章 § 7). Schulz (1964) 的做法则不同，他认为应当把均匀的等熵压缩同非均匀的冲击压缩加以区别. 他提出的人为粘性的基本形式包含二阶导数因子

$$q=-l_0^2\rho\left(\frac{\partial u}{\partial x}\right)_-\left|\frac{\partial}{\partial x}\left(\frac{\partial u}{\partial x}\right)_-\right|,$$

其中 $l_0=l_b\Delta x$, $\left(\frac{\partial u}{\partial x}\right)_-$ 表示上式仅当 $\frac{\partial u}{\partial x}\leqslant 0$ 时取值，而当 $\frac{\partial u}{\partial x}>0$ 时取 0 值. 这种粘性在一维计算中具有同 N-R 粘性相同的性质：一个简单冲击波被展开在三、四个网格的过渡区上. Schulz 在构造人为粘性张量时，设想把(1.3.6)，(1.3.7)中的 $P=p+q$ 在 a 和 b 两个方向上写成不同的形式，将方程(1.3.6)，(1.3.7)改写为

$$\begin{aligned}\frac{\partial u}{\partial t}&=-\frac{1}{\rho J}\left[\frac{\partial r}{\partial b}\frac{\partial p}{\partial a}-\frac{\partial r}{\partial a}\frac{\partial p}{\partial b}\right]\\&-\frac{1}{\rho J'}\left[\frac{\partial}{\partial a}\left(r^{\nu}\frac{\partial r}{\partial b}q_A\right)-\frac{\partial}{\partial b}\left(r^{\nu}\frac{\partial r}{\partial a}q_B\right)\right],\\\frac{\partial v}{\partial t}&=\frac{1}{\rho J}\left[\frac{\partial x}{\partial b}\frac{\partial p}{\partial a}-\frac{\partial x}{\partial a}\frac{\partial p}{\partial b}\right]\\&-\frac{1}{\rho J'}\left[\frac{\partial}{\partial a}\left(r^{\nu}\frac{\partial x}{\partial b}q_A\right)-\frac{\partial}{\partial b}\left(r^{\nu}\frac{\partial x}{\partial a}q_B\right)\right],\end{aligned}\tag{4.4.10}$$

其中 J' 是体积 Jacobi 行列式 $J'=r^{\nu}J$. q_A 是沿 i 网格线的法向量 $\boldsymbol{n}_i$ 方向上的人为粘性，而 q_B 是沿 k 网格线的法向量 $\boldsymbol{n}_k$ 方向上的人为粘性. q_A 和 q_B 定义为

$$q_A=-l_b^2\rho\left(\frac{\partial u}{\partial a}\right)_-^A\left|\frac{\partial}{\partial a}\left(\frac{\partial u}{\partial a}\right)_-^A\right|,$$
$$q_B=-l_b^2\rho\left(\frac{\partial u}{\partial b}\right)_-^B\left|\frac{\partial}{\partial b}\left(\frac{\partial u}{\partial b}\right)_-^B\right|, \tag{4.4.11}$$

此处

$$\left(\frac{\partial u}{\partial a}\right)_-^A=\mathrm{Min}\left\{\frac{\partial \boldsymbol{u}}{\partial a}\cdot\boldsymbol{n}_i,\ 0\right\},$$
$$\left(\frac{\partial u}{\partial b}\right)_-^B=\mathrm{Min}\left\{\frac{\partial \boldsymbol{u}}{\partial b}\cdot\boldsymbol{n}_k,0\right\},$$
$$\boldsymbol{n}_i=\left(-\frac{\partial r}{\partial b},\frac{\partial x}{\partial b}\right)\Big/\left|\frac{\partial \boldsymbol{x}}{\partial b}\right|,$$
$$\boldsymbol{n}_k=\left(-\frac{\partial r}{\partial a},\frac{\partial x}{\partial a}\right)\Big/\left|\frac{\partial \boldsymbol{x}}{\partial a}\right|,$$

能量方程也相应地改写为

$$\frac{de}{dt}+p\frac{d}{dt}\left(\frac{1}{\rho}\right)=-\frac{1}{\rho J}\left[q_A\left(\frac{\partial r}{\partial b}\frac{\partial u}{\partial a}-\frac{\partial x}{\partial b}\frac{\partial v}{\partial a}\right)\right.$$
$$\left.+q_B\left(\frac{\partial r}{\partial a}\frac{\partial u}{\partial b}-\frac{\partial x}{\partial a}\frac{\partial v}{\partial b}\right)\right]. \tag{4.4.12}$$

Schulz (1964)这样引入的人为粘性是张量型的. 在 Descartes 坐标系下，它的张量分量为

$$Q_{xx}=\frac{1}{J}\left[\frac{\partial x}{\partial a}\frac{\partial r}{\partial b}q_A-\frac{\partial x}{\partial b}\frac{\partial r}{\partial a}q_B\right],$$
$$Q_{xr}=\frac{1}{J}\left[\frac{\partial r}{\partial a}\frac{\partial r}{\partial b}(q_A-q_B)\right],$$
$$Q_{rx}=-\frac{1}{J}\left[\frac{\partial x}{\partial a}\frac{\partial x}{\partial b}(q_A-q_B)\right], \tag{4.4.13}$$
$$Q_{rr}=-\frac{1}{J}\left[\frac{\partial r}{\partial a}\frac{\partial x}{\partial b}q_A-\frac{\partial x}{\partial a}\frac{\partial r}{\partial b}q_B\right].$$

由(4.4.13)可以看出，如果 $q_A\neq q_B$，那么这个人为粘性张量是不

对称的，它同对称的真实粘性不同. 我们知道，应力张量的对称性同角动量守恒有关. 由于人为粘性张量不对称，导致了角动量不守恒，这是 Schulz 粘性的缺点. 要保证 Schulz 粘性的对称性，要

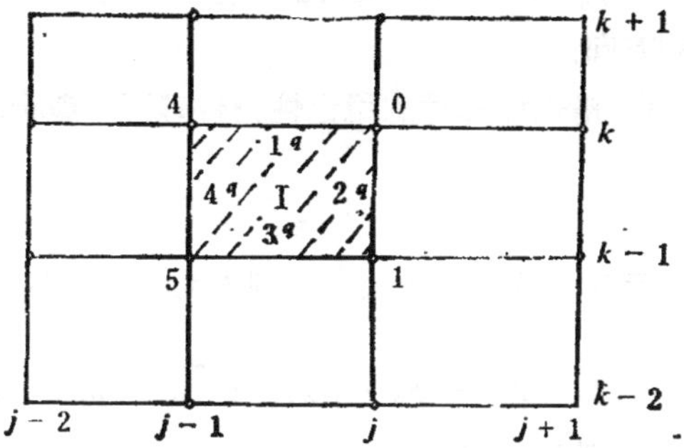

图 4.4.3

求 $q_A = q_B$，这又回到了标量形式的人为粘性.

Schulz 人为粘性的差分近似也有其特别之处. 在某个网格 I 中，q_A、q_B 分别定义在网格的四条边界上，如图 4.4.3 所示. 其中 1^q、3^q 采用 q_A 的形式，2^q、4^q 采用 q_B 的形式. 设 Δu、δu 表示 u 在 j 向和 k 向的一阶差分，$\Delta\Delta u$ 和 $\delta\delta u$ 表示 u 在 j 向和 k 向的二阶差分，于是有

$$
\begin{aligned}
1q_{\mathrm{I}}^{n+1} &= -l_b^2\rho_{\mathrm{I}}^{n+\frac{1}{2}} \cdot (\Delta u_-^A)_1^{n+\frac{1}{2}} |\Delta\Delta u_-^A|_{\mathrm{I}}^{n+\frac{1}{2}}, \\
3q_{\mathrm{I}}^{n+1} &= -l_b^2\rho_{\mathrm{I}}^{n+\frac{1}{2}} \cdot (\Delta u_-^A)_3^{n+\frac{1}{2}} |\Delta\Delta u_-^A|_{\mathrm{I}}^{n+\frac{1}{2}}, \\
2q_{\mathrm{I}}^{n+1} &= -l_b^2\rho_{\mathrm{I}}^{n+\frac{1}{2}} \cdot (\delta u_-^B)_2^{n+\frac{1}{2}} |\delta\delta u_-^B|_{\mathrm{I}}^{n+\frac{1}{2}}, \\
4q_{\mathrm{I}}^{n+1} &= -l_b^2\rho_{\mathrm{I}}^{n+\frac{1}{2}} \cdot (\delta u_-^B)_4^{n+\frac{1}{2}} |\delta\delta u_-^B|_{\mathrm{I}}^{n+\frac{1}{2}},
\end{aligned}
\tag{4.4.14}
$$

其中 $\rho_{\mathrm{I}}^{n+\frac{1}{2}} = \dfrac{2\rho_{\mathrm{I}}^n \rho_{\mathrm{I}}^{n+1}}{\rho_{\mathrm{I}}^n + \rho_{\mathrm{I}}^{n+1}}$,

$$
\begin{aligned}
(\Delta u_-^A)_1 &= \min\{(\boldsymbol{n}_j)_{\mathrm{I}} \cdot (\boldsymbol{u}_0 - \boldsymbol{u}_4), 0\}, \\
(\Delta u_-^A)_3 &= \min\{(\boldsymbol{n}_j)_{\mathrm{I}} \cdot (\boldsymbol{u}_1 - \boldsymbol{u}_5), 0\}, \\
(\delta u_-^B)_2 &= \min\{(\boldsymbol{n}_k)_{\mathrm{I}} \cdot (\boldsymbol{u}_0 - \boldsymbol{u}_1), 0\}, \\
(\delta u_-^B)_4 &= \min\{(\boldsymbol{n}_k)_{\mathrm{I}} \cdot (\boldsymbol{u}_4 - \boldsymbol{u}_5), 0\},
\end{aligned}
$$

而 $(\boldsymbol{n}_j)_I$ 和 $(\boldsymbol{n}_k)_I$ 分别表示网格 I 的两对边的平均法向量. 二阶差分 $|\Delta\Delta u_-^A|_I$ 和 $|\delta\delta u_-^B|_I$ 的计算要用到周围六个网格十二个角点的速度. (见图 4.4.3). 因此, Schulz 粘性的计算量比较大. 二维模型的实际计算表明,用这种粘性算出的冲击波过渡区清晰,波后没有跳动, 并且可以从每个网格的四个量 1^q, 2^q, 3^q, 4^q 的值找出冲击波行进的方向.

用 Schulz 格式计算时的稳定性条件,除了 Courant 条件

$$\Delta t_c \leqslant \frac{J}{c\sqrt{|\Delta \boldsymbol{x}|^2 + |\delta \boldsymbol{x}|^2}}$$

之外, 在冲击波过渡区还必须考虑同人为粘性系数有关的条件

$$\Delta t_q \leqslant \frac{-J}{4l_b[(\delta r \cdot \Delta u - \delta x \cdot \Delta v)_- + (\Delta r \cdot \delta u - \Delta x \cdot \delta v)_-]}.$$

这样,稳定性条件取为

$$\Delta t = \min(\Delta t_c, \Delta t_q).$$

在用 Lagrange 方法进行二维计算时,为了阻止网格畸变, 还可以增加同网格形变有关的人为粘性. 这些粘性可以同冲击波完全无关,仅仅为了矫正扭曲的网格. 关于这一类人为粘性, Wilkins (1964)、(1969)、(1980)有详细的讨论.

§5 滑移面的计算

在流体运动的流场中经常会出现接触间断. 例如对于多种流体介质的流场,物质界面通常是一种接触间断面,而在单一流体的流场中, 冲击波的相互作用也可能形成接触间断面. 在接触间断面上,流体的压力和法向速度是连续的,但密度和切向速度是允许间断的,这种现象叫做滑移. 在滑移面上,流体的运动微分方程失去意义, 必须用另外一组滑移运动方程来描述. 这一节首先推导理想流体的滑移运动方程, 然后讨论数值计算方法.

1°滑移运动方程

在二维流体力学计算中,滑移面是 (x,r) 平面上的一条曲线.

取弧长 s 作为参数，滑移线的参数方程为

$$x=\varphi_1(s,t),r=\varphi_2(s,t). \qquad (4.5.1)$$

设在 $t=t^n$ 时刻滑移线的位置为 s^n，在 t^{n+1} 时刻的位置为 s^{n+1}(如图 4.5.1 所示)．在 s^n 两侧同一位置的点 2_+ 和 2_-，经过 Δt 分别运动到 s^{n+1} 的不同位置 4_+ 和 4_-.

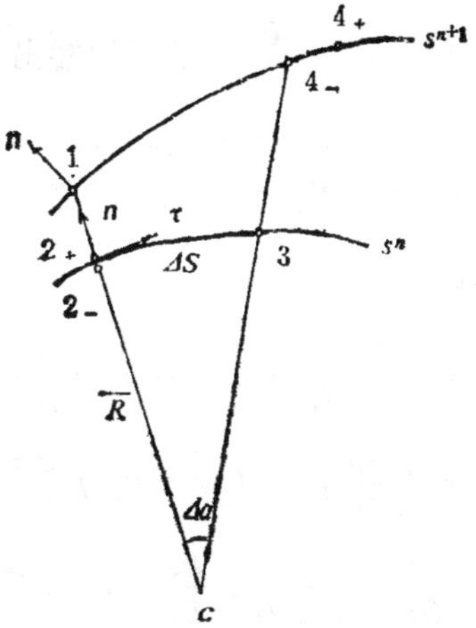

图 4.5.1

滑移线的单位切向量 $\boldsymbol{\tau}$ 和单位法向量 $\boldsymbol{n}$ 分别为

$$\boldsymbol{\tau}=\frac{\partial\varphi_1}{\partial s}\boldsymbol{e}_x+\frac{\partial\varphi_2}{\partial s}\boldsymbol{e}_r=\cos\alpha\boldsymbol{e}_x+\sin\alpha\boldsymbol{e}_r,$$

$$\boldsymbol{n}=-\frac{\partial\varphi_2}{\partial s}\boldsymbol{e}_x+\frac{\partial\varphi_1}{\partial s}\boldsymbol{e}_r=-\sin\alpha\boldsymbol{e}_x+\cos\alpha\boldsymbol{e}_r, \qquad (4.5.2)$$

其中 $\boldsymbol{e}_x$ 和 $\boldsymbol{e}_r$ 分别为 x 轴和 r 轴方向的单位向量，$\alpha(s,t)$ 是切向量同 x 轴的夹角,因此 $\boldsymbol{\tau}$ 和 $\boldsymbol{n}$ 都是 s 和 t 的函数,即 $\boldsymbol{\tau}(s,t)$，$\boldsymbol{n}(s,t)$．流体速度 $\boldsymbol{u}$ 的切向分量 u_τ 和法向分量 u_n 分别为

$$u_\tau=\boldsymbol{u}\cdot\boldsymbol{\tau}=u\cos\alpha+v\sin\alpha,$$

$$u_n=\boldsymbol{u}\cdot\boldsymbol{n}=-u\sin\alpha+v\cos\alpha. \qquad (4.5.3)$$

于是

$$\boldsymbol{u}=u_\tau\cdot\boldsymbol{\tau}+u_n\cdot\boldsymbol{n}. \qquad (4.5.4)$$

质团的加速度$\frac{d\boldsymbol{u}}{dt}$可以表为

$$\frac{d\boldsymbol{u}}{dt}=\frac{du_\tau}{dt}\boldsymbol{\tau}+u_\tau\frac{d\boldsymbol{\tau}}{dt}+\frac{du_n}{dt}\boldsymbol{n}+u_n\frac{d\boldsymbol{n}}{dt}. \qquad (4.5.5)$$

现在来求$\frac{d\boldsymbol{\tau}}{dt}$和$\frac{d\boldsymbol{n}}{dt}$. 设滑移线上点 $Q(s, t)$ 的速度为 $\boldsymbol{u}_Q=(u_Q, v_Q)$，此处 $u_Q=\frac{\partial\varphi_1}{\partial t}$，$v_Q=\frac{\partial\varphi_2}{\partial t}$，也可以写出

$$\boldsymbol{u}_Q=u_{Q\tau}\cdot\boldsymbol{\tau}+u_{Qn}\cdot\boldsymbol{n}.$$

显然滑移线的法向速度等于流体的法向速度，$u_{Qn}=u_n$. 于是，$\frac{d\boldsymbol{\tau}}{dt}$ 和 $\frac{d\boldsymbol{n}}{dt}$表达为

$$\frac{d\boldsymbol{\tau}}{dt}=\left(\frac{\partial\boldsymbol{\tau}}{\partial t}\right)_s+(u_\tau-u_{Q\tau})\frac{\partial\boldsymbol{\tau}}{\partial s},$$

$$\frac{d\boldsymbol{n}}{dt}=\left(\frac{\partial\boldsymbol{n}}{\partial t}\right)_s+(u_\tau-u_{Q\tau})\frac{\partial\boldsymbol{n}}{\partial s}. \qquad (4.5.6)$$

现在推导$\left(\frac{\partial\boldsymbol{\tau}}{\partial t}\right)_s$、$\frac{\partial\boldsymbol{\tau}}{\partial s}$、$\left(\frac{\partial\boldsymbol{n}}{\partial t}\right)_s$、$\frac{\partial\boldsymbol{n}}{\partial s}$ 与单位向量 $\boldsymbol{\tau}$ 和 $\boldsymbol{n}$ 的关系.

由(4.5.2)有

$$\left(\frac{\partial\boldsymbol{\tau}}{\partial t}\right)_s=\frac{\partial^2\varphi_1}{\partial s\partial t}\boldsymbol{e}_x+\frac{\partial^2\varphi_2}{\partial s\partial t}\boldsymbol{e}_y=\frac{\partial u_Q}{\partial s}\boldsymbol{e}_x+\frac{\partial v_Q}{\partial s}\boldsymbol{e}_y$$

$$=\frac{\partial\boldsymbol{u}_Q}{\partial s}.$$

于是可得

$$\left(\frac{\partial\boldsymbol{\tau}}{\partial t}\right)_s=\frac{\partial u_{Q\tau}}{\partial s}\boldsymbol{\tau}+u_{Q\tau}\frac{\partial\boldsymbol{\tau}}{\partial s}+\frac{\partial u_{Qn}}{\partial s}\boldsymbol{n}$$

$$+u_{Qn}\frac{\partial\boldsymbol{n}}{\partial s},$$

注意到单位向量的微分是一个垂直于该单位向量的向量，即可得

$$\left(\frac{\partial\boldsymbol{\tau}}{\partial t}\right)_s=\left[\left(\frac{\partial\boldsymbol{\tau}}{\partial t}\right)_s\cdot\boldsymbol{n}\right]\boldsymbol{n}=\frac{\partial u_n}{\partial s}\boldsymbol{n}+u_{Q\tau}\frac{\partial\boldsymbol{\tau}}{\partial s}. \qquad (4.5.7)$$

类似地可得

$$\left(\frac{\partial \boldsymbol{n}}{\partial t}\right)_s=\left[\left(\frac{\partial \boldsymbol{n}}{\partial t}\right)_s\cdot\boldsymbol{\tau}\right]\boldsymbol{\tau}=-\frac{\partial u_n}{\partial s}\boldsymbol{\tau}+u_{Q\tau}\frac{\partial \boldsymbol{n}}{\partial s}. \qquad (4.5.8)$$

同样，由(4.5.2)有

$$\frac{\partial \boldsymbol{\tau}}{\partial s}=\frac{\partial(\cos\alpha)}{\partial s}\boldsymbol{e}_x+\frac{\partial(\sin\alpha)}{\partial s}\boldsymbol{e}_r=\frac{\partial\alpha}{\partial s}\boldsymbol{n}.$$

设 $\bar{R}$ 表示滑移线 s 的局部瞬时曲率半径 $\left|\frac{\partial s}{\partial\alpha}\right|$，于是得

$$\frac{\partial \boldsymbol{\tau}}{\partial s}=-\frac{1}{\bar{R}}\boldsymbol{n}. \qquad (4.5.9)$$

类似地可得

$$\frac{\partial \boldsymbol{n}}{\partial s}=\frac{1}{\bar{R}}\boldsymbol{\tau}. \qquad (4.5.10)$$

这样，由(4.5.7)—(4.5.10)可得

$$\frac{d\boldsymbol{\tau}}{dt}=\left(\frac{\partial u_n}{\partial s}-\frac{u_\tau}{\bar{R}}\right)\boldsymbol{n},$$

$$\frac{d\boldsymbol{n}}{dt}=-\left(\frac{\partial u_n}{\partial s}-\frac{u_\tau}{\bar{R}}\right)\boldsymbol{\tau}. \qquad (4.5.11)$$

代入(4.5.5)式得

$$\frac{d\boldsymbol{u}}{dt}=\left[\frac{du_\tau}{dt}-u_n\left(\frac{\partial u_n}{\partial s}-\frac{u_\tau}{\bar{R}}\right)\right]\boldsymbol{\tau}+\left[\frac{du_n}{dt}+u_\tau\left(\frac{\partial u_n}{\partial s}-\frac{u_\tau}{\bar{R}}\right)\right]\boldsymbol{n}. \qquad (4.5.12)$$

现在将运动方程(1.1.36)写为切向和法向分量的形式为

$$\frac{du_\tau}{dt}-u_n\left(\frac{\partial u_n}{\partial s}-\frac{u_\tau}{\bar{R}}\right)=-\frac{1}{\rho}\frac{\partial P}{\partial s},$$

$$\frac{du_n}{dt}+u_\tau\left(\frac{\partial u_n}{\partial s}-\frac{u_\tau}{\bar{R}}\right)=-\frac{1}{\rho}\frac{\partial P}{\partial n}, \qquad (4.5.13)$$

其中 $\frac{\partial P}{\partial s}$ 和 $\frac{\partial P}{\partial n}$ 分别表示压力梯度 grad P 的切向分量和法向分量。方程(4.5.13)显然是在滑移线以外的流场成立。设滑移线两侧分别用上标"+"和"−"表示，用 u_τ^+ 和 u_τ^- 表示滑移线两侧的切向速度，于是可得两侧的切向速度分别满足方程

$$\frac{du_\tau^+}{dt} - u_n\left(\frac{\partial u_n}{\partial s} - \frac{u_\tau^+}{\overline{R}}\right) = -\frac{1}{\rho^+}\frac{\partial P}{\partial s},$$

$$\frac{du_\tau^-}{dt} - u_n\left(\frac{\partial u_n}{\partial s} - \frac{u_\tau^-}{\overline{R}}\right) = -\frac{1}{\rho^-}\frac{\partial P}{\partial s}. \tag{4.5.14}$$

由于沿滑移线法向速度 u_n 连续，$\frac{\partial u_n}{\partial s}$、$\left(\frac{\partial u_n}{\partial t}\right)_s$ 亦连续，注意到 $\frac{du_n}{dt} = \left(\frac{\partial u_n}{\partial t}\right)_s + (u_\tau - u_{Q\tau})\frac{\partial u_n}{\partial s}$，由(4.5.13)第二式可得法向运动方程为

$$(u_\tau^+ - u_\tau^-)\left[2\frac{\partial u_n}{\partial s} - \frac{1}{\overline{R}}(u_\tau^+ + u_\tau^-)\right]$$
$$= \frac{1}{\rho^-}\left[\frac{\partial P}{\partial n}\right]^- - \frac{1}{\rho^+}\left[\frac{\partial P}{\partial n}\right]^+. \tag{4.5.15}$$

这样，就得到关于三个未知量 u_τ^+、u_τ^-、u_n 的三个方程式(4.5.14)、(4.5.15)，这就是滑移运动方程．Grandey (1961) 首先给出了方程(4.5.15)，但没有给出数值解法．下面讨论滑移运动方程组的一种数值解法．

2°滑移计算公式

现在讨论滑移面的数值计算．在§2中已经看到，动量方程的差分近似有多种形式，同样地，对滑移面的运动的计算也有几种不同的算法．在数值计算中，滑移线作为网格线是一条折线．如果简单地将滑移运动方程中的微分写成差分，由于滑移线两侧的切向速度不同，两侧的界面运动必然互相交错或分离，从而得不到准确的运动图象．为了避免这种情况发生，使滑移线两侧互相吻合，在计算中一般采用“主从面”的办法，即假定一侧为“主”、另一侧为“从”(通常以初始密度区分，密度大的一侧为“主面”，密度小的一侧为“从面”)．滑移线的位置以“主面”为准，“从面”上的角点沿“主面”滑动．为了分别计算滑移线两侧的切向速度，需要知道滑移线上的压力 P．滑移线上的压力 P 是空间坐标的连续函数，但是滑移线两侧的压力梯度可以不连续．要想得到滑移线上的压力(记为 P_0)，可以考虑方程(4.5.15)．在§2里动量方程都是取的

显式格式，压力梯度 grad P 的空间差分都取在时刻 t^n. 因此，方程(4.5.15)的差分格式也可以建立在 $t=t^n$ 上.

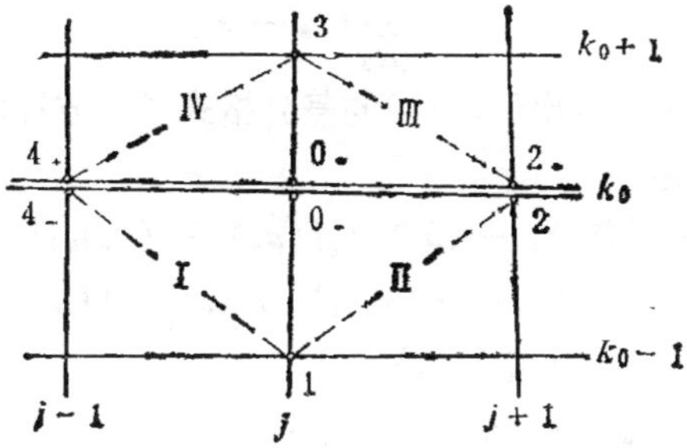

图 4.5.2

现在就来考虑(4.5.15)的差分近似. 设第 k_0 条网格线是滑移线，如图 4.5.2 所示. 首先给出点 0 的曲率半径 $\bar{R}_0$ 和单位切向量 $\boldsymbol{\tau}_0=(\cos\alpha_0, \sin\alpha_0)$的计算公式. 曲率半径 $\bar{R}_0$ 取为点 2, 0,4 三点的外接圆半径，而 $\boldsymbol{\tau}_0$ 为外接圆在点 0 的切向量. 于是设 $x_{02}=\frac{1}{2}(x_0+x_2)$、$x_{04}=\frac{1}{2}(x_0+x_4)$, r_{02} 和 r_{04} 亦类似; $\Delta x_{02}=x_2-x_0$, $\Delta x_{40}=x_0-x_4$, Δr_{02} 和 Δr_{40} 亦类似. 外接圆心的坐标为

$$x_c=\frac{1}{d_0}[(r_{02}-r_{04})\Delta r_{02}\Delta r_{40}+x_{02}\Delta x_{02}\Delta r_{40}-x_{04}\Delta x_{40}\Delta r_{02}],$$

$$r_c=\frac{1}{d_0}[(x_{04}-x_{02})\Delta x_{02}\Delta x_{40}+r_{04}\Delta r_{40}\Delta x_{02}-r_{02}\Delta r_{02}\Delta x_{40}],$$

其中 $d_0=\Delta x_{02}\Delta r_{40}-\Delta x_{40}\Delta r_{02}=\begin{vmatrix} x_2 & r_2 & 1 \\ x_0 & r_0 & 1 \\ x_4 & r_4 & 1 \end{vmatrix}$ 为以 2, 0, 4 三点为顶点的三角形的面积. 于是可得若 $d_0\neq 0$, 则

$$\frac{1}{\bar{R}_0}=[(x_0-x_c)^2+(r_0-r_c)^2]^{-\frac{1}{2}}, \tag{4.5.16}$$

若 $d_0=0$, 即点 2, 0, 4 三点共线, 则 $\frac{1}{\bar{R}_0}=0$. 同样，单位切向量

的分量为

$$\cos\alpha_0 = -\frac{1}{\overline{R}_0}(r_0 - r_c),$$

$$\sin\alpha_0 = \frac{1}{\overline{R}_0}(x_0 - x_c). \tag{4.5.17}$$

这样就可以写出(4.5.15)的差分格式了．方程(4.5.15)的左端的差分近似为

$$\begin{aligned}\Delta \equiv & [(u_\tau)_0^+ - (u_\tau)_0^-]\{[(u_n)_2 - (u_n)_0]/|\Delta x_{02}| \\ & + [(u_n)_0 - (u_n)_4]/|\Delta x_{40}| - [(u_\tau)_0^+ \\ & + (u_\tau)_0^-]/\overline{R}_0\},\end{aligned} \tag{4.5.18}$$

其中 $(u_\tau)_0 = u_0\cos\alpha_0 + v_0\sin\alpha_0$，$(u_n)_0 = -u_0\sin\alpha_0 + v_0\cos\alpha_0$，$|\Delta x_{02}| = \sqrt{(\Delta x_{02})^2 + (\Delta r_{02})^2}$，$(u_\tau)_2$，$(u_\tau)_4$，$(u_n)_2$，$(u_n)_4$，$|\Delta x_{40}|$ 等亦类似．

方程 (4.5.15) 右端的差分格式可以根据动量方程离散化时的不同差分形式给出．这里我们以迴路积分格式(4.2.13)为例，两项分别沿滑移线两侧的闭迴路进行积分．注意$\frac{\partial P}{\partial \boldsymbol{n}} = \mathrm{grad}P \cdot \boldsymbol{n} = \frac{\partial P}{\partial x}\sin\alpha + \frac{\partial P}{\partial r}\cos\alpha$，沿滑移线 s 的积分有

$$\int_s P\boldsymbol{n} \cdot \boldsymbol{n}dl = \int_s Pdl \doteq P_0\int_s dl = P_0\Delta s.$$

于是根据 Green 公式(4.2.11)，$\left[\frac{1}{\rho}\ \frac{\partial P}{\partial n}\right]^- - \left[\frac{1}{\rho}\ \frac{\partial P}{\partial n}\right]^+$的差分近似为

$$\begin{aligned}&\frac{1}{2(A\rho)_0^-}[\Delta_c^- - P_0(|\Delta x_{02}| + |\Delta x_{40}|)] \\ &\qquad - \frac{1}{2(A\rho)_0^+}[\Delta_c^+ + P_0(|\Delta x_{02}| + |\Delta x_{40}|)],\end{aligned} \tag{4.5.19}$$

其中 $\begin{aligned}\Delta_c^- = & P_{\text{II}}(r_1 - r_2)\sin\alpha_0 + P_{\text{I}}(r_4 - r_1)\sin\alpha_0 \\ & + P_{\text{II}}(x_1 - x_2)\cos\alpha_0 + P_{\text{I}}(x_4 - x_1)\cos\alpha_0,\end{aligned}$

$\begin{aligned}\Delta_c^+ = & P_{\text{III}}(r_2 - r_3)\sin\alpha_0 + P_{\text{IV}}(r_3 - r_4)\sin\alpha_0 \\ & + P_{\text{III}}(x_2 - x_3)\cos\alpha_0 + P_{\text{IV}}(x_3 - x_4)\cos\alpha_0,\end{aligned}$

$$(A\rho)_0^- = \frac{1}{4}[(A\rho)_{\rm I} + (A\rho)_{\rm II}],$$

$$(A\rho)_0^+ = \frac{1}{4}[(A\rho)_{\rm III} + (A\rho)_{\rm IV}].$$

于是，由(4.5.18)和(4.5.19)解出 P_0 为

$$P_0 = \frac{2(A\rho)_0^-(A\rho)_0^+ \cdot \Delta - (A\rho)_0^- \cdot \Delta_c^+ + (A\rho)_0^+ \cdot \Delta_c^-}{(|\Delta x_{02}| + |\Delta x_{40}|)[(A\rho)_0^- + (A\rho)_0^+]}. \tag{4.5.20}$$

这样，滑移线两侧速度的过渡值 $\boldsymbol{u}_0'^+$、$\boldsymbol{u}_0'^-$ 可以用下列公式计算

$$\begin{aligned}
u_0'^+ &= (u_0^{n-\frac{1}{2}})^+ - \frac{\Delta t}{2(A\rho)_0^{n+}}[P_{\rm III}^n(r_3^n - r_2^n) + P_{\rm IV}^n(r_4^n - r_3^n) \\
&\quad + P_0^n(r_2^n - r_4^n)], \\
v_0'^+ &= (v_0^{n-\frac{1}{2}})^+ + \frac{\Delta t}{2(A\rho)_0^{n+}}[P_{\rm III}^n(x_3^n - x_2^n) + P_{\rm IV}^n(x_4^n - x_3^n) \\
&\quad + P_0^n(x_2^n - x_4^n)], \\
u_0'^- &= (u_0^{n-\frac{1}{2}})^- - \frac{\Delta t}{2(A\rho)_0^{n-}}[P_{\rm II}^n(r_2^n - r_1^n) + P_{\rm I}^n(r_1^n - r_4^n) \\
&\quad + P_0^n(r_4^n - r_2^n)], \\
v_0'^- &= (v_0^{n-\frac{1}{2}})^- + \frac{\Delta t}{2(A\rho)_0^{n-}}[P_{\rm II}^n(x_2^n - x_1^n) + P_{\rm I}^n(x_1^n - x_4^n) \\
&\quad + P_0^n(x_4^n - x_2^n)].
\end{aligned} \tag{4.5.21}$$

假定上标“+”的一侧为“主面”、上标“-”的一侧为“从面”，于是 $(\boldsymbol{u}_0^{n+\frac{1}{2}})^+$、$(\boldsymbol{u}_0^{n+\frac{1}{2}})^-$的计算公式为

$$\begin{aligned}
(\boldsymbol{u}_0^{n+\frac{1}{2}})^+ &= \boldsymbol{u}_0'^+, \\
(\boldsymbol{u}_0^{n+\frac{1}{2}})^- &= (\boldsymbol{u}_0'^+ \cdot \boldsymbol{n})\boldsymbol{n} + (\boldsymbol{u}_0'^- \cdot \boldsymbol{\tau})\boldsymbol{\tau}.
\end{aligned} \tag{4.5.22}$$

这样，点 0_+、0_- 的位置用下式计算

$$\begin{aligned}
(\boldsymbol{x}_0^{n+1})^+ &= (\boldsymbol{x}_0^n)^+ + (\boldsymbol{u}_0^{n+\frac{1}{2}})^+ \cdot \Delta t, \\
(\boldsymbol{x}_0^*)^- &= (\boldsymbol{x}_0^n)^- + (\boldsymbol{u}_0^{n+\frac{1}{2}})^- \cdot \Delta t.
\end{aligned} \tag{4.5.23}$$

点 0_- 的新位置 $(\boldsymbol{x}_0^*)^-$ 可能不在“主面”上，必须投影到“主面”上去，这样才能得到 0_- 在 t^{n+1} 的位置 $(\boldsymbol{x}_0^{n+1})^-$。下一节还将讨论重

分网格的方法．如果同时考虑滑移处理和重分网格，上述处理的逻辑过程还可以简化．在这种情况下，可以在每一个时间步长，通过重分网格将点 0_- 移动到 0_+ 的位置，然后通过网格量输运（见§6）重新计算“从面”附近的网格量．这样，滑移线上“主从面”点保持重合．

这里给出的滑移面计算公式是直接从滑移运动方程出发得到的差分格式．除此之外，Cherry, Sack, Maenchen, Kransky (1970) 提出了另一种计算公式，他们在计算滑移线上的压力 P_0 时，忽略了方程(4.5.15)左端的项 $-\frac{1}{R}(u_\tau^{+2}-u_\tau^{-2})$．显然当滑移线接近于直线时，曲率 $\frac{1}{R}$ 为零，这一项是可以忽略的．另外，Wilkins(1964) 提出了另一种计算公式，他用线性插值方法由滑移线两侧流场的压力直接求出滑移线上的压力，然后“主面”的运动按给定压力的边界公式计算，而“从面”的切向速度按固壁滑移的边界公式计算，最后进行“主从面”耦合，即“从面”的切向速度同“主面”的法向速度合成为“从面”速度．这些算法都在一定程度上描述了滑移现象，并且已经对一些实际问题进行了计算．也有另外一些作者，例如 Harlow, Amsden (1974) 认为没有必要对滑移面单独进行处理，显然这只是对于滑移现象不十分严重(即切向速度差不很大)的物理模型是可行的．对于那些速度定义在网格中心的二维方法，或者在网格边界上只考虑法向速度的方法，例如 Euler 方法，一般都没有单独考虑滑移问题．这些方法往往不能清晰地描述滑移界面．而对于 Lagrange 方法，如果不对滑移面单独进行计算，滑移面附近的网格会因为大的切应变而扭曲，甚至引起网格相交．因此滑移计算是采用 Lagrange 方法时须要考虑的一个重要问题．但是滑移计算的逻辑过程和计算公式比较复杂，一般程序只能考虑预先给定的少数几条滑移线，例如在不同流体的交界面，而且一般只能考虑同一族网格线的滑移线．现在有少数程序，例如 HEMP 程序还考虑了不同族网格线的滑移线，即双向滑移，参看

Warren (1979)的文章。 滑移计算中出现的各种问题还有待于进一步研究。

§6 重分网格

在流体力学计算中，Lagrange 网格是跟随流体质团运动的，质团的流动和变形必然会引起网格扭曲、畸变、以至互相扭结，甚至可能出现网格相交(如图 4.6.1 所示)，这就使得计算不能进行下去. 网格的扭曲又会引起误差迅速增长，使得 Lagrange 方法失去精确性. 人们曾经设想过各种各样的办法来克服网格相交. 这些办法归纳起来，大致有两类: 一类是设想用某种人为粘性来阻止网格的扭曲和变形，以达到推迟或防止网格相交的目的. 例如

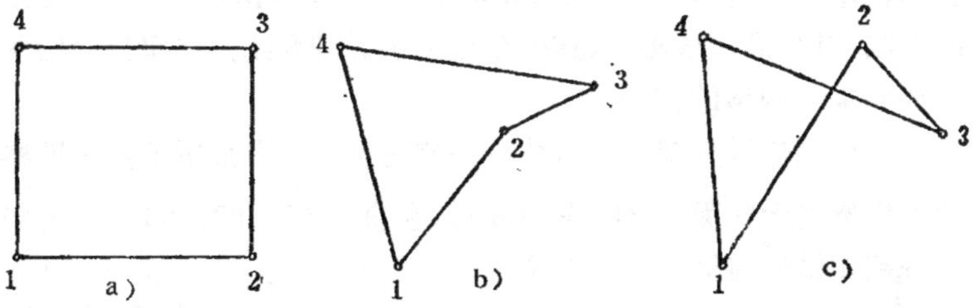

图 4.6.1

Wilkins (1969) 提出的"角度粘性"、Brown, Wallick (1971)设计的所谓"粘性三角形"和"临时性三角形子网格"等等. 有的作者(例如 Grandy (1961))直接选用三角形网格代替四边形网格，这样，当三角形的一个顶点接近或即将穿过对边时，网格体积趋近于零，密度无限增大，使得压力和人为粘性也同时无限增大，从而阻止网格相交. 这些办法尽管对于防止网格相交有一定效果，但是对于物理上真实的扰动和变形，这些办法所加入流场的"人为粘性"可能改变流场的性质，歪曲了物理图象.

另一类办法就是重分网格. 最初的重分网格仅限于简单地矫

正个别角点,使网格不致过分扭曲以维持计算,这叫做局部重分网格. 后来提出增加或删除整行整列网格，或者按照某种给定的方式重新划分全部网格，这叫做整体重分网格. 重分网格计算包括两部分内容: 其一是网格的划分，其二是网格量输运. 网格划分是解决如何重新确定网格角点位置的问题. 网格输运是解决如何计算新网格中的物理量的问题. 下面分别讨论这两个问题.

6.1 网格划分

差分格式的精确度是同网格的步长和几何形状直接相关的. 在流体力学计算中,理想的网格是既能跟踪物质界面,又能保持正交性和均匀性的，但是实际上这样的网格很难实现. 关于在任意曲线边界的情况下构造正交曲线网格的问题，将在第五章叙述. 关于网格的另外一些整体划分方法,例如一族网格线是直线,另一族网格线是 Lagrange 线或者在两条界面之间用均匀等分点连线的方法,将在第六章叙述,这一章里不去详细介绍. 这里只介绍两种局部重分网格的方法.

一种局部重分网格的方法，是使得每个角点周围的四个网格角点尽量趋于均衡. 参看图 4.6.2，在直线 $\overline{01}$，$\overline{02}$，$\overline{03}$，$\overline{04}$ 方向上分别作单位向量，在这四个单位向量的合成方向上取一点 $\tilde{0}$ 作为点 0 的新位置. 向量 $\mathbf{0\tilde{0}}$ 的模 $|\mathbf{0\tilde{0}}|$ 可以根据线段 $\overline{01}$、$\overline{02}$、$\overline{03}$、$\overline{04}$ 中最短的一条边长来调整. 例如，点 $\tilde{0}$ 的坐标取为

$$\boldsymbol{x}_{\tilde{0}} = \boldsymbol{x}_0 + \frac{\beta}{4}\Delta_{\min}\left[\frac{\Delta\boldsymbol{x}_{01}}{|\Delta\boldsymbol{x}_{01}|} + \frac{\Delta\boldsymbol{x}_{02}}{|\Delta\boldsymbol{x}_{02}|} + \frac{\Delta\boldsymbol{x}_{03}}{|\Delta\boldsymbol{x}_{03}|} + \frac{\Delta\boldsymbol{x}_{04}}{|\Delta\boldsymbol{x}_{04}|}\right], \tag{4.6.1}$$

其中 β 是可调参数.

$$\Delta\boldsymbol{x}_{0i} = \boldsymbol{x}_i - \boldsymbol{x}_0 \quad i = 1, 2, 3, 4,$$

而 $\Delta_{\min} = \min(|\Delta\boldsymbol{x}_{01}|, |\Delta\boldsymbol{x}_{02}|, |\Delta\boldsymbol{x}_{03}|, |\Delta\boldsymbol{x}_{04}|)$.

另一种局部修正网格的方法，是阻止每个格子点周围的四边形由凸形变为凹形，从而防止网格相交. 我们分析网格相交的过

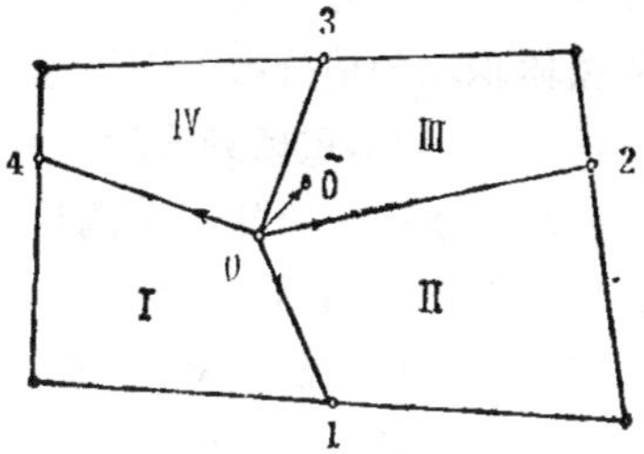

图 4.6.2

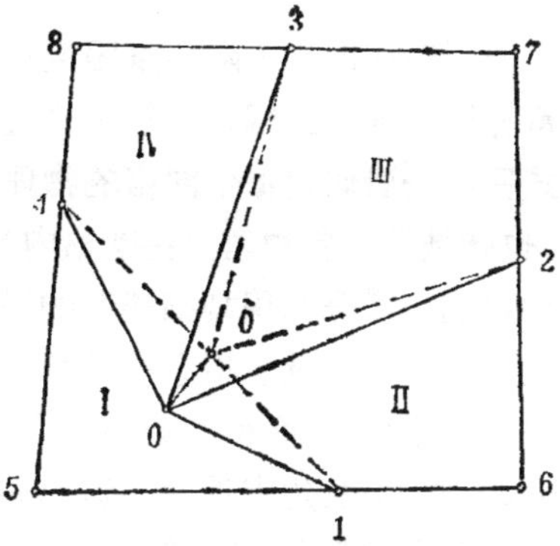

图 4.6.3

程，总是先由凸的四边形逐步蜕变为三角形，然后再由三角形演变为凹的四边形，使得网格逐渐畸变，达到相交，如图 4.6.1 所示. 因此设想当四边形蜕变为三角形时，开始修正角点，阻止它进一步演变为凹的四边形.

具体方法如图 4.6.3 所示，在角点 0 周围的网格 I 开始演变为凹形，这时三角形 Δ_{041} 的面积为负. 所以凹形的判别方法是：计算四个三角形 $\Delta_{0,l,l+1}$($l=1, 2, 3, 4$ 为循环附标，当 $l=4$时，$l+1=:1$)的面积 $A_{0,l,l+1}$，此处

$$A_{0,l,l+1}=\frac{1}{2}\left[x_0(r_l-r_{l+1})+x_l(r_{l+1}-r_0)+x_{l+1}(r_0-r_l)\right],$$

若有一个 $A_{0,l,l+1}<0$，则 $l,l+1$ 所对应的四边形为凹形. 这时，将点 0 投影到直线 $\overline{l,\ l+1}$ 上，取像点为修正以后的角点 $\tilde{0}$，其坐标为

$$x_{\tilde{0}}=\frac{1}{|\Delta \boldsymbol{x}_{l+1,l}|^2}\left[x_0(\Delta x_{l+1,l})^2-\Delta x_{l+1,l}\Delta r_{l+1,l}\Delta r_{0,l+1}+x_{l+1}(\Delta r_{l+1,l})^2\right],$$

$$r_{\tilde{0}}=\frac{1}{|\Delta \boldsymbol{x}_{l+1,l}|^2}\left[r_0(\Delta r_{l+1,l})^2-\Delta r_{l+1,l}\Delta x_{l+1,l}\Delta x_{0,l+1}\right.$$

$$+ r_{l+1}(\Delta x_{l+1,l})^2]. \tag{4.6.2}$$

6.2 网格量输运

由于现在网格不随质量团运动，因而在网格之间就产生了力学量输运的现象．网格量输运也有几种不同的计算公式．在这些公式里，一般假定每个网格的物理量按体积均匀地分布于网格之中，也就是假定各物理量在网格内为常数．当网格重新划分时，一个网格的一部分体积划归邻近的另一网格，这一部分体积所携带的质量、动量、能量也相应地“输送”到另一网格，然后每个新网格各自进行平均，从而得到新网格中的各种物理量，例如质量、密度、压力、内能，以及角点速度．这里先给出一种计算输运量的方法．

下面假设带上标“～”的量是重分网格计算的结果量，而没有这种上标的量是重分之前的量．图 4.6.4 中点 $\tilde{0}$, $\tilde{1}$, $\tilde{2}$……表示点 0, 1, 2……经过重分网格之后的新位置．假定我们按照系统的角点排列的次序逐点进行计算，而且系统边界上的输运是按某种方式给定的．这样，如果第 $k-1$ 行网格线上的角点已经算完，第 k 行上的第 $j-1$ 个角点也已经算完，现在需要计算点 $0(j,k)$ 移动到点 $\tilde{0}$ 位置所引起的邻近网格的输运．换句话说，在图 4.6.4 中，点 0 重分之前的所有量都已知，角点 $\tilde{5}, \tilde{1}, \tilde{6}, \tilde{4}$ 上的速度也已知．如图所示，设三角形 $\Delta_{①}$、$\Delta_{②}$、$\Delta_{③}$、$\Delta_{④}$ 的体积分别为 $V_{①} = V_{\tilde{0}0\tilde{1}}$, $V_{②} = V_{\tilde{0}0\tilde{2}}$, $V_{③} = V_{0\tilde{0}\tilde{3}}$, $V_{④} = V_{0\tilde{0}\tilde{4}}$. 此处注意下标的次序，如果排列次序改变，其数值将改变符号．设

$$M_{①} = \frac{1}{2}[\rho_{\mathrm{II}}(v_{①} + \beta|v_{①}|) + \rho_{\mathrm{I}}(v_{①} - \beta|v_{①}|)],$$

$$M_{②} = \frac{1}{2}[\rho_{\mathrm{III}}(v_{②} + \beta|v_{②}|) + \rho_{\mathrm{II}}(v_{②} - \beta|v_{②}|)],$$

$$M_{③} = \frac{1}{2}[\rho_{\mathrm{III}}(v_{③} + \beta|v_{③}|) + \rho_{\mathrm{IV}}(v_{③} - \beta|v_{③}|)],$$

$$M_{④} = \frac{1}{2}[\rho_{\mathrm{IV}}(v_{④} + \beta|v_{④}|) + \rho_{\mathrm{I}}(v_{④} - \beta|v_{④}|)], \tag{4.6.3}$$

其中 β 为可调参数，$0<\beta\leqslant 1$，当 $\beta=1$ 时得到贡献网格的差分公式，当 $\beta<1$ 时得到部分贡献网格的差分公式，当 $\beta=0$ 时表示中心差分。

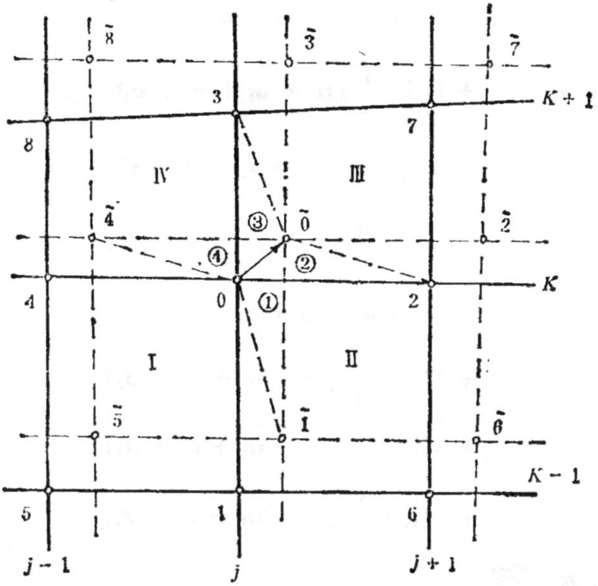

图 4.6.4

由体积输运公式

$$
\begin{aligned}
\widetilde{V}_{\mathrm{I}} &= V_{\mathrm{I}}''' + V_{①} + V_{④},\\
V_{\mathrm{II}}''' &= V_{\mathrm{II}}'' - V_{①} + V_{②},\\
V_{\mathrm{III}}' &= V_{\mathrm{III}} - V_{②} - V_{③},\\
V_{\mathrm{IV}}'' &= V_{\mathrm{IV}}' - V_{④} + V_{③}
\end{aligned}
\tag{4.6.4}
$$

可以得到质量输运公式

$$
\begin{aligned}
\widetilde{M}_{\mathrm{I}} &= M_{\mathrm{I}}''' + M_{①} + M_{④},\\
M_{\mathrm{II}}''' &= M_{\mathrm{II}}'' - M_{①} + M_{②},\\
M_{\mathrm{III}}' &= M_{\mathrm{III}} - M_{②} - M_{③},\\
M_{\mathrm{IV}}'' &= M_{\mathrm{IV}}' - M_{④} + M_{③},
\end{aligned}
\tag{4.6.5}
$$

上式中的上标"′"表示该网格已经对某一角点进行过一次输运计

算，类似地，上标“ '' ”表示进行过两次，上标“ ''' ”表示进行过三次输运计算． 每个网格有四个角点，因此必须进行四次输运计算．由动量输运公式

$$
\begin{aligned}
& M'''_{\mathrm{I}}\cdot\frac{1}{4}(\boldsymbol{u}_0+\boldsymbol{u}_{\tilde{1}}+\boldsymbol{u}_{\tilde{5}}+\boldsymbol{u}_{\tilde{4}}) \\
&\quad + M''_{\mathrm{II}}\cdot\frac{1}{4}(\boldsymbol{u}_0+\boldsymbol{u}_{\tilde{1}}+\boldsymbol{u}_{\tilde{6}}+\boldsymbol{u}_2) \\
&\quad + M_{\mathrm{III}}\cdot\frac{1}{4}(\boldsymbol{u}_0+\boldsymbol{u}_2+\boldsymbol{u}_7+\boldsymbol{u}_3) \\
&\quad + M'_{\mathrm{IV}}\cdot\frac{1}{4}(\boldsymbol{u}_0+\boldsymbol{u}_3+\boldsymbol{u}_8+\boldsymbol{u}_{\tilde{4}}) \\
&= \widetilde{M}_{\mathrm{I}}\cdot\frac{1}{4}(\boldsymbol{u}_{\tilde{0}}+\boldsymbol{u}_{\tilde{1}}+\boldsymbol{u}_{\tilde{5}}+\boldsymbol{u}_{\tilde{4}}) \\
&\quad + M'''_{\mathrm{II}}\cdot\frac{1}{4}(\boldsymbol{u}_{\tilde{0}}+\boldsymbol{u}_{\tilde{1}}+\boldsymbol{u}_{\tilde{6}}+\boldsymbol{u}_2) \\
&\quad + M'_{\mathrm{III}}\cdot\frac{1}{4}(\boldsymbol{u}_{\tilde{0}}+\boldsymbol{u}_2+\boldsymbol{u}_7+\boldsymbol{u}_3) \\
&\quad + M''_{\mathrm{IV}}\cdot\frac{1}{4}(\boldsymbol{u}_{\tilde{0}}+\boldsymbol{u}_3+\boldsymbol{u}_8+\boldsymbol{u}_{\tilde{4}})
\end{aligned}
\tag{4.6.6}
$$

解出 $\boldsymbol{u}_{\tilde{0}}$，得到

$$
\begin{aligned}
\boldsymbol{u}_{\tilde{0}} = & \frac{1}{\widetilde{M}_{\mathrm{I}}+M'''_{\mathrm{II}}+M'_{\mathrm{III}}+M''_{\mathrm{IV}}}\big[(M'''_{\mathrm{I}}+M''_{\mathrm{II}} \\
& + M_{\mathrm{III}}+M'_{\mathrm{IV}})\boldsymbol{u}_0+(M'''_{\mathrm{I}}-\widetilde{M}_{\mathrm{I}})(\boldsymbol{u}_{\tilde{1}}+\boldsymbol{u}_{\tilde{5}}+\boldsymbol{u}_{\tilde{4}}) \\
& + (M''_{\mathrm{II}}-M'''_{\mathrm{II}})(\boldsymbol{u}_{\tilde{1}}+\boldsymbol{u}_{\tilde{6}}+\boldsymbol{u}_2) \\
& + (M_{\mathrm{III}}-M'_{\mathrm{III}})(\boldsymbol{u}_2+\boldsymbol{u}_7+\boldsymbol{u}_3) \\
& + (M'_{\mathrm{IV}}-M''_{\mathrm{IV}})(\boldsymbol{u}_3+\boldsymbol{u}_8+\boldsymbol{u}_{\tilde{4}})\big]
\end{aligned}
\tag{4.6.7}
$$

下面考虑内能的输运．设

$$
\begin{aligned}
(Me)_{①} &= \frac{1}{2}\big[(\rho e)_{\mathrm{II}}(V_{①}+\beta|V_{①}|) \\
&\qquad + (\rho e)_{\mathrm{I}}(V_{①}-\beta|V_{①}|)\big], \\
(Me)_{②} &= \frac{1}{2}\big[(\rho e)_{\mathrm{III}}(V_{②}+\beta|V_{②}|) \\
&\qquad + (\rho e)_{\mathrm{II}}(V_{②}-\beta|V_{②}|)\big],
\end{aligned}
$$

$$(Me)_{\textcircled{3}} = \frac{1}{2}\left[(\rho e)_{\mathrm{III}}(V_{\textcircled{3}} + \beta|V_{\textcircled{3}}|) + (\rho e)_{\mathrm{IV}}(V_{\textcircled{3}} - \beta|V_{\textcircled{3}}|)\right],$$

$$(Me)_{\textcircled{4}} = \frac{1}{2}\left[(\rho e)_{\mathrm{IV}}(V_{\textcircled{4}} + \beta|V_{\textcircled{4}}|) + (\rho e)_{\mathrm{I}}(V_{\textcircled{4}} - \beta|V_{\textcircled{4}}|)\right], \tag{4.6.8}$$

我们得到内能输运公式

$$\tilde{e}_{\mathrm{I}} = \frac{1}{\widetilde{M}_{\mathrm{I}}}\left[M_{\mathrm{I}}'''e_{\mathrm{I}}''' + (Me)_{\textcircled{1}} + (Me)_{\textcircled{4}}\right],$$

$$e_{\mathrm{II}}''' = \frac{1}{M_{\mathrm{II}}'''}\left[M_{\mathrm{II}}''e_{\mathrm{II}}'' - (Me)_{\textcircled{1}} + (Me)_{\textcircled{2}}\right],$$

$$e_{\mathrm{III}}' = \frac{1}{M_{\mathrm{III}}'}\left[M_{\mathrm{III}}e_{\mathrm{III}} - (Me)_{\textcircled{2}} - (Me)_{\textcircled{3}}\right],$$

$$e_{\mathrm{IV}}'' = \frac{1}{M_{\mathrm{IV}}''}\left[M_{\mathrm{IV}}'e_{\mathrm{IV}}' - (Me)_{\textcircled{4}} + (Me)_{\textcircled{3}}\right]. \tag{4.6.9}$$

新网格中的密度可以用重分网格以后的质量 $\widetilde{M}_{\mathrm{I}}$ 和体积 $\widetilde{V}_{\mathrm{I}}$ 计算，$\tilde{\rho}_{\mathrm{I}} = \widetilde{M}_{\mathrm{I}}/\widetilde{V}_{\mathrm{I}}$. 压力用状态方程计算 $\tilde{p}_{\mathrm{I}} = p(\tilde{\rho}_{\mathrm{I}}, \tilde{e}_{\mathrm{I}})$.

现在我们证明上述网格量输运公式可以确保质量、动量和内能的守恒. 前面已经讲到，对每个网格 I 来说，在四个角点分别进行输运计算时，网格量改变了四次，如图 4.6.5 所示. 由(4.6.4)式可得

$$\widetilde{V}_{\mathrm{I}} = V_{\mathrm{I}} + V_{\textcircled{1}} + V_{\textcircled{4}} - V_{\textcircled{2}'} - V_{\textcircled{3}'} - V_{\textcircled{4}''} + V_{\textcircled{3}''} - V_{\textcircled{1}'''} + V_{\textcircled{2}'''}. \tag{4.6.10}$$

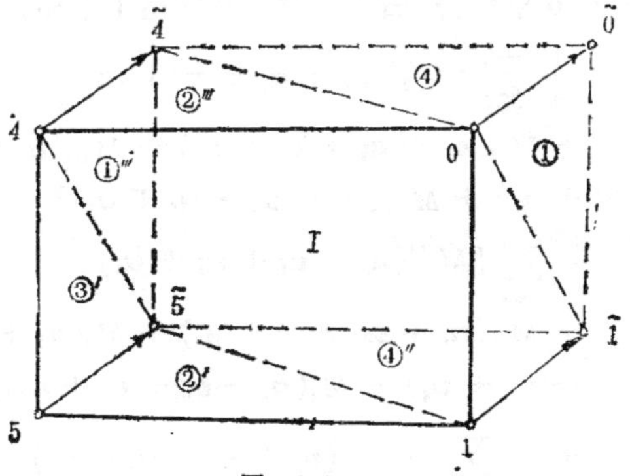

图 4.6.5

此式对系统的所有网格 I 求和，就得到体积守恒关系式

$$\sum_{\mathrm{I}} \widetilde{V}_{\mathrm{I}} = \sum_{\mathrm{I}} V_{\mathrm{I}} + \Sigma' V\ (\text{边界部分}), \qquad (4.6.11)$$

其中 $\Sigma' V$ (边界部分)是指系统边界上体积的改变.

不失一般性,可以假定系统的边界为 Lagrange 网格线，也就是说,对系统边界上的网格角点不进行重分,这样，在重分网格时系统边界上就没有体积改变,即 $\Sigma' V$ (边界部分) $= 0$.

同样,由(4.6.5)式可得质量守恒关系式

$$\sum_{\mathrm{I}} \widetilde{M}_{\mathrm{I}} = \sum_{\mathrm{I}} M_{\mathrm{I}} + \Sigma' M\ (\text{边界部分}), \qquad (4.6.12)$$

此处 $\Sigma' M$ (边界部分)是指系统边界上质量的输运. 由(4.6.9)式可得内能守恒关系式

$$\sum_{\mathrm{I}} \widetilde{M}_{\mathrm{I}} \tilde{e}_{\mathrm{I}} = \sum_{\mathrm{I}} M_{\mathrm{I}} e_{\mathrm{I}} + \Sigma'(Me)(\text{边界部分}), \qquad (4.6.13)$$

此处 $\Sigma'(Me)$ (边界部分)也是指系统边界上内能的输运. 由于假定系统边界上没有体积改变，边界上相应的 $V_{\circledS} = 0$, 由(4.6.3)和(4.6.8)看出,边界上相应的 $M_{\circledS} = 0, (Me)_{\circledS} = 0$, 因此,边界上没有质量和内能的输运,即 $\Sigma' M$ (边界部分) $= 0$, $\Sigma' Me$(边界部分) $= 0$. 所以，(4.6.5)和(4.6.9)保证通过重分网格质量和内能是守恒的格式.

现在证明系统的动量也是守恒的. 由(4.6.6)式左端对系统的所有内部角点 0 求和,然后化为对所有网格 I 求和,得

$$\begin{aligned}
&\frac{1}{4} \sum_{\text{内部0}} [M'''_{\mathrm{I}}(\boldsymbol{u}_0 + \boldsymbol{u}_{\bar{1}} + \boldsymbol{u}_{\bar{5}} + \boldsymbol{u}_{\bar{4}}) \\
&+ M''_{\mathrm{II}}(\boldsymbol{u}_0 + \boldsymbol{u}_{\bar{1}} + \boldsymbol{u}_{\bar{6}} + \boldsymbol{u}_2) + M_{\mathrm{III}}(\boldsymbol{u}_0 + \boldsymbol{u}_2 + \boldsymbol{u}_7 \\
&+ \boldsymbol{u}_3) + M'_{\mathrm{IV}}(\boldsymbol{u}_0 + \boldsymbol{u}_3 + \boldsymbol{u}_8 + \boldsymbol{u}_{\bar{4}})] \\
= &\frac{1}{4} \sum_{\text{内部 I}} [M'''_{\mathrm{I}}(\boldsymbol{u}_0 + \boldsymbol{u}_{\bar{1}} + \boldsymbol{u}_{\bar{5}} + \boldsymbol{u}_{\bar{4}}) \\
&+ M''_{\mathrm{I}}(\boldsymbol{u}_4 + \boldsymbol{u}_{\bar{5}} + \boldsymbol{u}_{\bar{1}} + \boldsymbol{u}_0) + M_{\mathrm{I}}(\boldsymbol{u}_5 + \boldsymbol{u}_1 \\
&+ \boldsymbol{u}_0 + \boldsymbol{u}_4) + M'_{\mathrm{I}}(\boldsymbol{u}_1 + \boldsymbol{u}_0 + \boldsymbol{u}_4 + \boldsymbol{u}_{\bar{5}})] \\
&+ \frac{1}{4} \sum_{\text{左边界 I}} [M'''_{\mathrm{I}}(\boldsymbol{u}_0 + \boldsymbol{u}_{\bar{1}} + \boldsymbol{u}_{\bar{5}} + \boldsymbol{u}_{\bar{4}})
\end{aligned}$$

$$+ M'_{\rm I}(\boldsymbol{u}_1 + \boldsymbol{u}_0 + \boldsymbol{u}_4 + \boldsymbol{u}_{\bar{5}})]$$

$$+ \frac{1}{4} \sum_{\text{右边界 I}} [M''_{\rm I}(\boldsymbol{u}_4 + \boldsymbol{u}_{\bar{5}} + \boldsymbol{u}_{\bar{1}} + \boldsymbol{u}_0)$$

$$+ M_{\rm I}(\boldsymbol{u}_5 + \boldsymbol{u}_1 + \boldsymbol{u}_0 + \boldsymbol{u}_4)]$$

$$+ \frac{1}{4} \sum_{\text{上边界 I}} [M_{\rm I}(\boldsymbol{u}_5 + \boldsymbol{u}_1 + \boldsymbol{u}_0 + \boldsymbol{u}_4)$$

$$+ M'_{\rm I}(\boldsymbol{u}_1 + \boldsymbol{u}_0 + \boldsymbol{u}_4 + \boldsymbol{u}_{\bar{5}})]$$

$$+ \frac{1}{4} \sum_{\text{下边界 I}} [M'''_{\rm I}(\boldsymbol{u}_0 + \boldsymbol{u}_{\bar{0}} + \boldsymbol{u}_{\bar{5}} + \boldsymbol{u}_{\bar{4}})$$

$$+ M''_{\rm I}(\boldsymbol{u}_4 + \boldsymbol{u}_{\bar{5}} + \boldsymbol{u}_{\bar{1}} + \boldsymbol{u}_0)], \tag{4.6.14}$$

其中求和附标"内部 I" 表示四个角点都是内点的网格 I, "左边界 I"表示系统左边界附近的网格 I,其余类似. 由(4.6.6)式右端对系统的所有内部角点 0 求和, 然后化为对所有网格 I 求和得

$$\frac{1}{4} \sum_{\text{内部O}} [\widetilde{M}_{\rm I}(\boldsymbol{u}_{\bar{0}} + \boldsymbol{u}_{\bar{1}} + \boldsymbol{u}_{\bar{5}} + \boldsymbol{u}_{\bar{4}})$$

$$+ M''_{\rm II}(\boldsymbol{u}_{\bar{0}} + \boldsymbol{u}_{\bar{1}} + \boldsymbol{u}_{\bar{6}} + \boldsymbol{u}_2) + M'_{\rm III}(\boldsymbol{u}_{\bar{0}} + \boldsymbol{u}_2 + \boldsymbol{u}_7 + \boldsymbol{u}_3)$$

$$+ M''_{\rm IV}(\boldsymbol{u}_{\bar{0}} + \boldsymbol{u}_3 + \boldsymbol{u}_8 + \boldsymbol{u}_{\bar{4}})]$$

$$= \frac{1}{4} \sum_{\text{内部 I}} [\widetilde{M}_{\rm I}(\boldsymbol{u}_{\bar{0}} + \boldsymbol{u}_{\bar{1}} + \boldsymbol{u}_{\bar{5}} + \boldsymbol{u}_{\bar{4}})$$

$$+ M'''_{\rm I}(\boldsymbol{u}_{\bar{4}} + \boldsymbol{u}_{\bar{5}} + \boldsymbol{u}_{\bar{1}} + \boldsymbol{u}_0) + M'_{\rm I}(\boldsymbol{u}_{\bar{5}} + \boldsymbol{u}_1 + \boldsymbol{u}_0 + \boldsymbol{u}_4)$$

$$+ M''_{\rm I}(\boldsymbol{u}_{\bar{1}} + \boldsymbol{u}_0 + \boldsymbol{u}_4 + \boldsymbol{u}_{\bar{5}})]$$

$$+ \frac{1}{4} \sum_{\text{左边界 I}} [\widetilde{M}_{\rm I}(\boldsymbol{u}_{\bar{0}} + \boldsymbol{u}_{\bar{1}} + \boldsymbol{u}_{\bar{5}} + \boldsymbol{u}_{\bar{4}})$$

$$+ M''_{\rm I}(\boldsymbol{u}_{\bar{1}} + \boldsymbol{u}_0 + \boldsymbol{u}_4 + \boldsymbol{u}_{\bar{5}})]$$

$$+ \frac{1}{4} \sum_{\text{右边界 I}} [M'''_{\rm I}(\boldsymbol{u}_{\bar{4}} + \boldsymbol{u}_{\bar{5}} + \boldsymbol{u}_{\bar{1}} + \boldsymbol{u}_0)$$

$$+ M'_{\rm I}(\boldsymbol{u}_{\bar{5}} + \boldsymbol{u}_1 + \boldsymbol{u}_0 + \boldsymbol{u}_4)]$$

$$+ \frac{1}{4} \sum_{\text{上边界 I}} [M'_{\rm I}(\boldsymbol{u}_{\bar{5}} + \boldsymbol{u}_1 + \boldsymbol{u}_0 + \boldsymbol{u}_4)$$

$$+ M''_{\rm I}(\boldsymbol{u}_{\bar{1}} + \boldsymbol{u}_0 + \boldsymbol{u}_4 + \boldsymbol{u}_{\bar{5}})]$$

$$+ \frac{1}{4} \sum_{\text{下边界 I}} [\widetilde{M}_{\rm I}(\boldsymbol{u}_{\bar{0}} + \boldsymbol{u}_{\bar{1}} + \boldsymbol{u}_{\bar{5}} + \boldsymbol{u}_{\bar{4}})$$

$$+M'''_{\mathrm{I}}(\boldsymbol{u}_{\tilde{4}}+\boldsymbol{u}_{\tilde{5}}+\boldsymbol{u}_{\tilde{1}}+\boldsymbol{u}_0)]. \qquad (4.6.15)$$

根据(4.6.6)式得到(4.6.14)式和(4.6.15)式左端相等，故两式右端亦相等，从等式两端消去相同的项，化简后得到下式

$$\sum_{\text{内部 I}} M_{\mathrm{I}}(\boldsymbol{u}_5+\boldsymbol{u}_1+\boldsymbol{u}_0+\boldsymbol{u}_4)+\Sigma' M\boldsymbol{u}\ (\text{边界部分})$$

$$=\sum_{\text{内部 I}} \widetilde{M}_{\mathrm{I}}(\boldsymbol{u}_{\tilde{0}}+\boldsymbol{u}_{\tilde{1}}+\boldsymbol{u}_{\tilde{5}}+\boldsymbol{u}_{\tilde{4}})+\Sigma'' M\boldsymbol{u}(\text{边界部分}), \qquad (4.6.16)$$

其中 $\Sigma' M\boldsymbol{u}$（边界部分）和 $\Sigma'' M\boldsymbol{u}$（边界部分）分别表示(4.6.14)和(4.6.15)式右端的边界部分和，等式两端都消去了 1/4 因子.

现在来分析 Σ' 和 Σ'' 两个部分，由于假定边界点不重分，由图 4.6.5 可以看出，对于左边界网格 I，$\boldsymbol{u}_{\tilde{4}}=\boldsymbol{u}_4$，$\boldsymbol{u}_{\tilde{5}}=\boldsymbol{u}_5$，$M'_{\mathrm{I}}=M_{\mathrm{I}}, M'''_{\mathrm{I}}=M''_{\mathrm{I}}$；对于右边界网格 I，$\boldsymbol{u}_{\tilde{0}}=\boldsymbol{u}_0$，$\boldsymbol{u}_{\tilde{1}}=\boldsymbol{u}_1$，$M''_{\mathrm{I}}=M'_{\mathrm{I}}$，$\widetilde{M}_{\mathrm{I}}=M'''_{\mathrm{I}}$；对于上边界网格 I，$\boldsymbol{u}_{\tilde{0}}=\boldsymbol{u}_0$，$\boldsymbol{u}_{\tilde{4}}=\boldsymbol{u}_4$，$M'''_{\mathrm{I}}=M''_{\mathrm{I}}=\widetilde{M}_{\mathrm{I}}$；对于下边界网格 I，$\boldsymbol{u}_{\tilde{1}}=\boldsymbol{u}_1$，$\boldsymbol{u}_{\tilde{5}}=\boldsymbol{u}_5$，$M''_{\mathrm{I}}=M'_{\mathrm{I}}=M_{\mathrm{I}}$. 因此，(4.6.16)的等式两端消去相同项，就得到下列守恒关系式

$$\sum_{\text{内部 I}} M_{\mathrm{I}}(\boldsymbol{u}_5+\boldsymbol{u}_1+\boldsymbol{u}_0+\boldsymbol{u}_4)+\sum_{\text{边界 I}} M_{\mathrm{I}}(\boldsymbol{u}_5+\boldsymbol{u}_1+\boldsymbol{u}_0+\boldsymbol{u}_4)$$

$$=\sum_{\text{内部 I}} \widetilde{M}_{\mathrm{I}}(\boldsymbol{u}_{\tilde{0}}+\boldsymbol{u}_{\tilde{1}}+\boldsymbol{u}_{\tilde{5}}+\boldsymbol{u}_{\tilde{4}})+\sum_{\text{边界 I}} \widetilde{M}_{\mathrm{I}}(\boldsymbol{u}_{\tilde{0}}+\boldsymbol{u}_{\tilde{1}}+\boldsymbol{u}_{\tilde{5}}+\boldsymbol{u}_{\tilde{4}}).$$

此处求和符号 $\sum_{\text{边界 I}}$ 表示对上、下、左、右边界网格 I 全部求和. 这就证明了用(4.6.6)来定重分网格后角点的速度是保持系统总的动量的守恒.

这里只考虑了在重分网格时质量，动量和内能的守恒不变性，没有考虑系统总的动能是否改变. 由于重分网格并求出新网格中的各物理量是在计算完 Lagrange 运动之后进行的，系统内没有作功，因而没有内能和动能之间的交换. 重分网格的输运计算当

然最好是既保持系统总的内能不变，又保持总的动能不变．但是如果在求新角点处的速度时除了利用动量输运的两个方程外，再补充一个保持动能不变的条件，则得到关于两个未知量 $u_{\tilde{0}}, v_{\tilde{0}}$ 的三个方程的联立方程组，这样的方程组在一般情况下是超定义的．因此在重分网格时既要保持系统总的质量、动量、内能守恒，又要保持系统总的动能不变是做不到的．

如果要想保持总能量 $E=e+\frac{1}{2}|\boldsymbol{u}|^2$ 的守恒性，可以将计算内能输运量换为计算总能量输运量，即将方程(4.6.9)换为以下方程：

$$
\begin{aligned}
\tilde{e}_{\mathrm{I}} = \frac{1}{\widetilde{M}_{\mathrm{I}}} \Big[& M'''_{\mathrm{I}} e'''_{\mathrm{I}} + (Me)_{①} + (Me)_{④} + M'''_{\mathrm{I}} \\
& \cdot \frac{1}{32} |\boldsymbol{u}_0 + \boldsymbol{u}_{\tilde{1}} + \boldsymbol{u}_{\tilde{5}} + \boldsymbol{u}_{\tilde{4}}|^2 \Big] \\
& - \frac{1}{32} |\boldsymbol{u}_{\tilde{0}} + \boldsymbol{u}_{\tilde{1}} + \boldsymbol{u}_{\tilde{5}} + \boldsymbol{u}_{\tilde{4}}|^2, \\
e'''_{\mathrm{II}} = \frac{1}{M'''_{\mathrm{II}}} \Big[& M''_{\mathrm{II}} e''_{\mathrm{II}} - (Me)_{①} + (Me)_{②} + M''_{\mathrm{II}} \\
& \cdot \frac{1}{32} |\boldsymbol{u}_0 + \boldsymbol{u}_{\tilde{1}} + \boldsymbol{u}_{\tilde{6}} + \boldsymbol{u}_2|^2 \Big] \\
& - \frac{1}{32} |\boldsymbol{u}_{\tilde{0}} + \boldsymbol{u}_{\tilde{1}} + \boldsymbol{u}_{\tilde{6}} + \boldsymbol{u}_2|^2, \\
e'_{\mathrm{III}} = \frac{1}{M'_{\mathrm{III}}} \Big[& M_{\mathrm{III}} e_{\mathrm{III}} - (Me)_{②} - (Me)_{③} + M_{\mathrm{III}} \\
& \cdot \frac{1}{32} |\boldsymbol{u}_0 + \boldsymbol{u}_2 + \boldsymbol{u}_7 + \boldsymbol{u}_3|^2 \Big] \\
& - \frac{1}{32} |\boldsymbol{u}_{\tilde{0}} + \boldsymbol{u}_2 + \boldsymbol{u}_7 + \boldsymbol{u}_3|^2, \\
e''_{\mathrm{IV}} = \frac{1}{M''_{\mathrm{IV}}} \Big[& M'_{\mathrm{IV}} e'_{\mathrm{IV}} - (Me)_{④} + (Me)_{③} + M'_{\mathrm{IV}} \\
& \cdot \frac{1}{32} |\boldsymbol{u}_0 + \boldsymbol{u}_3 + \boldsymbol{u}_8 + \boldsymbol{u}_{\tilde{4}}|^2 \Big] \\
& - \frac{1}{32} |\boldsymbol{u}_{\tilde{0}} + \boldsymbol{u}_3 + \boldsymbol{u}_8 + \boldsymbol{u}_{\tilde{4}}|^2.
\end{aligned}
\tag{4.6.17}
$$

但是，这种做法有时可能出现某些网格内能为负值的不合理现象. 因此在计算中一般宁可计算内能输运量，这时动能的守恒误差将显示出重分网格计算的误差.

Browne (1966) 提出了另一种网格量输运的计算公式. 他把每个网格用对边中点连线划分为四个子网格，如图 4.6.6 所示. 网格量输运分为三个步骤实现. 第一步，将所有角点 0 移动到新位置 $\tilde{0}$，并且进行相应的子网格量的输运计算(见图 4.6.6a). 第二步，将每条网格边界的中点移动到新网格边界的中点位置，并且进行相应的子网格量的输运计算(见图 4.6.6b). 第三步，移动每个网格的中心，并且在每个网格的四个子网格中进行输运计算(见图4.6.6

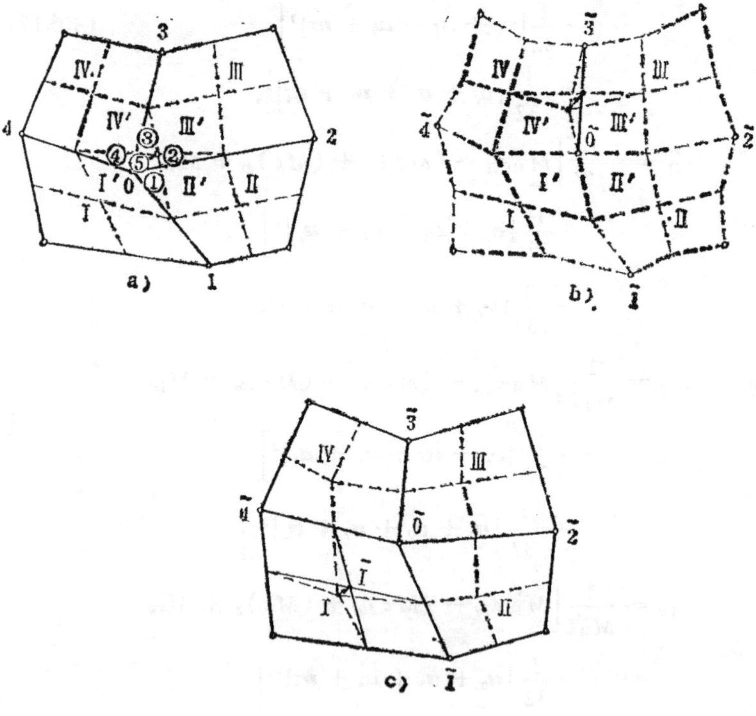

图 4.6.6

c). 这样就可以算出每个子网格的质量、动量和能量. 然后,每个网格的质量等于四个子网格质量之和,由此可以算出网格的平均密度和平均内能. 由格子点周围四个子网格的平均动量可以算出角点的平均速度.

子网格量的输运公式如下: 参看图 4.6.7 得

$$
\begin{aligned}
\bar{f}_{\mathrm{I}'} &= f_{\mathrm{I}'} + f_{①} + f_{④} + f_{⑤}, \\
\bar{f}_{\mathrm{II}'} &= f_{\mathrm{II}'} - f_{①} + f_{②}, \\
\bar{f}_{\mathrm{III}'} &= f_{\mathrm{III}'} - f_{②} - f_{③} - f_{⑤}, \\
\bar{f}_{\mathrm{IV}'} &= f_{\mathrm{IV}'} - f_{④} + f_{③}.
\end{aligned}
\tag{4.6.18}
$$

令 f 表示 M, $M\boldsymbol{u}$ 和 Me,就可以分别得到质量、动量和内能的输运公式. 显然这些公式也是保持系统的质量、动量和内能守恒的.

Browne 的输运公式是设计得十分精细的,但是每个网格分为四个子网格,要增加大量存储单元,三步输运公式也要增加许多计算时间.

除了 Browne 的重分网格方法之外,还有一些其他重分网格方法,我们将在第五章里介绍.

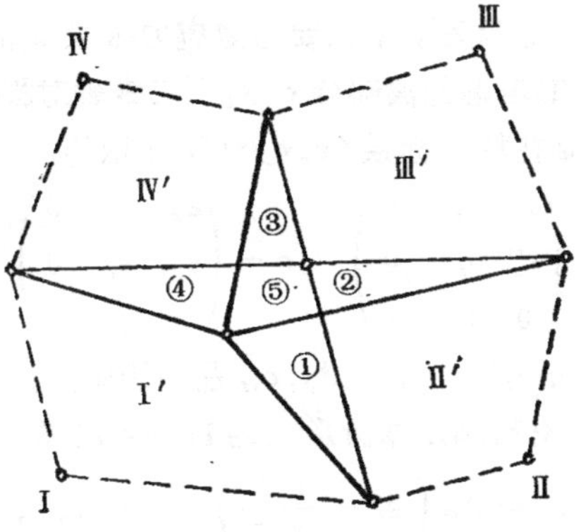

图 4.6.7

上面介绍了局部重分网格和整体重分网格的几种方案. 对于扰动比较小的流场, 局部重分网格是有效的. 局部重分网格的优点是对整体影响比较小, 计算误差和光滑化效应局限于一个小的范围．但是随着扰动的发展，计算误差会逐渐增加，而对于物理上真实的大扰动和滑移，局部重分网格是无能为力的，必须采用连续（对时间步长而言）地整体重分网格的办法．

Lagrange 方法引进重分网格概念后，已经不再是单纯的 Lagrange 方法了． 如果在每一个时间步长都通过重分网格计算将网格恢复到 Lagrange 运动之前的位置，这就是一种单纯的 Euler 方法．如果人为地给角点 0 以某种速度运动，这就是一种下面要讲到的任意 Lagrange-Euler 方法． 由于重分网格计算包含着平均的概念，这就使各种物理量趋于光滑化，因此从这个意义上说，角点运动离开 Lagrange 运动愈远，计算误差就愈大．这是在重分网格时必须考虑的一个因素．

§7 弹塑性计算

这里考虑的弹塑性问题，是研究各向同性的固体材料在强冲击载荷（例如高速碰撞、炸药爆轰、强激光照射等）作用下的动力学运动．对于弹塑性问题，不仅要考虑应力张量 $\boldsymbol{\sigma}$ 的各向同性部分（压力 P），而且要考虑偏离部分 s，对于二维轴对称问题，应力张量 $\boldsymbol{\sigma}$ 和应变张量 $\boldsymbol{\varepsilon}$ 在柱坐标系 (x,r,θ) 下表示为

$$\boldsymbol{\sigma}=\begin{pmatrix}\sigma_x & \tau_{xr} & 0\\ \tau_{xr} & \sigma_r & 0\\ 0 & 0 & \sigma_\theta\end{pmatrix},\quad \boldsymbol{\varepsilon}=\begin{pmatrix}\varepsilon_x & \varepsilon_{xr} & 0\\ \varepsilon_{xr} & \varepsilon_r & 0\\ 0 & 0 & \varepsilon_\theta\end{pmatrix}, \tag{4.7.1}$$

其中 $\sigma_i=-p+s_i(i=x,r,\theta)$，$\tau_{xr}$ 是剪切应力，ε_{xr} 是剪切应变．

在弹性区，材料满足微分形式的 Hooke 定律为

$$\dot{S}_i=2\mu\left(\dot{\varepsilon}_i-\frac{1}{3}\frac{\dot{V}}{V}\right)\quad(i=x,r,\theta)$$

$$\dot{\tau}_{xr}=\mu\dot{\varepsilon}_{xr}, \tag{4.7.2}$$

此处 μ 是材料的剪切模量，上标“·”表示对时间的微商．在本节和下一节中，符号 V 表示比容，即 $V=1/\rho$．

应变率 $\dot{\varepsilon}_i$，$\dot{\varepsilon}_{xr}$ 用下列几何关系式定义：

$$\dot{\varepsilon}_x=\frac{\partial u}{\partial x}, \quad \dot{\varepsilon}_r=\frac{\partial v}{\partial r}, \quad \dot{\varepsilon}_\theta=\nu\frac{v}{r},$$

$$\dot{\varepsilon}_{xr}=\frac{\partial v}{\partial x}+\frac{\partial u}{\partial r}. \tag{4.7.3}$$

静压状态方程为

$$p=p(\eta, e), \tag{4.7.4}$$

其中 η 表示材料的压缩比，$\eta=V_0/V$.

弹性极限假定用 von Mises 屈服条件

$$(s_1^2+s_2^2+s_3^2)-\frac{2}{3}(Y^0)^2\leqslant 0 \tag{4.7.5}$$

表示，其中 Y^0 是材料的屈服强度，s_1、s_2、s_3 是主应力偏量. 在主坐标系 $x_1x_2x_3$ 下，剪切应力变为零，这时应力张量的对角线分量 σ_1, σ_2, σ_3 叫做主应力. 当材料的应力达到弹性极限时，塑性形变开始. 方程(4.7.2)—(4.7.5)描述了材料本身结构的力学性质，叫做本构关系式.

弹塑性的动力学方程组同流体动力学方程组一样，也包含质量、动量和能量的守恒方程，其向量形式如下:

$$\frac{\dot{V}}{V}=\nabla\cdot\boldsymbol{u},$$

$$\frac{1}{V}\dot{\boldsymbol{u}}=\nabla\cdot\boldsymbol{\sigma},$$

$$\frac{1}{V}\dot{E}=\nabla\cdot(\boldsymbol{\sigma}\cdot\boldsymbol{u}). \tag{4.7.6}$$

在平面和柱面坐标系(对应于 $\nu=0$ 和 1)下，质量和动量守恒方程为

$$\frac{\dot{V}}{V}=\frac{\partial u}{\partial x}+\frac{\partial v}{\partial r}+\nu\frac{v}{r}, \tag{4.7.7}$$

$$\frac{1}{V}\dot{u}=\frac{\partial\sigma_x}{\partial x}+\frac{\partial\tau_{xr}}{\partial r}+\nu\frac{\tau_{xr}}{r},$$

$$\frac{1}{V}\dot{v}=\frac{\partial\tau_{xr}}{\partial x}+\frac{\partial\sigma_r}{\partial r}+\nu\frac{\sigma_r-\sigma_\theta}{r}. \tag{4.7.8}$$

能量方程可以用质量、动量方程来简化为

$$\dot{e}=-p\dot{V}+V(s_x\dot{\varepsilon}_x+s_r\dot{\varepsilon}_r+s_\theta\dot{\varepsilon}_\theta+\tau_{xr}\dot{\varepsilon}_{xr}). \tag{4.7.9}$$

近二十年,随着二维流体动力学计算方法的发展,二维弹塑性计算方法也得到迅速发展. 弹塑性计算方法是流体动力学计算方法的应用和推广, 但是弹塑性问题更加复杂. 弹塑性材料的应力不仅是当时状态(比容、内能等)的函数,而且同材料的历史(加载、卸载、屈服、断裂等)有关,数值计算必须记录材料变形和载荷的历史. 因此, Lagrange 方法使用较为普遍,因为这种方法最易于记录材料的历史. 常用的 Lagrange 弹塑性程序有 HEMP, TENSOR, TOODY, MAGEE 程序等.

以下假定应力和应变是网格量. 弹塑性的 Lagrange 方法在对动量方程取差分时,仍然可以采用迴路积分公式(4.2.12), 因此方程(4.7.8)的差分近似式可以写为

$$
\begin{aligned}
\frac{u_0^{n+\frac{1}{2}}-u_0^{n-\frac{1}{2}}}{\Delta t}=&\frac{1}{2(A\rho)_0^n}\left[(\sigma_x)_{\mathrm{II}}^n(r_2^n-r_1^n)\right.\\
&+(\sigma_x)_{\mathrm{III}}^n(r_3^n-r_2^n)+(\sigma_x)_{\mathrm{IV}}^n(r_4^n-r_3^n)\\
&+(\sigma_x)_{\mathrm{I}}^n(r_1^n-r_4^n)-(\tau_{xr})_{\mathrm{II}}^n(x_2^n-x_1^n)\\
&-(\tau_{xr})_{\mathrm{III}}^n(x_3^n-x_2^n)-(\tau_{xr})_{\mathrm{IV}}^n(x_4^n-x_3^n)\\
&\left.-(\tau_{xr})_{\mathrm{I}}^n(x_1^n-x_4^n)\right]\\
&+\frac{v}{4}\left[(\tau_{xr})_{\mathrm{I}}^n\frac{A_{\mathrm{I}}^n}{M_{\mathrm{I}}}+(\tau_{xr})_{\mathrm{II}}^n\frac{A_{\mathrm{II}}^n}{M_{\mathrm{II}}}+(\tau_{xr})_{\mathrm{III}}^n\frac{A_{\mathrm{III}}^n}{M_{\mathrm{III}}}\right.\\
&\left.+(\tau_{xr})_{\mathrm{IV}}^n\frac{A_{\mathrm{IV}}^n}{M_{\mathrm{IV}}}\right].
\end{aligned}
\tag{4.7.10}
$$

$$
\begin{aligned}
\frac{v_0^{n+\frac{1}{2}}-v_0^{n-\frac{1}{2}}}{\Delta t}=&\frac{1}{2(A\rho)_0^n}\left[(\tau_{xr})_{\mathrm{II}}^n(r_2^n-r_1^n)\right.\\
&+(\tau_{xr})_{\mathrm{III}}^n(r_3^n-r_2^n)+(\tau_{xr})_{\mathrm{IV}}^n(r_4^n-r_3^n)\\
&+(\tau_{xr})_{\mathrm{I}}^n(r_1^n-r_4^n)-(\sigma_r)_{\mathrm{II}}^n(x_2^n-x_1^n)\\
&-(\sigma_r)_{\mathrm{III}}^n(x_3^n-x_2^n)-(\sigma_r)_{\mathrm{IV}}^n(x_4^n-x_3^n)\\
&\left.-(\sigma_r)_{\mathrm{IV}}^n(x_1^n-x_4^n)\right]\\
&+\frac{v}{4}\left[(s_r-s_\theta)_{\mathrm{I}}^n\frac{A_{\mathrm{I}}^n}{M_{\mathrm{I}}}+(s_r-s_\theta)_{\mathrm{II}}^n\frac{A_{\mathrm{II}}^n}{M_{\mathrm{II}}}\right.\\
&\left.+(s_r-s_\theta)_{\mathrm{III}}^n\frac{A_{\mathrm{III}}^n}{M_{\mathrm{III}}}+(s_r-s_\theta)_{\mathrm{IV}}^n\frac{A_{\mathrm{IV}}^n}{M_{\mathrm{IV}}}\right].
\end{aligned}
\tag{4.7.11}
$$

这就是 HEMP 和 TOODY 程序中所用到的差分格式。 也可以采用 Lagrange 坐标的微分变换关系式(1.1.50)，将方程(4.7.8)的差分近似式写为

$$
\begin{aligned}
\frac{u_0^{n+\frac{1}{2}}-u_0^{n-\frac{1}{2}}}{\Delta t}=&\frac{(r_2^n-r_0^n)[(\sigma_x)_{\mathrm{III}}^n-(\sigma_x)_{\mathrm{II}}^n]}{M_{\mathrm{II}}+M_{\mathrm{III}}}\cdot\left(\frac{r_2^n+r_0^n}{2}\right)^\nu\\
&+\frac{(r_0^n-r_4^n)[(\sigma_x)_{\mathrm{IV}}^n-(\sigma_x)_{\mathrm{I}}^n]}{M_{\mathrm{I}}+M_{\mathrm{IV}}}\cdot\left(\frac{r_0^n+r_4^n}{2}\right)^\nu\\
&-\frac{(r_3^n-r_0^n)[(\sigma_x)_{\mathrm{III}}^n-(\sigma_x)_{\mathrm{IV}}^n]}{M_{\mathrm{III}}+M_{\mathrm{IV}}}\cdot\left(\frac{r_3^n+r_0^n}{2}\right)^\nu\\
&-\frac{(r_0^n-r^n)[(\sigma_x)_{\mathrm{II}}^n-(\sigma_x)_{\mathrm{I}}^n]}{M_{\mathrm{I}}+M_{\mathrm{II}}}\cdot\left(\frac{r_0^n+r_1^n}{2}\right)^\nu\\
&-\frac{(x_2^n-x_0^n)[(\tau_{xr})_{\mathrm{III}}^n-(\tau_{xr})_{\mathrm{II}}^n]}{M_{\mathrm{II}}+M_{\mathrm{III}}}\cdot\left(\frac{r_2^n+r_0^n}{2}\right)^\nu\\
&-\frac{(x_0^n-x_4^n)[(\tau_{xr})_{\mathrm{IV}}^n-(\tau_{xr})_{\mathrm{I}}^n]}{M_{\mathrm{I}}+M_{\mathrm{IV}}}\cdot\left(\frac{r_0^n+r_4^n}{2}\right)^\nu\\
&+\frac{(x_3^n-x_0^n)[(\tau_{xr})_{\mathrm{III}}-(\tau_{xr})_{\mathrm{IV}}^n]}{M_{\mathrm{III}}+M_{\mathrm{IV}}}\cdot\left(\frac{r_3^n+r_0^n}{2}\right)^\nu\\
&+\frac{(x_0^n-x_1^n)[(\tau_{xr})_{\mathrm{II}}^n-(\tau_{xr})_{\mathrm{I}}^n]}{M_{\mathrm{I}}+M_{\mathrm{II}}}\cdot\left(\frac{r_0^n+r_1^n}{2}\right)^\nu\\
&+\frac{\nu}{4}\Bigg[(\tau_{xr})_{\mathrm{I}}^n\frac{A_{\mathrm{I}}^n}{M_{\mathrm{I}}}+(\tau_{xr})_{\mathrm{II}}^n\frac{A_{\mathrm{II}}^n}{M_{\mathrm{II}}}\\
&+(\tau_{xr})_{\mathrm{III}}^n\frac{A_{\mathrm{III}}^n}{M_{\mathrm{III}}}+(\tau_{xr})_{\mathrm{IV}}^n\frac{A_{\mathrm{IV}}^n}{M_{\mathrm{IV}}}\Bigg],
\end{aligned}
\tag{4.7.12}
$$

$$
\begin{aligned}
\frac{v_0^{n+\frac{1}{2}}-v_0^{n-\frac{1}{2}}}{\Delta t}=&\frac{(r_2^n-r_0^n)[(\tau_{xr})_{\mathrm{III}}^n-(\tau_{xr})_{\mathrm{II}}^n]}{M_{\mathrm{II}}+M_{\mathrm{III}}}\cdot\left(\frac{r_2^n+r_0^n}{2}\right)^\nu\\
&+\frac{(r_0^n-r_4^n)[(\tau_{xr})_{\mathrm{IV}}^n-(\tau_{xr})_{\mathrm{I}}^n]}{M_{\mathrm{I}}+M_{\mathrm{IV}}}\cdot\left(\frac{r_0^n+r_4^n}{2}\right)^\nu\\
&-\frac{(r_3^n-r_0^n)[(\tau_{xr})_{\mathrm{III}}^n-(\tau_{xr})_{\mathrm{IV}}^n]}{M_{\mathrm{III}}+M_{\mathrm{IV}}}\cdot\left(\frac{r_3^n+r_0^n}{2}\right)^\nu\\
&-\frac{(r_0^n-r_1^n)[(\tau_{xr})_{\mathrm{II}}^n-(\tau_{xr})_{\mathrm{I}}^n]}{M_{\mathrm{I}}+M_{\mathrm{II}}}\cdot\left(\frac{r_0^n+r_1^n}{2}\right)^\nu\\
&-\frac{(x_2^n-x_0^n)[(\sigma_r)_{\mathrm{III}}^n-(\sigma_r)_{\mathrm{II}}^n]}{M_{\mathrm{II}}+M_{\mathrm{III}}}\cdot\left(\frac{r_2^n+r_0^n}{2}\right)^\nu
\end{aligned}
$$

$$
\begin{aligned}
&-\frac{(x_0^n - x_4^n)[(\sigma_r)_{\mathrm{IV}}^n - (\sigma_r)_{\mathrm{I}}^n]}{M_{\mathrm{I}} + M_{\mathrm{IV}}} \cdot \left(\frac{r_0^n + r_4^n}{2}\right)^{\nu} \\
&+ \frac{(x_3^n - x_0^n)[(\sigma_r)_{\mathrm{III}}^n - (\sigma_r)_{\mathrm{IV}}^n]}{M_{\mathrm{III}} + M_{\mathrm{IV}}} \cdot \left(\frac{r_3^n + r_0^n}{2}\right)^{\nu} \\
&+ \frac{(x_0^n - x_1^n)[(\sigma_r)_{\mathrm{II}}^n - (\sigma_r)_{\mathrm{I}}^n]}{M_{\mathrm{I}} + M_{\mathrm{II}}} \cdot \left(\frac{r_0^n + r_1^n}{2}\right)^{\nu} \\
&+ \frac{\nu}{4}\left[(s_r - s_\theta)_{\mathrm{I}}^n \frac{A_{\mathrm{I}}^n}{M_{\mathrm{I}}} + (s_r - s_\theta)_{\mathrm{II}}^n \frac{A_{\mathrm{II}}^n}{M_{\mathrm{II}}}\right. \\
&\left.+ (s_r - s_\theta)_{\mathrm{III}}^n \frac{A_{\mathrm{III}}^n}{M_{\mathrm{III}}} + (s_r - s_\theta)_{\mathrm{IV}}^n \frac{A_{\mathrm{IV}}^n}{M_{\mathrm{IV}}}\right], \qquad (4.7.13)
\end{aligned}
$$

这就是 MAGEE 程序加上应力计算后的差分格式(见 Blewett (1971))，TENSOR 程序在这个格式的基础上增加了类似于(4.2.21)的权因子.

本构关系式(4.7.2)—(4.7.5)的差分公式，可以由迴路积分公式(4.2.4)得出:

$$
\begin{aligned}
(\dot{\varepsilon}_x)_{\mathrm{I}}^{n+\frac{1}{2}} &= \frac{1}{2A_{\mathrm{I}}}\left[(u_1^{n+\frac{1}{2}} - u_4^{n+\frac{1}{2}})(r_0^{n+\frac{1}{2}} - r_5^{n+\frac{1}{2}})\right. \\
&\quad \left.- (r_1^{n+\frac{1}{2}} - r_4^{n+\frac{1}{2}})(u_0^{n+\frac{1}{2}} - u_5^{n+\frac{1}{2}})\right] \\
(\dot{\varepsilon}_r)_{\mathrm{I}}^{n+\frac{1}{2}} &= -\frac{1}{2A_{\mathrm{I}}}\left[(v_1^{n+\frac{1}{2}} - v_4^{n+\frac{1}{2}})(x_0^{n+\frac{1}{2}} - x_5^{n+\frac{1}{2}})\right. \\
&\quad \left.- (x_1^{n+\frac{1}{2}} - x_4^{n+\frac{1}{2}})(v_0^{n+\frac{1}{2}} - v_5^{n+\frac{1}{2}})\right], \\
(\dot{\varepsilon}_\theta)_{\mathrm{I}}^{n+\frac{1}{2}} &= \frac{2(\rho_{\mathrm{I}}^n - \rho_{\mathrm{I}}^{n+1})}{\Delta t(\rho_{\mathrm{I}}^n + \rho_{\mathrm{I}}^{n+1})} - (\dot{\varepsilon}_x)_{\mathrm{I}}^{n+\frac{1}{2}} - (\dot{\varepsilon}_r)_{\mathrm{I}}^{n+\frac{1}{2}}, \\
(\dot{\varepsilon}_{xr})_{\mathrm{I}}^{n+\frac{1}{2}} &= \frac{1}{2A_{\mathrm{I}}}\left[(v_1^{n+\frac{1}{2}} - v_4^{n+\frac{1}{2}})(r_0^{n+\frac{1}{2}} - r_5^{n+\frac{1}{2}})\right. \\
&\quad - (r_1^{n+\frac{1}{2}} - r_4^{n+\frac{1}{2}})(v_0^{n+\frac{1}{2}} - v_5^{n+\frac{1}{2}}) \\
&\quad - (u_1^{n+\frac{1}{2}} - u_4^{n+\frac{1}{2}})(x_0^{n+\frac{1}{2}} - x_5^{n+\frac{1}{2}}) \\
&\quad \left.+ (x_1^{n+\frac{1}{2}} - x_4^{n+\frac{1}{2}})(u_0^{n+\frac{1}{2}} - u_5^{n+\frac{1}{2}})\right],
\end{aligned}
$$

其中 $(\dot{\varepsilon}_\theta)_{\mathrm{I}}^{n+\frac{1}{2}}$ 的差分公式可以从质量守恒差分方程

$$
\left(\frac{\dot{V}}{V}\right)_{\mathrm{I}}^{n+\frac{1}{2}} = (\dot{\varepsilon}_x)_{\mathrm{I}}^{n+\frac{1}{2}} + (\dot{\varepsilon}_r)_{\mathrm{I}}^{n+\frac{1}{2}} + (\dot{\varepsilon}_\theta)_{\mathrm{I}}^{n+\frac{1}{2}} \qquad (4.7.14)
$$

和 $\left(\frac{\dot{V}}{V}\right)_{\mathrm{I}}^{n+\frac{1}{2}} = \frac{2(\rho_{\mathrm{I}}^n - \rho_{\mathrm{I}}^{n+1})}{\Delta t(\rho_{\mathrm{I}}^n + \rho_{\mathrm{I}}^{n+1})}$ 得到. (4.7.2)式的差分近似式

为

$$(s_i)_{\rm I}^{n+1} = (s_i)_{\rm I}^n + 2\mu\left[(\dot{\varepsilon}_i)_{\rm I}^{n+\frac{1}{2}} - \frac{1}{3}\left(\frac{\dot{V}}{V}\right)_{\rm I}^{n+\frac{1}{2}}\right]\Delta t$$

$$+ (\delta_i)_{\rm I}^{n+\frac{1}{2}}\Delta t (i = x, r, \theta), \tag{4.7.15}$$

$$(\tau_{xr})_{\rm I}^{n+1} = (\tau_{xr})_{\rm I}^n + \mu(\dot{\varepsilon}_{xr})_{\rm I}^{n+\frac{1}{2}}\Delta t + (\delta_{xr})_{\rm I}^{n+\frac{1}{2}}\Delta t, \tag{4.7.16}$$

其中 δ_x, δ_r, δ_{xr} 和 δ_θ 是由于考虑到刚体旋转而引进的应力修正项(见 Wilkins(1964)),其计算公式为

$$(\delta_x)_{\rm I}^{n+\frac{1}{2}}\Delta t = (s_r - s_x)_{\rm I}^n(\sin w)_{\rm I}^2 - 2(\tau_{xr})_{\rm I}^n(\sin w)_{\rm I},$$

$$(\delta_r)_{\rm I}^{n+\frac{1}{2}}\Delta t = -(\delta_x)_{\rm I}^{n+\frac{1}{2}}\Delta t,$$

$$(\delta_\theta)_{\rm I}^{n+\frac{1}{2}}\Delta t = 0, \tag{4.7.17}$$

$$(\delta_{xr})_{\rm I}^{n+\frac{1}{2}}\Delta t = -(s_r - s_x)_{\rm I}^n(\sin w)_{\rm I} - 2(\tau_{xr})_{\rm I}^n(\sin w)_{\rm I}^2$$

此处由 $\sin 2w \doteq 2\sin w = \left(\frac{\partial v}{\partial x} - \frac{\partial u}{\partial r}\right)dt$, 得

$$\begin{aligned}(\sin w)_{\rm I} = \frac{\Delta t}{4A}[&(v_1^{n+\frac{1}{2}} - v_4^{n+\frac{1}{2}})(r_0^{n+\frac{1}{2}} - r_5^{n+\frac{1}{2}})\\ &-(r_1^{n+\frac{1}{2}} - r_4^{n+\frac{1}{2}})(v_0^{n+\frac{1}{2}} - v_5^{n+\frac{1}{2}})\\ &+(u_1^{n+\frac{1}{2}} - u_4^{n+\frac{1}{2}})(x_0^{n+\frac{1}{2}} - x_5^{n+\frac{1}{2}})\\ &-(x_1^{n+\frac{1}{2}} - x_4^{n+\frac{1}{2}})(u_0^{n+\frac{1}{2}} - u_5^{n+\frac{1}{2}})].\end{aligned}$$

至于屈服条件(4.7.5),其计算公式为: 当 $(s_x^2 + s_r^2 + s_\theta^2 + 2\tau_{xr}^2)_{\rm I}^{n+1} - \frac{2}{3}(Y^0)^2 \geqslant 0$ 时,将 $(s_x)_{\rm I}^{n+1}$, $(s_r)_{\rm I}^{n+1}$, $(s_\theta)_{\rm I}^{n+1}$, $(\tau_{xr})_{\rm I}^{n+1}$ 修正为

$$(s_i')_{\rm I}^{n+1} = (s_i)_{\rm I}^{n+1}\cdot K \quad (i = x, r, \theta, xr),$$

此处 $K = \sqrt{\dfrac{2}{3(s_x^2 + s_r^2 + s_\theta^2 + 2\tau_{xr}^2)}}\cdot Y^0$.

内能方程(4.7.9)的差分近似式为

$$\begin{aligned}e_{\rm I}^{n+1} = e_{\rm I}^n &- P_{\rm I}^{n+\frac{1}{2}}\left(\frac{1}{\rho_{\rm I}^{n+1}} - \frac{1}{\rho_{\rm I}^n}\right)\\ &+ \nu\frac{2\Delta t}{\rho_{\rm I}^n + \rho_{\rm I}^{n+1}}\cdot[(s_x)_{\rm I}^{n+\frac{1}{2}}(\dot{\varepsilon}_x)_{\rm I}^{n+\frac{1}{2}} + (s_r)_{\rm I}^{n+\frac{1}{2}}(\dot{\varepsilon}_r)_{\rm I}^{n+\frac{1}{2}}\\ &+ (s_\theta)_{\rm I}^{n+\frac{1}{2}}(\dot{\varepsilon}_\theta)_{\rm I}^{n+\frac{1}{2}} + (\tau_{xr})_{\rm I}^{n+\frac{1}{2}}(\dot{\varepsilon}_{xr})_{\rm I}^{n+\frac{1}{2}}].\end{aligned} \tag{4.7.18}$$

弹塑性问题在用差分方法计算时,除了用二次的 N-R 人为粘性之外,一般还须要加上线性的人为粘性

$$q=\begin{cases}l\rho c\left|\dfrac{\dot{V}}{V}\right| & 若\ \dot{V}<0,\\ 0 & 若\ \dot{V}\geqslant 0.\end{cases}\tag{4.7.19}$$

在数值计算时，一般取 $l=b\sqrt{A}$，此处 A 是网格面积. 图 4.7.1 显示出线性人为粘性的效应参看 Chou, Hopkins(1973)，线性人为粘性是使弹塑性问题的间断介光滑化所必须附加的人为耗散，但是它又使冲击波的过渡区扩散，使冲击波的宽度依赖于冲击波的强度. 由于冲击波宽度在改变，冲击波前后的量不能很好地满足 Hugoniot 条件，这是弹塑性计算误差的来源之一. 线性人为

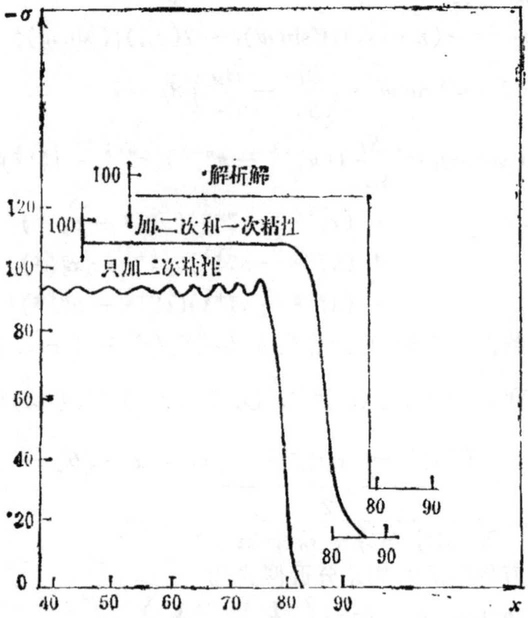

图 4.7.1

粘性项的另一个缺点是对于连续区的影响. 因为它是空间步长的一阶量，所以在连续区引进了一阶误差.

除了标量形式的人为粘性之外，二维弹塑性计算中有时还引进 Navier-Stokes 粘性

$$Q = \begin{pmatrix} Q_x & Q_{xr} & 0 \\ Q_{xr} & Q_r & 0 \\ 0 & 0 & Q_\theta \end{pmatrix},$$

其中

$$Q_i = 2\mu_1\left[\dot{\varepsilon}_i - \frac{1}{3}\left(\frac{\dot{V}}{V}\right)\right], \quad (i = x, r, \theta)$$

$$Q_{xr} = \mu_1\dot{\varepsilon}_{xr},$$

此处 $\mu_1 = l\rho c$，而且当 $\dot{V} \geqslant 0$ 时取 $Q = 0$．这是一种张量形式的人为粘性，它有效地阻止了由于应力偏量迅速变化而引起的速度振动．

在多维弹塑性计算中，滑移面是必须考虑的一个重要问题．我们知道，在两种弹塑性材料的交界面上可能出现滑移，在断裂（特别是剪切断裂）的裂纹面上也往往出现滑移，此外，在塑性区内还可能出现各种滑移面． 在§4.5中介绍了流体介质运动中的滑移面计算，其计算公式也可以推广到弹塑性介质．

假定滑移面是没有粘性，充分光滑和可以自由滑移的曲面．于是，由法向速度连续的条件可得

$$\boldsymbol{u}^+ \cdot \boldsymbol{n} = \boldsymbol{u}^- \cdot \boldsymbol{n}, \tag{4.7.20}$$

其中 $\boldsymbol{n}$ 是滑移面上某个面元的单位法向量．由滑移面两侧受力平衡可得

$$\sigma^+ \cdot \boldsymbol{n} = \sigma^- \cdot \boldsymbol{n}. \tag{4.7.21}$$

由滑移面两侧作功可得[1)]

$$(\boldsymbol{u}^+ \cdot \sigma^+) \cdot \boldsymbol{n} = (\boldsymbol{u}^- \cdot \sigma^-) \cdot \boldsymbol{n}. \tag{4.7.22}$$

如果将坐标系取为 x 轴同 $\boldsymbol{n}$ 方向重合，r 轴和 z 轴在面元的切平面上，即 $\boldsymbol{n} = (1, 0, 0)$．于是(4.7.20)—(4.7.22)式简化为

$$u^+ = u^-,$$

$$\sigma^+_{ix} = \sigma^-_{ix} \quad (i = x, y, z),$$

$$u^+\sigma^+_x + v^+\tau^+_{xy} + w^+\tau^+_{xz} = u^-\sigma^-_x + v^-\tau^-_{xy} + w^-\tau^-_{xz}.$$

进一步化简后得

---

1) 等式(4.7.20)—(4.7.22)可以由积分形式的守恒方程推导.

$$(v^+ - v^-)\tau_{xy} + (w^+ - w^-)\tau_{xz} = 0. \tag{4.7.23}$$

对于二维问题，$\tau_{xz} = 0$，由于切向速度间断，即 $v^+ \neq v^-$，从而得

$$\tau_{xy} = 0.$$

这就得到滑移面上法向应力连续，剪切应力为零的力学条件。

弹塑性材料的滑移运动方程可以从方程(4.7.8)出发，类似于方程(4.5.14)和(4.5.15)来推导，其相应的微分方程为

$$\frac{du_\tau^\pm}{dt} = -u_n\left(\frac{\partial u_n}{\partial s} - \frac{u_\tau^\pm}{R}\right) = \frac{1}{\rho^\pm}[(\nabla\cdot\sigma)_x^\pm \cos\alpha + (\nabla\cdot\sigma)_r^\pm \sin\alpha] \tag{4.7.24}$$

和

$$(u_\tau^+ - u_\tau^-)\left[2\frac{\partial u_n}{\partial s} - \frac{1}{R}(u_\tau^+ + u_\tau^-)\right]$$
$$= \frac{1}{\rho^+}[-(\nabla\cdot\sigma)_x^+ \sin\alpha + (\nabla\cdot\sigma)_r^+ \cos\alpha]$$
$$- \frac{1}{\rho^-}[-(\nabla\cdot\sigma)_x^- \sin\alpha + (\nabla\cdot\sigma)_r^- \cos\alpha], \tag{4.7.25}$$

其中

$$(\nabla\cdot\sigma)_x = \frac{\partial\sigma_x}{\partial x} + \frac{\partial\tau_{xr}}{\partial r} + \nu\frac{\tau_{xr}}{r},$$
$$(\nabla\cdot\sigma)_r = \frac{\partial\tau_{xr}}{\partial x} + \frac{\partial\sigma_r}{\partial r} + \nu\frac{\sigma_r - \sigma_\theta}{r}.$$

根据滑移面的力学条件，对于弹塑性介质的滑移计算公式，可以同流体介质类似，只须将压力公式(4.5.20)变为法向应力公式

$$P_0 = [2(A\rho)_0^-(A\rho)_0^+(\Delta + \gamma^+ - \gamma^-) - (A\rho)_0^+\cdot\Delta_c^- + (A\rho)_0^-\cdot\Delta_c^+]/\{(|\Delta x_{02}| + |\Delta x_{40}|)[(A\rho)_0^- + (A\rho)_0^+]\}, \tag{4.7.26}$$

其中

$$\gamma^+ = \frac{\nu}{2}\Big\{[\tau_{xr}\sin\alpha_0 - (\sigma_r - \sigma_\theta)\cos\alpha_0]_{\rm III}$$
$$\cdot\frac{A_{\rm III}}{M_{\rm III}} + [\tau_{xr}\sin\alpha_0 - (\sigma_r - \sigma_\theta)\cos\alpha_0]_{\rm IV}$$

$$\cdot \frac{A_{IV}}{M_{IV}}\Big\},$$

$$\gamma^- = \frac{\nu}{2}\Big\{[\tau_{xr}\sin\alpha_0 - (\sigma_r - \sigma_\theta)\cos\alpha_0]_I$$

$$\cdot \frac{A_I}{M_I} + [\tau_{xr}\sin\alpha_0 - (\sigma_r - \sigma_\theta)\cos\alpha_0]_{II}$$

$$\cdot \frac{A_{II}}{M_{II}}\Big\},$$

$$\Delta_c^+ = (\sigma_x\sin\alpha_0 - \tau_{xr}\cos\alpha_0)_{III}(r_2 - r_3)$$

$$+ (\sigma_x\sin\alpha_0 - \tau_{xr}\cos\alpha_0)_{IV}(r_3 - r_4)$$

$$- (\tau_{xr}\sin\alpha_0 - \sigma_r\cos\alpha_0)_{III}(x_2 - x_3)$$

$$- (\tau_{xr}\sin\alpha_0 - \sigma_r\cos\alpha_0)_{IV}(x_3 - x_4),$$

$$\Delta_c^- = (\sigma_x\sin\alpha_0 - \tau_{xr}\cos\alpha_0)_{II}(r_1 - r_2)$$

$$+ (\sigma_x\sin\alpha_0 - \tau_{xr}\cos\alpha_0)_{I}(r_4 - r_1)$$

$$- (\tau_{xr}\sin\alpha_0 - \sigma_r\cos\alpha_0)_{II}(x_1 - x_2)$$

$$- (\tau_{xr}\sin\alpha_0 - \sigma_r\cos\alpha_0)_{I}(x_4 - x_1),$$

其余符号同 § 3.5 一样。

在二维弹塑性计算方法中，Euler 方法也占有重要的位置。对于弹塑性问题的计算，Euler 方法的主要困难仍然是多种介质的混合网格的计算，此外，在记录材料历史上也遇到困难。但是对于大变形和大滑移的问题，Euler 方法还是有用的计算工具。常用的二维弹塑性 Euler 程序有 Hageman, Walsh(1971)的 HELP, Mader (1979)的 2DE, Thompson(1975), (1979)的 CSQ, Johnson (1971) 的 DORF9。除此之外，还有 Trulio (1966), (1969) 的 AFTON, D.A. Quarles(1964)的 ADAM、Johnson(1976, 1977)的 EPIC 等程序也都是用来计算弹塑流问题的。

§ 8 二维弹塑性断裂

弹塑性材料的断裂是一个很复杂的问题，既有物理问题，也有数学计算的问题。它同材料的性质有关，即在什么条件下发生断裂(断裂判据),脆性断裂还是韧性断裂,断裂以后的卸载和再加载曲线如何,等等. 这需要通过大量实验,才能给出各种材料的本构关系式,目前还没有普遍适用的计算方法. 这里只考虑各向同性的均匀的弹性——理想塑性材料的断裂,而不考虑材料中存在缺陷(初始裂纹)的情形.

从数学计算方面看,弹塑性材料的二维断裂大体可以分为两类:一类是法向断裂,一类是切向断裂. 法向断裂也叫做拉伸断裂,它主要是由于强稀疏波的作用,使材料的应力或应变达到某个抗张强度而产生的,这种断裂的裂纹面主要沿法向运动. 切向断裂也叫做剪切断裂,它主要是在剪切应力或应变达到某个抗剪强度时产生的,这时裂纹面出现滑移. 关于滑移面的计算前一节已经讲到了,本节只叙述法向断裂的一种模拟算法.

当物质单元承受的拉伸应力超过材料的抗张强度 σ_0 时,就会产生法向断裂,裂纹面的法向一般同最大主应力方向一致. 这里的抗张强度 σ_0 可以不是常数,它同材料的温度、压力和加载历史有关. 如果把坐标系 xyz 旋转到主坐标系 $x_1x_2x_3$,应力张量变为对角型,其最大分量就是最大主应力. 当这个最大主应力达到抗张强度 σ_0 时,产生法向断裂. 法向断裂的计算在一维情况比较简单,通常用网格分离法,即把裂纹面当做自由面,裂纹面两侧的网格可以自由分离. 这种算法在一维情况是十分有效的. 但是在二维情况,如果继续延用网格分离法来计算,裂纹面两侧表面交错离合,其运动千变万化,这就给数值计算的逻辑过程增加了很大的复杂性,在程序上很难实现. 所以我们采用模拟算法计算二维拉伸断裂(参看 Maenchen, Sack (1964)).

模拟算法的主要思想是: 当某个物质单元(在计算中用一个 Lagrange 网格表示)发生断裂时,对该单元的应力进行调整,使得裂纹面上的法向应力为零. 然而并不使网格分裂,只是计算出同应力调整相应的应变的修正量,使网格隐含着一条裂纹. 这个修正量同裂纹的宽度成比例,据此可以记录下裂纹扩展、收缩和闭合,算出裂纹相对于网格的"宽度".

模拟法有以下基本假设:

i）假定含裂纹单元卸载和再加载时，满足虎克定律

$$\dot{s}_i = 2\mu\left(\dot{\varepsilon}_i - \frac{1}{3}\frac{\dot{V}}{V}\right)$$

$$(i = 1, 2, 3), \tag{4.8.1}$$

其中 s_i 是主应力 σ_i 的偏量，ε_i 是主应变偏量，V 是单元的体积，μ 是材料的剪切模量．此外，假定含裂纹单元的压力 p' 满足静压状态方程

$$p' = p(\eta_{有效}, e), \tag{4.8.2}$$

此处 $\eta_{有效}$ 表示网格中除去裂纹部分的有效压缩比，e 是单位质量的内能．

ii）假定当裂纹形成，扩展和收缩时，裂纹面没有相对切向运动，仅有法向运动．例如，当 $\sigma_1 \geqslant \sigma_0$ 时，只须将 $d\varepsilon_1$ 调整为 $d\varepsilon_1 + d\varepsilon_1^f$，其余应变分量不变．这时，体积应变 Θ 调整为

$$d\Theta' = d\Theta + d\varepsilon_1^f. \tag{4.8.3}$$

iii）假定裂纹镶嵌在物质单元内，随单元一道旋转和运动．刚体旋转（旋转角为 ω）的应力修正项不变，而裂纹的形成，扩展和收缩均不转动主坐标轴．于是，当某一条裂纹出现后，该裂纹面的法向 ϕ（即主方向）就固定在物质单元中，直到裂纹闭合为止．这里

$$\phi = \frac{1}{2}\operatorname{arctg}\frac{2\tau_{xr}}{s_x - s_r}. \tag{4.8.4}$$

对于柱坐标系 $xr\theta$，主应力偏离用下式计算

$$s_{1,2} = \frac{1}{2}(s_x + s_r) \pm \frac{1}{2}\sqrt{(s_x - s_r)^2 + (2\tau_{xr})^2},$$

$$s_3 = s_\theta, \tag{4.8.5}$$

其中下标 1 和 2 分别对应于等号右端的“＋”号和“－”号．

调整以后的应力偏离 $s'_x, s'_r, s'_\theta, \tau'_{xr}$ 可以通过调整后的主应力偏量 s'_1, s'_2, s'_3 旋转（$-\phi$）角而得到，即

$$\begin{cases} s'_x = s'_1\cos^2\phi + s'_2\sin^2\phi, \\ s'_r = s'_1\sin^2\phi + s'_2\cos^2\phi, \\ s'_\theta = s'_3, \\ \tau'_{xr} = (s'_2 - s'_1)\sin\phi\cos\phi. \end{cases} \tag{4.8.6}$$

当单元的三个主应力分量中仅有一个分量(例如 σ_j)达到抗张强度时，我们称之为第一类裂纹．方程(4.8.1)的差分形式为

$$s_i^{n+1} = s_i^n + 2\mu\left(\Delta\varepsilon_i - \frac{1}{3}\Delta\Theta\right),\quad i = 1,2,3. \tag{4.8.7}$$

记 $\Delta\varepsilon_j$ 的修正量为 $\Delta\varepsilon'_j = \Delta\varepsilon_j + \Delta\varepsilon^f_j$，由基本假定 ii) 可知，对于第一类裂纹($\sigma_j \geqslant \sigma_0$)，有

$$\Delta\Theta' = \Delta\Theta + \Delta\varepsilon^f_j, \tag{4.8.8}$$

这时，由(4.8.7)、(4.8.8)可得 σ_j 的修正量 σ'_j

$$\begin{aligned}\sigma_j'^{n+1} &= s_j'^{n+1} - p'^{n+1}\\ &= s_j^n + 2\mu\left(\Delta\varepsilon'_j - \frac{1}{3}\Delta\Theta'\right) - p'^{n+1}\\ &= s_j^{n+1} + \frac{4}{3}\mu\Delta\varepsilon^f_j - p'^{n+1}\end{aligned}$$

应取为零．但是实际上裂纹由形成到达一定宽度必然有一个发展过程，并不是瞬时形成的．因此在数值计算中需要引入某个弛豫因子 ζ．我们把这个弛豫因子取为

$$\zeta = \begin{cases} 1 - \dfrac{t - \bar{t}}{k\Delta t}, & \text{当 } t < \bar{t} + k\Delta t \text{ 时},\\ 0, & \text{当 } t \geqslant \bar{t} + k\Delta t \text{ 时}, \end{cases} \tag{4.8.9}$$

式中 $\bar{t}$ 表示裂纹出现的时间 t^n，k 为一个大于 1 的常数 ($k \geqslant 1$)，它同材料的性质有关，表示弛豫的时间步长数．这样，我们令

$$\sigma_j'^{n+1} = \zeta\sigma_0, \tag{4.8.10}$$

由此可以解出

$$\Delta\varepsilon^f_j = -\frac{3}{4\mu}\left(s_j^{n+1} - p'^{n+1} - \zeta\sigma_0\right), \tag{4.8.11}$$

其中 p'^{n+1} 用(4.8.2)式计算．修正量 $s_i'^{n+1}$ 为

$$\begin{cases} s_j'^{n+1} = s_j^{n+1} + \dfrac{4}{3}\mu\Delta\varepsilon^f_j,\\ s_i'^{n+1} = s_i^{n+1} - \dfrac{2}{3}\mu\Delta\varepsilon^f_j \quad (i \neq j). \end{cases} \tag{4.8.12}$$

裂纹一旦形成，当在没有闭合前始终存在时，都必须计算上述修正

量．我们把对时间的累加和

$$E_j^f=\sum_n(\Delta\varepsilon_j^f)^n \tag{4.8.13}$$

称之为裂纹的"宽度"．在一维情形，裂纹的真实宽度 L_f 可以用 E^f 表达为

$$L_f\doteq\Delta x\cdot E^f,$$

其中 Δx 为网格宽度．

当 $E_j^f\geqslant 0$ 时，表示该裂纹已经闭合，这时令 $E_j^f=0$，以后的计算按照没有裂纹的物质进行，即裂纹完全愈合．

如果三个主应力分量中有两个分量同时达到抗张强度（例如 $\sigma_{1,2}\geqslant\sigma_0$）时，我们称之为第二类裂纹．这时必须同时引入两个修正量（例如 $\Delta\varepsilon_{1,2}^f$），$\Delta\Theta$ 的修正量为

$$\Delta\Theta'=\Delta\Theta+\Delta\varepsilon_1^f+\Delta\varepsilon_2^f \tag{4.8.14}$$

主应力分量 $\sigma_{1,2}$ 调整为1)

$$\sigma_{1,2}'^{n+1}=\zeta\sigma_0. \tag{4.8.15}$$

于是，由(4.8.7)，(4.8.14)，(4.8.15)式可解出：

$$\begin{cases}\Delta\varepsilon_1^f=-\dfrac{1}{2\mu}(2s_1^{n+1}+s_2^{n+1})+\dfrac{3}{2\mu}(p'^{n+1}+\zeta\sigma_0),\\ \Delta\varepsilon_2^f=-\dfrac{1}{2\mu}(s_1^{n+1}+2s_2^{n+1})+\dfrac{3}{2\mu}(p'^{n+1}+\zeta\sigma_0).\end{cases} \tag{4.8.16}$$

而修正量 $s_i'^{n+1}$ 为

$$\begin{cases}s_{1,2}'^{n+1}=s_{1,2}^{n+1}-\dfrac{2}{3}\mu(\Delta\varepsilon_1^f+\Delta\varepsilon_2^f)+2\mu\Delta\varepsilon_{1,2}^f,\\ s_3'^{n+1}=s_3^{n+1}-\dfrac{2}{3}\mu(\Delta\varepsilon_1^f+\Delta\varepsilon_2^f).\end{cases} \tag{4.8.17}$$

至于 $\sigma_{1,3}\geqslant\sigma_0$ 或 $\sigma_{2,3}\geqslant\sigma_0$ 的情形，也可以得出类似的公式．

当三个主应力分量全部达到抗张强度，即 $\sigma_{1,2,3}\geqslant\sigma_0$ 时，称之为第三类裂纹．在这样的情况下，应力张量的所有分量均应调整为零，这样的物质单元类似于未被压缩的沙粒，材料的性质已经改

1) (4.8.15)式中，$\sigma_{1,2}'^{n+1}$ 表示 $\sigma_1'^{n+1}$ 或 $\sigma_2'^{n+1}$，以下同．

变，不再能承受拉伸应力.

现在我们考虑(4.8.11)式和(4.8.16)式的计算. 为此，先计算压力 p'^{n+1}. 在(4.8.2)式中，要求给出 $\eta_{有效}$. 注意体积应变 $\Theta=1-\eta$，由

$$\Theta^{n+1}=\Theta^n+\Delta\Theta \tag{4.8.18}$$

及 $\Delta\Theta'=\Delta\Theta+\sum_i\Delta\varepsilon_i^f$，得

$$\Theta_{有效}^{n+1}=\Theta_{有效}^n+\Delta\Theta'=\Theta^n+\Delta\Theta+\sum_{i,n}(\Delta\varepsilon_i^f)^n=\Theta^{n+1}+\sum_i E_i^f. \tag{4.8.19}$$

于是有

$$\eta_{有效}^{n+1}=\eta^{n+1}-\sum_i E_i^f. \tag{4.8.20}$$

对于第一类裂纹，(4.8.11)式化为

$$\Delta\varepsilon_j^f=-\frac{3}{4\mu}\left[s_j^{n+1}-p(\eta'-\Delta\varepsilon_j^f,e)-\zeta\sigma_0\right], \tag{4.8.21}$$

式中 $\eta'=\eta^{n+1}-(E_j^f)^n$. 材料的状态方程中的 $p(\eta,e)$一般说来是 η 的非线性函数，(4.8.21)式是关于未知量 $\Delta\varepsilon_j^f$ 的非线性方程，可以用 Newton 迭代法求解.

对于第二类裂纹(例如 $\sigma_{1,2}\geqslant\sigma_0$)，(4, 8,16)式化为

$$\begin{aligned}\Delta\varepsilon_1^f&=-\frac{1}{2\mu}(2s_1^{n+1}+s_2^{n+1})+\frac{3}{2\mu}[p(\eta'-\Delta\varepsilon_1^f\\&\quad-\Delta\varepsilon_2^f,e)+\zeta\sigma_0],\\\Delta\varepsilon_2^f&=-\frac{1}{2\mu}(s_1^{n+1}+2s_2^{n+1})+\frac{3}{2\mu}(p(\eta'-\Delta\varepsilon_1^f\\&\quad-\Delta\varepsilon_2^f,e)+\zeta\sigma_0],\end{aligned} \tag{4.8.22}$$

此处 $\eta'=\eta^{n+1}-(E_1^f)^n-(E_2^f)^n$. 上述两式 $\Delta\varepsilon_1^f$ 和 $\Delta\varepsilon_2^f$ 的两个非线性方程. 为了简化迭代过程，令 $\Delta\varepsilon^f=\Delta\varepsilon_1^f+\Delta\varepsilon_2^f$，将(4.8.22)的两式等号两端分别相加，即得

$$\Delta\varepsilon^f=-\frac{3}{2\mu}(s_1^{n+1}+s_2^{n+1})+\frac{3}{\mu}[p(\eta'-\Delta\varepsilon^f,e)+\zeta\sigma_0], \tag{4.8.23}$$

这就变成了一个未知量 $\Delta\varepsilon^f$ 的一个非线性方程,可以与(4.8.21)式一样用 Newton 迭代法求解. 算出 $\Delta\varepsilon^f$ 之后,再由(4.8.22)式算出 $\Delta\varepsilon^f_{1,2}$.

至于迭代初值的选取,可以根据近似线性关系

$$\dot{p}=-\left(\lambda+\frac{2}{3}\mu\right)\dot{\Theta},$$

其中 λ 是材料的 Lame 常数,取差分得

$$p^{n+1}=p^n-\left(\lambda+\frac{2}{3}\mu\right)\Delta\Theta. \tag{4.8.24}$$

对于第一类裂纹,由(4.8.11)式可得

$$\Delta\varepsilon_i^f=-\frac{1}{\lambda+2\mu}[s_j^{n+1}-p^{n+1}-\zeta\sigma_0], \tag{4.8.25}$$

它可作为(3.7.21)式的迭代初值.

对于第二类裂纹,由(4.8.16)式可得

$$\Delta\varepsilon^f=\frac{1}{2(\lambda+\mu)}[s_1^{n+1}+s_2^{n+1}-2(p^{n+1}+\zeta\sigma_0)], \tag{4.8.26}$$

它可作为(4.8.23)式的迭代初值.

下面给出几个数值计算实例.

用模拟算法计算拉伸断裂,首先必须给出材料的抗张强度 σ_0. 断裂判据的形式也可以改变,例如Tuler, Butcher(1968) 的文章中的动力学判据也可以使用,这时只须把 (4.8.10) 式的 σ_0 改为断裂开始时的最大主应力 σ_{max},除了用应力作为判据之外,也有用应变作为判据的,这时要给出某个应变极限 ε_0,至于常数 k 的选取,可根据具体模型而定,k 值取得好,有可能提高计算的精确性.

模拟算法的优点是逻辑过程清晰,计算公式简单,能达到一定的精确度. 下面列举的是两个比较简单的实例.

1 一维层裂模型

如图 4.8.1 所示,上下的边界表示充分光滑可以自由滑移的刚性管壁,管内放两块紧贴在一起的树脂板和铝板,树脂板厚 1 厘米,铝板厚 0.4 厘米. 假定在树脂板左端阴形部分(约 0.04 厘米

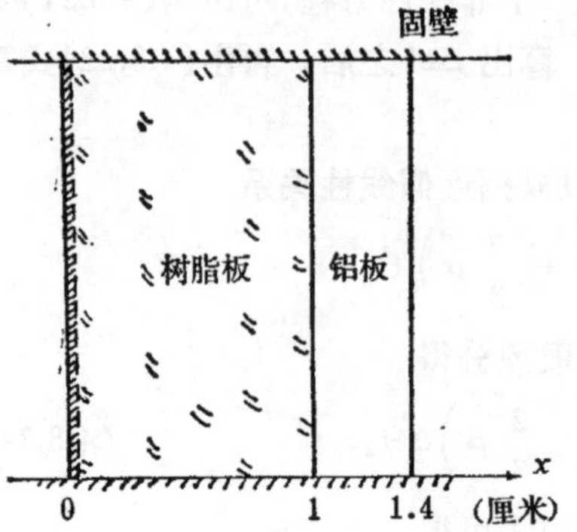

图 4.8.1
一维层裂模型示意图($t=0$)
(比例 3:1)

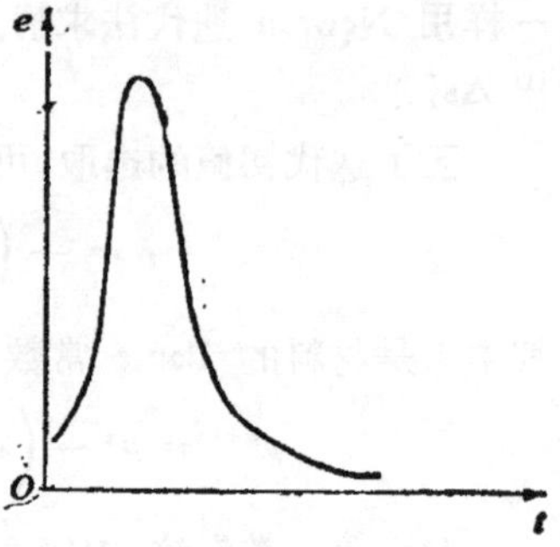

图 4.8.2
脉冲能源曲线

厚)给定一个如图(4.8.2)所示的脉冲能源. 这样在树脂板左端迅即出现十万大气压以上的强冲击载荷. 高温使树脂板左端迅速汽化. 当冲击波通过铝板到达右端的自由面边界之后，反射一个强稀疏波,同左端传来的稀疏波相互作用，使铝板中出现拉伸断裂. 假定铝板的抗张强度 σ_0 为 2.1 万大气压. 图(4.8.3)表示用模拟算法算出的在 $t=2.76$ 微秒时铝板内裂纹的分布. 表 4.8.1 列出用模拟法和网格分离法计算结果的比较. 从表中看出，两种算法得到

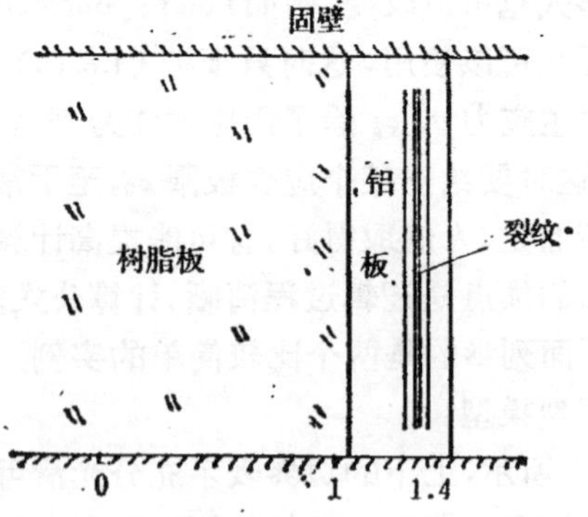

图 4.8.3
$t=2.76$ 微秒裂纹分布图(比例 3:1)

表 4.8.1 模拟法和网格分离法计算结果比较

裂纹条数	计算方法	断裂时间(微秒)	裂纹位置(厘米)($t=2.76$)	裂纹宽度(厘米)($t=2.76$)
第一条	模拟法	2.44	1.41	0.006
	网格分离法	2.44	1.40	0.005
第二条	同上	2.48	1.37	0.005
		2.50	1.36	0.005
第三条	同上	2.53	1.32	0.003
		2.56	1.30	0.003
第四条	同上	2.65	1.26	0.003
		2.68	1.25	0.002

的断裂时间,裂纹位置和裂纹宽度都符合得较好. 但是,由于这里取 $k=1$, 这样小的 k 值几乎没有弛豫时间. 因此模拟法的计算结果把裂纹扩张的时间人为地提前了一些, 也就提前了以后各条裂纹出现的时间. 这一点可以通过增大 k 值来加以调整.

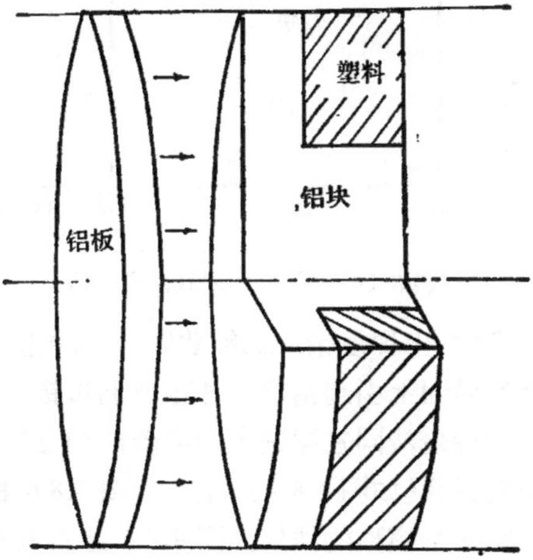

图 4.8.4
二维飞板碰撞模型示意图

2 二维飞板碰撞模型

图 4.8.4 是二维飞板碰撞模型的示意图，其中 x 轴是对称轴，右边是一个形如铆钉的铝块，厚 1 厘米，直径为 4 厘米，右端外层紧套着一个塑料圆环．初始时刻($t=0$)，左端被一个同样直径的铝质飞板以 0.08 厘米/微秒的速度打上去(见图 4.8.5)．整个模型被套在一个充分光滑(可以自由滑移)的刚性管壁之内．碰撞后，在铝块内立即形成一个 6.5 万大气压的平面冲击波．当冲击波到

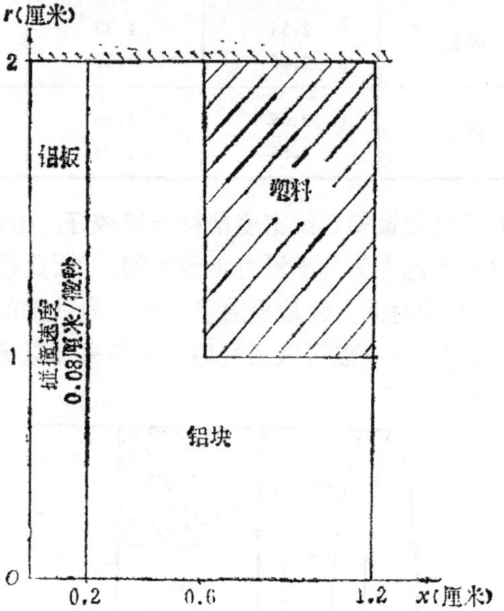

图 4.8.5
初始 ($t=0$) 模型位置(比例 5:1)

达铝一塑料介面时，出现复杂的二维效应，使冲击波面倾斜，同时在平行于 x 轴的界面上引起滑移．冲击波通过铝块到达界面或自由面时反射的强稀疏波同左端进入的稀疏波相互作用，使铝块中出现两个拉伸断裂区(如图 4.8.7 所示)． 图 4.8.6 和 4.8.7 显示了用模拟算法计算这个模型的结果．图 4.8.5 是碰撞时的位置(初始位置)． 图 4.8.6 和 4.8.7 示出 $t=1.2$ 微秒和 $t=2.6$ 微秒时的裂纹分布图．计算中取 $k=1$．

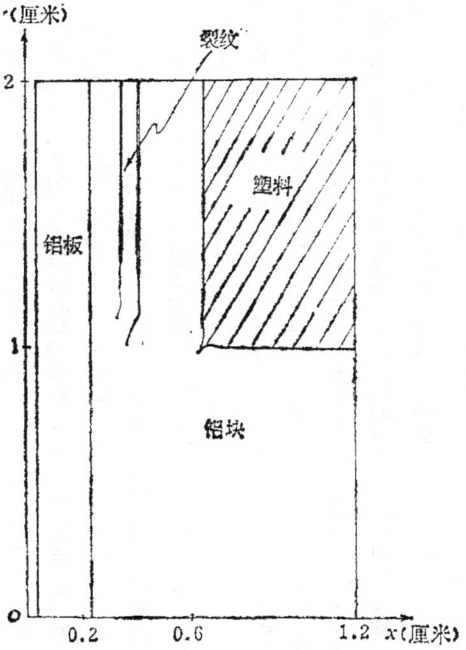

图 4.8.6 $t = 1.2$ 微秒裂纹分布(比例 5:1)

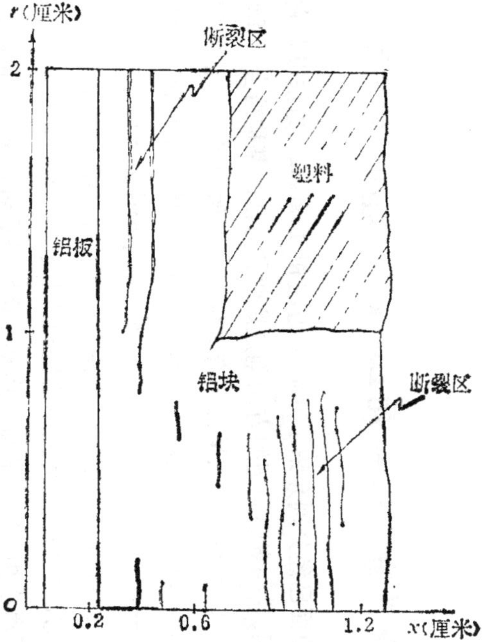

图 4.8.7 $t = 2.6$ 微秒裂纹分布(比例 5:1)

第五章　Euler 和 Lagrange 相结合的方法

前面已经分别介绍了 Euler 方法和 Lagrange 方法以及它们的应用，这一章要介绍的方法则是这两种方法的某种结合．Euler 方法和 Lagrange 方法虽然各有其优点，例如 Euler 方法的网格固定，能计算大畸变的流体流动．Lagrange 的网格则嵌在流体内与流体一起运动，所以它能清晰地计算出流体的界面，清楚地反映出流体内部运动的细节．但是这两种方法都各有其缺点，例如 Euler 方法中物质的界面不能精确地确定，而 Lagrange 方法则不能处理滑移和大畸变的流体运动，特别是后者常常引起网格相交致使计算不能进行下去．因此很自然的想法是如何将 Euler 方法和 Lagrange 方法两者结合起来，使之兼有两者的优点，而避免两者的缺点，这也是计算问题范围的不断扩大和研究问题的不断深入的要求．在这方面，Noh (1964, 1966), Hirt, Amsden, Cook (1974) 都作了尝试，实际上在 Euler 网格上采用 Lagrange 质点或标记的 PIC 方法，GILA 方法等也都可以看成是 Euler 方法和 Lagrange 方法的结合．在这一章里主要讨论的是 Hirt, Amsden, Cook (1974) 发表的任意 Lagrange-Euler 方法(简称 ALE 方法)．它可以象普通的 Lagrange 方法一样，让网格嵌在流体内和流体一起运动，或者像 Euler 方法一样，让网格固定，它也可以让网格以任意方式运动，因而有一种连续地重分网格的能力．它和纯粹的 Lagrange 方法相比，有更大的优点，它可以处理较大畸变的流体运动，而又比纯粹的 Euler 方法提供更细致的结果．如果把格式取成隐式，则可以计算从低流速到高流速的任意流速的运动．Amsden, Hirt (1973a) 根据这种方法编制了题为 YAQUI 的程序．虽然这种 Euler 和 Lagrange 结合的方法还需要进一步研究和推广，但是它的优点是很明显的，这种方法乃是研究流体运动的一种有用的工具.

§1 积分形式守恒方程的离散化

ALE 方法是从流体力学的积分形式的守恒方程(1.1.8)—(1.1.10)出发,并且进行离散化,它的网格形状原则上可以是任意多边形的,并且是能够任意活动的. 密度 ρ、总能量 E(或内能 e)、压力 p 离散化以后的值都取在网格的中心,而速度 $\boldsymbol{u}=(u,v)$的值取在网格角点上. 网格中心的坐标可以取成是网格各角点坐标的算术平均值. 下面就任意四边形的网格讨论如何对方程(1.1.8)—(1.1.10)中各项进行离散化近似.

用 $\{j\}$ 和 $\{k\}$两族折线将区域 Ω 划分为 $J\times K$ 个四边形网格,为了书写方便起见,这一节里简化附标的记号,用 1, 2, 3, 4, ……表示网格的角点, 用 $O, A, B, C, D,\cdots$表示网格的中心, 这些点的位置见图(5.1.1)、如果用第二章节 1 中所说的第二种网格编

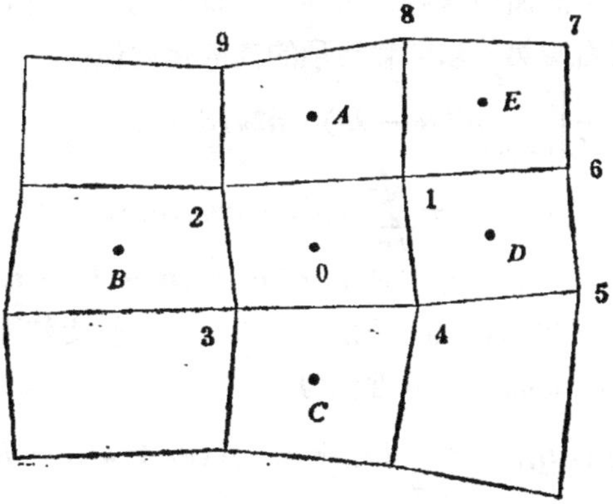

图 5.1.1 网格角点和网格中心简化附标的记号

号的方法,则网格中心 R_O 代表的是 $R_{j-\frac{1}{2},k-\frac{1}{2}}$, R_A 表示的是 $R_{j-\frac{1}{2},k+\frac{1}{2}}$ 等等, 而网格角点 R_1 表示 $R_{j,k}$, 同时约定 $l=1,2,3,4$ 为循环附标,即当 $l=4$ 时, $l+1=1$, 而当 $l=1$ 时, $l-1=4$.

方程(1.1.8)—(1.1.10)中有两类反复出现的积分：一类是在区域 $\Omega(t)$ 上的积分

$$\iint_{\Omega(t)} \rho f 2\pi r dx dr,$$

另一类是在区域边界上的积分

$$\int_{\partial\Omega(t)} \rho f(\boldsymbol{u}-\boldsymbol{D})\cdot \boldsymbol{n} 2\pi r dl,$$

其中 f 可以是 $1, u, v, E$. 由于离散化以后密度、能量的值和速度的值不是取在同一点处，因此在积分的时候，积分区域 $\Omega(t)$ 的取法也不一样.

首先讨论质量和能量守恒方程(1.1.8)和(1.1.10)的离散化，这时积分区域 $\Omega(t)$ 取作网格 $\Omega_0(t)$，即由 R_1, R_2, R_3, R_4 四点围成的区域. 于是对体积积分的各项可近似离散化为

$$\int_{\Omega_0(t)} \rho f 2\pi r dx dr \approx \rho_0 f_0 V_0 = M_0 f_0, \tag{5.1.1}$$

其中 V_0 和 M_0 分别表示区域 $\Omega_0(t)$ 绕 x 轴旋转而得的旋转体的体积和质量. 和前面包含有输运项的 Euler 方法一样，这里也要着重讨论方程右端第一项即输运项的离散化近似：

$$-\int_{\partial\Omega_0(t)} \rho f(\boldsymbol{u}-\boldsymbol{D})\cdot \boldsymbol{n} 2\pi r dl \approx -\sum_{l=1}^{4} (\rho f)_{l,l+1} w_{l,l+1} s_{l,l+1}, \tag{5.1.2}$$

其中 $(\rho f)_{l,l+1}$，$w_{l,l+1}$ 分别是 ρf 和 $w=(\boldsymbol{u}-\boldsymbol{D})\cdot\boldsymbol{n}$ 在网格边界 $R_l R_{l+1}$ 上的平均值，$s_{l,l+1}$ 则是 $R_l R_{l+1}$ 绕 x 轴旋转而得的旋转面面积，对于 $w_{l,l+1}s_{l,l+1}$ 可取近似为

$$\begin{aligned} w_{l,l+1}s_{l,l+1} \approx \frac{\pi}{2}(r_l + r_{l+1})[&(u_l + u_{l+1} - D_{x,l} \\ &- D_{x,l+1})\cdot(r_{l+1} - r_l) - (v_l + v_{l+1} - D_{r,l} - D_{r,l+1}) \\ &\cdot (x_{l+1} - x_l)], \end{aligned} \tag{5.1.3}$$

其中 D_x, D_r 为网格运动速度 $\boldsymbol{D}$ 的分量. 对于 $(\rho f)_{l,l+1}$，如果取两边网格中心量的平均，则相当于在矩形网格中输运项的逼近取中心差分，这时格式是不稳定的. 因此一般采用贡献网格插值

$$(\rho f)_{l,l+1}=\frac{1}{2}(1+\mathrm{sgn}\,ws_{l,l+1})\rho_0 f_0$$

$$+\frac{1}{2}(1-\mathrm{sgn}\,ws_{l,l+1})\rho_{l'}f_{l'} \qquad (5.1.4)$$

这里对应于 $l=1, 2, 3, 4$, 附标 $l'=A, B, C, D$. 有时对于网格边界上的量也采用其它的权重平均，我们首先分析一个一维等步长问题，如果在 x 点的速度为 u_k，那么在时间间隔 Δt 内，通过 $x=x_k$ 处的流体，当 $u_k>0$ 时，是在区间 $[x_k-u_k\Delta t, x_k]$ 上的一部份(参看图 5.1.2)，而当 $u_k<0$ 时，则是在区间 $[x_k, x_k-u_k\Delta t]$ 上的一部份. 所以无论那种情况，总可以用 $x=x_k-\frac{1}{2}u_k\Delta t$ 点处的值来计算输运量，用线性内插公式内计算出在 $x^*=x_k-\frac{1}{2}u_k\Delta t$ 点处 ρf 的值为

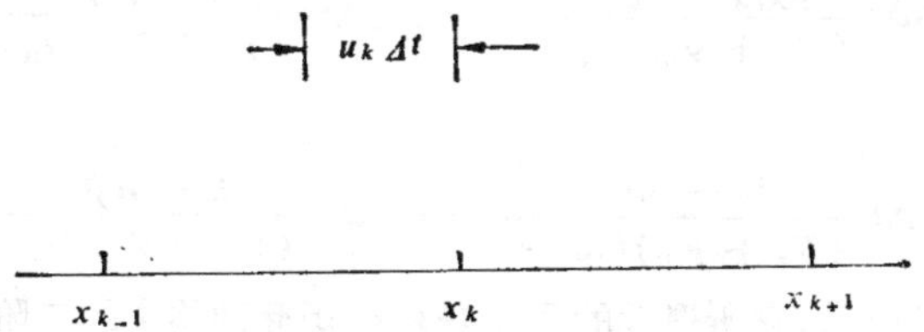

图 5.1.2 $u_k>0$ 时，通过 x_k 处的部份流体

$$(\rho f)_*=\frac{x_{k+\frac{1}{2}}-\left(x_k-\frac{1}{2}u_k\Delta t\right)}{x_{k+\frac{1}{2}}-x_{k-\frac{1}{2}}}(\rho f)_{k-\frac{1}{2}}$$

$$+\frac{\left(x_k-\frac{1}{2}u_k\Delta t\right)-x_{k-\frac{1}{2}}}{x_{k+\frac{1}{2}}-x_{k-\frac{1}{2}}}(\rho f)_{k+\frac{1}{2}}$$

$$=\frac{1}{2}\left(1+\frac{u_k\Delta t}{\Delta x}\right)(\rho f)_{k-\frac{1}{2}}+\frac{1}{2}\left(1-\frac{u_k\Delta t}{\Delta x}\right)(\rho f)_{k+\frac{1}{2}}.$$

把这个插值公式近似地应用到二维非矩形网格上去，用网格的体积与其某一剖面的面积比来代替 Δx，就得到

$$(\rho f)_{l,l+1}=\frac{1}{2}\left[1+\frac{w_{l,l+1}\Delta t s_{l,l+1}}{\frac{1}{2}(V_0+V_{l'})}\right]\rho_0 f_0$$

$$+\frac{1}{2}\left[1-\frac{w_{l,l+1}\Delta t s_{l,l+1}}{\frac{1}{2}(V_0+V_{l'})}\right]\rho_{l'}f_{l'}. \tag{5.1.5}$$

采用这种插值近似，仍然相当于在方程中加进了某种二阶人为扩散项．因为如果将(5.1.5)代入(5.1.2)中便得

$$-\int_{\partial\Omega_0(t)}\rho f(\boldsymbol{u}-\boldsymbol{D})\cdot\boldsymbol{n}2\pi r dl\approx-\sum_{l=1}^{4}$$

$$\times\left\{\frac{1}{2}(\rho_0 f_0+\rho_{l'}f_{l'})-\frac{w_{l,l+1}\Delta t s_{l,l+1}}{V_0+V_{l'}}(\rho_{l'}f_{l'}-\rho_0 f_0)\right\}$$

$$\times w_{l,l+1}s_{l,l+1},$$

其中

$$w_{12}^2\Delta t\frac{\rho_A f_A-\rho_0 f_0}{(V_0+V_A)/s_{12}}s_{12}-w_{34}^2\Delta t\frac{\rho_0 f_0-\rho_C f_C}{(V_0+V_C)/s_{34}}s_{34}$$

和

$$w_{23}^2\Delta t\frac{\rho_B f_B-\rho_0 f_0}{(V_0+V_B)/s_{23}}s_{23}-w_{41}^2\Delta t\frac{\rho_0 f_0-\rho_D f_D}{(V_0+V_D)/s_{41}}s_{41}$$

在除以V_0以后，它所逼近的量正好是在矩形网格中的二阶扩散项，其扩散系数为$\frac{1}{2}w^2\Delta t$，是正的．

在 ALE 方法中把以上两种插值公式结合起来为

$$(\rho f)_{l,l+1}=\frac{1}{2}(1+\gamma_{l,l+1})\rho_0 f_0$$

$$+\frac{1}{2}(1-\gamma_{l,l+1})\rho_{l'}f_{l'}, \tag{5.1.6}$$

其中

$$\gamma_{l,l+1}=\alpha_0\operatorname{sgn}(ws)_{l,l+1}+\beta_0\frac{w_{l,l+1}\Delta t s_{l,l+1}}{\frac{1}{2}(V_0+V_{l'})}, \tag{5.1.7}$$

α_0, β_0 为两个可调参数．很明显，当 $\alpha_0=1$，$\beta_0=0$ 时，(5.1.6)相

当于贡献网格法；而当 $\alpha_0 = 0$，$\beta_0 = 1$ 时，就是内插公式(5.1.5)。由于当 $\alpha_0 = 1$ 时，引进的人为扩散项比较大，所以一般取 $0 < \alpha_0 < 1$。

对于能量方程(1.1.10)还有作功项的离散化，

$$-\int_{\partial\Omega_0(t)} p\boldsymbol{u}\cdot\boldsymbol{n}2\pi r dl \approx -\sum_{l=1}^{4} p_{l,l+1}u_{n,l,l+1}s_{l,l+1}, \quad (5.1.8)$$

其中网格边界上压力的插值可以采取边界两侧网格上压力的算术平均，

$$p_{l,l+1} = \frac{1}{2}(p_0 + p_{l'}),$$

也可以采取以质量为权重的平均

$$p_{l,l+1} = \frac{M_0 p_{l'} + M_{l'} p_0}{M_0 + M_{l'}}.$$

法向速度 u_n 和网格侧面积的乘积取为

$$u_{n,l,l+1}s_{l,l+1} = \frac{\pi}{2}(r_l + r_{l+1})[(u_l + u_{l+1})(r_{l+1} - r_l) - (v_l + v_{l+1})(x_{l+1} - x_l)]. \quad (5.1.9)$$

有时能量方程也可以取关于内能 e 的方程(1.2.69)，这时就出现

$$-\iint_{\Omega_0(t)} p\mathrm{div}\boldsymbol{u}2\pi r dxdr$$

一项．首先将它近似成两个迴路积分之和

$$-\iint_{\Omega_0(t)} p\mathrm{div}\boldsymbol{u}2\pi r dxdr \approx -p_0\iint_{\Omega_0(t)}\left(\frac{\partial u}{\partial x} + \frac{1}{r}\frac{\partial}{\partial r}rv\right) \times 2\pi r dxdr = -p_0\int_{\partial\Omega_0(t)} 2\pi r u dr + p_0\int_{\partial\Omega_0(t)} 2\pi r v dx. \quad (5.1.10)$$

右端两个迴路积分可以分别离散化为

$$-p_0\int_{\partial\Omega_0(t)} 2\pi r u dr \approx -\frac{\pi}{2}p_0\sum_{l=1}^{4}(u_l + u_{l+1})(r_{l+1}^2 - r_l^2) = -\frac{\pi}{2}p_0\sum_{l=1}^{4}u_l(r_{l+1}^2 - r_{l-1}^2) \quad (5.1.11)$$

$$+ p_0\int_{\partial\Omega_0(t)} 2\pi r v dx \approx \frac{\pi}{2} p_0 \sum_{l=1}^{4} (v_l + v_{l+1})(r_l + r_{l+1})$$
$$\times (x_{l+1} - x_l), \tag{5.1.12}$$

后一个积分也可以离散化成其它形式,例如

$$p_0\int_{\partial\Omega_0(t)} 2\pi r v dx \approx \pi p_0 \sum_{l=1}^{4} (v_l r_l + v_{l+1} r_{l+1})(x_{l+1} - x_l)$$

$$= \pi p_0 \sum_{l=1}^{4} v_l r_l (x_{l+1} - x_{l-1}). \tag{5.1.12$'$}$$

最后来讨论动量方程(1.1.9)的离散化,由于速度分量 u, v 的值取在网格角点上,因此在求 R_1 点速度的时候,积分区域应取成由 R_2, R_4, R_6, R_8 四点围成的四边形区域 Ω_1. 这样对体积积分的一项可以离散化为

$$\int_{\Omega_1(t)} \rho \boldsymbol{u} 2\pi r dx dr \approx \boldsymbol{u}_1 M_1, \tag{5.1.13}$$

而质量 M_1 近似取为

$$M_1 = \frac{1}{2}(M_O + M_D + M_E + M_A),$$

右端输运项的离散化,形式上和(5.1.2)一样,即为

$$-\int_{\partial\Omega_1(t)} \rho \boldsymbol{u}(\boldsymbol{u} - \boldsymbol{D}) \cdot \boldsymbol{n} 2\pi r dl$$

$$\approx -\sum_{l=1}^{4} \rho_{l''} \boldsymbol{u}_{2l,2(l+1)} w_{2l,2(l+1)} s_{2l,2(l+1)}, \tag{5.1.14}$$

其中对应于 $l = 1, 2, 3, 4$, 附标 $l'' = O, D, E, A$, 同时

$$w_{2l,2(l+1)} s_{2l,2(l+1)} \approx \frac{\pi}{2}(r_{2l} + r_{2(l+1)})\{[u_{2l} + u_{2(l+1)}$$
$$- D_{x,2l} - D_{x,2(l+1)}][r_{2(l+1)} - r_{2l}] - [v_{2l} + v_{2(l+1)}$$
$$- D_{r,2l} - D_{r,2(l+1)}][x_{2(l+1)} - x_{2l}]\},$$

而 $\boldsymbol{u}_{2l,2(l+1)}$ 按公式(5.1.6)取成 $\boldsymbol{u}_1$ 和 $\boldsymbol{u}_{2l+1}$ 的平均

$$\boldsymbol{u}_{2l,2(l+1)} = \frac{1}{2}(1 + r_{2l,2(l+1)})\boldsymbol{u}_1 + \frac{1}{2}(1 - \gamma_{2l,2(l+1)})\boldsymbol{u}_{2l+1}. \tag{5.1.15}$$

现在

$$\gamma_{2l,2(l+1)}=\alpha_0\mathrm{sgn}(ws)_{2l,2(l+1)}+\beta_0\frac{w_{2l,2(l+1)}\Delta ts_{2l,2(l+1)}}{2V_{l''}}.$$

动量方程中其它各项可以离散化为

$$-\iint_{\Omega_1}\frac{\partial p}{\partial x}2\pi r dxdr=-2\pi\int_{\partial\Omega_1}prdr$$

$$\approx-\pi\sum_{l=1}^{4}p_{l''}(r_{2(l+1)}^2-r_{2l}^2),\tag{5.1.16}$$

$$-\iint_{\Omega_1}\frac{\partial p}{\partial r}2\pi r dxdr\approx 2\pi r_1\int_{\partial\Omega_1}pdx$$

$$\approx 2\pi r_1\sum_{l=1}^{4}p_{l''}(x_{2(l+1)}-x_{2l}),\tag{5.1.17}$$

后一个积分有时还先化成

$$-\iint_{\Omega_1}\frac{\partial p}{\partial r}2\pi r dxdr=-2\pi\iint_{\Omega_1}\left(\frac{\partial pr}{\partial r}-p\right)dxdr$$

$$=2\pi\int_{\partial\Omega_1}prdx+2\pi\iint_{\Omega_1}pdxdr.$$

因而也可以离散化为

$$-\iint_{\Omega_1}\frac{\partial p}{\partial r}2\pi r dxdr\approx 2\pi\sum_{l=1}^{4}p_{l''}\frac{1}{2}(r_{2(l+1)}+r_{2l})$$

$$\times(x_{2(l+1)}-x_{2l})+2\pi\sum_{l=1}^{4}p_{l''}\Omega_{1,2l,2(l+1)},\tag{5.1.18}$$

其中 $\Omega_{1,2l,2(l+1)}$ 表示由 R_1, R_{2l}, $R_{2(l+1)}$ 围成的三角形的面积.

这样我们也把 (1.3.9)—(1.3.12) 中各项的离散化表达形式都写出来了.

§2 ALE 方　　法

ALE 方法和 PIC 方法等一样也是多步的，一般来说分为三步. 第一步是显式 Lagrange 计算,即只考虑压力梯度分布对速度和能量改变的影响,在动量方程中压力取前一时刻的量,因而是显式格式．第二步是用隐式格式解动量方程，而把第一步求得的速度分量作为迭代求解的初始值，这一步主要为的是使这个方法有计算低速流的能力，在高速流的计算中，这一步是可以省略的．作为纯粹的 Lagrange 方法，计算到这一步就完成了． 如果不采用 Lagrange 格网(无论是采用 Euler 格网还是其它任意给定的格网)，则需要第三步的重新划分网格和网格之间输运量的计算．在这一步中为了保持计算格式的稳定性，对一些插值公式的选取要特别加以注意．下面介绍第一步和第三步的格式，至于第二步主要是迭代，有兴趣的读者可以参考 Hirt, Amsden, Cook (1974)的文章和 Amsden, Hirt (1973a)关于程序 YAQUI 的说明． 由于本章不讲第二步，故下面把第三步称为第二步．

第一步一是显式 Lagrange 计算、在这一步上解的是方程(1.3.10)—(1.3.11)、由于是 Lagrange 运动，所以每个网格的质量 $M_{j+\frac{1}{2},k+\frac{1}{2}}$)不变，首先解动量方程，利用(5.1.13)，(5.1.16)，(5.1.17)可得

$$M_{j,k}\frac{\tilde{u}_{j,k}-\langle u_{j,k}\rangle}{\Delta t}=-\pi[p_{j-\frac{1}{2},k-\frac{1}{2}}(r^2_{j,k-1}-r^2_{j-1,k})+p_{j+\frac{1}{2},k-\frac{1}{2}}(r^2_{j+1,k}-r^2_{j,k-1})+p_{j+\frac{1}{2},k+\frac{1}{2}}(r^2_{j,k+1}-r^2_{j+1,k})+p_{j-\frac{1}{2},k+\frac{1}{2}}(r^2_{j-1,k}-r^2_{j,k+1})],\tag{5.2.1}$$

$$M_{j,k}\frac{\tilde{v}_{j,k}-\langle v_{j,k}\rangle}{\Delta t}=2\pi r_{j,k}[p_{j-\frac{1}{2},k-\frac{1}{2}}(x_{j,k-1}-x_{j-1,k})+p_{j+\frac{1}{2},k-\frac{1}{2}}(x_{j+1,k}-x_{j,k-1})+p_{j+\frac{1}{2},k+\frac{1}{2}}(x_{j,k+1}-x_{j+1,k})+p_{j-\frac{1}{2},k+\frac{1}{2}}(x_{j-1,k}-x_{j,k+1})],\tag{5.2.2}$$

其中式上加“～”的量是第一步的计算结果，右上角无附标的量是“$t=t^n$”时刻的值，而

$$\langle u_{j,k}\rangle=u_{j,k}(1-a_{nc})+a_{nc}\cdot\frac{1}{4}(u_{j+1,k}+u_{j-1,k}+u_{j,k-1}+u_{j,k+1}),$$

$a_{nc}\geqslant 0$ 是一个可调参数，当 $a_{nc}\neq 0$ 时，相当于加了一个二阶线性人为扩散项．

(5.2.1)和 (5.2.2) 是对于内点 $R_{j,k}$ 的方程，即 $j=1,2,\cdots,J-1$，$k=1,2,\cdots,K-1$．对于边界点，就是 $i=0$ 或 J，$k=0$

或K时，积分区域当然要有所改变，例如在 $R_{0,k}(k=1,2,\cdots,K-1)$处建立方程时，积分区域取作以 $R_{1,k}$、$R_{0,k+1}$、$R_{0,k}$、$R_{0,k-1}$ 四个点为顶点的四边形．在区域的四个顶点 $R_{0,0}$、$R_{0,K}$、$R_{J,0}$、$R_{J,K}$ 处建立方程时，积分区域则取作三角形，例如对于 $R_{J,0}$，积分区域取以 $R_{J,0}$、$R_{J,1}$、$R_{J-1,0}$ 为顶点的三角形．如图 5.2.1 所示的阴影区．

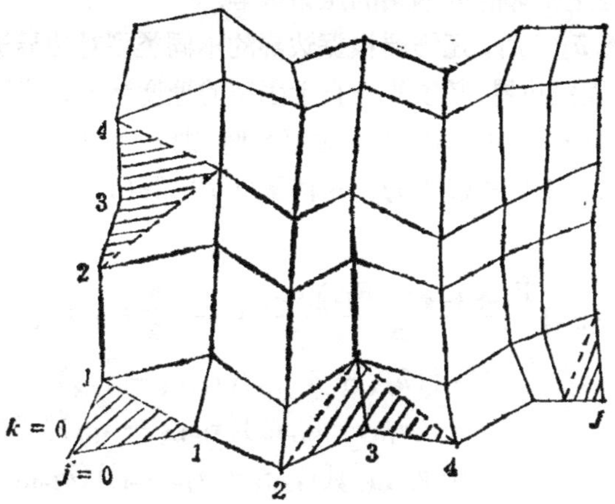

图 5.2.1

在点 $R_{0,k}(k=1,2,\cdots,K-1)$处的动量方程为

$$M_{0,k}\frac{\tilde{u}_{0,k}-\langle u_{0,k}\rangle}{\Delta t}=-\pi[p_{0,k-\frac{1}{2}}(r_{0,k-1}^2-r_{0,k}^2)$$
$$+p_{\frac{1}{2},k-\frac{1}{2}}(r_{1,k}^2-r_{0,k-1}^2)+p_{\frac{1}{2},k+\frac{1}{2}}(r_{0,k+1}^2-r_{1,k}^2)$$
$$+p_{0,k+\frac{1}{2}}(r_{0,k}^2-r_{0,k+1}^2)],$$

$$M_{0,k}\frac{\tilde{v}_{0,k}-\langle v_{0,k}\rangle}{\Delta t}=2\pi r_{0,k}[p_{0,k-\frac{1}{2}}(x_{0,k-1}-x_{0,k})$$
$$+p_{\frac{1}{2},k-\frac{1}{2}}(x_{1,k}-x_{0,k-1})+p_{\frac{1}{2},k+\frac{1}{2}}(x_{0,k+1}-x_{1,k})$$
$$+p_{0,k+\frac{1}{2}}(x_{0,k}-x_{0,k+1})],$$

在点 $R_{J,0}$ 处的动量方程为

$$M_{J,0}\frac{\tilde{u}_{J,0}-\langle u_{J,0}\rangle}{\Delta t}=-\pi[p_{J-\frac{1}{2},0}(r_{J,0}^2-r_{J-1,0}^2)$$
$$+p_{J,\frac{1}{2}}(r_{J,1}^2-r_{J,0}^2)+p_{J-\frac{1}{2},\frac{1}{2}}(r_{J-1,0}^2-r_{J,1}^2)],$$

$$M_{J,0}\frac{\tilde{v}_{J,0}-\langle v_{J,0}\rangle}{\Delta t}=2\pi r_{J,0}[p_{J-\frac{1}{2},0}(x_{J,0}-x_{J-1,0})$$

$$+p_{J,\frac{1}{2}}(x_{J,1}-x_{J,0})+p_{J-\frac{1}{2},\frac{1}{2}}(x_{J-1,0}-x_{J,1})],$$

上面各式中的边界压力 $p_{0,k+\frac{1}{2}}$，$p_{J-\frac{1}{2},0}$，$p_{J,\frac{1}{2}}$ 可以根据边界的不同类型来取值，例如自由面边界上的压力可取为 0，固壁边界上的压力可取与之相邻的内网格的压力等等.

计算 $\tilde{u}$, $\tilde{v}$ 后，还需要根据边界的不同类型对边界速度进行处理，如对固壁边界，必须使垂直于固壁的速度为零，当固壁和 r 轴平行时，则 $\tilde{u}_{边}=0$，固壁和 x 轴平行时，则 $\tilde{v}_{边}=0$.

利用(5.1.1)和(5.1.8)，对能量守恒方程(1.3.11)进行离散化，得

$$\begin{aligned}M_{j-\frac{1}{2},k-\frac{1}{2}}\frac{\tilde{E}_{j-\frac{1}{2},k-\frac{1}{2}}-E_{j-\frac{1}{2},k-\frac{1}{2}}}{\Delta t}=&-\frac{\pi}{2}\{p_{j-\frac{1}{2},k}(r_{j,k}+r_{j-1,k})\\&\cdot[(\tilde{u}_{j,k}+\tilde{u}_{j-1,k})(r_{j-1,k}-r_{j,k})\\&-(\tilde{v}_{j,k}+\tilde{v}_{j-1,k})(x_{j-1,k}-x_{j,k})]\\&+p_{j-1,k-\frac{1}{2}}(r_{j-1,k}+r_{j-1,k-1})[(\tilde{u}_{j-1,k}\\&+\tilde{u}_{j-1,k-1})(r_{j-1,k-1}-r_{j-1,k})\\&-(\tilde{v}_{j-1,k}+\tilde{v}_{j-1,k-1})(x_{j-1,k-1}-x_{j-1,k})]\\&+p_{j-\frac{1}{2},k-1}(r_{j-1,k-1}+r_{j,k-1})\cdot[(\tilde{u}_{j-1,k-1}\\&+\tilde{u}_{j,k-1})(r_{j,k-1}-r_{j-1,k-1})-(\tilde{v}_{j-1,k-1}\\&+\tilde{v}_{j,k-1})(x_{j,k-1}-x_{j-1,k-1})]\\&+p_{j,k-\frac{1}{2}}(r_{j,k-1}+r_{j,k})[(\tilde{u}_{j,k-1}+\tilde{u}_{j,k})\\&\times(r_{j,k}-r_{j,k-1})-(\tilde{v}_{j,k-1}+\tilde{v}_{j,k})\\&\times(x_{j,k}-x_{j,k-1})]\},\end{aligned}\tag{5.2.3}$$

其中网格边界上的压力可以取边界两侧网格上压力的算术平均或以质量为权重的平均.

最后求出网格角点运动的位置

$$\tilde{x}_{j,k}=x_{j,k}+\Delta t\tilde{u}_{j,k},$$

$$\tilde{r}_{j,k}=r_{j,k}+\Delta t\tilde{v}_{j,k}$$

和每一个网格的旋转体体积 $\tilde{V}_{j-\frac{1}{2},k-\frac{1}{2}}$. 并据此求出密度

$$\tilde{\rho}_{j-\frac{1}{2},k-\frac{1}{2}} = M_{j-\frac{1}{2},k-\frac{1}{2}}/\widetilde{V}_{j-\frac{1}{2},k-\frac{1}{2}},$$

这样就完成了第一步的计算． 如果仅从 Lagrange 观点来观察流场的变化，那么整个计算就结束了．

第二步是重分网格和输运量的计算、关于划分网格的问题，我们将在第四节中叙述，这里只假定在 $t = t^{n+1}$ 时刻给定了格网，即给出了角点的坐标$(x_{j,k}^{n+1}, r_{j,k}^{n+1})$，$j = 0,1,\cdots,J$，$k = 0,1,\cdots,K$．于是得到网格的速度

$$D_{x_{j,k}}^{n+1} = \frac{x_{j,k}^{n+1} - x_{j,k}^{n}}{\Delta t}, \quad D_{r_{j,k}}^{n+1} = \frac{r_{j,k}^{n+1} - r_{j,k}^{n}}{\Delta t}.$$

利用(5.1.3)，对应于 $l = 1, 2, 3, 4$ 求出 $w_{j-\frac{1}{2},k}s_{j-\frac{1}{2},k}$，$w_{j-1,k-\frac{1}{2}}s_{j-1,k-\frac{1}{2}}$，$w_{j-\frac{1}{2},k-1}s_{j-\frac{1}{2},k-1}$，$w_{j,k-\frac{1}{2}}s_{j,k-\frac{1}{2}}$．例如当 $l = 1$ 时，得出

$$\begin{aligned} w_{j-\frac{1}{2},k}^{n+1} s_{j-\frac{1}{2},k}^{n+1} &= \frac{\pi}{2}(r_{j,k}^{n+1} + r_{j-1,k}^{n+1})[(\tilde{u}_{j,k} + \tilde{u}_{j-1,k} \\ &\quad - D_{x_{j,k}}^{n+1} - D_{x_{j-1,k}}^{n+1})(r_{j-1,k}^{n+1} - r_{j,k}^{n+1}) - (\tilde{v}_{j,k} + \tilde{v}_{j-1,k} \\ &\quad - D_{r_{j,k}}^{n+1} - D_{r_{j-1,k}}^{n+1})(x_{j-1,k}^{n+1} - x_{j,k}^{n+1})], \end{aligned}$$

等等．在网格边界上的插值公式取为(5.1.6)和(5.1.15)，然后根据(5.1.2)和(5.1.14)写出输运量计算的格式，为了加强计算格式的稳定性，在计算输运量的时候，尽量采用第一步计算的结果．

首先是计算质量的输运，从而得到网格 $\Omega_{j-\frac{1}{2},k-\frac{1}{2}}$ 上的质量

$$\begin{aligned} M_{j-\frac{1}{2},k-\frac{1}{2}}^{n+1} &= M_{j-\frac{1}{2},k-\frac{1}{2}}^{n} - \Delta t \Big\{ w_{j-\frac{1}{2},k}^{n+1} s_{j-\frac{1}{2},k}^{n+1} \\ &\quad \times \frac{1}{2}[(1 + \gamma_{j-\frac{1}{2},k}^{n+1})\tilde{\rho}_{j-\frac{1}{2},k-\frac{1}{2}} + (1 - \gamma_{j-\frac{1}{2},k}^{n+1})\tilde{\rho}_{j-\frac{1}{2},k+\frac{1}{2}}] \\ &\quad + w_{j-1,k-\frac{1}{2}}^{n+1} s_{j-1,k-\frac{1}{2}}^{n+1} \cdot \frac{1}{2}[(1 + \gamma_{j-1,k-\frac{1}{2}}^{n+1})\tilde{\rho}_{j-\frac{1}{2},k-\frac{1}{2}} \\ &\quad + (1 - \gamma_{j-1,k-\frac{1}{2}}^{n+1})\tilde{\rho}_{j-\frac{3}{2},k-\frac{1}{2}}] + w_{j-\frac{1}{2},k-1}^{n+1} s_{j-\frac{1}{2},k-1}^{n+1} \\ &\quad \times \frac{1}{2}[(1 + \gamma_{j-\frac{1}{2},k-1}^{n+1})\tilde{\rho}_{j-\frac{1}{2},k-\frac{1}{2}} \\ &\quad + (1 - \gamma_{j-\frac{1}{2},k-1}^{n+1})\tilde{\rho}_{j-\frac{1}{2},k-\frac{3}{2}}] + w_{j,k-\frac{1}{2}}^{n+1} s_{j,k-\frac{1}{2}}^{n+1} \frac{1}{2} \\ &\quad \times [1 + \gamma_{j,k-\frac{1}{2}}^{n+1})\tilde{\rho}_{j-\frac{1}{2},k-\frac{1}{2}} + (1 - \gamma_{j,k-\frac{1}{2}}^{n+1})\tilde{\rho}_{j+\frac{1}{2},k-\frac{1}{2}}] \Big\} \end{aligned}$$

于是就得到

$$\rho_{j-\frac{1}{2},k-\frac{1}{2}}^{n+1} = M_{j-\frac{1}{2},k-\frac{1}{2}}^{n+1} / V_{j-\frac{1}{2},k-\frac{1}{2}}^{n+1}.$$

其次是计算能量输运量和网格上的总能量

$$\begin{aligned}
E_{j-\frac{1}{2},k-\frac{1}{2}}^{n+1} = & \tilde{E}_{j-\frac{1}{2},k-\frac{1}{2}} \frac{M_{j-\frac{1}{2},k-\frac{1}{2}}^{n}}{M_{j-\frac{1}{2},k-\frac{1}{2}}^{n+1}} \\
& - \frac{\Delta t}{M_{j-\frac{1}{2},k-\frac{1}{2}}^{n+1}} \Big\{ w_{j-\frac{1}{2},k}^{n+1} s_{j-\frac{1}{2},k}^{n+1} \\
& \times \frac{1}{2} [(1 + \gamma_{j-\frac{1}{2},k}^{n+1}) \tilde{\rho}_{j-\frac{1}{2},k-\frac{1}{2}} \tilde{E}_{j-\frac{1}{2},k-\frac{1}{2}} \\
& + (1 - \gamma_{j-\frac{1}{2},k}^{n+1}) \tilde{\rho}_{j-\frac{1}{2},k+\frac{1}{2}} \tilde{E}_{j-\frac{1}{2},k+\frac{1}{2}}] \\
& + w_{j-1,k-\frac{1}{2}}^{n+1} s_{j-1,k-\frac{1}{2}}^{n+1} \\
& \times \frac{1}{2} [(1 + \gamma_{j-1,k-\frac{1}{2}}^{n+1}) \tilde{\rho}_{j-\frac{1}{2},k-\frac{1}{2}} \tilde{E}_{j-\frac{1}{2},k-\frac{1}{2}} \\
& + (1 - \gamma_{j-1,k-\frac{1}{2}}^{n+1}) \tilde{\rho}_{j-\frac{3}{2},k-\frac{1}{2}} \tilde{E}_{j-\frac{3}{2},k-\frac{1}{2}}] \\
& + w_{j-\frac{1}{2},k-1}^{n+1} s_{j-\frac{1}{2},k-1}^{n+1} \\
& \times \frac{1}{2} [(1 + \gamma_{j-\frac{1}{2},k-1}^{n+1}) \tilde{\rho}_{j-\frac{1}{2},k-\frac{1}{2}} \tilde{E}_{j-\frac{1}{2},k-\frac{1}{2}} \\
& + (1 - \gamma_{j-\frac{1}{2},k-1}^{n+1}) \tilde{\rho}_{j-\frac{1}{2},k-\frac{3}{2}} \tilde{E}_{j-\frac{1}{2},k-\frac{3}{2}}] \\
& + w_{j,k-\frac{1}{2}}^{n+1} s_{j,k-\frac{1}{2}}^{n+1} \\
& \times \frac{1}{2} [(1 + \gamma_{j,k-\frac{1}{2}}^{n+1}) \tilde{\rho}_{j-\frac{1}{2},k-\frac{1}{2}} \tilde{E}_{j-\frac{1}{2},k-\frac{1}{2}} \\
& + (1 - \gamma_{j,k-\frac{1}{2}}^{n+1}) \tilde{\rho}_{j+\frac{1}{2},k-\frac{1}{2}} \tilde{E}_{j+\frac{1}{2},k-\frac{1}{2}}] \Big\}.
\end{aligned}$$

然后计算动量输运量和网格角点上的速度分量.

$$\begin{aligned}
u_{j,k}^{n+1} = & \tilde{u}_{j,k} \frac{M_{j,k}^{n}}{M_{j,k}^{n+1}} - \frac{\Delta t}{M_{j,k}^{n+1}} \Big\{ w_{j-\frac{1}{2},k-\frac{1}{2}}^{n+1} s_{j-\frac{1}{2},k-\frac{1}{2}}^{n+1} \tilde{\rho}_{j-\frac{1}{2},k-\frac{1}{2}} \\
& \cdot \frac{1}{2} [(1 + \gamma_{j-\frac{1}{2},k-\frac{1}{2}}^{n+1}) \tilde{u}_{j,k} + (1 - \gamma_{j-\frac{1}{2},k-\frac{1}{2}}^{n+1}) \tilde{u}_{j-1,k-1}] \\
& + w_{j+\frac{1}{2},k-\frac{1}{2}}^{n+1} s_{j+\frac{1}{2},k-\frac{1}{2}}^{n+1} \tilde{\rho}_{j+\frac{1}{2},k-\frac{1}{2}}
\end{aligned}$$

$$\times \frac{1}{2}[(1+\gamma^{n+1}_{j+\frac{1}{2},k-\frac{1}{2}})\tilde{u}_{j,k}+(1-\gamma^{n+1}_{j+\frac{1}{2},k-\frac{1}{2}})\tilde{u}_{j+1,k-1}]$$

$$+w^{n+1}_{j+\frac{1}{2},k+\frac{1}{2}}s^{n+1}_{j+\frac{1}{2},k+\frac{1}{2}}\tilde{\rho}_{j+\frac{1}{2},k+\frac{1}{2}}$$

$$\times \frac{1}{2}[(1+\gamma^{n+1}_{j+\frac{1}{2},k+\frac{1}{2}})\tilde{u}_{j,k}+(1-\gamma^{n+1}_{j+\frac{1}{2},k+\frac{1}{2}})\tilde{u}_{j+1,k+1}]$$

$$+w^{n+1}_{j-\frac{1}{2},k+\frac{1}{2}}s^{n+1}_{j-\frac{1}{2},k+\frac{1}{2}}\tilde{\rho}_{j-\frac{1}{2},k+\frac{1}{2}}$$

$$\times \frac{1}{2}[(1+\gamma^{n+1}_{j-\frac{1}{2},k+\frac{1}{2}})\tilde{u}_{j,k}+(1-\gamma^{n+1}_{j-\frac{1}{2},k+\frac{1}{2}})\tilde{u}_{j-1,k+1}]\Big\}.$$

$$v^{n+1}_{j,k}=\tilde{v}_{j,k}\frac{M^{n}_{j,k}}{M^{n+1}_{j,k}}-\frac{\Delta t}{M^{n+1}_{j,k}}\Big\{w^{n+1}_{j-\frac{1}{2},k-\frac{1}{2}}s^{n+1}_{j-\frac{1}{2},k-\frac{1}{2}}\tilde{\rho}_{j-\frac{1}{2},k-\frac{1}{2}}\frac{1}{2}$$

$$\times[(1+\gamma^{n+1}_{j-\frac{1}{2},k-\frac{1}{2}})\tilde{v}_{j,k}+(1-\gamma^{n+1}_{j-\frac{1}{2},k-\frac{1}{2}})\tilde{v}_{j-1,k-1}]$$

$$+w^{n+1}_{j+\frac{1}{2},k-\frac{1}{2}}s^{n+1}_{j+\frac{1}{2},k-\frac{1}{2}}\tilde{\rho}_{j+\frac{1}{2},k-\frac{1}{2}}$$

$$\times \frac{1}{2}[(1+\gamma^{n+1}_{j+\frac{1}{2},k-\frac{1}{2}})\tilde{v}_{j,k}+(1-\gamma^{n+1}_{j+\frac{1}{2},k-\frac{1}{2}})\tilde{v}_{j+1,k-1}]$$

$$+w^{n+1}_{j+\frac{1}{2},k+\frac{1}{2}}s^{n+1}_{j+\frac{1}{2},k+\frac{1}{2}}\tilde{\rho}_{j+\frac{1}{2},k+\frac{1}{2}}$$

$$\times \frac{1}{2}[(1+\gamma^{n+1}_{j+\frac{1}{2},k+\frac{1}{2}})\tilde{v}_{j,k}+(1-\gamma^{n+1}_{j+\frac{1}{2},k+\frac{1}{2}})\tilde{v}_{j+1,k+1}]$$

$$+w^{n+1}_{j-\frac{1}{2},k+\frac{1}{2}}s^{n+1}_{j-\frac{1}{2},k+\frac{1}{2}}\tilde{\rho}_{j-\frac{1}{2},k+\frac{1}{2}}$$

$$\times \frac{1}{2}[(1+\gamma^{n+1}_{j-\frac{1}{2},k+\frac{1}{2}})\tilde{v}_{j,k}+(1-\gamma^{n+1}_{j-\frac{1}{2},k+\frac{1}{2}})\tilde{v}_{j-1,k+1}]\Big\}.$$

单位质量的内能就从总能量中扣去动能而得到，即

$$e^{n+1}_{i-\frac{1}{2},k-\frac{1}{2}}=E^{n+1}_{i-\frac{1}{2},k-\frac{1}{2}}-\frac{1}{8}(u^2_{i,k}+u^2_{i-1,k}+u^2_{i-1,k-1}$$

$$+u^2_{i,k-1}+v^2_{i,k}+v^2_{i-1,k}+v^2_{i-1,k-1}+v^2_{i,k-1}).$$

最后，利用内能 $e^{n+1}_{i-\frac{1}{2},k-\frac{1}{2}}$ 和密度 $\rho^{n+1}_{i-\frac{1}{2},k-\frac{1}{2}}$ 从状态方程求出压力 $p^{n+1}_{i-\frac{1}{2},k-\frac{1}{2}}$.

这样，求出了 $t=t^{n+1}$ 时刻的全部力学量，ALE 方法的一个循环就算完成了.

§3 能量守恒误差与完全守恒差分格式

ALE方法是从总能量守恒方程(1.1.10)出发建立差分格式，求出每个网格的总能量 $E_{j-\frac{1}{2},k-\frac{1}{2}}$ 来，然后减去网格的动能，最后得到网格的内能 $e_{j-\frac{1}{2},k-\frac{1}{2}}$. 前面介绍的PIC方法，GILA方法等则是直接从关于内能的非守恒形式的方程出发建立差分格式，求出网格的内能. 一般说来，在建立流体力学方程组的差分格式的时候，对能量方程有着两种不同的选择：一种是采用关于总能量(即内能与动能之和)的守恒形式的方程；另一种是采用关于内能的非守恒形式的方程. 对于守恒形式的方程，容易建立能量守恒的差分格式(下面称之为守恒形式的差分格式)，而对非守恒形式的方程建立的差分格式(下面称之为非守恒形式的差分格式)，则往往不能保证总能量守恒. 可是如果采用守恒形式的差分格式，得到的解是总能量，因而必须从中减去动能才能得到内能. 在实际计算中，由于格式的精确度，有时会产生在局部网格上总能量小于动能，因而导致内能出负的现象. 因此，许多作者都不采用守恒形式的差分格式来计算能量. 特别是在解磁流体力学方程组的时候，那里总能量是动能、内能(有时还分为电子能量和离子能量)和磁场能量之和，并且磁场能量和内能相比较可以相差好几个量级，因而不可避免地要对非守恒形式的方程建立差分格式. 所以有必要研究非守恒形式的差分格式的能量守恒的误差，特别是要求建立一种保证总能量在局部网格上也守恒的非守恒形式的差分格式，这种差分格式 Попов Гамарский (1969) 称之为解流体力学方程组的"完全守恒差分格式". 需要指出的是在差分近似计算中，能量守恒本身也只是近似的. 和建立近似的差分方程一样，可以建立不同的近似的能量守恒关系式. 所以对一个流体力学方程组的差分格式来说，所谓的能量守恒，往往也只是对某种近似的能量守恒关系式而言的.

李德元(1981)讨论了GILA方法的第一步，即纯 Lagrange 计算的能量守恒问题．为简单起见，先分析一个一维单种介质的情形，并且边界条件在 $x=0$ 和 $x=X$ 处都给固壁条件．由于考虑到和本章其它各节符号一致，下面网格的编号采取第二种方案(在第三章介绍 GILA 方法时，网格编号采用的是第一种方案)，这时差分格式可以写成

$$\frac{\tilde{R}_j - R_j}{\Delta t} = \tilde{u}_j, \quad j = 0, 1, \cdots, J, \tag{5.3.1}$$

$$\rho_j \frac{\tilde{u}_j - u_j}{\Delta t} = -\frac{\tilde{p}_{j+\frac{1}{2}} - \tilde{p}_{j-\frac{1}{2}}}{\Delta x}, \quad j = 1, 2, \cdots, J-1, \tag{5.3.2}$$

$$\rho_{j-\frac{1}{2}} \frac{\tilde{e}_{j-\frac{1}{2}} - e_{j-\frac{1}{2}}}{\Delta t} = -\tilde{p}_{j-\frac{1}{2}} \frac{\tilde{u}_j - \tilde{u}_{j-1}}{\Delta x}, \quad j = 1, 2, \cdots, J, \tag{5.3.3}$$

此处根据固壁边界条件有

$$\tilde{u}_0 = 0, \quad \tilde{u}_J = 0. \tag{5.3.4}$$

从而可知整个系统的内能和动能的改变量应该等于零． 在方程(5.3.3)两端乘以 $\Delta t\Delta x$，再对 j 从 1 到 J 求和，则得到在一个时间步长 Δt 内，纯 Lagrange 计算所得到整个系统内能的变化为

$$\begin{aligned}\sum_{j=1}^{J} (\tilde{e}_{j-\frac{1}{2}} - e_{j-\frac{1}{2}})\rho_{j-\frac{1}{2}}\Delta x &= -\sum_{j=1}^{J} \tilde{p}_{j-\frac{1}{2}}(\tilde{u}_j - \tilde{u}_{j-1})\Delta t \\ &= -\sum_{j=1}^{J-1} \tilde{p}_{j-\frac{1}{2}}\tilde{u}_j\Delta t + \sum_{j=1}^{J-1} \tilde{p}_{j+\frac{1}{2}}\tilde{u}_j\Delta t \\ &= \sum_{j=1}^{J-1} \tilde{u}_j(\tilde{p}_{j+\frac{1}{2}} - \tilde{p}_{j-\frac{1}{2}})\Delta t.\end{aligned} \tag{5.3.5}$$

为计算动能的变化，首先考虑到

$$(\tilde{u}_j - u_j)\tilde{u}_j = \frac{1}{2}\tilde{u}_j^2 - \frac{1}{2}u_j^2 + \frac{1}{2}(\tilde{u}_j - u_j)^2,$$

然后在方程(5.3.2)的两端乘上 $\tilde{u}_j\Delta t\Delta x$，并对 j 从 1 到 $J-1$ 求和，得

$$\sum_{j=1}^{J-1} \frac{1}{2}(\tilde{u}_j^2 - u_j^2)\rho_j\Delta x + \sum_{j=1}^{J-1} \frac{1}{2}(\tilde{u}_j - u_j)^2\rho_j\Delta x$$

$$= -\sum_{j=1}^{J-1} \tilde{u}_j(\hat{p}_{j+\frac{1}{2}} - \hat{p}_{j-\frac{1}{2}})\Delta t, \tag{5.3.6}$$

将(5.3.5)与(5.3.6)相加得

$$\sum_{j=1}^{J} (\tilde{e}_{j-\frac{1}{2}} - e_{j-\frac{1}{2}})\rho_{j-\frac{1}{2}}\Delta x + \sum_{j=1}^{J-1} \frac{1}{2}(\tilde{u}_j^2 - u_j^2)\rho_j\Delta x$$

$$= -\sum_{j=1}^{J-1} \frac{1}{2}(\tilde{u}_j - u_j)^2\rho_j\Delta x, \tag{5.3.7}$$

这个式子的左边正是 GILA 方法第一步计算所得到的整个系统内能和动能的改变量，它应该等于零. 但是(5.3.7)的右边并不等于零，因此，(5.3.7)的右边就是能量守恒误差，这是一个 Δt 的二阶量. 这就说明了差分格式 (5.3.1)—(5.3.3) 不是完全守恒差分格式、但是如果改变其中某些项的取法，则可以得到完全守恒差分格式.

现在将方程(3.3.1)—(3.3.3)的差分格式写成

$$\frac{\tilde{V}_{j-\frac{1}{2},k-\frac{1}{2}} - V_{j-\frac{1}{2},k-\frac{1}{2}}}{\Delta t} = (\bar{u}_{j,k-\frac{1}{2}} - \bar{u}_{j-1,k-\frac{1}{2}})\Delta y$$

$$+ (\bar{v}_{j-\frac{1}{2},k} - \bar{v}_{j-\frac{1}{2},k-1})\Delta x, \tag{5.3.8}$$

$$M_{j,k-\frac{1}{2}} \frac{\tilde{u}_{j,k-\frac{1}{2}} - u_{j,k-\frac{1}{2}}}{\Delta t} = -(p^{(\sigma)}_{j+\frac{1}{2},k-\frac{1}{2}} - p^{(\sigma)}_{j-\frac{1}{2},k-\frac{1}{2}})\Delta y, \tag{5.3.9}$$

$$M_{j-\frac{1}{2},k} \frac{\tilde{v}_{j-\frac{1}{2},k} - v_{j-\frac{1}{2},k}}{\Delta t} = -(p^{(\sigma)}_{j-\frac{1}{2},k+\frac{1}{2}} - p^{(\sigma)}_{j-\frac{1}{2},k-\frac{1}{2}})\Delta x, \tag{5.3.10}$$

$$M_{j-\frac{1}{2},k-\frac{1}{2}} \frac{\tilde{e}_{j-\frac{1}{2},k-\frac{1}{2}} - e_{j-\frac{1}{2},k-\frac{1}{2}}}{\Delta t}$$

$$= -p^{(\sigma)}_{j-\frac{1}{2},k-\frac{1}{2}} \frac{\tilde{V}_{j-\frac{1}{2},k-\frac{1}{2}} - V_{j-\frac{1}{2},k-\frac{1}{2}}}{\Delta t}, \tag{5.3.11}$$

速度分量顶上加一横的量表示对时间的平均，即

$$\bar{u}_{j,k-\frac{1}{2}} = \frac{1}{2}(\tilde{u}_{j,k-\frac{1}{2}} + u_{j,k-\frac{1}{2}}),$$

$$\bar{v}_{j-\frac{1}{2},k}=\frac{1}{2}(\tilde{v}_{j-\frac{1}{2},k}+v_{j-\frac{1}{2},k}).$$

此外压力右上角加(σ)表示对时间的加权平均，即

$$p^{(\sigma)}_{j-\frac{1}{2},k-\frac{1}{2}}=\sigma\tilde{p}_{j-\frac{1}{2},k-\frac{1}{2}}+(1-\sigma)p_{j-\frac{1}{2},k-\frac{1}{2}}.$$

参数 σ 可以取[0,1]中的任何数.

现在来讨论格式 (5.3.8)—(5.3.11) 在局部网格上的能量守恒问题，首先根据(1.1.10)写出在一个网格上的离散化的近似能量守恒关系式

$$\begin{aligned}
&M_{j-\frac{1}{2},k-\frac{1}{2}}(\tilde{E}_{j-\frac{1}{2},k-\frac{1}{2}}-E_{j-\frac{1}{2},k-\frac{1}{2}})\\
&=-\Delta t\,[(p^{(\sigma)}_{j,k-\frac{1}{2}}\bar{u}_{j,k-\frac{1}{2}}-p^{(\sigma)}_{j-1,k-\frac{1}{2}}\bar{u}_{j-1,k-\frac{1}{2}})\Delta y\\
&\quad+(p^{(\sigma)}_{j-\frac{1}{2},k}\bar{v}_{j-\frac{1}{2},k}-p^{(\sigma)}_{j-\frac{1}{2},k-1}\bar{v}_{j-\frac{1}{2},k-1})\Delta x].
\end{aligned}\tag{5.3.12}$$

为简单起见，下面把压力的上标(σ)略去不写，而只要注意到在 (5.3.9)—(5.3.12) 中权重参数 σ 是取成一样的. 在守恒关系式(5.3.12)中有两个量需要作一些近似处理，一是由于速度离散化以后有些量的值都不是取在网格中心，而是在网格边上，因而网格中心的动能计算必须取某种插值平均；另一个是网格边界上的压力也要用网格中心的量加以平均. 设动能 $M\varepsilon$ 采用算术平均，即

$$\begin{aligned}
M_{j-\frac{1}{2},k-\frac{1}{2}}\varepsilon_{j-\frac{1}{2},k-\frac{1}{2}}=\frac{1}{4}\,&[M_{j,k-\frac{1}{2}}u^2_{j,k-\frac{1}{2}}+M_{j-1,k-\frac{1}{2}}u^2_{j-1,k-\frac{1}{2}}\\
&+M_{j-\frac{1}{2},k}v^2_{j-\frac{1}{2},k}+M_{j-\frac{1}{2},k-1}v^2_{j-\frac{1}{2},k-1}],
\end{aligned}\tag{5.3.13}$$

如果在差分方程 (5.3.9) 和 (5.3.10)上分别乘以 $\bar{u}_{j,k-\frac{1}{2}}\Delta t$ 和 $\bar{v}_{j-\frac{1}{2},k}\Delta t$，则得

$$\begin{aligned}
&\frac{1}{2}M_{j,k-\frac{1}{2}}(\tilde{u}^2_{j,k-\frac{1}{2}}-u^2_{j,k-\frac{1}{2}})=-\bar{u}_{j,k-\frac{1}{2}}(p_{j+\frac{1}{2},k-\frac{1}{2}}\\
&\quad-p_{j-\frac{1}{2},k-\frac{1}{2}})\Delta y\Delta t,\\
&\frac{1}{2}M_{j-\frac{1}{2},k}(\tilde{v}^2_{j-\frac{1}{2},k}-v^2_{j-\frac{1}{2},k})=-\bar{v}_{j-\frac{1}{2},k}(p_{j-\frac{1}{2},k+\frac{1}{2}}\\
&\quad-p_{j-\frac{1}{2},k-\frac{1}{2}})\Delta x\Delta t.
\end{aligned}$$

由此容易算出在第一步上网格 $\Omega_{j-\frac{1}{2},k-\frac{1}{2}}$ 内动能的变化为

$$M_{j-\frac{1}{2},k-\frac{1}{2}}(\tilde{\varepsilon}_{j-\frac{1}{2},k-\frac{1}{2}}-\varepsilon_{j-\frac{1}{2},k-\frac{1}{2}})=-\frac{1}{2}$$

$$\times\{\bar{u}_{i,k-\frac{1}{2}}(p_{i+\frac{1}{2},k-\frac{1}{2}}-p_{i-\frac{1}{2},k-\frac{1}{2}})\Delta y$$
$$+\bar{u}_{i-1,k-\frac{1}{2}}(p_{i-\frac{1}{2},k-\frac{1}{2}}-p_{i-\frac{3}{2},k-\frac{1}{2}})\Delta y$$
$$+\bar{v}_{i-\frac{1}{2},k}(p_{i-\frac{1}{2},k+\frac{1}{2}}-p_{i-\frac{1}{2},k-\frac{1}{2}})\Delta x$$
$$+\bar{v}_{i-\frac{1}{2},k-1}(p_{i-\frac{1}{2},k-\frac{1}{2}}-p_{i-\frac{1}{2},k-\frac{3}{2}})\Delta x\}\Delta t, \qquad (5.3.14)$$

利用(5.3.8)和(5.3.11)就得到内能的改变量为

$$M_{i-\frac{1}{2},k-\frac{1}{2}}(\tilde{e}_{i-\frac{1}{2},k-\frac{1}{2}}-e_{i-\frac{1}{2},k-\frac{1}{2}})=-p_{i-\frac{1}{2},k-\frac{1}{2}}[(\bar{u}_{i,k-\frac{1}{2}}-\bar{u}_{i-1,k-\frac{1}{2}})\Delta y+(\bar{v}_{i-\frac{1}{2},k}-\bar{v}_{i-\frac{1}{2},k-1})\Delta x]\Delta t, \qquad (5.3.15)$$

将(5.3.14)和(5.3.15)两式加起来，经过整理后便可得

$$\begin{aligned}M_{i-\frac{1}{2},k-\frac{1}{2}}(\tilde{E}_{i-\frac{1}{2},k-\frac{1}{2}}-E_{i-\frac{1}{2},k-\frac{1}{2}})=-\Delta t\Big\{\Big[\bar{u}_{i,k-\frac{1}{2}}\\ \times\frac{1}{2}(p_{i+\frac{1}{2},k-\frac{1}{2}}+p_{i-\frac{1}{2},k-\frac{1}{2}})-\bar{u}_{i-1,k-\frac{1}{2}}\\ \times\frac{1}{2}(p_{i-\frac{1}{2},k-\frac{1}{2}}+p_{i-\frac{3}{2},k-\frac{1}{2}})\Big]\Delta y+\Big[\bar{v}_{i-\frac{1}{2},k}\\ \times\frac{1}{2}(p_{i-\frac{1}{2},k+\frac{1}{2}}+p_{i-\frac{1}{2},k-\frac{1}{2}})-\bar{v}_{i-\frac{1}{2},k-1}\\ \times\frac{1}{2}(p_{i-\frac{1}{2},k-\frac{1}{2}}+p_{i-\frac{1}{2},k-\frac{3}{2}})\Big]\Delta x\Big\},\end{aligned} \qquad (5.3.16)$$

把它和能量守恒关系式(5.3.12)相比，如果网格边界上的压力也取算术平均，即

$$\begin{aligned}p_{i,k-\frac{1}{2}}&=\frac{1}{2}(p_{i+\frac{1}{2},k-\frac{1}{2}}+p_{i-\frac{1}{2},k-\frac{1}{2}}),\\ p_{i-\frac{1}{2},k}&=\frac{1}{2}(p_{i-\frac{1}{2},k+\frac{1}{2}}+p_{i-\frac{1}{2},k-\frac{1}{2}}),\end{aligned} \qquad (5.3.17)$$

那么格式(5.3.8)—(5.3.11)对于采用了插值公式(5.3.13)和(5.3.17)的近似能量守恒关系式(5.3.12)来说，在每一个网格上总能量都是守恒的，因而是完全守恒差分格式． 这里须要指出的是格式(5.3.8)—(5.3.11)作为 GILA 方法来说，只是第一步纯 Lagrange 计算的格式． 第二步是计算通过网格边界的质量、动能和能量的输运，也可以看成是一次重分网格的计算．在第四章讲到重分网格时已经提到过，在这一步上继续保持质量、动能、内能和总能量的

守恒是一个过定问题，一般说来是不可能的．因而对于整个方法的两步结合，且作为一个 Euler 坐标系中的差分格式来说，总能量还是不守恒的．但是计算结果表明，在重分网格时产生的能量守恒误差是不太严重的．

李德元 (1981) 还讨论了 ALE 方法的非守恒形式的差分格式的能量守恒问题，在第一步纯 Lagrange 计算中，如果能量方程取为(1.2.69)，则利用(5.1.10)可得离散化的方程为

$$
\begin{aligned}
M_{j-\frac{1}{2},k-\frac{1}{2}}\frac{\tilde{e}_{j-\frac{1}{2},k-\frac{1}{2}}-e_{j-\frac{1}{2},k-\frac{1}{2}}}{\Delta t}&=-2\pi p_{j-\frac{1}{2},k-\frac{1}{2}}\{(\bar{u}r)_{j-\frac{1}{2},k}\\
&\times(r_{j-1,k}-r_{j,k})+(\bar{u}r)_{j-1,k-\frac{1}{2}}(r_{j-1,k-1}-r_{j-1,k})\\
&+(\bar{u}r)_{j-\frac{1}{2},k-1}(r_{j,k-1}-r_{j-1,k-1})+(\bar{u}r)_{j,k-\frac{1}{2}}(r_{j,k}\\
&-r_{j,k-1})-[(\bar{v}r)_{j-\frac{1}{2},k}(x_{j-1,k}-x_{j,k})\\
&+(\bar{v}r)_{j-1,k-\frac{1}{2}}(x_{j-1,k-1}-x_{j-1,k})+(\bar{v}r)_{j-\frac{1}{2},k-1}(x_{j,k-1}\\
&-x_{j-1,k-1})+(\bar{v}r)_{j,k-\frac{1}{2}}(x_{j,k}-x_{j,k-1})]\},\qquad(5.3.18)
\end{aligned}
$$

离散化后的动量方程取(5.2.1)和(5.2.2)，只是其中的$\langle\boldsymbol{u}_{j,k}\rangle=\boldsymbol{u}_{j,k}$，即取 $a_{nc}=0$．而在一个网格 $\Omega_{j-\frac{1}{2},k-\frac{1}{2}}$ 上能量守恒关系式近似为

$$
\begin{aligned}
M_{j-\frac{1}{2},k-\frac{1}{2}}(\tilde{E}_{j-\frac{1}{2},k-\frac{1}{2}}-E_{j-\frac{1}{2},k-\frac{1}{2}})&=-2\pi\Delta t[(p\bar{u}r)_{j-\frac{1}{2},k}\\
&\times(r_{j-1,k}-r_{j,k})+(p\bar{u}r)_{j-1,k-\frac{1}{2}}(r_{j-1,k-1}-r_{j-1,k})\\
&+(p\bar{u}r)_{j-\frac{1}{2},k-1}(r_{j,k-1}-r_{j-1,k-1})+(p\bar{u}r)_{j,k-\frac{1}{2}}(r_{j,k}\\
&-r_{j,k-1})]+2\pi\Delta t[(p\bar{v}r)_{j-\frac{1}{2},k}(x_{j-1,k}-x_{j,k})\\
&+(p\bar{v}r)_{j-1,k-\frac{1}{2}}(x_{j-1,k-1}-x_{j-1,k})\\
&+(p\bar{v}r)_{j-\frac{1}{2},k-1}(x_{j,k-1}-x_{j-1,k-1})\\
&+(p\bar{v}r)_{j,k-\frac{1}{2}}(x_{j,k}-x_{j,k-1})].\qquad(5.3.19)
\end{aligned}
$$

从而整个系统的近似能量守恒关系式为

$$
\begin{aligned}
&\sum_{j=1}^{J}\sum_{k=1}^{K}M_{j-\frac{1}{2},k-\frac{1}{2}}(\tilde{E}_{j-\frac{1}{2},k-\frac{1}{2}}-E_{j-\frac{1}{2},k-\frac{1}{2}})\\
&=-2\pi\Delta t\left\{\sum_{j=1}^{J}[(p\bar{u}r)_{j-\frac{1}{2},0}(r_{j,0}-r_{j-1,0})\right.\\
&\quad-(p\bar{v}r)_{j-\frac{1}{2},0}(x_{j,0}-x_{j-1,0})]+\sum_{j=1}^{J}[(p\bar{u}r)_{j-\frac{1}{2},K}(r_{j-1,K}
\end{aligned}
$$

$$-r_{j,K})-(p\bar{v}r)_{j-\frac{1}{2},K}(x_{j-1,K}-x_{j,K})]+$$

$$\sum_{k=1}^{K}[(p\bar{u}r)_{0,k-\frac{1}{2}}(r_{0,k-1}-r_{0,k})-(p\bar{v}r)_{0,k-\frac{1}{2}}(x_{0,k-1}$$

$$-x_{0,k})]+\sum_{k=1}^{K}[(p\bar{u}r)_{J,k-\frac{1}{2}}(r_{J,k}-r_{J,k-1})$$

$$-(p\bar{v}r)_{J,k-\frac{1}{2}}(x_{J,k}-x_{J,k-1})]\Big\},\tag{5.3.20}$$

从(5.3.18)容易求得整个系统的内能的变化,只是要将其中网格边界上的 $\bar{u}r$ 和 $\bar{v}r$ 用网格顶点上的量进行平均,如果取

$$(\bar{u}r)_{j-\frac{1}{2},k}=\frac{1}{2}(\bar{u}_{j,k}+\bar{u}_{j-1,k})\cdot\frac{1}{2}(r_{j,k}+r_{j-1,k}),$$

$$(\bar{u}r)_{j,k-\frac{1}{2}}=\frac{1}{2}(\bar{u}_{j,k}+\bar{u}_{j,k-1})\cdot\frac{1}{2}(r_{j,k}+r_{j,k-1}),\tag{5.3.21}$$

$$(\bar{v}r)_{j-\frac{1}{2},k}=\frac{1}{2}(\bar{v}_{j,k}r_{j,k}+\bar{v}_{j-1,k}r_{j-1,k}),$$

$$(\bar{v}r)_{j,k-\frac{1}{2}}=\frac{1}{2}(\bar{v}_{j,k}r_{j,k}+\bar{v}_{j,k-1}r_{j,k-1}),\tag{5.3.22}$$

则相当于采用了离散化近似(5.1.11)和(5.1.12)′, 将方程 (5.3.18) 对 j 和 k 求和,就得到整个系统的内能改变量:

$$\sum_{j=1}^{J}\sum_{k=1}^{K}M_{j-\frac{1}{2},k-\frac{1}{2}}(\tilde{e}_{j-\frac{1}{2},k-\frac{1}{2}}-e_{j-\frac{1}{2},k-\frac{1}{2}})$$

$$=-\pi\Delta t\sum_{j=1}^{J}\sum_{k=1}^{K}p_{j-\frac{1}{2},k-\frac{1}{2}}[(\bar{u}_{j,k}-\bar{u}_{j-1,k-1})$$

$$\times\frac{1}{2}(r^2_{j-1,k}-r^2_{j,k-1})-(\bar{u}_{j-1,k}-\bar{u}_{j,k-1})$$

$$\times\frac{1}{2}(r^2_{j,k}-r^2_{j-1,k-1})-(\bar{v}_{j,k}r_{j,k}-\bar{v}_{j-1,k-1}r_{j-1,k-1})$$

$$\times(x_{j-1,k}-x_{j,k-1})+(\bar{v}_{j-1,k}r_{j-1,k}-\bar{v}_{j,k-1}r_{j,k-1})$$

$$\times(x_{j,k}-x_{j-1,k-1})].\tag{5.3.23}$$

把方程(5.2.1)和(5.2.2)的两边分别乘以 $\bar{u}_{j,k}$ 和 $\bar{v}_{j,k}$, 然后相加,便

得到质量团 $M_{i,k}$ 的动能的改变量，再把它们对所有的 i 和 k 求和，则由于 $\sum_{j=0}^{J}\sum_{k=0}^{K}M_{j,k}$ 是整个系统质量的两倍，因此在整个系统上动能的改变量为

$$
\begin{aligned}
&\frac{1}{2}\sum_{j=0}^{J}\sum_{k=0}^{K}M_{j,k}(\tilde{\varepsilon}_{j,k}-\varepsilon_{j,k})\\
&\quad=-\pi\Delta t\sum_{j=1}^{J}\sum_{k=1}^{K}p_{j-\frac{1}{2},k-\frac{1}{2}}\Big\{(\bar{u}_{j,k}-\bar{u}_{j-1,k-1})\\
&\times\frac{1}{2}(r_{j,k-1}^{2}-r_{j-1,k}^{2})-(\bar{u}_{j-1,k}-\bar{u}_{j,k-1})\\
&\times\frac{1}{2}(r_{j-1,k-1}^{2}-r_{j,k}^{2})-(\bar{v}_{j,k}r_{j,k}-\bar{v}_{j-1,k-1}r_{j-1,k-1})\\
&(x_{j,k-1}-x_{j-1,k})+(\bar{v}_{j-1,k}r_{j-1,k}-\bar{v}_{j,k-1}r_{j,k-1})\\
&\cdot(x_{j-1,k-1}-x_{j,k})\Big\}-\pi\Delta t\Big\{\sum_{j=1}^{J}p_{j-\frac{1}{2},0}\Big|(\bar{u}_{j,0}+\bar{u}_{j-1,0})\\
&\times\frac{1}{2}(r_{j,0}^{2}-r_{j-1,0}^{2})-(\bar{v}_{j,0}r_{j,0}+\bar{v}_{j-1,0}r_{j-1,0})\\
&\times(x_{j,0}-x_{j-1,0})\Big|+\sum_{j=1}^{J}p_{j-\frac{1}{2},K}\Big[(\bar{u}_{j,K}+\bar{u}_{j-1,K})\\
&\times\frac{1}{2}(r_{j-1,K}^{2}-r_{j,K}^{2})-(\bar{v}_{j,K}r_{j,K}+\bar{v}_{j-1,K}r_{j-1,K})\\
&\times(x_{j-1,K}-x_{j,K})\Big]+\sum_{k=1}^{K}p_{0,k-\frac{1}{2}}\Big|(\bar{u}_{0,k}+\bar{u}_{0,k-1})\\
&\times\frac{1}{2}(r_{0,k-1}^{2}-r_{0,k}^{2})-(\bar{v}_{0,k}r_{0,k}+\bar{v}_{0,k-1}r_{0,k-1})\\
&\times(x_{0,k-1}-x_{0,k})\Big]+\sum_{k=1}^{K}p_{J,k-\frac{1}{2}}\Big|(\bar{u}_{J,k}+\bar{u}_{J,k-1})\\
&\times\frac{1}{2}(r_{J,k}^{2}-r_{J,k-1}^{2})-(\bar{v}_{J,k}r_{J,k}+\bar{v}_{J,k-1}r_{J,k-1})\\
&\cdot(x_{J,k}-x_{J,k-1})\Big|\Big\}.
\end{aligned}
\tag{5.3.24}
$$

将(5.3.23)和(5.3.24)两式相加，就得到整个系统总能量的改变量，正好满足守恒关系式(5.3.20)，其中的 $\bar{u}r$ 和 $\bar{v}r$ 按公式(5.3.21)和(5.3.22)进行平均.

如果将差分方程(5.2.1)，(5.2.2)和(5.3.18)作一些改动，那么总能量是否还保持守恒就需要另作考察了．例如，关于 r 方向的动量方程在二维柱坐标系中有时写成

$$\frac{d}{dt}\iint_{\Omega_{j,k}}\rho v 2\pi r dx dr = 2\pi\left[\int_{\partial\Omega_{j,k}} p r dx + \iint_{\Omega_{j,k}} p dx dr\right],$$

从这个方程出发，建立关于 $v_{j,k}$ 的差分方程：

$$\begin{aligned}M_{j,k}\frac{\tilde{v}_{j,k}-v_{j,k}}{\Delta t} &= 2\pi\Big\{p_{j-\frac{1}{2},k-\frac{1}{2}}\Big[\frac{1}{2}(r_{j,k-1}+r_{j-1,k})\\&\times(x_{j,k-1}-x_{j-1,k})+\Omega_{j,k\cap j-\frac{1}{2},k-\frac{1}{2}}\Big]+p_{j+\frac{1}{2},k-\frac{1}{2}}\\&\times\Big[\frac{1}{2}(r_{j+1,k}+r_{j,k-1})(x_{j+1,k}-x_{j,k-1})\\&+\Omega_{j,k\cap j+\frac{1}{2},k-\frac{1}{2}}\Big]+p_{j+\frac{1}{2},k+\frac{1}{2}}\Big[\frac{1}{2}(r_{j,k+1}+r_{j+1,k})\\&\times(x_{j,k+1}-x_{j+1,k})+\Omega_{j,k\cap j+\frac{1}{2},k+\frac{1}{2}}\Big]+p_{j-\frac{1}{2},k+\frac{1}{2}}\\&\times\Big[\frac{1}{2}(r_{j-1,k}+r_{j,k+1})(x_{j-1,k}-x_{j,k+1})+\Omega_{j,k\cap j-\frac{1}{2},k+\frac{1}{2}}\Big]\Big\}.\end{aligned} \tag{5.3.25}$$

其中 $\Omega_{j,k\cap j-\frac{1}{2},k-\frac{1}{2}}$ 表示 $\Omega_{j,k}$ 和 $\Omega_{j-\frac{1}{2},k-\frac{1}{2}}$ 之交(即三角形 $R_{j,k}R_{j-1,k}\cdot R_{j,k-1}$)的面积，很明显，如果把(5.2.2)换成(5.3.25)，那么从(5.2.1)，(5.3.25)，(5.3.18)算出来的动能和内能就不能再满足守恒关系式(5.3.20)了．但是，如果把能量方程的差分格式(5.3.18)也作一些改动，即将其中 $\bar{v}r$ 的插值公式(5.3.22)换成

$$\begin{aligned}(\bar{v}r)_{j-\frac{1}{2},k} &= \frac{1}{2}(\bar{v}_{j,k}+\bar{v}_{j-1,k})\frac{1}{2}(r_{j,k}+r_{j-1,k}),\\(\bar{v}r)_{j,k-\frac{1}{2}} &= \frac{1}{2}(\bar{v}_{j,k}+\bar{v}_{j,k-1})\frac{1}{2}(r_{j,k}+r_{j,k-1}),\end{aligned} \tag{5.3.26}$$

则又可以推出总能量是守恒的，这时能量方程的差分格式可以写成

$$
\begin{aligned}
M_{j-\frac{1}{2},k-\frac{1}{2}} & \frac{\tilde{e}_{j-\frac{1}{2},k-\frac{1}{2}}-e_{j-\frac{1}{2},k-\frac{1}{2}}}{\Delta t}=-\frac{\pi}{2} p_{j-\frac{1}{2},k-\frac{1}{2}} \\
& \times\{(\bar{u}_{j,k}-\bar{u}_{j-1,k-1}) \cdot (r_{j-1,k}^2-r_{j,k-1}^2) \\
& -(\bar{u}_{j-1,k}-\bar{u}_{j,k-1})(r_{j,k}^2-r_{j-1,k-1}^2) \\
& -\bar{v}_{j,k}[(r_{j-1,k}+r_{j,k})(x_{j-1,k}-x_{j,k}) \\
& +(r_{j,k}+r_{j,k-1})(x_{j,k}-x_{j,k-1})] \\
& -\bar{v}_{j-1,k}[(r_{j-1,k-1}+r_{j-1,k})(x_{j-1,k-1}-x_{j-1,k}) \\
& +(r_{j-1,k}+r_{j,k})(x_{j-1,k}-x_{j,k})] \\
& -\bar{v}_{j-1,k-1}[(r_{j,k-1}+r_{j-1,k-1})(x_{j,k-1}-x_{j-1,k-1}) \\
& +(r_{j-1,k-1}+r_{j-1,k})(x_{j-1,k-1}-x_{j-1,k})] \\
& -\bar{v}_{j,k-1}[(r_{j,k}+r_{j,k-1})(x_{j,k}-x_{j,k-1}) \\
& +(r_{j,k-1}+r_{j-1,k-1})(x_{j,k-1}-x_{j-1,k-1})]\}. \qquad (5.3.27)
\end{aligned}
$$

为了证明总能量是守恒的，即内能和动能改变量之和应等于系统外边界上的压力所作的功．从前面的推导过程中可以看出，如果将整个系统的动能按各网格中心和外边界上的压力求和，则每个网格中心点的压力对于动能改变的贡献，必须正好与内能改变中相应的压力的贡献相抵消，这样，就只留下边界压力的作功项了．现在来考察压力 $p_{j-\frac{1}{2},k-\frac{1}{2}}$，它对内能改变的贡献从(5.3.27)就可以直接得出． 它对动能改变的贡献为，把它对四块质量团 $M_{j,k}$、$M_{j-1,k}$、$M_{j-1,k-1}$、$M_{j,k-1}$ 动能改变的贡献加起来取其一半(这是因为系统的总质量为$\frac{1}{2}\sum_{j=0}^{J}\sum_{k=0}^{K}M_{j,k}$)．它对 $M_{j,k}$ 的动能改变的贡献从(5.2.1)和(5.3.25)可以看出为

$$
\begin{aligned}
& -2\pi\Delta t p_{j-\frac{1}{2},k-\frac{1}{2}}\left\{\bar{u}_{j,k}\frac{1}{2}(r_{j,k-1}^2-r_{j-1,k}^2)\right. \\
& -\bar{v}_{j,k}\left[\frac{1}{2}(r_{j,k-1}+r_{j-1,k}) \cdot (x_{j,k-1}-x_{j-1,k})\right. \\
& \left.\left.+\bar{\Omega}_{j,k\cap j-\frac{1}{2},k-\frac{1}{2}}\right]\right\}=\pi\Delta t p_{j-\frac{1}{2},k-\frac{1}{2}}\{\bar{u}_{j,k}(r_{j-1,k}^2-r_{j,k-1}^2)
\end{aligned}
$$

$$-\bar{v}_{j,k}[(r_{j-1,k}+r_{j,k})(x_{j-1,k}-x_{j,k})$$
$$+(r_{j,k}+r_{j,k-1})(x_{j,k}-x_{j,k-1})]\},$$

同样利用 $R_{j-1,k}$, $R_{j-1,k-1}$, $R_{j,k-1}$ 点处的动量方程可知，压力 $p_{j-\frac{1}{2},k-\frac{1}{2}}$ 对质量团 $M_{j-1,k}, M_{j-1,k-1}, M_{j,k-1}$ 动能改变的贡献分别为

$$\pi\Delta t p_{j-\frac{1}{2},k-\frac{1}{2}}\{\bar{u}_{j-1,k}(r_{j-1,k-1}^2-r_{j,k}^2)$$
$$-\bar{v}_{j-1,k}[(r_{j-1,k-1}+r_{j-1,k})(x_{j-1,k-1}-x_{j-1,k})$$
$$+(r_{j-1,k}+r_{j,k})(x_{j-1,k}-x_{j,k})]\},$$
$$\pi\Delta t p_{j-\frac{1}{2},k-\frac{1}{2}}\{\bar{u}_{j-1,k-1}(r_{j,k-1}^2-r_{j-1,k}^2)$$
$$-\bar{v}_{j-1,k-1}[(r_{j,k-1}+r_{j-1,k-1})\cdot(x_{j,k-1}-x_{j-1,k-1})$$
$$+(r_{j-1,k-1}+r_{j-1,k})(x_{j-1,k-1}-x_{j-1,k})]\},$$
$$\pi\Delta t p_{j-\frac{1}{2},k-\frac{1}{2}}\{\bar{u}_{j,k-1}(r_{j,k}^2-r_{j-1,k-1}^2)$$
$$-\bar{v}_{j,k-1}[(r_{j,k}+r_{j,k-1})(x_{j,k}-x_{j,k-1})$$
$$+(r_{j,k-1}+r_{j-1,k-1})(x_{j,k-1}-x_{j-1,k-1})]\}.$$

把以上四项加起来取其一半，就得到 $p_{j-\frac{1}{2},k-\frac{1}{2}}$ 对整个系统动能改变的贡献，这恰恰和(5.3.27)式所给出的 $p_{j-\frac{1}{2},k-\frac{1}{2}}$ 对内能改变的贡献相抵消掉. 这样就证明了格式(5.2.1),(5.3.25),(5.3.27)的计算结果也满足能量守恒关系式(5.3.20)，只是这里的 $\bar{u}r$ 和 $\bar{v}r$ 的插值公式分别采用(5.3.21)和(5.3.26). 由此可见，ALE 方法作为纯 Lagrange 方法，可以从非守恒形式的能量方程出发建立总能量守恒的差分格式.

Кузьмин, Махаров, Меладзе (1980) 在 Euler 网格上，从一维守恒形式的质量方程和非守恒形式的动量、能量方程

$$\frac{\partial\rho}{\partial t}+\frac{\partial\rho u}{\partial x}=0,$$
$$\rho\frac{\partial u}{\partial t}+\rho u\frac{\partial u}{\partial x}+\frac{\partial p}{\partial x}=0,$$
$$\rho\frac{\partial e}{\partial t}+\rho u\frac{\partial e}{\partial x}+p\frac{\partial u}{\partial x}=0$$

出发，建立了一个三层的完全守恒差分格式:

$$\frac{\rho_k^{n+1}-\rho_k^{n-1}}{2\Delta t}+\frac{\rho_{k+1}^n u_{k+1}^n-\rho_{k-1}^n u_{k-1}^n}{2\Delta x}=0, \tag{5.3.28}$$

$$\frac{1}{2}\left[\frac{\rho_k^{n+1}+\rho_k^n}{2}\frac{u_k^{n+1}-u_k^n}{\Delta t}+\frac{\rho_k^n+\rho_k^{n-1}}{2}\cdot\frac{u_k^n-u_k^{n-1}}{\Delta t}\right]$$

$$+\frac{1}{2}\left[\frac{\rho_{k+1}^n u_{k+1}^n+\rho_k^n u_k^n}{2}\frac{u_{k+1}^n-u_k^n}{\Delta x}\right.$$

$$\left.+\frac{p_k^n u_k^n+\rho_{k-1}^n u_{k-1}^n}{2}\frac{u_k^n-u_{k-1}^n}{\Delta x}\right]+\frac{p_{k+1}^n-p_{k-1}^n}{2\Delta x}$$

$$=0, \tag{5.3.29}$$

$$\frac{1}{2}\left[\rho_k^{n+1}\frac{e_k^{n+1}-e_k^n}{\Delta t}+\rho_k^{n-1}\frac{e_k^n-e_k^{n-1}}{\Delta t}\right]$$

$$+\frac{1}{2}\left[\rho_{k+1}^n u_{k+1}^n\frac{e_{k+1}^n-e_k^n}{\Delta x}+\rho_{k-1}^n u_{k-1}^n\frac{e_k^n-e_{k-1}^n}{\Delta x}\right]$$

$$+p_k^n\frac{u_{k+1}^n-u_{k-1}^n}{2\Delta x}=0. \tag{5.3.30}$$

事实上,在(5.3.28)上乘以 u_k^n, 再和(5.3.29)相加,便得到守恒形式的动量方程的差分格式

$$\frac{1}{\Delta t}\left[\frac{\rho_k^{n+1}+\rho_k^n}{2}\frac{u_k^{n+1}+u_k^n}{2}-\frac{\rho_k^n+\rho_k^{n-1}}{2}\frac{u_k^n+u_k^{n-1}}{2}\right]$$

$$+\frac{1}{\Delta x}\left[\frac{\rho_{k+1}^n u_{k+1}^n+\rho_k^n u_k^n}{2}\frac{u_{k+1}^n+u_k^n}{2}\right.$$

$$\left.-\frac{\rho_k^u u_k^n+\rho_{k-1}^n u_{k-1}^n}{2}\frac{u_k^n+u_{k-1}^n}{2}\right]+\frac{p_{k+1}^n-p_{k-1}^n}{2\Delta x}$$

$$=0.$$

在(5.3.29)上乘以 u_k^n, 并考虑到(5.3.28), 就得到

$$\frac{1}{\Delta t}\left[\frac{\rho_k^{n+1}+\rho_k^n}{2}\cdot\frac{1}{2}u_k^{n+1}u_k^n-\frac{\rho_k^n+\rho_k^{n-1}}{2}\cdot\frac{1}{2}u_k^n u_k^{n-1}\right]$$

$$+\frac{1}{\Delta x}\left[\frac{\rho_{k+1}^n u_{k+1}^n+\rho_k^n u_k^n}{2}\cdot\frac{1}{2}u_{k+1}^n u_k^n\right.$$

$$\left.-\frac{\rho_k^n u_k^n+\rho_{k-1}^n u_{k-1}^n}{2}\cdot\frac{1}{2}u_k^n u_{k-1}^n\right]$$

$$+u_k^n\frac{p_{k+1}^n-p_{k-1}^n}{2\Delta x}=0. \tag{5.3.31}$$

在(5.3.28)上乘以 e_k^n 后和(5.3.30)相加,则得

$$\frac{\rho_k^{n+1}e_k^{n+1}-\rho_k^{n-1}e_k^{n-1}}{2\Delta t}+\frac{\rho_{k+1}^n u_{k+1}^n e_{k+1}^n-\rho_{k-1}^n u_{k-1}^n e_{k-1}^n}{2\Delta x}$$

$$+p_k^n\frac{u_{k+1}^n-u_{k-1}^n}{2\Delta x}=0. \tag{5.3.32}$$

将(5.3.31)与(5.3.32)相加,便得守恒形式的能量方程的差分格式:

$$\begin{aligned}
&\frac{1}{\Delta t}\left[\left(\frac{\rho_k^{n+1}e_k^{n+1}+\rho_k^n e_k^n}{2}+\frac{\rho_k^{n+1}+\rho_k^n}{2}\cdot\frac{1}{2}u_k^{n+1}u_k^n\right)\right.\\
&\quad\left.-\left(\frac{\rho_k^n e_k^n+\rho_k^{n-1}e_k^{n-1}}{2}+\frac{\rho_k^n+\rho_k^{n-1}}{2}\cdot\frac{1}{2}u_k^n u_k^{n-1}\right)\right]\\
&\quad+\frac{1}{\Delta x}\left[\left(\frac{\rho_{k+1}^n u_{k+1}^n e_{k+1}^n+\rho_k^n u_k^n e_k^n}{2}\right.\right.\\
&\quad\left.+\frac{\rho_{k+1}^n u_{k+1}^n+\rho_k^n u_k^n}{2}\cdot\frac{1}{2}u_{k+1}^n u_k^n\right)\\
&\quad-\left(\frac{\rho_k^n u_k^n e_k^n+\rho_{k-1}^n u_{k-1}^n e_{k-1}^n}{2}\right.\\
&\quad\left.\left.+\frac{\rho_k^n u_k^n+\rho_{k-1}^n u_{k-1}^n}{2}\cdot\frac{1}{2}u_k^n u_{k-1}^n\right)\right]\\
&\quad+\frac{1}{\Delta x}\left[\frac{p_k^n u_{k+1}^n+p_{k+1}^n u_k^n}{2}-\frac{p_k^n u_{k-1}^n+p_{k-1}^n u_k^n}{2}\right]\\
&\quad=0.
\end{aligned}$$

徐国荣、陈光南(1983)从非守恒形式的微分方程

$$\frac{\partial\rho}{\partial t}+\frac{\partial\rho u}{\partial x}+\frac{\partial\rho v}{\partial y}=0,$$

$$\rho\frac{\partial u}{\partial t}+\rho u\frac{\partial u}{\partial x}+\rho v\frac{\partial u}{\partial y}+\frac{\partial p}{\partial x}=0,$$

$$\rho\frac{\partial v}{\partial t}+\rho u\frac{\partial v}{\partial x}+\rho v\frac{\partial v}{\partial y}+\frac{\partial p}{\partial y}=0,$$

$$\rho\frac{\partial e}{\partial t}+\rho u\frac{\partial e}{\partial x}+\rho v\frac{\partial e}{\partial y}+p\left(\frac{\partial u}{\partial x}+\frac{\partial v}{\partial y}\right)=0$$

出发,在二维 Euler 网格上建立了完全守恒差分格式.他们在矩形网格上建立的格式是将离散化以后 ρ, e, p 的值取在网格中心,而 u、v 则分别取在网格的左右和上下边界的中点上.

此外他们还在任意多边形网格上建立了完全守恒差分格式. 设 Ω_0 是一个 M 边形网格，Ω_0 的边界 $\partial\Omega_0$ 是由 M 根直线段 Q_1Q_2, Q_2Q_3, $\cdots Q_{M-1}Q_M$, Q_MQ_1（其长度分别记为 l_1, l_2, $\cdots$, l_{M-1}, l_M）组成，$\partial\Omega_0$ 上 Q_mQ_{m+1} 一段的外法线方向与 x 轴的交角为 $\alpha_m(m=1, 2,\cdots\cdots, M)$. 与 Ω_0 有共同边界 Q_mQ_{m+1} 的网格用 $\Omega_m(m=1,2,\cdots\cdots M)$表示. Ω_m 的面积记为 $w_m(m=0, 1,\cdots\cdots, M)$、诸力学量离散化以后的值都取在网格中心，在 Ω_m 中心处的量记作 ρ_m, e_m, p_m, u_m, $v_m(m=0, 1, \cdots\cdots M)$. 差分格式

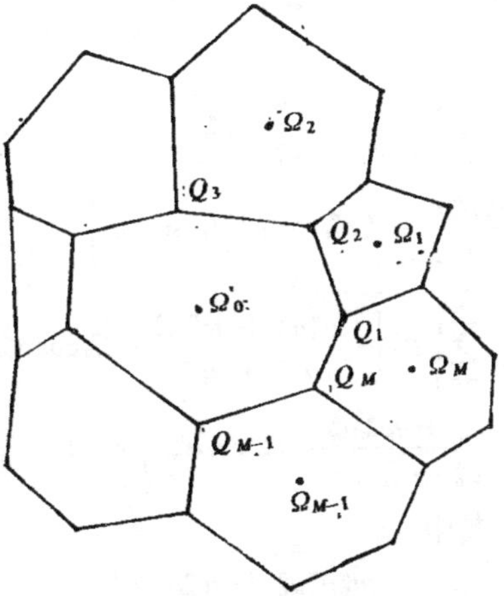

图 5.3.1　多边形网格 Ω_0 和它相邻的网格示例

$$\frac{\rho_0^{n+1}-\rho_0^{n-1}}{2\Delta t}+\frac{1}{w_0^n}\sum_{m=1}^{M}[(\rho u)_{m0}^n l_m^n\cos\alpha_m^n$$

$$+(\rho v)_{m0}^n l_m^n\sin\alpha_m^n]=0, \tag{5.3.33}$$

$$\frac{1}{2}\left[\frac{\rho_0^{n+1}+\rho_0^n}{2}\frac{u_0^{n+1}-u_0^n}{\Delta t}+\frac{\rho_0^n+\rho_0^{n-1}}{2}\frac{u_0^n-u_0^{n-1}}{\Delta t}\right]$$

$$+\frac{1}{w_0^n}\sum_{m=1}^{M}\left[(\rho u)_{m0}^n\frac{u_m^n-u_0^n}{2}l_m^n\cos\alpha_m^n+(\rho v)_{m0}^n\right.$$

$$\left.\times\frac{u_m^n-u_0^n}{2}l_m^n\sin\alpha_m^n+\frac{w_0^np_m^n+w_m^np_0^n}{w_0^n+w_m^n}l_m^n\cos\alpha_m^n\right]$$

$$=0, \tag{5.3.34}$$

$$\frac{1}{2}\left[\frac{\rho_0^{n+1}+\rho_0^n}{2}\frac{v_0^{n+1}-v_0^n}{\Delta t}+\frac{\rho_0^n+\rho_0^{n-1}}{2}\frac{v_0^n-v_0^{n-1}}{\Delta t}\right]$$

$$+\frac{1}{w_0^n}\sum_{m=1}^{M}\left[(\rho u)_{m0}^n\frac{v_m^n-v_0^n}{2}l_m^n\cos\alpha_m^n\right.$$

$$+(\rho v)_{m0}^n\frac{v_m^n-v_0^n}{2}l_m^n\sin\alpha_m^n+\frac{w_0^np_m^n+w_m^np_0^n}{w_0^n+w_m^n}$$

$$\left.\times l_m^n\sin\alpha_m^n\right]=0, \tag{5.3.35}$$

$$\frac{1}{2}\left[\rho_0^{n+1}\frac{e_0^{n+1}-e_0^n}{\Delta t}+\rho_0^{n-1}\frac{e_0^n-e_0^{n-1}}{\Delta t}\right]$$

$$+\frac{1}{w_0^n}\sum_{m=1}^{M}\left[\frac{w_m^n\rho_m^nu_m^n}{w_0^n+w_m^n}(e_m^n-e_0^n)l_m^n\cos\alpha_m^n\right.$$

$$\left.+\frac{w_m^n\rho_m^nv_m^n}{w_0^n+w_m^n}(e_m^n-e_0^n)l_m^n\sin\alpha_m^n\right]$$

$$+\frac{1}{w_0^n}\sum_{m=1}^{M}p_0^n\left[\frac{w_0^nu_0^n+w_m^nu_m^n}{w_0^n+w_m^n}l_m^n\cos\alpha_m^n\right.$$

$$\left.+\frac{w_0^nv_0^n+w_m^nv_m^n}{w_0^n+w_m^n}l_m^n\sin\alpha_m^n\right]=0 \tag{5.3.36}$$

是完全守恒的，其中

$$(\rho u)_{m0}^n=\frac{w_0^n\rho_0^nu_0^n+w_m^n\rho_m^nu_m^n}{w_0^n+w_m^n},$$

$$(\rho v)_{m0}^n=\frac{w_0^n\rho_0^nv_0^n+w_m^n\rho_m^nv_m^n}{w_0^n+w_m^n}.$$

用 u_0^n 乘方程(5.3.33)，然后与(5.3.34)相加，就得到守恒形式的 x 方向的动量方程的差分格式

$$\frac{1}{\Delta t}\left[\frac{\rho_0^{n+1}+\rho_0^n}{2}\frac{u_0^{n+1}+u_0^n}{2}-\frac{\rho_0^n+\rho_0^{n-1}}{2}\frac{u_0^n+u_0^{n-1}}{2}\right]$$

$$+\frac{1}{w_0^n}\sum_{m=1}^{M}\left[(\rho u)_{m0}^n\frac{u_0^n+u_m^n}{2}l_m^n\cos\alpha_m^n\right.$$

$$+(\rho v)_{m0}^n\frac{u_0^n+u_m^n}{2}l_m^n\sin\alpha_m^n$$

$$+\frac{w_0^n p_m^n + w_m^n p_0^n}{w_0^n + w_m^n} l_m^n \cos\alpha_m^n \Bigg] = 0.$$

同样,用 v_0^n 乘方程(5.3.33),并与(5.3.35)相加,就得到守恒形式的 y 方向的动量方程的差分格式.

$$\frac{1}{\Delta t}\left[\frac{\rho_0^{n+1}+\rho_0^n}{2}\frac{v_0^{n+1}+v_0^n}{2}-\frac{\rho_0^n+\rho_0^{n-1}}{2}\frac{v_0^n+v_0^{n-1}}{2}\right]$$

$$+\frac{1}{w_0^n}\sum_{m=1}^{M}\Bigg[(\rho u)_{m0}^n \frac{v_0^n+v_m^n}{2} l_m^n \cos\alpha_m^n$$

$$+(\rho v)_{m0}^n \frac{v_0^n+v_m^n}{2} l_m^n \sin\alpha_m^n + \frac{w_0^n p_m^n + w_m^n p_0^n}{w_0^n + w_m^n}$$

$$\times l_m^n \sin\alpha_m^n\Bigg] = 0.$$

如果用 u_0^n 和 v_0^n 分别乘以(5.3.34)和(5.3.35),然后相加,并考虑到质量守恒的差分方程(5.3.33),则得到关于动能方程的差分格式

$$\frac{1}{\Delta t}\Bigg[\frac{\rho_0^{n+1}+\rho_0^n}{2}\cdot\frac{1}{2}(u_0^{n+1}u_0^n + v_0^{n+1}v_0^n)$$

$$-\frac{\rho_0^n+\rho_0^{n-1}}{2}\cdot\frac{1}{2}(u_0^n u_0^{n-1} + v_0^n v_0^{n-1})\Bigg]$$

$$+\frac{1}{w_0^n}\sum_{m=1}^{M}\Bigg[(\rho u)_{m0}^n \frac{1}{2}(u_0^n u_m^n + v_0^n v_m^n) l_m^n \cos\alpha_m^n$$

$$+(\rho v)_{m0}^n \frac{1}{2}(u_0^n u_m^n + v_0^n v_m^n) l_m^n \sin\alpha_m^n$$

$$+\frac{w_0^n p_m^n + w_m^n p_0^n}{w_0^n + w_m^n}(u_0^n l_m^n \cos\alpha_m^n + v_0^n l_m^n \sin\alpha_m^n)\Bigg]$$

$$= 0. \tag{5.3.37}$$

将方程(5.3.33)乘上 e_0^n 后与(5.3.36)相加,就得另一种形式的内能方程的差分格式

$$\frac{\rho_0^{n+1}e_0^{n+1} - \rho_0^{n-1}e_0^{n-1}}{2\Delta t} + \frac{1}{w_0^n}\sum_{m=1}^{M}$$

$$\times\Bigg[\frac{\omega_0^n \rho_0^n u_0^n e_0^n + w_m^n \rho_m^n u_m^n e_m^n}{w_0^n + w_m^n} l_m^n \cos\alpha_m^n$$

$$+\frac{w_0^n\rho_0^n v_0^n e_0^n + w_m^n\rho_m^n v_m^n e_m^n}{w_0^n + w_m^n} l_m^n \sin\alpha_m^n$$

$$+ p_0^n\left(\frac{w_0^n u_0^n + w_m^n u_m^n}{w_0^n + w_m^n} l_m^n \cos\alpha_m^n\right.$$

$$\left.\left.+\frac{w_0^n v_0^n + w_m^n v_m^n}{w_0^n + w_m^n} l_m^n \sin\alpha_m^n\right)\right] = 0. \qquad (5.3.38)$$

由于

$$\sum_{m=1}^{M}\left(u_0^n\frac{w_0^n p_m^n + w_m^n p_0^n}{w_0^n + w_m^n} + p_0^n\frac{w_0^n u_0^n + w_m^n u_m^n}{w_0^n + w_m^n}\right) l_m^n \cos\alpha_m^n$$

$$= \sum_{m=1}^{M}\frac{w_0^n u_0^n p_m^n + w_m^n u_m^n p_0^n}{w_0^n + w_m^n} l_m^n \cos\alpha_m^n$$

和

$$\sum_{m=1}^{M}\left(v_0^n\frac{w_0^n p_m^n + w_m^n p_0^n}{w_0^n + w_m^n} + p_0^n\frac{w_0^n v_0^n + w_m^n v_m^n}{w_0^n + w_m^n}\right) l_m^n \sin\alpha_m^n$$

$$= \sum_{m=1}^{M}\frac{w_0^n v_0^n p_m^n + w_m^n v_m^n p_0^n}{w_0^n + w_m^n} l_m^n \sin\alpha_m^n,$$

故将(5.3.37)和(5.3.38)相加便得守恒形式的总能量方程的差分格式

$$\frac{1}{\Delta t}\left[\frac{\rho_0^{n+1}e_0^{n+1} + \rho_0^n e_0^n}{2} + \frac{\rho_0^{n+1} + \rho_0^n}{2}\frac{1}{2}(u_0^{n+1}u_0^n + v_0^{n+1}v_0^n)\right.$$

$$\left.-\frac{\rho_0^n e_0^n + \rho_0^{n-1}e_0^{n-1}}{2} - \frac{\rho_0^n + \rho_0^{n-1}}{2}\frac{1}{2}(u_0^n u_0^{n-1} + v_0^n v_0^{n-1})\right]$$

$$+\frac{1}{w_0^n}\sum_{m=1}^{M}\left\{\left[\frac{w_0^n\rho_0^n u_0^n e_0^n + w_m^n\rho_m^n u_m^n e_m^n}{w_0^n + w_m^n}\right.\right.$$

$$\left.+(\rho u)_{m0}^n\frac{1}{2}(u_0^n u_m^n + v_0^n v_m^n)\right]\cdot l_m^n \cos\alpha_m^n$$

$$+\left[\frac{w_0^n\rho_0^n v_0^n e_0^n + w_m^n\rho_m^n v_m^n e_m^n}{w_0^n + w_m^n}\right.$$

$$\left.+(\rho v)_{m0}^n\frac{1}{2}(u_0^n u_m^n + v_0^n v_m^n)\right] l_m^n \sin\alpha_m^n$$

$$+\frac{w_0^n u_0^n p_m^n + w_m^n u_m^n p_0^n}{w_0^n + w_m^n} l_m^n \cos\alpha_m^n$$

$$+\frac{w_0^n v_0^n p_m^n + w_m^n v_m^n p_0^n}{w_0^n + w_m^n} l_m^n \sin\alpha_m^n \Bigg\} = 0.$$

§4 网格的构造

ALE 方法的特点是它采用的网格既不是 Euler 的固定网格，又不是 Lagrange 的随流体运动的网格，而是每一步(或每隔若干步)根据物质区域的边界构造一个合适的网格，以避免在严重扭曲的网格上进行计算。因为如果网格扭曲很严重，那么或者使计算无法进行下去，或者即使计算能进行，计算所得结果的精确度也会大大降低。就一般来说，对网格最基本的要求是它的正交性和均匀性（Barfield (1970a)曾经提出过一个理想的网格的六个特征），正交性是就构成网格的两簇曲线(下面称为坐标曲线)相交的情况而言的，而均匀性则是就同簇坐标曲线之间的距离而言的。不难理解，在正交均匀的网格上容易建立形式比较简单而精度又比较高的差分格式。但是，无论是正交性还是均匀性，在一个几何图形比较复杂的区域中，都是很难严格做到的，有时(特别是在边界附近)二者还是互相矛盾的。因此，我们只能要求构造出来的网格尽可能地均匀正交。

假设求解区域Ω是一个四边形区域，即它的边界 $\partial\Omega$ 是由上下左右四条曲线l^T:$f^T(x, y) = 0$，l^B:$f^B(x, y) = 0$，l^L:$f^L(x,y) = 0$，l^R:$f^R(x, y) = 0$ 围成的，区域Ω的四个角点分别用 R^{LB}，R^{LT}，R^{RB}，R^{RT} 表示 (R^{LB} 表示 l^L 和 l^B 的交点等等)。在Ω上构造网格的问题，就是给定了两个整数 J和K以后，如何将Ω划分为 $J\times K$ 个四边形网格。首先是在 l^B 和 l^T 上分别选择 $J-1$ 个点 $R_{j,0}$，$R_{j,K}(j=1,2,\cdots\cdots,J-1)$，在$l^L$和$l^R$ 上分别选择$K-1$ 个点 $R_{0,k}$，$R_{J,k}(k=1, 2, \cdots\cdots, K-1)$，四个角点 R^{LB}，R^{LT}，R^{RB}，R^{RT}，分别对应于 $R_{0,0}$、$R_{0,K}$，$R_{J,0}$，$R_{J,K}$。然后在区域Ω的内部选择 $(J-1)\times(K-1)$个点 $R_{j,k}(j=1,2,\cdots,J-1, k=1,2,\cdots, K-1)$。给出所有网格角点 $R_{j,k}(j=0, 1,\cdots\cdots, J, k=0,1,$

$\cdots\cdots, K$)的坐标 $(x_{j,k}, y_{j,k})$ 来就构成了网格.

构造网格的问题还可以看成是在区域 Ω 上求出两个单参数曲线簇

$$F(x, y, \xi) = 0, \tag{5.4.1}$$

$$G(x, y, \eta) = 0, \tag{5.4.2}$$

这里 ξ 和 η 是参数，我们要求 $F=0$ 和 $G=0$ 定义的曲线簇有如下的单调性；即当 y 固定，$F(x,y,\xi)=0$ 可看作是 x 为 ξ 的严格单调增函数；同样，当 x 固定，$G(x, y, \eta)=0$ 可看作是 y 为 η 的严格单调增函数. 在区域 Ω 内

$$\frac{\partial F}{\partial x}\frac{\partial G}{\partial y}-\frac{\partial F}{\partial y}\frac{\partial G}{\partial x}\neq 0,$$

参数 ξ，η 分别取 $J+1$ 和 $K+1$ 个递增的值 ξ_0，$\xi_1, \cdots\cdots$，ξ_J，$\eta_0, \eta_1, \cdots\cdots, \eta_K$. 曲线 $F(x, y, \xi_0)=0$ 和 $F(x, y, \xi_J)=0$ 分别与 l^L 和 l^R 重合，而 $G(x, y, \eta_0)=0$ 和 $G(x, y, \eta_K)=0$ 则分别与 l^B 和 l^T 重合. 曲线 $F(x, y, \xi_j)=0$ 和 $G(x, y, \eta_k)=0$ 的交点就是网格的角点 $R_{j,k}$，其坐标为 $(x_{j,k}, y_{j,k})$.

进而，分别从(5.4.1)和(5.4.2)解出，ξ 和 η 得

$$\xi = \xi(x, y), \tag{5.4.3}$$

$$\eta = \eta(x, y), \tag{5.4.4}$$

并且，不失一般性，可令 $\xi_0=\eta_0=0, \xi_J=\eta_K=1$，则构造格网的问题也可以看成是寻找一组函数 (5.4.3)，(5.4.4)，将区域 Ω 单叶地映射到正方形区域 $R: \{0 \leqslant \xi \leqslant 1,\ 0 \leqslant \eta \leqslant 1\}$ 上去，且满足边界条件

$$\xi = 0,\ \text{当}(x, y) \in l^L,$$
$$\xi = 1,\ \text{当}(x, y) \in l^R,$$
$$\eta = 0,\ \text{当}(x, y) \in l^B,$$
$$\eta = 1,\ \text{当}(x, y) \in l^T.$$

但事实上我们感兴趣的是网格角点的坐标 (x, y)，因此须要求出 x，y：

$$x = x(\xi, \eta), \tag{5.4.5}$$

$$y = y(\xi, \eta), \tag{5.4.6}$$

即将 R 单叶地映射到 Ω 上的函数. 当然也要满足边界条件

$$\begin{cases} x = x(0,\eta) \\ y = y(0,\eta) \end{cases} \text{是 } f^L(x, y) = 0 \text{ 的参数表达式,} \tag{5.4.7}$$

$$\begin{cases} x = x(1,\eta) \\ y = y(1,\eta) \end{cases} \text{是 } f^R(x, y) = 0 \text{ 的参数表达式,} \tag{5.4.8}$$

$$\begin{cases} x = x(\xi,0) \\ y = y(\xi,0) \end{cases} \text{是 } f^B(x, y) = 0 \text{ 的参数表达式,} \tag{5.4.9}$$

$$\begin{cases} x = x(\xi,1) \\ y = y(\xi,1) \end{cases} \text{是 } f^T(x, y) = 0 \text{ 的参数表达式.} \tag{5.4.10}$$

为了确定映射函数(5.4.3)和(5.4.4)或(5.4.5)和(5.4.6)，还需要对映射的性质作一些进一步的规定，例如 Winslow (1966) 和 Chu (1971) 都假定从 Ω 到 R 的映射是保角的，即两簇坐标曲线互为正交，因而推出(5.4.3) 和(5.4.4)应满足 Cauchy-Riemann 方程

$$\frac{\partial \xi}{\partial x} = \frac{\partial \eta}{\partial y}, \tag{5.4.11}$$

$$\frac{\partial \xi}{\partial y} = -\frac{\partial \eta}{\partial x}. \tag{5.4.12}$$

或者得到一组椭圆型方程

$$\frac{\partial^2 \xi}{\partial x^2} + \frac{\partial^2 \xi}{\partial y^2} = 0, \tag{5.4.13}$$

$$\frac{\partial^2 \eta}{\partial x^2} + \frac{\partial^2 \eta}{\partial y^2} = 0. \tag{5.4.14}$$

利用这一组方程可得到关于(5.4.5)和(5.4.6)的方程

$$\alpha \frac{\partial^2 x}{\partial \xi^2} - 2\beta \frac{\partial^2 x}{\partial \xi \partial \eta} + \gamma \frac{\partial^2 x}{\partial \eta^2} = 0, \tag{5.4.15}$$

$$\alpha \frac{\partial^2 y}{\partial \xi^2} - 2\beta \frac{\partial^2 y}{\partial \xi \partial \eta} + \gamma \frac{\partial^2 y}{\partial \eta^2} = 0, \tag{5.4.16}$$

其中

$$\alpha = \left(\frac{\partial x}{\partial \eta}\right)^2 + \left(\frac{\partial y}{\partial \eta}\right)^2,$$

$$\beta = \frac{\partial x}{\partial \xi}\frac{\partial x}{\partial \eta} + \frac{\partial y}{\partial \xi}\frac{\partial y}{\partial \eta},$$

$$\gamma = \left(\frac{\partial x}{\partial \xi}\right)^2 + \left(\frac{\partial y}{\partial \xi}\right)^2,$$

并满足边界条件(5.4.7)—(5.4.10). 这样得到的从 R 到 Ω 的映射一定是单叶的. 用解椭圆型方程的差分格式可以得到(5.4.15)和(5.4.16)的数值解,计算结果表明, 这样得到的网格一般说来是可用的. 但是在某些情况下, 可能出现坐标曲线与计算区域边界线的夹角太小, 因而构成比较畸形的网格. 这时就需要再作变量变换 $\xi = \xi(\varphi, \psi), \eta = \eta(\varphi, \psi)$,得到一组非齐次方程

$$\alpha \frac{\partial^2 x}{\partial \varphi^2} - 2\beta \frac{\partial^2 x}{\partial \varphi \partial \psi} + \gamma \frac{\partial^2 x}{\partial \psi^2} = a \frac{\partial x}{\partial \varphi} + b \frac{\partial x}{\partial \psi}, \tag{5.4.17}$$

$$\alpha \frac{\partial^2 y}{\partial \varphi^2} - 2\beta \frac{\partial^2 y}{\partial \varphi \partial \psi} + \gamma \frac{\partial^2 y}{\partial \psi^2} = a \frac{\partial y}{\partial \varphi} + b \frac{\partial y}{\partial \psi}, \tag{5.4.18}$$

其中

$$\alpha = \left(\frac{\partial x}{\partial \psi}\right)^2 + \left(\frac{\partial y}{\partial \psi}\right)^2,$$

$$\beta = \frac{\partial x}{\partial \varphi}\frac{\partial x}{\partial \psi} + \frac{\partial y}{\partial \varphi}\frac{\partial y}{\partial \psi},$$

$$\gamma = \left(\frac{\partial x}{\partial \varphi}\right)^2 + \left(\frac{\partial y}{\partial \varphi}\right)^2,$$

$$a = \frac{1}{J}\left[\left(\alpha \frac{\partial^2 \xi}{\partial \varphi^2} - 2\beta \frac{\partial^2 \xi}{\partial \varphi \partial \psi} + \gamma \frac{\partial^2 \xi}{\partial \psi^2}\right)\frac{\partial \eta}{\partial \psi} - \left(\alpha \frac{\partial^2 \eta}{\partial \varphi^2} - 2\beta \frac{\partial^2 \eta}{\partial \varphi \partial \psi} + \gamma \frac{\partial^2 \eta}{\partial \psi^2}\right)\frac{\partial \xi}{\partial \psi}\right],$$

$$b = \frac{1}{J}\left[\left(\alpha \frac{\partial^2 \eta}{\partial \varphi^2} - 2\beta \frac{\partial^2 \eta}{\partial \varphi \partial \psi} + \gamma \frac{\partial^2 \eta}{\partial \psi^2}\right)\frac{\partial \xi}{\partial \varphi} - \left(\alpha \frac{\partial^2 \xi}{\partial \varphi^2} - 2\beta \frac{\partial^2 \xi}{\partial \varphi \partial \psi} + \gamma \frac{\partial^2 \xi}{\partial \psi^2}\right)\frac{\partial \eta}{\partial \varphi}\right],$$

$$J = \frac{\partial \xi}{\partial \varphi}\frac{\partial \eta}{\partial \psi} - \frac{\partial \xi}{\partial \psi}\frac{\partial \eta}{\partial \varphi}.$$

在求数值解时，函数 $\xi(\varphi, \psi)$，$\eta(\varphi, \psi)$ 是根据对网格剖分的要求人为地给定的

Белинский, Годунов, Иванов, Яненко（1975）把从 R 到 Ω 的映射看作是拟保角映射，这样来求出函数(5.4.5)和(5.4.6)所应满足的方程，他们考虑泛函

$$\Phi=\frac{1}{2}\iint_R\left\{\frac{g_{22}\left[\left(\frac{\partial x}{\partial \xi}\right)^2+\left(\frac{\partial y}{\partial \xi}\right)^2\right]-2g_{12}\left[\frac{\partial x}{\partial \xi}\frac{\partial x}{\partial n}+\frac{\partial y}{\partial \xi}\frac{\partial y}{\partial \eta}\right]}{\sqrt{g_{11}g_{22}-g_{12}^2}}\right.$$
$$\left.+\frac{g_{11}\left[\left(\frac{\partial x}{\partial \eta}\right)^2+\left(\frac{\partial y}{\partial \eta}\right)^2\right]}{\sqrt{g_{11}g_{22}-g_{12}^2}}\right\}d\xi d\eta, \qquad (5.4.19)$$

其中 g_{11}, g_{12}, g_{22} 是给定的 ξ, η 的函数，满足 $g_{11}g_{22}-g_{12}^2>0$. 如设

$$\cos w=\frac{g_{12}}{\sqrt{g_{11}g_{22}}},\quad 0<w<\pi.$$

则不难推出

$$g_{22}\left[\left(\frac{\partial x}{\partial \xi}\right)^2+\left(\frac{\partial y}{\partial \xi}\right)^2\right]-2g_{12}\left[\frac{\partial x}{\partial \xi}\frac{\partial x}{\partial \eta}+\frac{\partial y}{\partial \xi}\frac{\partial y}{\partial \eta}\right]$$
$$+g_{11}\left[\left(\frac{\partial x}{\partial \eta}\right)^2+\left(\frac{\partial y}{\partial \eta}\right)^2\right]\equiv 2\sqrt{g_{11}g_{22}-g_{12}^2}$$
$$\times\left(\frac{\partial x}{\partial \xi}\frac{\partial y}{\partial \eta}-\frac{\partial x}{\partial \eta}\frac{\partial y}{\partial \xi}\right)+X^2+Y^2,$$

其中

$$X=\sqrt{g_{22}}\left(\frac{\partial x}{\partial \xi}\sin\frac{w}{2}+\frac{\partial y}{\partial \xi}\cos\frac{w}{2}\right)$$
$$+\sqrt{g_{11}}\left(\frac{\partial x}{\partial \eta}\sin\frac{w}{2}-\frac{\partial y}{\partial \eta}\cos\frac{w}{2}\right), \qquad (5.4.20)$$

$$Y=\sqrt{g_{22}}\left(-\frac{\partial x}{\partial \xi}\cos\frac{w}{2}+\frac{\partial y}{\partial \xi}\sin\frac{w}{2}\right)$$
$$+\sqrt{g_{11}}\left(\frac{\partial x}{\partial \eta}\cos\frac{w}{2}+\frac{\partial y}{\partial \eta}\sin\frac{w}{2}\right). \qquad (5.4.21)$$

因而明显地有

$$\Phi\geqslant\iint_R\left(\frac{\partial x}{\partial \xi}\frac{\partial y}{\partial \eta}-\frac{\partial x}{\partial \eta}\frac{\partial y}{\partial \xi}\right)d\xi d\eta. \qquad (5.4.22)$$

不等式(5.4.22)右边正好是Ω的面积，记成S. 函数$x(\xi,\eta)$, $y(\xi,\eta)$满足方程组$X=0$和$Y=0$时，泛函Φ达到极小值S. 通过化简，这个方程组可写成

$$\sqrt{g_{11}g_{22}-g_{12}^2}\frac{\partial x}{\partial\xi}=g_{11}\frac{\partial y}{\partial\eta}-g_{12}\frac{\partial y}{\partial\xi}, \tag{5.4.23}$$

$$\sqrt{g_{11}g_{22}-g_{12}^2}\frac{\partial x}{\partial\eta}=g_{12}\frac{\partial y}{\partial\eta}-g_{22}\frac{\partial y}{\partial\xi}. \tag{5.4.24}$$

这正是拟保角变换理论中的 Beltrami 方程.

解方程(5.4.23)和(5.4.24)，须要给出g_{11}, g_{12}, g_{22}来，如果令

$$\begin{aligned} g_{11}&=e^{2q(\xi)},g_{22}=e^{2p(\eta)},\\ g_{12}&=e^{q(\xi)+p(\eta)}\cos[\beta(\eta)-\alpha(\xi)]. \end{aligned} \tag{5.4.25}$$

代入(5.4.19)，则得

$$\begin{aligned}\Phi=\frac{1}{2}\int_0^1\int_0^1\frac{1}{\sin(\beta-\alpha)}\Big\{&e^{p-q}\left[\left(\frac{\partial x}{\partial\xi}\right)^2+\left(\frac{\partial y}{\partial\xi}\right)^2\right]\\ &-2\cos(\beta-\alpha)\left[\frac{\partial x}{\partial\xi}\frac{\partial x}{\partial\eta}+\frac{\partial y}{\partial\xi}\frac{\partial y}{\partial\eta}\right]\\ &+e^{q-p}\left[\left(\frac{\partial x}{\partial\eta}\right)^2+\left(\frac{\partial y}{\partial\eta}\right)^2\right]\Big\}d\xi d\eta,\end{aligned} \tag{5.4.26}$$

其中$q=q(\xi)$, $p=p(\eta)$, $\beta=\beta(\eta)$, $\alpha=\alpha(\xi)$是在求Φ的极小值的过程中与$x=x(\xi,\eta)$, $y=y(\xi,\eta)$同时确定的，我们假定

$$0<\beta(\eta)-\alpha(\xi)<\pi.$$

从(5.4.26)可推出泛函Φ的 Euler 方程

$$\frac{\partial}{\partial\xi}A\frac{\partial x}{\partial\xi}+\frac{\partial}{\partial\eta}C\frac{\partial x}{\partial\eta}-\left(\frac{\partial}{\partial\xi}B\frac{\partial x}{\partial\eta}+\frac{\partial}{\partial\eta}B\frac{\partial x}{\partial\xi}\right)=0, \tag{5.4.27}$$

$$\frac{\partial}{\partial\xi}A\frac{\partial y}{\partial\xi}+\frac{\partial}{\partial\eta}C\frac{\partial y}{\partial\eta}-\left(\frac{\partial}{\partial\xi}B\frac{\partial y}{\partial\eta}+\frac{\partial}{\partial\eta}B\frac{\partial y}{\partial\xi}\right)=0, \tag{5.4.28}$$

其中

$$A=\frac{e^{p(\eta)-q(\xi)}}{\sin[\beta(\eta)-\alpha(\xi)]},\quad B=\mathrm{ctg}[\beta(\eta)-\alpha(\xi)],$$

$$C = \frac{e^{q(\xi)-p(\eta)}}{\sin[\beta(\eta)-\alpha(\xi)]}.$$

不难验证方程组(5.4.27),(5.4.28)和方程组(5.4.23),(5.4.24)是完全等价的，并且在泛函的极小点处一定有

$$p(\eta) - q(\xi) = \frac{1}{2}\ln \frac{\left(\frac{\partial x}{\partial \eta}\right)^2 + \left(\frac{\partial y}{\partial \eta}\right)^2}{\left(\frac{\partial x}{\partial \xi}\right)^2 + \left(\frac{\partial y}{\partial \xi}\right)^2} \equiv \lambda(\xi,\eta), \tag{5.4.29}$$

$$\begin{aligned}\beta(\eta) - \alpha(\xi) = {} & \arccos \\ & \times \frac{\frac{\partial x}{\partial \xi}\frac{\partial x}{\partial \eta} + \frac{\partial y}{\partial \xi}\frac{\partial y}{\partial \eta}}{\left[\left(\frac{\partial x}{\partial \xi}\right)^2 + \left(\frac{\partial y}{\partial \xi}\right)^2\right]^{1/2}\left[\left(\frac{\partial x}{\partial \eta}\right)^2 + \left(\frac{\partial y}{\partial \eta}\right)^2\right]^{1/2}} \\ \equiv {} & w(\xi, \eta).\end{aligned} \tag{5.4.30}$$

方程组(5.4.27)和(5.4.28)是一组拟线性椭圆型方程，可用差分方法迭代求解,这里就不详细叙述了. Годунов, Забродин, Иванов, Крайко, Проконов (1976)在解方程组(5.4.27)和(5.4.28)时，将系

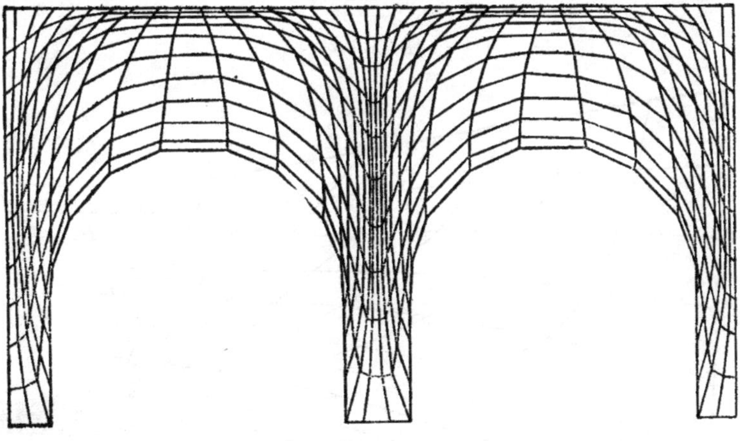

图 5.4.1

数 A, B, C 中的函数 p, q, α, β 取成

$$p(\eta)=\int_0^1\lambda(\xi,\eta)d\xi-\frac{1}{2}\int_0^1\int_0^1\lambda(\xi,\eta)d\xi d\eta,$$

$$q(\xi)=-\int_0^1\lambda(\xi,\eta)d\eta+\frac{1}{2}\int_0^1\int_0^1\lambda(\xi,\eta)d\xi d\eta,$$

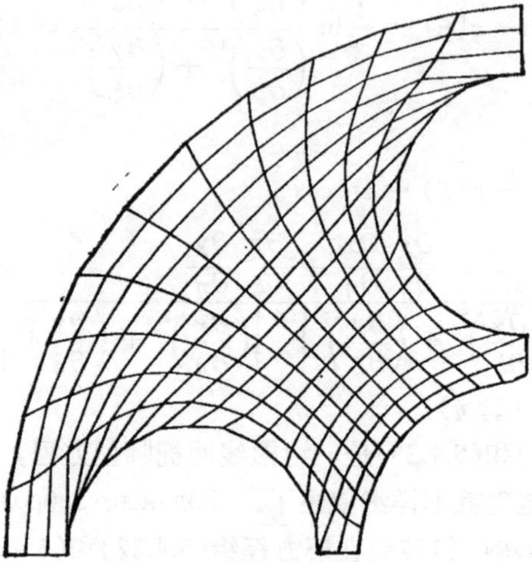

图 5.4.2

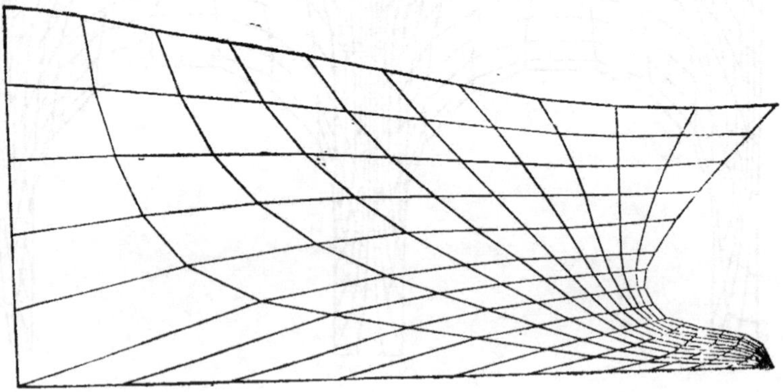

图 5.4.3

$$\beta(\eta) = \int_0^1 w(\xi, \eta)d\xi - \frac{1}{2}\int_0^1\int_0^1 w(\xi, \eta)d\xi d\eta,$$

$$\alpha(\xi) = -\int_0^1 w(\xi, \eta)d\eta + \frac{1}{2}\int_0^1\int_0^1 w(\xi, \eta)d\xi d\eta,$$

其中 λ 和 w 的定义由(5.4.29),(5.4.30)给出，图 5.4.1 就是用这样的方法构造出来的网格. 而图 5.4.2 和图 5.4.3 是解微分方程组(5.4.17)和(5.4.18)所构造出来的网格.

第六章　体平均多流管方法. Годунов间断分解方法. 随机选取法

§1　体平均多流管方法的基本考虑和特点

体平均多流管方法是用于计算含有多种物质，并在几何结构上具有一定复杂程度的二维流体力学问题. 这类问题需要考虑冲激波的传播及其与物质界面的相互作用，不同物质界面两侧可能出现的切向速度差(滑移现象)，以及流体运动产生的较大变形等物理现象. 体平均多流管方法根据具体问题的几何结构及物理图象特点来选择合适的 Lagrange-Euler 混合型的计算网格. 主要物理量都定义在网格内,并具有按网格体积平均的含意.

体平均多流管方法采用的 Lagrange-Euler 混合型计算网格具有以下特点:

(1) 把所有不同物质之间的交界面都取成为计算网格曲线的一部分. 这部分网格曲线随界面运动而运动，具有跟踪界面的 Lagrange 网格的性质,但又区别于跟踪质团的 Lagrange 网格. 这样做可以避免出现"混合网格"，以及由此带来的计算处理上的问题.

(2) 对于变形大的物质区内部,在出现滑移现象的方向上,应采用固定的或随时间变化的 Euler 性质的计算网格，允许物质由一个网格流入另一个网格. 这样做是为了防止采用纯 Lagrange 网格情况下可能出现的网格扭曲的现象.

(3) 对于具有多种物质结构的计算区域,可以考虑采用"多流管"型的计算网格. 即用一族由自然界面和人为界面组成的网格曲线，将该计算区划分成"流管"，再取一族 Euler 性质的网格曲线(直线),以形成四边形网格. "流管"之间没有物质交换,"流管"

内部物质可以从一个网格流入另一个网格.

(4) 对于较复杂些的物理问题，必要时将整个计算区域划分成若干个互相联系的子计算区域(简称为子区)来计算. 子区的划分主要考虑问题的初始几何结构,以后的运动图象,对计算精确度的要求以及计算网格的选择等因素. 每个子区内部采用与它相适应的某种类型的计算网格，而不同子区可以用不同类型的计算网格. 一个子区与其它子区的相互联系，完全反映在该子区的边界条件的计算中;只要为每个子区准备好它的边界条件,就可以根据仅仅与子区本身有关的内部信息和数据，对各子区逐个地相对独立地进行计算. 为了便于计算边界条件，一般应使相邻两子区公共边界两侧的计算网格有一一对应的关系或其它便于计算的明确的对应关系.

(5) 子区的个数可以是一个、几个甚至许多个,这要随计算问题的复杂程度而异. 在计算某一类确定的物理问题时，由于它们具有相似的几何结构,相似的物理图象,因而可以采用相同的划分子区的办法.在针对这类物理问题编制的程序中,子区的个数及其相互关系可以看成是已经确定了的.但是,为了使程序适应更广泛些更复杂些的物理问题的计算，不能把子区个数及其相互联系看成事先确定的，而是应在计算具体问题时通过“给信息”的方式具体给出. 在对子区、子区边界、子区顶点的类型及其相互联系作深入细致的分析以后，是不难用“信息表”的方法给出计算所必需的信息. 这种把整个计算区域划分成子区，逐个地相对独立地进行计算的“积木式”方法，允许人们根据节约计算机运算时间及计算误差许可程度等因素来增减某些子区的计算，也允许在必要时通过修改信息表,重分网格等手段，改变某些子区之间的相互关系，以适应特别复杂的计算.

在体平均多流管方法中,密度、压力、内能、以及速度分量都定义在每个网格的中心，并且含有按网格体积平均的意义. 速度分量不定义在网格角点上而定义在网格中心，这是由于不少网格角点位于两种不同物质的交界面上,而物质界面两侧的流体速度,其法向分量是连续的，其切向分量可以允许是间断的，因此物质界面上的点是没有统一的速度值可言.

从对任意体积元积分的流体力学积分形式的守恒方程(1.1.8)—(1.1.10)出发，经离散化以后，就得到体平均多流管方法的基本计算格式．对于在基本计算格式中出现的两相邻网格公共边界上的压力和速度法向分量，采用相应的加权内插项与修正项之和形式的格式来计算．对于相邻两网格之间的质量、动量、能量输运项的计算，采用了“贡献网格”的计算格式.

可以证明，用二维的体平均多流管方法的计算格式，计算一维球对称的物理问题时，只要适当选择计算网格，其计算结果是严格球对称的．同时，为了论证二维流体力学计算方法的精确度，要求二维方法在计算一维问题时具有足够的精确度，这是很重要的措施之一．体平均多流管方法的计算格式在计算一维球对称物理问题时的计算结果，与经过大量实际计算的 von Neumann, Richtmyer (1950) 人为粘性法的计算结果相比较是吻合得很好的.

§2 体平均多流管方法的基本计算格式

这里讨论具有轴对称的二维流体力学问题的计算．考虑下列积分形式的质量、动量、能量守恒方程（参见(1.2.62)—(1.2.64), (1.2.67)）

质量守恒方程（参见(1.2.60)）

$$\frac{\partial}{\partial t}\iint\limits_{\Omega(t)} \rho r dx dr = -\oint\limits_{\partial\Omega(t)} \rho(\boldsymbol{u}-\boldsymbol{D})\cdot\boldsymbol{n} r dl. \qquad (6.2.1)$$

动量守恒方程（参见(1.2.63)(1.2.64)）

$$\frac{\partial}{\partial t}\iint\limits_{\Omega(t)} \rho u r dx dr = -\oint\limits_{\partial\Omega(t)} \rho u(\boldsymbol{u}-\boldsymbol{D})\cdot\boldsymbol{n} r dl - \oint\limits_{\partial\Omega(t)} P\cos\alpha r dl, \qquad (6.2.2)$$

$$\frac{\partial}{\partial t}\iint\limits_{\Omega(t)} \rho v r dx dr = -\oint\limits_{\partial\Omega(t)} \rho v(\boldsymbol{u}-\boldsymbol{D})\cdot\boldsymbol{n} r dl$$

$$- \oint_{\partial\Omega(t)} P\sin\alpha r dl + \iint_{\Omega(t)} P dx dr. \tag{6.2.3}$$

能量守恒方程(参见(1.2.66))

$$\frac{\partial}{\partial t}\iint_{\Omega(t)}\left[\rho e+\frac{1}{2}\rho(u^2+v^2)\right]r dx dr$$

$$= - \oint_{\partial\Omega(t)}\left[\rho e+\frac{1}{2}\rho(u^2+v^2)\right](\boldsymbol{u}-\boldsymbol{D})\cdot\boldsymbol{n} r dl$$

$$- \oint_{\partial\Omega(t)} P\boldsymbol{u}\cdot\boldsymbol{n} r dl. \tag{6.2.4}$$

取 $\Omega(t)$ 为任一计算网格，将积分形式的守恒方程(6.2.1)—(6.2.4)进行离散化，就得到计算离散物理量 ρ、u、v、e 的基本计算格式.

从离散量的排列规则及计算逻辑的简单性考虑，在计算中采用了四边形的网格．相应的子区边界也认为是由四条边界曲线围成．设选择两族网格曲线：k 族网格曲线 ($k=0, 1, \cdots, K$) 及 j 族网格曲线 ($j=0, 1, \cdots, J$)．这两族曲线将子区分成 $J\times K$ 个网格．离散化后，曲线用折线代替，网格是四边形的．曲线 j 与曲线 k 的交点，即网格角点，其坐标记为 $(x_{j,k}, r_{j,k})$．规定子区边界按逆时针方向依次为曲线：$j=0$, $k=0$, $j=J$, $k=K$．相邻边界的交点称为子区的顶点，其坐标依次为 $(x_{0,0}, r_{0,0})$, $(x_{J,0},$

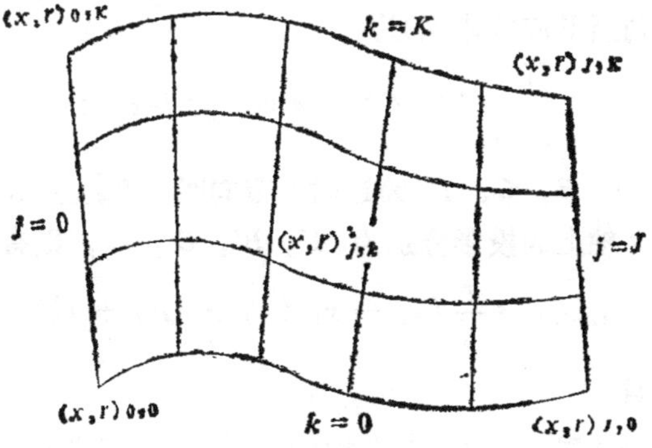

图 6.2.1

$r_{J,0})$，$(x_{J,K}, r_{J,K})$，$(x_{0,K}, r_{0,K})$.

令所取网格 Ω_{ABCD} 的结点 A，B，C，D 的坐标分别为

$$
\begin{aligned}
&(x, r)_A = (x_{j-1,k-1}, r_{j-1,k-1}),\ (x, r)_B = (x_{j,k-1}, r_{j,k-1}),\\
&(x, r)_C = (x_{j,k}, r_{j,k}),\ (x, r)_D = (x_{j-1,k}, r_{j-1,k}).
\end{aligned}
\tag{6.2.5}
$$

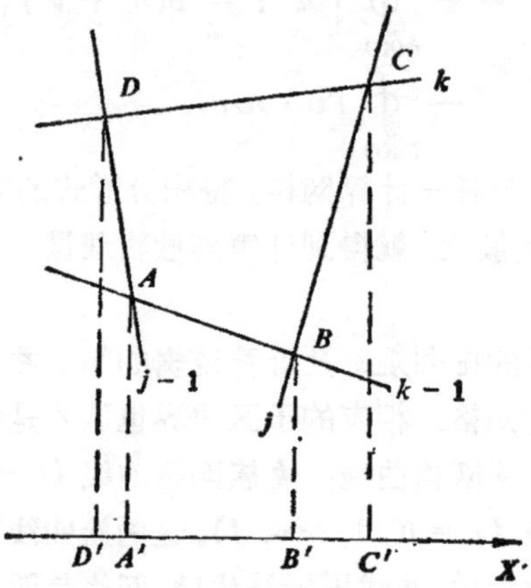

图 6.2.2

在我们规定的 k 族与 j 族曲线的编号次序下，A，B，C，D 是成逆时针方向的次序(见图 6.2.2). 记网格的体积（绕 x 轴旋转一个弧度角所形成的体积)为

$$
\iint_{\Omega_{ABCD}} r dx dr = V_{ABCD} = V_{j-\frac{1}{2},k-\frac{1}{2}}. \tag{6.2.6}
$$

并规定当 A，B，C，D 为逆时针方向时，V_{ABCD} 取正值. 令各角点在 x 轴上的投影分别为 A'，B'，C'，D'，则有

$$
V_{ABB'A'} = \frac{1}{6}(x_A - x_B)(r_A^2 + r_A r_B + r_B^2).
$$

注意到恒有

$$
V_{ABCD} = V_{ABB'A'} + V_{BCC'B'} + V_{CDD'C'} + V_{DAA'D'},
$$

因此

$$V_{j-\frac{1}{2},k-\frac{1}{2}}=\frac{1}{6}[(x_{j-1,k-1}-x_{j,k-1})(r_{j-1,k-1}^2+r_{j-1,k-1}\cdot r_{j,k-1}$$

$$+r_{j,k-1}^2)+(x_{j,k-1}-x_{j,k})(r_{j,k-1}^2+r_{j,k-1}\cdot r_{j,k}$$

$$+r_{j,k}^2)+(x_{j,k}-x_{j-1,k})(r_{j,k}^2+r_{j,k}\cdot r_{j-1,k}$$

$$+r_{j-1,k}^2)+(x_{j-1,k}-x_{j-1,k-1})(r_{j-1,k}^2+r_{j-1,k}r_{j-1,k-1}$$

$$+r_{j-1,k-1}^2)]. \tag{6.2.7}$$

又记网格的面积为

$$\iint_{\Omega_{ABCD}} dxdr=\Omega_{ABCD}=\Omega_{j-\frac{1}{2},k-\frac{1}{2}}. \tag{6.2.8}$$

同样规定：当 A，B，C，D 为逆时针方向时 Ω_{ABCD} 取正值.由

$$\Omega_{ABB'A'}=\frac{1}{2}(x_A-x_B)(r_A+r_B)$$

及

$$\Omega_{ABCD}=\Omega_{ABB'A'}+\Omega_{BCC'B'}+\Omega_{CDD'C'}+\Omega_{DAA'D'},$$

得出

$$\Omega_{j-\frac{1}{2},k-\frac{1}{2}}=\frac{1}{2}(x_{j-1,k-1}-x_{j,k-1})(r_{j-1,k-1}+r_{j,k-1})$$

$$+\frac{1}{2}(x_{j,k-1}-x_{j,k})(r_{j,k-1}+r_{j,k})$$

$$+\frac{1}{2}(x_{j,k}-x_{j-1,k})(r_{j,k}+r_{j-1,k})$$

$$+\frac{1}{2}(x_{j-1,k}-x_{j-1,k-1})(r_{j-1,k}+r_{j-1,k-1}). \tag{6.2.9}$$

再记网格边界 BC 的侧面积(绕 x 轴旋转一个弧度角所形成曲面的面积)为

$$\int_B^C rdl=\frac{1}{2}(r_B+r_C)\sqrt{(x_B-x_C)^2+(r_B-r_C)^2}$$

$$=S_{BC},$$

它是与 B，C 的次序无关. 令

$$S_{BC}=S_{j,k-\frac{1}{2}},\ S_{DA}=S_{j-1,k-\frac{1}{2}}, \tag{6.2.10}$$

$$S_{CD}=S_{j-\frac{1}{2},k},\ S_{AB}=S_{j-\frac{1}{2},k-1},$$

则有

$$S_{i,k-\frac{1}{2}} = \frac{1}{2}(r_{i,k-1} + r_{i,k})\sqrt{(x_{i,k-1} - x_{i,k})^2 + (r_{i,k-1} - r_{i,k})^2},$$

$$S_{i-\frac{1}{2},k} = \frac{1}{2}(r_{i,k} + r_{i-1,k})\sqrt{(x_{i,k} - x_{i-1,k})^2 + (r_{i,k} - r_{i-1,k})^2}.$$

$$(6.2.11)$$

所计算的离散物理量定义在网格 $ABCD$ 内

$$\rho_{ABCD} = \rho_{i-\frac{1}{2},k-\frac{1}{2}}, \quad e_{ABCD} = e_{i-\frac{1}{2},k-\frac{1}{2}},$$
$$u_{ABCD} = u_{i-\frac{1}{2},k-\frac{1}{2}}, \quad v_{ABCD} = v_{i-\frac{1}{2},k-\frac{1}{2}}, \qquad (6.2.12)$$

并具有按体积元平均的意义．例如

$$\iint\limits_{\Omega_{ABCD}} \rho r\,dx\,dr = \rho_{ABCD} V_{ABCD} = \rho_{i-\frac{1}{2},k-\frac{1}{2}} V_{i-\frac{1}{2},k-\frac{1}{2}},$$

$$(6.2.13)$$

而网格内的平均压力则由状态方程计算

$$P_{ABCD} = P_{i-\frac{1}{2},k-\frac{1}{2}} = P(\rho_{i-\frac{1}{2},k-\frac{1}{2}}, e_{i-\frac{1}{2},k-\frac{1}{2}}). \qquad (6.2.14)$$

将积分方程 (6.2.1)—(6.2.4) 进行离散化以后，得到 t^n 时刻与 $t^{n+1} = t^n + \Delta t$ 时刻网格内物理量之间的关系：

$$\rho_{ABCD}^{n+1} V_{ABCD}^{n+1} = \rho_{ABCD}^n V_{ABCD}^n$$
$$+ [\rho(\boldsymbol{D} \cdot \boldsymbol{n} - \boldsymbol{u} \cdot \boldsymbol{n})S\Delta t]_{AB+BC+CD+DA},$$

$$(6.2.15)$$

$$\rho_{ABCD}^{n+1} u_{ABCD}^{n+1} V_{ABCD}^{n+1} = \rho_{ABCD}^n u_{ABCD}^n V_{ABCD}^n$$
$$+ [\rho u(\boldsymbol{D} \cdot \boldsymbol{n} - \boldsymbol{u} \cdot \boldsymbol{n})S\Delta t]_{AB+BC+CD+DA}$$
$$- [P\cos\alpha S\Delta t]_{AB+BC+CD+DA}, \qquad (6.2.16)$$

$$\rho_{ABCD}^{n+1} v_{ABCD}^{n+1} V_{ABCD}^{n+1} = \rho_{ABCD}^n v_{ABCD}^n V_{ABCD}^n$$
$$+ [\rho v(\boldsymbol{D} \cdot \boldsymbol{n} - \boldsymbol{u} \cdot \boldsymbol{n})S\Delta t]_{AB+BC+CD+DA}$$
$$- [P\sin\alpha S\Delta t]_{AB+BC+CD+DA} + (P\Omega\Delta t)_{ABCD},$$

$$(6.2.17)$$

$$\rho_{ABCD}^{n+1} E_{ABCD}^{n+1} V_{ABCD}^{n+1} = \rho_{ABCD}^n E_{ABCD}^n V_{ABCD}^n$$
$$+ [\rho E(\boldsymbol{D} \cdot \boldsymbol{n} - \boldsymbol{u} \cdot \boldsymbol{n})S\Delta t]_{AB+BC+CD+DA}$$
$$- [P\boldsymbol{u} \cdot \boldsymbol{n}S\Delta t]_{AB+BC+CD+DA}, \qquad (6.2.18)$$

其中与网格边界 AB, BC, CD, DA 有关的物理量计算将在下一节说明. 当已经计算了 t^{n+1} 时刻的网格位置以及与网格边界有关的物理量之后,就可以根据 t^n 时刻网格位置及物理状态分布量计算出 t^{n+1} 时刻的物理状态分布量.

方程 (6.2.15)—(6.2.18) 中的法向量 $\boldsymbol{n}_{AB}$, $\boldsymbol{n}_{BC}$, $\boldsymbol{n}_{CD}$, $\boldsymbol{n}_{DA}$ 都是网格 Ω_{ABCD} 边界上的外法向量,例如

$$\begin{aligned}\boldsymbol{n}_{BC} &= \{\cos\alpha_{BC}, \sin\alpha_{BC}\} \\ &= \left\{\frac{r_C - r_B}{\sqrt{(x_C - x_B)^2 + (r_C - r_B)^2}},\right. \\ &\quad \left. -\frac{x_C - x_B}{\sqrt{(x_C - x_B)^2 + (r_C - r_B)^2}}\right\}.\end{aligned} \tag{6.2.19}$$

在四边形网格的情况下，为了方便起见,用 $\boldsymbol{n}_{j,k-\frac{1}{2}}$ 表示 j 边界的法向量,它的方向与 j 由小到大的变化方向是一致的. 这样

$$\boldsymbol{n}_{j,k-\frac{1}{2}} = \boldsymbol{n}_{BC}, \quad \boldsymbol{n}_{j-1,k-\frac{1}{2}} = -\boldsymbol{n}_{DA} = \boldsymbol{n}_{AD}. \tag{6.2.20}$$

因此,

$$\begin{aligned}&\boldsymbol{n}_{j,k-\frac{1}{2}} = \{\cos\alpha_{j,k-\frac{1}{2}}, \sin\alpha_{j,k-\frac{1}{2}}\}, \\ &\cos\alpha_{j,k-\frac{1}{2}} = \frac{r_{j,k} - r_{j,k-1}}{\sqrt{(x_{j,k} - x_{j,k-1})^2 + (r_{j,k} - r_{j,k-1})^2}}, \\ &\sin\alpha_{j,k-\frac{1}{2}} = -\frac{x_{j,k} - x_{j,k-1}}{\sqrt{(x_{j,k} - x_{j,k-1})^2 + (r_{j,k} - r_{j,k-1})^2}}.\end{aligned} \tag{6.2.21}$$

同样,令 $\boldsymbol{n}_{j-\frac{1}{2},k}$ 为网格 Ω_{ABCD} 中 k 边的法向量,它的方向与 k 由小到大的变化方向一致 (见图 6.2.3).

$$\begin{aligned}&\boldsymbol{n}_{j-\frac{1}{2},k} = \boldsymbol{n}_{CD}, \\ &\boldsymbol{n}_{j-\frac{1}{2},k-1} = -\boldsymbol{n}_{AB} = \boldsymbol{n}_{BA}, \\ &\boldsymbol{n}_{j-\frac{1}{2},k} = \{\cos\alpha_{j-\frac{1}{2},k}, \sin\alpha_{j-\frac{1}{2},k}\}, \\ &\cos\alpha_{j-\frac{1}{2},k} = \frac{r_{j-1,k} - r_{j,k}}{\sqrt{(x_{j-1,k} - x_{j,k})^2 + (r_{j-1,k} - r_{j,k})^2}}, \\ &\sin\alpha_{j-\frac{1}{2},k} = -\frac{x_{j-1,k} - x_{j,k}}{\sqrt{(x_{j-1,k} - x_{j,k})^2 + (r_{j-1,k} - r_{j,k})^2}}.\end{aligned} \tag{6.2.22}$$

这样,可以将 (6.2.15)—(6.2.18) 改写成如下形式:

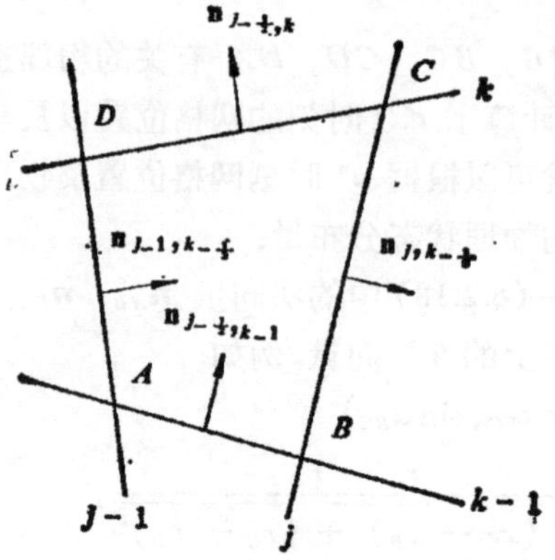

图 6.2.3

$$
\begin{aligned}
\rho^{n+1}_{j-\frac{1}{2},k-\frac{1}{2}} V^{n+1}_{j-\frac{1}{2},k-\frac{1}{2}} &= \rho^{n}_{j-\frac{1}{2},k-\frac{1}{2}} V^{n}_{j-\frac{1}{2},k-\frac{1}{2}} \\
&\quad + [\rho(\boldsymbol{D}\cdot\boldsymbol{n}-\boldsymbol{u}\cdot\boldsymbol{n})S\Delta t]_{j,k-\frac{1}{2}} - [\rho(\boldsymbol{D}\cdot\boldsymbol{n} \\
&\quad - \boldsymbol{u}\cdot\boldsymbol{n})S\Delta t]_{j-1,k-\frac{1}{2}} + [\rho(\boldsymbol{D}\cdot\boldsymbol{n}-\boldsymbol{u}\cdot\boldsymbol{n})S\Delta t]_{j-\frac{1}{2},k} \\
&\quad - [\rho(\boldsymbol{D}\cdot\boldsymbol{n}-\boldsymbol{u}\cdot\boldsymbol{n})S\Delta t]_{j-\frac{1}{2},k-1}
\end{aligned} \tag{6.2.23}
$$

$$
\begin{aligned}
\rho^{n+1}_{j-\frac{1}{2},k-\frac{1}{2}} u^{n+1}_{j-\frac{1}{2},k-\frac{1}{2}} V^{n+1}_{j-\frac{1}{2},k-\frac{1}{2}} &= \rho^{n}_{j-\frac{1}{2},k-\frac{1}{2}} u^{n}_{j-\frac{1}{2},k-\frac{1}{2}} V^{n}_{j-\frac{1}{2},k-\frac{1}{2}} \\
&\quad + [\rho u(\boldsymbol{D}\cdot\boldsymbol{n}-\boldsymbol{u}\cdot\boldsymbol{n})S\Delta t]_{j,k-\frac{1}{2}} - [\rho u(\boldsymbol{D}\cdot\boldsymbol{n} \\
&\quad - \boldsymbol{u}\cdot\boldsymbol{n})S\Delta t]_{j-1,k-\frac{1}{2}} + [\rho u(\boldsymbol{D}\cdot\boldsymbol{n}-\boldsymbol{u}\cdot\boldsymbol{n})S\Delta t]_{j-\frac{1}{2},k} \\
&\quad - [\rho u(\boldsymbol{D}\cdot\boldsymbol{n}-\boldsymbol{u}\cdot\boldsymbol{n})S\Delta t]_{j-\frac{1}{2},k-1} - [P\cos\alpha S\Delta t]_{j,k-\frac{1}{2}} \\
&\quad + [P\cos\alpha S\Delta t]_{j-1,k-\frac{1}{2}} - [P\cos\alpha S\Delta t]_{j-\frac{1}{2},k} \\
&\quad + [P\cos\alpha S\Delta t]_{j-\frac{1}{2},k-1},
\end{aligned} \tag{6.2.24}
$$

$$
\begin{aligned}
\rho^{n+1}_{j-\frac{1}{2},k-\frac{1}{2}} v^{n+1}_{j-\frac{1}{2},k-\frac{1}{2}} V^{n+1}_{j-\frac{1}{2},k-\frac{1}{2}} &= \rho^{n}_{j-\frac{1}{2},k-\frac{1}{2}} v^{n}_{j-\frac{1}{2},k-\frac{1}{2}} V^{n}_{j-\frac{1}{2},k-\frac{1}{2}} \\
&\quad + [\rho v(\boldsymbol{D}\cdot\boldsymbol{n}-\boldsymbol{u}\cdot\boldsymbol{n})S\Delta t]_{j,k-\frac{1}{2}} - [\rho v(\boldsymbol{D}\cdot\boldsymbol{n} \\
&\quad - \boldsymbol{u}\cdot\boldsymbol{n})S\Delta t]_{j-1,k-\frac{1}{2}} + [\rho v(\boldsymbol{D}\cdot\boldsymbol{n}-\boldsymbol{u}\cdot\boldsymbol{n})S\Delta t]_{j-\frac{1}{2},k} \\
&\quad - [\rho v(\boldsymbol{D}\cdot\boldsymbol{n}-\boldsymbol{u}\cdot\boldsymbol{n})S\Delta t]_{j-\frac{1}{2},k-1} - [P\sin\alpha S\Delta t]_{j,k-\frac{1}{2}} \\
&\quad + [P\sin\alpha S\Delta t]_{j-1,k-\frac{1}{2}} - [P\sin\alpha S\Delta t]_{j-\frac{1}{2},k} \\
&\quad + [P\sin\alpha S\Delta t]_{j-\frac{1}{2},k-1} + (P\Omega\Delta t)_{j-\frac{1}{2},k-\frac{1}{2}},
\end{aligned} \tag{6.2.25}
$$

$$
\rho^{n+1}_{j-\frac{1}{2},k-\frac{1}{2}} E^{n+1}_{j-\frac{1}{2},k-\frac{1}{2}} V^{n+1}_{j-\frac{1}{2},k-\frac{1}{2}} = \rho^{n}_{j-\frac{1}{2},k-\frac{1}{2}} E^{n}_{j-\frac{1}{2},k-\frac{1}{2}} V^{n}_{j-\frac{1}{2},k-\frac{1}{2}}
$$

$$+ [\rho E(\boldsymbol{D}\cdot\boldsymbol{n}-\boldsymbol{u}\cdot\boldsymbol{n})S\Delta t]_{i,k-\frac{1}{2}} - [\rho E(\boldsymbol{D}\cdot\boldsymbol{n} - \boldsymbol{u}\cdot\boldsymbol{n})S\Delta t]_{i-1,k-\frac{1}{2}} + [\rho E(\boldsymbol{D}\cdot\boldsymbol{n}-\boldsymbol{u}\cdot\boldsymbol{n})S\Delta t]_{i-\frac{1}{2},k} - [\rho E(\boldsymbol{D}\cdot\boldsymbol{n}-\boldsymbol{u}\cdot\boldsymbol{n})S\Delta t]_{i-\frac{1}{2},k-1} - [P\boldsymbol{u}\cdot\boldsymbol{n}S\Delta t]_{i,k-\frac{1}{2}} + [P\boldsymbol{u}\cdot\boldsymbol{n}S\Delta t]_{i-1,k-\frac{1}{2}} - [P\boldsymbol{u}\cdot\boldsymbol{n}S\Delta t]_{i-\frac{1}{2},k} + [P\boldsymbol{u}\cdot\boldsymbol{n}S\Delta t]_{i-\frac{1}{2},k-1}. \tag{6.2.26}$$

由公式 (6.2.23)—(6.2.26) 就可以求出任意一个网格内 t^{n+1} 时刻物理量 $\rho_{i-\frac{1}{2},k-\frac{1}{2}}$, $u_{i-\frac{1}{2},k-\frac{1}{2}}$, $v_{i-\frac{1}{2},k-\frac{1}{2}}$, $e_{i-\frac{1}{2},k-\frac{1}{2}}$ 的值.

§3 网格边界物理量的计算格式

在基本计算格式 (6.2.23)—(6.2.26) 中,出现一些与网格边界有关的物理量. 这些物理量反映了相邻网格对该网格的作用力和作功的情况,以及相邻网格与该网格之间的质量、动量、能量的输运情况. 这些网格边界上的物理量(特别是压力和速度法向分量)的计算格式是否选择恰当,将对计算结果的精确度有很大影响. 在体平均多流管方法中,网格边界上的压力和速度法向分量的计算格式表示成该边界两侧相邻网格内相应物理量的加权平均项与修正项之和的形式. 虽然对于各种不同权重的插值平均,在连续光滑的情况下,理论上其误差是同阶的,很难区分它们的优劣;但是这些不同权重的计算格式对于多种物质问题进行实际计算,其结果却有相当的差别. 有时误差甚至可能会达到令人不能接受的程度. 在下面给出的计算格式中,权重采用物质的声阻抗 ρc,其中声速 c 可以用如下公式计算:

$$c^2 = \frac{\partial P}{\partial \rho} + \frac{P}{\rho^2}\frac{\partial P}{\partial e}. \tag{6.3.1}$$

在体平均多流管方法中,流经边界的质量、动量、能量的输运项采用"贡献网格"的计算格式. 下面讨论具体的计算格式.

(一) 属于同一个子区的两相邻网格边界上的压力及速度法向分量的计算.

(a) k 边界上压力 $P_{i-\frac{1}{2},k}$ 和速度法向分量 $\boldsymbol{u}\cdot\boldsymbol{n}_{i-\frac{1}{2},k}$ 的计

算格式.

$$u\cdot n_{j-\frac{1}{2},k}=\frac{(\rho c u\cdot n^{(k)})_{j-\frac{1}{2},k+\frac{1}{2}}+(\rho c u\cdot n^{(k)})_{j-\frac{1}{2},k-\frac{1}{2}}}{(\rho c)_{j-\frac{1}{2},k+\frac{1}{2}}+(\rho c)_{j-\frac{1}{2},k-\frac{1}{2}}}-\frac{\Delta t(P_{j-\frac{1}{2},k+\frac{1}{2}}-P_{j-\frac{1}{2},k-\frac{1}{2}})}{(\rho\Delta n^{(k)})_{j-\frac{1}{2},k+\frac{1}{2}}+(\rho\Delta n^{(k)})_{j-\frac{1}{2},k-\frac{1}{2}}},\tag{6.3.2}$$

$$P_{j-\frac{1}{2},k}=\frac{(\rho c)_{j-\frac{1}{2},k-\frac{1}{2}}P_{j-\frac{1}{2},k+\frac{1}{2}}+(\rho c)_{j-\frac{1}{2},k+\frac{1}{2}}P_{j-\frac{1}{2},k-\frac{1}{2}}}{(\rho c)_{j-\frac{1}{2},k+\frac{1}{2}}+(\rho c)_{j-\frac{1}{2},k-\frac{1}{2}}}+q_{j-\frac{1}{2},k},\tag{6.3.3}$$

$$q_{j-\frac{1}{2},k}=\begin{cases}0, & \text{当 } (u\cdot n^{(k)})_{j-\frac{1}{2},k+\frac{1}{2}}-(u\cdot n^{(k)})_{j-\frac{1}{2},k-\frac{1}{2}}\geqslant 0 \text{ 时},\\ \frac{1}{2}b^2(\rho_{j-\frac{1}{2},k+\frac{1}{2}}+\rho_{j-\frac{1}{2},k-\frac{1}{2}})[(u\cdot n^{(k)})_{j-\frac{1}{2},k+\frac{1}{2}}-(u\cdot n^{(k)})_{j-\frac{1}{2},k-\frac{1}{2}}]^2, & \text{当 } (u\cdot n^{(k)})_{j-\frac{1}{2},k+\frac{1}{2}}-(u\cdot n^{(k)})_{j-\frac{1}{2},k-\frac{1}{2}}<0 \text{ 时}.\end{cases}\tag{6.3.4}$$

在公式(6.3.2)—(6.3.4)中计算 $(u\cdot n^{(k)})_{j-\frac{1}{2},k\pm\frac{1}{2}}$ 所用的法向量 $n^{(k)}_{j-\frac{1}{2},k\pm\frac{1}{2}}$ 为网格 $\left(j-\frac{1}{2},k\pm\frac{1}{2}\right)$ 中 j 边及 $j-1$ 边中点联线的法向量,并指向 k 由小到大变化的方向(见图 6.3.1).

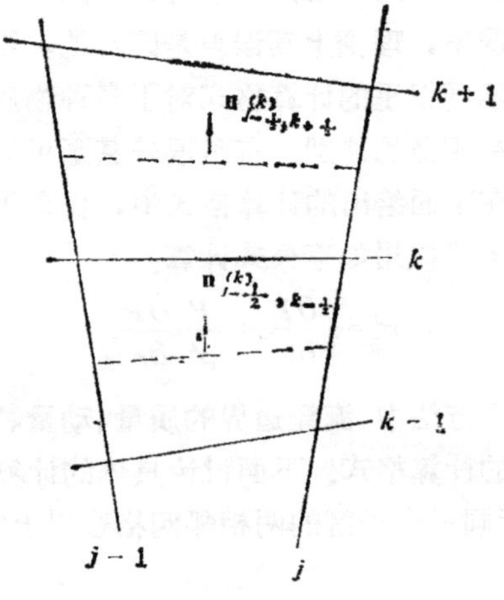

图 6.3.1

$$\boldsymbol{u}\cdot\boldsymbol{n}^{(k)}_{j-\frac{1}{2},k\pm\frac{1}{2}}=u_{j-\frac{1}{2},k\pm\frac{1}{2}}\cos\alpha^{(k)}_{j-\frac{1}{2},k\pm\frac{1}{2}}+v_{j-\frac{1}{2},k\pm\frac{1}{2}}\sin\alpha^{(k)}_{j-\frac{1}{2},k\pm\frac{1}{2}},\tag{6.3.5}$$

$$\cos\alpha^{(k)}_{j-\frac{1}{2},k\pm\frac{1}{2}}=\frac{r_{j-1,k\pm\frac{1}{2}}-r_{j,k\pm\frac{1}{2}}}{\sqrt{(x_{j-1,k\pm\frac{1}{2}}-x_{j,k\pm\frac{1}{2}})^2+(r_{j-1,k\pm\frac{1}{2}}-r_{j,k\pm\frac{1}{2}})^2}},\tag{6.3.6}$$

$$\sin\alpha^{(k)}_{j-\frac{1}{2},k\pm\frac{1}{2}}=-\frac{x_{j-1,k\pm\frac{1}{2}}-x_{j,k\pm\frac{1}{2}}}{\sqrt{(x_{j-1,k\pm\frac{1}{2}}-x_{j,k\pm\frac{1}{2}})^2+(r_{j-1,k\pm\frac{1}{2}}-r_{j,k\pm\frac{1}{2}})^2}},\tag{6.3.7}$$

其中 $x_{j,k\pm\frac{1}{2}}=\frac{1}{2}(x_{j,k\pm1}+x_{j,k})$， $r_{j,k\pm\frac{1}{2}}=\frac{1}{2}(r_{j,k\pm1}+r_{j,k})$.

在公式 (6.3.2) 中计算 $(\rho\Delta n^{(k)})_{j-\frac{1}{2},k\pm\frac{1}{2}}$ 所用的 $\Delta n^{(k)}_{j-\frac{1}{2},k\pm\frac{1}{2}}$ 为相应的网格中心点到 k 边界的距离，即

$$\begin{aligned}\Delta n^{(k)}_{j-\frac{1}{2},k+\frac{1}{2}}=&\frac{1}{4}\{[(x_{j,k+1}+x_{j-1,k+1})-(x_{j,k}\\&+x_{j-1,k})]\cos\alpha_{j-\frac{1}{2},k}+[(r_{j,k+1}+r_{j-1,k+1})\\&-(r_{j,k}+r_{j-1,k})]\sin\alpha_{j-\frac{1}{2},k}\},\\\Delta n^{(k)}_{j-\frac{1}{2},k-\frac{1}{2}}=&\frac{1}{4}\{[(x_{j,k}+x_{j-1,k})-(x_{j,k-1}\\&+x_{j-1,k-1})]\cos\alpha_{j-\frac{1}{2},k}+[(r_{j,k}+r_{j-1,k})-(r_{j,k-1}\\&+r_{j-1,k-1})]\sin\alpha_{j-\frac{1}{2},k}\}.\end{aligned}\tag{6.3.8}$$

(b) j 边界上压力 $P_{j,k-\frac{1}{2}}$ 及速度法向分量 $\boldsymbol{u}\cdot\boldsymbol{n}_{j,k-\frac{1}{2}}$ 的计算格式：

$$\begin{aligned}\boldsymbol{u}\cdot\boldsymbol{n}_{j,k-\frac{1}{2}}=&\frac{(\rho c\boldsymbol{u}\cdot\boldsymbol{n}^{(j)})_{j+\frac{1}{2},k-\frac{1}{2}}+(\rho c\boldsymbol{u}\cdot\boldsymbol{n}^{(j)})_{j-\frac{1}{2},k-\frac{1}{2}}}{(\rho c)_{j+\frac{1}{2},k-\frac{1}{2}}+(\rho c)_{j-\frac{1}{2},k-\frac{1}{2}}}\\&-\frac{\Delta t(P_{j+\frac{1}{2},k-\frac{1}{2}}-P_{j-\frac{1}{2},k-\frac{1}{2}})}{(\rho\Delta n^{(j)})_{j+\frac{1}{2},k-\frac{1}{2}}+(\rho\Delta n^{(j)})_{j-\frac{1}{2},k-\frac{1}{2}}},\end{aligned}\tag{6.3.9}$$

$$\begin{aligned}P_{j,k-\frac{1}{2}}=&\frac{(\rho c)_{j-\frac{1}{2},k-\frac{1}{2}}P_{j+\frac{1}{2},k-\frac{1}{2}}+(\rho c)_{j+\frac{1}{2},k-\frac{1}{2}}P_{j-\frac{1}{2},k-\frac{1}{2}}}{(\rho c)_{j+\frac{1}{2},k-\frac{1}{2}}+(\rho c)_{j-\frac{1}{2},k-\frac{1}{2}}}\\&+q_{j,k-\frac{1}{2}},\end{aligned}\tag{6.3.10}$$

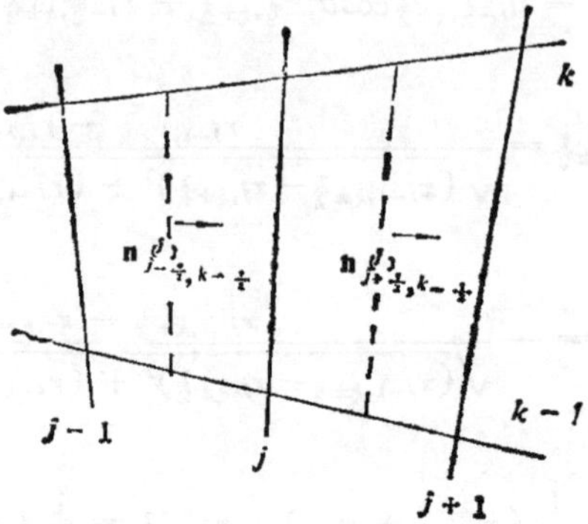

图 6.3.2

$$q_{j,k-\frac{1}{2}}=\begin{cases}0, & \text{当 } (\boldsymbol{u}\cdot\boldsymbol{n}^{(j)})_{j+\frac{1}{2},k-\frac{1}{2}}-(\boldsymbol{u}\cdot\boldsymbol{n}^{(j)})_{j-\frac{1}{2},k-\frac{1}{2}}\geqslant 0,\\ \frac{1}{2}b^2(\rho_{j+\frac{1}{2},k-\frac{1}{2}}+\rho_{j-\frac{1}{2},k-\frac{1}{2}})[(\boldsymbol{u}\cdot\boldsymbol{n}^{(j)})_{j+\frac{1}{2},k-\frac{1}{2}} \\ \quad -(\boldsymbol{u}\cdot\boldsymbol{n}^{(j)})_{j-\frac{1}{2},k-\frac{1}{2}}]^2, \\ & \text{当 } (\boldsymbol{u}\cdot\boldsymbol{n}^{(j)})_{j+\frac{1}{2},k-\frac{1}{2}}-(\boldsymbol{u}\cdot\boldsymbol{n}^{(j)})_{j-\frac{1}{2},k-\frac{1}{2}}<0.\end{cases} \tag{6.3.11}$$

在公式 (6.3.9)—(6.3.11) 中计算 $(\boldsymbol{u}\cdot\boldsymbol{n}^{(j)})_{j\pm\frac{1}{2},k-\frac{1}{2}}$ 所用的法向量 $\boldsymbol{n}^{(j)}_{j\pm\frac{1}{2},k-\frac{1}{2}}$ 为网格 $\left(j\pm\frac{1}{2},\ k-\frac{1}{2}\right)$ 中 k 边及 $k-1$ 边中点联线的法向量,并且指向 j 由小到大的方向.

$$\boldsymbol{u}\cdot\boldsymbol{n}^{(j)}_{j\pm\frac{1}{2},k-\frac{1}{2}}=u_{j\pm\frac{1}{2},k-\frac{1}{2}}\cos\alpha^{(j)}_{j\pm\frac{1}{2},k-\frac{1}{2}}+v_{j\pm\frac{1}{2},k-\frac{1}{2}}\sin\alpha^{(j)}_{j\pm\frac{1}{2},k-\frac{1}{2}}, \tag{6.3.12}$$

$$\cos\alpha^{(j)}_{j\pm\frac{1}{2},k-\frac{1}{2}}=\frac{r_{j\pm\frac{1}{2},k}-r_{j\pm\frac{1}{2},k-1}}{\sqrt{(x_{j\pm\frac{1}{2},k}-x_{j\pm\frac{1}{2},k-1})^2+(r_{j\pm\frac{1}{2},k}-r_{j\pm\frac{1}{2},k-1})^2}}, \tag{6.3.13}$$

$$\sin\alpha^{(j)}_{j\pm\frac{1}{2},k-\frac{1}{2}}=-\frac{x_{j\pm\frac{1}{2},k}-x_{j\pm\frac{1}{2},k-1}}{\sqrt{(x_{j\pm\frac{1}{2},k}-x_{j\pm\frac{1}{2},k-1})^2+(r_{j\pm\frac{1}{2},k}-r_{j\pm\frac{1}{2},k-1})^2}}$$

其中

$$\begin{aligned}x_{j\pm\frac{1}{2},k}&=\frac{1}{2}(x_{j\pm1,k}+x_{j,k}),\\ r_{j\pm\frac{1}{2},k}&=\frac{1}{2}(r_{j\pm1,k}+r_{j,k}).\end{aligned} \tag{6.3.14}$$

在公式 (6.3.9) 中计算 $(\rho\Delta n^{(j)})_{j\pm\frac{1}{2},k-\frac{1}{2}}$ 所用的 $\Delta n^{(j)}_{j\pm\frac{1}{2},k-\frac{1}{2}}$ 为相应的网格中心点到 j 边界的距离，即

$$
\begin{aligned}
\Delta n^{(j)}_{j+\frac{1}{2},k-\frac{1}{2}} = \frac{1}{4}\{[(x_{j+1,k} + x_{j+1,k-1}) \\
- (x_{j,k} + x_{j,k-1})]\cos\alpha_{j,k-\frac{1}{2}} + [(r_{j+1,k} + r_{j+1,k-1}) \\
- (r_{j,k} + r_{j,k-1})]\sin\alpha_{j,k-\frac{1}{2}}\},
\end{aligned} \tag{6.3.15}
$$

$$
\begin{aligned}
\Delta n^{(j)}_{j-\frac{1}{2},k-\frac{1}{2}} = \frac{1}{4}\{[(x_{j,k} + x_{j,k-1}) - (x_{j-1,k} \\
+ x_{j-1,k-1})]\cos\alpha_{j,k-\frac{1}{2}} + [(r_{j,k} + r_{j,k-1}) \\
- (r_{j-1,k} + r_{j-1,k-1})]\sin\alpha_{j,k-\frac{1}{2}}\}.
\end{aligned}
$$

以上公式中用的网格中心点的坐标，例如对于 $\left(j-\frac{1}{2},\ k-\frac{1}{2}\right)$ 网格，简单地取为

$$
x_{j-\frac{1}{2},k-\frac{1}{2}} = \frac{1}{4}(x_{j-1,k-1} + x_{j,k-1} + x_{j,k} + x_{j-1,k}),
$$

$$
r_{j-\frac{1}{2},k-\frac{1}{2}} = \frac{1}{4}(r_{j-1,k-1} + r_{j,k-1} + r_{j,k} + r_{j-1,k}). \tag{6.3.16}
$$

在上面计算网格边界压力的公式 (6.3.3)，(6.3.10) 中，除了一项以 (ρc) 为权重的反插平均项外，附加了一项 von Neumann 形式的人为粘性压力项作为修正项，其中 b 是常数，例如取 $b=0.6$。在计算网格边界上的速度法向分量的公式 (6.3.2)，(6.3.9) 中，在一项以 (ρc) 为权重的插值平均项上，附加了一项加速度性质的修正项。

(二) 属于同一个子区的两相邻网格边界的质量、动量、能量的输运项分别为：$[\rho(\boldsymbol{D}\cdot\boldsymbol{n}-\boldsymbol{u}\cdot\boldsymbol{n})S\Delta t]$，$[\rho u(\boldsymbol{D}\cdot\boldsymbol{n}-\boldsymbol{u}\cdot\boldsymbol{n})S\Delta t]$，$[\rho v(\boldsymbol{D}\cdot\boldsymbol{n}-\boldsymbol{u}\cdot\boldsymbol{n})S\Delta t]$，$[\rho E(\boldsymbol{D}\cdot\boldsymbol{n}-\boldsymbol{u}\cdot\boldsymbol{n})S\Delta t]$ 的计算格式。

网格边界的性质不同，这些输运项的计算格式也不同。

(*a*) Lagrange 性质的网格边界。这种边界是物质界面的一部分，并按物质界面运动规律而运动，即其法向运动速度 $\boldsymbol{D}\cdot\boldsymbol{n}$ 与流体速度的法向分量 $\boldsymbol{u}\cdot\boldsymbol{n}$ 相等。因此，对于 Lagrange 性质的

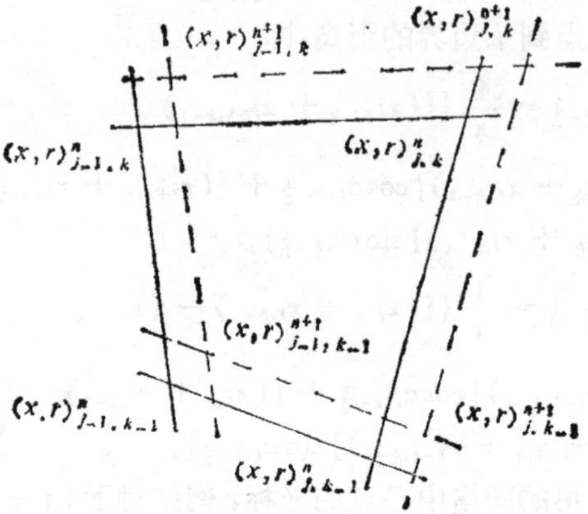

图 6.3.3

网格边界，$\boldsymbol{D}\cdot\boldsymbol{n}=\boldsymbol{u}\cdot\boldsymbol{n}$，其两侧相邻网格之间没有物质交换，所有输运项都为零.

(*b*) Euler 性质的网格边界. 这种边界与物质界面没有联系，边界两侧相邻网格之间允许有物质交换. 因此，输运项一般都不为零.

假设 t^{n+1} 时刻的网格角点的新位置为 $(x, r)^{n+1}_{j,k}$（详细讨论见 § 4). 根据 t^n 时刻及 t^{n+1} 时刻的网格位置，就可计算出网格边界的运动速度. 例如，$[\boldsymbol{D}\cdot\boldsymbol{n}S\Delta t]_{j,k-\frac{1}{2}}$ 可以看成是侧面积为 $S_{j,k-\frac{1}{2}}$ 的 j 边界在 Δt 时间间隔内运动所扫过的体积 $V_{(x,r)^n_{j,k},(x,r)^n_{j,k-1},(x,r)^{n+1}_{j,k-1},(x,r)^{n+1}_{j,k}}$. 即

$$
\begin{aligned}
[\boldsymbol{D}\cdot\boldsymbol{n}S\Delta t]_{j,k-\frac{1}{2}} &= V_{(x,r)^n_{j,k},(x,r)^n_{j,k-1},(x,r)^{n+1}_{j,k-1},(x,r)^{n+1}_{j,k}} \\
&= \frac{1}{6}\{(x^n_{j,k}-x^n_{j,k-1})[(r^n_{j,k})^2+r^n_{j,k}r^n_{j,k-1}+(r^n_{j,k-1})^2] \\
&\quad +(x^n_{j,k-1}-x^{n+1}_{j,k-1})[(r^n_{j,k-1})^2+r^n_{j,k-1}r^{n+1}_{j,k-1}+(r^{n+1}_{j,k-1})^2] \\
&\quad +(x^{n+1}_{j,k-1}-x^{n+1}_{j,k})[(r^{n+1}_{j,k-1})^2+r^{n+1}_{j,k-1}r^{n+1}_{j,k}+(r^{n+1}_{j,k})^2] \\
&\quad +(x^{n+1}_{j,k}-x^n_{j,k})[(r^{n+1}_{j,k})^2+r^{n+1}_{j,k}r^n_{j,k}+(r^n_{j,k})^2]\},
\end{aligned}
\tag{6.3.17}
$$

类似地

$$[\boldsymbol{D}\cdot\boldsymbol{n}S\Delta t]_{j-\frac{1}{2},k} = V_{(x,r)^n_{j-1,k},(x,r)^n_{j,k},(x,r)^{n+1}_{j,k},(x,r)^{n+1}_{j-1,k}}$$

$$= \frac{1}{6}\{(x_{j-1,k}^n - x_{j,k}^n)[(r_{j-1,k}^n)^2 + r_{j-1,k}^n r_{j,k}^n + (r_{j,k}^n)^2]$$

$$+ (x_{j,k}^n - x_{j,k}^{n+1})[(r_{j,k}^n)^2 + r_{j,k}^n r_{j,k}^{n+1} + (r_{j,k}^{n+1})^2]$$

$$+ (x_{j,k}^{n+1} - x_{j-1,k}^{n+1})[(r_{j,k}^{n+1})^2 + r_{j,k}^{n+1} r_{j-1,k}^{n+1} + (r_{j-1,k}^{n+1})^2]$$

$$+ (x_{j-1,k}^{n+1} - x_{j-1,k}^n)[(r_{j-1,k}^{n+1})^2 + r_{j-1,k}^{n+1} r_{j-1,k}^n + (r_{j-1,k}^n)^2]\}. \tag{6.3.18}$$

质量输运项的计算格式可以写成如下形式：对于 j 边界

$$[\rho(\boldsymbol{D}\cdot\boldsymbol{n} - \boldsymbol{u}\cdot\boldsymbol{n})S\Delta t]_{j,k-\frac{1}{2}} = \rho_{j,k-\frac{1}{2}}[(\boldsymbol{D}\cdot\boldsymbol{n}S\Delta t)_{j,k-\frac{1}{2}} - (\boldsymbol{u}\cdot\boldsymbol{n}S\Delta t)_{j,k-\frac{1}{2}}], \tag{6.3.19}$$

其中

$$\rho_{j,k-\frac{1}{2}} = \begin{cases}\rho_{j+\frac{1}{2},k-\frac{1}{2}}, \text{当 } (\boldsymbol{D}\cdot\boldsymbol{n}S\Delta t)_{j,k-\frac{1}{2}} - (\boldsymbol{u}\cdot\boldsymbol{n}S\Delta t)_{j,k-\frac{1}{2}} > 0, \\ \rho_{j-\frac{1}{2},k-\frac{1}{2}}, \text{当 } (\boldsymbol{D}\cdot\boldsymbol{n}S\Delta t)_{j,k-\frac{1}{2}} - (\boldsymbol{u}\cdot\boldsymbol{n}S\Delta t)_{j,k-\frac{1}{2}} < 0.\end{cases} \tag{6.3.20}$$

对于 k 边界

$$[\rho(\boldsymbol{D}\cdot\boldsymbol{n} - \boldsymbol{u}\cdot\boldsymbol{n})S\Delta t]_{j-\frac{1}{2},k} = \rho_{j-\frac{1}{2},k}[(\boldsymbol{D}\cdot\boldsymbol{n}S\Delta t)_{j-\frac{1}{2},k} - (\boldsymbol{u}\cdot\boldsymbol{n}S\Delta t)_{j-\frac{1}{2},k}], \tag{6.3.21}$$

其中

$$\rho_{j-\frac{1}{2},k} = \begin{cases}\rho_{j-\frac{1}{2},k+\frac{1}{2}}, \text{当 } (\boldsymbol{D}\cdot\boldsymbol{n}S\Delta t)_{j-\frac{1}{2},k} - (\boldsymbol{u}\cdot\boldsymbol{n}S\Delta t)_{j-\frac{1}{2},k} > 0, \\ \rho_{j-\frac{1}{2},k-\frac{1}{2}}, \text{当 } (\boldsymbol{D}\cdot\boldsymbol{n}S\Delta t)_{j-\frac{1}{2},k} - (\boldsymbol{u}\cdot\boldsymbol{n}S\Delta t)_{j-\frac{1}{2},k} < 0.\end{cases} \tag{6.3.22}$$

动量、能量输运项的计算格式是同质量输运项的计算格式类似.

这样，(一) 与 (二) 给出了子区内部相邻网格之间的边界物理量 $P, \boldsymbol{u}\cdot\boldsymbol{n}, [P\cos\alpha S\Delta t], [P\sin\alpha S\Delta t], [P\boldsymbol{u}\cdot\boldsymbol{n}S\Delta t], [\rho(\boldsymbol{D}\cdot\boldsymbol{n} - \boldsymbol{u}\cdot\boldsymbol{n})S\Delta t], [\rho u(\boldsymbol{D}\cdot\boldsymbol{n} - \boldsymbol{u}\cdot\boldsymbol{n})S\Delta t], [\rho v(\boldsymbol{D}\cdot\boldsymbol{n} - \boldsymbol{u}\cdot\boldsymbol{n})S\Delta t], [\rho E(\boldsymbol{D}\cdot\boldsymbol{n} - \boldsymbol{u}\cdot\boldsymbol{n})S\Delta t]$ 的计算格式.

(三) 子区的边界条件，即属于子区边界的网格边界上物理量的计算问题. 这种网格边界上的物理量的计算与它所属的子区边界类型有关. 可以按子区边界的不同类型分别讨论.

(a) 对称轴. 由于 $r = 0$，该网格边界的侧面积 $S = 0$，因而在基本计算格式中出现的该网格边界上的物理量 $[P\cos\alpha S\Delta t]$,

$[P\sin\alpha S\Delta t]$，$[P\boldsymbol{u}\cdot\boldsymbol{n}S\Delta t]$，$[\rho(\boldsymbol{D}\cdot\boldsymbol{n}-\boldsymbol{u}\cdot\boldsymbol{n})S\Delta t]$，$[\rho u(\boldsymbol{D}\cdot\boldsymbol{n}-\boldsymbol{u}\cdot\boldsymbol{n})S\Delta t]$，$[\rho v(\boldsymbol{D}\cdot\boldsymbol{n}-\boldsymbol{u}\cdot\boldsymbol{n})S\Delta t]$，$[\rho E(\boldsymbol{D}\cdot\boldsymbol{n}-\boldsymbol{u}\cdot\boldsymbol{n})S\Delta t]$ 都为零.

(b) 自由面. 自由面条件为物质压力 $P=0$，同时这种网格边界是 Lagrange 性质的，$\boldsymbol{D}\cdot\boldsymbol{n}-\boldsymbol{u}\cdot\boldsymbol{n}=0$，因此 ($a$) 中所提到的边界物理量也都为零. 为了确定自由面边界在下一时刻的位置，需要计算这些网格边界的运动速度. 以 $k=K$ 是自由面为例，这时在该边界另一侧补充一个假想的空网格 $\left(j-\dfrac{1}{2},K+\dfrac{1}{2}\right)$. 应用本节 (一) ($a$) 中所列的计算格式计算，有

$$\boldsymbol{D}\cdot\boldsymbol{n}_{j-\frac{1}{2},K}=\boldsymbol{u}\cdot\boldsymbol{n}_{j-\frac{1}{2},K}=\boldsymbol{u}\cdot\boldsymbol{n}^{(K)}_{j-\frac{1}{2},K-\frac{1}{2}}+\Delta tP_{j-\frac{1}{2},K-\frac{1}{2}}/(\rho\Delta n^{(K)})_{j-\frac{1}{2},K-\frac{1}{2}}. \tag{6.3.23}$$

当其它网格边界是自由面情况时，可以用同样方法进行处理计算.

(c) 固壁. 固壁条件是 $\boldsymbol{D}\cdot\boldsymbol{n}=\boldsymbol{u}\cdot\boldsymbol{n}=0$，网格边界为 Lagrange 性质的. 因此，除了 $[P\cos\alpha S\Delta t]$，$[P\sin\alpha S\Delta t]$ 外，其它边界物理量都为零. 以 $j=0$ 边界是固壁的情况为例，这时在该边界的另一侧补充一个假想的对称的网格 $\left(-\dfrac{1}{2},k-\dfrac{1}{2}\right)$，这两个网格内的密度、压力的值相等，速度法向分量的符号相反、绝对值相同. 应用本节的 (一) (b) 中所列举的计算格式计算，有

$$\begin{aligned}&\boldsymbol{u}\cdot\boldsymbol{n}_{0,k-\frac{1}{2}}=0,\\&P_{0,k-\frac{1}{2}}=P_{\frac{1}{2},k-\frac{1}{2}}+q_{0,k-\frac{1}{2}},\\&q_{0,k-\frac{1}{2}}=\begin{cases}0, & \text{当 } \boldsymbol{u}\cdot\boldsymbol{n}^{(j)}_{\frac{1}{2},k-\frac{1}{2}}\geqslant 0,\\ \dfrac{1}{2}b^2(2\rho_{\frac{1}{2},k-\frac{1}{2}})[2(\boldsymbol{u}\cdot\boldsymbol{n}^{(j)})_{\frac{1}{2},k-\frac{1}{2}}]^2, & \\ & \text{当 } \boldsymbol{u}\cdot\boldsymbol{n}^{(j)}_{\frac{1}{2},k-\frac{1}{2}}<0.\end{cases}\end{aligned} \tag{6.3.24}$$

当其它的网格边界是固壁的情况时，也可以用同样的方法进行计算处理.

当所计算的物理问题可以整个地作为一个简单的计算区域来计算时，上面提到的边界类型 (a)、(b)、(c) 是这种计算区域的

很自然的边界条件．当需要把整个计算区域划分成若干个子计算区域来计算时，为了准备每个子区的边界条件，除了考虑上述三种类型的边界之外，还需要讨论相邻两子区公共边界的类型及其相应的边界条件的计算问题．从便于计算子区边界条件的角度考虑，要求在划分每个子区内部的计算网格时，尽量使得相邻子区的边界两侧的网格是一一对应的，并且相对应的两网格的公共边界上角点的位置是相同的．这种要求在许多的问题计算中是不难实现的．这样就可以利用前面讨论过的同一子区内相邻网格边界物理量的计算格式(一)和(二)来计算两相邻子区之间的边界条件；但必须注意的是这里所涉及的两相邻网格是分别属于不同子区的．

在前面给出的计算格式中所用的 i 边或 k 边的法向量都是指向 i 或 k 的由小到大变化的方向．在很多情况下，可以恰当选择各子区内部网格曲线的编号方式，使得公共边界上的法向量相对于两侧子区来说其方向是一致的．但也存在这样情况，对于某种复杂的划分子区的办法，不论如何选择各子区内部网格曲线的编号方式，总有这样一些边界，相对其两侧子区来说其法向量的方向是相反的．因此，为一子区计算准备的边界条件，可能在用于相邻的另一子区计算时会有符号的差别．我们将把边界两侧相邻的子区中的一个子区称为主区，另一个子区称为辅区．这里所计算的网格边界物理量是为计算主区的那个网格的物理量使用，因此应根据主区网格边界是 i 边界还是 k 边界来选用计算格式(一)(b)还是(一)(a)．这些计算格式中用的法向量方向都应按主区网格边界的法向量方向的要求来确定．例如，在计算主区 $k=K$ 边界上的物理量时，相应的主区网格的编号为 $\left(i-\frac{1}{2}, K-\frac{1}{2}\right)$，我们不管与该网格相邻的网格在辅区中的编号是什么，而把它看成是编号为 $\left(i-\frac{1}{2}, K+\frac{1}{2}\right)$ 的网格，并用(一)(a)中的计算格式来计算．同样，在计算主区 $i=0$ 边界上的物理量时，若相应的主区网格编号为$\left(\frac{1}{2}, k-\frac{1}{2}\right)$，那末与它相邻的辅区网格就看成是编号为$\left(-\frac{1}{2}, k-\frac{1}{2}\right)$的网格，并用（一）(*b*) 中的计算格式来计算.

两子区的公共边界有以下类型.

(*d*) 内界面. 利用不同物质的界面来划分子区时就出现这种内界面型的子区边界. 在这种边界上，压力及速度法向分量是连续的，其计算公式，如前所述根据主区的要求来选用（一）(*a*) 或（一）(*b*). 同时这类网格边界是 Lagrange 性质的，不允许相邻网格间有物质交换，相应的输运项都为零.

(*e*) 交接面. 当需要把复杂的区域人为地划分为形状简单的子区时，也可用这种交接面型的边界. 交接面与物质界面没有联系，通常可以采取由其两端点位置联接直线的形式，并随其端点的运动而运动. 交接面上网格边界是 Euler 性质的，允许相邻网格之间有物质交换，因此交接面两侧相对应的网格内应当是相同的物质. 在计算质量、动量、能量输运项前，应当先确定交接面在 t^{n+1} 时刻的新位置. 交接面上的压力和速度法向分量的计算格式仍用（一）(*a*) 或（一）(*b*).

上面给出了体平均多流管方法中网格边界物理量的计算格式. 很显然，还可以考虑采用其它形式的计算网格边界物理量的计算格式. 例如，Годунов 方法是用间断分解格式来计算网格边界物理量（见 §7). Годунов (1961) 也曾经用间断分解的线性近似格式来计算网格边界的物理量. 例如，k 边界上的压力和速度法向分量的计算格式可以写成如下形式:

$$\boldsymbol{u}\cdot\boldsymbol{n}_{j-\frac{1}{2},k}=\frac{(\rho c\boldsymbol{u}\cdot\boldsymbol{n}^{(k)})_{j-\frac{1}{2},k+\frac{1}{2}}+(\rho c\boldsymbol{u}\cdot\boldsymbol{n}^{(k)})_{j-\frac{1}{2},k-\frac{1}{2}}}{(\rho c)_{j-\frac{1}{2},k+\frac{1}{2}}+(\rho c)_{j-\frac{1}{2},k-\frac{1}{2}}}-\frac{P_{j-\frac{1}{2},k+\frac{1}{2}}-P_{j-\frac{1}{2},k-\frac{1}{2}}}{(\rho c)_{j-\frac{1}{2},k+\frac{1}{2}}+(\rho c)_{j-\frac{1}{2},k-\frac{1}{2}}}, \tag{6.3.2'}$$

$$P_{j-\frac{1}{2},k}=\frac{(\rho c)_{j-\frac{1}{2},k-\frac{1}{2}}P_{j-\frac{1}{2},k+\frac{1}{2}}+(\rho c)_{j-\frac{1}{2},k+\frac{1}{2}}P_{j-\frac{1}{2},k-\frac{1}{2}}}{(\rho c)_{j-\frac{1}{2},k+\frac{1}{2}}+(\rho c)_{j-\frac{1}{2},k-\frac{1}{2}}}-\frac{(\rho c)_{j-\frac{1}{2},k+\frac{1}{2}}(\rho c)_{j-\frac{1}{2},k-\frac{1}{2}}\left(\boldsymbol{u}\cdot\boldsymbol{n}^{(k)}_{j-\frac{1}{2},k+\frac{1}{2}}-\boldsymbol{u}\cdot\boldsymbol{n}^{(k)}_{j-\frac{1}{2},k-\frac{1}{2}}\right)}{(\rho c)_{j-\frac{1}{2},k+\frac{1}{2}}+(\rho c)_{j-\frac{1}{2},k-\frac{1}{2}}},\tag{6.3.3$'$}$$

j 边界上的压力和速度法向分量的计算格式也可以用类似的办法写出.

间断分解的线性近似格式 (6.3.2)′, (6.3.3)′ 在计算中可能会遇到一些它所不能适应的情况. 例如,初始时刻两个相邻的网格,由于稀疏膨胀的结果, 可以变成两个中心距离很远的相邻的大网格. 这时, 由 (6.3.3)′ 式右端第二项的影响(稀疏时此项为负值),使网格边界压力甚至可能大大低于两相邻网格中的最小的 压 力.而若用(6.3.3)式计算,由于粘性压力 q 在稀疏情况下为零,这种不合理情况就不会出现. 又例如,当物质界面两侧出现很大压力差,而两侧流体速度接近于零时,用 (6.3.2)′ 式计算, 就会“瞬时”得到一个很大的界面运动速度;而用 (6.3.2) 式计算, 界面运动速度需要有加速的过程,以逐渐达到某一确定的值. 这两种计算处理,在物理上意味着是否考虑力学平衡弛预时间的影响. 在计算纯流体力学问题时,由于可以忽略达到力学平衡所需的弛豫时间,这两种处理对总的计算结果的影响是不大的. 如果所计算的问题中还包含有其它物理过程,如化学反应过程,而且它的弛豫时间要比力学平衡弛豫时间小得多,那么用 (6.3.2)′ 计算时, 就有可能得到定性上不准确的计算结果.

采用声阻抗 (ρc) 为权重计算网格边界压力是有一定优点的.当然, 当界面两边压力差别不大时, 不同的权重对计算结果不会有很大影响. 但当界面两侧物质的密度、压力相差很悬殊时,不同权重的影响是明显的. 例如,用二分之一作权重计算,界面压力偏向高的压力,而用 (ρc) 作权重计算,界面压力偏向低的压力. 如果考虑极限情况,当一侧压力趋向零时,物质界面的性质接近自由面的性质,用 ρc 作权重计算得的界面压力也接近于零,这与自由边界条件相吻合．而用二分之一作权重计算这种极限情况，就不可能与相应的界面性质相符合．

§4 网格角点位置的计算

体平均多流管方法要求根据所计算问题的特点来选择合适的计算网格，这种计算网格还应随流体运动而运动，使之能继续适应已经变化了的情况．这与其它的任意 Lagrange-Euler 结合型的二维计算方法一样，需要解决如何具体构造计算网格的算法问题．这里提供一套算法，但并不能够构造适用于任何二维几何结构和物理图象的计算网格；而只给出了某些类型的计算网格的算法，这种计算网格适用于在实际计算工作中遇到的相对来说是比较简单的计算区域，以及由这些简单区域组合而成的比较复杂的计算区域的计算问题．

首先讨论网格角点的运动方程．令

$$F(x, r, t) = 0$$

表示某网格曲线在 t 时刻的位置，它与某曲线 l 的交点为 $\{x_l(t), r_l(t)\}$，随着网格曲线的运动，该交点沿曲线 l 方向的运动速度为

$$\boldsymbol{w}_l = \left\{\frac{dx_l}{dt}, \ \frac{dr_l}{dt}\right\}.$$

又令网格曲线 $F = 0$ 的单位法向量为 $\boldsymbol{n} = \{\cos\alpha, \sin\alpha\}$，则

$$\begin{aligned}\boldsymbol{n} &= \frac{\nabla F}{|\nabla F|} \\ &= \left\{\frac{\dfrac{\partial F}{\partial x}}{\sqrt{\left(\dfrac{\partial F}{\partial x}\right)^2 + \left(\dfrac{\partial F}{\partial r}\right)^2}}, \ \frac{\dfrac{\partial F}{\partial r}}{\sqrt{\left(\dfrac{\partial F}{\partial x}\right)^2 + \left(\dfrac{\partial F}{\partial r}\right)^2}}\right\},\end{aligned}$$

由于

$$F(x_l(t), r_l(t), t) \equiv 0,$$

对 t 微分得

$$\frac{\partial F}{\partial t}+\frac{dx_l}{dt}\frac{\partial F}{\partial x}+\frac{dr_l}{dt}\frac{\partial F}{\partial r}=0,$$

即有

$$\boldsymbol{w}_l\cdot\boldsymbol{n}=\frac{dx_l}{dt}\cos\alpha+\frac{dr_l}{dt}\sin\alpha$$

$$=-\frac{\frac{\partial F}{\partial t}}{|\nabla F|}.$$

这说明网格曲线上的点沿任何曲线 l 方向运动速度 $\boldsymbol{w}_l$ 的法向分量 $\boldsymbol{w}_l\cdot\boldsymbol{n}$ 是相同的，即等于该点沿网格曲线法线方向的运动速度 $\boldsymbol{D}\cdot\boldsymbol{n}$

$$\boldsymbol{w}_l\cdot\boldsymbol{n}=D\cdot\boldsymbol{n}. \tag{6.4.1}$$

取 l 为一直线的情况． 令 $\boldsymbol{l}=\{\cos\theta,\sin\theta\}$ 为直线 l 的方向向量． 令 $\{x_0,r_0\}$ 为 l 上的一定点，网格曲线与直线 l 的交点为

$$\begin{aligned}x(t)&=x_0+R(t)\cos\theta,\\ r(t)&=r_0+R(t)\sin\theta,\end{aligned} \tag{6.4.2}$$

其中 $R(t)$ 为交点 $\{x(t),r(t)\}$ 到定点 $\{x_0,r_0\}$ 的距离． 因此有

$$\begin{aligned}\frac{dx}{dt}&=\frac{dR}{dt}\cos\theta,\\ \frac{dr}{dt}&=\frac{dR}{dt}\sin\theta.\end{aligned} \tag{6.4.3}$$

上式分别乘以 $\cos\alpha$，$\sin\alpha$ 后相加，利用 (6.4.1) 得

$$\frac{dR}{dt}=\frac{\boldsymbol{D}\cdot\boldsymbol{n}}{\cos\beta}, \tag{6.4.4}$$

这里 $\cos\beta=\cos\theta\cos\alpha+\sin\theta\sin\alpha=\cos(\alpha-\theta).$ (6.4.5)

再考虑不同族的两网格曲线

$$F_1(x,r,t)=0\ 及\ F_2(x,r,t)=0$$

的交点 $\{x(t),r(t)\}$ 的运动速度 $\boldsymbol{w}$． 若将交点的轨迹看成曲线 l，则由 (6.4.1) 应同时成立

$$
\begin{aligned}
\boldsymbol{w}\cdot\boldsymbol{n}_1 &= (\boldsymbol{D}\cdot\boldsymbol{n})_1,\\
\boldsymbol{w}\cdot\boldsymbol{n}_2 &= (\boldsymbol{D}\cdot\boldsymbol{n})_2,
\end{aligned} \tag{6.4.6}
$$

这里，$\boldsymbol{n}_i$ 及 $(\boldsymbol{D}\cdot\boldsymbol{n})_i$ 是网格曲线 $F_i=0$ 的法向量及沿该曲线法线方向的运动速度. 令

$$
\boldsymbol{n}_i=\{\cos\alpha_i,\ \sin\alpha_i\},\ i=1,2,
$$

则由 (6.4.6) 可以解出 $\boldsymbol{w}=\left\{\dfrac{dx}{dt},\ \dfrac{dr}{dt}\right\}$.

$$
\begin{aligned}
\frac{dx}{dt} &= \frac{(\boldsymbol{D}\cdot\boldsymbol{n})_1\sin\alpha_2-(\boldsymbol{D}\cdot\boldsymbol{n})_2\sin\alpha_1}{\cos\alpha_1\sin\alpha_2-\cos\alpha_2\cdot\sin\alpha_1},\\
\frac{dr}{dt} &= \frac{-\left((\boldsymbol{D}\cdot\boldsymbol{n})_1\cos\alpha_2-(\boldsymbol{D}\cdot\boldsymbol{n})_2\cos\alpha_1\right)}{\cos\alpha_1\sin\alpha_2-\cos\alpha_2\sin\alpha_1}.
\end{aligned} \tag{6.4.7}
$$

下面讨论确定网格角点位置的一些具体计算格式.

根据网格角点所处的地位不同,可以分成子区内部网格角点,子区边界上的网格角点,以及子区顶点等三种情况.

(一) 子区内部网格角点的计算.

把子区内部计算网格分成 Lagrange-Euler 结合型、Euler 型、Lagrange 型三大类型,对于不同类型的网格,其网格角点的计算格式也不相同.

A　Lagrange-Euler 结合型的计算网格. 其特点是网格的 k 边是 Lagrange 性质的，i 边是Euler 性质的. 选取一系列自然的和人为的物质界面为 k 族网格曲线，因此它们将按物质界面运动规律来运动,$\boldsymbol{D}\cdot\boldsymbol{n}=\boldsymbol{u}\cdot\boldsymbol{n}$. k 族网格曲线将子区分成"流管",不同"流管"内的物质可以是不同的,而同一"流管"内的物质是相同的. i 族网格曲线在很多情况下可以取简单的直线族. 例如，当子区的 $i=0$ 及 $i=J$ 边界为直线形的对称轴,固壁,交接面时. 在复杂的几何结构情况下，当子区的 $i=0$ 或 $i=J$ 边界为曲线形的自由面,内界面时，该子区的 i 族网格曲线就不再能够保持为直线. 根据 i 族网格曲线的特点，可以将 A 型计算网格分成以下几种情况来讨论.

A1 固定的 i 族直线情况. 这时子区边界 $i=0$ 及 $i=J$ 亦

应当为固定的直线. 令 i 直线的方向向量为 $\{\cos\theta_i,\ \sin\theta_i\}$, 并利用 (6.4.3)—(6.4.5) 的离散化计算格式来计算 k 族网格曲线与 i 直线的交点沿 i 直线的运动,

$$x_{j,k}^{n+1} = x_{j,k}^n + \left(\frac{dR}{dt}\right)_{i,k}^n \cos\theta_i \Delta t,$$

$$r_{j,k}^{n+1} = r_{j,k}^n + \left(\frac{dR}{dt}\right)_{i,k}^n \sin\theta_i \Delta t, \qquad (6.4.8)$$

其中

$$\left(\frac{dR}{dt}\right)_{i,k}^n$$

$$= \frac{1}{2}\left(\frac{\boldsymbol{u}\cdot\boldsymbol{n}_{i-\frac{1}{2},k}^n}{\cos(\alpha_{i-\frac{1}{2},k}-\theta_i)} + \frac{\boldsymbol{u}\cdot\boldsymbol{n}_{i+\frac{1}{2},k}^n}{\cos(\alpha_{i+\frac{1}{2},k}-\theta_i)}\right),$$
$$\qquad (6.4.9)$$

$$\cos(\alpha_{i-\frac{1}{2},k}-\theta_i) = \cos\alpha_{i-\frac{1}{2},k}\cos\theta_i + \sin\alpha_{i-\frac{1}{2},k}\sin\theta_i,$$

$$\cos(\alpha_{i+\frac{1}{2},k}-\theta_i) = \cos\alpha_{i+\frac{1}{2},k}\cos\theta_i + \sin\alpha_{i+\frac{1}{2},k}\sin\theta_i.$$
$$\qquad (6.4.10)$$

用上面公式计算网格角点位置时, 应该注意 k 网格曲线的法向量 $\boldsymbol{n}$ 与 i 直线的方向向量之间的夹角余弦 $\cos(\alpha-\theta)$ 不宜太小, 否则会造成不可允许的误差.

A2 活动的 i 族直线情况. t^{n+1} 时刻 i 族直线的位置可以用多种方法来确定. 例如, 可以根据边界直线 $i=0$ 及 $i=J$ 的位置用插值方式确定其它的 i 直线位置; 也可以通过 t^{n+1} 时刻的 $k=0$ 边界上的相应网格角点 $(x_{i,0},\ r_{i,0})^{n+1}$ 作原 i 直线的平行线, 从而得出 t^{n+1} 时刻的 i 直线. 假设 i 直线是由 t^{n+1} 时刻 $k=0$ 及 $k=K$ 边界上网格角点 $(x,r)_{j,0}^{n+1}$ 及 $(x,r)_{j,k}^{n+1}$ 的联线来确定, 则 t^{n+1} 时刻的 i 族直线的方向向量为:

$$\cos\theta_i^{n+1} = \frac{x_{j,k}^{n+1} - x_{j,0}^{n+1}}{\sqrt{(x_{j,k}^{n+1}-x_{j,0}^{n+1})^2 + (r_{j,k}^{n+1}-r_{j,0}^{n+1})^2}},$$

$$\sin\theta_i^{n+1} = \frac{r_{j,k}^{n+1} - r_{j,0}^{n+1}}{\sqrt{(x_{j,k}^{n+1}-x_{j,0}^{n+1})^2 + (r_{j,k}^{n+1}-r_{j,0}^{n+1})^2}} \qquad (6.4.11)$$

首先计算 t^n 时刻 k 网格曲线与 t^{n+1} 时刻 i 直线的交点 $(\bar{x}_{j,k}^n,\ \bar{r}_{j,k}^n)$,

$$\begin{aligned}\bar{x}^n_{j,k} &= x^{n+1}_{j,0} + \bar{R}^n_{j,k}\cos\theta^{n+1}_i,\\ \bar{r}^n_{j,k} &= r^{n+1}_{j,0} + \bar{R}^n_{j,k}\sin\theta^{n+1}_i,\end{aligned} \tag{6.4.12}$$

这里 $\bar{R}^n_{j,k}$ 是由

$$\bar{R}^{n(1)}_{j,k} = \frac{(r^n_{j+1,k} - r^n_{j,k})(x^{n+1}_{j,0} - x^n_{j,k}) - (r^{n+1}_{j,0} - r^n_{j,k})(x^n_{j+1,k} - x^n_{j,k})}{(x^n_{j+1,k} - x^n_{j,k})\sin\theta^{n+1}_i - (r^n_{j+1,k} - r^n_{j,k})\cos\theta^{n+1}_i},$$

及 (6.4.13)

$$\bar{R}^{n(2)}_{j,k} = \frac{(r^n_{j-1,k} - r^n_{j,k})(x^{n+1}_{j,0} - x^n_{j,k}) - (r^{n+1}_{j,0} - r^n_{j,k})(x^n_{j-1,k} - x^n_{j,k})}{(x^n_{j-1,k} - x^n_{j,k})\sin\theta^{n+1}_i - (r^n_{j-1,k} - r^n_{j,k})\cos\theta^{n+1}_i}$$

中定出

$$\bar{R}^n_{j,k} = \begin{cases}\bar{R}^{n(1)}_{j,k}, \text{ 当 } \dfrac{x^{n+1}_{j,0} + \bar{R}^{n(1)}_{j,k}\cos\theta^{n+1}_i - x^n_{j,k}}{x^n_{j+1,k} - x^n_{j,k}} \geqslant 0,\\ \bar{R}^{n(2)}_{j,k}, \text{ 当相反的情况时.}\end{cases} \tag{6.4.14}$$

它使得交点 $(\bar{x}^n_{j,k}, \bar{r}^n_{j,k})$ 是 k 网格曲线上的线段 $\left(j+\frac{1}{2},k\right)$或线段$\left(j-\frac{1}{2},k\right)$的内点. 然后计算 t^{n+1} 时刻的网格顶点位置

$$x^{n+1}_{j,k} = \bar{x}^n_{j,k} + \left(\frac{dR}{dt}\right)^n_{j,k} \cos\theta^{n+1}_i\Delta t, \tag{6.4.15}$$

$$r^{n+1}_{j,k} = \bar{r}^n_{j,k} + \left(\frac{dR}{dt}\right)^n_{j,k} \sin\theta^{n+1}_i\Delta t, \tag{6.4.16}$$

其中

$$\left(\frac{dR}{dt}\right)^n_{j,k} = \frac{1}{2}\left(\frac{\boldsymbol{u}\cdot\boldsymbol{n}^n_{j-\frac{1}{2},k}}{\cos(\alpha_{j-\frac{1}{2},k} - \theta^{n+1}_i)} + \frac{\boldsymbol{u}\cdot\boldsymbol{n}^n_{j+\frac{1}{2},k}}{\cos(\alpha_{j+\frac{1}{2},k} - \theta^{n+1}_i)}\right). \tag{6.4.17}$$

A3 j 族网格曲线不取直线的情况. 这时网格角点 $(x_{j,k}, r_{j,k})$ 的运动方向 $\{\cos\theta_{j,k}, \ \sin\theta_{j,k}\}$ 应根据情况恰当地选择. 例如,

可以取成为该点两边 $\left(j-\frac{1}{2}, k\right)$ 及 $\left(j+\frac{1}{2}, k\right)$ 的中点联线的法向量方向．这样，仍可采用类似 (6.4.8)—(6.4.10) 的计算格式，但其中的方向向量 $\{\cos\theta_j, \sin\theta_j\}$ 应该用方向向量 $\{\cos\theta_{j,k}, \sin\theta_{j,k}\}$ 来代替．

B　Euler 型计算网格．其特点是子区内部相邻网格之间的边界都是 Euler 性质的．一般情况下，取形状复杂些的网格曲线族为 k 族网格曲线．由于允许网格间有物质交换，这类子区内只能含有一种物质．

B1 当子区的 $j=0$ 及 $j=J$ 边界都是直线时，可以取 j 族网格曲线为简单的直线族．将边界 $k=0$ 及 $k=K$ 上的网格角点 $(x_{j,0}^{n+1}, r_{j,0}^{n+1})$ 及 $(x_{j,K}^{n+1}, r_{j,K}^{n+1})$ 联成 j 族直线，子区内的网格角点可以用简单的等分方式来计算

$$x_{j,k}^{n+1}=x_{j,0}^{n+1}+\frac{k}{K}(x_{j,K}^{n+1}-x_{j,0}^{n+1}),$$

$$r_{j,k}^{n+1}=r_{j,0}^{n+1}+\frac{k}{K}(r_{j,K}^{n+1}-r_{j,0}^{n+1}). \tag{6.4.18}$$

B2 当子区的 $j=0$ 及 $j=J$ 边界中至少有一条不是直线时，同时子区的形状并不太复杂的情况下，可以用下列计算格式来计算．

设已知子区四条边界网格角点的位置，在省略了 t^{n+1} 时刻的附标以后，分别表示成

$\{(x, r)_{0,k}; k=0, 1, \cdots, K\}$，$\{(x, r)_{J,k}; k=0, 1, \cdots, K\}$，

$\{(x, r)_{j,0}; j=0, 1, \cdots, J\}$，$\{(x, r)_{j,K}; j=0, 1, \cdots J\}$．

将它们分别对应于 (ξ, η) 平面上的正方形 $\{0\leqslant\xi\leqslant 1, 0\leqslant\eta\leqslant 1\}$ 的四边上的点：

$\{(0, \eta_{0,k}); k=0, 1, \cdots, K\}$，$\{(1, \eta_{J,k}); k=0, 1, \cdots, K\}$，

$\{(\xi_{j,0}, 0); j=0, 1, \cdots, J\}$，$\{(\xi_{j,K}, 1); j=0, 1, \cdots J\}$，

其中 $\{\eta_{0,k}\}$，$\{\xi_{j,0}\}$，$\{\eta_{J,k}\}$，$\{\xi_{j,K}\}$ 分别是一组单调上升的数列，且满足条件　$\eta_{0,0}=\xi_{0,0}=\eta_{J,0}=\xi_{0,K}=0$，　$\eta_{0,K}=\xi_{J,0}=\eta_{J,K}=$

$\xi_{J,K}=1$. 例如可以取

$$\eta_{0,k}=l_{0,k}/l_{0,K},\quad l_{0,0}=0,$$
$$l_{0,k+1}=l_{0,k}+\sqrt{(x_{0,k+1}-x_{0,k})^2+(r_{0,k+1}-r_{0,k})^2}$$

现在联结正方形对边上相应点 $(\xi_{i,0},0)$, $(\xi_{i,k},1)$ 及 $(0,\eta_{0,k})$, $(1,\eta_{J,k})$, 所得两直线的交点 $(\xi,\eta)_{i,k}$ 为

$$\xi_{i,k}=\frac{\xi_{i,0}+\eta_{0,k}(\xi_{i,K}-\xi_{i,0})}{1-(\xi_{i,K}-\xi_{i,0})(\eta_{J,k}-\eta_{0,k})},$$
$$\eta_{i,k}=\frac{\eta_{0,k}+\xi_{i,0}(\eta_{J,k}-\eta_{0,k})}{1-(\xi_{i,K}-\xi_{i,0})(\eta_{J,k}-\eta_{0,k})},\tag{6.4.19}$$

与这交点相对应的网格角点 $(x,r)_{i,k}$ 为:

$$\begin{aligned}x_{i,k}=&x_{i,0}+\eta_{i,k}(x_{i,K}-x_{i,0})\\&+\xi_{i,k}[x_{J,k}-x_{J,0}-\eta_{J,k}(x_{J,K}-x_{J,0})]\\&+(1-\xi_{i,k})[x_{0,k}-x_{0,0}-\eta_{0,k}(x_{0,K}-x_{0,0})],\\r_{i,k}=&r_{i,0}+\eta_{i,k}(r_{i,K}-r_{i,0})\\&+\xi_{i,k}[r_{J,k}-r_{J,0}-\eta_{J,k}(r_{J,K}-r_{J,0})]\\&+(1-\xi_{i,k})[r_{0,k}-r_{0,0}-\eta_{0,k}(r_{0,K}-r_{0,0})].\end{aligned}\tag{6.4.20}$$

C Lagrange 型计算网格. 其特点是子区内部网格的边界都是 Lagrange 性质的,相邻网格之间不允许有物质交换.因而子区内各网格可以有它自己的物质.一般说来,C 型计算网格仅适用于变形不大的没有滑移现象的子区. 网格角点的运动速度可以看成是两族网格曲线交点的运动速度,可以由相邻四个网格内的速度插值计算确定. 在确定了网格角点的运动速度 $(u_{i,k},v_{i,k})$ 之后,再计算角点位置

$$x_{i,k}^{n+1}=x_{i,k}^n+u_{i,k}\Delta t,$$
$$r_{i,k}^{n+1}=r_{i,k}^n+v_{i,k}\Delta t.\tag{6.4.21}$$

(二) 子区边界上网格角点的计算

这类网格角点的计算,既要考虑该边界的类型,又要考虑相应子区内部计算网格的类型. 下面分几种情况进行讨论.

a 当边界是对称轴或作为对称面的固壁情况时. 这类边界都是直线.

a1 若相应的子区内部网格类型都是 Euler 型，或者该边界是 A 型子区的 k 边界情况，则用该边界两端点间的线段以等分方式确定其它网格角点的位置．例如，对于 $k=0$ 边界情况，

$$x_{j,0}^{n+1}=x_{0,0}^{n+1}+\frac{j}{J}(x_{J,0}^{n+1}-x_{0,0}^{n+1}),$$

$$r_{j,0}^{n+1}=r_{0,0}^{n+1}+\frac{j}{J}(r_{J,0}^{n+1}-r_{0,0}^{n+1}). \tag{6.4.22}$$

a2 若相应的子区内部网格类型是非 Euler 型的，且该边界也不是 A 型子区的 k 边界情况．以该边界是 A 型子区的 j 边界情况为例，仍用公式 (6.4.8)—(6.4.40) 计算，但其中应根据对称条件取，则当 $j=0$ 和 $j=J$ 时有

$$\frac{\boldsymbol{u}\cdot\boldsymbol{n}_{j-\frac{1}{2},k}}{\cos(\alpha_{j-\frac{1}{2},k}-\theta_j)}=\frac{\boldsymbol{u}\cdot\boldsymbol{n}_{j+\frac{1}{2},k}}{\cos(\alpha_{j+\frac{1}{2},k}-\theta_j)} \tag{6.4.23}$$

b 当边界是交接面情况． 只考虑简单的直线形式的交接面情况．由于它的两侧网格之间有物质交换，故其两侧子区的网格类型应当是相似的．

b1 若交接面两侧子区内网格类型都是 Euler 型的，则用该边界的两端点(即为子区的顶点)之间的线段以等分方式来确定其它网格角点的位置．

b2 若交接面两侧子区内的网格类型都是 Lagrange-Euler 结合型的，且该边界是这两子区的 j 边界情况．这种交接面上网格角点的计算与 A2 型子区内网格角点的计算相同．例如，设该交接面是甲区的 $j=J$ 边界，乙区的 $j=0$ 边界的情况．这时，交接面两侧相对应的网格有相同的标号 k，就可直接用公式 (6.4.11)—(6.4.17) 来计算，不过其中标号 j 为边界上的量，标号 $j-\frac{1}{2}$，$j-1$ 为甲区内的量，标号 $j+\frac{1}{2}$，$j+1$ 表示乙区内的量． 在其它情况下，需要将边界两侧不同区的量，按主区的要求排列成相互对应的次序，然后再用这些公式来计算．

c 当边界是自由面时网格角点的计算.

c1 当该区内部网格为 A1 型，并且该自由面为 k 边界的情况. 这时自由面上网格角点的位置按公式 (6.4.8)—(6.4.10) 来计算.

c2 当区内网格为 A2 型或 A3 型，且该自由面为 k 边界的情况，或者当区内网格为 B 型的情况. 这时可以用类似计算 A2 型区内网格角点的公式 (6.4.11)—(6.4.17) 来计算. 不过其中表示 i 直线的参量 $x_{0,i}^{n+1}$、$\cos\theta_i^{n+1}$，$\sin\theta_i^{n+1}$ 应当由另外的方式来确定.

c3 当区内网格为 A 型，且该自由面是 i 边界情况，或者当区内网格为 C 型情况时，用 (6.4.21) 式计算，其中网格角点速度由相邻两网格内的速度插值计算来确定.

d 当边界是内界面时网格角点的计算.

内界面是两个子区的公共边界. 在这两个子区中选择一个为主区，另一个为辅区. 选择主区的原则如下：若一个子区内网格为 Euler 型，则取另一个子区为主区；(当两个子区内网格都是 Euler 型时，可任取一个为主区.) 若一个子区内网格为 Lagrange 型，则取该子区为主区；若两个子区网格同为 Lagrange-Euler 结合型，则 (i) 当该内界面为某区的 i 边界时，取该区为主区；(ii) 当该内界面同为两区的 k 边界时，应取 A1 型的子区为主区. 这样选择主区的目的，是使边界两侧网格始终保持一一对应的关系. 在选定主区以后，若辅区的网格类型与此目的相矛盾时应作适当调整.

内界面上网格角点位置的计算，除了应由主区内网格类型所决定外，它是与自由面上网格角点位置的计算完全类似的. 对应于 c1，c2，c3，可以分成 d1，d2，d3 情况分别讨论. 在 d3 情况中，应当作为 C 型区内网格角点来处理计算.

(三) 子区顶点位置的计算.

子区的顶点是若干个子区边界的连结点，因而其位置计算是与这些边界的类型密切相关的. 我们讨论下面各种情况：

1 固壁与对称轴、固壁的交点. 这样的子区顶点位置是固定不变的.

2　自由面与对称轴、固壁的交点. 用 (6.4.3)--(6.4.5) 离散化的类似于 (6.4.8)—(6.4.10) 的公式进行计算. 同时考虑类似 (6.4.23) 的处理.

3　内界面与对称轴、固壁的交点. 它与 2 的情况相似处理.

4　交接面与对称轴、固壁的交点. (i) 按给定的速度沿所在的对称轴、固壁运动; (ii) 按给定的其它两顶点的位置及给定的比例用插值方法来确定.

5　交接面与自由面的交点. 该点为三条边界的连结点,其中两条自由面边界分别属于交接面两侧的不同的子区, 并可看成统一的自由面的两部分. 因此可以按自由面沿适当的直线方向运动处理.

6　交接面与内界面的交点. 与它相连结的若干边界中,有两条内界面边界分别属于不同的子区, 但可看成统一内界面的两部分. 可按内界面沿适当选定的固定的或活动的直线方向运动处理计算.

7　内界面与内界面的交点. 可按 C 型区内网格角点的计算来近似处理.

8　自由面与自由面的交点. (i) 这两个自由面边界属于同一个子区的情况; (ii) 这两个自由面边界属于不同子区的情况. 可以考虑用 (6.4.7) 的离散化公式计算.

9　内界面与自由面的交点. 与 c3 的情况处理方法相同.

以上一般地讨论了子区计算网格类型, 子区边界类型, 子区顶点类型, 以及相应的网格角点的计算处理. 在考虑各类网格角点的计算处理时, 要求保持边界两侧网格的对应关系, 保持边界网格点与区内网格角点之间的互相协调关系. 例如, A1 型区网格角点都在固定的一族 i 直线上, 因此要求其 k 边界网格角点也落在这些直线上; B1 型区内网格角点等分了相应的 i 直线, 因此要求其边界 $i=0$ 及 $i=J$ 的网格角点也由等分方式来确定, A2 型、B 型的区内网格角点是由相应的边界网格角点来确定的，因此主要应当注意如何选择好合适的参数，计算好这些边界网格角点的位置；C型区边界网格角点的计算公式应与C型区内网格角点的计算公式相一致；等等. 最后应该注意与交接面有关的子区顶点位置的计算，注意交接面位置的确定，因为这对于正确划分计算区域和形成合适的计算网格是很重要的.

采用灵活的 Lagrange-Euler 混合型计算网格的方法，在针对具体问题的不同特点和要求选择恰当的计算网格方面，有较大的适应性. 它在一定程度上可以避开在单纯 Euler 网格情况下不易处理的混合网格问题，和在单纯 Lagrange 网格情况下影响计算顺利进行的网格扭曲的问题. 它也可以根据不同区域对精度的不同要求，有选择地加密计算网格，从而在保持一定精度的条件下尽可能地节省计算时间. 为了达到这个目的，它也可以在物理状态已经变化不大的区域中把较小的网格合并成较大的网格，以及可以丢弃（不再计算）对总的计算结果不再有影响的计算区域. 有时，为了使计算顺利进行，也可以根据质量、动量、能量守恒的原则，在局部区域中采取重分网格和合并网格的措施.

但是，从编制程序的角度来看，这种计算方法的程序编制比纯 Euler 网格或纯 Lagrange 网格的计算方法的程序编制要复杂些. 对此，将在下一节作些简要的介绍.

§5 计算程序的信息及逻辑

给了任意一个物理问题后，首先分析它的初始几何结构及其运动图象的特点. 根据这些分析，将整个计算区域划分成若干个四边形的子计算区域，同时考虑每个子区内应取的合适的计算网格的类型. 然后，对每个子区，每条子区边界，每个子区顶点，分别进行编号（例如，子区的编号为 I, II, III, ···，子区边界的编号为一、二、三、…，子区顶点的编号为 1, 2, 3, …）.（见图 6.5.1）计算这些子区、子区边界，子区顶点所必需的信息（将在下面讨论），分别按编号次序贮存起来. 这样的“信息表”将充分反映出计算问

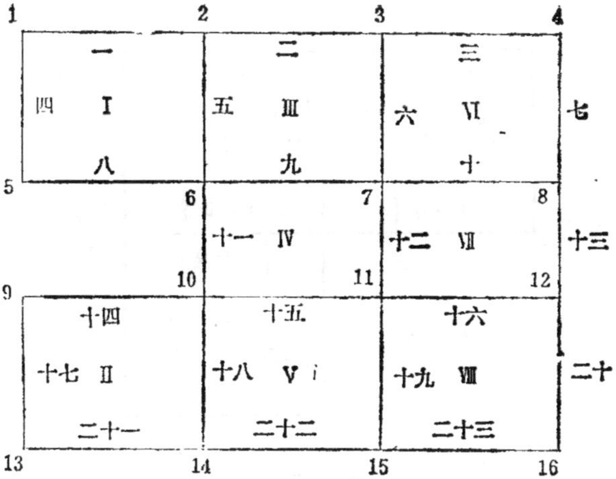

图 6.5.1

题中的区、边、点之间的相互关系及其特点．我们将根据程序对“信息表”的信息分析进行计算．程序的粗略逻辑是：首先逐个计算所有子区顶点的位置，其次逐条计算所有子区边界上的边界条件，最后逐个计算所有子区的内部分布量．

A 子区的计算信息

(a) 子区的四条边界编号按 $i=0, k=0, i=J, k=K$ 的次序排列；子区的四个顶点编号按 $(i,k)=(0,0)$，$(i,k)=(J,0)$，$(i,k)=(J,K)$，$(i,k)=(0,K)$ 的次序排列，根据边界编号的信息可以取出为该子区准备的边界条件．

(b) 子区内的计算网格类型；i 网格数 J，k 网格数 K；存放分布量（包括网格角点位置，各网格内的物理状态及物质代号等)的起始位置．由于事先约定了分布量存放规律（例如，i 由小到大，k 由小到大，各分布量依次集中存放)，根据这些信息可以取到任意一个给定网格的有关数据．

B 边界的计算信息

(a) 边界的类型．

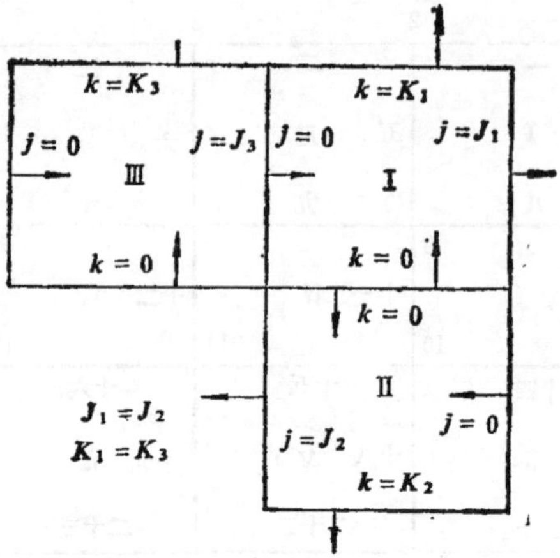

图 6.5.2

(b) 边界所属的主区编号、主区边界序号(如, 0, 1, 2, 3 分别指该子区的 $j=0$, $k=0$, $j=J$, $k=K$ 边界)和辅区编号、辅区边界序号. 给定边界所属的子区编号及其边界序号, 就可以从该子区的分布量中取出供计算边界条件时用的有关数据. 对固壁、对称轴、自由面型边界,只需主区信息;对内界面、交接面型边界,还要有辅区信息. 规定所要计算的边界上的条件(包括网格角点的位置和边界物理量),其数值及排列次序, 是提供计算主区分布量时用的, 并按主区内的计算次序 (j 由小到大, k 由小到大次序)排列的. 当辅区要用这些边界条件时,有可能要在其数值符号及排列次序上作必要的处理后才能用. 如图 (6.5.2) 所示,为 I 区的 $j=0$ 边界准备的边界条件也适用于 III 区 $j=J$ 的边界; 因为它们的边界法向量方向相同,边界网格的排列次序相顺,即都是 k 由小到大的次序. 但是为 I 区 $k=0$ 边界准备的边界条件却不适用于 II 区 $k=0$ 边界; 因为它们的边界法向量方向是相异的, 边界网格的排列次序是相逆的. 当边界量按 I 区的计算次序 (j 由小到大) 排列时, 对 II 区来说这次序却是 j 由大到小的次序. 因此 II 区要使用为 I 区准备的边界条件时, 既要作改变数值符号的处理，又要作改变排列次序的处理。在为计算边界条件而准备数据时，也必须根据这种排列次序的顺逆找到与主区网格相对应的辅助网格。下表列出了两个子区之间公共边界的法向量方向异同，排列次序顺逆的各种情况：

主区 \ 辅区	$0(j=0)$	$1(k=0)$	$2(j=J)$	$3(k=K)$
$0(j=0)$	逆，异	顺，异	顺，同	逆，同
$1(k=0)$	顺，异	逆，异	逆，同	顺，同
$2(j=J)$	顺，同	逆，同	逆，异	顺，异
$3(k=K)$	逆，同	顺，同	顺，异	逆，异

若以 (a_1, b_1) 及 (a_2, b_2) 分别表示该边界所属的主、辅区边界的序号，如 $j=0$ 用 $(0, 0)$ 表示 $k=0$ 用 $(0, 1)$ 表示，$j=J$ 用 $(1, 0)$ 表示，$k=K$ 用 $(1, 1)$ 表示等，则成立以下简单的逻辑判断（图 6.5.3）

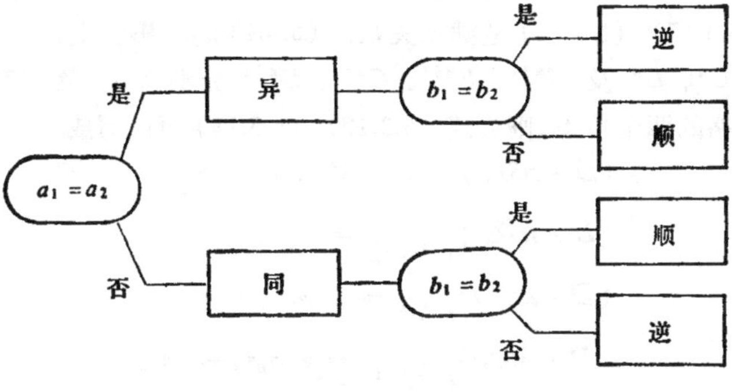

图 6.5.3

(c) 边界两端的顶点(分别称之为起点、终点；其次序与主区的由小到大的排列次序一致)的编号；存放边界条件的开始位置。

C 子区顶点的计算信息

(a) 子区顶点类型。它决定该顶点的计算方法及该顶点计算信息的分析处理。

(b) 与顶点计算有关的边界编号，按各类顶点要求的规定次序排列；根据这些边界编号所指出的边界信息，可以取出该顶点邻近网格的计算数据.

(c) 某些类型的子区顶点所需要的其它方面的信息.

§6 体平均多流管方法计算格式的一些性质

a〉考虑积分关系式

$$\frac{\partial}{\partial t}\iint\limits_{\Omega(t)} r\,dx\,dr = \oint\limits_{\partial\Omega} \boldsymbol{D}\cdot\boldsymbol{n}\,r\,dl$$

的离散化形式，它应满足以下关系式：

$$\begin{aligned}V^{n+1}_{j-\frac{1}{2},k-\frac{1}{2}} &= V^{n}_{j-\frac{1}{2},k-\frac{1}{2}} + (\boldsymbol{D}\cdot\boldsymbol{n}S\Delta t)_{AB+BC+CD+DA}\\ &= V^{n}_{j-\frac{1}{2},k-\frac{1}{2}} + (\boldsymbol{D}\cdot\boldsymbol{n}S\Delta t)_{j,k-\frac{1}{2}} - (\boldsymbol{D}\cdot\boldsymbol{n}S\Delta t)_{j-1,k-\frac{1}{2}}\\ &\quad + (\boldsymbol{D}\cdot\boldsymbol{n}S\Delta t)_{j-\frac{1}{2},k} - (\boldsymbol{D}\cdot\boldsymbol{n}S\Delta t)_{j-\frac{1}{2},k-1}. \qquad (6.6.1)\end{aligned}$$

不难验证，前面给出的计算 V 及 $(\boldsymbol{D}\cdot\boldsymbol{n}S\Delta t)$ 的公式(6.2.7)及(6.3.17)，(6.3.18)是满足关系式(6.6.1)的. 事实上，令 A^n、B^n、C^n、D^n 及 A^{n+1}、B^{n+1}、C^{n+1}、D^{n+1} 分别为 t^n 及 t^{n+1} 时刻网格的四个角点，则公式(6.3.17)，(6.3.18)可以写成

$$\begin{aligned}(\boldsymbol{D}\cdot\boldsymbol{n}S\Delta t)_{j,k-\frac{1}{2}} &= V_{C^nB^nB^{n+1}C^{n+1}},\\ (\boldsymbol{D}\cdot\boldsymbol{n}S\Delta t)_{j-1,k-\frac{1}{2}} &= V_{D^nA^nA^{n+1}D^{n+1}},\\ (\boldsymbol{D}\cdot\boldsymbol{n}S\Delta t)_{j-\frac{1}{2},k} &= V_{D^nC^nC^{n+1}D^{n+1}},\\ (\boldsymbol{D}\cdot\boldsymbol{n}S\Delta t)_{j-\frac{1}{2},k-1} &= V_{A^nB^nB^{n+1}A^{n+1}}.\end{aligned}$$

由于恒有

$$\begin{aligned}V_{A^{n+1}B^{n+1}C^{n+1}D^{n+1}} &= V_{A^nB^nC^nD^n} + V_{C^nB^nB^{n+1}C^{n+1}} + V_{D^nC^nC^{n+1}D^{n+1}}\\ &\quad + V_{A^nD^nD^{n+1}A^{n+1}} + V_{B^nA^nA^{n+1}B^{n+1}},\end{aligned}$$

这说明关系式(6.6.1)是成立的.

设想给了一个静止的常密度的计算区域，即其中物理状态为

$$\boldsymbol{u}^n_{j-\frac{1}{2},k-\frac{1}{2}} = 0,\quad \rho^n_{j-\frac{1}{2},k-\frac{1}{2}} = \rho_0,$$

不管如何选择计算网格，根据常识，t^{n+1} 时刻仍应保持为常密度 $\rho^{n+1}_{j-\frac{1}{2},k-\frac{1}{2}}=\rho_0$. 但是，如果关系式 (6.6.1) 不满足，那么用 (6.2.23) 计算 ρ^{n+1} 时，就会得到 $\rho^{n+1}_{j-\frac{1}{2},k-\frac{1}{2}}\neq\rho_0$. 这就会造成不应有的误差.

b〉同样，不难验证，由前面给出的计算 S、$\sin\alpha$、$\cos\alpha$、Ω 的公式 (6.2.11)、(6.2.21)、(6.2.22)、(6.2.9)，下面的恒等式是成立的:

$$
\begin{aligned}
&-[S\cos\alpha]_{j,k-\frac{1}{2}}+[S\cos\alpha]_{j-1,k-\frac{1}{2}}-[S\cos\alpha]_{j-\frac{1}{2},k}\\
&\qquad+[S\cos\alpha]_{j-\frac{1}{2},k-1}=0,\\
&-[S\sin\alpha]_{j,k-\frac{1}{2}}+[S\sin\alpha]_{j-1,k-\frac{1}{2}}-[S\sin\alpha]_{j-\frac{1}{2},k}\\
&\qquad+[S\sin\alpha]_{j-\frac{1}{2},k-1}+\Omega_{j-\frac{1}{2},k-\frac{1}{2}}=0,
\end{aligned}
\tag{6.6.2}
$$

或者

$$
\begin{aligned}
&-[S\cos\alpha]_{AB}-[S\cos\alpha]_{BC}-[S\cos\alpha]_{CD}-[S\cos\alpha]_{DA}=0\\
&-[S\sin\alpha]_{AB}-[S\sin\alpha]_{BC}-[S\sin\alpha]_{CD}-[S\sin\alpha]_{DA}\\
&\qquad+\Omega_{ABCD}=0.
\end{aligned}
\tag{6.6.3}
$$

这些等式实际上是积分关系式

$$\oint rdr=0 \text{ 及 } \oint rdx=\iint dxdr$$

的离散化形式. 如果，这些等式 (6.6.2) (6.6.3) 不满足的话，也会产生不应有的误差.

利用恒等式 (6.6.2)，(6.6.3)，可以将动量方程的计算格式 (6.2.16)、(6.2.17) 或 (6.2.24) (6.2.25) 改写成以下形式:

$$
\begin{aligned}
[\rho uV]^{n+1}_{j-\frac{1}{2},k-\frac{1}{2}}&=[\rho uV]^{n}_{j-\frac{1}{2},k-\frac{1}{2}}\\
&\quad+[\rho u(\boldsymbol{D}\cdot\boldsymbol{n}-\boldsymbol{u}\cdot\boldsymbol{n})S\Delta t]_{AB+BC+CD+DA}\\
&\quad-[(P-P_{j-\frac{1}{2},k-\frac{1}{2}})S\cos\alpha\Delta t]_{AB+BC+CD+DA}
\end{aligned}
\tag{6.6.4}
$$

$$
\begin{aligned}
[\rho vV]^{n+1}_{j-\frac{1}{2},k-\frac{1}{2}}&=[\rho vV]^{n}_{j-\frac{1}{2},k-\frac{1}{2}}\\
&\quad+[\rho v(\boldsymbol{D}\cdot\boldsymbol{n}-\boldsymbol{u}\cdot\boldsymbol{n})S\Delta t]_{AB+BC+CD+DA}
\end{aligned}
$$

$$-[(P-P_{j-\frac{1}{2},k-\frac{1}{2}})S\sin\alpha\Delta t]_{AB+BC+CD+DA}. \quad (6.6.5)$$

c〉现在要来证明：在选取适当的计算网格情况下，用二维的体平均多流管方法计算格式，计算一维球对称物理问题时，其计算结果保证是严格球对称的。

在所考虑的计算区域中，选择 Lagrange-Euler 结合型的计算网格。k 族网格曲线为自然的及人为的物质界面；j 族网格曲线取成固定的角度等分的以原点为中心直线束；原点为 $k=0$ 边界，$x_{j,0}\equiv 0$，$r_{j,0}\equiv 0$；j 直线的方向向量为 $\cos\theta_j$，$\sin\theta_j$ 其中

$$\theta_j=\left(1-\frac{j}{J}\right)\pi,\ j=0,1,\cdots,J,\ \Delta\theta=\theta_{j-1}-\theta_j=\frac{\pi}{J}.$$

设 t^n 时刻的分布是球对称的。由于物质界面（即 k 族曲线）为球面，则网格角点 $(x^n_{j,k},\ r^n_{j,k})$ 满足条件

$$\begin{aligned}R^n_{j,k}&=\sqrt{(x^n_{j,k})^2+(r^n_{j,k})^2}=R^n_k,\\x^n_{j,k}&=R^n_k\cos\theta_j,\\r^n_{j,k}&=R^n_k\sin\theta_j.\end{aligned}\quad (6.6.6)$$

由于状态分布是球对称的，则有

$$\begin{aligned}&\rho^n_{j-\frac{1}{2},k-\frac{1}{2}}=\rho^n_{k-\frac{1}{2}},\quad e^n_{j-\frac{1}{2},k-\frac{1}{2}}=e^n_{k-\frac{1}{2}},\\&P^n_{j-\frac{1}{2},k-\frac{1}{2}}=P(\rho^n_{j-\frac{1}{2},k-\frac{1}{2}},e^n_{j-\frac{1}{2},k-\frac{1}{2}})=P^n_{k-\frac{1}{2}},\\&c^n_{j-\frac{1}{2},k-\frac{1}{2}}=c(\rho^n_{j-\frac{1}{2},k-\frac{1}{2}},\ e^n_{j-\frac{1}{2},k-\frac{1}{2}})=c^n_{k-\frac{1}{2}}.\end{aligned}\quad (6.6.7)$$

由于速度分布是球对称的，即在球对称面上速度的方向是向心的，大小是相等的，令

$$\begin{aligned}w^n_{j-\frac{1}{2},k-\frac{1}{2}}&=u^n_{j-\frac{1}{2},k-\frac{1}{2}}\cos\theta_{j-\frac{1}{2}}+v^n_{j-\frac{1}{2},k-\frac{1}{2}}\sin\theta_{j-\frac{1}{2}},\\\tau^n_{j-\frac{1}{2},k-\frac{1}{2}}&=-u^n_{j-\frac{1}{2},k-\frac{1}{2}}\sin\theta_{j-\frac{1}{2}}+v^n_{j-\frac{1}{2},k-\frac{1}{2}}\cos\theta_{j-\frac{1}{2}},\end{aligned}\quad (6.6.8)$$

则有

$$w^n_{j-\frac{1}{2},k-\frac{1}{2}}=w^n_{k-\frac{1}{2}},\quad \tau^n_{j-\frac{1}{2},k-\frac{1}{2}}=0. \quad (6.6.9)$$

下面将证明 t^{n+1} 时刻的计算结果仍是球对称的。

(1) 网格 k 边界上的压力 $P_{j-\frac{1}{2},k}$ 及速度法向分量 $un_{j-\frac{1}{2},k}$ 的对称性。

用公式 (6.3.2)—(6.3.8) 来计算这些物理量. 在球对称的计算网格 (6.6.6) 情况下,由 (6.3.6) 和(6.3.7)计算的法向量$\boldsymbol{n}^{(k)}_{j-\frac{1}{2},k-\frac{1}{2}}$恰为

$$\boldsymbol{n}^{(k)}_{j-\frac{1}{2},k-\frac{1}{2}} = \{\cos\theta_{j-\frac{1}{2}}, \sin\vartheta_{j-\frac{1}{2}}\}, \tag{6.6.10}$$

因此,由 (6.3.5) 得

$$\boldsymbol{u}\cdot\boldsymbol{n}^{n}_{j-\frac{1}{2},k-\frac{1}{2}} = w^{n}_{j-\frac{1}{2},k-\frac{1}{2}} = w^{n}_{k-\frac{1}{2}}. \tag{6.6.11}$$

它与 j 无关的. 另外, 由网格对称性 (6.6.6), 计算得 k 边界的法向量 (6.2.22) 为

$$\boldsymbol{n}_{j-\frac{1}{2},k} = \{\cos\theta_{j-\frac{1}{2}}, \sin\vartheta_{j-\frac{1}{2}}\}, \tag{6.6.12}$$

因此,由 (6.3.8) 得

$$\Delta n^{(k)}_{j-\frac{1}{2},k-\frac{1}{2}} = \frac{1}{2}(R_k - R_{k-1})\cos\frac{\Delta\theta}{2},$$

$$\Delta n^{(k)}_{j-\frac{1}{2},k+\frac{1}{2}} = \frac{1}{2}(R_{k+1} - R_k)\cos\frac{\Delta\theta}{2}. \tag{6.6.13}$$

这样,计算 $\boldsymbol{un}_{j-\frac{1}{2},k}$ 的 (6.3.2) 式中右端的所有项都与 j 无关, 故它自己也与 j 无关,

$$\boldsymbol{un}_{j-\frac{1}{2},k} = \boldsymbol{u}\cdot\boldsymbol{n}^{n}_{k} = w^{n}_{k}. \tag{6.6.14}$$

同样, 由 (6.3.3)、(6.3.4) 计算得 $q_{j-\frac{1}{2},k}$ 与 j 无关, $P_{j-\frac{1}{2},k}$ 也与 j 无关,即

$$P_{j-\frac{1}{2},k} = P_k. \tag{6.6.15}$$

显然,在 $k = K$ 的自由面边界条件 (6.3.23) 下, (6.6.14)、(6.6.15) 仍然成立的.

(2) t^{n+1} 时刻计算网格的对称性.

用 (6.4.8)~(6.4.10) 计算 k 曲线上的网格角点, 这些公式同样也适用于计算 $k = K$ 的情况. 对于固壁 $j = 0$ 及 $j = J$ 上的角点. 用 (6.4.23) 的处理方法来计算. 由于 (6.6.12) 成立, 则从 (6.4.10) 得

$$\cos(\alpha_{j-\frac{1}{2},k} - \theta_j) = \cos(\alpha_{j+\frac{1}{2},k} - \theta_j) = \cos\frac{\Delta\theta}{2}. \tag{6.6.16}$$

因此，考虑到 (6.6.6)、(6.6.14)，由 (6.4.8)、(6.4.9) 得

$$\left(\frac{dR}{dt}\right)_{j,k}=\frac{w_k^n}{\cos\frac{\Delta\theta}{2}},$$

$$x_{j,k}^{n+1}=\left(R_k^n+\frac{w_k^n\Delta t}{\cos\frac{\Delta\theta}{2}}\right)\cos\theta_j, \tag{6.6.17}$$

$$r_{j,k}^{n+1}=\left(R_k^n+\frac{w_k^n\Delta t}{\cos\frac{\Delta\theta}{2}}\right)\sin\theta_j.$$

对于边界 $j=0$, $j=J$ 上的角点，(6.6.17) 也是成立的. 这样，对于 k 曲线上所有角点，

$$\sqrt{(x_{j,k}^{n+1})^2+(r_{j,k}^{n+1})^2}=R_k^n+\frac{w_k^n\Delta t}{\cos\frac{\Delta\theta}{2}}=R_k^{n+1} \tag{6.6.18}$$

与 j 无关，说明网格仍是球对称的.

(3) 网格 j 边界上的压力 $P_{j,k-\frac{1}{2}}$ 及速度法向分量 $\boldsymbol{u}\cdot\boldsymbol{n}_{j,k-\frac{1}{2}}$ 的对称性.

用 (6.3.9)—(6.3.15) 来计算这些物理量. 由 (6.3.13), (6.3.14)，且考虑到 (6.6.6)，得

$$\cos\alpha_{j-\frac{1}{2},k-\frac{1}{2}}^{(j)}=\sin\theta_{j-\frac{1}{2}},$$
$$\sin\alpha_{j-\frac{1}{2},k-\frac{1}{2}}^{(j)}=-\cos\theta_{j-\frac{1}{2}}.$$

再由 (6.3.12) 及 (6.6.8) (6.6.9) 得

$$u\cdot n_{j-\frac{1}{2},k-\frac{1}{2}}^n=-\tau_{j-\frac{1}{2},k-\frac{1}{2}}^n=0, \tag{6.6.19}$$

因此，考虑到 (6.6.7)，由 (6.3.9)—(6.3.11) 不难得到

$$\boldsymbol{u}\cdot\boldsymbol{n}_{j,k-\frac{1}{2}}=0,$$
$$q_{j,k-\frac{1}{2}}=0, \tag{6.6.20}$$
$$P_{j,k-\frac{1}{2}}=P_{k-\frac{1}{2}}^n,$$

即，j 边界上的压力与网格内压力相等，j 边界的法向速度为零. 由 (6.3.24)，这对固壁边界 $j=0$, $j=J$ 也同样成立.

(4) 密度分布的对称性.

在用来计算 $\rho_{i-\frac{1}{2},k-\frac{1}{2}}^{n+1}$ 的 (6.2.23) 式中，由于 k 网格边界是 Lagrange 性质的,故有

$$[(\boldsymbol{D}\cdot\boldsymbol{n}-\boldsymbol{u}\cdot\boldsymbol{n})S\Delta t]_{j-\frac{1}{2},k}=0, \tag{6.6.21}$$

对于固定的 i 网格直线,由于角点 $(x, r)_{i,k}^{n}$ $(x, r)_{i,k-1}^{n}$ $(x, r)_{i,k}^{n+1}$ $(x,r)_{i,k-1}^{n+1}$ 都在同一直线上,则用公式 (6.3.17) 计算得

$$[\boldsymbol{D}\cdot\boldsymbol{n}S\Delta t]_{j,k-\frac{1}{2}}=0,$$

加上 (6.6.20) 的 $\boldsymbol{u}\cdot\boldsymbol{n}_{j,k-\frac{1}{2}}=0$ 得

$$[(\boldsymbol{D}\cdot\boldsymbol{n}-\boldsymbol{u}\cdot\boldsymbol{n})S\Delta t]_{j,k-\frac{1}{2}}=0. \tag{6.6.22}$$

因此，所有输运项全为零. 而体积公式 (6.2.7)，考虑到网格对称性 (6.6.6) 及 (6.6.18)，可得

$$V_{j-\frac{1}{2},k-\frac{1}{2}}=\frac{1}{6}(R_k^3-R_{k-1}^3)(\sin\theta_j+\sin\theta_{j-1})$$
$$\times\sin(\theta_{j-1}-\theta_j), \tag{6.6.23}$$

这样,由 (6.2.23) 得:

$$\rho_{i-\frac{1}{2},k-\frac{1}{2}}^{n+1}=\frac{(\rho V)_{i-\frac{1}{2},k-\frac{1}{2}}^{n}}{V_{i-\frac{1}{2},k-\frac{1}{2}}^{n+1}}=\rho_{k-\frac{1}{2}}^{n}\frac{(R_k^n)^3-(R_{k-1}^n)^3}{(R_k^{n+1})^3-(R_{k-1}^{n+1})^3}$$
$$=\rho_{k-\frac{1}{2}}^{n+1} \tag{6.6.24}$$

是与 i 无关的.

(5) 速度分布的对称性.

由于 (6.6.21) (6.6.22)，动量方程(6.6.4)(6.6.5)中的输运项全为零. 将 (6.6.4) 式乘 $\cos\theta_{j-\frac{1}{2}}$ 与 (6.6.5) 式乘 $\sin\theta_{j-\frac{1}{2}}$ 相加可得

$$[\rho\cdot wV]_{j-\frac{1}{2},k-\frac{1}{2}}^{n+1}=[\rho wV]_{j-\frac{1}{2},k-\frac{1}{2}}^{n}$$
$$-[(P-P_{j-\frac{1}{2},k-\frac{1}{2}})S(\cos\alpha\cos\theta_{j-\frac{1}{2}}$$
$$+\sin\alpha\sin\theta_{j-\frac{1}{2}})\Delta t]_{AB+BC+CD+DA}. \tag{6.6.25}$$

类似地有

$$[\rho\tau V]_{j-\frac{1}{2},k-\frac{1}{2}}^{n+1}=[\rho\tau V]_{j-\frac{1}{2},k-\frac{1}{2}}^{n}$$
$$-[(P-P_{j-\frac{1}{2},k-\frac{1}{2}})S(-\cos\alpha\sin\theta_{j-\frac{1}{2}}$$
$$+\sin\alpha\cos\theta_{j-\frac{1}{2}})\Delta t]_{AB+BC+CD+DA}, \tag{6.6.26}$$

由于 (6.6.20)，$P_{BC}-P_{j-\frac{1}{2},k-\frac{1}{2}}=P_{DA}-P_{j-\frac{1}{2},k-\frac{1}{2}}=0$，因此上式中只留下 k 边界 AB、CD 上的量，再由网格对称性 (6.6.6)，用 (6.2.11) 及 (6.2.22) 计算得

$$
\begin{aligned}
&S_{j-\frac{1}{2},k}=R_k^2(\sin\theta_j+\sin\theta_{j-1})\sin\frac{\theta_{j-1}-\theta_j}{2},\\
&\cos\alpha_{CD}=\cos\theta_{j-\frac{1}{2}},\quad \sin\alpha_{CD}=\sin\theta_{j-\frac{1}{2}},\\
&\cos\alpha_{AB}=-\cos\theta_{j-\frac{1}{2}},\quad \sin\alpha_{AB}=-\sin\theta_{j-\frac{1}{2}},
\end{aligned}
\tag{6.6.27}
$$

再利用 (6.6.24) (6.6.23) (6.6.27) 可将 (6.6.25) (6.6.26) 简化成

$$
\begin{aligned}
w_{j-\frac{1}{2},k-\frac{1}{2}}^{n+1}&=w_{k-\frac{1}{2}}^n\\
&-\frac{[(R_k^n)^2(P_k-P_{k-\frac{1}{2}})-(R_{k-1}^n)^2(P_{k-1}-P_{k-\frac{1}{2}})]\Delta t}{\frac{1}{3}\rho_{k-\frac{1}{2}}^n[(R_k^n)^3-(R_{k-1}^n)^3]\cos\frac{\Delta\theta}{2}},\\
\tau_{j-\frac{1}{2},k-\frac{1}{2}}^{n+1}&=\tau_{j-\frac{1}{2},k-\frac{1}{2}}^n=0.
\end{aligned}
\tag{6.6.28}
$$

将这与 (6.6.9) 比较，说明速度分布在 t^{n+1} 时刻仍保持球对称的.

(6) 内能分布的对称性.

根据前面分析得出的一系列结论，以及由于

$$
u_{j-\frac{1}{2},k-\frac{1}{2}}^2+v_{j-\frac{1}{2},k-\frac{1}{2}}^2=w_{j-\frac{1}{2},k-\frac{1}{2}}^2+\tau_{j-\frac{1}{2},k-\frac{1}{2}}^2=w_{k-\frac{1}{2}}^2,
$$

和能量守恒方程 (6.2.26) 计算得 t^{n+1} 时刻内能

$$
\begin{aligned}
e_{j-\frac{1}{2},k-\frac{1}{2}}^{n+1}&=e_{k-\frac{1}{2}}^n-\frac{1}{2}[(w_{k-\frac{1}{2}}^{n+1})^2-(w_{k-\frac{1}{2}}^n)^2]\\
&-\frac{[(R_k^n)^2P_k^nw_k^n-(R_{k-1}^n)^2P_{k-1}^nw_{k-1}^n]\Delta t}{\frac{1}{3}\rho_{k-\frac{1}{2}}^n[(R_k^n)^3-(R_{k-1}^n)^3]\cos\frac{\Delta\theta}{2}}
\end{aligned}
\tag{6.6.29}
$$

是与 j 无关的.

至此，证明了 t^{n+1} 时刻计算结果是保持球对称性的. 如果，所设计的计算格式在计算一维球对称问题时的计算结果是偏离球对称的，那么，可以用上面的分析方法来找出究竟是那一部分计算格式(包括边界条件的计算格式)是造成这种现象的主要原因，从而可以采取措施对该计算格式进行修正.

如果在计算一维球对称问题时采用这样的计算网格：用自然

物质界面将整个计算区域分成若干个子区；每个子区只含一种物质，因此可以用 $B1$ 型计算网格；$j=0$，$j=J$ 边界都为固壁(对称轴)；前一子区的 $k=K$ 边界即为后一子区的 $k=0$ 边界；这些子区 k 边界上的网格角点的计算，属于 $c2$、$d2$ 情况，并采用公式 (6.4.8)—(6.4.10) 来计算，其中取方向向量为 $\{\cos\theta_j, \sin\theta_j\}$，

$$\theta_j = \left(1 - \frac{j}{J}\right)\pi;$$

各子区区内网格角点计算用 (6.4.22)，子区 j 边界上网格角点计算与此是协调的. 不难证明，在这样的计算网格中，二维的计算结果仍保持为球对称的.

$d\rangle$ 在前面的讨论过程中，若取 $\Delta\theta \to 0$，还可以得到与二维体平均多流管方法计算格式相对应的 Lagrange 坐标系中一维球对称问题的计算格式. 经过整理得

$$u_k^n = \frac{(\rho c u)_{k+\frac{1}{2}}^n + (\rho c u)_{k-\frac{1}{2}}^n}{(\rho c)_{k+\frac{1}{2}}^n + (\rho c)_{k-\frac{1}{2}}^n} - \frac{\Delta t(P_{k+\frac{1}{2}}^n - P_{k-\frac{1}{2}}^n)}{\frac{1}{2}\rho_{k+\frac{1}{2}}^n(R_{k+1}^n - R_k^n) + \frac{1}{2}\rho_{k-\frac{1}{2}}^n(R_k^n - R_{k-1}^n)},$$

$$q_k^n = \begin{cases} 0 & \text{当 } u_{k+\frac{1}{2}}^n - u_{k-\frac{1}{2}}^n \geqslant 0, \\ \frac{1}{2} b^2(\rho_{k+\frac{1}{2}}^n + \rho_{k-\frac{1}{2}}^n)[u_{k+\frac{1}{2}}^n - u_{k-\frac{1}{2}}^n]^2, & \\ \quad \text{当 } u_{k+\frac{1}{2}}^n - u_{k-\frac{1}{2}}^n < 0, & \end{cases}$$

$$P_k^n = \frac{(\rho c)_{k-\frac{1}{2}}^n P_{k+\frac{1}{2}}^n + (\rho c)_{k+\frac{1}{2}}^n P_{k-\frac{1}{2}}^n}{(\rho c)_{k+\frac{1}{2}}^n + (\rho c)_{k-\frac{1}{2}}^n} + q_k^n,$$

$$R_k^{n+1} = R_k^n = u_k^n \Delta t,$$

$$\rho_{k-\frac{1}{2}}^{n+1} = \rho_{k-\frac{1}{2}}^n \frac{(R_k^n)^3 - (R_{k-1}^n)^3}{(R_k^{n+1})^3 - (R_{k-1}^{n+1})^3},$$

$$u_{k-\frac{1}{2}}^{n+1} = u_{k-\frac{1}{2}}^n - \frac{\Delta t[(R_k^n)^2(P_k^n - P_{k-\frac{1}{2}}^n) - (R_{k-1}^n)^2(P_{k-1}^n - P_{k-\frac{1}{2}}^n)]}{\frac{1}{3}\rho_{k-\frac{1}{2}}^n[(R_k^n)^3 - (R_{k-1}^n)^3]},$$

$$e^{n+1}_{k-\frac{1}{2}} = e^{n}_{k-\frac{1}{2}} - \frac{1}{2}[(u^{n+1}_{k-\frac{1}{2}})^2 - (u^{n}_{k-\frac{1}{2}})^2]$$

$$- \frac{\Delta t[(R^n_k)^2 P^n_k u^n_k - (R^n_{k-1})^2 P^n_{k-1} u^n_{k-1}]}{\frac{1}{3}\rho^n_{k-\frac{1}{2}}[(R^n_k)^3 - (R^n_{k-1})^3]},$$

$$P^{n+1}_{k-\frac{1}{2}} = P(\rho^{n+1}_{k-\frac{1}{2}}, e^{n+1}_{k-\frac{1}{2}}).$$

在计算一维球对称问题时,这套计算格式与著名的 von Neumonn 人为粘性法计算格式相比较,虽然在形式上是有差别的,其计算结果都是接近的.

§7 Годунов 的间断分解方法

与体平均多流管方法一样, Годунов (1959, 1961) 方法也是从流体运动的光滑解和间断解都满足的积分形式的守恒方程出发,经离散化以后,来建立计算格式的;它也适应于选择任意形式的 Lagrange-Euler 相结合的计算格网:它所计算的主要物理量也都定义在网格中心,并具有按体积元平均的意义. 因此,这两种方法的基本计算格式的形式是一样的.Годунов 方法的主要特点,也是他本人一再加以强调的,在于利用所谓"间断分解"问题的精确解来计算网格边界上的物理量.

(一) 间断分解问题 (即 Riemann 问题)的解.

所谓"间断分解"问题是一维非定常理想气体动力学的这样的初值问题: 初始 $t=0$ 时给定的物理量分布 $u(x,0)$, $\rho(x,0)$, $p(x,0)$, 在 $x=0$ 处是有间断的,其两边 $x<0$ 及 $x>0$ 分别是常数分布 $u_{\rm I}$, $\rho_{\rm I}$, $p_{\rm I}$ 及 $u_{\rm II}$, $\rho_{\rm II}$, $p_{\rm II}$, 如

$$u(x,0) = \begin{cases} u_{\rm I}, & 当\ x<0, \\ u_{\rm II}, & 当\ x>0, \end{cases}$$

要求满足给定初始条件的解 $u(x,t)$, $\rho(x,t)$, $p(x,t)$ 在光滑区满足微分方程 (参见 (1.1.25)—(1.1.27))

$$
\begin{aligned}
&\frac{\partial \rho}{\partial t}+\frac{\partial \rho u}{\partial x}=0, \\
&\frac{\partial \rho u}{\partial t}+\frac{\partial(\rho u^2+p)}{\partial x}=0, \\
&\frac{\partial \rho E}{\partial t}+\frac{\partial(\rho E u+p u)}{\partial x}=0;
\end{aligned} \tag{6.7.1}
$$

在间断处满足间断关系式（参见 (1.4.2)—(1.4.4)）

$$
\begin{aligned}
&[\rho]\mathscr{S}-[\rho u]=0, \\
&[\rho u]\mathscr{S}-[\rho u^2+p]=0, \\
&[\rho E]\mathscr{S}-[\rho E u+p u]=0,
\end{aligned} \tag{6.7.2}
$$

这里 $E=e+\frac{1}{2}u^2$，$\mathscr{S}$ 为间断 $x=x(t)$ 的运动速度 $\mathscr{S}=\frac{dx}{dt}$，方括号[·]表示括弧内的物理量在间断两侧的状态差．一般来说，初始间断并不满足间断关系式 (6.7.2)，因而它是不稳定的，在 $t>0$ 后立刻分解成若干个满足间断关系式的间断，各以自己的速度分别运动．

初始间断分解的解，在考虑到熵增加的条件下，是唯一确定的．依照给定的初始条件不同，其解为以下五种情况中的一种（见 Ландау Л. Д., Лифщиц Е. М., (1954)）．

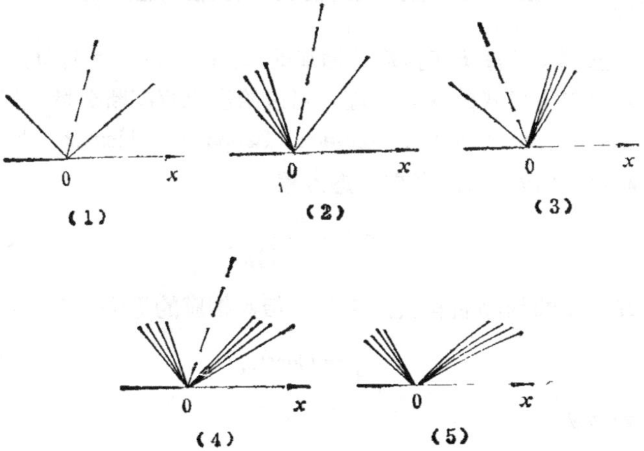

图 6.7.1

图中虚线表示接触间断，实线表示冲击波间断，一族中心直线表示中心稀疏波区． 情况（1），接触间断的左右两边都是冲击波；情况（2），接触间断的左边为中心稀疏波，右边为冲击波；情况（3），接触间断的左边为冲击波，右边为中心稀疏波；情况（4），接触间断两边都是中心稀疏波；情况（5），左右两中心稀疏波之间为真空区．

在“间断分解”问题的解中，对任何固定的 $t>0$ 时刻，左、右波尚未到达的波前区域内，流体状态仍分别保持为原有的常数分布 $u_{\rm I}$，$\rho_{\rm I}$，$p_{\rm I}$ 及 $u_{\rm II}$，$\rho_{\rm II}$，$p_{\rm II}$； 在左、右波与接触间断之间的波后区，流体的状态也是常数分布，其速度与压力的值是共同的，用大写的 U、P 表示，其密度值不同，分别记为 $R_{\rm I}$ 及 $R_{\rm II}$．中心稀疏波是一种弱间断，在中心稀疏波区，即在中心稀疏波的波头与波尾之间的区域中，物理量连续地由波前状态 u_i，ρ_i，p_i 过渡到波后状态 U，R_i，P 且 $P\leqslant p_i(i={\rm I},{\rm II})$，只有微商在波头及波尾处是间断的．在中心稀疏波区，由于 Riemann 不变量沿特征线保持常量，而 $\frac{x}{t}=\text{const}$．就是其中一族特征线，故所有物理量仅仅是 $\frac{x}{t}$ 的函数．在冲激波间断情况，由波前状态 u_i，ρ_i，p_i 跳到波后状态 U，R_i，P 时，熵是增加的，且 $P\geqslant p_i(i={\rm I},{\rm II})$．

对于以下形式的状态方程，可以给出求解间断分解问题的算法（见 Годунов（1959），Годунов，Забродин，Иванов，Крайко，Прокопов（1976））．考虑状态方程

$$e=\frac{p}{(H-1)\rho},\tag{6.7.3}$$

其中 $H>1$ 为与物质有关的常数．与此相应的等熵线为

$$\frac{p}{\rho^H}=\text{Const.},\tag{6.7.4}$$

等熵声速为

$$c=\sqrt{Hp/\rho},$$

这时，根据间断关系式，对冲激波情况的波前波后状态成立以下关系式

$$U-u_{\mathrm{I}}+\frac{P-p_{\mathrm{I}}}{a_{\mathrm{I}}}=0\ (\text{左冲激波}),$$

$$U-u_{\mathrm{II}}-\frac{P-p_{\mathrm{II}}}{a_{\mathrm{II}}}=0\ (\text{右冲击波}),\tag{6.7.5}$$

其中 $a_i(i=\mathrm{I},\mathrm{II})$ 为

$$a_i=\sqrt{\rho_i\left[\frac{H+1}{2}P+\frac{H-1}{2}p_i\right]}$$

$$=\rho_i c_i\sqrt{\frac{H+1}{2H}\frac{P}{p_i}+\frac{H-1}{2H}},\tag{6.7.6}$$

而由 Riemann 不变量，对稀疏波的波前、波后状态有以下关系式：

$$U-u_{\mathrm{I}}-\frac{2}{H-1}c_{\mathrm{I}}\left[1-\left(\frac{P}{p_{\mathrm{I}}}\right)^{\frac{H-1}{2H}}\right]=0\ (\text{左稀疏波}),$$

$$U-u_{\mathrm{II}}+\frac{2}{H-1}c_{\mathrm{II}}\left[1-\left(\frac{P}{p_{\mathrm{II}}}\right)^{\frac{H-1}{2H}}\right]=0\ (\text{右稀疏波}).\tag{6.7.7}$$

将 (6.7.5) 及 (6.7.7) 统一写成

$$\begin{aligned}U-u_{\mathrm{I}}&=-f(P,p_{\mathrm{I}},\rho_{\mathrm{I}})\ (\text{左波})\\U-u_{\mathrm{II}}&=f(P,p_{\mathrm{II}},\rho_{\mathrm{II}})\quad(\text{右波})\end{aligned}\tag{6.7.8}$$

的形式，其中

$$f(P,p_i,\rho_i)=\begin{cases}\dfrac{P-p_i}{\rho_i c_i\sqrt{\dfrac{H+1}{2H}\left(\dfrac{P}{p_i}\right)+\dfrac{H-1}{2H}}}, & \text{当}\ P\geqslant p_i,\\[2ex]\dfrac{2c_i}{H-1}\left[\left(\dfrac{P}{p_i}\right)^{\frac{H-1}{2H}}-1\right], & \text{当}\ P<p_i.\end{cases}\tag{6.7.9}$$

(6.7.8) 给出了求解波后速度 U，压力 P 的方程. 消去 U 以后，得到只含一个未知量 P 的方程：

$$u_{\mathrm{I}}-u_{\mathrm{II}}=f(P,p_{\mathrm{I}},\rho_{\mathrm{I}})+f(P,p_{\mathrm{II}},\rho_{\mathrm{II}})\equiv F(P).\tag{6.7.10}$$

为了对给定的初始条件判断其间断分解的类型，需要讨论函数 $F(P)$ 的性质. 不难证明，函数 $f(P,p_i,\rho_i)$ 在 $P=p_i$ 处是连续的，并且有连续的一阶导数

$$\lim_{P\to p_i-} f'(P, p_i, \rho_i) = \lim_{P\to p_i+} f'(P, p_i, \rho_i) = \frac{1}{\rho_i c_i}, \qquad (6.7.11)$$

且当 $P > 0$ 时，$f(P, p_i, \rho_i)$ 是单调上升的凸函数，即有

$$f'(P, p_i, \rho_i) > 0,\ f''(P, p_i, \rho_i) > 0. \qquad (6.7.12)$$

因此，在 $P > 0$ 时，$F(P)$ 也是单调上升的导数连续的凸函数. 根据这一性质，可以给出间断分解类型的判别式.

为了讨论确定起见，设 $p_{\rm II} \geqslant p_{\rm I}$. 根据初始条件的情况，可作以下判断.

(1) 当 $u_{\rm I} - u_{\rm II} \geqslant F(p_{\rm II})$

$$= \frac{p_{\rm II} - p_{\rm I}}{\rho_{\rm I} c_{\rm I}\sqrt{\frac{H+1}{2H}\left(\frac{p_{\rm II}}{p_{\rm I}}\right) + \frac{H-1}{2H}}} \text{ 时},$$

则解 $P \geqslant p_{\rm II} \geqslant p_{\rm I}$，这时左波，右波都是冲击波.

(2) 当 $F(P_{\rm II}) > u_{\rm I} - u_{\rm II} \geqslant F(p_{\rm I})$

$$= -\frac{2c_{\rm II}}{H-1}\left[1 - \left(\frac{p_{\rm I}}{p_{\rm II}}\right)^{\frac{H-1}{2H}}\right] \text{ 时},$$

则 $p_{\rm II} > P \geqslant p_{\rm I}$，左波为冲击波，右波为稀疏波.

(3) 当 $F(p_{\rm I}) > u_{\rm I} - u_{\rm II} \geqslant F(0)$

$$= -\frac{2c_{\rm I}}{H-1} - \frac{2c_{\rm II}}{H-1} \text{ 时},$$

则 $p_{\rm I} > P \geqslant 0$，左波、右波都是稀疏波.

(4) 当 $F(0) > u_{\rm I} - u_{\rm II}$ 时，则在两稀疏波之间出现真空区·这种情况下，左右两稀疏波波后没有统一的波后速度，(6.7.7) 的两式中的 U 就不再表示同一个量，用以解 P 的 (6.7.10) 式也不再成立. 在真空区中，取 $R_i = 0$，$P = 0$，相应的等熵声速亦为零.

由方程 (6.7.10) 求解 P 的方法之一是 Newton 切线法:

$$P^{(s+1)} = P^{(s)} - \frac{f(P^{(s)}, p_{\rm I}, \rho_{\rm I}) + f(P^{(s)}, p_{\rm II}, \rho_{\rm II}) - (u_{\rm I} - u_{\rm II})}{f'(P^{(s)}, p_{\rm I}, \rho_{\rm I}) + f'(P^{(s)}, p_{\rm II}, \rho_{\rm II})}, \qquad (6.7.13)$$

其中

$$f'(P, p_i, \rho_i) = \begin{cases} \dfrac{(H+1)\left(\dfrac{P}{p_i}\right)+(3H-1)}{4H\rho_i c_i\sqrt{\left[\dfrac{H+1}{2H}\left(\dfrac{P}{p_i}\right)+\dfrac{H-1}{2H}\right]^3}}, & \text{当 } P \geqslant p_i, \\ \dfrac{c_i}{Hp_i}\left(\dfrac{P}{p_i}\right)^{-\frac{H+1}{2H}}, & \text{当 } P < p_i \end{cases} \tag{6.7.14}$$

迭代的初始值取

$$P^{(0)} = \frac{p_{\mathrm{I}}\rho_{\mathrm{II}}c_{\mathrm{II}} + p_{\mathrm{II}}\rho_{\mathrm{I}}c_{\mathrm{I}} + (u_{\mathrm{II}} - u_{\mathrm{I}})\rho_{\mathrm{I}}c_{\mathrm{I}}\rho_{\mathrm{II}}c_{\mathrm{II}}}{\rho_{\mathrm{I}}c_{\mathrm{I}} + \rho_{\mathrm{II}}c_{\mathrm{II}}}. \tag{6.7.15}$$

确定了 P 值以后，由 (6.7.8) 计算 U 值

$$U = \frac{1}{2}\left(u_{\mathrm{I}} + u_{\mathrm{II}} + f(P, p_{\mathrm{II}}, \rho_{\mathrm{II}}) - f(P, p_{\mathrm{I}}, \rho_{\mathrm{I}})\right). \tag{6.7.16}$$

间断分解的解 $u(x, t)$，$\rho(x, t)$，$p(x, t)$ 可根据解的类型及 (x, t) 所在的位置分别由以下公式给出.

(1) 左波区 $\dfrac{x}{t} < U$ 情况

(a) 左波为冲击波情况. 计算击波波速 $\mathscr{S}_{\mathrm{I}}$，及波后密度 R_{I}:

$$\mathscr{S}_{\mathrm{I}} = u_{\mathrm{I}} - \frac{a_{\mathrm{I}}}{\rho_{\mathrm{I}}},$$

$$R_{\mathrm{I}} = \frac{\rho_{\mathrm{I}}a_{\mathrm{I}}}{a_{\mathrm{I}} - \rho_{\mathrm{I}}(u_{\mathrm{I}} - U)}. \tag{6.7.17}$$

在击波的波前区，$\dfrac{x}{t} < \mathscr{S}_{\mathrm{I}}$，$(u, \rho, p)$ 取波前值 $(u_{\mathrm{I}}, \rho_{\mathrm{I}}, p_{\mathrm{I}})$；在击波的波后区，$\mathscr{S}_{\mathrm{I}} < \dfrac{x}{t} < U$，$(u, \rho, p)$ 取波后值 (U, R_{I}, P).

(b) 左波为稀疏波的情况. 先计算波头速度 $\mathscr{S}_{\mathrm{I}}$，波尾速度 $\mathscr{S}_{\mathrm{I}}^*$，波后密度 R_{I}:

$$\mathscr{S}_{\mathrm{I}} = u_{\mathrm{I}} - c_{\mathrm{I}},$$
$$\mathscr{S}_{\mathrm{I}}^{*} = U - c_{\mathrm{I}}^{*},$$
$$R_{\mathrm{I}} = \frac{HP}{(c_{\mathrm{I}}^{*})^{2}}, \tag{6.7.18}$$

其中
$$c_{\mathrm{I}}^{*} = c_{\mathrm{I}} + \frac{H-1}{2}(u_{\mathrm{I}} - U).$$

在左稀疏波的波前区，$\frac{x}{t} < \mathscr{S}_{\mathrm{I}}$，和波后区，$\mathscr{S}_{\mathrm{I}}^{*} < \frac{x}{t} < U$，$(u\rho p)$分别取波前值及波后值；在左稀疏波区内，$\mathscr{S}_{\mathrm{I}} \leqslant \frac{x}{t} \leqslant \mathscr{S}_{\mathrm{I}}^{*}$，根据 Riemann 不变量关系，$u + \frac{2}{H-1}c = u_{\mathrm{I}} + \frac{2}{H-1}c_{\mathrm{I}}$，及特征线 $u - c = \frac{x}{t}$ 确定等熵声速 c：

$$c = c(x, t) = \frac{H-1}{H+1}\left(u_{\mathrm{I}} - \frac{x}{t}\right) + \frac{2}{H+1}c_{\mathrm{I}}.$$

由此，计算 $(u\rho p)$ 如下

$$u = u(x, t) = \frac{x}{t} + c,$$
$$p = p(x, t) = p_{\mathrm{I}}\left(\frac{c}{c_{\mathrm{I}}}\right)^{\frac{2H}{H-1}}, \tag{6.7.19}$$
$$\rho = \rho(x, t) = \frac{Hp}{c^{2}}.$$

(2) 右波区 $U < \frac{x}{t}$ 情况

(a) 右波为冲击波情况．计算波速 $\mathscr{S}_{\mathrm{II}}$ 及波后密度 R_{II}

$$\mathscr{S}_{\mathrm{II}} = u_{\mathrm{II}} + \frac{a_{\mathrm{II}}}{\rho_{\mathrm{II}}},$$
$$R_{\mathrm{II}} = \frac{\rho_{\mathrm{II}}a_{\mathrm{II}}}{a_{\mathrm{II}} + \rho_{\mathrm{II}}(u_{\mathrm{II}} - U)}, \tag{6.7.20}$$

其中 a_{II} 由 (6.7.6) 给出．在右击波的波前区，$\mathscr{S}_{\mathrm{II}} < \frac{x}{t}$，$(u, \rho, p)$

取波前值 $(u_{\rm II}, \rho_{\rm II}, p_{\rm II})$；在右击波波后区，$U < \frac{x}{t} < \mathscr{S}_{\rm II}$，$(u, \rho, p)$ 取波后值 $(U, R_{\rm II}, P)$.

(b) 右波为稀疏波情况. 计算右稀疏波波头速度 $\mathscr{S}_{\rm II}$，波尾速度 $\mathscr{S}_{\rm II}^*$，波后密度 $R_{\rm II}$

$$\begin{aligned} \mathscr{S}_{\rm II} &= u_{\rm II} + c_{\rm II}, \\ \mathscr{S}_{\rm II}^* &= U + c_{\rm II}^*, \\ R_{\rm II} &= \frac{HP}{(c_{\rm II}^*)^2}, \end{aligned} \tag{6.7.21}$$

其中

$$c_{\rm II}^* = c_{\rm II} - \frac{H-1}{2}(u_{\rm II} - U).$$

在右稀疏波的波前区，$\mathscr{S}_{\rm II} < \frac{x}{t}$，和波后区，$U < \frac{x}{t} < \mathscr{S}_{\rm II}^*$，$(u, \rho, p)$ 分别取波前值及波后值;在右稀疏波区内，

$$\mathscr{S}_{\rm II}^* \leqslant \frac{x}{t} \leqslant \mathscr{S}_{\rm II},$$

可由 $u + c$ 族特征线

$$\frac{x}{t} = u + c$$

及 $u - c$ 族特征线上的 Riemann 不变量关系

$$u - \frac{2}{H-1}c = u_{\rm II} - \frac{2}{H-1}c_{\rm II}$$

确定声速 c

$$c = c(x, t) = \frac{H-1}{H+1}\left(\frac{x}{t} - u_{\rm II}\right) + \frac{2}{H+1}c_{\rm II}.$$

由此,计算 (u, ρ, p),

$$\begin{aligned} u &= u(x, t) = \frac{x}{t} - c, \\ p &= p(x, t) = p_{\rm II}\left(\frac{c}{c_{\rm II}}\right)^{\frac{2H}{H-1}}, \\ \rho &= \rho(x, t) = \frac{Hp}{c^2}. \end{aligned} \tag{6.7.22}$$

(3) 在出现真空区时，左、右稀疏波波后压力 $P=0$，密度 $R_{\text{I}}=R_{\text{II}}=0$，但是波后速度 U 已没有意义．因此，(6.7.18)、(6.7.21) 中稀疏波波尾速度计算公式不再成立，需要改成：

$$\mathscr{S}_{\text{I}}^{*}=u_{\text{I}}+\frac{2}{H-1}c_{\text{I}},$$

$$\mathscr{S}_{\text{II}}^{*}=u_{\text{II}}-\frac{2}{H-1}c_{\text{II}}, \tag{6.7.23}$$

而稀疏波区内量的计算不变．

(二) 一维的 Годунов 格式

首先，利用间断分解问题的精确解，来建立一维平面情况的 Годунов 格式．由相应的积分形式的守恒方程离散化后，可得以下一维的基本计算格式：

$$\begin{aligned}
\rho_{i-\frac{1}{2}}^{n+1}(x_i^{n+1}-x_{i-1}^{n+1})&=\rho_{i-\frac{1}{2}}^{n}(x_i^{n}-x_{i-1}^{n})\\
&\quad+[\rho(D-u)\Delta t]_j-[\rho(D-u)\Delta t]_{j-1},\\
(\rho u)_{i-\frac{1}{2}}^{n+1}(x_i^{n+1}-x_{i-1}^{n+1})&=(\rho u)_{i-\frac{1}{2}}^{n}(x_i^{n}-x_{i-1}^{n})\\
&\quad+[\rho u(D-u)-p]_j\Delta t-[\rho u(D-u)-p]_{j-1}\Delta t,\\
(DE)_{i-\frac{1}{2}}^{n+1}(x_i^{n+1}-x_{i-1}^{n+1})&=(\rho E)_{i-\frac{1}{2}}^{n}(x_i^{n}-x_{j-1}^{n})\\
&\quad+[\rho E(D-u)-up]_i\Delta t-[\rho E(D-u)-up]_{j-1}\Delta t,
\end{aligned} \tag{6.7.24}$$

这里 x_j^n 是 t^n 时刻网格点位置，

$$D_j=\frac{x_j^{n+1}-x_j^n}{\Delta t}$$

是网格点运动速度，

$$E_j=e(P_j,\rho_j)+\frac{1}{2}u_j^2.$$

为了计算上述格式 (6.7.24) 中出现的网格边界上的物理量 u_j, ρ_j, P_j，考虑以 $(u,\rho,p)_{j-\frac{1}{2}}=(u,\rho,p)_{\text{I}}$ $(u,\rho,p)_{j+\frac{1}{2}}=(u,\rho,p)_{\text{II}}$ 为初值的在 $x=x_j$ 处的间断分解问题．网格边界量 $(u,\rho,p)_j$ 将根据网格边界直线

$$D_j=\frac{x-x_j^n}{t-t^n}$$

在该点 $x=x_i$ 处的间断分解的解中所处的地位来计算. 例如,为确定起见,假设已经判断知道 $x=x_i$ 处的间断分解类型是左稀疏波、右冲击波的情况;并已经由(6.7.13)、(6.7.16)(6.7.18)(6.7.20)计算得到 P、U、$\mathscr{S}_{\mathrm{I}}$, $\mathscr{S}_{\mathrm{I}}^*$, R_{I}、$\mathscr{S}_{\mathrm{II}}$ R_{II} 等值,则网格边界量 $(u,\rho,p)_i$ 的计算如下:

(1) 若 $D_i\leqslant\mathscr{S}_{\mathrm{I}}$, 则网格边界 i 在左稀疏波的波前区, 取 $(u,\rho,p)_i=(u,\rho,p)_{i-\frac{1}{2}}$.

(2) 若 $\mathscr{S}_{\mathrm{I}}\leqslant D_i\leqslant\mathscr{S}_{\mathrm{I}}^*$, 则网格边界 i 在左稀疏波波区内,由以下公式计算(参看(6.7.19))

$$
\begin{aligned}
&u_i=D_i+c_i,\\
&p_i=p_{i-\frac{1}{2}}\left(\frac{c_i}{c_{i-\frac{1}{2}}}\right)^{\frac{2H}{H-1}},\\
&\rho_i=H\frac{p_i}{c_i^2},
\end{aligned}
\tag{6.7.25}
$$

其中

$$
c_i=\frac{H-1}{H+1}(u_{i-\frac{1}{2}}-D_i)+\frac{2}{H+1}c_{i-\frac{1}{2}}.
$$

(3) 若 $\mathscr{S}_{\mathrm{I}}^*\leqslant D_i\leqslant U$, 则网格边界 i 在左稀疏波的波后区,取 $(u,\rho,p)_i=(U,R_{\mathrm{I}},P)$.

(4) 若 $U\leqslant D_i\leqslant\mathscr{S}_{\mathrm{II}}$, 则网格边界 i 在右冲击波的波后区,取 $(u,\rho,p)_i=(U,R_{\mathrm{II}},P)$.

(5) 若 $\mathscr{S}_{\mathrm{II}}\leqslant D_i$, 则网格边界 i 在右冲击波的波前区, 取 $(u,\rho,p)_i=(u,\rho,p)_{i+\frac{1}{2}}$.

在上述计算中, 当出现网格边界 i 与左稀疏波的波头(或波尾)相重合时,即 $D_i=\mathscr{S}_{\mathrm{I}}$ (或 $\mathscr{S}_{\mathrm{I}}^*$), 无论将 $(u,\rho,p)_i$ 作为波前量(或波后量)计算,还是将它作为波区内的量计算,得到的结果是相同的. 当网格边界 i 与右击波波面相重合时,即 $D_i=\mathscr{S}_{\mathrm{II}}$ 情况,那么将 $(u,\rho,p)_i$ 作为击波波前量计算结果与将它作为击波波后量计算结果是不相同的. 但是,由于击波的波前,波后量之间有间断关系式(6.7.2)相联系,无论用击波波前量还是用击波波后量去计算基本计算格式中出现的组合的网格边界量：$[\rho(D-u)]_j$，$[\rho u(D-u)-p]_j$，$[\rho E(D-u)-up]_j$ 得到的结果是相同的。当网格边界 j 与接触间断面相重合时，$D_j=U$. 无论用那一边物理量去计算这些组合的网格边界量，得到的结果也是相同的。

至于网格点运动速度 D_j 或者网格点新位置 x_j^{n+1} 的确定，是与在计算中选什么样的计算网格有关的. 对于 Lagrange 计算网格情况，若 U、P 是 $x=x_j^n$ 点间断分解解的波后速度，压力，则取 $D_j=u_j=U$，$p_j=P$，$x_j^{n+1}=x_j^n+u_j\Delta t$. 在一般的 Euler 网格情况下，$D_j$ 和 x_j^{n+1} 是由新网格点形成的计算规则来确定的：例如，对于固定不变的 Euler 网格，取 $D_j=0$，$x_j^{n+1}=x_j^n$；对于等分型的活动 Euler 网格，则规定内部网格点 x_j^{n+1} 是由边界网格点 x_0^{n+1}、x_J^{n+1} 按等分方式来确定的，即

$$x_j^{n+1}=x_0^{n+1}+\frac{j}{J}(x_J^{n+1}-x_0^{n+1}).$$

除了内部网格边界 j 外，还需考虑计算区边界 $j=0$ 及 $j=J$ 处的物理量计算. 这要由相应的边界条件来确定. 例如，讨论左边界 $x=x_0$ 处的几种类型的边界条件：

（1）固壁条件. 这时应由状态为 $(-u_{\frac{1}{2}},\rho_{\frac{1}{2}},p_{\frac{1}{2}})$ 及 $(u_{\frac{1}{2}},\rho_{\frac{1}{2}},p_{\frac{1}{2}})$ 的间断分解来计算 $x=x_0$ 处的 U，P，且有 $D_0=u_0=U$，$p_0=P$.

（2）冲击波条件. 这时应由给定的左边界波前状态 (u^*,ρ^*,p^*) 及 $(u_{\frac{1}{2}},\rho_{\frac{1}{2}},p_{\frac{1}{2}})$ 的间断分解来求解，并且取 $D_0=\mathscr{S}_1$，$(u,\rho,p)_0=(U,R_1,P)$

（3）自由面条件. 这时应在 (6.7.8) 的后波方程中令 $P=0$，求得 U. 并取 $D_0=u_0=U$，$p_0=0$.

上面介绍的一维 Годунов 间断分解格式的差分解，可以作如下的理解. 大家知道，一维流体力学方程组的弱解，$u(x,t)$，$\rho(x,t)$，$e(x,t)$ 是满足积分形式的守恒方程的：

$$\oint \rho dx-\rho u dt=0,$$

$$\oint \rho u dx - (p + \rho u^2)dt = 0,$$

$$\oint \rho \left(e + \frac{1}{2}u^2\right)dx - \left[\rho\left(e + \frac{1}{2}u^2\right) + p\right]udt = 0,$$

(6.7.26)

其中 $\oint$ 是对于 $t \geqslant 0$ 上半平面中由任意分段光滑的闭曲线组成的迴路作积分.现在,把 $t = t^n$ 时刻的状态分布量 $(u, \rho, e)^n_{j-\frac{1}{2}}$ 看成是在网格内部是常数的阶梯形分布,并且以此作为初始分布,用间断分解方法,构造出在 $t^n \leqslant t \leqslant t^{n+1}$ 内的精确解,其中 $\Delta t = t_{n+1} - t^n$ 取得足够小,使得任何相邻的间断分解点发出的波相互之间不会再相遇(这种对 Δt 的限制也就是差分格式的稳定性条件). 这样构造的精确解就满足上面的方程组(6.7.26). 如果考虑以顶点为 (x^n_{j-1}, t^n), (x^n_j, t^n), (x^{n+1}_j, t^{n+1}), (x^{n+1}_{j-1}, t^{n+1}) 的网格边界作为积分迴路,那末 (6.7.26) 可以写成基本计算格式(6.7.24)的形式,其中

$$\rho^{n+1}_{j-\frac{1}{2}}\ (x^{n+1}_j - x^{n+1}_{j-1}) = \int_{x^{n+1}_{j-1}}^{x^{n+1}_j} \rho(x, t^{n+1})dx, \qquad (6.7.27)$$

$$(\rho u)^{n+1}_{j-\frac{1}{2}}\ (x^{n+1}_j - x^{n+1}_{j-1}) = \int_{x^{n+1}_{j-1}}^{x^{n+1}_j} \rho(x, t^{n+1})u(xt^{n+1})dx,$$

$$(\rho E)^{n+1}_{j-\frac{1}{2}}(x^{n+1}_j - x^{n+1}_{j-1}) = \int_{x^{n+1}_{j-1}}^{x^{n+1}_j} \rho(x, t^{n+1})\Big[e(x, t^{n+1})$$

$$+ \frac{1}{2}u^2(x, t^{n+1})\Big]dx.$$

这就意味着,将上面构造的精确解,在 $t = t^{n+1}$ 时刻的网格内,在(6.7.27) 的意义下按网格长度加以平均后所得到的新的阶梯形分布就是用格式 (6.7.24) 计算得到的 t^{n+1} 时刻的差分解. 因此,用 Годунов 间断分解格式 (6.7.24) 求差分解的过程,可以理解为这种在平均后得到阶梯分布的基础上构造精确解,然后再加以平均得到新的阶梯形分布的过程. 这种理解下的 Годунов 格式,在关于流体力学方程解的存在性问题的理论性研究中也有一定的作用.

（三） 二维的 Годунов 格式（参见 Годунов, Забродин, Прокопов (1961)）

在二维柱坐标系中，Годунов 方法的基本计算格式也可以写成 (6.2.15)—(6.2.18) 或者 (6.2.23)—(6.2.26) 的形式.

在讨论用间断分解的解去计算二维基本计算格式中的网格边界物理量前，需要先讨论一下一维间断关系式 (6.7.2) 和二维间断关系式的异同之处. 在二维情况下，间断面的法线方向 $\boldsymbol{n}$ 与流体速度方向 $\boldsymbol{u}$ 并不一致的. 若令 $u_n = \boldsymbol{u}\cdot\boldsymbol{n}$ 为速度的法向分量，$\boldsymbol{u}_\tau = \boldsymbol{u} - u_n\boldsymbol{n}$ 为速度的切向分量. 那么对于接触间断面，其两侧的压力及法向速度是连续的：

$$[p] = 0, \qquad [u_n] = 0 \tag{6.7.28}$$

而密度及切向速度 $\boldsymbol{u}_\tau$ 则是间断的. 它们的两侧值之间没有关系式联系. 而对于冲击波间断面情况，其切向速度却是连续的

$$[\boldsymbol{u}_\tau] = 0. \tag{6.7.29}$$

其他量则要满足以下的间断关系：

$$\begin{aligned}
&[\rho]\mathscr{S} - [\rho u_n] = 0,\\
&[\rho u_n]\mathscr{S} - [p + \rho u_n^2] = 0,\\
&\left[\rho\left(e + \frac{1}{2}u_n^2\right)\right]\mathscr{S} - \left[\rho\left(e + \frac{1}{2}u_n^2\right)u_n + pu_n\right] = 0.
\end{aligned} \tag{6.7.30}$$

因此，在二维情况下，除了根据情况对切向速度分别加上必要的条件外，只要用速度法向分量 u_n 代替一维的速度 u，其间断关系与一维情况是一样的.

现在来讨论二维基本计算格式 (6.2.23)—(6.2.26) 中网格边界上物理量的间断分解的计算格式. 为确定起见，只计算 i 边界的物理量.

$$\begin{aligned}
&[\rho(\boldsymbol{D}\cdot\boldsymbol{n} - \boldsymbol{u}\cdot\boldsymbol{n})S\Delta t]_{j,k-\frac{1}{2}},\\
&\{[\rho u(\boldsymbol{D}\cdot\boldsymbol{n} - \boldsymbol{u}\cdot\boldsymbol{n}) - p\cos\alpha]S\Delta t\}_{j,k-\frac{1}{2}},\\
&\{[\rho v(\boldsymbol{D}\cdot\boldsymbol{n} - \boldsymbol{u}\cdot\boldsymbol{n}) - P\sin\alpha]S\Delta t\}_{j,k-\frac{1}{2}},\\
&\{[\rho E(\boldsymbol{D}\cdot\boldsymbol{n} - \boldsymbol{u}\cdot\boldsymbol{n}) - P\boldsymbol{u}\cdot\boldsymbol{n}]S\Delta t\}_{j,k-\frac{1}{2}},
\end{aligned}$$

其中

$$\boldsymbol{u}\cdot\boldsymbol{n}_{j,k-\frac{1}{2}}=(u\cos\alpha+v\sin\alpha)_{j,k-\frac{1}{2}}=u_{nj,k-\frac{1}{2}},$$

$$E_{j,k-\frac{1}{2}}=e(p_{j,k-\frac{1}{2}},\rho_{j,k-\frac{1}{2}})+\frac{1}{2}(u_{j,k-\frac{1}{2}}^2+v_{j,k-\frac{1}{2}}^2). \tag{6.7.31}$$

这就是要根据以 j 边界为间断面其两侧状态为 $(\rho,u,v,p)_{j-\frac{1}{2},k-\frac{1}{2}}$ 及 $(\rho,u,v,p)_{j+\frac{1}{2},k-\frac{1}{2}}$ 的间断分解的解来计算 $(\rho,u,v,p)_{j,k-\frac{1}{2}}$.

首先计算速度的法向分量、切向分量

$$u_{nj\pm\frac{1}{2},k-\frac{1}{2}}=u_{j\pm\frac{1}{2},k-\frac{1}{2}}\cos\alpha_{j,k-\frac{1}{2}}+v_{j\pm\frac{1}{2},k-\frac{1}{2}}\sin\alpha_{j,k-\frac{1}{2}},$$

$$u_{\tau j\pm\frac{1}{2},k-\frac{1}{2}}=u_{j\pm\frac{1}{2},k-\frac{1}{2}}\sin\alpha_{j,k-\frac{1}{2}}-v_{j\pm\frac{1}{2},k-\frac{1}{2}}\cos\alpha_{j,k-\frac{1}{2}}. \tag{6.7.32}$$

及网格运动速度

$$\boldsymbol{D}\cdot\boldsymbol{n}_{j,k-\frac{1}{2}}=\frac{V_{(x,r)_{j-1,k}^{n}(x,r)_{j,k}^{n}(x,r)_{j,k}^{n+1}(x,r)_{j-1,k}^{n+1}}}{S_{j,k-\frac{1}{2}}\Delta t}. \tag{6.7.33}$$

然后，用 $(u_n,\rho,p)_{j-\frac{1}{2},k-\frac{1}{2}}$，$(u_n,\rho,p)_{j+\frac{1}{2},k-\frac{1}{2}}$ 及 $\boldsymbol{D}\cdot\boldsymbol{n}_{j,k-\frac{1}{2}}$ 分别作为在一维 Годунов 格式中状态 $(u,\rho,p)_{j-\frac{1}{2}}$，$(u,\rho,p)_{j+\frac{1}{2}}$，及 D_j. 那样，通过一维间断分解解计算得 j 边界物理量$(u,\rho,p)_j$，这就是所要计算的

$$(u_n,\rho,p)_{j,k-\frac{1}{2}}=(u,\rho,p)_j. \tag{6.7.34}$$

有了 j 边界的法向速度分量 $u_{nj,k-\frac{1}{2}}$，还需根据网格边界与接触间断的相对位置来确定 j 边界的切向速度分量

$$u_{\tau j,k-\frac{1}{2}}=\begin{cases}u_{\tau j-\frac{1}{2},k-\frac{1}{2}} & \text{若 } \boldsymbol{D}\cdot\boldsymbol{n}_{j,k-\frac{1}{2}}<U,\\ u_{\tau j+\frac{1}{2},k-\frac{1}{2}} & \text{若 } \boldsymbol{D}\cdot\boldsymbol{n}_{j,k-\frac{1}{2}}>U.\end{cases} \tag{6.7.35}$$

这里的U是上述一维间断分解中得到的波后区速度即接触间断的速度. 最后，经过换算得到 j 边界的速度分量.

$$u_{j,k-\frac{1}{2}}=(u_n\cos\alpha+u_\tau\sin\alpha)_{j,k-\frac{1}{2}},$$

$$v_{j,k-\frac{1}{2}}=(u_n\sin\alpha-u_\tau\cos\alpha)_{j,k-\frac{1}{2}}. \tag{6.7.36}$$

这样，我们用间断分解的方法计算了二维格式中所有 j 边界的物理量.

当 j 边界是 Lagrange 性质的网格边界时，上面的计算 (6.7.33)—(6.7.36) 应该用以下的计算来代替

$$\begin{aligned} &\boldsymbol{u}\cdot\boldsymbol{n}_{j,k-\frac{1}{2}}=\boldsymbol{D}\cdot\boldsymbol{n}_{j,k-\frac{1}{2}}=U,\\ &p_{j,k-\frac{1}{2}}=P, \end{aligned} \tag{6.7.37}$$

其中，U、P 是用 $(u_n, \rho, p)_{j-\frac{1}{2},k-\frac{1}{2}}$ $(u_n, \rho, p)_{j+\frac{1}{2},k-\frac{1}{2}}$ 的间断分解得到的波后区的速度和压力．t^{n+1} 时刻的网格角点位置，再根据网格运动速度计算．

k 边界的物理量的计算，可以用完全类似的办法处理．

由于在四个相邻网格公共角点附近间断分解的物理图象是十分复杂的，因此，以二维阶梯形分布作为初始条件，来构造 Δt 时间间隔内的二维精确解，这是一件十分困难的工作．上面讨论的二维间断分解计算格式，不考虑来自角点附近的间断分解的影响，只考虑两个相邻网格之间的间断分解问题．这样计算得到的网格边界物理量，并不是严格的二维间断分解的精确解．因此，二维间断分解方法得到的差分解，就不能再象一维情况那样，把 t^{n+1} 时刻的差分解看成是以 t^n 时刻的阶梯分布为初始条件的精确解的平均．

用间断分解方法求网格边界物理量，其计算工作量比其他的方法要稍大些．因此在早期 Годунов, Забродин, Прокопов (1961) 曾考虑用简单的特征关系式：

$$\begin{aligned} &U-u_{\mathrm{I}}+\frac{P-p_{\mathrm{I}}}{(\rho c)_{\mathrm{I}}}=0\ (u+c\ \text{特征关系})\\ &U-u_{\mathrm{II}}-\frac{P-p_{\mathrm{II}}}{(\rho c)_{\mathrm{II}}}=0\ (u-c\ \text{特征关系}) \end{aligned} \tag{6.7.38}$$

来代替冲击波关系式 (6.7.5)、稀疏波关系式 (6.7.7) 以及统一的关系式 (6.7.8)．用 $u+c$ 特征关系代替左波关系式；用 $u-c$ 特征关系代替右波关系式．并以此来近似地计算接触间断附近的速度和压力

$$\begin{aligned} &U=\frac{(\rho cu)_{\mathrm{I}}+(\rho cu)_{\mathrm{II}}+p_{\mathrm{I}}-p_{\mathrm{II}}}{(\rho c)_{\mathrm{I}}+(\rho c)_{\mathrm{II}}},\\ &P=\frac{(\rho c)_{\mathrm{I}}p_{\mathrm{II}}+(\rho c)_{\mathrm{II}}p_{\mathrm{I}}+(u_{\mathrm{I}}-u_{\mathrm{II}})(\rho c)_{\mathrm{I}}(\rho c)_{\mathrm{II}}}{(\rho c)_{\mathrm{I}}+(\rho c)_{\mathrm{II}}}. \end{aligned} \tag{6.7.39}$$

这就是间断分解的线性近似格式，也可称为弱波近似格式．此格式可用于计算一些物理图象较简单的、或所含的冲击波稀疏波不

太强的问题.

二维 Годунов 间断分解格式,被用来计算不少实际的非定常气体动力学问题,如:冲击波对二维物体的绕射,球面点爆炸与平面的相互作用,管道中的非定常气动力学问题(激波管、火箭发动机的气道、喷咀)以及非球装药的爆炸等问题. 在对这些问题的计算中,多数可以在采取适当的边界条件后在固定的Euler坐标网格内进行计算;有的则采用了追踪冲击波面及追踪两种气体的接触间断面的措施,在把它们作为计算区边界的活动网格中来进行计算.

很多定常问题也可用二维非定常的 Годунов 格式来计算,如:二维拉伐尔(Laval)喷管理论的问题,在平面栅栏中的混合流动,超声速气流与墙的正面碰撞,以及对平面的或轴对称的物体的绕流等问题. 通常这些定常问题是既有超声速流动区,又有亚声速流动区的混合流动问题. 由于描写超、亚声速流动的微分方程组分别是双曲型、椭圆型的,因而其数值计算方法差别很大;加上超、亚声速区的交界面事先是不知道的,这就造成了对混合流问题计算的复杂性. 用非定常格式计算定常问题的时间相关法,就是在给定的边界条件下,取足够任意的近似作初始条件,用非定常计算格式计算一定时间以后达到稳定的状态,即可得定常问题的解. 这可以克服上面提到的困难. 在这些定常问题的计算中,常把那些事先不确切知道的分界线作为活动网格的边界来处理. 当计算达到稳定状态时,这些分界线位置也就自动确定了. 例如,在计算有脱体冲激波的绕流问题时,就可把未知的脱体冲激波作为这种活动网格的边界来处理.

Годунов, Забродин, Иванов, Крайко, Прокопов(1976)著的《多维气动力学问题的数值计算》一书,对 Годунов 方法理论和应用作了全面的专门论述,读者可以从那里获得更详细的材料.

§8 随机选取法

随机选取法是近年来发展起来的一种流体力学计算方法. 与

通常的流体力学数值计算方法不同，它的近似解不但与计算中所用的空间网格和时间步长的大小有关，而且还与计算中所取的某个随机量有关．因此，它的近似解也具有某种随机的因素．目前，这种方法仍处在进一步的探索和发展之中，并且仅限于讨论采用固定的 Euler 计算格网的情况．下面将着重对随机选取法的基本思想和特点作些简要介绍．

首先，讨论一维平面流体力学方程组 (6.7.1) 情况．考虑等空间步长 Δx 的固定 Euler 计算格网，记

$$x_{j+1} = x_j + \Delta x,$$

$$x_{j+\frac{1}{2}} = \frac{1}{2}(x_{j+1} + x_j) = x_{j-\frac{1}{2}} + \Delta x.$$

令 $(u, \rho, p)_j^n$ 是未知函数 $u(x; t)$，$\rho(x, t)$，$p(x, t)$ 在 $x = x_j$，$t = t^n = n\Delta t$ 处的近似解．§7 曾经介绍，Годунов 格式具有以下特点：设在 t^n 时刻在每一个网格(x_j, x_{j+1})内给了常数分布量 $(u, \rho, p)_{j+\frac{1}{2}}^n$，若以此为初值用间断分解方法得到的精确解为 $\bar{u}(x, t)$、$\bar{\rho}(x, t)$、$\bar{p}(x, t)$，$t^n \leqslant t \leqslant t^{n+1}$，那末由 Годунов 构造的 t^{n+1} 时刻的近似解 $(u, \rho, p)_{j+\frac{1}{2}}^{n+1}$ 就是这些精确解在网格 (x_j, x_{j+1}) 中的一种积分平均．Годунов (1961) 曾试图证明这样构造的差分解的收敛性，但是未获成功．以后，Glimm(1965) 对 Годунов 格式进行改造，用一种带随机量的 Glimm 格式来构造近似解，并且证明了：在某些条件下，这样构造的近似解中，存在一个近似解的序列收敛于方程组的弱解． Glimm 构造近似解的方法是这样的：$t = 0$ 时的近似解 $(u, \rho, p)_j^0$ 是由初值给出的；设已有 $t = t^n$ 时刻的近似解 $(u, \rho, p)_j^n$，要求构造出 $t = t^{n+1}$ 时刻的近似解 $(u, \rho, p)_j^{n+1}$；先把 t^n 时刻的近似解看成为在网格 $(x_{j-\frac{1}{2}}, x_{j+\frac{1}{2}})$ 内是常数分布的阶梯形分布，对于每一个 $x = x_{j+\frac{1}{2}}$ 点两侧的两个相邻网格 $(x_{j-\frac{1}{2}}, x_{j+\frac{1}{2}})$ 及 $(x_{j+\frac{1}{2}}, x_{j+\frac{3}{2}})$ 考虑以下的典型的初始间断分解问题（亦称为 Riemann 问题）：

$$(\bar{u}(\bar{x}, 0),\ \bar{\rho}(\bar{x}, 0), \bar{p}(\bar{x}, 0)) = \begin{cases}(u, \rho, p)_{j+1}^n & \bar{x} > 0, \\ (u, \rho, p)_j^n & \bar{x} < 0,\end{cases} \tag{6.8.1}$$

其精确解为 $\bar{u}(\bar{x},\bar{t})$，$\bar{\rho}(\bar{x},\bar{t})$，$\bar{p}(\bar{x},\bar{t})$。令 θ 为一个在区间 $\left[-\frac{1}{2},\ \frac{1}{2}\right]$ 中均匀分布的随机变量，θ_i 为 θ 的一个值．于是取 $t=t^{n+\frac{1}{2}}$ 时刻的近似解为

$$
\begin{aligned}
(u,\rho,p)_{i+\frac{1}{2}}^{n+\frac{1}{2}} = \Big(&\bar{u}\left(\theta_i\Delta x,\ \frac{1}{2}\Delta t\right), \\
&\bar{\rho}\left(\theta_i\Delta x,\ \frac{1}{2}\Delta t\right),\ \bar{p}\left(\theta_i\Delta x,\ \frac{1}{2}\Delta t\right)\Big).
\end{aligned}
\tag{6.8.2}
$$

接着类似地，把 $(u,\rho,p)_{i+\frac{1}{2}}^{n+\frac{1}{2}}$ 看成为在网格 (x_j,x_{j+1}) 内是常数分布的阶梯形分布，对每个 $x=x_j$ 求得相应的 Riemann 问题的解，再用随机变量 θ 的值来得到近似解 $(u,\rho,p)_i^{n+1}$．从这里可以看到，随机变量 θ 的选择对近似解的行为有极大的影响．要求随机变量 θ 在计算中依次所取的值 $\theta_1,\theta_2,\cdots\theta_i\cdots$ 尽可能紧密地逼近区间 $\left[-\frac{1}{2},\ \frac{1}{2}\right]$ 上的均匀分布，这是十分重要的．

随机选取法作为一种流体力学的计算方法是由 Chorin(1976, 1977) 提出和实现的．这个方法的基本思想来源于上面提到的 Glimm (1965) 在证明真正非线性严格狭义双曲型方程组接近于常数初值问题的弱解的存在性定理时所用的构造近似解的方法．

根据 Glimm 算法，随机选取法计算一维非定常流体力学问题时，每一个 Δt 是由两个 $\frac{1}{2}\Delta t$ 步长计算来实现的．在计算第一个 $\frac{1}{2}\Delta t$ 时，用相邻两整点上的状态 $(u,\rho,p)_i^n$，$(u,\rho,p)_{i+i}^n$ 构造 $x=x_{i+\frac{1}{2}}$ 附近的 Riemann 问题的解，然后在以半点为中心，长度为 Δx 的网格内随机地选取一点，把这点上的解值就作为 $(u,\rho,p)_{i+\frac{1}{2}}^{n+\frac{1}{2}}$．在计算第二个 $\frac{1}{2}\Delta t$ 时，用相邻两半点上的状态 $(u,\rho,p)_{i-\frac{1}{2}}^{n+\frac{1}{2}}$，$(u,\rho,p)_{i+\frac{1}{2}}^{n+\frac{1}{2}}$ 构造 $x=x_i$ 附近的 Riemann 问题的

解，然后在以整点为中心、长度为 Δx 的网格内随机地选取一点．把这点上的解值作为 $(u, \rho, p)_i^{n+1}$．这样，随机选取法需要考虑两个问题：首先，当已知随机点的位置后，计算 Riemann 问题的解在这点上的值．这个问题等价于 Годунов 间断分解方法中两相邻网格之间网格边界物理量的计算问题，因此可以用 §7 中介绍过的 Годунов 算法来解决，只需注意到那里的活动网格边界的位置对应这里的随机点的位置就行了．其次，关于随机点位置的确定问题，即要考虑 $\left[-\frac{1}{2}, \frac{1}{2}\right]$ 内均匀分布的随机变量 θ 的取值问题．这正是 Chorin 的随机选取法所要着重讨论的问题．曾经考虑过对每个时刻 $\left(\text{每次推进} \frac{1}{2}\Delta t\right)$，对每个网格点都取随机变量 θ 的一个新的值．这种做法的实际效果是极不理想的，例如，这样做的结果可能使某一个网格的状态同时向左右传播，从而得到一个虚假的常数状态分布．因此，在随机选取法中规定，在同一时刻的所有网格点上都取随机变量 θ 的同一个值，即若 $\theta_1\theta_2\cdots\theta_{2n+1}$，$\theta_{2(n+1)}\cdots$ 是 θ 依次取的值，则由 t^n 时刻推进到 $t^{n+\frac{1}{2}}$ 时刻各网格点的随机量值都取 θ_{2n+1}，由 $t^{n+\frac{1}{2}}$ 推进到 t^{n+1} 时都取 $\theta_{2(n+1)}$．

下面用一个简单的例子，观察随机选取法所构造的近似解的某些特点．考虑一个以常速 $\mathscr{S}$ 运动的定常冲击波情况．设 $\mathscr{S} > 0$，冲击波的波前及波后分别为常数状态分布 Γ 及 $\mathscr{I}$ 冲击波的初始位置在 $x = 0$．取固定的 Euler 网格点 x_i，其中有一点与冲击波位置相重合．当相邻两网格内的状态都是状态 r 或者都是状态 $\mathscr{I}$ 时，Riemann 问题的解仍保持这个常数状态，因此随机变量的值 θ_1 对该点的近似解计算没有影响．只有与冲击波位置重合的网点，其两侧状态是不同的，其相应的 Riemann 问题的解仍是一个速度为 $\mathscr{S}$ 的定常击波．如果 $\theta_1\Delta x < \frac{1}{2}\mathscr{S}\Delta t$，即样点 $\left(\theta_1\Delta x, \frac{1}{2}\mathscr{S}\Delta t\right)$处的状态为波后状态 $\mathscr{I}$，则近似解的冲击波位置向前进了

$\frac{1}{2}\Delta x$ 距离;如果

$$\theta_1\Delta x \geqslant \frac{1}{2}\mathscr{S}\Delta t,$$

即样点 $\left(\theta_1\Delta x,\ \frac{1}{2}\mathscr{S}\Delta t\right)$ 的状态为波前状态 r，则近似解的冲击波位置向后退了 $\frac{1}{2}\Delta x$ 距离. $t=\frac{1}{2}\Delta t$ 时刻近似解的冲击波位置两边的状态仍分别为状态 r 及状态 $\mathscr{I}$. 这样继续计算下去,经过 $2n\cdot\frac{1}{2}\Delta t$ 后,冲击波的位置为

$$X=\sum_{i=1}^{2n}\eta_i\Delta x, \tag{6.8.3}$$

其中，η_i 为随机变量

$$\eta_i=\begin{cases}\frac{1}{2} & \text{当 } \theta_i\Delta x<\frac{1}{2}\mathscr{S}\Delta t,\\ -\frac{1}{2} & \text{当 } \theta_i\Delta x\geqslant\frac{1}{2}\mathscr{S}\Delta t.\end{cases} \tag{6.8.4}$$

θ 是在 $\left[-\frac{1}{2},\ \frac{1}{2}\right]$ 上均匀分布的随机变量，θ 的值 θ_i 可以直接由计算机中随机量发生器取得，也可以用一个伪随机数来模拟计算. 当 Δt 足够小时,有

$$\frac{1}{2}\mathscr{S}\Delta t<\frac{1}{2}\Delta x,$$

则 η_i 取 $\frac{1}{2}$ 值的概率为 $\frac{1}{2}+\frac{1}{2}\mathscr{S}\frac{\Delta t}{\Delta x}$, 取 $-\frac{1}{2}$ 值的概率为 $\frac{1}{2}-\frac{1}{2}\mathscr{S}\frac{\Delta t}{\Delta x}$,η_i 的平均值 $\bar{\eta}_i$ 为

$$\begin{aligned}\bar{\eta}_i=&\frac{1}{2}\left(\frac{1}{2}+\frac{1}{2}\mathscr{S}\frac{\Delta t}{\Delta x}\right)\\&-\frac{1}{2}\left(\frac{1}{2}-\frac{1}{2}\mathscr{S}\frac{\Delta t}{\Delta x}\right)\end{aligned}$$

$$= \frac{1}{2}\mathscr{S}\frac{\Delta t}{\Delta x}. \tag{6.8.5}$$

因此,冲击波位置 x 的平均值 $\bar{x}$ 为

$$\bar{x} = \sum_{i=1}^{2n} \eta_i \Delta x = \mathscr{S} n \Delta t. \tag{6.8.6}$$

这恰好就是 $t^n = n\Delta t$ 时刻冲击波的精确位置. 当然，实际计算得到的冲击波位置 x 与冲击波的精确位置之间是有偏差的.

为了进一步减少解的偏差，Chorin 提出了以下处理办法，其目的是使样品值的序列更紧密地逼近 $\left[-\frac{1}{2}, \frac{1}{2}\right]$ 上的均匀分布. 令 m、m_1 是两个素数，$m_1 < m$，任取整数 $n_0 < m$，作整数序列

$$n_{i+1} = (m_1 + n_i)(\bmod m). \tag{6.8.7}$$

对于 θ 的样品值序列 $\theta_1, \theta_2, \cdots, \theta_i, \cdots$，构造新的修改了的样品值序列 $\theta'_1, \theta'_2, \cdots, \theta'_i, \cdots$，

$$\theta'_i = \left(\left(n_i + \theta_i + \frac{1}{2}\right)\Big/ m\right) - \frac{1}{2}, \tag{6.8.8}$$

并在计算中用 θ'_i 来代替 θ_i. 这种处理办法的实质是：将区间 $\left[-\frac{1}{2}, \frac{1}{2}\right]$ 分成 m 等分，令每个子区间的编号依次为 0, 1, …, $m-1$，第一次在第 n_1 个子区间中随机地选取一点 θ'_1，第二次在第 n_2 个子区间中随机地选取一点 θ'_2，第 $m+1$ 次在第 $n_{m+1} = n_1$ 子区间中随机地选取一点 θ'_{m+1} 等等. 通常 m 不能取得太大，$m \ll n$，否则会在计算中引起新的系统误差. 在实践中，可取 $m=7$，$m_1=3$. 这样处理的效果是很好的.

在随机选取法中，边界条件的正确处理是需要加以仔细考虑的. 如果处理不当，不但会降低精确度，而且可能得到虚假的计算结果. 假设把边界条件给在最靠近边界的网格点上，令其为 $x = x_{i_0} = i_0\Delta x$，计算区域在 $x = x_{i_0}$ 的左边. 如果在 t^n 时刻可以由 x_{i_0} 点及 x_{i_0-1} 点的已知状态 $(u, \rho, p)^n_{i_0}$，$(u, \rho p)^n_{i_0-1}$ 的 Riemann 问题解，经随机选取得到 $x_{i_0-\frac{1}{2}}$ 点的状态 $(u, \rho, p)^{n+\frac{1}{2}}_{i_0-\frac{1}{2}}$，

那么为了达到状态 $(u, \rho p)_{i_0}^{n+1}$ 就必须在边界另一边补充假想状态 $(u, \rho p)_{i_0+\frac{1}{2}}^{n+\frac{1}{2}}$ 才行. 当边界是固壁情况时,取

$$(\rho, p)_{i_0+\frac{1}{2}} = (\rho, p)_{i_0-\frac{1}{2}}, \quad u_{i_0+\frac{1}{2}} = -u_{i_0-\frac{1}{2}};$$

当边界上给定常速度 v 时,取

$$u_{i_0+\frac{1}{2}} = 2v - u_{i_0-\frac{1}{2}}.$$

这里要注意, 由于随机选取所引起的解的横移可能会使某些状态值在与边界相互作用后消失掉, 因此要对边界上的随机变量的选取问题提出新的要求. 例如, 设想初始时刻在固壁 x_{i_0} 附近给了高压高密度状态 $(u, \rho p)_{i_0}^0$, 而在其他点流体处于静止定常状态 $u_i^0 = 0$, $\rho_i^0 = \rho_0$, $p_i^0 = p_0, i = i_0 - 1, i_0 - 2, \cdots$. 如果在 x_{i_0}, x_{i_0-1} 网格的 Riemann 问题的解中,随机地选到属于 x_{i_0-1} 处的状态,即

$$(u, \rho, p)_{i_0-\frac{1}{2}}^{\frac{1}{2}} = (u, \rho, p)_{i_0-1}^0,$$

那么在以后的计算中,流体就会永远处于静止的定常状态,初始出现在边界附近的高压状态的影响就消失了. 为了避免发生这种情况, 就要求作这样的处理使得随机变量的初值 θ_1 落在 $\left[0, \frac{1}{2}\right]$ 的区间内. 一般说来,在固壁条件时,在计算边界点时亦采用前面提到的处理办法 (6.8.8), 可以使得随机变量的相继两个值, 一个在 $\left[-\frac{1}{2}, 0\right]$ 中,一个在 $\left[0, \frac{1}{2}\right]$ 中, 可以用一个向左的位移很快地去抵消一个向右的位移,这对于减少解的横移是很有效的. 在特殊情况下,有时可能要专门考虑更好的处理办法.

随机选取法在计算一维问题中是较成功的, 并且具有一定的特色. 虽然计算实践表明,随机选取法是无条件稳定的,但是为了保持一定的计算精度, 仍需要对计算步长加以较严的限制. 随机选取法只具有一阶精度, 在计算光滑解的问题中不能与其他高精度的差分方法相竞争. 但是在计算间断解问题中, 它的近似解的间断面是十分明显的;不象用通常的差分方法计算时,由于所含的

人为粘性、数值粘性的影响，间断面被抹成几个网格宽的光滑的过渡区.

随机选取法也用来解二维问题. 先将非定常二维流体力学方程写成守恒形式

$$
\begin{aligned}
&(\rho)_t + (\rho u)_x + (\rho v)_y = 0, \\
&(\rho u)_t + (\rho u^2 + p)_x + (\rho uv)_y = 0. \\
&(\rho v)_t + (\rho vu)_x + (\rho v^2 + p)_y = 0, \\
&(\rho E)_t + ((\rho E + p)u)_x + ((\rho E + p)v)_y = 0,
\end{aligned} \tag{6.8.9}
$$

其中

$$
E = e + \frac{1}{2}(u^2 + v^2), \quad p = (\gamma - 1)\rho e.
$$

仍用固定的等空间步长的 Euler 计算格网: $\Delta x = \Delta y = h$. 然后采用分裂技巧，把二维问题分成 x 方向的一维问题和 y 方向的一维问题，分别用一维的随机选取法来求解. x 方向要解的一维方程组为

$$
\begin{aligned}
&(\rho)_t + (\rho u)_x = 0, \\
&(\rho u)_t + (\rho u^2 + p)_x = 0, \\
&(\rho v)_t + (\rho vu)_x = 0 \text{ 或 } (v)_t + u(v)_x = 0, \\
&(\rho E)_t + ((\rho E + p)u)_x = 0.
\end{aligned} \tag{6.8.10}
$$

y 方向要解的一维方程组为

$$
\begin{aligned}
&(\rho)_t + (\rho v)_y = 0, \\
&(\rho u)_t + (\rho uv)_y = 0, \text{ 或 } (u)_t + v(u)_y = 0, \\
&(\rho v)_t + (\rho v^2 + p)_y = 0, \\
&(\rho E)_t + ((\rho E + p)v)_y = 0.
\end{aligned} \tag{6.8.11}
$$

注意到: x 方向要解的一维方程组 (6.8.10) 与通常的一维方程组 (6.7.1) 相比，仅多了一个方程 $(v)_t + u(v)_x = 0$, 而且由于成立以下等式

$$
\begin{aligned}
\left(\rho \cdot \frac{1}{2} v^2\right)_t + \left(\rho \cdot \frac{1}{2} v^2 \cdot u\right)_x &= \frac{1}{2} v^2[(\rho)_t + (\rho u)_x] \\
&\quad + \rho v[(v)_t + u(v)_x] = 0.
\end{aligned} \tag{6.8.12}
$$

这两方程组中的能量方程是相同的. 因此, 在用随机选取法求解 x 方向一维问题时,例如,由 $(u, v, \rho, p)_{i,j}^{n}$ 求解 $(u, v, \rho p)_{i+\frac{1}{2},j}^{n+\frac{1}{2}}$ 时, 先象通常一维问题的随机选取法那样, 由 $(u, \rho p)_{i,j}^{n}$ 求得 $(u, \rho, p)_{i+\frac{1}{2},j}^{n+\frac{1}{2}}$, 再利用物理量 v 沿流线

$$\frac{dx}{dt}=u$$

保持常数的性质, 来确定 $v_{i+\frac{1}{2},j}^{n+\frac{1}{2}}$:

$$v_{i+\frac{1}{2},j}^{n+\frac{1}{2}}=\begin{cases}v_{i,j}^{n}, & \text{当随机点在接触间断线左边时,}\\ v_{i+1,j}^{n}, & \text{当随机点在接触间断线右边时,}\end{cases} \tag{6.8.13}$$

解 y 方向一维问题时, (这时 u 和 v 的作用互换), 可用类似办法来处理.

现将二维情况随机选取法的计算步骤叙述如下: 在一个步长刚开始的时候,已知在 (ih, jh) 点上的量 $(u, v, \rho, p)_{i,j}^{n}$. 每一个 Δ_t 步长的计算将分成四分步来实现. 每分步都用 $\frac{1}{2}\Delta t$ 步长, 或者计算 x 方向一维问题, 或者计算 y 方向一维问题. 第一分步计算 x 方向一维问题,结果得到 $\left(\left(i+\frac{1}{2}\right)h, jh\right)$ 点上的量 $(u, v, \rho, p)_{i+\frac{1}{2},j}$; 第二分步计算 y 方向的一维问题,结果得到 $\left(\left(i+\frac{1}{2}\right)h, \left(j+\frac{1}{2}\right)h\right)$ 点上的量 $(u, v, \rho, p)_{i+\frac{1}{2},j+\frac{1}{2}}$; 第三分步计算 x 方向,得到 $(u, v, \rho, p)_{i,j+\frac{1}{2}}$; 第四分步计算 y 方向,得到 $(u, v, \rho, p)_{i,j}^{n+1}$. 这样,完成了一个 Δt 步长的计算, 再进行下一步长的计算. 在每一分步计算中,取随机量 θ 的一个值.

边界条件问题. 如果边界与网格线相平行, 那么可以用一维情况处理边界条件的办法来处理. 在固定的 Euler 计算格网中如何处理形状复杂的边界条件问题,对一般的计算方法来说,已是比较麻烦的问题,更不用说随机选取法了.

随机选取法曾用于一维爆轰波的计算，但在企图用于二维爆轰波计算的工作中，遇到了困难．例如，把一点起爆形成的球面爆轰波算成方形的爆轰波．在计算多种介质的问题时，特别当界面两边物质的物理性质（密度，声阻抗）差别很大时，如何把握界面运动算准，这也是很困难的．在诸如此类的一些问题的计算中，随机量的选择仍需要加以进一步研究．此外，随机选取法与 Годунов 方法一样，都需要精确求解 Riemann 问题，而在状态方程形式较复杂，稀疏波区的解析解不存在的情况下，求解 Riemann 问题解的算法尚需研究解决．同时，迭代求解 Riemann 问题占用较多机时，在强稀疏波情况下迭代可能会不收敛等．这些，对于随机选取法的广泛应用都是不利的因素．

第七章　守恒律与守恒型差分格式

§1　守恒律与弱解

Lax (1954, 1957) 将形如

$$\frac{\partial \boldsymbol{u}}{\partial t}+\sum_{\alpha=1}^{d}\frac{\partial \boldsymbol{f}^{(\alpha)}}{\partial x_\alpha}=0 \tag{7.1.1}$$

的一阶方程组称为守恒律（有时也称作守恒形式或散度形式的方程），其中向量 $\boldsymbol{u}=(u^1,\cdots,u^s)^T$ 是 $\boldsymbol{x}=(x_1,\cdots,x_d)$ 和 t 的函数．而 $\boldsymbol{f}^{(\alpha)}$ 则是 $\boldsymbol{x}$、t、$\boldsymbol{u}$ 的 s 维向量函数．这里 d 是空间变量的维数，s 是未知函数的个数．当 $\boldsymbol{f}^{(\alpha)}$ 只依赖于 $\boldsymbol{u}$ 时，方程 (7.1.1) 还可以写成以下的形式：

$$\frac{\partial \boldsymbol{u}}{\partial t}+\sum_{\alpha=1}^{d}A^{(\alpha)}\frac{\partial \boldsymbol{u}}{\partial x_\alpha}=0, \tag{7.1.1$'$}$$

其中 $A^{(\alpha)}$ 是 $\boldsymbol{f}^{(\alpha)}$ 关于未知向量函数 $\boldsymbol{u}$ 的 Jacobi 矩阵，如果对于任意的 d 维实向量 $\boldsymbol{\omega}=(\omega_1,\cdots,\omega_d)$，矩阵 $\sum\limits_{\alpha=1}^{d}A^{(\alpha)}\omega_\alpha$ 有 s 个实特征值，则方程 (7.1.1) 或 (7.1.1)$'$ 称为双曲型方程组，如果这 s 个实特征值彼此互不相等，则方程组 (7.1.1) 或 (7.1.1)$'$ 称为严格双曲型方程组． 在 Descartes 直角坐标系中的可压缩理想流体力学方程组就是一组守恒律． 在 Lagrange 质量坐标系中平面一维流体力学方程组也可以写成守恒律 (7.1.1) 的形式，其中

$$\boldsymbol{u}=(V,u,E)^T,\ \boldsymbol{f}=(-u,p,pu)^T.$$

先研究一维 $(d=1)$ 单个 $(s=1)$ 守恒律

$$\frac{\partial u}{\partial t}+\frac{\partial f(u)}{\partial x}=0,\ -\infty<x<\infty,\ t>0 \tag{7.1.2}$$

满足初始条件

$$u(x, 0) = v(x), \quad -\infty < x < \infty \tag{7.1.3}$$

的 Cauchy 问题的解，设 f 是 u 的连续可微的函数．令

$$\frac{df(u)}{du} = a(u),$$

则方程 (7.1.2) 可以写成

$$\frac{\partial u}{\partial t} + a(u)\frac{\partial u}{\partial x} = 0. \tag{7.1.4}$$

方程 (7.1.2) 或 (7.1.4) 的特征线方程为

$$\frac{dx}{dt} = a(u) \tag{7.1.5}$$

由于在特征线上有

$$\frac{du}{dt} = 0,$$

所以在每一条特征线上 u 是常数，从而推知特征线 (7.1.5) 是直线．根据这些性质，可以对初值问题 (7.1.2)、(7.1.3) 的解作一些分析．

在 x 轴上任取一点 $Q(x_Q, 0)$，经过这一点作特征线

$$l_Q: \ x = x_Q + a_Q t, \tag{7.1.6}$$

其中 $a_Q = a(v_Q)$，$v_Q = v(x_Q)$．如果从 x 轴其它点引出的特征线都不与 l_Q 相交，则有

$$u(x, t) = v(x_Q), \quad (x, t) \in l_Q.$$

此外，在 $t > 0$ 的上半平面内任取一点 $P(x_P, t_P)$，如果过 P 点有唯一的一条特征线 l_P 通过，而且 l_P 与 $t = 0$ 交于 $(x_0, 0)$ 处，则可得

$$u(x_P, t_P) = v(x_0).$$

从这里可以看到，如果过 $t > 0$ 的上半平面的每一点都有唯一的一条不与 x 轴平行的特征线通过，那么初值问题 (7.1.2)、(7.1.3) 就有唯一的解，并且在这个情况下，如果初值函数 $v(x)$ 连续可微，则解 $u(x, t)$ 也连续可微；如果 $v(x)$ 在 $x = \xi$ 处间断，则解 $u(x, t)$ 在沿着通过 $(\xi, 0)$ 的特征线上也间断，因此应当考察对

于问题(7.1.2)、(7.1.3)是否通过 $t>0$ 的上半平面的每一点都有唯一的一条特征线通过.

举一个线性方程

$$\frac{\partial u}{\partial t}+c\frac{\partial u}{\partial x}=0\ (c\text{ 是常数}) \tag{7.1.7}$$

和一个非线性方程

$$\frac{\partial u}{\partial t}+u\frac{\partial u}{\partial x}=0 \tag{7.1.8}$$

为例进行讨论. 初始条件取成

$$v(x)=\begin{cases}1 & x>0\\ -1 & x\leqslant 0\end{cases} \tag{7.1.9}$$

或

$$v(x)=\begin{cases}-1 & x>0\\ 1 & x\leqslant 0.\end{cases} \tag{7.1.10}$$

先看线性方程(7.1.7),它的特征线方程为

$$\frac{dx}{dt}=c.$$

因而它的从 x 轴上各点出发的特征线为一族平行线. 所以过上半平面的每一点 $P(x_P, t_P)$,都有唯一的一条特征线

$$x=c(t-t_P)+x_P$$

通过,它与 x 轴交于 $(x_P-ct_P,\ 0)$ 处. 因而如果初始条件取(7.1.9),则得

$$u(x_P, t_P)=\begin{cases}1, & \text{当 } x_P-ct_P>0,\\ -1, & \text{当 } x_P-ct_P\leqslant 0.\end{cases}$$

如果初始条件取(7.1.10),则有

$$u(x_P, t_P)=\begin{cases}-1, & \text{当 } x_P-ct_P>0\\ 1, & \text{当 } x_P-ct_P\leqslant 0.\end{cases}$$

实际上,对于任意初值函数 $v(x)$,线性方程(7.1.7)的初值问题的解为

$$u(x,t)=v(x-ct). \tag{7.1.11}$$

再来讨论拟线性方程(7.1.8)的解. 它的特征线方程为

$$\frac{dx}{dt}=u.$$

如果初始条件取(7.1.9)，则从正 x 轴上各点引出的特征线是一族斜率为 1 的平行线，而从负 x 轴上各点引出的特征线是一族斜率为 -1 的平行线(参看图 7.1.1)．如果我们分别用 Ω_-, Ω_0, Ω_+ 来表示区域 $x<-t$, $-t<x<t$, $x>t$，则可以看到在区域 Ω_- 和 Ω_+ 中每一点上都有唯一的一条特征线通过，但是这些特征线都不进入区域 Ω_0．如果初始条件取(7.1.10)，则从正 x 轴上各点引出的特征线是一族斜率为 -1 的平行线，而从负 x 轴上各点引出的特征线是一族斜率为 1 的平行线(参看图 7.1.2)．这样，在区域 Ω_-

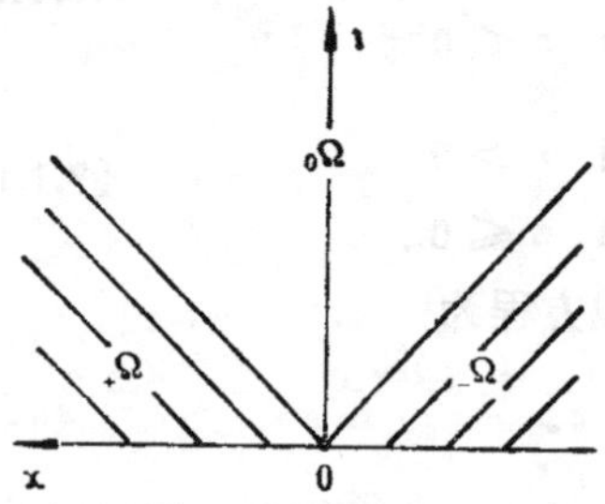

图 7.1.1

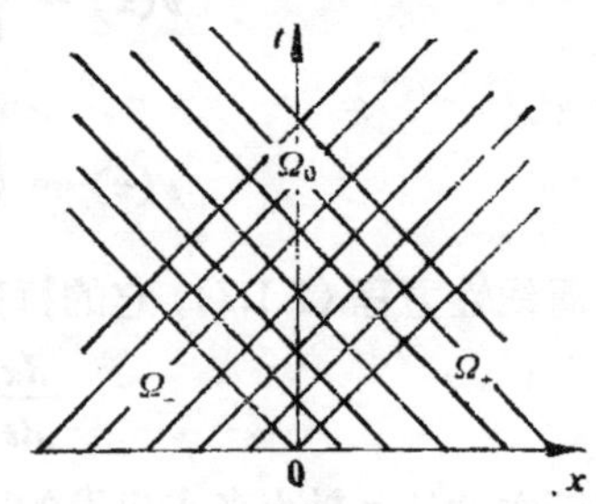

图 7.1.2

和 Ω_+ 中每一点上仍然都有唯一的一条特征线通过，但是在区域 Ω_0 中的每一点上，却有不止一条特征线通过．由此可见，对于非线性方程，在 $t>0$ 的上半平面内确实存在这种区域，在这区域的每一点上有不止一条特征线通过．这种区域的出现并不一定由于初始函数 $v(x)$ 存在间断．事实上，即使初始函数充分光滑，也会出现特征线相交的区域的，例如取

$$v(x)=-\operatorname{th}\frac{x}{\varepsilon} \tag{7.1.12}$$

其中 $\varepsilon>0$ 是任意给定的常数．经过 $(x_Q,0)$ 和 $(-x_Q,0)$ 的特征线分别为

$$x=x_Q-t\cdot\operatorname{th}\frac{x_Q}{\varepsilon},$$

$$x = -x_Q + t \cdot \operatorname{th} \frac{x_Q}{\varepsilon}.$$

不难验证，这两条特征线相交，其交点为 $\left(0, x_Q / \operatorname{th} \frac{x_Q}{\varepsilon}\right)$. 当 $x_Q \to 0$ 时，其交点趋于点 $(0, \varepsilon)$. 因而，对于无穷次可微的初始函数 (7.1.12)，当 $t > \varepsilon$ 时，就出现特征线相交的区域. 看来，为了在这样的区域中定义解，必须要容许解是间断的. 但是对于间断解来说，无法处处满足微分方程. 因而有必要拓广解必须满足的微分方程的古典概念，引进弱解的概念.

在块块连续可微的函数类 K 中，我们给出弱解的三种完全等价的定义：$u(x, t) \in K$ 称为是方程 (7.1.2) 的弱解，如果

(I) 在连续可微区 $u(x, t)$ 是古典解，即满足微分方程 (7.1.2)，而在 $u(x, t)$ 的间断线 $x = \xi(t)$ 上满足关系式

$$\frac{d\xi}{dt} = \frac{f^+ - f^-}{u^+ - u^-}, \tag{7.1.13}$$

其中 u^+ 和 u^- 分别表示 $u(x, t)$ 在间断线上 $(\xi(t), t)$ 点处的右极限和左极限，即

$$u^+ = u(\xi(t) + 0, t), \quad u^- = u(\xi(t) - 0, t),$$

而
$$f^+ = f(u^+), \quad f^- = f(u^-).$$

(II) 对于 $t > 0$ 的半平面上与函数 $u(x, t)$ 的间断线只相交有限个点的任意逐段光滑闭迴路 Γ，$u(x, t)$ 适合以下积分关系式：

$$\int_\Gamma u dx - f dt = 0. \tag{7.1.14}$$

(III) 设 Φ 是具有紧致支集的试验函数集合，即如果 $\varphi(x, t) \in \Phi$，则 φ 是一个在 $t > 0$ 的上半平面中某个有界区域 D 以外 (包括在区域 D 的边界 ∂D 上) 恒等于零的连续可微的函数. 区域 D 称为 φ 的支集，有时用 E_φ 表示. $u(x, t)$ 满足关系式：

$$\iint\limits_{t \geqslant 0} \left[\frac{\partial \varphi}{\partial t} u + \frac{\partial \varphi}{\partial x} f\right] dx dt = 0, \quad \forall \varphi \in \Phi. \tag{7.1.15}$$

如果试验函数集合 Φ_1 内除了 Φ 中的函数外还包括这样的连

续可微的函数 $\varphi(x, t)$，它在 $t \geqslant 0$ 的某个有界区域 D 以及 ∂D 上除了和 $t=0$ 重合的一段以外恒等于零，则当 $u(x, t)$ 满足关系式：

$$\iint_{t>0}\left[\frac{\partial \varphi}{\partial t} u+\frac{\partial \varphi}{\partial x} f\right] d x d t+\int_{-\infty}^{\infty} \varphi(x, 0) v(x) d x=0,$$

$$\forall \varphi \in \Phi_1,$$

就称 $u(x, t)$ 为方程 (7.1.2) 满足初始条件 (7.1.3) 的 Cauchy 问题的弱解.

现在来证明 (I)、(II)、(III) 是等价的，我们只要分别证明 (I) 和 (II)、(I) 和 (III) 是等价的就行了. 下面分四段来证明.

(一) (I) → (II)

设 Γ 是 $t>0$ 上的任意光滑闭迴路 (图 7.1.3)，如果 Γ 所围的区域 D 是 $u(x, t)$ 的连续可微区，那末

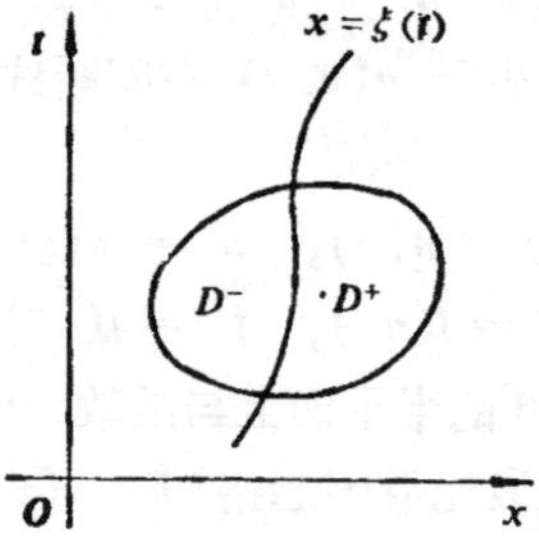

图 7.1.3

$$\int_\Gamma u d x-f d t=-\iint_D\left(\frac{\partial u}{\partial t}+\frac{\partial f}{\partial x}\right) d x d t=0$$

如果 Γ 所围的区域中含有 $u(x, t)$ 的一条间断线 $x=\xi(t)$ 上的一段 γ. γ 与 Γ 有两个交点 $(\xi(t_1), t_1)$ 和 $(\xi(t_2), t_2)$，并假定 $t_1<t_2$. γ 将区域 D 分割成左右两个区域 D^- 和 D^+，γ 作为 ∂D^- 的一部分记作 γ^-，同时 γ 作为 ∂D^+ 的一部分记作 γ^+. 这样就有

$$\int_\Gamma u d x-f d t=\int_{\partial D^- \cup \partial D^+} u d x-f d t-\int_{\gamma^-} u d x-f d t$$

$$-\int_{\Gamma^+} udx - fdt.$$

考虑到在 D^- 和 D^+ 上 $u(x,t)$ 是连续可微的函数，所以上式右边第一个积分等于零，于是得

$$\int_\Gamma udx - fdt = -\int_{t_1}^{t_2}\left(u^- \frac{d\xi}{dt} - f^-\right)dt - \int_{t_2}^{t_1}\left(u^+ \frac{d\xi}{dt} - f^+\right)dt$$

$$= \int_{t_1}^{t_2}\left[(u^+ - u^-)\frac{d\xi}{dt} - (f^+ - f^-)\right]dt.$$

根据 (7.1.13) 也有

$$\int_\Gamma udx - fdt = 0.$$

如果D内包含有限根 $u(x,t)$ 的间断线，则可以同样证明. 这样就推出 (II) 成立.

(二) (II) → (I)

设 $u(x,t)$ 在区域D上连续可微，如果 $u(x,t)$ 满足 (II)，即对于任意区域 $D^*\subset D$ 都有

$$\int_{\partial D^*} udx - fdt = 0$$

则由于

$$\int_{\partial D^*} udx - fdt = -\iint_{D^*}\left(\frac{\partial u}{\partial t} + \frac{\partial f}{\partial x}\right)dxdt,$$

因而对于任意区域 $D^*\subset D$，都有

$$\iint_{D^*}\left(\frac{\partial u}{\partial t} + \frac{\partial f}{\partial x}\right)dxdt = 0.$$

所以在区域D上有

$$\frac{\partial u}{\partial t} + \frac{\partial f}{\partial x} = 0,$$

即 $u(x,t)$ 是古典解.

如果 $u(x,t)$ 在 $x=\xi(t)$ 上间断. 设 $(\xi(t_P), t_P)$ 是间断线上任意一点.令 Γ_δ 为由下列四条曲线 $t=t_P-\delta$, $t=t_P+\delta$, $x=\xi(t)-\varepsilon$, $x=\xi(t)+\varepsilon$ $(\delta>0, \varepsilon>0)$ 所构成的闭迴路.

根据 (II)，应该有

$$\int_{\Gamma_\delta} u dx - f dt = 0,$$

即

$$\int_{t_p-\delta}^{t_p+\delta}\left[u(\xi(t)+\varepsilon, t)\frac{d\xi}{dt} - f(u(\xi(t)+\varepsilon, t))\right]dt$$
$$+\int_{\xi(t_p+\delta)+\varepsilon}^{\xi(t_p+\delta)-\varepsilon} u(x, t_p+\delta)dx + \int_{t_p+\delta}^{t_p-\delta}\left[u(\xi(t)-\varepsilon, t)\frac{\partial\xi}{dt}\right.$$
$$\left.- f(u(\xi(t)-\varepsilon, t))\right]dt + \int_{\xi(t_p-\delta)-\varepsilon}^{\xi(t_p-\delta)+\varepsilon} u(x, t_p-\delta)dx$$
$$= 0.$$

在上式取 $\varepsilon\to 0$ 的极限，便得到

$$\int_{t_p-\delta}^{t_p+\delta}\left(u^+\frac{d\xi}{dt} - f^+\right)dt - \int_{t_p-\delta}^{t_p+\delta}\left(u^-\frac{d\xi}{dt} - f^-\right)dt = 0.$$

由于 t_p 和 δ 都是任意的，故在间断线上一定有

$$(u^+ - u^-)\frac{d\xi}{dt} = f^+ - f^-,$$

这样就推出 (I)。

(三) (I) → (III)

在集合 Φ 中任取一个函数 $\varphi(x, t)$，它的支集为 E_φ。如果 $u(x, t)$ 在 E_φ 上连续可微，则

$$\iint_{t\geqslant 0}\left(\frac{\partial\varphi}{\partial t}u + \frac{\partial\varphi}{\partial x}f\right)dxdt$$
$$= \iint_{E_\varphi}\left[\frac{\partial}{\partial t}\varphi u + \frac{\partial}{\partial x}\varphi f - \varphi\left(\frac{\partial u}{\partial t} + \frac{\partial f}{\partial x}\right)\right]dxdt$$
$$= -\int_{\partial E_\varphi}\varphi(udx - fdt) - \iint_{E_\varphi}\varphi\left(\frac{\partial u}{\partial t} + \frac{\partial f}{\partial x}\right)dxdt = 0.$$

这是因为在 ∂E_φ 上 $\varphi = 0$，而在区域 E_φ 上 u 是古典解，即微分方程 (7.1.2) 成立。

如果区域 E_φ 中含有 $u(x, t)$ 的一条间断线 $x = \xi(t)$ 上的一段 γ，γ 与 ∂E_φ 有两个交点 $(\xi(t_1), t_1)$ 和 $(\xi(t_2), t_2)$，并

假定 $t_1 < t_2$. γ 将区域 E_φ 分割成左右两个区域 E_φ^- 和 E_φ^+. γ 作为 ∂E_φ^- 的一部分记作 γ^-, 同时 γ 作为 ∂E_φ^+ 的一部分记作 γ^+. 这样就有

$$\begin{aligned}
\iint\limits_{t\geqslant 0}\left(\frac{\partial\varphi}{\partial t}u+\frac{\partial\varphi}{\partial x}f\right)dx\,dt &= \iint\limits_{E_\varphi^-}\left(\frac{\partial\varphi}{\partial t}u+\frac{\partial\varphi}{\partial x}f\right)dx\,dt \\
&\quad+\iint\limits_{E_\varphi^+}\left(\frac{\partial\varphi}{\partial t}u+\frac{\partial\varphi}{\partial x}f\right)dx\,dt \\
&= -\int_{\partial E_\varphi^-}\varphi(u\,dx-f\,dt)-\int_{\partial E_\varphi^+}\varphi(u\,dx-f\,dt) \\
&= -\int_{\gamma^-}\varphi(u\,dx-f\,dt)-\int_{\gamma^+}\varphi(u\,dx-f\,dt) \\
&= -\int_{t_1}^{t_2}\varphi(\xi(t),t)\left[u^-\frac{d\xi}{dt}-f^-\right]dt \\
&\quad-\int_{t_2}^{t_1}\varphi(\xi(t),t)\left[u^+\frac{d\xi}{dt}-f^+\right]dt \\
&= \int_{t_1}^{t_2}\varphi(\xi(t),t)\left[(u^+-u^-)\frac{d\xi}{dt}-(f^+-f^-)\right]dt=0.
\end{aligned} \tag{7.1.16}$$

如果 E_φ 含有 $u(x, t)$ 的不止一条间断线,也可以用类似办法推出 (7.1.16) 来. 因而 (III) 成立.

(四) (III) → (I)

比较 (一) 和 (三) 的证明,可以看到它们是完全类似的.因此用类似 (二) 的证明方法就可以证明 (四). 这里就不再重复了.

对于一维守恒律组

$$\frac{\partial \boldsymbol{u}}{\partial t}+\frac{\partial \boldsymbol{f}(\boldsymbol{u})}{\partial x}=0, \tag{7.1.17}$$

我们同样可以在块块连续可微的向量函数类 K 中给出三种弱解的定义来,即如果

(I) 向量函数 $\boldsymbol{u}(x, t) \in K$ 在其连续可微区满足微分方程 (7.1.17)，而在 $\boldsymbol{u}(x, t)$ 的间断线 $x = \xi(t)$ 上满足关系式

$$(\boldsymbol{u}^+ - \boldsymbol{u}^-) \frac{d\xi}{dt} = \boldsymbol{f}^+ - \boldsymbol{f}^-, \tag{7.1.18}$$

其中 $\boldsymbol{u}^+$ 和 $\boldsymbol{u}^-$ 分别表示 $\boldsymbol{u}(x, t)$ 在间断线两侧的右极限和左极限

$$\boldsymbol{f}^+ = \boldsymbol{f}(\boldsymbol{u}^+),\ \boldsymbol{f}^- = \boldsymbol{f}(\boldsymbol{u}^-).$$

(II) 对于 $t > 0$ 半平面上与向量函数 $\boldsymbol{u}(x, t)$ 的间断线只相交有限个点的任意逐段光滑闭迴路 Γ，$\boldsymbol{u}(x, t)$ 适合以下积分关系式

$$\int_\Gamma \boldsymbol{u}dx - \boldsymbol{f}dt = 0. \tag{7.1.19}$$

(III) 设 Φ 是具有紧致支集的试验函数集合. $\boldsymbol{u}(x, t)$ 满足关系式

$$\iint_{t \geq 0} \left[\frac{\partial \varphi}{\partial t} \boldsymbol{u} + \frac{\partial \varphi}{\partial x} \boldsymbol{f}\right] dx dt = 0,\ \forall \varphi \in \Phi. \tag{7.1.20}$$

上面给出了弱解的定义. 但是，需要指出的是：这样定义的弱解是不唯一的. 例如对于任意常数 $a > 1$，定义在 $t \geq 0$ 半平面上的单参数函数族

$$u_a(x, t) = \begin{cases} 1,\ x < -\frac{1}{2}(a-1)t, \\ -a,\ -\frac{1}{2}(a-1)t < x < 0, \\ a,\ 0 < x < \frac{1}{2}(a-1)t, \\ -1,\ x > \frac{1}{2}(a-1)t \end{cases}$$

中的每一个函数都是方程 (7.1.8) 满足初始条件 (7.1.10) 的 Cauchy 问题的弱解. 在这个例子中弱解甚而至于有无穷多个.

§ 2 熵条件与物理解

O. A. Олейник (1959) 提出了所谓的熵条件，并论证了一维

单个守恒律满足熵条件的弱解的唯一性.

设 $u(x,t)$ 是定义在 $t\geqslant 0$ 上半平面的，除了在有限条光滑曲线上间断外的连续可微的函数．将这样的函数集合记作 K_1.

定理 方程 (7.1.2) 的满足初始条件 (7.1.3) 的弱解 $u(x,t)$，如果在其间断线上满足

$$\frac{f(u^-)-f(w)}{u^- - w}\geqslant\frac{f(u^+)-f(u^-)}{u^+ - u^-}$$
$$\geqslant\frac{f(u^+)-f(w)}{u^+ - w},\quad \forall w\in \mathrm{I}, \tag{7.2.1}$$

其中 $\mathrm{I}=(\min\{u^-,u^+\},\ \max\{u^-,u^+\})$，则这样的弱解在函数类 K_1 中是唯一的.

不等式 (7.2.1) 称为熵条件，以后也用 (OE) 表示.

证 为了证明简单起见，我们只就 $v(x)$ 是具有紧致支集的有界函数和弱解也是有界的情况进行讨论．设 $v(x)$ 的支集包含在区间 $[-x_0,x_0]$ 之中，弱解的界为 M_0，即

$$|u(x,t)|<M_0.$$

令 $\sup\limits_{|u|<M_0}|a(u)|=A$，于是对于任意的 $t>0$，$u(x,t)$ 作为 x 的函数也是具有紧致支集的函数，其支集包含在区间 $[-(x_0+At),\ x_0+At]$ 之中.

设 $u(x,t)$ 和 $w(x,t)$ 是在所考虑的函数类中问题(7.1.2)、(7.1.3) 的两个弱解．这两个函数之差在 L_1 中的模可以看成是 t 的函数，记为 $H(t)$，即

$$H(t)=\|u-w\|_{L_1}=\int_{-\infty}^{\infty}|u(x,t)-w(x,t)|dx, \tag{7.2.2}$$

显然有 $H(0)=0$，$H(t)\geqslant 0$.

函数 $H(t)$ 可以写成

$$H(t)=\sum_{m=0}^{M-1}(-1)^m\int_{y_m(t)}^{y_{m+1}(t)}[u(x,t)-w(x,t)]dx$$

的形式，其中 $x=y_0(t)$ 表示直线 $x=-x_0-At$，$x=y_M(t)$ 表

示直线 $x=x_0+At$，而 $x=y_m(t)$ $(m=1、2,\cdots,M-1)$ 是这样的一些曲线，函数 $u(x,t)-w(x,t)$ 在 $y_m(t)$ 的两侧异号，即在 $y_m(t)<x<y_{m+1}(t)$ 中

$$|u(x,t)-w(x,t)|=(-1)^m[u(x,t)-w(x,t)].$$

分别讨论以下两种情况：

(i) 在 $y_m(t)$ 上 $u(x,t)$ 和 $w(x,t)$ 都是连续的．这时就一定有 $u-w=0$，即

$$u(y_m(t),t)=w(y_m(t),t);\tag{7.2.3}$$

(ii) 在 $y_m(t)$ 上 $u(x,t)$ 间断，而 $w(x,t)$ 连续．仍然用 u^- 和 u^+ 表示 u 在间断线左右两侧的极限值． 这时又有两种情况：

(甲) $u^->w>u^+$，这时 m 为奇数；

(乙) $u^+>w>u^-$、这时 m 为偶数．

这时由于 $x=y_m(t)$ 是 $u(x,t)$ 的间断线，所以一定有

$$\frac{dy_m}{dt}=\frac{f(u^+)-f(u^-)}{u^+-u^-}$$

(至于其它情况，例如在 y_m 上 u 和 w 都间断等等，都可仿照讨论情况 (ii) 的方法加以证明)．

现在来求 $H(t)$ 对 t 的导数：

$$\frac{dH}{dt}=\sum_{m=0}^{M-1}(-1)^m\frac{d}{dt}\int_{y_m(t)}^{y_{m+1}(t)}(u-w)dx.$$

由于 u 和 w 都属于 K_1，所以在 $y_m(t)<x<y_{m+1}(t)$ 之间最多只可能还有有限多个间断线． 首先考虑在 $y_m(t)<x<y_{m+1}(t)$ 之间，u 在 $x=z(t)$ 上间断，在其两侧 u 的极限值取 u_z^- 和 u_z^+、而 w 假定是连续的．那么

$$\frac{d}{dt}\int_{y_m(t)}^{y_{m+1}(t)}(u-w)dx$$

$$=\frac{d}{dt}\left[\int_{y_m(t)}^{z(t)}(u-w)dx+\int_{z(t)}^{y_{m+1}(t)}(u-w)dx\right]$$

$$= \int_{y_m(t)}^{z(t)} \frac{\partial}{\partial t}(u-w)dx + \int_{z(t)}^{y_{m+1}(t)} \frac{\partial}{\partial t}(u-w)dx$$

$$+ (u-w)\frac{dx}{dt}\Big|_{x=y_m(t)}^{x=y_{m+1}(t)} - (u_z^+ - u_z^-)\frac{dz}{dt}$$

$$= \int_{y_m(t)}^{z(t)} -\frac{\partial}{\partial x}[f(u)-f(w)]dx + \int_{z(t)}^{y_{m+1}(t)}$$

$$-\frac{\partial}{\partial x}[f(u)-f(w)]dx + (u-w)\frac{dx}{dt}\Big|_{x=y_m(t)}^{x=y_{m+1}(t)}$$

$$-(u_z^+ - u_z^-)\frac{dz}{dt}$$

$$= -\left[f(u)-f(w)-(u-w)\frac{dx}{dt}\right]_{x=y_m(t)}^{x=y_{m+1}(t)}$$

$$+ f(u_z^+) - f(u_z^-) - (u_z^+ - u_z^-)\frac{dz}{dt}.$$

故不论 u 和 w 在 $y_m(t) < x < y_{m+1}(t)$ 之间有多少根间断线，我们总有

$$\frac{dH}{dt} = \sum_{m=0}^{N-1}(-1)^{m+1}\left[f(u)-f(w)-(u-w)\frac{dx}{dt}\right]_{x=y_m(t)}^{x=y_{m+1}(t)}$$

$$= \sum_{m=0}^{M-1}(-1)^m\left\{\left[f(u)-f(w)-(u-w)\frac{dx}{dt}\right]_{x=y_m(t)-0}\right.$$

$$\left.+\left[f(u)-f(w)-(u-w)\frac{dx}{dt}\right]_{x=y_m(t)+0}\right\}.$$

令

$$J_m = (-1)^m\left\{\left[f(u)-f(w)-(u-w)\frac{dx}{dt}\right]_{x=y_m(t)-0}\right.$$

$$\left.+\left[f(u)-f(w)-(u-w)\frac{dx}{dt}\right]_{x=y_m(t)+0}\right\}.$$

对于情况 (i)，由于 (7.2.3)，故得

$$J_m = 0.$$

在讨论情况 (ii) 之前，先将 J_m 的形式变换成下列形式

$$J_m = (-1)^m \cdot 2(u^+ - w)\left[\frac{f(u^+)-f(w)}{u^+ - w}\right.$$

$$-\frac{f(u^+)-f(u^-)}{u^+-u^-}\Big];$$

或者，还可以变换成

$$J_m=(-1)^m\cdot 2(w-u^-)\Big[\frac{f(u^+)-f(u^-)}{u^+-u^-}-\frac{f(w)-f(u^-)}{w-u^-}\Big].$$

因此对于情况 (ii 甲)，即当 m 为奇数时，就有

$$J_m=2(w-u^+)\Big[\frac{f(u^+)-f(w)}{u^+-w}-\frac{f(u^+)-f(u^-)}{u^+-u^-}\Big],$$

或

$$J_m=2(u^--w)\Big[\frac{f(u^+)-f(u^-)}{u^+-u^-}-\frac{f(w)-f(u^-)}{w-u^-}\Big].$$

对于情况 (ii 乙)，即当 m 为偶数时，则有

$$J_m=2(u^+-w)\Big[\frac{f(u^+)-f(w)}{u^+-w}-\frac{f(u^+)-f(u^-)}{u^+-u^-}\Big],$$

或

$$J_m=2(w-u^-)\Big[\frac{f(u^+)-f(u^-)}{u^+-u^-}-\frac{f(w)-f(u^-)}{w-u^-}\Big].$$

因而如果

$$\frac{f(u^+)-f(w)}{u^+-w}\leqslant\frac{f(u^+)-f(u^-)}{u^+-u^-},\ \forall w\in I,\tag{7.2.4}$$

或它的等价形式

$$\frac{f(u^+)-f(u^-)}{u^+-u^-}\leqslant\frac{f(w)-f(u^-)}{w-u^-},\ \forall w\in I\tag{7.2.5}$$

成立，则 $J_m\leqslant 0$. 如果对于每一个 m，当 u 间断时，都有 (7.2.4) 或 (7.2.5) 成立，则得

$$\frac{dH}{dt}\leqslant 0.$$

从 H 的定义和 $H(0)=0$ 就可以推出

$$H(t)=0\quad 当\ t\geqslant 0.$$

这样，条件 (7.2.4) 或 (7.2,5) 就保证了在函数类 K_1 中，弱解在 L_1

范数意义下是唯一的. 而条件 (7.2.4) 或 (7.2.5) 正是 Олейник 的熵条件 (7.2.1). 定理证完.

我们以后将满足 (OE) 的弱解称为物理解或广义解.

下面对熵条件 (OE) 作一些解释和分析.

在 (u, y) 平面上考察曲线 $y=f(u)$, 当 $u^+ < w < u^-$ 时, (OE) 可以写成

$$f(w) \leqslant \frac{u^- - w}{u^- - u^+} f(u^+) + \frac{w - u^+}{u^- - u^+} f(u^-). \qquad (7.2.6)$$

这正表示曲线 $f(u)$ 在区间 $I=(u^+, u^-)$ 上位于联结 (u^+, f^+) 和 (u^-, f^-) 两点的直线的下面(参看图 7.2.1),而当 $u^- < w < u^+$ 时, (OE) 可以写成

$$f(w) \geqslant \frac{u^+ - w}{u^+ - u^-} f(u^-) + \frac{w - u^-}{u^+ - u^-} f(u^+). \qquad (7.2.7)$$

这表示曲线 $f(u)$ 在区间 $I=(u^-, u^+)$ 上位于联结 (u^-, f^-) 和 (u^+, f^+) 两点的直线的上面(参看图 7.2.2).

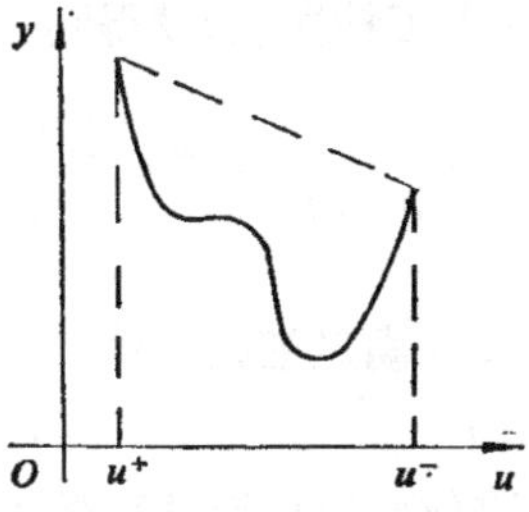

图 7.2.1

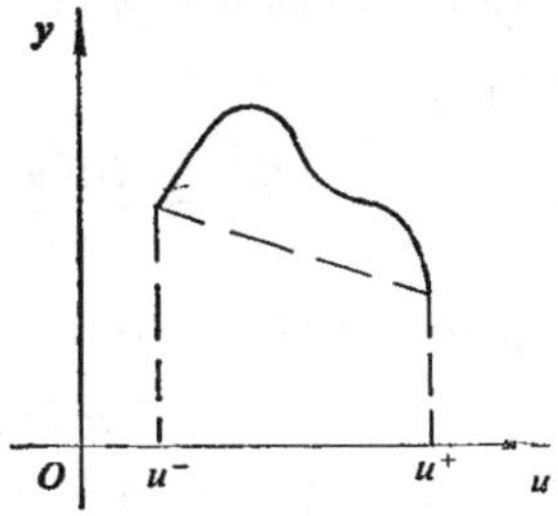

图 7.2.2

熵条件中的 $\dfrac{f(u^+) - f(u^-)}{u^+ - u^-}$ 是间断传播的速度,用 S 表示.在 (7.2.1) 左边令 $w \to u^-$, 同时在 (7.2.1) 右边令 $w \to u^+$, 则得

$$a(u^-) \geqslant S \geqslant a(u^+), \qquad (7.2.8)$$

这可以理解为间断线两侧的特征线都走向间断线. 不等式 (7.2.8) 是 (OE) 的一个直接的推论,有时也当作熵条件,记作 (CE).

当 f 二阶连续可微并 $f''(u)$ 在区间 I 上不变号时, 熵条件特

别简单．如果 $f''(u)<0$，这时 $a(u)=f'(u)$ 是单调减的，从 (CE) 就推出 $u^-<u^+$．又由于 $f''<0$，故对于任意的 $w\in I$，(7.2.7) 成立，即 (OE) 成立．因此当 $f''(u)<0$ 时，我们就可以推出

$$(OE)\to(CE)\to u^-<u^+\to(OE).$$

这样就得到一组等价的熵条件．同时，当 $f''(u)>0$ 时，也可顺序推出

$$(OE)\to(CE)\to u^+<u^-\to(OE),$$

也得到一组等价的熵条件．

物理解不仅是唯一的，而且在 L_1 范数意义上是连续依赖于初始条件的，即是稳定的．这是因为如果 $H(0)<\varepsilon$，则由于 (OE) 成立，故有 $\dfrac{dH}{dt}\leqslant 0$，故得

$$H(t)<\varepsilon \text{ 当 } t>0.$$

物理解还可以用人工粘性消失法得到．如果在方程 (7.1.2) 的右端加上一个带小参数的二阶导数项（人工粘性项）就得到一个抛物型方程

$$\frac{\partial u_\varepsilon}{\partial t}+\frac{\partial f(u_\varepsilon)}{\partial x}=\varepsilon\frac{\partial^2 u_\varepsilon}{\partial x^2},\quad \varepsilon>0. \tag{7.2.9}$$

定理 如果当 $\varepsilon\to 0$ 时，方程 (7.2.9) 满足初始条件

$$u_\varepsilon(x,0)=v(x) \tag{7.2.10}$$

的解 $u_\varepsilon(x,t)$ 一致有界且几乎处处收敛到块块连续可微的函数 $u(x,t)$，则 $u(x,t)$ 是 (7.1.2)、(7.1.3) 的物理解．

证 为了证明的简单起见，在下面我们假设 $f(u)$ 是充分光滑的函数，并且 (7.2.9) 和 (7.2.10) 存在唯一的连续可微的解 $u_\varepsilon(x,t)$．

首先证明 $u(x,t)$ 是 (7.1.2), (7.1.3) 的弱解．由于 $u_\varepsilon(x,t)$ 几乎处处有界收敛到 $u(x,t)$，故 $u_\varepsilon(x,t)$ 弱收敛于 $u(x,t)$，即

$$\lim_{\varepsilon\to 0}\iint\limits_{t\geqslant 0}\varphi(x,t)u_\varepsilon(x,t)\,dx\,dt$$

$$= \iint_{t\geq 0} \varphi(x, t)u(x, t)dxdt \quad \forall \varphi \in \Phi_1,$$

并且如果 $H(u)$ 是 u 的连续可微函数，则 $H(u_\varepsilon)$ 也弱收敛于 $H(u)$，这是因为

$$\left|\iint_{t\geq 0} \varphi(x, t)H(u_\varepsilon)dxdt - \iint_{t\geq 0} \varphi(x, t)H(u)dxdt\right|$$

$$= \left|\iint_{E_\varphi} \varphi(x, t)[H(u_\varepsilon) - H(u)]dxdt\right|$$

$$\leqslant \sup|\varphi| \cdot \sup|H'(\tilde{u})| \cdot \iint_{E_\varphi} |u_\varepsilon - u|dxdt,$$

其中 $\tilde{u}$ 是介于 u_ε 和 u 之间的量，而右边最后一个积分可以任意小。

将任意的 $\varphi \in \Phi_1$ 乘 (7.2.9) 的两端，然后在 $t \geqslant 0$ 上积分，得

$$\iint_{t\geq 0} \left(\varphi \frac{\partial u_\varepsilon}{\partial t} + \varphi \frac{\partial f(u_\varepsilon)}{\partial x}\right) dxdt = \iint_{t\geq 0} \varepsilon\varphi \frac{\partial^2 u_\varepsilon}{\partial x^2} dxdt.$$

由于 u_ε 连续可微，所以左边可以改写一下成为

$$\iint_{t\geq 0} \left\{\frac{\partial \varphi u_\varepsilon}{\partial t} + \frac{\partial \varphi f(u_\varepsilon)}{\partial x} - \left[u_\varepsilon \frac{\partial \varphi}{\partial t} + f(u_\varepsilon)\frac{\partial \varphi}{\partial x}\right]\right\} dxdt$$

$$= \iint_{t\geq 0} \varepsilon\varphi \frac{\partial^2 u_\varepsilon}{\partial x^2} dxdt,$$

作分部积分，便有

$$-\int_{-\infty}^{\infty} \varphi(x, 0)u_\varepsilon(x, 0)dx - \iint_{t\geq 0} \left[u_\varepsilon \frac{\partial \varphi}{\partial t} + f(u_\varepsilon)\frac{\partial \varphi}{\partial x}\right] dxdt$$

$$= \varepsilon \iint_{t\geq 0} u_\varepsilon \frac{\partial^2 \varphi}{\partial x^2} dxdt.$$

当 $\varepsilon \to 0$ 时，就得到

$$\iint_{t\geq 0} \left[u \frac{\partial \varphi}{\partial t} + f(u)\frac{\partial \varphi}{\partial x}\right] dxdt$$

$$+ \int_{-\infty}^{\infty} \varphi(x, 0)v(x)dx = 0 \quad \forall \varphi \in \Phi_1$$

这正符合 $u(x, t)$ 是 (7.1.2) 满足 (7.1.3) 的 Cauchy 问题的弱解的定义.

下面再证明极限函数 $u(x, t)$ 满足熵条件 (OE). 在方程 (7.2.9) 两端乘以有界的非减函数 $h(u_\varepsilon)$, 则得

$$h(u_\varepsilon)\frac{\partial u_\varepsilon}{\partial t}+h(u_\varepsilon)\frac{\partial f(u_\varepsilon)}{\partial x}=\varepsilon h(u_\varepsilon)\frac{\partial^2 u_\varepsilon}{\partial x^2}. \tag{7.2.11}$$

令

$$I(u)=\int_{s_0}^{u}h(s)ds,\quad F(u)=\int_{s_0}^{u}h(s)f'(s)ds,$$

其中 s_0 是任意给定的常数. 由于

$$\frac{\partial^2 I}{\partial x^2}=\frac{\partial}{\partial x}h(u)\frac{\partial u}{\partial x}=h(u)\frac{\partial^2 u}{\partial x^2}+\frac{\partial h}{\partial u}\left(\frac{\partial u}{\partial x}\right)^2,$$

故 (7.2.11) 为

$$\frac{\partial I(u_\varepsilon)}{\partial t}+\frac{\partial F(u_\varepsilon)}{\partial x}=\varepsilon\frac{\partial^2 I(u_\varepsilon)}{\partial x^2}-\varepsilon h'(u_\varepsilon)\left(\frac{\partial u_\varepsilon}{\partial x}\right)^2. \tag{7.2.12}$$

在 (7.2.12) 两边乘上任意的非负的试验函数 $\varphi\in\Phi$, 然后在 $t\geqslant 0$ 上积分得

$$\iint_{t\geqslant 0}\left[\varphi\frac{\partial I(u_\varepsilon)}{\partial t}+\varphi\frac{\partial F(u_\varepsilon)}{\partial x}\right]dxdt$$
$$=\varepsilon\iint_{t\geqslant 0}\varphi\frac{\partial^2 I(u_\varepsilon)}{\partial x^2}dxdt-\varepsilon\iint_{t\geqslant 0}\varphi h'(u_\varepsilon)\left(\frac{\partial u_\varepsilon}{\partial x}\right)^2dxdt.$$

和前面一样可以推出

$$-\iint_{t\geqslant 0}\left[I(u_\varepsilon)\frac{\partial\varphi}{\partial t}+F(u_\varepsilon)\frac{\partial\varphi}{\partial x}\right]dxdt$$
$$=\varepsilon\iint_{t\geqslant 0}I(u_\varepsilon)\frac{\partial^2\varphi}{\partial x^2}dxdt-\varepsilon\iint_{t\geqslant 0}\varphi h'(u_\varepsilon)\left(\frac{\partial u_\varepsilon}{\partial x}\right)^2dxdt. \tag{7.2.13}$$

右边第一项由于 φ 的支集是一个有限区域, u_ε 有界, 故当 $\varepsilon\to 0$ 时是趋于零的; 右边第二项由于 φ 和 h' 都是非负的, 故积分是非负的. 因而当 $\varepsilon\to 0$ 时, 方程 (7.2.13) 趋于

$$\iint\limits_{t\geqslant 0}\left[I(u)\frac{\partial\varphi}{\partial t}+F(u)\frac{\partial\varphi}{\partial x}\right]dxdt\geqslant 0.$$

设 $x=\xi(t)$ 是 $u(x,t)$ 的间断线. 取闭迴路 Γ, 它所围成的区域D中包含有 $x=\xi(t)$ 的一段 γ, γ 将D分为左右两个区域 D^- 和 D^+, 在这两个区域内 $u(x,t)$ 是连续可微的, 因而在 D^- 和 D^+ 中分别有

$$\frac{\partial I(u)}{\partial t}+\frac{\partial F(u)}{\partial x}=h(u)\left[\frac{\partial u}{\partial t}+\frac{\partial f(u)}{\partial x}\right]=0.$$

对于所有支集 $E_\varphi\subseteq D$ 的非负试验函数$\varphi\in\Phi$都有

$$\int_{\partial D^-}\varphi[I(u)dx-F(u)dt]+\int_{\partial D^+}\varphi[I(u)dx-F(u)dt]\leqslant 0$$

或

$$\int_{t_1}^{t_2}\varphi\left[I(u^-)\frac{d\xi}{dt}-F(u^-)\right]dt$$

$$-\int_{t_1}^{t_2}\varphi\left[I(u^+)\frac{d\xi}{dt}-F(u^+)\right]dt\leqslant 0,$$

这里 t_1, t_2 是γ与Γ的两个交点的纵坐标, 并有 $t_1<t_2$. 由于Γ是任意取的, 也即 t_1, t_2 是任意的, 所以在整个间断线 $x=\xi(t)$ 上有

$$[I(u^+)-I(u^-)]\frac{d\xi}{dt}\geqslant F(u^+)-F(u^-). \quad (7.2.14)$$

现在取 $s_0=-\infty$,

$$h(s)=\begin{cases}0, & \text{当 } s<w,\\ 1, & \text{当 } s>w,\end{cases}$$

则得

$$I(u)=\begin{cases}0, & \text{当 } u<w,\\ u-w, & \text{当 } u\geqslant w,\end{cases}$$

$$F(u)=\begin{cases}0, & \text{当 } u<w,\\ f(u)-f(w), & \text{当 } u\geqslant w.\end{cases}$$

因而当 $u^-<u^+$ 时, 从 (7.2.14) 推出

$$(u^+-w)\frac{f(u^+)-f(u^-)}{u^+-u^-}\geqslant f(u^+)-f(w),\ \forall w\in I,$$

这正是熵条件 (7.2.4). 当 $u^+ < u^-$ 时, 就推出

$$-(u^- - w)\frac{f(u^+) - f(u^-)}{u^+ - u^-} \geqslant -[f(u^-) - f(w)]\ \forall w \in I,$$

这就是熵条件 (7.2.5). 这样就证明了极限函数 $u(x, t)$ 是满足 (OE) 的. 定理证完.

对于多维 $(d > 1)$ 双曲型方程

$$\frac{\partial u}{\partial t} + \sum_{\alpha=1}^{d} \frac{d}{dx_\alpha} f_\alpha(x, t, u) + g(x, t, u) = 0,\ x \in R^d,\ t \in (0, T], \tag{7.2.15}$$

其中

$$\frac{df_\alpha(x, t, u)}{dx_\alpha} = \frac{\partial f_\alpha(x, t, u)}{\partial x_\alpha} + \frac{\partial f_\alpha(x, t, u)}{\partial u}\frac{\partial u}{\partial x_\alpha},$$

满足初始条件 $$u(x, 0) = v(x) \quad x \in R^d \tag{7.2.16}$$

的 Cauchy 问题, С. Н. Кружков (1970) 在有界可测函数类中定义物理解为满足以下两个条件的函数 $u(x, t)$:

1° 对于任意常数 k 和任意的非负的试验函数 $\varphi(x, t) \in \Phi$, 都有

$$\iint_{\Pi_T} \operatorname{sgn}(u(x, t) - k)\Big\{(u - k)\frac{\partial \varphi}{\partial t} + \sum_{\alpha=1}^{d}[f_\alpha(x, t, u) - f_\alpha(x, t, k)]\frac{\partial \varphi}{\partial x_\alpha} - \Big[\sum_{\alpha=1}^{d}\frac{\partial}{\partial x_\alpha} f_\alpha(x, t, k) + g(x, t, u)\Big]\varphi\Big\}\, dx dt \geqslant 0 \tag{7.2.17}$$

其中积分区域 Π_T 为 $\{(x, t) | x \in R^d,\ 0 \leqslant t \leqslant T\}$, φ 的支集 $E_\varphi \subset \Pi_T$;

2° 在区间 $[0, T]$ 上存在一个测度为零的集合 ε, 当 $t \in [0, T]\backslash\varepsilon$ 时, 函数 $u(x, t)$在 R^d 上几乎处处有定义, 并对任意的球 $K_r = \{|x| < r\} \subset R^d$

$$\lim_{\substack{t\to 0\\ t\in[0,T]\setminus\varepsilon}} \int_{K_r} |u(x, t) - v(x)|\,dx = 0 \qquad (7.2.18)$$

按照 C. H. Кружков 的定义，当物理解 $u(x, t)$ 是分区连续可微函数时，在间断面上对任意的常数 k，有以下不等式成立：

$$\operatorname{sgn}(u^+ - k)\Big\{(u^+ - k)\cos(\boldsymbol{\nu}, t) + \sum_{\alpha=1}^{d}[f_\alpha(x, t, u^+) - f_\alpha(x, t, k)]\cos(\boldsymbol{\nu}, x_\alpha)\Big\}$$
$$\leqslant \operatorname{sgn}(u^- - k)\Big\{(u^- - k)\cos(\boldsymbol{\nu}, t) + \sum_{\alpha=1}^{d}[f_\alpha(x, t, u^-) - f_\alpha(x, t, k)]\cos(\boldsymbol{\nu}, x_\alpha)\Big\}, \qquad (7.2.19)$$

其中 u^+、u^- 是间断两侧函数的极限值，$\boldsymbol{\nu}$ 是间断面上的法线方向，规定从 u^- 指向 u^+ 的方向为正方向. 不等式 (7.2.19) 可直接从 (7.2.17) 得出. 设 (x_p, t_p) 是间断面上的某一点. 对于任意的 k，选择区域 D 使 (x_p, t_p) 为 D 的内点. 包含在 D 内的间断面的部分用 γ 表示，γ 将 D 分为两个区域 D^- 和 D^+，对于任意的非负试验函数 $\varphi(x, t)$，如果它的支集 $E_\varphi \subset D$，并 $(x_p, t_p) \in E_\varphi$，则根据 (7.2.17) 有

$$\iint_{D^-\cup D^+} \operatorname{sgn}(u - k)\Big\{(u - k)\frac{\partial\varphi}{\partial t} + \sum_{\alpha=1}^{d}[f_\alpha(x, t, u) - f_\alpha(x, t, k)]\frac{\partial\varphi}{\partial x_\alpha} - \Big[\sum_{\alpha=1}^{d}\frac{\partial}{\partial x_\alpha}f_\alpha(x, t, k) + g(x, t, u)\Big]\varphi\Big\}\,dx\,dt \geqslant 0. \qquad (7.2.20)$$

将 (7.2.20) 左端分别在 D^- 和 D^+ 上求积分，得

$$\iint_{D^-} \operatorname{sgn}(u - k)\Big\{(u - k)\frac{\partial\varphi}{\partial t} + \sum_{\alpha=1}^{d}[f_\alpha(x, t, u) - f_\alpha(x, t, k)]\frac{\partial\varphi}{\partial x_\alpha} - \Big[\sum_{\alpha=1}^{d}\frac{\partial}{\partial x_\alpha}f_\alpha(x, t, k)$$

$$
+g(x,t,u)\Big]\varphi\Big\}dxdt
$$

$$
\begin{aligned}
=\iint_{D^-}\operatorname{sgn}(u-k)\Big\{&\frac{\partial}{\partial t}(u-k)\varphi-\varphi\frac{\partial}{\partial t}(u-k)\\
&+\sum_{\alpha=1}^{d}\frac{d}{dx_\alpha}[f_\alpha(x,t,u)-f_\alpha(x,t,k)]\varphi\\
&-\varphi\sum_{\alpha=1}^{d}\frac{d}{dx_\alpha}[f_\alpha(x,t,u)-f_\alpha(x,t,k)]\\
&-\varphi\Big[\sum_{\alpha=1}^{d}\frac{\partial}{\partial x_\alpha}f_\alpha(x,t,k)+g(x,t,u)\Big]\Big\}dxdt
\end{aligned}
$$

$$
\begin{aligned}
=\iint_{D^-}\operatorname{sgn}(u-k)\Big\{&\frac{\partial}{\partial t}(u-k)\varphi\\
&+\sum_{\alpha=1}^{d}\frac{d}{dx_\alpha}[f_\alpha(x,t,u)-f_\alpha(x,t,k)]\varphi\\
&-\varphi\Big[\frac{\partial u}{\partial t}+\sum_{\alpha=1}^{d}\frac{d}{dx_\alpha}f_\alpha(x,t,u)+g(x,t,u)\Big]\Big\}dxdt
\end{aligned}
$$

$$
\begin{aligned}
=\iint_{\partial D^-}\operatorname{sgn}(u-k)\Big\{&(u-k)\cos(\boldsymbol{n},t)\\
&+\sum_{\alpha=1}^{d}[f_\alpha(x,t,u)-f_\alpha(x,t,k)]\cos(\boldsymbol{n},x_\alpha)\Big\}\varphi d\sigma,
\end{aligned}
$$

其中 $\boldsymbol{n}$ 是 ∂D^- 的外法线方向，$d\sigma$ 是 ∂D^- 上的面元．由于 φ 在 ∂D 上等于零，所以 (7.2.20) 左端在 D^- 上的积分等于

$$
\begin{aligned}
\iint_{\gamma}\operatorname{sgn}(u^--k)\Big\{&(u^--k)\cos(\boldsymbol{n},t)\\
&+\sum_{\alpha=1}^{d}[f_\alpha(x,t,u^-)-f_\alpha(x,t,k)]\cos(\boldsymbol{n},x_\alpha)\Big\}\varphi d\sigma.
\end{aligned}
$$

同样 (7.2.20) 左端在 D^+ 上的积分等于

$$
\iint_{\gamma}\operatorname{sgn}(u^+-k)\Big\{(u^+-k)\cos(\boldsymbol{n}',t)
$$

$$+\sum_{\alpha=1}^{d}[f_\alpha(x,t,u^+)-f_\alpha(x,t,k)]\cos(\boldsymbol{n}',x_\alpha)\Big\}\varphi d\sigma,$$

其中 $\boldsymbol{n}'$ 是 ∂D^+ 的外法线方向. 显然在 γ 上 $\boldsymbol{n}$ 与 $\boldsymbol{n}'$ 正好反向. 根据前面关于 $\boldsymbol{\nu}$ 的正向的规定可知 $\boldsymbol{\nu}=\boldsymbol{n}$. 于是 (7.2.20) 就化为

$$\begin{aligned}\iint_\gamma \Big\{&\mathrm{sgn}(u^- - k)\Big[(u^- - k)\cos(\boldsymbol{\nu},t)\\ &+\sum_{\alpha=1}^{d}\{f_\alpha(x,t,u^-)-f_\alpha(x,t,k)\}\cos(\boldsymbol{\nu},x_\alpha)\Big]\\ &-\mathrm{sgn}(u^+ - k)\Big[(u^+ - k)\cos(\boldsymbol{\nu},t)\\ &+\sum_{\alpha=1}^{d}\cdot\{f_\alpha(x,t,u^+)-f_\alpha(x,t,k)\}\cos(\boldsymbol{\nu},x_\alpha)\Big]\Big\}\\ &\times\varphi d\sigma\geqslant 0.\end{aligned}$$

由于 φ 是任意的非负的试验函数,故推出 (7.2.19) 来.

对于一维的情况 (即当 $d=1$), 从 (7.2.19) 可以推出(OE) 来. 当 $u^- < u^+$ 时, 对任意的 $k\in(u^-,u^+)$, 不等式 (7.2.19) 可以写成

$$\begin{aligned}&(u^+ - k)\cos(\boldsymbol{\nu},t)+[f(u^+)-f(k)]\cos(\boldsymbol{\nu},x)\\ &\leqslant(k-u^-)\cos(\boldsymbol{\nu},t)-[f(u^-)-f(k)]\cos(\boldsymbol{\nu},x).\end{aligned}\tag{7.2.21}$$

由于 $\boldsymbol{\nu}$ 的指向与 x 轴方向一致,故 $|(\boldsymbol{\nu},x)|<\dfrac{\pi}{2}$. 将(7.2.20)两边除以 $\cos(\boldsymbol{\nu},x)$, 考虑到

$$\frac{d\xi}{dt}=-\frac{\cos(\boldsymbol{\nu},t)}{\cos(\boldsymbol{\nu},x)},$$

故得

$$\begin{aligned}&-(u^+ - k)\frac{f(u^+)-f(u^-)}{u^+ - u^-}+f(u^+)-f(k)\\ &\leqslant-(k-u^-)\frac{f(u^+)-f(u^-)}{u^+ - u^-}-[f(u^-)-f(k)].\end{aligned}$$

经过化简，可得

$$f(u^-)-f(k)\leqslant(u^- - k)\frac{f(u^+)-f(u^-)}{u^+-u^-}.$$

这正是 (7.2.5). 同样，当 $u^+<u^-$ 时，对任意的 $k\in(u^+,u^-)$，不等式 (7.2.19) 就可化成 (7.2.4). 因而就证明了从 (7.2.19) 可以推出 (OE) 来.

最后我们来讨论一维双曲型方程组的熵条件. 假定一维守恒律组

$$\frac{\partial \boldsymbol{u}}{\partial t}+\frac{\partial \boldsymbol{f}(\boldsymbol{u})}{\partial x}=0 \tag{7.2.22}$$

是严格双曲型方程组，则矩阵

$$A(\boldsymbol{u})=\frac{\partial(f^1,\cdots,f^s)}{\partial(u^1,\cdots,u^s)}$$

有 s 个不相同的实特征值，按大小排列为

$$\lambda_1(\boldsymbol{u})<\lambda_2(\boldsymbol{u})<\cdots<\lambda_s(\boldsymbol{u}).$$

由微分方程

$$\frac{dx}{dt}=\lambda_k(\boldsymbol{u})\quad k=1,2,\cdots,s$$

定义的曲线称为方程 (7.2.22) 的 k 一特征线.

Lax (1957) 称方程组 (7.2.22) 的弱解中的一个强间断为击波，如果对于间断线 $x=\xi(t)$，存在某一个 $k(1\leqslant k\leqslant s)$，使得下列不等式成立

$$\lambda_{k-1}(u^-)<\frac{d\xi}{dt}<\lambda_k(u^-),$$

$$\lambda_k(u^+)<\frac{d\xi}{dt}<\lambda_{k+1}(u^+). \tag{7.2.23}$$

这时间断线 $x=\xi(t)$ 称为 k 击波. 从不等式 (7.2.23) 显然可看出有

$$\lambda_k(\boldsymbol{u}^+)<\frac{d\xi}{dt}<\lambda_k(\boldsymbol{u}^-),$$

这个不等式相当于单个方程的熵条件 (CE).

Euler 坐标系中的一维流体力学方程组

$$\frac{\partial \rho}{\partial t}+\frac{\partial}{\partial x}\rho u=0,$$

$$\frac{\partial \rho u}{\partial t}+\frac{\partial}{\partial x}(\rho u^2+p)=0,$$

$$\frac{\partial \rho E}{\partial t}+\frac{\partial}{\partial x}(\rho E u+pu)=0$$

有三条特征线:

$$\frac{dx}{dt}=u-c,\qquad \frac{dx}{dt}=u,\qquad \frac{dx}{dt}=u+c,$$

其中 c 是声速. 因此有三种可能的间断:

(i) $S<u^- - c^-,\qquad u^+ - c^+ < S < u^+;$

(ii) $u^- - c^- < S < u^-,\ u^+ < S < u^+ + c^+;$

(iii) $u^- < S < u^- + c^-,\ u^+ + c^+ < S,$

其中 S 是间断传播的速度. 情况 (i) 和 (iii) 分别对应于向左和向右的击波. 如果在不等式 (7.2.23) 中允许等号成立, 即间断可以是沿特征线传播的,则情况 (ii) 对应于接触间断. 从 (iii) 可看出

$$S-u^- < c^-,\ S-u^+ > c^+,$$

即击波速度相对于波后粒子速度是亚声速的, 而相对于波前是超声速的. 这一事实等价于过击波熵是增加的. 因此不等式 (7.2.23) 也称为熵条件.

Lax (1971) 指出,在很多情况下, 方程组 (7.2.22) 的所有光滑解,还能满足附加的守恒律

$$\frac{\partial U}{\partial t}+\frac{\partial F}{\partial x}=0, \tag{7.2.24}$$

其中 $U=U(\boldsymbol{u})$, $F=F(\boldsymbol{u})$ 称为熵函数与熵通量. 现在来看在什么情况下, 满足 (7.2.24) 的 U 和 F 是存在的. 将 (7.2.24) 微分出来得

$$\sum_{i=1}^{s} U_i \frac{\partial u^i}{\partial t}+\sum_{i=1}^{s} F_i \frac{\partial u^i}{\partial x}=0, \tag{7.2.25}$$

这里(直到本节末)函数的下标 j 表示该函数对 u^j 的偏导数，即

$$U_j = \frac{\partial U}{\partial u^j}.$$

同样,记

$$U_{jk} = \frac{\partial^2 U}{\partial u^j \partial u^k}.$$

利用 (7.2.22) 将 (7.2.25) 中的 $\frac{\partial u^j}{\partial t}$ 代掉,得

$$\sum_{j=1}^{s} U_j \left(-\sum_{l=1}^{s} f_l^j \frac{\partial u^l}{\partial x}\right) + \sum_{l=1}^{s} F_l \frac{\partial u^l}{\partial x} = 0,$$

因此,如果方程组

$$\sum_{j=1}^{s} U_j f_l^j = F_l,\ l = 1, 2, \cdots, s \tag{7.2.26}$$

有解,则从 (7.2.22) 可推出一个附加的守恒律 (7.2.24). 但一般说来,当 $s > 2$ 时, (7.2.26) 是一个只含两个未知函数 U 和 F 的 s 个方程的超定解问题,因而是无解的. Годунов (1961) 曾经给出了存在满足 (7.2.26) 的熵函数 U 和熵通量 F 的充分条件.

定理 如果方程组 (7.2.22) 可以通过一个变量变换 $\boldsymbol{u} = \boldsymbol{u}(\boldsymbol{v})$ 变为一个对称双曲型方程组,即形如

$$P \frac{\partial \boldsymbol{v}}{\partial t} + B \frac{\partial \boldsymbol{v}}{\partial x} = 0 \tag{7.2.27}$$

的方程组,其中 P 是正定对称矩阵, B 是对称矩阵,则一定存在两个函数 $q(\boldsymbol{v})$ 与 $p(\boldsymbol{v})$ 分别满足

$$q_v = \boldsymbol{u}^T, \tag{7.2.28}$$

$$p_v = \boldsymbol{f}^T, \tag{7.2.29}$$

这里用 q_v 和 p_v 分别表示 q 和 p 对 $\boldsymbol{v}$ 的梯度 $\left(\frac{\partial q}{\partial v^1}, \cdots, \frac{\partial q}{\partial v^s}\right)$ 和 $\left(\frac{\partial p}{\partial v^1}, \cdots, \frac{\partial p}{\partial v^s}\right)$, 并且 q 是 $\boldsymbol{v}$ 的凸函数. 这样,如果令

$$U(\boldsymbol{u}) = \boldsymbol{u}^T \boldsymbol{v} - q(\boldsymbol{v}), \tag{7.2.30}$$

$$F(\boldsymbol{u}) = f^T \boldsymbol{v} - p(\boldsymbol{v}), \tag{7.2.31}$$

则U和F满足方程组(7.2.26)，并且U是$\boldsymbol{u}$的凸函数.

证 经过变量变换 $\boldsymbol{u}=\boldsymbol{u}(\boldsymbol{v})$，方程组(7.2.22)可以写成

$$\frac{\partial \boldsymbol{u}}{\partial \boldsymbol{v}}\frac{\partial \boldsymbol{v}}{\partial t}+\frac{\partial f}{\partial \boldsymbol{v}}\frac{\partial \boldsymbol{v}}{\partial x}=0,$$

这里 $\frac{\partial u}{\partial v}$ 和 $\frac{\partial f}{\partial v}$ 分别表示向量函数 $\boldsymbol{u}(\boldsymbol{v})$ 和 $\boldsymbol{f}(\boldsymbol{u}(\boldsymbol{v}))$ 对向量 $\boldsymbol{v}$ 的 Jacobi 矩阵. 根据假设，

$$\frac{\partial \boldsymbol{u}}{\partial \boldsymbol{v}}=P \text{ 和 } \frac{\partial f}{\partial v}=B$$

都是对称矩阵. 因此，$\boldsymbol{u}$ 和 $\boldsymbol{f}$ 作为 $\boldsymbol{v}$ 的函数，都应是对于 $\boldsymbol{v}$ 的梯度，即存在函数 $q(\boldsymbol{v})$ 与 $p(\boldsymbol{v})$ 使得(7.2.28)和(7.2.29)成立. 同时，由于 $\frac{\partial u}{\partial v}$ 是正定矩阵，所以函数 $q(\boldsymbol{v})$ 是凸函数. 从而推出映射 $\boldsymbol{v}\rightarrow q_v=\boldsymbol{u}^T$ 是一一对应的，即 $\boldsymbol{v}$ 可以解出为$\boldsymbol{u}$的函数：

$$\boldsymbol{v}=\boldsymbol{v}(\boldsymbol{u}).$$

求(7.2.30)和(7.2.31)所定义的U和F对$\boldsymbol{u}$的梯度，得

$$U_u=\boldsymbol{v}^T+\boldsymbol{u}^T\frac{\partial v}{\partial u}-q_v\frac{\partial v}{\partial u}=\boldsymbol{v}^T,$$

$$F_u=\boldsymbol{v}^T\frac{\partial f}{\partial u}+\boldsymbol{f}^T\frac{\partial v}{\partial u}-p_v\frac{\partial v}{\partial u}=v^T\frac{\partial f}{\partial u}.$$

这样就有

$$U_u\frac{\partial f}{\partial u}=\boldsymbol{v}^T\frac{\partial f}{\partial u}=F_u,$$

这正是(7.2.26).

下面证明U是 $\boldsymbol{u}$ 的凸函数. U实际上可以看成是q的 Legendre 变换

$$U(\boldsymbol{u})=\max_{\boldsymbol{v}}[\boldsymbol{u}^T\boldsymbol{v}-q(\boldsymbol{v})]. \tag{7.2.32}$$

由于 $q(\boldsymbol{v})$ 是 $\boldsymbol{v}$ 的凸函数，故(7.2.32)中右端方括号内的表达式有唯一的极大值，在极大点处对$\boldsymbol{v}$的梯度为零，即

$$[\boldsymbol{u}^T\boldsymbol{v}-q(\boldsymbol{v})]_v=u^T-q_v=0,$$

这正是(7.2.28). 故 $U(\boldsymbol{u})$ 的表达式(7.2.32)和(7.2.30)是等价

的. 设 α、β 是两个常数, $\alpha+\beta=1$, 则有

$$\begin{aligned} U(\alpha \boldsymbol{u}_1+\beta \boldsymbol{u}_2) &= \max_{\boldsymbol{v}}[(\alpha \boldsymbol{u}_1+\beta \boldsymbol{u}_2)^T \boldsymbol{v}-q(\boldsymbol{v})] \\ &\leqslant \max_{\boldsymbol{v}}[\alpha(\boldsymbol{u}_1^T \boldsymbol{v}-q)+\beta(\boldsymbol{u}_2^T \boldsymbol{v}-q)] \\ &\leqslant \alpha \max_{\boldsymbol{v}}[\boldsymbol{u}_1^T \boldsymbol{v}-q(\boldsymbol{v})]+\beta \max_{\boldsymbol{v}}[\boldsymbol{u}_2^T \boldsymbol{v}-q(\boldsymbol{v})] \\ &= \alpha U(\boldsymbol{u}_1)+\beta U(\boldsymbol{u}_2), \end{aligned}$$

故 U 是 $\boldsymbol{u}$ 的凸函数. 定理证完.

Mock 曾经证明了逆定理也成立 (参见 Harten, Lax (1981)) 即有

定理 假设方程组 (7.2.22) 的所有光滑解还满足附加的守恒律 (7.2.24), 即存在满足方程组 (7.2.26) 的凸熵函数 $U(\boldsymbol{u})$ 与熵通量 $F(\boldsymbol{u})$, 则变量变换

$$\boldsymbol{v}^T = U_{\boldsymbol{u}} \tag{7.2.33}$$

将方程组 (7.2.22) 对称化,

证 从 U 的凸性的假设推出映射 $\boldsymbol{u}\to U_{\boldsymbol{u}}$ 是一一对应的, 因而从 (7.2.33) 可以解出 $\boldsymbol{u}$ 是 $\boldsymbol{v}$ 的函数. 现在需证明 $\dfrac{\partial u}{\partial v}$ 和 $\dfrac{\partial f}{\partial v}$ 是对称矩阵, 定义

$$\begin{aligned} \tilde{q}(\boldsymbol{v}) &= \boldsymbol{v}^T \boldsymbol{u}-U(\boldsymbol{u}), \\ \tilde{p}(\boldsymbol{v}) &= \boldsymbol{v}^T \boldsymbol{f}-F(\boldsymbol{u}), \end{aligned}$$

将 $\tilde{q}$ 与 $\tilde{p}$ 分别对 $\boldsymbol{v}$ 求梯度, 得

$$\begin{aligned} \tilde{q}_v &= \boldsymbol{v}^T \frac{\partial u}{\partial v}+\boldsymbol{u}^T-U_u \frac{\partial u}{\partial v}=\boldsymbol{u}^T, \\ \tilde{p}_v &= \boldsymbol{f}^T+\boldsymbol{v}^T \frac{\partial f}{\partial u} \frac{\partial u}{\partial v}-F_u \frac{\partial u}{\partial v} \\ &= \boldsymbol{f}^T+U_u \frac{\partial f}{\partial u} \frac{\partial u}{\partial v}-F_u \frac{\partial u}{\partial v}=\boldsymbol{f}^T, \end{aligned}$$

故 $\dfrac{\partial u}{\partial v}$ 和 $\dfrac{\partial f}{\partial v}$ 都是对称矩阵.

最后要证明 $\dfrac{\partial u}{\partial v}$ 是正定的, 这只要证明 $\tilde{q}$ 是凸函数即可, 和前面一样可以证明 $\tilde{q}(\boldsymbol{v})$ 是 $U(\boldsymbol{u})$ 的 Legendre 变换, 从而也得

出 $\tilde{q}(\boldsymbol{v})$ 是凸函数．定理证完．

如果方程组 (7.2.22) 是对称双曲型方程组，即具有 (7.2.27) 的形式，其中 $\boldsymbol{v}=\boldsymbol{u}$，$P$ 是单位矩阵，

$$B=\frac{\partial f}{\partial u}$$

是对称矩阵．这时从 (7.2.28) 可得到

$$q(\boldsymbol{u})=\frac{1}{2}\boldsymbol{u}^T\boldsymbol{u},$$

因此容易推出熵函数与熵通量为

$$U(\boldsymbol{u})=\frac{1}{2}\boldsymbol{u}^T\boldsymbol{u},\quad F(\boldsymbol{u})=\boldsymbol{u}^T\boldsymbol{f}-p,$$

其中 $p_u=\boldsymbol{f}^T$．同样，单个守恒律 (7.1.2) 的所有光滑解也一定满足附加的守恒律 (7.2.24)，其中

$$U(u)=\frac{1}{2}u^2,$$

$$F(u)=uf-\int_0^u f(\xi)d\xi=\int_0^u \xi f'(\xi)d\xi. \tag{7.2.34}$$

在单个守恒律的讨论中，曾指出加上人工粘性项的方程的解的极限是物理解．对于方程组，如果也在 (7.2.22) 右端加上人工粘性项，则得抛物型方程组

$$\frac{\partial \boldsymbol{u}_\varepsilon}{\partial t}+\frac{\partial \boldsymbol{f}(\boldsymbol{u}_\varepsilon)}{\partial x}=\varepsilon\frac{\partial^2\boldsymbol{u}_\varepsilon}{\partial x^2},\quad \varepsilon>0. \tag{7.2.35}$$

不难证明，如果当 $\varepsilon\to 0$ 时，(7.2.35) 的解 $\boldsymbol{u}_\varepsilon(x,t)$ 一致有界，几乎处处收敛到极限 $\boldsymbol{u}(x,t)$，则 $\boldsymbol{u}(x,t)$ 一定是弱解．Lax(1971) 还证明了以下的定理．

定理 如果对于守恒律组 (7.2.22) 的所有光滑解，还满足附加的守恒律 (7.2.24)，而且 U 是 $\boldsymbol{u}$ 的严格凸函数．如果(7.2.35)的解 $\boldsymbol{u}_\varepsilon(x,t)$ 当 $\varepsilon\to 0$ 时几乎处处有界收敛到 $\boldsymbol{u}(x,t)$，则一定有以下不等式成立

$$\frac{\partial U(\boldsymbol{u})}{\partial t}+\frac{\partial F(\boldsymbol{u})}{\partial x}\leqslant 0, \tag{7.2.36}$$

这里对 t 和对 x 的导数是广义导数，即对于任意的非负试验函数 $\varphi\in\Phi$ 都有

$$-\iint\limits_{t\geqslant 0}\left(U\frac{\partial\varphi}{\partial t}+F\frac{\partial\varphi}{\partial x}\right)dx\,dt\leqslant 0,\qquad(7.2.37)$$

不等式 (7.2.36) 或 (7.2.37) 称为熵不等式.

证 将 (7.2.35) 两端与 U' 作内积得

$$\sum_{j=1}^{s}\left(U_j\frac{\partial u_\varepsilon^j}{\partial t}+U_j\frac{\partial f^j}{\partial x}\right)=\varepsilon\sum_{j=1}^{s}U_j\frac{\partial^2u_\varepsilon^j}{\partial x^2}.$$

由于

$$\sum_{j=1}^{s}U_j\frac{\partial f^j}{\partial x}=\sum_{j=1}^{s}U_j\sum_{l=1}^{s}f_l^j\frac{\partial u_\varepsilon^l}{\partial x}$$
$$=\sum_{l=1}^{s}F_l\frac{\partial u_\varepsilon^l}{\partial x}=\frac{\partial F}{\partial x},$$

故得

$$\frac{\partial U}{\partial t}+\frac{\partial F}{\partial x}=\varepsilon\sum_{j=1}^{s}U_j\frac{\partial^2u_\varepsilon^j}{\partial x^2}.\qquad(7.2.38)$$

考虑到

$$\frac{\partial^2U}{\partial x^2}=\frac{\partial}{\partial x}\left[\sum_{j=1}^{s}U_j\frac{\partial u_\varepsilon^j}{\partial x}\right]=\sum_{j=1}^{s}U_j\frac{\partial^2u_\varepsilon^j}{\partial x^2}$$
$$+\sum_{j,l=1}^{s}U_{jl}\frac{\partial u_\varepsilon^j}{\partial x}\frac{\partial u_\varepsilon^l}{\partial x},$$

并且 U'' 是正定的,即有

$$\frac{\partial^2U}{\partial x^2}\geqslant\sum_{j=1}^{s}U_j\frac{\partial^2u_\varepsilon^j}{\partial x^2}$$

代入 (7.2.38) 便得

$$\frac{\partial U}{\partial t}+\frac{\partial F}{\partial x}\leqslant\varepsilon\frac{\partial^2U}{\partial x^2}.\qquad(7.2.39)$$

当 $\varepsilon\to 0$ 时, (7.2.39) 右边趋于零, 故得熵不等式 (7.2.36). 定理证完.

从熵不等式 (7.2.36) 或 (7.2.37) 可推出. 在 $\boldsymbol{u}(x,t)$ 的间断

线 $x=\xi(t)$ 上有

$$(U^- - U^+)\frac{\partial \xi}{dt} - (F^- - F^+) \leqslant 0, \qquad (7.2.40)$$

其中 $U^\pm = U(\boldsymbol{u}^\pm)$, $F^\pm = F(\boldsymbol{u}^\pm)$, 用推导 (7.1.16) 的方法可得

$$\iint_{t>0}\left(\frac{\partial\varphi}{\partial t}U + \frac{\partial\varphi}{\partial x}F\right)dx\,dt$$
$$= \int_{t_1}^{t_2}\varphi(\xi(t), t)\left[(U^+ - U^-)\frac{d\xi}{dt}\right.$$
$$\left. - (F^+ - F^-)\right]dt, \ \forall\varphi \geqslant 0, \ \varphi \in \Phi.$$

从 (7.2.37) 立即可得; (7.2.40); 反之也然.

对于单个一维守恒律,当 f'' 不变号时,如果取熵函数和熵通量为 (7.2.34), 则熵不等式 (7.2.36) 与 (OE) 是等价的. 将 (7.2.34) 代入 (7.2.40), 则得

$$\frac{1}{2}(u^- - u^+)(u^- + u^+)\frac{f^- - f^+}{u^- - u^+} \leqslant u^- f^- - u^+ f^+$$
$$- \int_{u^+}^{u^-} f(\xi)d\xi.$$

移项后得

$$\frac{1}{2}(u^+ - u^-)(f^+ + f^-) \leqslant \int_{u^-}^{u^+} f(\xi)d\xi. \qquad (7.2.41)$$

当 $f'' < 0$ 时, 从 (7.2.41) 可推出一定有 $u^- < u^+$, 这正是(OE). 当 $f'' > 0$ 时,将 (7.2.41) 改写成

$$\frac{1}{2}(u^- - u^+)(f^+ + f^-) \geqslant \int_{u^+}^{u^-} f(\xi)d\xi, \qquad (7.2.42)$$

就看出一定有 $u^+ < u^-$, 即 (OE) 成立. 反过来,如果 (OE) 成立, 当 $u^+ < u^-$ 时, $f(u)$ 在 (u^+, f^+) 和 (u^-, f^-) 的连线的下面,故有 (7.2.42) 成立;同样,当 $u^- < u^+$ 时,有 (7.2.41) 成立.从这两个形式上不同, 但内容完全一样的不等式就可以推出熵函数和熵通量 (7.2.34) 满足熵不等式 (7.2.40). 这样,从 (OE), 不必假定 f'' 不变号,就可推出 (7.2.40) 来.

§3 守恒型差分格式

从守恒律出发,容易建立守恒型差分格式.

先讨论一维单个守恒律 (7.1.2) 满足初始条件 (7.1.3) 的差分格式. 设空间步长和时间步长分别取作 h 和 τ, 记 $x_j=jh$, $t^n=n\tau$, 差分近似解记作 u_j^n, 表示 (x_j, t^n) 处的值. 差分格式

$$u_j^{n+1}=G(u_{j-l}^n, u_{j-l+1}^n, \cdots, u_{j+l}^n) \tag{7.3.1}$$

称为守恒型差分格式,如果其中

$$G(u_{j-l}^n, u_{j-l+1}^n, \cdots, u_{j+1}^n)=u_j^n-\frac{\tau}{h}(g_{j+\frac{1}{2}}^n-g_{j-\frac{1}{2}}^n), \tag{7.3.2}$$

同时存在一个含 $2l$ 个宗标的函数 g, 使得,

$$g_{j+\frac{1}{2}}^n=g(u_{j-l+1}^n, u_{j-l+2}^n, \cdots, u_{j+l}^n). \tag{7.3.3}$$

为了使 (7.3.1) 和 (7.1.2) 是相容的,则 g 必须满足

$$g(w, w, \cdots, w)=f(w). \tag{7.3.4}$$

Lax, Wendroff (1960) 证明了下列关于守恒型差分格式的一条定理.

定理 设守恒型差分格式 (7.3.1) 和方程 (7.1.2) 是相容的. 如果当 h、τ 趋于零时, (7.3.1) 满足初始条件

$$u_j^0=v(jh)$$

的解一致有界, 几乎处处收敛到函数 $u(x, t)$, 则 $u(x, t)$ 是 (7.1.2)、(7.1.3) 的一个弱解.

证 根据 (7.3.2), 守恒型差分格式 (7.3.1) 可以写成

$$\frac{u_j^{n+1}-u_j^n}{\tau}+\frac{g_{j+\frac{1}{2}}^n-g_{j-\frac{1}{2}}^n}{h}=0. \tag{7.3.5}$$

设 $\varphi\in\Phi_1$ 是任意的试验函数, 记 $\varphi_j^n=\varphi(jh, n\tau)$. 将 φ_j^n 乘 (7.3.5), 再对所有的 j 和 n 求和,则得

$$\sum_{n=0}^{\infty}\sum_{j=-\infty}^{\infty}\varphi_j^n\left[\frac{u_j^{n+1}-u_j^n}{\tau}+\frac{g_{j+\frac{1}{2}}^n-g_{j-\frac{1}{2}}^n}{h}\right]h\tau=0.$$

经过附标的变换，上式可写成

$$\sum_{n=1}^{\infty}\sum_{j=-\infty}^{\infty}\frac{\varphi_j^{n-1}-\varphi_j^n}{\tau}u_j^n h\tau-\sum_{j=-\infty}^{\infty}\varphi_j^0 v(jh)h$$

$$+\sum_{n=0}^{\infty}\sum_{j=-\infty}^{\infty}\frac{\varphi_j^n-\varphi_{j+1}^n}{h}g_{j+\frac{1}{2}}^n h\tau=0. \qquad (7.3.6)$$

当 h、τ 趋于零时，由于 u_j^n 一致有界并几乎处处收敛于 $u(x,t)$，同时当 $h\to 0$ 时，$g_{j+\frac{1}{2}}^n$ 的值就趋于 $g(u_j^n,u_j^n,\cdots,u_j^n)=f(u_j^n)$，故 (7.3.6) 趋于积分关系式

$$\iint_{t\geqslant 0}\left[\frac{\partial\varphi}{\partial t}u+\frac{\partial\varphi}{\partial x}f(u)\right]dx\,dt+\int_{-\infty}^{\infty}\varphi(x,0)v(x)dx=0,$$

所以 $u(x,t)$ 是初值问题 (7.1.2)、(7.1.3) 的一个弱解，定理证完.

对于多维 ($d>1$) 守恒律组 (7.1.1) 也可以类似地定义守恒型差分格式. 并且上述 Lax-Wendroff 定理对于多维守恒律的守恒型差分格式也同样成立.

著名的 Lax-Friedrichs 格式

$$\frac{u_j^{n+1}-\frac{1}{2}(u_{j+1}^n+u_{j-1}^n)}{\tau}+\frac{f(u_{j+1}^n)-f(u_{j-1}^n)}{2h}=0 \qquad (7.3.7)$$

是守恒律 (7.1.2) 的一个守恒型差分格式. 因为格式 (7.3.7) 相当于 (7.3.1)—(7.3.3) 中取 $l=1$，函数

$$g(a,b)=\frac{1}{2}[f(a)+f(b)]-\frac{1}{2}\frac{h}{\tau}(b-a).$$

容易验证，函数 g 是满足相容性条件的.

六十年代以来，从守恒律出发建立了一系列的高阶精确度的守恒型差分格式. 这里所谓的高阶精确度格式是一种显式格式，而它的截断误差对 τ 和 h 都至少是二阶的. 在这方面比较典型的是 Lax, Wendroff (1960, 1964) 提出的二阶精确度格式(下面简称 L-W 格式). 对于一维双曲型方程组

$$\frac{\partial \boldsymbol{u}}{\partial t}+\frac{\partial \boldsymbol{f}}{\partial x}=0 \tag{7.3.8}$$

或其等价形式

$$\frac{\partial \boldsymbol{u}}{\partial t}+A\frac{\partial \boldsymbol{u}}{\partial x}=0,\ A\equiv\frac{\partial(f^1,\cdots,f^s)}{\partial(u^1,\cdots,u^s)} \tag{7.3.9}$$

的 L-W 格式的建立是从对时间 t 的 Taylor 级数展开出发的:

$$\boldsymbol{u}(x,t+\tau)=\boldsymbol{u}(x,t)+\tau\frac{\partial}{\partial t}\boldsymbol{u}(x,t)+\frac{\tau^2}{2}\frac{\partial^2}{\partial t^2}\boldsymbol{u}(x,t)+O(\tau^3). \tag{7.3.10}$$

根据方程 (7.3.8) 或 (7.3.9) 可将 $\boldsymbol{u}$ 对 t 的一阶、二阶偏导数用对 x 的偏导数来代替,即有

$$\frac{\partial \boldsymbol{u}}{\partial t}=-\frac{\partial \boldsymbol{f}}{\partial x}, \tag{7.3.11}$$

$$\begin{aligned}\frac{\partial^2 \boldsymbol{u}}{\partial t^2}&=-\frac{\partial}{\partial t}\frac{\partial \boldsymbol{f}}{\partial x}=-\frac{\partial}{\partial x}A\frac{\partial \boldsymbol{u}}{\partial t}\\&=\frac{\partial}{\partial x}A\frac{\partial \boldsymbol{f}}{\partial x}=\frac{\partial}{\partial x}A^2\frac{\partial \boldsymbol{u}}{\partial x}.\end{aligned} \tag{7.3.12}$$

将 (7.3.11) 和 (7.3.12) 代入 (7.3.10),并用差商逼近微商,则得 (7.3.8) 或 (7.3.9) 的 L-W 格式:

$$\begin{aligned}\boldsymbol{u}_j^{n+1}=&\ \boldsymbol{u}_j^n-\frac{\tau}{2h}(\boldsymbol{f}_{j+1}^n-\boldsymbol{f}_{j-1}^n)\\&+\frac{1}{2}\left(\frac{\tau}{h}\right)^2[A_{j+\frac{1}{2}}^n(\boldsymbol{f}_{j+1}^n-\boldsymbol{f}_j^n)\\&-A_{j-\frac{1}{2}}^n(\boldsymbol{f}_j^n-\boldsymbol{f}_{j-1}^n)]\end{aligned} \tag{7.3.13}$$

或者写成

$$\begin{aligned}\boldsymbol{u}_j^{n+1}=&\ \boldsymbol{u}_j^n-\frac{\tau}{2h}(\boldsymbol{f}_{j+1}^n-\boldsymbol{f}_{j-1}^n)\\&+\frac{1}{2}\left(\frac{\tau}{h}\right)^2[(A_{j+\frac{1}{2}}^n)^2(\boldsymbol{u}_{j+1}^n-\boldsymbol{u}_j^n)\\&-(A_{j-\frac{1}{2}}^n)^2(\boldsymbol{u}_j^n-\boldsymbol{u}_{j-1}^n)],\end{aligned} \tag{7.3.14}$$

其中

$$A_{j+\frac{1}{2}}^n = A\left(\frac{u_j^n + u_{j+1}^n}{2}\right).$$

格式 (7.3.13) 和 (7.3.14) 的截断误差为 $O(h^2) + O(\tau^2)$，因而是高阶精确度的.关于 L-W 格式的稳定性，当 A 是常数矩阵时，可用 Fourier 方法进行讨论. 这时 (7.3.13) 或 (7.3.14) 的增长矩阵为

$$I - i\frac{\tau}{h}\sin\xi A - \frac{\tau^2}{h^2}(1-\cos\xi)A^2,\quad \xi = mh. \tag{7.3.15}$$

假定 (7.3.8) 是严格双曲型方程组，即矩阵 A 有 s 个互异的特征值 λ_1、λ_2、$\cdots$，λ_s，则增长矩阵的特征值 $\mu_1, \mu_2, \cdots, \mu_s$ 为

$$\mu_l = 1 - i\frac{\tau}{h}\lambda_l\sin\xi - \frac{\tau^2}{h^2}(1-\cos\xi)\lambda_l^2,$$

$$l = 1, 2, \cdots, s.$$

从而得

$$|\mu_l|^2 = 1 - \left(\frac{\tau}{h}\right)^2 \lambda_l^2(1-\cos\xi)^2\left[1 - \left(\frac{\tau}{h}\right)^2\lambda_l^2\right]. \tag{7.3.16}$$

如果令 $\Lambda = \max|\lambda_l|$，则 L-W 格式稳定的必要条件为

$$\frac{\tau}{h}\Lambda \leqslant 1. \tag{7.3.17}$$

由于 L-W 格式的增长矩阵 (7.3.15) 的特征向量与矩阵 A 的特征向量相同，同时 A 的特征向量当然是与 $\frac{\tau}{h}$、ξ 无关的，并且以 A 的每一个特征向量的分量作为一列元素的矩阵行列式是不等于零的常数，所以条件 (7.3.17) 也是常系数 L-W 格式稳定的充分条件.

二维守恒律组

$$\frac{\partial \boldsymbol{u}}{\partial t} + \frac{\partial \boldsymbol{f}}{\partial x} + \frac{\partial \boldsymbol{g}}{\partial y} = 0$$

或其等价形式

$$\frac{\partial \boldsymbol{u}}{\partial t} + A\frac{\partial \boldsymbol{u}}{\partial x} + B\frac{\partial \boldsymbol{u}}{\partial y} = 0$$

的 L-W 格式的建立仍然是利用 Taylor 展开式 (7.3.10)，只是现在

$$\frac{\partial \boldsymbol{u}}{\partial t}=-\frac{\partial \boldsymbol{f}}{\partial x}-\frac{\partial \boldsymbol{g}}{\partial y}=-A\frac{\partial \boldsymbol{u}}{\partial x}-B\frac{\partial \boldsymbol{u}}{\partial y},$$

$$\begin{aligned}\frac{\partial^2 \boldsymbol{u}}{\partial t^2}&=\frac{\partial}{\partial t}\left(-\frac{\partial \boldsymbol{f}}{\partial x}-\frac{\partial \boldsymbol{g}}{\partial y}\right)\\&=-\frac{\partial}{\partial x}A\frac{\partial \boldsymbol{u}}{\partial t}-\frac{\partial}{\partial y}B\frac{\partial \boldsymbol{u}}{\partial t}\\&=\frac{\partial}{\partial x}A\frac{\partial \boldsymbol{f}}{\partial x}+\frac{\partial}{\partial x}A\frac{\partial \boldsymbol{g}}{\partial y}\\&\quad+\frac{\partial}{\partial y}B\frac{\partial \boldsymbol{f}}{\partial x}+\frac{\partial}{\partial y}B\frac{\partial \boldsymbol{g}}{\partial y}.\end{aligned}$$

将这两个式子代入 (7.3.10)，并离散化得

$$\begin{aligned}\boldsymbol{u}_{j,k}^{n+1}=&\boldsymbol{u}_{j,k}^{n}-\frac{\tau}{2h_x}(\boldsymbol{f}_{j+1,k}^{n}-\boldsymbol{f}_{j-1,k}^{n})-\frac{\tau}{2h_y}(\boldsymbol{g}_{j,k+1}^{n}-\boldsymbol{g}_{j,k-1}^{n})\\&+\frac{1}{2}\left(\frac{\tau}{h_x}\right)^2[A_{j+\frac{1}{2},k}^{n}(\boldsymbol{f}_{j+1,k}^{n}-\boldsymbol{f}_{j,k}^{n})-A_{j-\frac{1}{2},k}^{n}(\boldsymbol{f}_{j,k}^{n}-\boldsymbol{f}_{j-1,k}^{n})]\\&+\frac{1}{2}\left(\frac{\tau}{h_y}\right)^2[B_{j,k+\frac{1}{2}}^{n}(\boldsymbol{g}_{j,k+1}^{n}-\boldsymbol{g}_{j,k}^{n})-B_{j,k-\frac{1}{2}}^{n}(\boldsymbol{g}_{j,k}^{n}-\boldsymbol{g}_{j,k-1}^{n})]\\&+\frac{1}{8}\frac{\tau^2}{h_xh_y}[A_{j+\frac{1}{2},k}^{n}(\boldsymbol{g}_{j+1,k+1}^{n}+\boldsymbol{g}_{j,k+1}^{n}-\boldsymbol{g}_{j+1,k-1}^{n}-\boldsymbol{g}_{j,k-1}^{n})\\&-A_{j-\frac{1}{2},k}^{n}(\boldsymbol{g}_{j,k+1}^{n}+\boldsymbol{g}_{j-1,k+1}^{n}-\boldsymbol{g}_{j,k-1}^{n}-\boldsymbol{g}_{j-1,k-1}^{n})]\\&+\frac{1}{8}\frac{\tau^2}{h_xh_y}[B_{j,k+\frac{1}{2}}^{n}(\boldsymbol{f}_{j+1,k+1}^{n}+\boldsymbol{f}_{j+1,k}^{n}-\boldsymbol{f}_{j-1,k+1}^{n}-\boldsymbol{f}_{j-1,k}^{n})\\&-B_{j,k-\frac{1}{2}}^{n}(\boldsymbol{f}_{j+1,k}^{n}+\boldsymbol{f}_{j+1,k-1}^{n}-\boldsymbol{f}_{j-1,k}^{n}-\boldsymbol{f}_{j-1,k-1}^{n})]\end{aligned}\tag{7.3.18}$$

其中 h_x 和 h_y 分别是 x 方向和 y 方向的步长，

$$A_{j+\frac{1}{2},k}^{n}=A\left(\frac{\boldsymbol{u}_{j+1,k}^{n}+\boldsymbol{u}_{j,k}^{n}}{2}\right),$$

$$B_{j,k+\frac{1}{2}}^{n}=B\left(\frac{\boldsymbol{u}_{j,k+1}^{n}+\boldsymbol{u}_{j,k}^{n}}{2}\right).$$

当 A、B 是实对称常数矩阵时，Lax，Wendroff (1964) 曾经推出格式 (7.3.18) 稳定的条件是

$$\left(\frac{\tau}{h_x}A\right)^2 \leqslant \frac{1}{8}I, \quad \left(\frac{\tau}{h_y}B\right)^2 \leqslant \frac{1}{8}I.$$

Burstein (1963) 曾经将 L-W 格式用到流体力学方程组上,计算狭窄通道的冲击波流,得到了较好的结果. 但是 L-W 格式中多次出现矩阵和向量的乘积,因而计算量是比较大的. Richtmyer (1963) 和 Burstein (1967) 先后提出了两步法的守恒型差分格式. 这种格式和 L-W 格式相比减少了计算量,放宽了稳定性条件,而截断误差保持是二阶的,即仍然是高阶精确度格式.

Burstein 格式的第一步为

$$\begin{aligned}\boldsymbol{u}^{n+1}_{j+\frac{1}{2},k+\frac{1}{2}} &= \frac{1}{4}(\boldsymbol{u}^n_{j+1,k+1} + \boldsymbol{u}^n_{j,k+1} + \boldsymbol{u}^n_{j,k} + \boldsymbol{u}^n_{j+1,k}) \\ &\quad - \frac{\tau}{2h_x}(\boldsymbol{f}^n_{j+1,k+1} - \boldsymbol{f}^n_{j,k+1} + \boldsymbol{f}^n_{j+1,k} - \boldsymbol{f}^n_{j,k}) \\ &\quad - \frac{\tau}{2h_y}(\boldsymbol{g}^n_{j+1,k+1} - \boldsymbol{g}^n_{j+1,k} + \boldsymbol{g}^n_{j,k+1} - \boldsymbol{g}^n_{j,k}).\end{aligned}$$

第二步为

$$\begin{aligned}\boldsymbol{u}^{n+1}_{j,k} = \boldsymbol{u}^n_{j,k} &- \frac{\tau}{4h_x}(\boldsymbol{f}^n_{j+1,k} - \boldsymbol{f}^n_{j-1,k} + \boldsymbol{f}^{n+1}_{j+\frac{1}{2},k+\frac{1}{2}} \\ &- \boldsymbol{f}^{n+1}_{j-\frac{1}{2},k+\frac{1}{2}} + \boldsymbol{f}^{n+1}_{j+\frac{1}{2},k-\frac{1}{2}} - \boldsymbol{f}^{n+1}_{j-\frac{1}{2},k-\frac{1}{2}}) \\ &- \frac{\tau}{4h_y}(\boldsymbol{g}^n_{j,k+1} - \boldsymbol{g}^n_{j,k-1} + \boldsymbol{g}^{n+1}_{j+\frac{1}{2},k+\frac{1}{2}} - \boldsymbol{g}^{n+1}_{j+\frac{1}{2},k-\frac{1}{2}} \\ &+ \boldsymbol{g}^{n+1}_{j-\frac{1}{2},k+\frac{1}{2}} - \boldsymbol{g}^{n+1}_{j-\frac{1}{2},k-\frac{1}{2}}).\end{aligned}$$

Burstein (1967) 利用这个格式计算了包含一个脱体击波在内的定常超声速流. 他采用了解定常问题的时间相关法,即是解非定常流体力学方程组,加上适当的人为粘性项,计算到充分大的时间 t,得到稳定的解就是定常问题的解.

在空气动力学研究中经常采用的 MacCormack (1970) 格式也是一种高阶精确度的二步的守恒型差分格式. 对于一维单个守恒律 (7.1.2), MacCormack 格式的第一步是

$$\tilde{u}_j = u_j^n - \frac{\tau}{h}(f_{j+1}^n - f_j^n), \tag{7.3.19}$$

第二步为

$$u_j^{n+1} = \frac{1}{2}(\tilde{u}_j + u_j^n) - \frac{\tau}{2h}(\tilde{f}_j - \tilde{f}_{j-1}), \tag{7.3.20}$$

其中 $\tilde{f}_j$ 取作 $f(\tilde{u}_j)$. 如果将 (7.3.19) 代入 (7.3.20), 就得到一个一步的格式:

$$u_j^{n+1} = u_j^n - \frac{\tau}{2h}(f_{j+1}^n - f_j^n) - \frac{\tau}{2h}\left[f\left(u_j^n - \frac{\tau}{h}(f_{j+1}^n - f_j^n)\right)\right.$$
$$\left. - f\left(u_{j-1}^n - \frac{\tau}{h}(f_j^n - f_{j-1}^n)\right)\right]. \tag{7.3.21}$$

从这个表达式中容易看出 MacCormack 格式是守恒型的, 因为它和 (7.3.1)—(7.3.3) 相比,相当于取 $l = 1$ 而函数 g 为

$$g(a, b) = \frac{1}{2}f(b) + \frac{1}{2}f\left(a - \frac{\tau}{h}[f(b) - f(a)]\right),$$

因而满足相容性条件 (7.3.4). 同时, 从表达式 (7.3.21) 中还看出,对于常系数线性方程, MacCormack 格式和 L-W 格式是完全一样的.

前面已经证明了守恒型差分格式的解, 如果几乎处处有界收敛,则收敛于弱解. 但是我们又看到: 弱解是不唯一的,只有满足熵条件的物理解才是唯一的. 那么自然产生一个问题, 守恒型差分格式的解,是否一定收敛于物理解呢? 答案是否定的.

MacCarmack 和 Paullay (1974) 用 MacCormack 格式计算了 Burgers 方程

$$\frac{\partial u}{\partial t} + \frac{\partial}{\partial x}\frac{u^2}{2} = 0$$

满足初始条件

$$v(x) = \begin{cases} -1, & 当\ x < \dfrac{1}{2} \\ 1, & 当\ x \geqslant \dfrac{1}{2} \end{cases}$$

的解．容易验证，计算得到的结果是不满足熵条件的弱解

$$u(x,t)=v(x)，当\ t>0，$$

而不是物理解

$$u(x,t)=\begin{cases} v(x) & 当\ x<\frac{1}{2}-t\ 或\ x>\frac{1}{2}+t, \\ \left(x-\frac{1}{2}\right)\Big/t, & 当\ \frac{1}{2}-t\leqslant x\leqslant\frac{1}{2}+t. \end{cases}$$

然后他们又用二维多步的 MacCormack 格式计算了一个超声速流通过对称双重楔的问题，采用的是 Euler 坐标系中的二维流体力学方程组和多方气体的状态方程．结果在对称双重楔的顶部也算不出物理解——稀疏波，而得到一个强间断的结果来．

Harten, Hyman, Lax (1976) 用 L-W 格式解守恒律 (7.1.2) 的 Cauchy 问题，其中

$$f(u)=u-3\sqrt{3}\,u^2(u-1)^2,$$

初始函数取作

$$v(x)=\begin{cases} 1, & 当\ x\leqslant\frac{1}{2}, \\ 0, & 当\ x>\frac{1}{2}. \end{cases} \tag{7.3.22}$$

这个问题的物理解是

$$u(x,t)=\begin{cases} 1, & 当\ x\leqslant\frac{1}{2}+t, \\ 0, & 当\ x>\frac{1}{2}+t. \end{cases} \tag{7.3.23}$$

但是当他们取

$$\mu=\frac{\tau}{h}\max|a(u)|=0.9$$

进行计算时，得到的不是物理解 (7.3.23)，而是一个近似的弱解

$$
u(x,t)=\begin{cases}1, & \text{当 } x<\frac{1}{2}-3.3t,\\ 1.41, & \text{当 } \frac{1}{2}-3.3t<x<\frac{1}{2},\\ -0.17, & \text{当 } \frac{1}{2}<x<\frac{1}{2}+2.2t,\\ 0, & \text{当 } x>\frac{1}{2}+2.2t.\end{cases} \tag{7.3.24}
$$

周毓麟、李德元、龚静芳 (1980) 对上述问题取不同的 μ 值进行了计算,得到的是不同的弱解. 例如取 $\mu=0.5$, 计算结果仍然不是物理解 (7.3.23), 而是不同于 (7.3.24) 的另一个弱解

$$
u(x,t)=\begin{cases}1, & \text{当 } x<\frac{1}{2}+0.148t,\\ 1.13, & \text{当 } \frac{1}{2}+0.148t<x<\frac{1}{2}+0.9t,\\ 0, & \text{当 } x>\frac{1}{2}+0.9t.\end{cases}
$$

这样看来,对应于某一个 μ 值,到底能得到什么样的弱解, 似乎带有一些"随机"的性质.

这种收敛于非物理解的状况, 在用其它的高阶精确度格式进行计算时,有时也会碰到. 例如周毓麟、李德元、龚静芳 (1980) 还曾经用 Zwas, Abarbanel (1971) 的三阶精确度格式计算了方程

$$
\frac{\partial u}{\partial t}-u\frac{\partial u}{\partial x}=0
$$

的初始间断分解问题,初始条件仍取作 (7.3.22). 这时物理解

$$
u(x,t)=\begin{cases}1, & \text{当 } x\leqslant\frac{1}{2}-t\\ \left(\frac{1}{2}-x\right)\Big/t, & \text{当 } \frac{1}{2}-t\leqslant x\leqslant\frac{1}{2}\\ 0, & \text{当 } x\geqslant\frac{1}{2}\end{cases}
$$

是连续的，可是数值解的结果在

$$x = \frac{1}{2}$$

处有一个间断，因而也不是物理解。

这样看来，如果要保证守恒型差分格式的解收敛于物理解，就必须还要对格式附加一些条件。为此，我们在下面介绍一下最早由 С. К. Годунов (1959) 提出来的单调差分格式。

§4 单调差分格式

在§1中我们曾经指出过，一阶常系数双曲型方程

$$\frac{\partial u}{\partial t} + c\frac{\partial u}{\partial x} = 0 \tag{7.4.1}$$

满足初始条件

$$u(x, 0) = v(x) \tag{7.4.2}$$

的解为

$$u(x, t) = v(x - ct), \quad t > 0.$$

因此，如果初始函数 $v(x)$ 是 x 的单调函数，那么对于任意的 $t > 0$，解 $u(x, t)$ 也是 x 的单调函数。于是自然想到用差分方法解问题 (7.4.1)、(7.4.2) 时，如果初始值是单调非增(或非减)的，差分方程的解也应该保持单调非增(或非减)的性质。Годунов (1959) 就称这种保持单调性的格式为单调差分格式。

定理 差分格式

$$u_j^{n+1} = \sum_l \alpha_l u_{j+l}^n \tag{7.4.3}$$

是单调差分格式的充要条件是所有的 $\alpha_l \geq 0$。

证 如果所有的 $\alpha_l \geq 0$，且初值 $\{u_j^n\}$ 是单调的，为确定起见假定其为单调非减，即

$$u_{j+1}^n \geq u_j^n, \quad \forall j,$$

则有

$$u_{j+1}^{n+1}-u_j^{n+1}=\sum_l \alpha_l u_{j+l+1}^n-\sum_l \alpha_l u_{j+l}^n$$

$$=\sum_l \alpha_l(u_{j+l+1}^n-u_{j+l}^n)\geqslant 0,$$

即 $\{u_j^{n+1}\}$ 也是单调非减的.

反之,如果有某一个 $\alpha_m<0$,则取单调非减的初值

$$u_j^n=\begin{cases}1, & 当\ j>m,\\ 0, & 当\ j\leqslant m.\end{cases}$$

于是有

$$u_1^{n+1}-u_0^{n+1}=\sum_l \alpha_l u_{l+1}^n-\sum_l \alpha_l u_l^n$$

$$=\sum_{l\neq m}\alpha_l(u_{l+1}^n-u_l^n)+\alpha_m(u_{m+1}^n-u_m^n)$$

$$=\alpha_m(u_{m+1}^n-u_m^n)=\alpha_m<0,$$

从而破坏了单调性. 定理证完.

Годунов 还指出,单调差分格式 (7.4.3) 中如果

$$\sum_l \alpha_l=1,$$

则格式是稳定的. 这是容易证明的. 令

$$w^n=\sup_j|u_j^n|,$$

则有

$$|u_j^{n+1}|\leqslant\sum_l \alpha_l|u_{j+l}^n|\leqslant\sum_l \alpha_l w^n=w^n,\ \forall j.$$

因而有

$$w^{n+1}\leqslant w^n,$$

即格式是稳定的. 此外, Годунов 证明了常系数单调差分格式的截断误差只能是一阶的.

G. Jennings (1974) 将 Годунов 的常系数单调差分格式的概念推广到非线性差分格式上.他称单个守恒律 (7.1.2) 的守恒型差分格式 (7.3.1) 为单调的, 如果 $G(u_{j-l}^n,\cdots,u_{j+l}^n)$ 对其每一个宗标的导数都不小于零,即

$$\frac{\partial G}{\partial u_{j+m}^n} \geqslant 0,\ m=-l,-l+1,\cdots,l. \tag{7.4.4}$$

例如 Lax-Friedrichs 格式 (7.3.7) 就是单调守恒型差分格式，因为这时

$$G(u_{j-1}^n, u_j^n, u_{j+1}^n) = \frac{1}{2}(u_{j-1}^n + u_{j+1}^n) - \frac{\tau}{2h}[f(u_{j+1}^n) - f(u_{j-1}^n)]. \tag{7.4.5}$$

将 G 对其所有的宗标求导数，可得

$$\frac{\partial G}{\partial u_{j-1}^n} = \frac{1}{2} + \frac{\tau}{2h} a(u_{j-1}^n),\quad \frac{\partial G}{\partial u_j^n} = 0,$$

$$\frac{\partial G}{\partial u_{j+1}^n} = \frac{1}{2} - \frac{\tau}{2h} a(u_{j+1}^n).$$

当 CFL 条件

$$\frac{\tau}{h}\max_j |a(u_j^n)| \leqslant 1$$

成立时，即当格式稳定时，就有

$$\frac{\partial G}{\partial u_{j+m}^n} \geqslant 0,\ m=-1,0,1.$$

因此 Lax-Friedrichs 格式是单调格式.

和常系数单调差分格式一样，Harten, Hyman, Lax (1976) 证明了非线性单调差分格式的截断误差也只能是一阶的.

定理 设守恒律 (7.1.2) 的守恒型差分格式 (7.3.5) 是单调的，则 (7.3.5) 的截断误差是一阶的.

证 求格式 (7.3.5) 的截断误差 ψ，只要将方程 (7.1.2) 的充分光滑的解代入 (7.3.5) 就得到了，即

$$\psi = \frac{1}{\tau}[u(jh,(n+1)\tau) - u((jh, n\tau)]$$

$$+ \frac{1}{h}[g(u((j-l+1)h, n\tau), \cdots, u((j+l)h, n\tau))$$

$$- g(u((j-l)h, n\tau), \cdots, u((j+l-1)h, n\tau))].$$

两边乘以 τ，并记 $jh = x$, $n\tau = t$，则得

$$\tau\psi = u(x, t+\tau) - G(u(x-lh, t), \cdots, u(x+lh, t)).$$
$$(7.4.6)$$
下面为书写简单起见，用 u_m 代表 $u(x+mh, t)$，而 u_0 的附标 0 略去不写记为 u。(7.4.6) 的右边函数 G 含有 $2l+1$ 个宗标，它的第 r 个宗标为 u_{r-l-1}。用 G_r 表示 G 对其第 r 个宗标的导数，用 G_{rs} 表示 G 对其第 r 和第 s 个宗标的二阶导数。

首先将 $u(x, t+\tau)$ 在 (x, t) 点处作 Taylor 展开，并利用方程 (7.1.2) 得

$$u(x, t+\tau) = u + \tau\frac{\partial u}{\partial t} + \frac{\tau^2}{2}\frac{\partial^2 u}{\partial t^2} + O(\tau^3)$$
$$= u - \tau\frac{\partial f(u)}{\partial x} + \frac{\tau^2}{2}\frac{\partial}{\partial x}\left[a^2(u)\frac{\partial u}{\partial x}\right] + O(\tau^3).$$

再将 G 展成 Taylor 级数，得

$$\begin{aligned} G(u_{-l}, u_{-l+1}, \cdots, u_l) &= G(u, u, \cdots, u) \\ &+ \sum_{r=1}^{2l+1} G_r(u, u, \cdots, u)(u_{r-l-1} - u) \\ &+ \frac{1}{2}\sum_{r,s=1}^{2l+1} G_{rs}(u, u, \cdots, u)(u_{r-l-1} - u)(u_{s-l-1} - u) \\ &+ O(h^3). \end{aligned} \qquad (7.4.7)$$

由于

$$u_{r-l-1} - u = (r-l-1)h\frac{\partial u}{\partial x} + \frac{1}{2}(r-l-1)^2h^2\frac{\partial^2 u}{\partial x^2} + O(h^3),$$

$$(u_{r-l-1} - u)(u_{s-l-1} - u) = (r-l-1)(s-l-1)h^2\left(\frac{\partial u}{\partial x}\right)^2 + O(h^3)$$

$$\frac{\partial}{\partial x}\left[G_r(u, u, \cdots, u)\frac{\partial u}{\partial x}\right] = G_r\frac{\partial^2 u}{\partial x^2} + \frac{\partial u}{\partial x}\frac{\partial G_r}{\partial x}$$

$$= G_r \frac{\partial^2 u}{\partial x^2} + \frac{\partial u}{\partial x} \sum_{s=1}^{2l+1} G_{rs} \frac{\partial u}{\partial x}.$$

因此，(7.4.7) 为

$$G(u_{-l}, \cdots, u_l) = u + h \frac{\partial u}{\partial x} \sum_{r=1}^{2l+1} (r - l - 1) G_r(u, \cdots, u)$$

$$+ \frac{h^2}{2} \sum_{r=1}^{2l+1} (r - l - 1)^2 \left[\frac{\partial}{\partial x} \left(G_r \frac{\partial u}{\partial x} \right) - \left(\frac{\partial u}{\partial x} \right)^2 \sum_{s=1}^{2l+1} G_{rs} \right]$$

$$+ \frac{h^2}{2} \left(\frac{\partial u}{\partial x} \right)^2 \sum_{r,s=1}^{2l+1} (r - l - 1)(s - l - 1) G_{rs} + O(h^3)$$

$$= u + h \frac{\partial u}{\partial x} \sum_{r=1}^{2l+1} (r - l - 1) G_r + \frac{h^2}{2} \sum_{r=1}^{2l+1} (r - l - 1)^2$$

$$\times \frac{\partial}{\partial x} \left(G_r \frac{\partial u}{\partial x} \right) + \frac{h^2}{2} \left(\frac{\partial u}{\partial x} \right)^2 \sum_{r,s=1}^{2l+1} [(r - l - 1)(s - l - 1)$$

$$- (r - l - 1)^2] G_{rs} + O(h^3). \tag{7.4.8}$$

根据 G 的定义可知

$$G(u_{-l}, \cdots, u_l) = u - \frac{\tau}{h} [g(u_{-l+1}, \cdots, u_l)$$

$$- g(u_{-l}, \cdots, u_{l-1})].$$

因此 G 的第 r 个宗标 u_{r-l-1} 是右边方括号内第一个函数 g 的第 $r-1$ 个宗标，同时是第二个函数 g 的第 r 个宗标. 因此有

$$G_r = \delta_{r,l+1} - \frac{\tau}{h} [g_{r-1} - g_r], \tag{7.4.9}$$

$$G_{rs} = -\frac{\tau}{h} [g_{r-1,s-1} - g_{r,s}]. \tag{7.4.10}$$

从而得

$$\sum_{r=1}^{2l+1} G_r = 1 - \frac{\tau}{h} \left[\sum_{r=1}^{2l+1} g_{r-1} - \sum_{r=1}^{2l+1} g_r \right]$$

$$= 1 - \frac{\tau}{h} \left[\sum_{r=2}^{2l+1} g_{r-1} - \sum_{r=1}^{2l} g_r \right] = 1, \tag{7.4.11}$$

$$\sum_{r=1}^{2l+1}(r-l-1)G_r=\sum_{r=1}^{2l+1}(r-l-1)\delta_{r,l+1}$$

$$-\frac{\tau}{h}\sum_{r=1}^{2l+1}(r-l-1)g_{r-1}+\frac{\tau}{h}\sum_{r=1}^{2l+1}(r-l-1)g_r$$

$$=-\frac{\tau}{h}\sum_{r=1}^{2l}(r-l)g_r+\frac{\tau}{h}\sum_{r=1}^{2l}(r-l-1)g_r$$

$$=-\frac{\tau}{h}\sum_{r=1}^{2l}g_r(u,\cdots,u)$$

$$=-\frac{\tau}{h}\frac{df(u)}{du}=-\frac{\tau}{h}a(u), \tag{7.4.12}$$

$$\sum_{r,s=1}^{2l+1}[(r-l-1)(s-l-1)-(r-l-1)^2]G_{rs}$$

$$=-\frac{1}{2}\sum_{r,s=1}^{2l+1}[(r-l-1)^2-2(r-l-1)$$

$$\times(s-l-1)+(s-l-1)^2]G_{rs}$$

$$=-\frac{1}{2}\sum_{r,s=1}^{2l+1}(r-s)^2G_{rs}$$

$$=\frac{\tau}{2h}\sum_{r,s=1}^{2l+1}(r-s)^2(g_{r-1,s-1}-g_{rs})$$

$$=\frac{\tau}{2h}\left[\sum_{r,s=2}^{2l+1}(r-s)^2g_{r-1,s-1}-\sum_{r,s=1}^{2l}(r-s)^2g_{rs}\right]$$

$$=0. \tag{7.4.13}$$

将 (7.4.12) 和 (7.4.13) 代入 (7.4.8)，得

$$G(u_{-l},\cdots,u_l)=u-\tau a(u)\frac{\partial u}{\partial x}$$

$$+\frac{h^2}{2}\sum_{r=1}^{2l+1}(r-l-1)^2\frac{\partial}{\partial x}\left(G_r\frac{\partial u}{\partial x}\right)+O(h^3). \tag{7.4.14}$$

再代入 (7.4.6) 得

$$\tau\psi=u-\tau\frac{\partial f}{\partial x}+\frac{\tau^2}{2}\frac{\partial}{\partial x}\left(a^2(u)\frac{\partial u}{\partial x}\right)$$

$$
-\left[u-\tau a(u)\frac{\partial u}{\partial x}+\frac{h^2}{2}\sum_{r=1}^{2l+1}(r-l-1)^2\right.
$$

$$
\left.\times\frac{\partial}{\partial x}\left(G_r\frac{\partial u}{\partial x}\right)\right]+O(\tau^3)
$$

$$
=\frac{\tau^2}{2}\frac{\partial}{\partial x}\left(\left[a^2(u)-\sum_{r=1}^{2l+1}\frac{h^2}{\tau^2}(r-l-1)^2G_r\right]\frac{\partial u}{\partial x}\right)+O(\tau^3)
$$

$$
=\frac{\tau^2}{2}\frac{\partial}{\partial x}\left(\frac{h^2}{\tau^2}\left[\frac{\tau^2}{h^2}a^2(u)-\sum_{r=1}^{2l+1}(r-l-1)^2G_r\right]\frac{\partial u}{\partial x}\right)
$$

$$
+O(\tau^3). \tag{7.4.15}
$$

利用 (7.4.12) 可得

$$
\frac{\tau^2}{h^2}a^2(u)=\left[\sum_{r=1}^{2l+1}(r-l-1)G_r\right]^2.
$$

由于格式是单调的，所以 $G_r\geqslant 0$，再利用 (7.4.11) 就得到

$$
\begin{aligned}
\frac{\tau^2}{h^2}a^2(u)&=\left[\sum_{r=1}^{2l+1}(r-l-1)\sqrt{G_r}\sqrt{G_r}\right]^2\\
&\leqslant\sum_{r=1}^{2l+1}(r-l-1)^2G_r\sum_{r=1}^{2l+1}G_r\\
&=\sum_{r=1}^{2l+1}(r-l-1)^2G_r,
\end{aligned}
$$

等号只有当$(r-l-1)\sqrt{G_r}=\sqrt{G_r}$ $r=1,2,\cdots,2l+1$,满足时才成立，这个条件意味着当 $r\neq l+1$ 时，所有的 $G_r=0$，也就是G只依赖于 u_{j+1}^n，这样的差分格式是没有意义的. 所以 (7.4.15) 左边第一项的系数不等于零，因而有 $\phi=O(\tau)$. 定理证完.

最后要指出的是对于线性差分格式来说，单调格式和保持单调性的格式已由 Годунов (1959) 证明是等价的；但对于非线性差分格式，却并不是等价的. van Leer (1974) 和 Harten (1978) 等均已构造出二阶的保持单调性的格式. Harten (1983) 利用 Harten, Hyman, Lax(1976) 一文中 Keyfitz 所作的一个附录，还证明了以下的定理.

定理 i）单调守恒型差分格式的解的总变差是非增的；

ii）如果差分格式的解的总变差是非增的，则该格式是保持单调性的.

§5 物理解的计算

既然拟线性双曲型方程的弱解是不唯一的，同时又先后发现一些著名的高阶精确度的守恒型差分格式可能算出非物理解来，因此怎样的差分格式的解收敛于物理解，就成为近年来许多作者所研究的问题.

Hartan, Hyman, Lax（1976）证明了一维单个守恒律的单调守恒型差分格式的解，如果几乎处处有界收敛，则极限函数是物理解.

Crandall, Majda（1980a）研究了多维单个守恒律

$$\frac{\partial u}{\partial t}+\sum_{\alpha=1}^{d}\frac{\partial f_\alpha(u)}{\partial x_\alpha}=0 \quad x=(x_1,\cdots,x_d)\in R^d,\ t>0 \tag{7.5.1}$$

Cauchy 问题的 Кружков 意义下的物理解的存在性. 他们证明了多维单个守恒律的单调守恒型差分格式的解一定收敛于物理解. 为了简单起见，下面只给出当 $d=2$，并在假定差分方程的解一致有界并几乎处处收敛的前提下这个定理的证明.

定理 给定二维单个守恒律

$$\frac{\partial u}{\partial t}+\frac{\partial}{\partial x}f_1(u)+\frac{\partial}{\partial y}f_2(u)=0,\ (x,y)\in R^2,\ t>0 \tag{7.5.2}$$

和初始条件

$$u(x,y,0)=v(x,y),\ (x,y)\in R^2, \tag{7.5.3}$$

其中初始函数 $v(x,y)$ 有界，即

$$a\leqslant v(x,y)\leqslant b,\ (x,y)\in R^2.$$

设守恒型差分格式

$$u_{j,k}^{n+1}=G(u_{j-p,k-r}^n,\cdots,u_{j+q+1,k+s+1}^n)$$

$$= u_{j,k}^n - \lambda^x \Delta_+^x g_1(u_{j-p,k-r}^n, \cdots, u_{j+q,k+s+1}^n),$$
$$- \lambda^y \Delta_+^y g_2(u_{j-p,k-r}^n, \cdots, u_{j+q+1,k+s}^n) \qquad (7.5.4)$$

是与方程 (7.5.2) 相容的单调格式，其中 $u_{j,k}^n$ 是在点

$$(x, y, t) = (jh_x, kh_y, n\tau)$$

上问题 (7.5.2)、(7.5.3) 的解 $u(x, y, t)$ 的差分近似值；h_x、h_y τ 分别是 x, y, t 方向的步长，$\lambda^x = \tau/h_x$, $\lambda^y = \tau/h_y$；Δ_+^x 和 Δ_+^y 分别表示对 x 和 y 的前差算子. 此外，还假设 g_1, g_2 是连续函数. 初始条件取作

$$u_{j,k}^0 = v(jh_x, kh_y). \qquad (7.5.5)$$

如果当 $h_x, h_y, \tau \to 0$ 时，(7.5.4)、(7.5.5) 的解在 $R^2 \times [0, T]$ 上一致有界并几乎处处收敛到函数 $U(x, y, t)$，则 $U(x, y, t)$ 是守恒律 (7.5.4) 的物理解，即 (7.2.17) 成立.

证 首先构造函数 $H_1(w_{-p,-r}, \cdots, w_{q,s+1})$ 和 $H_2(w_{-p,-r}, \cdots, w_{q+1,s})$ 使得

$$H_i(w, \cdots, w) = \mathrm{sgn}(w - c)[f_i(w) - f_i(c)], \ \forall c \in R^1. \qquad (7.5.6)$$

引入符号 $z_1 \vee z_2 = \max(z_1, z_2)$, $z_1 \wedge z_2 = \min(z_1, z_2)$. 令

$$H_1(w_{-p,-r}, \cdots, w_{q,s+1}) = g_1(c \vee w_{-p,-r} \cdots, c \vee w_{q,s+1})$$
$$- g_1(c \wedge w_{-p,-r}, \cdots, c \wedge w_{q,s+1}),$$
$$H_2(w_{-p,-r}, \cdots, w_{q+1,s}) = g_2(c \vee w_{-p,-r}, \cdots, c \vee w_{q+1,s})$$
$$- g_2(c \wedge w_{-p,-r}, \cdots, c \wedge w_{q+1,s}).$$

不难验证 (7.5.6) 是成立的. 因为

$$H_i(w, \cdots, w) = g_i(c \vee w, \cdots, c \vee w)$$
$$- g_i(c \wedge w, \cdots, c \wedge w).$$

显然当 $w > c$ 时，有

$$H_i(w, \cdots, w) = g_i(w, \cdots, w) - g_i(c, \cdots, c) = f_i(w) - f_i(c);$$

而当 $w < c$ 时，有

$$H_i(w, \cdots, w) = g_i(c, \cdots, c)$$

$$-g_i(w,\cdots,w)=-[f_i(w)-f_i(c)].$$

根据 (7.5.4) 中 G 的定义,有

$$\begin{aligned}G(c\vee u^n_{i-p,k-r},\cdots,c\vee u^n_{i+q+1,k+s+1})&\\ =c\vee u^n_{i,k}-\lambda^x\Delta^x_+g_1(c\vee u^n_{i-p,k-r},\cdots,c\vee u^n_{i+q,k+s+1})&\\ -\lambda^y\Delta^y_+g_2(c\vee u^n_{i-p,k-r},\cdots,c\vee u^n_{i+q+1,k+s}).&\end{aligned}$$

同样可写出 $G(c\wedge u^n_{i-p,k-r},\cdots,c\wedge u^n_{i+q+1,k+s+1})$ 的表达式来. 利用这两个表达式可得

$$\begin{aligned}&G(c\vee u^n_{i-p,k-r},\cdots,c\vee u^n_{i+q+1,k+s+1})\\ &\quad-G(c\wedge u^n_{i-p,k-r},\cdots,c\wedge u^n_{i+q+1,k+s+1})\\ &=c\vee u^n_{i,k}-c\wedge u^n_{i,k}\\ &\quad-\lambda^x\Delta^x_+[g_1(c\vee u^n_{i-p,k-r},\cdots,c\vee u^n_{i+q,k+s+1})\\ &\quad-g_1(c\wedge u^n_{i-p,k-r},\cdots,c\wedge u^n_{i+q,k+s+1})]\\ &\quad-\lambda^y\Delta^y_+[g_2(c\vee u^n_{i-p,k-r},\cdots,c\vee u^n_{i+q+1,k+s})\\ &\quad-g_2(c\wedge u^n_{i-p,k-r},\cdots,c\wedge u^n_{i+q+1,k+s})].\end{aligned}\tag{7.5.7}$$

由于 $c\vee u^n_{i,k}-c\wedge u^n_{i,k}=|u^n_{i,k}-c|$, 故从 (7.5.7) 就得到

$$\begin{aligned}&|u^n_{i,k}-c|-\lambda^x\Delta^x_+H_1(u^n_{i-p,k-r},\cdots,u^n_{i+q,k+s+1})\\ &\quad-\lambda^y\Delta^y_+H_2(u^n_{i-p,k-r},\cdots,u^n_{i+q+1,k+s})\\ &=G(c\vee u^n_{i-p,k-r},\cdots,c\vee u^n_{i+q+1,k+s+1})\\ &\quad-G(c\wedge u^n_{i-p,k-r},\cdots,c\wedge u^n_{i+q+1,k+s+1}).\end{aligned}\tag{7.5.8}$$

考虑到 $z_1\vee z_2\geqslant z_1$ 和 $z_1\vee z_2\geqslant z_2$, 并根据 G 是单调格式的性质,就有

$$\begin{aligned}&G(c\vee u^n_{i-p,k-r},\cdots,c\vee u^n_{i+q+1,k+s+1})\\ &\quad\geqslant G(c,\cdots,c)=c.\end{aligned}$$

同时

$$\begin{aligned}&G(c\vee u^n_{i-p,k-r},\cdots,c\vee u^n_{i+q+1,k+s+1})\\ &\quad\geqslant G(u^n_{i-p,k-r},\cdots,u^n_{i+p+1,k+s+1})=u^{n+1}_{i,k},\end{aligned}$$

这就推出

$$\begin{aligned}&G(c\vee u^n_{i-p,k-r},\cdots,c\vee u^n_{i+q+1,k+s+1})\\ &\quad\geqslant c\vee u^{n+1}_{i,k}.\end{aligned}$$

同样有

$$G(c\wedge u_{i-p,k-r}^n,\cdots,c\wedge u_{i+q+1,k+s+1}^n)\leqslant c\wedge u_{i,k}^{n+1}.$$

因而得

$$\begin{aligned}&G(c\vee u_{i-p,k-r}^n,\cdots,c\vee u_{i+q+1,k+s+1}^n)\\&\quad-G(c\wedge u_{i-p,k-r}^n,\cdots,c\wedge u_{i+q+1,k+s+1}^n)\\&\geqslant c\vee u_{i,k}^{n+1}-c\wedge u_{i,k}^{n+1}=|u_{i,k}^{n+1}-c|.\end{aligned}\tag{7.5.9}$$

代入 (7.5.8)，移项得

$$\begin{aligned}&|u_{i,k}^{n+1}-c|-|u_{i,k}^n-c|\\&\quad+\lambda^x\Delta_+^x H_1(u_{i-p,k-r}^n,\cdots,u_{i+q,k+s+1}^n)\\&\quad+\lambda^y\Delta_+^y H_2(u_{i-p,k-r}^n,\cdots,u_{i+q+1,k+s}^n)\leqslant 0.\end{aligned}\tag{7.5.10}$$

设 $\varphi\in\Phi$ 是非负的试验函数. 在 (7.5.10) 左边乘上 $h\varphi_{i,k}^n$，再对所有的 i, k, n 求和，经过附标变换，并且考虑到 (7.5.6) 就得

$$\begin{aligned}-\int_0^\infty\int_{R^2}\Big\{&|U-c|\frac{\partial\varphi}{\partial t}+\operatorname{sgn}(U-c)[f_1(U)\\&-f_1(c)]\frac{\partial\varphi}{\partial x}+\operatorname{sgn}(U-c)[f_2(U)\\&-f_2(c)]\frac{\partial\varphi}{\partial y}\Big\}dxdydt\leqslant 0,\end{aligned}$$

即 U 是 Кружков 意义下的物理解. 定理证完.

Crandall, Majda (1980b) 还讨论了用分步法解 (7.5.2), (7.5.3) 的问题. 设 $S^x(t)$ 和 $S^y(t)$ 分别表示问题

$$\frac{\partial u^{(1)}}{\partial t}+\frac{\partial f_1(u^{(1)})}{\partial x}=0,\tag{7.5.11}$$

$$u^{(1)}(x,y,o)=v^{(1)}(x,y),$$

和

$$\frac{\partial u^{(2)}}{\partial t}+\frac{\partial f_2(u^{(2)})}{\partial y}=0,\tag{7.5.12}$$

$$u^{(2)}(x,y,o)=v^{(2)}(x,y)$$

的物理解算子. 他们证明了，对于初始函数 $v(x,y)\in L_1(R^2)\cap\times L_\infty(R^2)$，分步法的解

$$(S^x(\tau)S^y(\tau))^n v,\quad n\tau=T,\tag{7.5.13}$$

或

$$(S^y(\tau)S^x(\tau))^n v,\quad n\tau=T\tag{7.5.14}$$

和 Strang (1968) 分步法的解

$$\left(S^y\left(\frac{\tau}{2}\right)S^x(\tau)S^y\left(\frac{\tau}{2}\right)\right)^n v,\ n\tau=T, \tag{7.5.15}$$

或

$$\left(S^x\left(\frac{\tau}{2}\right)S^y(\tau)S^x\left(\frac{\tau}{2}\right)\right)^n v,\ n\tau=T \tag{7.5.16}$$

当 $\tau\to 0$ 时，都在 L_1 范数意义下趋于 (7.5.2)、(7.5.3) 的物理解. 进而,如果

$$u_i^{(1),n+1}=G^x(\tau)u_i^{(1),n}$$

和

$$u_i^{(2),n+1}=G^y(\tau)u_i^{(2),n}$$

分别是与 (7.5.11) 和 (7.5.12) 相容的单调守恒型差分格式，则用差分算子 G^x、G^y 分别代替 (7.5.13)—(7.5.16) 中的 S^x，S^y 得到的差分近似解，当 h，$\tau\to 0$ 时，也在 L_1 范数意义下收敛于 (7.5.2)、(7.5.3) 的物理解.

另外有一些作者对某些特殊的格式，证明了它们的解收敛于物理解.

Le Roux (1977) 对于一维单个守恒律，(7.1.2)、(7.1.3) 的绝对不稳定的中心差分格式加上人工粘性，得到格式

$$\begin{aligned}u_i^{n+1}=u_i^n&-\frac{\lambda}{2}[f(u_{i+1}^n)-f(u_{i-1}^n)]\\&+\frac{\lambda}{2}[\alpha_{i+\frac12}^n(u_{i+1}^n-u_i^n)-\alpha_{i-\frac12}^n(u_i^n-u_{i-1}^n)],\end{aligned} \tag{7.5.17}$$

其中 $\alpha_{i+\frac12}^n$ 依赖于 u_i^n 和 u_{i+1}^n. 定义

$$\Gamma_{i+\frac12}^n=[\min(u_i^n,u_{i+1}^n),\max(u_i^n,u_{i+1}^n)]$$

$$S_{i+\frac12}^n=\begin{cases}|f'(u_i^n)|, & \text{当 } u_i^n=u_{i+1}^n,\\ \sup\limits_{w\in\Gamma_{i+\frac12}^n}\left[\max\left\{\dfrac{f(u_{i+1}^n)-f(w)}{u_{i+1}^n-w},\ -\dfrac{f(u_i^n)-f(w)}{u_i^n-w}\right\}\right], & \text{当 } u_i^n\neq u_{i+1}^n.\end{cases}$$

假设初始函数 $v\in L_\infty(R)$ 是在 R 上局部有限变差的函数，他证明

了如果 CFL 条件成立，并且选择系数 $\alpha^n_{j+\frac{1}{2}}$ 使得对所有的 $h>0$，有

$$\lambda S^n_{j+\frac{1}{2}} \leqslant \alpha^n_{j+\frac{1}{2}} \leqslant 1,$$

则当 $h, \tau \to 0$ 时 (7.5.17) 的解在 $L^1_{loc}(R\times(0, T))$ 中收敛到 (7.1.2)、(7.1.3) 的 Кружков 意义下的物理解. 类似的结果对多维单个守恒律也成立.

符鸿源 (1981) 研究了单个一维守恒律的 $2m+1$ 个点的正型差分格式的收敛性，著名的 Lax-Friedrichs 格式、Русанов 格式、Годунов 声速近似格式都属于这一类型的格式. 上面提到的格式 (7.5.17) 是 $m=1$ 的正型格式. 他证明了当方程 (7.1.2) 中的 f 一阶连续可微、初值 $v(x)$ 全变差有界，则和 (7.1.2) 相容的正型差分格式的解大范围地（即对任意 $t>0$）收敛于有界变差函数，它是 (7.1.2) 的满足熵条件的物理解.

前面已经看到 L-W 格式的解不一定是物理解. Majda, Osher (1979) 在 f 是凸函数时修改了一维单个守恒律的 L-W 格式，加上一项人工粘性项，成为

$$\begin{aligned} u^{n+1}_j = u^n_j &- \frac{1}{2}\lambda_n\left[f(u^n_{j+1}) - f(u^n_{j-1})\right] \\ &+ \frac{1}{2}\lambda^2_n\Delta_-\left[\frac{\Delta_+ f(u^n_j)}{\Delta_+ u^n_j}\Delta_+ f(u^n_j)\right] \\ &+ \lambda_n\Delta_-\left[C\theta(s)\Delta_+\alpha(u^n_j)\Delta_+ u^n_j\right], \end{aligned} \tag{7.5.18}$$

其中 Δ_+ 和 Δ_- 表示前差和后差算子，

$$\lambda_n = \frac{t^{n+1} - t^n}{h},$$

C 是适当选择的常数，$\theta(s)$ 是一个函数，定义为

$$\theta(s) = \begin{cases} 0, & |s| < 1, \\ 1, & |s| \geqslant 1, \end{cases}$$

而这里 s 取作

$$\frac{|\Delta_+ u^n_j|}{h^\alpha}, \quad \frac{1}{3} \leqslant \alpha \leqslant 1,$$

并且当 $u^n_j = u^n_{j+1}$ 时，令

$$\frac{\Delta_+ f(u_j^n)}{\Delta_+ u_j^n} = 0.$$

他们证明了,在函数 f 为凸的假定下,当条件

$$\lambda \cdot \max_j |a_j^n| \leqslant 0.14$$

成立时,格式 (7.5.18) 的几乎处处有界收敛的解一定收敛于 (7.1.2) 的物理解.

以上介绍了单个守恒律的差分格式的解在什么条件下收敛于物理解的一些结果. 关于守恒律组 (7.2.22), Lax (1971) 证明了以下的定理.

定理 给定守恒律组 (7.2.22),它的所有光滑解满足附加的守恒律 (7.2.24),其中 U 是严格凸函数.

如果 (7.2.22) 的 Lax-Friedrichs 格式

$$\frac{\boldsymbol{u}_i^{n+1} - \frac{1}{2}(\boldsymbol{u}_{i+1}^n + \boldsymbol{u}_{i-1}^n)}{\tau} + \frac{\boldsymbol{f}(\boldsymbol{u}_{i+1}^n) - \boldsymbol{f}(\boldsymbol{u}_{i-1}^n)}{2h} = 0 \tag{7.5.19}$$

的解,当 $h, \tau \to 0$ 时,一致有界并几乎处处收敛到向量函数 $\boldsymbol{u}(x, t)$,则存在一个正数 λ_0,当 $\lambda = \tau/h < \lambda_0$ 时,$\boldsymbol{u}(x, t)$ 满足熵不等式 (7.2.36).

证 事实上,只要证明

$$\frac{U_i^{n+1} - \frac{1}{2}(U_{i+1}^n + U_{i-1}^n)}{\tau} + \frac{F_{i+1}^n - F_{i-1}^n}{2h} \leqslant 0 \tag{7.5.20}$$

就行了. 因为在 (7.5.20) 左端乘以非负的试验函数 φ_i^n,然后对 i 和 n 求和,再取极限就得到不等式 (7.2.37) 了.

引进符号

$$\boldsymbol{u}_i^{n+1} = z, \ \boldsymbol{u}_{i-1}^n = v, \ \boldsymbol{u}_{i+1}^n = w.$$

这里 z, v, w 均为直行向量,但为了书写简单起见,将它们(以下还有 $\boldsymbol{f}$) 顶部的箭头符号均略去不写. 这样格式 (7.5.19) 就可以写成

$$z = \frac{1}{2}(v + w) + \frac{\lambda}{2}[f(v) - f(w)], \tag{7.5.21}$$

而不等式 (7.5.20) 就是

$$U(z) \leqslant \frac{1}{2}[U(v)+U(w)]+\frac{\lambda}{2}[F(v)-F(w)]. \tag{7.5.22}$$

构造函数

$$\varphi(\theta)=\theta v+(1-\theta)w,\ 0\leqslant\theta\leqslant 1.$$

显然有 $\varphi(0)=w$，$\varphi(1)=v$. 如果用 $\varphi(\theta)$ 代替 (7.5.21) 右边的 v，并令

$$\zeta(\theta)=\frac{1}{2}[\varphi(\theta)+w]+\frac{\lambda}{2}[f(\varphi(\theta))-f(w)], \tag{7.5.23}$$

则有 $\zeta(0)=w$，$\zeta(1)=z$，而当 $\theta=1$ 时，(7.5.23) 即为 (7.5.21). 考虑函数

$$\alpha(\theta)=U(\zeta(\theta)),$$

$$\beta(\theta)=\frac{1}{2}[U(\varphi(\theta))+U(w)]$$

$$+\frac{\lambda}{2}[F(\varphi(\theta))-F(w)].$$

则有 $\alpha(0)=\beta(0)=U(w)$，而 $\alpha(1), \beta(1)$ 分别表示不等式 (7.5.22) 的左端和右端. 因此我们要证明的就是

$$\beta(1)-\alpha(1)\geqslant 0.$$

由于

$$\beta(1)-\alpha(1)=\int_0^1[\beta'(\theta)-\alpha'(\theta)]d\theta,$$

故只要证明 $\beta'(\theta)-\alpha'(\theta)\geqslant 0$ 即可.

现在

$$\beta'(\theta)-\alpha'(\theta)=\frac{1}{2}U'(\varphi)\frac{d\varphi}{d\theta}$$

$$+\frac{\lambda}{2}F'(\varphi)\frac{d\varphi}{d\theta}-U'(\zeta)\frac{d\zeta}{d\theta}$$

$$=\frac{1}{2}U'(\varphi)(v-w)+\frac{\lambda}{2}F'(\varphi)(v-w)$$

$$-U'(\zeta)\frac{d\zeta}{d\theta}, \tag{7.5.24}$$

这里 U' 是U对其宗标的梯度,是一个横行向量,v 和 w 都是直行向量,所以 $U'(v-w)$ 在这里是两个向量的数量积. 由于

$$\frac{d\zeta}{d\theta}=\frac{1}{2}\frac{d\varphi}{d\theta}+\frac{\lambda}{2}f'(\varphi)\frac{d\varphi}{d\theta}$$

$$=\frac{1}{2}(v-w)+\frac{\lambda}{2}f'(\varphi)(v-w), \tag{7.5.25}$$

这里 $f'(\varphi)$ 是向量函数 f 对向量函数 φ 的 Jacobi 矩阵. 由于 (7.2.22) 的光滑解满足 (7.2.24), 故关系式 (7.2.26) 成立, 写成向量形式为

$$U'f=F'. \tag{7.5.26}$$

将 (7.5.25) 代入 (7.5.24), 并考虑到 (7.5.26) 得

$$\begin{aligned}
&\beta'(\theta)-\alpha'(\theta)\\
&\quad=\frac{1}{2}U'(\varphi)(v-w)+\frac{\lambda}{2}U'(\varphi)f'(\varphi)(v-w)\\
&\quad\quad-U'(\zeta)\left[\frac{1}{2}I+\frac{\lambda}{2}f'(\varphi)\right](v-w)\\
&\quad=\frac{1}{2}[U'(\varphi)-U'(\zeta)][I+\lambda f'(\varphi)](v-w).
\end{aligned} \tag{7.5.27}$$

如果令

$$\begin{aligned}
\psi(\mu,\theta)&=\mu\varphi(\theta)+(1-\mu)w \quad 0\leqslant\mu\leqslant 1\\
&=\mu\theta v+(1-\mu\theta)w,\\
\xi(\mu,\theta)&=\frac{1}{2}[\varphi(\theta)+\psi(\mu,\theta)]\\
&\quad+\frac{\lambda}{2}[f(\varphi(\theta))-f(\psi(\mu,\theta))],
\end{aligned}$$

则有

$$\psi(0,\theta)=w,\ \psi(1,\theta)=\varphi(\theta),$$
$$\xi(0,\theta)=\zeta(\theta),\ \xi(1,\theta)=\varphi(\theta).$$

故可得

$$U'(\varphi) - U'(\zeta) = \int_0^1 \frac{\partial}{\partial \mu} U'(\xi(\mu, \theta))d\mu.$$

由于

$$\frac{\partial}{\partial \mu} U'(\xi(\mu, \theta)) = \frac{\partial \xi^T}{\partial \mu} U''(\xi),$$

$$\frac{\partial \xi}{\partial \mu} = \frac{1}{2}\frac{\partial \phi}{\partial \mu} - \frac{\lambda}{2} f'(\phi)\frac{\partial \phi}{\partial \mu}$$

$$= \frac{\theta}{2}[I - \lambda f'(\phi)](v - w),$$

所以有

$$U'(\varphi) - U'(\zeta) = \int_0^1 \frac{\theta}{2}(v - w)^T[I - \lambda f'(\phi)]^T U''(\xi)d\mu.$$

代入 (7.5.27)，便得

$$\beta'(\theta) - \alpha'(\theta) = \frac{\theta}{4}\int_0^1 (v - w)^T[I - \lambda f'(\phi)]^T U''(\xi) \times [I + \lambda f'(\varphi)](v - w)d\mu.$$

上面积分号下的被积函数用 G 表示，则当 $G \geqslant 0$ 时就得到不等式 (7.5.22). 由于假定 U 是严格凸函数，故 U'' 的特征值一定大于零. 用 m 和 M 分别表示 U'' 的最小和最大特征值，并设 $\|f'\| = c$，记 $v - w = y$，则有

$$\begin{aligned}
G &= y^T[I - \lambda f'(\phi)]^T U''(\xi)[I + \lambda f'(\varphi)]y \\
&= y^T U''(\xi)[I + \lambda f'(\varphi)]y \\
&\quad - \lambda y^T f'(\phi)^T U''(\xi)[I + \lambda f'(\varphi)]y \\
&= y^T U''(\xi)y + \lambda y^T U''(\xi)f'(\varphi)y - \lambda y^T f'(\phi)^T U''(\xi)y \\
&\quad - \lambda^2 y^T f'(\phi)^T U''(\xi)f'(\varphi)y \\
&\geqslant m|y|^2 - \lambda cM|y|^2 - \lambda cM|y|^2 - \lambda^2 c^2 M|y|^2 \\
&= \{m - (2c\lambda + c^2\lambda^2)M\}|y|^2.
\end{aligned}$$

故只要

$$m - (2c\lambda + c^2\lambda^2)M \geqslant 0 \tag{7.5.28}$$

即可保证 $G \geqslant 0$. 如果取

$$\lambda_0 = \frac{1}{c}\left(\sqrt{1+\frac{m}{M}}-1\right),$$

则当 $\lambda \leqslant \lambda_0$ 时, (7.5.28) 就成立. 定理证完.

Harten, Lax, van Leer (1983) 指出, 如果方程组 (7.2.22) 的所有光滑解满足附加的守恒律 (7.2.24), 其中 $U(\boldsymbol{u})$ 是凸函数, 则 Годунов (1959) 格式的解,如果一致有界并几乎处处收敛,其极限函数 $u(x, t)$ 满足熵不等式 (7.2.24).

在 Годунов 格式中,网格端点处的值不是用两边网格中心点的值用数学平均的办法得到的, 而是用两边网格的量作为初值求出 Riemann 问题的精确解代入的. 所谓 Riemann 问题, 是指解双曲型方程组 (7.2.22) 的 Cauchy 问题. 其初始条件为两段常数值,即具有以下形式

$$\boldsymbol{u}(x, 0) = \begin{cases} \boldsymbol{u}_L & x < 0, \\ \boldsymbol{u}_R & x > 0. \end{cases} \tag{7.5.29}$$

由于 Riemann 问题的解 $u(x, t)$ 对 x 和 t 的依赖关系是沿直线

$$\frac{x}{t} = \text{Const}$$

为常数, 即 u 只依赖于比值 $\frac{x}{t}$; 此外, u 还依赖于初值 u_L 与 u_R, 故 Riemann 问题的解通常可以表示为 $\boldsymbol{u}\left(\frac{x}{t}; \boldsymbol{u}_L, \boldsymbol{u}_R\right)$.

根据弱解的定义,取迴路 Γ 为由

$$x = -\frac{L}{2},\ x = \frac{L}{2},\ t = 0,\ t = T$$

连成的闭曲线,则 Riemann 问题的解满足积分关系式

$$\int_{-\frac{L}{2}}^{\frac{L}{2}} \boldsymbol{u}(x, T)dx - \int_{-\frac{L}{2}}^{\frac{L}{2}} \boldsymbol{u}(x, 0)dx + \int_0^T \boldsymbol{f}\left(\boldsymbol{u}\left(\frac{L}{2}, t\right)\right)dt - \int_0^T \boldsymbol{f}\left(\boldsymbol{u}\left(-\frac{L}{2}, t\right)\right)dt = 0.$$

设

$$A=\frac{\partial f}{\partial u}$$

的特征值为 $a_i(i=1,2,\cdots s)$，则当

$$T\max_i|a_i|<\frac{L}{2}$$

成立时，就有

$$\int_{-\frac{L}{2}}^{\frac{L}{2}}\boldsymbol{u}(x,T)dx$$
$$=\frac{L}{2}(\boldsymbol{u}_L+\boldsymbol{u}_R)-T\{\boldsymbol{f}(\boldsymbol{u}_R)-\boldsymbol{f}(\boldsymbol{u}_L)\}. \tag{7.5.30}$$

Годунов 格式可以看成是根据积分关系式 (7.1.14) 建立的. 取 Γ 为一个网格，$x_j<x<x_{j+1}$，$t^n<t<t^{n+1}$ 的边界，则 Годунов 格式为

$$\int_{x_j}^{x_{j+1}}u(x,t^{n+1})dx-\int_{x_j}^{x_{j+1}}u(x,t^n)dx$$
$$+\int_{t^n}^{t^{n+1}}(u(x_{j+1},t))dt-\int_{t^n}^{t^{n+1}}f(u(x_j,t))dt=0.$$

由于初值为

$$u(x,t^n)=v_{j+\frac{1}{2}}^n,\ x_j<x<x_{j+1},\ j=0,\pm1,\pm2,\cdots, \tag{7.5.31}$$

同时

$$u(x_{j+1},t)=u(0;v_{j+\frac{1}{2}}^n,v_{j+\frac{3}{2}}^n),u(x_j,t)=u(0;v_{j-\frac{1}{2}}^n,v_{j+\frac{1}{2}}^n).$$

故 Годунов 格式在 $t=t^{n+1}$ 时刻的解 $v_{j+\frac{1}{2}}^{n+1}$ 实际上是方程组 (7.2.22) 满足初始条件

$$u(x,t^n)=v_{j+\frac{1}{2}}^n,\ x_j<x<x_{j+1},\ j=0,\pm1,\pm2,\cdots,$$

在

$$t=t^{n+1}=t^n+\tau\left(\tau<\frac{h}{\max_i|a_i|}\right)$$

时刻的精确解在区间 $x_j<x<x_{j+1}$ 上的平均值，即

$$v_{j+\frac{1}{2}}^{n+1}=\frac{1}{h}\int_{x_j}^{x_{j+1}}u(x,t^{n+1})dx.$$

这个平均值还可以写成

$$
\begin{aligned}
v_{j+\frac{1}{2}}^{n+1} &= \frac{1}{h}\int_{x_j}^{x_{j+\frac{1}{2}}} u\left(\frac{x-x_j}{t^{n+1}-t^n};\ v_{j-\frac{1}{2}}^n, v_{j+\frac{1}{2}}^n\right)dx \\
&\quad + \frac{1}{h}\int_{x_{j+\frac{1}{2}}}^{x_{j+1}} u\left(\frac{x-x_{j+1}}{t^{n+1}-t^n};\ v_{j+\frac{1}{2}}^n,\ v_{j+\frac{3}{2}}^n\right)dx \\
&= \frac{1}{h}\int_0^{\frac{h}{2}} u\left(\frac{x}{\tau};\ v_{j-\frac{1}{2}}^n,\ v_{j+\frac{1}{2}}^n\right)dx \\
&\quad + \frac{1}{h}\int_{-\frac{h}{2}}^0 u\left(\frac{x}{\tau};\ v_{j+\frac{1}{2}}^n,\ v_{j+\frac{3}{2}}^n\right)dx. \qquad (7.5.32)
\end{aligned}
$$

由于现在 $u(x, t^{n+1})$, $u(0; v_{j-\frac{1}{2}}^n, v_{j+\frac{1}{2}}^n)$, $u(0; v_{j+\frac{1}{2}}^n, v_{j+\frac{3}{2}}^n)$ 都是满足熵条件的物理解,故满足 (7.2.36), 即有

$$
\begin{aligned}
&\int_{x_j}^{x_{j+1}} U\left(u(x, t^{n+1})\right)dx - \int_{x_j}^{x_{j+1}} U\left(u(x, t^n)\right)dx \\
&\quad + \int_{t^n}^{t^{n+1}} F\left(u\left(0;\ v_{j+\frac{1}{2}}^n,\ v_{j+\frac{3}{2}}^n\right)\right) dt \\
&\quad - \int_{t^n}^{t^{n+1}} F\left(u(0;\ v_{j-\frac{1}{2}}^n,\ v_{j+\frac{1}{2}}^n)\right) dt \leqslant 0. \qquad (7.5.33)
\end{aligned}
$$

由于U是凸函数,根据 Jensen 不等式有

$$
\begin{aligned}
\frac{1}{h}\int_{x_j}^{x_{j+1}} U\left(u(x, t^{n+1})\right)dx &\geqslant U\left(\frac{1}{h}\int_{x_j}^{x_{j+1}} u(x, t^{n+1})dx\right) \\
&= U\left(v_{j+\frac{1}{2}}^{n+1}\right),
\end{aligned}
$$

即从 (7.5.33) 得

$$
h\left[U\left(v_{j+\frac{1}{2}}^{n+1}\right) - U\left(v_{j+\frac{1}{2}}^n\right)\right] + \tau(F_{j+1}^n - F_j^n) \leqslant 0,
$$

从而推出 Годунов 差分格式的解满足熵不等式 (7.2.36).

Harten, Lax (1981) 曾经指出, Glimm (1965) 所构造的解也是满足熵不等式的.

参 考 文 献

Amsden, A. A. (1966): The particle-in-cell method for calculation of the dynamics of compressible fluids, Report LA-3466, Los Alamos Sci. Lab..

Amsden, A. A., and Harlow, F. H. (1970): A simplified MAC technique for incompressible fluid flow calculations, *J. Comp. Phys.*, vol. **6**, p. 322.

Amsden, A. A., and Hirt, C. W. (1973a): YAQUI: An arbitrary Lagrangian Eulerian computer program for fluid flow at all speeds, Report LA-5100, Los Alamos Sci. Lab..

Amsden, A. A., and Hirt, C. W. (1973b): A simple scheme for generating general curvilinear grids, *J. Comp. Phys.*, vol. **11**, p. 348.

Barfield, W. D. (1970a): An optimal mesh generator for Lagrangian hydrodynamic calculations in two space dimensions, *J. Comp. Phys.*, vol. **6**, p. 417.

Barfield, W. D. (1970b): Numerical method for generating orthogonal curviliner meshes, *J. Comp. Phys.*, vol. **5**, p. 23.

Blewett, P. J. (1971): Stress calculation in MAGEE difference form, Report LA-4601-MS, Los Alamos Sci. Lab..

Boris, J. P., and Book, D. L. (1973): Flux-corrected transport I, SHASTA, a fluid transport algorithm that works, *J. Comp. Phys.*, vol. **11**, p. 38.

Boris, J. P., and Book, D. L. (1976a): Flux-corrected transport III, minimal error FCT algorithms, *J. Comp. Phys.*, vol. **20**, p. 397.

Boris, J. P., and Book, D. L. (1976b): Solution of continuity equations by the method of flux-corrected transport, in "Methods in computational physics", vol. 16, Alder, Fernbach, and Rotenberg, Eds., Academic Press, New York and London, p. 85.

Browne, P. L. (1966): REZONE, A Proposal for accomplishing rezoning in two-dimensional Lagrangian hydrodynamics problems, Report LA-3455-MS, Los Alamos Sci. Lab..

Browne, P. L., and Wallick, K. B. (1968): A brief discussion of a method for automatic rezoning in the numerical calculation of two-dimensional Lagrangian hydrodynamics, in "Proceeding of the IEIP congress", Edinburgh, Scotland, Booklet 1, p. 131.

Browne, P. L., and Wallick, K. B. (1971): The reduction of mesh tangling in two-dimensional Lagrangian hydrodynamics codes by the use of viscosity, artificial viscosity and TTS, for long, thin zones, Report LA-4740-MS, Los Alamos Sci. Lab..

Burstein, S. Z. (1963): Numerical calculation of multidimensional shocked flows, Report NYO 10433, Courant Inst. of Math. Sci., New York University.

Burstein, S. Z. (1967): Finite-difference calculations for hydrodynamics flows containing discontinuities, *J. Comp. Phys.*, vol. **2**, p. 198.

Burstein, S. Z., and Mirin, A. A. (1970): Third order difference methods for hyperbolic equations, *J. Comp. Phys.*, vol. 5, p. 547.

Butler, T. D. (1967): Numerical solutions of hypersonic sharp-leadingedge flows, *Phys. Fluids.*, vol. 10, p. 1205.

Butler, T. D. (1974): Recent advances in computation fluid dynamics. in "Lecture Notes in Computer Science", vol. 11, G. G. Karlsruhe, and J. H. Ithaca, Eds., p. 1.

Chan, R. K., and Street, R. L. (1970): A computer study of finite amplitude water waves, *J. Comp. Phys.*, vol. 6, p. 68.

Cherry, J. T., Sack, S., Maenchen, G., and Kransky, V. J. (1970): Twodimensional stress-induced adiabatic flow. Report UCRL-50987 Lawrence Livermore Lab..

Chorin, A. J. (1968): Numerical solution of the Navier-Stokes equations, *Math. Comp.*, vol. 22, p. 745.

Chorin, A. J. (1976): Random choice solution of hyperbolic systems, *J. Comp. Phys.*, vol. 22, p. 517 .

Chorin, A. J. (1977): Random choice methods with applications to reacting gas flow, *J. Comp. Phys.*, vol. 25, p. 253.

Chou, P. C., and Hopkins, A. K. (1973): Dynamic response of materials to intense impulsive loading, Library of Congress Catalog Card Number 73-600247, Printed in U. S. A..

Chu, W. H. (1971): Development of a general finite difference approximation for a general domain, Part I. machine transformation, *J. Comp. Phys.*, vol. 8, p. 392.

Courant, R., Friedrichs, K. O., and Lewy, H. (1928): Übet die Partiellen Differenzengleichungen der Mathematischen Physik, *Math. Ann.*, vol. 100, p. 32.

Crandall, M. G., and Majda, A. (1980a): Monotone difference approximations for scalar conservation laws, *Math. Comp.*, vol. 34, p. 1.

Crandall, M. G., and Majda, A. (1980b): The method of fractional steps for conservation laws, *Numer. Math.*, vol. 34, p. 285.

Crowley, W. P. (1970): FLAG: A free-Lagrange method for numerically simulating hydrodynamic flows in two dimensions, in "Proceedings of the 2nd international conference on numerical methods in fluid dynamics", Holt, Ed., Springer-Verlag, Berlin, p. 37.

Daly, B. J. (1967): Numerical study of two fluid Rayleigh-Taylor instability, *Phys. Fluids*, vol. 10, p. 297.

Daly, B. J. (1969a): A technique for including surfarce tension effects in hydrodynamic calculations, *J. Comp. Phys.*, vol. 4, p. 1.

Daly, B. J. (1969b): Numerical study of the effect of surface tension on interface instability, *Phys. Fluids*, vol. 12, p. 1.

Deville, M. O. (1974): Numerical experiments on the MAC code for slow flow, *J. Comp. Phys.*, vol. 15, p. 362.

Di Perna, R. J. (1979)· Uniqueness of solution to hyperbolic conservation laws, *Indiana Univ. Math. J.*, vol. 28, p. 137.

Di Perna, R. J. (1982): Finite difference schemes for conservation Laws, *Comm. Pure Appl. Math.*, vol. 25, p. 379.

Easton, C. R. (1972): Homogeneous boundary conditions for pressure in MAC method, *J. Comp. Phys.*, vol. 9, p. 375.

Engquist, B., and Osher, S. (1980): Stable and entropy satisfying approximations for transonic flow calculations, *Math. Comp.*, vol. 34, p. 47.

Engquist, B., and Osher, S. (1981): One sided difference approximations for nonlinear conservation laws, *Math. Comp.*, vol. 36, p. 321.

Enig, J. W., and Metcalf, F. T. (1962): Theoretical calculations on the shock initiation of solid explosive, NOLTR 62—160.

Frank, R. M. and Lazarus, R. B. (1964): Mixed Eulerian-Lagrangian Method, in "Methods in Comptational Physics", vol. 3, Alder, Fernbach, and Rotenberg, Eds., Academic Press, New York and London, p. 47.

Fritts, M. J., and Boris, J. P. (1979): The Lagrangian solution of transient problems in hydrodynamics using a triangular mesh, *J. Comp. Phys.*, vol. 31, p. 335.

Fromm, J. E., and Harlow, F. H. (1963): Numerical solution of the problem of vortex street development, *Phys. Fluids*, vol. 6, p. 975.

Gage, W. R., and Mader, C. L. (1965): Three dimensional cartesian particle-in-cell calculations, Report LA-3422, Los Alamos Sci. Lab..

Gentry, R. A., Martin, R. E., and Daly, B. J. (1966): An Eulerian differencing method for unsteady compressible flow problems, *J. Comp. Phys.*, vol. 1, p. 87.

Glimm, J. (1965): Solutions in the large for nonlinear hyperbolic systems of equations, *Comm. Pure Appl. Math.*, vol. 18, p. 697.

Good, W. B. (1960): WAT: A numerical method for two-dimensional unsteady fluid flow, Report LAMS-2365, Los Alamos Sci. Lab..

Gourlay, A. R., and Morris, J. Ll. (1970): On the comparision of multistep formulations of the optimized Lax-Wendroff method for nonlinear hyperbolic systems in two space variables, *J. Comp. Phys.*, vol. 5, p. 229.

Grandey, R. (1961): Application of finite difference methods to problems in two-dimensional hydrodynamics, Aeronutronic Publication No. U-1118(1961), California.

Hageman, L. J., and Walsh, J. M. (1971): HELP: A multi-material Eulerian program for compressible fluid and elastic-plastic flows in two space dimensions and time, Report 3SR-350, Ballistic Research Laboratories.

Hain, K. (1967): Numerical calculations in magnetohydrodynamics, in "APS topical conf. pulsed high-density plasmas", Report LA-3770, Los Alamos Sci. Lab..

Hain, K., Hain, G., Roberts, K. V., Roberts, S. J., and Koppendorfer, W. (1960): Fully ionized pinch collapse, *Z. Natur Forsch*, Band 15a(12), p. 1039.

Harlow, F. H. (1955): A machine calculation method for hydrodynamic problems, Report LAMS-1956, Los Alamos Sci. Lab..

Harlow, F. H. (1957): Hydrodynamic problems involving large fluid distortions, *J. Assoc. Comp. Mach.*, vol. 4, p. 137.

Harlow, F. H. (1964). The particle-in-cell computing method for fluid dynamics, in "Methods in Computational Physics", vol. 3, Alder, Fernbach, and Rotenberg, Eds., Academic Press, New York and London, p. 319.

Harlow, F. H. (1969): Numerical methods for fluid dynamics, an annotated bibliography, Report LA-4281, Los Alamos Sci. Lab..

Harlow, F. H., and Amsden, A. A. (1968): Numerical calculation of almost incompressible flow, *J. Comp. Phys.*, vol. **3**, p. 80.

Harlow, F. H., and Amsden, A. A. (1971a): Fluid dynamics, Report LA-4700, Los Alamos Sci. Lab..

Harlow, F. H., and Amsden, A. A. (1971b): A numerical fluid dynamics calculation method for all flow speeds, *J. Comp. Phys.*, vol. **8**, p. 197.

Harlow, F. H., and Amsden, A. A. (1974): Multifluid flow calculations at all Mach numbers, *J. Comp. Phys.*, vol. **16**, p. 1.

Harlow, F. H., Amsden, A. A., and Nix, J. R. (1976): Relativistic fluid dynamics calculations with the particle-in-cell technique, *J. Comp. Phys.*, vol. **20**, p. 119..

Harlow., F. H., and Hirt, C. W. (1972): Recent extensions to Eulerian methods for numerical fluid dynamics, *Ж. вычисл. матем. и матем. физ.*, Том. **12** стр. 656.

Harlow, F. H., and Welch, J. E. (1965a): Numerical study of large amplitude free surface motions, *Phys. Fluids*, vol. **9**, p. 842.

Harlow, F. H., and Welch, J. E. (1965b): Numerical calculation of timedependent viscous incompressible flow of fluid with free surface, *Phys. Fluids*, vol. **8**, p. 2182.

Harten, A. (1977): The artificial compression method for computation of shocks and contact discontinuities: I. Single conservation laws, *Comm. Pure Appl. Math.*, vol. **30**, p. 611.

Harten, A. (1978): The artificial compression method for computation of shocks and contact discontinuities: III. Self-adjusting hybrid schemes, *Math. Comp.*, vol. **32**, p. 363.

Harten, A. (1983): High resolution schemes for hyperbolic conservation laws, *J. Comp. Phys.*, vol. **49**, p. 357.

Harten, A., Hyman, J. M., and Lax, P. D. (1976): On finite difference approximations and entropy conditions for shocks, *Comm. Pure Appl. Math.*, vol. **29**, p. 297.

Harten, A., and Lax, P. D. (1981): A random choice finite-difference scheme for hyperbolic conservation laws, *SIAM. J. Numer. Anal.*, vol. **18**, p. 289.

Harten, A., Lax, P. D., and van Leer, B. (1983): On upstream differencing and Godunov-type schemes for hyperbolic conservation laws, *SIAM. Rev.*, vol. **25**, p. 35.

Herrmann, W. (1964): Comparison of finite difference expressions used in Lagrangian fluid flow calculations, Report AFWL-TR-64-104, Air Force Weapon Lab..

Hirt, C. W. (1968): Heuristic stability theory for finite-difference equations, *J. Comp. Phys.*, vol. **2**, p. 339.

Hirt, C. W., Amsden, A. A., and Cook, J. L. (1974): An arbitrary Lagrangian-Eulerian computing method for all flow speeds, *J. Comp. Phys.*, vol. **14**, p. 227.

Hirt, C. W., and Cook, J. L. (1972): Calculating three-dimensional flows around structures and over rough terrain, *J. Comp. Phys.*, vol. **10**, p. 324.

Hirt, C. W., and Shannon, J. P. (1967): Free surface stress conditions for incompressible flow calculations, *J. Comp. Phys.*, vol. **2**, p. 403.

Jennings, G. (1974): Discrete shocks, *Comm. Pure Appl. Math.*, vol. **27**, p. 25.

Johnson, W. E. (1971): Development and application of computer programs related to hypervelocity impact. Report NO. 3SR-749, Systems, Sci. and Software.

Johnson, G. R. (1976): Analysis of elastic-plastic impact involving severe distortions, *J. Appl. Mech.*, vol. **43**, p. 439.

Johnson, G. R. (1977): High velocity impact calculations in three dimensions, *J. Appl. Mech.*, vol. **44**, p. 95.

Kershner, J. D., and Mader, C. L. (1972): 2DE: A two-dimensional continuous Eulerian hydrodynamic code for computing multicomponent reactive hydrodynamic problems, Report LA-4846, Los Tlamos Sci. Lab..

Kolskv, H. G. (1955): A method for the numerical solution of transient hydrodynamic shock problems in two space dimensions, Report LA-1867, Los Alamos Sci. Lab..

Lapidus, A. (1967): A detached shock calculation by second-order finite differences, *J. Comp. Phys.*, vol. **2**, p. 154.

Lascaux, P. (1973): Application of the finite elementes method in twodimensional hydrodynamics using the Lagrange variables, Report LA-TR-73-3, Los Alamos Sci. Lab..

Lax, P. D. (1954): Weak solutions of nonlinear hyperbolic equations and their numerical computation, *Comm. Pure Appl. Math.*, vol. **7**, p. 159.

Lax, P. D. (1957): Hyperbolic systems of conservation laws II, *Comm. Pure Appl. Math.*, vol. **10**, p. 537.

Lax, P. D. (1971): Shock waves and entropy, in "Contributions to Nonlinear Functional Analysis", E. H. Zarantonello, Ed., Academic Press, New York, p. 603.

Lax, P. D. (1972): Hyperbolic systems of conservation laws and the mathematical theory of shock waves, SIAM Regional Conf. Series Lectures in Appl. Math., vol. **11**, p. 1.

Lax, P. D., and Richtmyer, R. D. (1956): Survey of the stability of linear finite difference equations, *Comm. Pure Appl. Math.*, vol. **9**, p. 267.

Lax, P. D., and Wendroff, B. (1960): Systems of conservation laws, *Comm. Pure Appl. Math.*, vol. **13**, p. 217.

Lax, P. D., and Wendroff, B. (1964): Difference schemes for hyperbolic equations with high order of accuracy, *Comm. Pure Appl. Math.*, vol. **17**, p. 381.

Le Roux, A. Y. (1977): A numerical conception of entropy for quasilinear equations, *Math. Comp.*, vol. **31**, p. 848.

Le Roux, A. Y. (1981): Numerical stability for some equations of gas dynamics, *Math. Comp.*, vol. **37**, p. 307.

van Leer, B. (1974): Toward the ultimate conservative difference scheme II, Monotonicity and conservation combined in a secondorder scheme, *J. Comp. Phys.*, vol. **14**, p. 361.

Longley, H. J. (1960): Methods of differencing in Eulerian hydrodynamics, Report LA-2379, Los Alamos Sci. Lab..

Mac Cormack, R. W. (1970): Numerical solution of the interaction of a shock wave with a laminar boundary layer, in "Proceedings of the 2nd International Conference on Numerical Methods in Fluid Dynamics", Holt, Ed., Springer-Verlag, Berlin, p. 151.

Mac Cormack, R. W., and Paullay, A. (1974): The influence of the computational mesh on accuracy for initial value problems with discontinuous or nonunique solutons, *Comput. Fluids.*, vol. 2, p. 339.

Mader, C. L. (1964): The two-dimensional hydrodynamic hot spot, Report LA-3077, Los Alamos Sci. Lab..

Mader, C. L. (1965): The two-dimensional hydrodynamic hot spot, vol. 2. Report LA-3235, Los Alamos Sci. Lab..

Mader, C. L. (1979): Numerical modeling of detonations. University of California press, Berkeley, Los Angeles. London.

Maenchen, G., and Sack, S. (1964): The tensor code, in "Methods in computational physics", vol. 3, p. 181.

Majda, A., and Osher, S. (1978): A systematic approach for correcting nonlinear instabilities: the Lax-Wendroff scheme for scalar conservation laws, *Numer. Math.*, vol. 30, p. 429.

Majda, A., and Osher, S. (1979): Numerical viscosity and the entropy condition, *Comm. Pure Appl. Math.*, vol. 32, p. 797.

Majda, A., and Ralston, J. (1979): Discrete shock profiles for systems of conservation laws, *Comm. Pure Appl. Math.*, vol. 32, p. 445.

Marder, B. M. (1975): GAP-a PIC-type fluid code, *Math. Comp.*, vol. 29, p. 434.

Mock, M. S. (1978): Some higher-order difference schemes enforcing an entropy inequality, *Mich. Math. J.*, vol. 25, p. 325.

von Neumann, J., and Richtmyer, R. D. (1950): A method for the numerical calculations of hydrodynamics shocks, *J. Appl. Phys.*, vol. 21, p. 232.

Nichols, B. D. (1970): Recent extensions to the marker-and-cell method for incompressible fluid flows, in "Proceedings of The Second International Conference on Numerical Methods in Fluid Dynamics", p. 371.

Nichols, B. D., and Hirt, C. W. (1971): Improved free surface boundary conditions for numerical incompressible flow calculations, *J. Comp. Phys.*, vol. 8, p. 434.

Nishiguchi, A., and Yabe, T. (1983): Second-order fluid partice scheme, *J. Comp. Phys.*, vol. 52, p. 390.

Nobuhiro Ukeguchi, Hiroshi Sakama and Taseshi Adachi. (1980): On the numerical analysis of compressible flow problem by the "modified FLIC method", *Computers And Fluids.*, vol. 8, p. 251.

Noh, W. F. (1964): CEL: A time-dependent two-space-dimensional. coupled Eulerian-Lagrange code, in "Methods in Computational Physics", vol. 3, Alder, Fernbach, Rotenberg, Eds., Academic Press, New York, p. 117.

Noh, W. F. (1966): A general theory for the numerical solution of the equations of hydrodynamics, in "Numerical Solutions of Nonlinear Differential equations", Wiley, J., and Sons. INC, New York. London. Sydney, p. 181.

Noh, W. F., and Woodward, P. (1976): The SLIC (simple line interface calculation) method, Report UCRL-52111, Lawrence Livermore Laboratory.

Osher, S. (1984): Riemann solvers, the entropy condition and difference approximations,

SIAM, J. Numer. Anal., vol. **21**, p. 217.

Osher, S., And Chakravarthy, S. (1984): High resolution schemes and the entropy condition, *SIAM, J. Numer. Anal.*, vol. **21**, p. 955.

Osher, S., And Solomon, F. (1982): Upwind difference schemes for hyperbolic systems of conservation laws, *Math. Comp.*, vol. **38**, p. 339.

Pracht, W. E. (1970): Implicit solution of creeping, with application to continental drift, in "Proceedings of The Second International Conference on Numerical Methods in Fluid Dynamics", p. 453.

Quarles, Jr. D. A. (1964): A moving coordinate method for shock wave calculations stability theory including effect of shock boundary conditions, Ph. D. Dissertation, New York University.

Rich, M. (1963): A method for Eulerian fluid dynamics, Report LAMS-2826, Los Alamos Sci. Lab..

Richtmyer, R. D. (1963): A survey of difference methods for non-steady fluid dynamics, NCAR Tech Note. 63-2.

Richtmyer, R. D., and Morton, K. W. (1967): Difference methods for initial-value problems, Second Edition, Interscience Publishers. Wiley, J., and Sons, New York.

Riney, T. D. (1970): Numerical evaluation of hypervelocity impact phenomena, in "High-Velocity Impact Phenomena", Kinslow, R., Academic Press, INC. New York and London, p. 157.

Rivard, W. C., Farmer, O. A., Butler, T. D., and O'rourke, P. J. (1973): A method for increased accuracy in Eulerian fluid dynamics calculations, Report LA-5426-MS, Los Alamos Sci. Lab..

Roe, P. L. (1980): The use of the Riemann problem in finite difference schemes, in "Proceedings of 7th international conference on numerical methods in fluid dynamics", p. 354.

Roe, P. L. (1981): Approximate Riemann solvers, parameter vectors and difference schemes, *J. Comp. Phys.*, vol. **43**, p. 357.

Le Roux, A. Y. (1977): A Numerical conception of entropy for quasi-linear equations, *Math. Comp.*, vol. **31**, p. 848.

Rusanov, V. V. (1970): Non-linear analysis of the shock profile in difference schemes, in "Proceedings of The 2nd International Conference on Numerical Methods in Fluid Dynamics", Holt, Ed., Springer-Verlag, Berlin, p. 270.

Sanders, R. (1983): ON convergence of monotone finite difference schemes with variable spatial differencing, *Math. Comp.*, vol. **40**, p. 91.

Schulz, W. D. (1964): Two-dimensional Lagrangian hydrodynamic difference equations. in "Methods in Computational Physics", vol. 3. Alder, Fernbach, and Rotenberg, Eds., Academic Press, New York, p. 1.

Strang, W. G. (1968): On the construction and comparison of difference schemes, *SIAM J. Numer. Anal.*, vol. **5**, p. 507.

Thompson, S. L. (1975): CSQ-A two-dimensional hydrodynamic program with energy flow and material strength, Report SAND 74-0122, Sandia Laboratories, Albuquerque, New Mexico.

Thompson, S. L. (1979): CSQ2-An Eulerian finite difference program for two-dimensional material response-part. 1, material sections, Report SAND 77-1339, Sandia Laboratories, Albuquerque, New Mexico.

Thompson, S. L. (1979): CSQ2-An Eulerian finite difference program for two-dimensional material response-part 2, energy flow sections, Report SAND 77-1340, Sandia Laboratories, Albuquerque, New Mexico.

Trulio, J. G. (1966): Theory and structure of the AFTON code. AFWI-TR-66-19.

Trulio, J. G. et al (1969): Numerical ground motion studies vol. 3 "ground motion studies and AFTON code development", AFWL-TR-67-27.

Tuler, F. R., and Butcher, B. M. (1968): A creterion for the time dependence of dynamic fracture, *Int. J. Fracture Mechanics.*, vol. 4, p. 431.

Vander Vorst, M. J., and Rogers, J. C. W. (1976): Calculation of vertical water entry of a cone by the partial cell marker and cell method, in "Proceedings of The 1976 Heat Transfer And Fluid Mechanics Institute", McKillop, A. A., Baughn, J. W., and Dwyer, H. A.

Vicelli, J. A. (1969): A method for including arbitrary external boundaries in the MAC incompressible fluid computing technique, *J. Comp. Phys.*, vol. 4, p. 543.

Vicelli, J. A. (1971): A computing method for incompressible flows bounded by moving walls, *J. Comp. Phys.*, vol. 8, p. 119.

Warren, K. H. (1979): HEMPDS user's manual, Report UCID-18075, Lawrence Livermore Laboratory.

Welch, J. E., Harlow, F. H., Shannon, J. P., and Daly, B. J. (1966): The MAC method, Report LA-3425, Los Alamos Sci. Lab..

White, J. W., (1973): A new form of artificial viscosity, *J. Comp. Phys.*, vol. 12, p. 553.

Wilkins, M. L. (1962): Calcul de detonations mon et bidimensionalles, Les Ondes De Detonation Paris, p. 165.

Wilkins, M. L. (1964): Calculation of elastic-plastic flow, in "Methods in Computational Physics", vol. 3, Alder, Fernbach, and Rotenberg, Eds., Academic Press, New York, p. 211.

Wilkins, M. L. (1969): Calculation of elastic-plastic flow, Report UCRL-7322, Rev. 1, Lawrence Livermore Laboratory.

Wilkins, M. L. (1980): Use of artificial viscosity in multidimensional fluid dynamic calculations, *J. Comp. Phys.*, vol. 36, p. 281.

Winslow, A. M. (1966): Numerical solution of the quasi-linear Poisson equation in a non-uniform triangular mesh, *J. Comp. Phys.*, vol. 1, p. 149.

Yanenko, N. N., and Shokin, Y. I. (1970): On the group classification of difference schemes for systems of equations in gas dynamics, in "Proceedings of the 2nd International Conference on Numerical Methods in Fluid Dynamics", Holt, Ed., Springer-Verlag, Berlin, p. 3.

Zwas, G., and Abarbanel, S. (1971): Third and fourth order accurate schemes for hyperbolic equations of conservation law form, *Math. Comp.*, vol. 25, p. 229.

Белинский П.П., Годунов С.К., Иванов Ю. Б. и Яненко И.К. (1975): Применение одного класса квазикон формных отображений для построения разностных сеток в областях с криволинейными границами, *Ж.вычисл. матем. и матем. физ.*, Том. **15**, стр. 1491.

Белоцерковский О.М., Гущин В.В. и Щенников В.В.(1975):Метод Расщепления в применении к решению задач динамики вязкой несжимаемой жидкости,. *Ж. вычисл. матем. и матем. физ.*, Том. **15**, стр. 197.

Белоцерковский О. М. и Давыдов Ю.М. (1971): Нестационарный метод "крупных частиц", для газодинамических расчетов. *Ж.вычисл. матем. и матем. физ.*, Том. **11**, стр. 182.

Годунов С.К.(1959):Разностный метод численного расчета разрывных решений уравнений гидродинамики,*Матем. Сборник*, Том. **47**, стр. 271.

Годунов С.К.(1961): Оценки невязок для приближенных решений простейших уравнения газовой динамики, *Ж. вычисл. матем. и матем. физ.*, Том. **1**, стр. 622.

Годунов С.К., Забродин А.В., Иванов М.Я., Краико А.Н. и Прокопов Г.П.(1976): Численное решение многомерных задач газовой динамики, "Наука", Москва.

Годунов С.К., Забродин А.В. и Прокопов Г.П. (1961): Разностная схема для двухмерных нестационарных задач газовой динамики и расчет обтеканий с отошедшей ударной волной, *Ж. вычисл. матем. и матем. физ.*, Том **1**, стр. 1020.

Губайдуллин А.А. и Ивандаев А.И.(1976): Применение модифицированного метода "крупных частиц" к решению задач волновой динамики, *Ж. вычисл. матем. и матем. физ.*, Том. **16**, стр. 1017.

Давыдов Ю.М.(1971): Расчет обтекания тел произволвной формы методом "крупных частиц", *Ж. вычисл. матем. и матем. физ.*, Том. **11**, стр. 1056.

Кочин Н.Е.(1951):Векторное исчисление и начала тензорного исчисления, Издательство АН СССР.

Кружков С.Н. (1970): Квазилинейные уравнения первого порядка со многими независимыми переменными, *Матем. Сборник*, Том. **81**, стр. 228.

Кузьмин А.В., Макаров В.Л. и Меладзе Г.В.(1980):Об одной полностью консервативной разностной схеме для уравнений газовой динамики в переменных Эйлера, *Ж. вычисл. матем. и матем. физ*, Том. **20**, стр. 171.

Ландау Л.Д. и Лифшиц Е.М.(1954): Механика сплошной среды, Гостехиздат, Москва.

Олейник О.А.(1959): О единственности и устойчивости обобщенного решения задачи Коши для квазилинейного уравнения, *УМН* Том. **14**, №2, стр. 165.

Попов Ю. П. и Самарский А.А.(1969): Полностью консервативные разностные схемы, *Ж. вычисл. матем. и матем, физ* Том. **9**, стр. 953.

Русанов В.В.(1961): Расчет взаимодействия нестационарных ударных волн с препятствиями, *Ж. вычисл. матем. и матем. физ*, Том. **1**, стр.

267.

Самарский А. А. и Арсенин В.Я.(1961): О численном решении уравнений газодинамики с различными типами вязкости, *Ж. вычисл. матем. и матем. физ*, Том. **1**, стр. 357.

Шидловская Л.В.(1977): Численное решение двумерной задачи о распространение ударных волн в космическом пространстве, *Ж. вычисл. матем. и матем. физ*, Том. **17**, стр. 196.

Яненко Н.Н. и Шокин Ю.И.(1968): О корректности первых диффиренциальных приближений разностных схем, *ДАН СССР*, Том. **182**, стр. 776.

朱幼兰，钟锡昌，陈炳木，张作民(1980)：初边值问题差分方法及绕流，科学出版社.

李荫藩，曹亦明(1981)：任意三角形(或四边形)网格的格子中流体方法，计算数学，第三卷，第381页.

李德元(1981)：关于非守恒形式差分格式的能量守恒问题，计算数学，第三卷，第129页.

周毓麟，李德元(1981a)：非定常流体力学数值方法的若干问题，数学进展，第十卷，第48页.

周毓麟，李德元(1981b)：非定常流体力学数值方法的若干问题(续)，数学进展，第十卷，第131页.

周毓麟，李德元，龚静芳(1980)：一阶拟线性方程物理解的计算，数值计算与计算机应用，第一卷，第16页.

徐国荣(1984)：任意多边形网格的欧拉差分格式—流体网格(FLIC)法的推广，计算数学，第六卷，第429页.

徐国荣，于志鲁，廖振民，袁仙春，周淑荣(1980)：多物质可压缩流体力学的欧拉数值方法，数值计算与计算机应用，第一卷，第163页.

徐国荣，陈光南(1985)：二维欧拉流体动力学方程的完全守恒差分格式，计算数学，第七卷，第50页.

符鸿源(1981)：正型差分解的收敛性，计算数学，第三卷，第22页.

表 2.3.1　计算 Π 型微分表达式的过程[2)]

(2.3.22)的偏导数	$\frac{\partial v}{\partial t}$	$\frac{\partial v}{\partial x}$	$\frac{\partial^2 v}{\partial t^2}$	$\frac{\partial^2 v}{\partial t\partial x}$	$\frac{\partial^2 v}{\partial x^2}$	$\frac{\partial^3 v}{\partial t^3}$	$\frac{\partial^3 v}{\partial t^2\partial x}$	$\frac{\partial^3 v}{\partial t\partial x^2}$	$\frac{\partial^3 v}{\partial x^3}$
(2.3.22)的系数	1	a	$\frac{\Delta t}{2}$	0	$-\sum_\beta b_\beta \frac{\beta^2\Delta x^2}{2\Delta t}$	$\frac{\Delta t^2}{6}$	0	0	$-\sum_\beta b_\beta \frac{\beta^2\Delta x^2}{6\Delta t}$
$-\frac{\Delta t}{2}\ \frac{\partial}{\partial t}[\cdot]$[1)]			$-\frac{\Delta t}{2}$	$-\frac{\Delta ta}{2}$	0	$-\frac{\Delta t^2}{4}$	0	$\frac{\Delta t}{2}\sum_\beta b_\beta \frac{\beta^2\Delta x^2}{2\Delta t}$	0
$\frac{\Delta t}{2}\ \frac{\partial}{\partial x}[\cdot]$				$\frac{\Delta ta}{2}$	$\frac{\Delta ta^2}{2}$	0	$\frac{\Delta t^2 a}{4}$	0	$-\frac{\Delta ta}{2}\sum_\beta b_\beta \frac{\beta^2\Delta x^2}{2\Delta t}$
$\frac{\Delta t^2}{12}\ \frac{\partial^2}{\partial t^2}[\cdot]$						$\frac{\Delta t^2}{12}$	$\frac{\Delta t^2 a}{12}$	0	0
$-\frac{\Delta t^2 a}{3}\ \frac{\partial^2}{\partial t\partial x}[\cdot]$							$-\frac{\Delta t^2 a}{3}$	$-\frac{\Delta t^2 a^2}{3}$	0
$\left(\frac{\Delta t^2 a^2}{3}-\frac{\Delta t}{2}\sum_\beta b_\beta \frac{\beta^2\Delta x^2}{2\Delta t}\right)\frac{\partial^2}{\partial x^2}[\cdot]$								$\frac{\Delta t^2 a^2}{3}-\frac{\Delta t}{2}\sum_\beta b_\beta \frac{\beta^2\Delta x^2}{2\Delta t}$	$\frac{\Delta t^2 a^3}{3}-\frac{\Delta ta}{2}\sum_\beta b_\beta \frac{\beta^2\Delta x^2}{2\Delta t}$
$\frac{\Delta t^3 a}{12}\ \frac{\partial^3}{\partial t^2\partial x}[\cdot]$									
$-\frac{\Delta t^2}{12}\left(3\Delta ta^2-4\sum_\beta b_\beta \frac{\beta^2\Delta x^2}{2\Delta t}\right)\frac{\partial^3}{\partial t\partial x^2}[\cdot]$									
$\left(\frac{1}{4}\Delta t^3 a^3-\frac{\Delta t}{2}\sum_\beta b_\beta \frac{\beta^3\Delta x^3}{6\Delta t}-\frac{2\Delta t^2 a}{3}\sum_\beta b_\beta \frac{\beta^2\Delta x^2}{2\Delta t}\right)\frac{\partial^3}{\partial x^3}[\cdot]$									
⋮									
	1	a	0	0	$\frac{\Delta ta^2}{2}-\sum_\beta b_\beta \frac{\beta^2\Delta x^2}{2\Delta t}=\tilde{c}_2$	0	0	0	$-\frac{\Delta x^3}{6\Delta t}\left(\sum_\beta b_\beta \beta^3+\frac{\Delta t^3 a^3}{\Delta x^3}\right)+\Delta ta\tilde{c}_2=\tilde{c}_3$

1）为简单起见，这里用[·]代替(2.2.22)式.

2）在 Hirt (1968) 的文章中消去对 t 的各级导数项时，只用到原微分方程(2.3.18). 这对线性常系数一阶逼近格式是对的. 对非线性格式，虽然是一阶逼近的，只有在线性化的情形才是对的.

表 2.3.1 计算 Π 型微分表达式的过程[2)] （续表）

$\frac{\partial^4 v}{\partial t^4}$	$\frac{\partial^4 v}{\partial t^3 \partial x}$	$\frac{\partial^4 v}{\partial t^2 \partial x^2}$	$\frac{\partial^4 v}{\partial t \partial x^3}$	$\frac{\partial^4 v}{\partial x^4}$
$\frac{\Delta t^3}{24}$	0	0	0	$-\sum_\beta b_\beta \frac{\beta^4 \Delta x^4}{24\Delta t}$
$-\frac{\Delta t^3}{12}$	0	0	$-\frac{\Delta t}{2}\sum_\beta b_\beta \frac{\beta^3\Delta x^3}{6\Delta t}$	0
0	$\frac{\Delta t^3 a}{12}$	0	0	$-\frac{\Delta t a}{2}\sum_\beta b_\beta \frac{\beta^3 \Delta x^3}{6\Delta t}$
$\frac{\Delta t^3}{24}$	0	$-\frac{\Delta t^2}{12}\sum_\beta b_\beta \frac{\beta^2\Delta x^2}{2\Delta t}$	0	0
0	$-\frac{\Delta t^3 a}{6}$	0	$\frac{\Delta t^2}{3}\sum_\beta b_\beta \frac{\beta^2 \Delta x^2}{2\Delta t}$	0
0	0	$\frac{\Delta t^3}{6}a^2 - \frac{\Delta t^2}{4}\sum_\beta b_\beta \frac{\beta^2\Delta x^2}{2\Delta t}$	0	$-\sum_\beta b_\beta \frac{\beta^2 \Delta x^2}{2\Delta t}\left(\frac{\Delta t^2 a^2}{3} - \frac{\Delta t}{2}\sum_\beta b_\beta \frac{\beta^2\Delta x^2}{2\Delta t}\right)$
	$\frac{\Delta t^3 a}{12}$	$\frac{\Delta t^3}{12}a^2$	0	0
		$-\frac{\Delta t^2}{12}\left(3\Delta t a^2 - 4\sum_\varepsilon b_\beta \frac{\beta^2\Delta x^2}{2\Delta x}\right)$	$-\frac{\Delta t^2}{12}\left(3\Delta t a^2 - 4\sum_\beta b_\beta \frac{\beta^2 \Delta x^2}{2\Delta t}\right)a$	0
			$\frac{\Delta t^3}{4}a^3 - \frac{\Delta t}{2}\sum_\beta b_\beta \frac{\beta^3\Delta x^3}{6\Delta t}$ $-\frac{2\Delta t^2}{3}a\sum_\beta b_\beta \frac{\beta^2\Delta x^2}{2\Delta t}$	$\left(\frac{\Delta t^3}{4}a^3 - \frac{\Delta t}{2}\sum_\alpha b_\beta \frac{\beta^3\Delta x^3}{6\Delta t}\right.$ $\left.-\frac{2\Delta t^2}{3}a\sum_\beta b_\beta \frac{\beta^2\Delta x^2}{2\Delta t}\right)a$
0	0	0	0	$\frac{\Delta x^4}{24\Delta t}\left(\frac{\Delta t^4 a^4}{\Delta x^4} - \sum_\beta b_\beta \beta^4\right)$ $+\Delta t a \tilde{c}_3 + \frac{\Delta t}{2}\tilde{c}_2^2 - \frac{\Delta t^2 a^2}{2}\tilde{c}_2 = \tilde{c}_4$

《计算方法丛书·典藏版》书目

1 样条函数方法 1979.6 李岳生 齐东旭 著
2 高维数值积分 1980.3 徐利治 周蕴时 著
3 快速数论变换 1980.10 孙 琦等 著
4 线性规划计算方法 1981.10 赵凤治 编著
5 样条函数与计算几何 1982.12 孙家昶 著
6 无约束最优化计算方法 1982.12 邓乃扬等 著
7 解数学物理问题的异步并行算法 1985.9 康立山等 著
8 矩阵扰动分析(第二版) 2001.11 孙继广 著
9 非线性方程组的数值解法 1987.7 李庆扬等 著
10 二维非定常流体力学数值方法 1987.10 李德元等 著
11 刚性常微分方程初值问题的数值解法 1987.11 费景高等 著
12 多元函数逼近 1988.6 王仁宏等 著
13 代数方程组和计算复杂性理论 1989.5 徐森林等 著
14 一维非定常流体力学 1990.8 周毓麟 著
15 椭圆边值问题的边界元分析 1991.5 祝家麟 著
16 约束最优化方法 1991.8 赵凤治等 著
17 双曲型守恒律方程及其差分方法 1991.11 应隆安等 著
18 线性代数方程组的迭代解法 1991.12 胡家赣 著
19 区域分解算法——偏微分方程数值解新技术 1992.5 吕 涛等 著
20 软件工程方法 1992.8 崔俊芝等 著
21 有限元结构分析并行计算 1994.4 周树荃等 著
22 非数值并行算法(第一册)模拟退火算法 1994.4 康立山等 著
23 非数值并行算法(第二册)遗传算法 1995.1 刘 勇等 著
24 矩阵与算子广义逆 1994.6 王国荣 著
25 偏微分方程并行有限差分方法 1994.9 张宝琳等 著
26 准确计算方法 1996.3 邓健新 著
27 最优化理论与方法 1997.1 袁亚湘 孙文瑜 著
28 黏性流体的混合有限分析解法 2000.1 李 炜 著
29 线性规划 2002.6 张建中等 著